塑膠模具設計學－
理論、實務、製圖、設計

(附 3D 動畫光碟)

張永彥　編著

全華圖書股份有限公司

國家圖書館出版品預行編目資料

塑膠模具設計學：理論、實務、製圖、設計 / 張
永彥編著. -- 八版. -- 新北市：全華圖書，
2016.07
　面；　公分
ISBN 978-986-463-282-4(平裝附光碟片)
1.模具 2.塑膠加工
446.8964　　　　　　　　　　105011503

塑膠模具設計學－理論、實務、製圖、設計
(附 3D 動畫光碟)

作者 / 張永彥

發行人 / 陳本源

執行編輯 / 葉家豪

封面設計 / 林伊紋

出版者 / 全華圖書股份有限公司

郵政帳號 / 0100836-1 號

印刷者 / 宏懋打字印刷股份有限公司

圖書編號 / 05581077

八版一刷 / 2016 年 7 月

定價 / 新台幣 650 元

ISBN / 978-986-463-282-4 (平裝附光碟)

全華圖書 / www.chwa.com.tw

全華網路書店 Open Tech / www.opentech.com.tw

若您對書籍內容、排版印刷有任何問題，歡迎來信指導 book@chwa.com.tw

臺北總公司(北區營業處)
地址：23671 新北市土城區忠義路 21 號
電話：(02) 2262-5666
傳真：(02) 6637-3695、6637-3696

中區營業處
地址：40256 臺中市南區樹義一巷 26 號
電話：(04) 2261-8485
傳真：(04) 3600-9806

南區營業處
地址：80769 高雄市三民區應安街 12 號
電話：(07) 381-1377
傳真：(07) 862-5562

序 言

　　塑膠模具的應用範圍，隨著**高科技產業**與**塑膠工業**的發展，愈來愈廣泛，其技術亦隨之突飛猛進。今天，我們迫切需要優良的**模具**，更需要卓越的**模具製作者**與**設計者**，尤其不可或缺的是實用的**專門教材**。筆者有鑑於此，不顧自身才疏學淺，整理手邊資料、書籍和實例，從事編著，盼望對發展**精密塑膠工業**有所裨益。

　　本書全盤討論有關**塑膠模具設計**的各種相關問題，並深入介紹目前**塑膠模具的核心—射出成形模具設計**。「射出成形」是將熔融的塑膠材料射入於模具中，置換成形空間之空氣，使充填的塑膠材料冷卻固化而得成形品，且以高速化、自動化的大量生產為前提，以高精度的成形品為其目標。因此本書以**影響成形性的六大要素—成形品設計、模具設計、模具製作、塑膠材料性質、成形機的性能及成形技術**為敘述原則，並由淺入深加以闡述。此六大要素亦為優秀模具設計者所必備之六大要件。

　　全書共分十二章，由**塑膠材料概論**乃至**模具設計精要**，涵蓋整個塑膠模具設計有關之理論與技術；敘述儘量平易，計算式止於最少限度、圖表、照片豐富，力求容易瞭解。初學者讀之，對塑膠模具將有深刻之認識，而實務技術者閱之，更可對塑膠模具技術深入應用，進而融會貫通，成為卓越之模具設計者。

　　本書實適於**職業教育**與**職業訓練及研究所**、**大學**、**科大**、**技術學院有關科系**及**業界技術相關者**，以及有志此學之人士**研讀**、**參考**、**自修**、**設計**之用。

　　本書係利用公餘之暇編著而成，雖對編著、校對力求嚴謹，尚有疏漏不當之處，尚祈讀者、先進不吝指正是幸。

張永彥　謹識

編輯部序

　　「**系統編輯**」是我們的編輯方針，我們所提供給您的，絕不只是一本書，而是關於這門學問的所有知識，它們由淺入深，循序漸進。

　　本書是作者任教職訓中心**塑膠模具養成訓練**與**塑膠模具設計夜間進修訓練**多年所使用之**教材**及本身現場(外商公司：光學部)之**實作經驗與設計心得**，再加上赴國外研修**塑膠模具製作**與**設計技術**所編著而成，書中全盤討論有關塑膠模具設計的各種相關問題，並深入介紹目前**塑膠模具**的核心—**射出成形模具設計**，並從**塑膠材料、成形品設計、模具設計、模具材料、熱處理**再述及**成形技術**並配以豐富的**圖表、照片、設計圖例**，可供**職業教育、職業訓練**及**研究所、大學、科大、技術學院**有關科系**教學**之用及**業界技術人員**或對此書有興趣者**研讀、參考、自修、設計**之用。

　　同時，為了使您能有系統且循序漸進研習相關方面的叢書，我們以流程圖方式，列出各有關圖書的閱讀順序，以減少您研習此門學問的摸索時間，並能對這門學問有完整的知識。若您在這方面有任何問題，歡迎來函連繫，我們將竭誠為您服務。

相關叢書介紹

書號：06086
書名：塑膠成型品設計與模具製作
編著：林滿盈
16K/424 頁/450 元

書號：0223902
書名：塑膠產品設計(第三版)
編著：張子成.邢繼綱
20K/320 頁/320 元

書號：0535401
書名：連續沖壓模具設計之基礎與應
　　　用(第二版)
日譯：陳玉心
20K/328 頁/400 元

書號：0542901
書名：塑膠模具設計與機構設計
　　　(修訂版)
編著：顏智偉
20K/368 頁/380 元

書號：0257901
書名：塑膠模具結構與製造
　　　(第二版)
編著：張文華
20K/248 頁/280 元

書號：05409
書名：射出模設計詳解
日譯：黃錦鐘.歐陽渭城
20K/304 頁/320 元

書號：05984
書名：塑膠扣具手冊
英譯：葉智鎰.邱士哲(校閱)
20K/400 頁/480 元

◎上列書價若有變動，請以
　最新定價為準。

流程圖

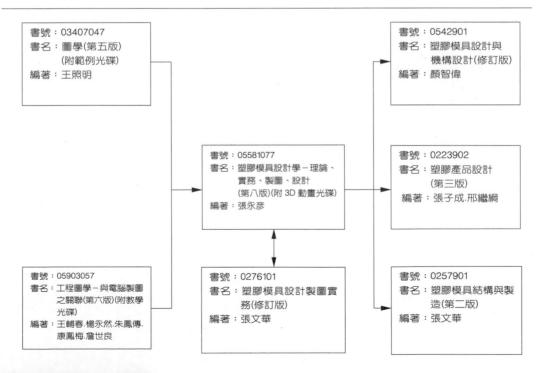

目 錄

第4章　成形品的品質　　4-1

第5章　射出成形用模具　　5-1

第 6 章 　 模具構造零件及尺寸規格　　　　　　6-1

第 7 章　模具加工法概要　　　　　　　　　　　7-1

第8章　考慮加工性之設計　8-1

第9章　射出成形機　9-1

第 10 章 射出成形機之周邊機器   10-1

塑膠概論

本章重點

1. 塑膠之定義及分類

2. 塑膠材料之全名、簡稱及認識

3. 塑膠的鑑別法

4. 塑膠及強化塑膠性能之不同

5. 何謂工程塑膠

塑 膠 模 具 設 計 學

■ 1.1　人類(humanity)與塑膠的關係

　　人類的文化始自石、木時代，再學會使用銅(Cu)、鐵(Fe)等金屬而有驚異的發展，接著製造玻璃，開發輕金屬，直至今日由於塑膠(plastics)的出現，嶄新的塑膠時代終告誕生。經過專家的不斷研究發展，使得塑膠被應用在高科技的太空武器上，當然，若沒有塑膠的出現，也就不能使太陽神太空船穿過大氣層，登陸月球。

　　今日大家的日常生活已是塑膠式的生活，且看看周圍的事實，電話機、電視機、立體音響、冷氣機、電風扇、高精密電子零件、光學零件、照相機等，大部份是塑膠成形品(moldings)。眾所週知，電器用品的開關、插座、插頭、電線覆皮等也都已經使用塑膠。電冰箱、洗衣機、餐桌、食品的包裝、食器、調味品容器、切菜板、簍籠、水桶、臉盆、紙屑筒等不勝枚舉，無一不是塑膠成形品。

　　室內裝飾、汽車、機車、兒童玩具車等所用的塑膠也與日俱增，假牙、美容整形也以塑膠為主，甚至可製造人工心臟等內臟器官，可見塑膠也進展到人體內部。最近塑膠也取代了大部份的紙或木材製品了。**塑膠實可謂是提高人智所生的人類文化的化學之花。**

■ 1.2　塑膠(plastics)的定義

　　所謂的塑膠：「是由分子量非常大的有機化合物(organic compound)所組成，或由以其為基本成份的各種材料，以熱(hot)、壓力(pressure)等使之具有流動性(fluidization)而成形為最終的固體狀態(solid state)者，稱為塑膠。」，亦可簡單謂為：「以合成樹脂(synthetic resin)製成者」。

　　所謂的合成樹脂是由種種化學原料之化學反應合成而與天然樹脂具同樣狀態的高分子(high molecular)有機化合物。

　　如前所述，吾人可方便認為塑膠是由合成樹脂製成者，不過廣義上塑膠並不只是由合成樹脂製成者，此外也常加其他物質補強或增量，以降低價格或添加安定劑、可塑劑、潤滑劑、著色劑、帶電防止劑、發泡劑等副資材以改良性質或成形性等。所以，所謂的塑膠乃可泛稱：「合成樹脂配加副資材而製成者」。

　　對塑膠的定義(美國塑膠工業協會)：「全部或部份由碳(C)與氧(O)、氫(H)、氮(N)及其他有機(organic)及無機元素(inorganic element)化合而成，在製造的最後階段成為固體(solid)，在製造中某些階段是液體(liquid)，因而可以加熱或加壓力，或二者併用的方式，使其形成各種形狀，此龐大而變化多端的材料族類中的任何一種，均可稱為塑膠。」

　　用更技術性的話來說，塑膠材料應具有下列特性：

⑴ **一種人造的材料**：也就是說，它們是由人在實驗室中製成的，而不是一般可在自然界中發現的材料。自然界雖已提供了各種成份，但仍需要人類混合若干自然元素，以製成塑膠。

⑵ **一般塑膠是有機化合物**：有機化合物是指那些含有碳的化合物，它們具有碳原子與原子間鏈狀連接的化合物。

⑶ **塑膠材料在成為最終產品以前，在某些階段必需要能夠流動。**

⑷ **塑膠材料是一種聚合物(polymer)。** 聚合是使兩種高分子量的有機化合物在熱或壓力之下，或是二種共同作用下，合成與原有分子性質完全不同的大分子。

■ 1.3 塑膠的通性

　　塑膠是用各種化學原料(chemical materials)經過各式化學反應而製成，故其種類繁多，性質不一，但其大部份具有下列共同的性質：

⑴ **重量輕**：鐵(Fe)的比重(specific gravity)是 7.8，鋁(Al)是 2.6，而塑膠的比重只有 0.9～2 之間。

⑵ **堅固耐用**：一般塑膠皆有長久的耐用性，尤其是玻璃纖維強化塑膠(FRP)更是強韌(toughness)無比。

⑶ **電絕緣性(electrical insulation)優越**：塑膠為電之不良導體。

⑷ **耐蝕性(corrosion resistance)強**：耐水(water resistance)、耐油(oil resistance)、耐酸(acid resistance)、耐化學藥品(chemical resistance)，而且不生銹(rustless)。

⑸ **成形容易，生產率高**：具有加熱軟化的性質，極易成形，且成形法簡單並可做大量生產。

⑹ **原料豐富，價格低廉**：原料取得容易，可增加廣泛用途。

⑺ **色彩鮮明，著色容易**：光澤(gloss)、透明(transparency)、半透明性(semi-transparency)良好，色彩清明，適當加入著色劑(colorant)，可改變其色澤。

⑻ **主要原料為煤炭、石油(petroleum)等石油化學工業之產品。**

■ 1.4 塑膠的分類

組成塑膠的高分子物質的分子形狀有長連如線者，有如分枝者、有分枝再連結於其他線狀分子而成網目(network)等。

圖 1.1(a)的線狀分子集團在高溫時的分子運動很活潑，柔軟化甚或熔融(melt)，若浸於適當的溶媒(solvent)，分子會紛紛鬆解而溶解，而圖 1.1(b)的網目構造是全體形成一個巨大的分子，在高溫也動彈不得，很難軟化，浸於溶媒中也不溶解。

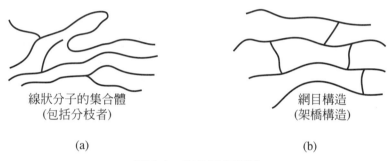

線狀分子的集合體　　　　　　　　　　網目構造
(包括分枝者)　　　　　　　　　　　　(架橋構造)

(a)　　　　　　　　　　　　　　　　(b)

圖 1.1　高分子的形狀

苯乙烯塑膠和氯化乙烯塑膠等之為熱可塑性，便是因為它們是線狀(linear)分子的集團，加熱後分子構造也不會起變化。酚甲醛、環氧樹脂等之為熱硬化性，是因為加熱後成為網目構造的緣故。不只是因為熱，有時也會因光線或催化劑(accelerator)的作用而發生網狀化，所以熱硬化性塑膠的成形須在此網狀化尚未完結前進行。網目亦即架橋，愈密則愈硬，耐熱性和耐藥性也愈好。由上述可知塑膠大別可分為熱可塑性塑膠和熱硬化性塑膠兩類。

1.4-1　熱可塑性塑膠(thermo plastics)

熱可塑性塑膠亦可稱為熱塑性塑膠，係指塑膠受熱即軟化(softening)，冷卻(colling)即凝固而成形，再加熱又可軟化，再冷卻又可變成固體，可反覆成形使用的塑膠，叫做熱可塑性塑膠。熱可塑性塑膠有如蠟燭加熱後便如蠟般的熔解，回到常溫則恢復原先硬度(hardness)，反覆加熱、冷卻也不會改變其本來的性質。**亦就是當其在成形過程中僅產生物理(physical)變化，這個變化只是暫時的，一旦溫度降低，即可恢復成形前的性質。**

熱可塑性塑膠又可分為結晶性(crystalline)與非結晶性(amorphous)兩種，結晶是指分子規則地排列集成者，一般說來排列規則的部份為結晶部份，排列不規則的部份為非結晶部份。一般而言，非結晶性之塑膠其透明度(transparency)甚高如苯乙烯(PS)、壓克力(PMMA)和聚碳酸脂(PC)等。屬於結晶性之塑膠則有聚乙烯(PE)、聚丙烯(PP)、聚醯胺(PA)、聚縮醛(POM)等。

1.4-2 熱硬化性塑膠(thermosetting plastics)

熱硬化性塑膠亦可稱為熱固性塑膠，此類塑膠在加熱時起初會被軟化而具有一定的可塑性，但隨加熱的進行，塑料中的分子不斷地化合，最後固化(curing)成為一個不熔化，也不溶於溶劑的物質，此類塑膠叫做熱硬化性塑膠。其性質有如雞蛋，加熱固化後，再加熱也不會軟化熔融。**熱硬化性塑膠在成形過程中產生化學(chemical)變化，變成性質完全不同的新物質，所以無法重覆成形使用。**亦就是說，經過一次之加熱固化冷卻後，已改變其原來的性質。屬於此類的塑膠有酚甲醛(PF)、三聚氰胺(MF)、尿素(UF)與環氧樹脂(EP)等。

■ 1.5 塑膠的中文名稱、簡稱及全名

塑膠的中文名稱、簡稱及全名如表 1.1 所示。

表 1.1 塑膠的中文名稱、簡稱及全名

中文名稱	簡稱	全名
丙烯腈–丁二烯–苯乙烯塑膠	ABS	Acrylonitrile-butadiene styrene plastics
羧甲(基)纖維素	CMC	Carboxymethl cellulose
酪素	CS	Casein
醋酸纖維素	CA	Cellulose acetate
醋酸–丁酸纖維素	CAB	Cellulose acetate-butyrate
硝酸纖維素	CN	Cellulose nitrate
丙酸纖維素	CP	Cellulose propionate
氯化聚氯乙烯	CPVC	Chlorinated poly (vinyl chloride)

表 1.1　塑膠的中文名稱、簡稱及全名 (續)

中文名稱	簡稱	全名
甲酚–甲醛	CF	Cresol-formaldehyde
環氧化物，環氧樹脂	EP	Epoxy, epoxide
乙基纖維素	EC	Ethyl cellulose
三聚氰胺(美�膳皿)	MF	Melamine-formaldehyde
全氟乙烯–丙烯共聚物	FEP	Perfluoro (ethylene-propylene) copolymer
酚甲醛(電木)，酚樹脂	PF	Phenol-formaldehyde
聚丙烯酸	PAA	Poly (acrylic acid)
聚丙烯腈	PAN	Polyacrylonitrile
聚醯胺(耐隆)	PA	Polyamide (Nylon)
聚丁二烯–丙烯酸	PBAN	Polybutadiene-acrylonitrile
聚丁二烯–苯乙烯	PBS	Polybutadiene-styrene
聚碳酸酯	PC	Polycarbonate
聚鄰苯二甲酸二丙烯脂	PDAP	Polydially phthalate
聚乙烯	PE	Polyethylene
聚對苯二甲酸乙烯酯	PET or PETP	Polyetylene terephthalate
聚異丁烯	PIB	Polyisobutylene
聚甲基丙烯酸甲酯(壓克力)	PMMA	Poly (methyl methacrylate)
飽和聚酯	PBT or PBTP	Polybutylene terephthalate
聚–α–氯丙烯酸甲酯	PMCA	Poly (methyl α-chlorocarylate)
聚–氯三氟乙烯(鐵夫龍)	PCTFE	Polymonochlorotrifluoroethylene
聚氧化甲烯，聚縮醛(塑膠鋼)	POM	Polyoxymethylene, polyacetal
聚丙烯	PP	Polypropylene
聚氧化苯	PPO	Polypropylene oxide
聚苯乙烯	PS	Polystyrene
聚四氟乙烯(氟素樹脂)	PTFE	Polytetrafluoroethylene
聚胺基甲酸乙酯(尿烷)	PU or PUR	Polyurethane
聚醋酸乙烯酯	PVAC or EVA	Poly (vinyl acetate)

表 1.1　塑膠的中文名稱、簡稱及全名 (續)

中文名稱	簡稱	全名
聚乙烯醇	PVA or PVAL	Poly (vinyl alcohol)
聚乙烯醇縮丁醛	PVB	Poly (vinyl butyral)
聚氯乙烯	PVC	Poly (vinyl chloride)
聚氯乙烯–醋酸乙烯酯	PVCA	Poly (vinyl chloride-acetate)
聚偏二氯乙烯	PVDC	Poly (vinylidene chloride)
聚氟乙烯	PVF	Poly (vinyl fluoride)
聚乙烯醇縮甲醛	PVFM	Poly (vinyl formal)
矽酮塑膠	SP or SI	Silicone Plastics
苯乙烯–丙烯腈	SAN or AS	Styrene-acrylonitrile
苯乙烯–丁二烯	SB	Styrene-butadiene
苯乙烯橡膠塑膠	SRP	Styrene-rubber plastics
尿素甲醛(尿素)	UF	Urea-formaldehyde
不飽和聚酯(達克龍)	UP	Unsaturated polyester
聚碸樹脂	PSF	Poly sulfone

■ 1.6　主要熱可塑性塑膠之特性與用途

主要熱可塑性塑膠之特性及用途，如表 1.2 所示。

表 1.2　主要熱可塑性塑膠之特性及用途

塑膠名稱	特性	用途				
		電氣	機械	建築	日用品	其他
PVC	強度、電氣絕緣性、耐藥品性、加可塑劑會軟化、耐熱性不是很好	電線被覆、電線管、絕緣材料、膠帶	車用座墊、化學工場配管、汽車零件	水管、塑膠地板、屋頂材料、隔熱材	手提袋、皮帶、塑膠鞋、桌巾、透明瓶子、電話機	玩具、農業用薄皮、塗料、藥碇包裝
PVDC	比PVC耐藥品性大、耐熱性、薄膜的透氣性小		車用座墊	防蟲網、傢俱表層皮塗膜	防濕紙、帳蓬、唱片、發泡體、軟水管、食品包裝	漁網、發泡體、耐藥性成形品

表 1.2　主要熱可塑性塑膠之特性及用途 (續)

塑膠名稱	特性	用途				
		電氣	機械	建築	日用品	其他
PVAC	無色透明，接著性好，耐光性佳、耐熱差，吸水性大，大部份之溶劑皆可溶		皮帶	塗料、地板、安全玻璃	工作服、襪子、塑膠手套	PVAL 的原料、口香糖的原料、接著劑
PVA	無色透明彈性體、耐熱、絕緣、軟化點高	電線被覆	安全硝子的中間膜	安全玻璃塗料	合成纖維、接著劑、塑膠皮	鹼化PVA可作土壤改良劑
PMMA	無色透明、光學性佳、強韌、絕緣性佳、加工性好、耐候性良好	照明器具零件、透明板	防風玻璃、車尾燈	廣告燈、燈座、廣告招牌	鈕扣及其他裝飾品	眼鏡、假牙、光學零件、醫療用品
PS	無色透明，易於染色，絕緣性佳，耐水、耐藥品、不耐衝擊(GPPS)	收音機外殼、電視櫃、絕緣物	車尾燈、冷凍庫壁	百葉窗、隔熱材、招牌、隔音材、天花板、壁材	杯子、容器、各種箱子、牙刷、梳子、原子筆	玩具、嬰兒車、軟墊用品
PA	強韌、自己油滑且耐磨、吸震性強、耐熱、耐寒、耐藥品、尺寸安定性差	電線被覆、電氣零件	齒輪、軸承、座墊、凸輪	戶外車棚、尼龍皮(農業用)	梳子、包裝材料、刷子、家用品、襪子、繩子	漁網、衣材用品、醫療器具
PE	比水輕、柔軟、不耐熱、耐藥品、耐水性、電氣絕緣性，接著印刷差	電波機器零件、電線被覆	檔泥板、塑膠墊片	可撓性水管	包裝材料、食器、容器藥瓶、水桶、塑膠袋	玩具、雜貨
PTFE	高低溫電氣絕緣性、耐藥品性、強度很大、耐熱佳、耐磨性、安定性佳	高級絕緣材料、絕緣管、電線、電氣零件	塑膠墊片、軸承、輸送帶	耐紫外線之建築用具		耐藥品之成形品

表 1.2　主要熱可塑性塑膠之特性及用途 (續)

塑膠名稱	特性	用途				
		電氣	機械	建築	日用品	其他
CA	透明、可撓性、加工性良好、著色易	收音機殼、電話器具	汽車方向盤、電扇葉片	塗料	照相軟片、錄音帶、文具	難燃燒物、眼鏡框
PP	最輕的塑膠，機械強度比 PE 高，電氣絕緣性佳、耐水、耐藥品	電氣絕緣材料、電氣製品之被覆	機器包裝薄皮		洗臉盆、容器、食器、高韌性高溫塑膠袋、塑膠繩	軟片、水管
POM	強韌、耐久力大、耐熱、耐藥品，類似尼龍，耐磨耗且類似 PC，耐衝擊	高級絕緣材料	金屬代用品、齒輪、彈性凸輪	窗簾滑動器、各種手把	容器類	各種耐衝擊成形品、玩具
PC	高低溫之機械性佳、特別耐衝擊、低溫安定性好、耐候性佳、透明性佳	計算機零件、電氣零件	精密機械零件、螺帽、齒輪、軸承等	塗料	家庭用品、軟片、果汁機、吹風機、奶瓶	接著劑、安全帽
ABS	乳白色半透明，耐衝擊性比 PS 好，流動性佳，化學電鍍密著性佳，耐熱性佳	電氣零件、收音機外殼	機械之構造體、金屬化用品、汽車儀表板	陳列櫥、管類	文具、容器、吸塵器零件	安全帽、電池箱

■ 1.7　主要熱硬化性塑膠之特性及用途

　　主要熱硬化性塑膠之特性及用途，如表 1.3 所示。

表 1.3　主要熱硬化性塑膠之特性及用途

塑膠名稱	特性	用途
PF (bakelite)	機械強度大、絕緣性、耐燃燒性、耐水性、耐酸性、耐油性、安定性良好、暗色不耐鹼、易變色、染色性有限	各種電器零件、機械零件、無聲齒輪、刹車來令、接著劑、食器、容器、安全帽、塗料、烹調器握柄、煙斗、麻將牌等
UF	無色、著色自由，與 PF 性質類似而稍劣，耐水性和耐候性比 PF 稍差	電氣零件、配電器具、電話筒、汽車零件、合板接著劑、塗料、按鈕、容器、麻將牌、時針盤、筷子、衣扣、瓶蓋等
MF (melamine)	與 UP 同性質，耐水性佳，表面硬度大，耐燃性、無色、易於著色	配電盤、機械零件、汽車零件、麗光板、塗料、接著劑、容器、食器、紙、布的樹脂加工
UP	絕緣性佳、玻璃纖維補強之UP機械強度大、耐熱、耐藥品、可低壓成形、耐水性佳	構造材料、建築材料、汽車零件、車體、船、屋頂材料、椅子、鈕扣、裝飾品、安全帽、藥筒等
SP or SI	耐高、低溫、絕緣性佳、特有的表面、物理性佳、脫模性佳、消泡性佳、耐磨性優、耐日光、耐化學藥品、無毒	沉水馬達、無油液壓器、脫模劑、潤滑劑、塑膠墊片、防水劑、消泡劑、型材、接著劑
EP	金屬的接著性大、耐藥品性、機械強度大、絕緣性好	絕緣材料、金屬塗料、金屬接著劑、工具治具、來令、積層板等
PDAP or DAP	強度大、絕緣性佳、耐藥品性、耐熱性、尺寸安定性良好，濕潤時耐磨耗性良好、可低壓成形	電晶體抵抗器、電氣計算機、壁面材料、屋頂材料、絕緣膠帶
PU or PUR	有彈性、強韌、耐磨耗性佳、耐熱性、耐油性、耐老化性良好，稍不耐酸、鹼及熱水	緩衝材、斷熱材、合成皮革、接著劑、塗料、寢具、座墊、浴用海棉

■ 1.8　塑膠的鑑別法(燃燒試驗 flame test)

塑膠的燃燒試驗如表 1.4 所示。表 1.5 為塑膠之系統鑑別法。

表 1.4　塑膠的燃燒試驗

方法\n種類	燃燒的難易	火焰拿掉是否\n繼續燃燒	火焰之顏色	燃燒後\n的狀態	氣　味	成形品\n的特徵
PF	慢慢燃燒	熄滅	黃色	膨脹龜裂顏色變深	碳酸臭味、酚味	黑色或褐色
UF	難	熄滅	黃色，尾端青綠	膨脹龜裂白化	尿素味、甲醛味	無色或淡黃色的透明體
MF	難	熄滅	淡黃色	膨脹龜裂白化	尿素味、胺味、甲醛味	表面很硬，顏色大多美麗或透明
UP	易	不熄滅	黃色黑煙	微膨脹龜裂	苯乙烯氣味	成形品大多以玻璃纖維補強
PMMA	易	不熄滅	黃色，尾端青綠	軟化	壓克力氣味	和玻璃一樣的聲音，可彎曲，大多為透明成形品
PS	易	不熄滅	橙黃色黑煙	軟化	苯乙烯	敲擊時有金屬性的聲音，大多為透明成形品
PA	慢慢燃燒	熄滅	上端黃色	熔融落下	特殊味	有彈性、不透明、耐磨
PVC	難	熄滅	黃色，下端綠	軟化	氯氣味	軟質者類似橡膠，可調整各種硬度，透明或不透明
PP	易	不熄滅	黃色(藍色火焰)	快速完全燒掉	特殊味(柴油味)	乳白色、透明或不透明，表面光澤良好
PE	易	不熄滅	上端黃色下端青色	熔融落下	石油臭味(石蠟氣味)	淡乳白色，大多為半透明或不透明之蠟狀固體
ABS	易	不熄滅	黃色黑煙	熔融落下	橡膠味、辣味	不透明稍具蠟質
PSF	易	熄滅	略白色火焰	微膨脹龜裂	硫磺味	硬且聲脆
PC	稍　難	熄滅	黃色黑煙	軟化	特殊味	淡黃色、透明或不透明、耐衝擊
POM	易	不熄滅	尖端黃色下端藍色	邊滴邊燃	福馬林的氣味	乳白色不透明、強韌
CN	極　易	不熄滅	黃色	完全迅速燃燒	特殊味	透明或不透明
CA	易	不熄滅	暗黃色黑煙	邊滴邊燃	特殊味	透明或不透明

表 1.5 塑膠之系統鑑別法

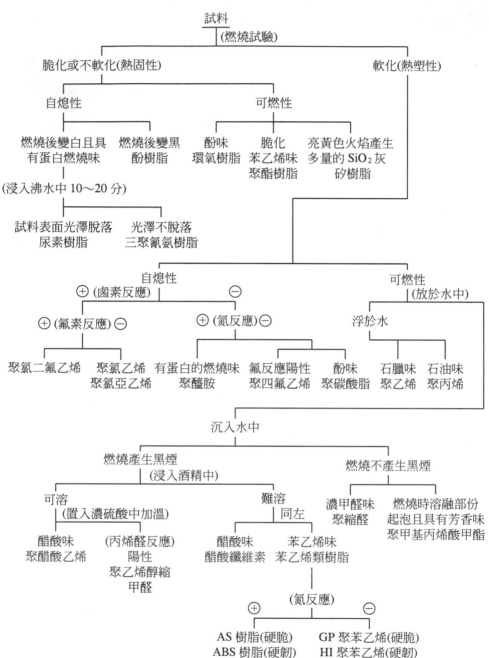

■ 1.9　用為機械材料(mechanical materials)的塑膠

　　把燒得火紅的鐵塊壓延成板狀的滾筒的軸承、汽車的傘齒輪等都是酚甲醛的功效，電扇和電影放映機之所以能旋轉，完全是托福於聚醯胺或聚縮醛製的齒輪。談到機械材料，大家一定聯想到金屬(metal)。事實上，在塑膠未有今日發展以前，大部份是依賴金屬，但是現在機械裝置材料或零件很多都以塑膠來取代，且有與日俱增的傾向。

　　金屬雖是了不起的材料，不過它也有下列缺點：1.重；2.易生銹；3.精密加工費事且費財；4.不能用為熱和電的絕緣體；5.不透明；6.價格變動大。反之，塑膠很輕，藉射出成形、壓縮成形等可大量生產，本身耐蝕，也不生銹，又是熱和電的不良導體，亦就是金屬的缺點，在塑膠而言都是專長，這便是塑膠在機械材料方面走紅的理由。

　　吾人常用「工程塑膠」(engineering plastics)一語，意思是「在機械裝置的領域中取代金屬材料為己之主要用途的塑膠」，也可說是用為機械材料的塑膠。但是機械材料在相當重視的荷重或溫度條件下歷經長時間反覆使用亦須耐得住，所以堪稱為工程塑膠的種類並不多見。

　　塑膠可依表示材料機械特性的應力(stress)──應變(strain)曲線(圖1.2)大別分為：(a).硬而脆；(b).比(a)軟或強；(c).軟而韌性強；(d).硬而強韌。

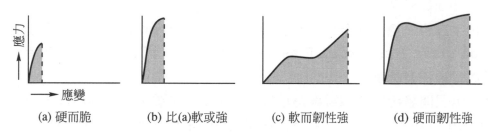

(a) 硬而脆　　(b) 比(a)軟或強　　(c) 軟而韌性強　　(d) 硬而韌性強

圖 1.2　塑膠的應力應變曲線

　　其中，用於機械材料的工程塑膠主要為(c)與(d)，因其較近似金屬。

⑴　(a)曲線之塑膠有：PS、PMMA、PF 等。

⑵　(b)曲線之塑膠有：硬 PVC 等。

⑶　(c)曲線之塑膠有：PE、PP、PTFE 等。

⑷　(d)曲線之塑膠有：ABS、POM、PA、PC、PPO、PSF、纖維素(cellulose)塑膠等。

　　大家也許會以為工程塑膠具有與金屬相同的強度，其實不然，若要使機械強度顯著改善，則必須加玻璃纖維等副資材。譬如說，由應變應力曲線可看出 PF 屬於硬(hardness)脆(brittleness)者，不過若以布、玻璃纖維、金屬纖維等加以強化，則可成為很好的工程塑膠。相同的，PA、PC、PP、PTFE 等熱可塑性塑膠加入玻璃纖維後也可提高強度(strength)，成為更有效的工程塑膠。上述塑膠以玻璃纖維強化後，不只機械性質(mechanical property)提高，連耐熱性(heat resistance)也獲得改善，可見效果之大。

　　我們知道，塑膠的機械性質會因荷重、熱、補強效果等而異，此外尚須考慮長期荷重(load)而變形(deformation)的現象、應力(stress)緩和現象、疲勞(fatigue)現象等，所以把塑膠用為機械材料時尚須考慮很多因素。總而言之，塑膠輕且不生銹，又有金屬所不及的種種特性，所以儘管它也有缺點，今後勢必可與金屬或其他材料組合而益增其用途。

■ 1.10 　強化塑膠(FRP)

　　廣義的強化塑膠是指把紙(paper)或各種纖維(fiber)、織布(fabric)、蓆(mat)、氈(felt)等與合成樹脂組合而成機械強度良好的塑膠。但是近年來已知利用玻璃纖維可顯著增大補強效果，其合成樹脂是用 UP，參考表 1.1，以此二者製成的是「比鋁輕、比鐵強」，是特性極佳的塑膠，廣被應用，所以一般所謂的強化塑膠，普通都是指「玻璃纖維強化 UP」。

　　英語字譯也一樣，廣義的強化塑膠稱為 Reinforced Plastics，用玻璃纖維者稱為 Fiberglass Reinforced Plastics(簡稱 FRP)，而 FRP 中用 UP 者佔絕大多數，所以普通還是指此。

　　最近也已開發出以玻璃纖維為基料的熱可塑性塑膠，特稱為 FRTP(Fiberglass Reinforced Thermo Plastics)，有時是以 glass 的 G 取代 F 而稱為 GRP 或 GRTP。

　　如前所述，用於 FRP 的合成樹脂的種類以 UP 最具代表性，不過也可用 EP、PF、SI 等熱硬化性塑膠。用於 FRTP 的熱可塑性塑膠有 PA、PC、POM、PSF、PPO、PE、PP、ABS、PVC 等。

1.10-1 　強化塑膠的用途

　　強化塑膠的製品最近已由熱硬化性塑膠進展到熱可塑性塑膠，其用途也在多方面有顯著的發展。由美國開發出來的當時，專用於軍需品、飛機的雷達室、排氣管、機翼、補助箱等，海軍的救生艇、登陸用舟艇、陸軍用的輸送箱、各種盒箱類、膠盔、防彈衣等。民生必需品中以半透明的引光波板最早生產，其後用以製造摩托划船、遊艇、容器類、浴槽、冷卻塔、便槽、淨化槽、服裝用假人等。交通器材方面有寢車床、頂樑乃至汽車車體、跑車或雪上車等。此外還有，耐化學藥品之容器、安全帽、車輛零件、椅子、撐竿跳之跳竿、滑雪竿、釣竿等運動娛樂用品等。

1.10-2　FRP 及 FRTP 之性能比較

FRP 及 FRTP 之性能比較如表 1.6 所示。

■ 1.11　塑膠副資材(subsidiary materials)

塑膠加各種添加劑(additive)可改良其性質，這些添加劑總稱為副資材(subsidiary materials)。副資材包括安定劑(stabilizer)、可塑劑(plasticizer)、潤滑劑、難燃劑、著色劑、填充料、帶電防止劑、發泡劑。但是單是可塑劑市面上就有數十種以上，所以在此只說明大體上的觀念。

1.　**安定劑**(stabilizer)

塑膠在加工工程或使用中常因熱、光、空氣、濕氣等而多少發生變色(discoloration)或劣化(deterioration)，但只要加入少許的適當藥品，混入塑膠中，即可彌補此項缺失。此藥品稱安定劑。如 PVC 被加熱至高溫(約 190℃)時即分解而變黑，不過若預加少量的硬脂酸的鉛鹽則此現象立即消失。

2.　**可塑劑**(plasticizer)

塑膠添加可塑劑能變軟，如 PVC 添加苯二甲酸系藥品，可使其軟化。當初開始製造 PVC 成形品時，就有夏天變軟，冬天變硬的毛病，原因即在於無良好的可塑性，最近可塑劑已非常進步，幾無此種缺點。

3.　**潤滑劑**(lubricant)

若在塑膠中混入少量的金屬皂(metal soap)，則熔融時的流動性可變好，且變得不與模具黏著，易於成形，有類似金屬皂此種功能的藥品稱為潤滑劑。熱安定劑多少有些潤滑劑的功用。

表 1.6 FRP 及 FRTP 之性能比較

種類	FRP								FRTP			
塑膠材料	不飽和聚酯樹脂			環氧樹脂		酚醛樹脂		矽質樹脂	聚縮醛樹脂	聚醯胺樹脂	聚碳酸酯樹脂	AS樹脂
性質 ＼ 補強材	玻璃蓆的合板	玻璃布的合板	短玻璃預混物	玻璃布的合板	短玻璃預混物	玻璃布的合板	棉布合板	玻璃布的合板	加有玻璃纖維的射出成形品			
玻璃纖維含有率 (%)	35~45	60~65	10~20	60~70	10~20	60~65	50~55	40~60	20~40	20~40	10~40	20~35
比重	1.45~2.0	1.8~2.0	1.9~2.2	1.8~2.0	1.8~2.0	1.8~1.95	1.8~1.4	1.6~1.9	1.55~1.7	1.30~1.52	1.24~1.52	1.2~1.46
抗拉強度 (kg/cm^2)	1400~1800	2100~5000	285~700	3160~7030	980~2110	2800~ 1.8	490~ 1.1	700~2460	740~880	980~2460	980~1400	910~1400
抗拉彈性率 (10^3kg/cm^2)	0.7~13.4	1.4~3.2	1.1~1.8	1.8~2.5	1.5~2.5	0.84~ 1.8	0.35~ 1.1	1.1~1.4	0.4~0.7	0.6~1.27	0.9~1.3	0.28~0.84
彎曲強度 (kg/cm^2)	750~2800	2800~6300	840~1410	3160~7030	1400~4200	4600~6700	980~2100	700~2670	1100~1120	1270~2800	1600~2110	1550~1830
衝擊強度 (kg·cm/cm^2)	8.6~42.8	95~180	6.4~78	42.8~107	34.0~107	47.2~114	4.2~128	21.4~56.0	4.0~12.8	11.1~25.6	6.4~17.0	5.1~12.8
耐熱性(連續) (℃)	120~150	120~150	150~177	120~150	160~260	120~260	107~120	205~370	約150	150~205	約150	100~105

4. **難燃劑**(flame retardant)

　　PS 的泡棉易燃，所以使用為建材時須先難燃化處理。不只是 PS 如此，易燃的塑膠也常對於使用目的而行難燃化處理。這常是混用有機鹵化合物或有機磷化合物或氧化銻等無機化合物以達目的。不過不管如何，塑膠為有機化合物，雖可做到難燃性，卻無法達到不燃性。

5. **著色劑**(colorant)

　　著色劑有粉末(powder)狀的乾性(dry)顏料、糊狀(paste)的調色顏料(pigment)及把 5～50％的顏料分散混合於塑膠中作成粒(pellet)狀或薄片(sheet)狀者。乾性顏料是與 PE、PP、PVC、PS 等的粒狀塑膠以混合機(mixer)充分混合後，再成形即可得著色成形品。

6. **填充料**(filler)

　　填充料對塑膠的物性(substance property)有很大的影響，所以是廣被利用的副資材。如塑膠中加入玻璃纖維(glass fiber)、布(fabric)、紙(paper)等可增加其強度(strength)。加入二硫化銅或石墨(graphite)等材料，可增加其耐磨性(abrasion resistance)，此外雲母(mica)對電氣性質，石棉(asbestos)對耐熱性(heat resistance)的提高，碳酸鈣或木粉(wood meal)對增量或成形性(moldability)的改善，成形收縮的減輕，減低成本等都各有其效用，有時也把這些填充料稱為基材(base materials)。

7. **帶電防止劑**(antistatic agent)

　　一般而言，塑膠是卓越的絕緣物(insulator)，所以很容易帶靜電(eletrostatic)而吸沾塵埃，但是易吸濕氣(moisture)的玻璃紙或聚乙烯醇的膠膜則無此憂，這是因為濕氣為電的良導體，所以若設法使塑膠成形品的表面具吸濕性(moisture absorption)，則可防止塵埃的吸著，因而應運而生的是帶電防止劑。帶電防止劑包括作成成形品後再行塗佈的外部用帶電防止劑和預先混入成形材料中，成形時可浮起成形品表面的內部用帶電防止劑。兩者都有親水基。親水基(hydrophilic nature)可選用碳酸鹽、硫酸酯、胺、磷酸鹽、硼酸鹽、醇類等。

8. **發泡劑**(foaming agent)

　　塑膠使用發泡劑的方法，正如作麵包時要加入酵母或發酵粉以使膨脹，塑膠加入適當的發泡劑加熱後即成多孔性之發泡塑膠(foam plastics)。如 PS 發泡劑(丁烷、戊烷、己烷)成為念珠狀成形材料市售，直接或預備發泡後裝入模具，只加熱，就可膨脹 20～70 倍。

1.11-1 填充料(filler)、強化材(reinforcement)對塑膠性能(specialty)之貢獻

填充料及強化材料塑膠性能之貢獻，如表 1.7 所示。

表 1.7 填充料、強化材料對塑膠性能之貢獻

材料	性能	耐藥品性	耐熱性	電絕緣性	耐衝擊性	抗拉強度	尺寸安定性	剛性	硬度	滑性	導電性	熱傳導度	耐濕性	加工性	適應塑膠
粉體	氫氧化鋁 (微粉)			○				○					○	○	P
	鋁 (粉末)										○	○			S
	碳酸鈣		○				○	○	○					○	S/P
	矽酸鈣		○				○	○	○						S
	高嶺土	○	○				○			○			○	○	S/P
	高嶺土 (預燒)	○	○	○			○						○	○	S/P
	雲母	○	○	○			○						○		S/P
	二硫化鉬							○	○	○			○	○	P
	矽土 (無定形)			○									○	○	S/P
	滑石	○	○	○			○	○	○				○	○	S/P
	煤炭 (粉末)	○											○		S
	石墨	○				○		○	○	○	○	○			S/P
	碳黑	○						○	○		○	○		○	S/P
	木粉			○		○	○								S
	樹皮(稻殼)													○	S
纖維狀	石棉	○	○	○	○		○	○	○						S/P
	碳纖維										○	○			S
	玻璃纖維	○	○	○	○	○	○	○	○				○		S/P
	纖維素				○	○		○							S/P
	α－纖維素				○	○		○							S
	棉				○	○		○	○						S
	苧麻					○		○							S
	西沙爾麻	○			○	○		○					○		S/P
	耐隆	○		○	○	○		○		○				○	S/P
	奧隆	○	○		○	○		○					○	○	S/P
	嫘縈			○	○	○		○							S
	TFE							○	○	○					S/P

P：熱可塑性塑膠，S：熱硬化性塑膠

■ 1.12 塑膠與強化塑膠之性能(specialty)

表1.8為塑膠材料的性能比較，表1.9為強化塑膠之性能比較。

表 1.8　塑膠材料的性能比較

No.	成形材料	比重	成形收縮率 (%)	抗拉強度 (kg/cm²)	伸度 (%)	衝擊強度 Izod 缺口 (kg・cm/cm)
1	酚樹脂(充填木粉)	1.25～1.45	0.4～0.9	500～800	0.4～0.8	1.5～3.0
2	尿素樹脂(充填纖維素)	1.45～1.55	0.6～1.4	400～900	0.3～0.8	1.1～1.7
3	三聚氰胺樹脂(充填纖維素)	1.45～1.55	0.5～1.5	500～900	0.6～0.9	1.0～1.5
4	不飽和聚酯(充填玻璃纖維)	1.65～2.30	0.1～1.2	210～700	0.5	3.2～35.3
5	環氧樹脂(充填玻璃纖維)	1.70～2.00	0.1～0.5	3200～4300	—	43～110
6	高密度 PE	0.94～0.97	2.0～5.0	220～390	15～100	86
7	低密度 PE	0.91～0.93	1.5～5.0	80～160	90～800	
8	PP	0.90～0.91	1.0～2.5	300～390	200～700	2.0～6.4
9	聚醯胺 6(耐隆 6)	1.12～1.14	0.4～1.4	490～840	25～320	4.3～24
10	聚醯胺 6.6(耐隆 6.6)	1.13～1.15	0.8～1.5	790～840	60～300	2.1～5.4
11	聚縮醛	1.41～1.43	2.0～2.5	700～840	15～40	6
12	飽和聚脂(PBT)	1.31	1.7～2.3	300		6.5
13	氟素樹脂(PTFE)	2.1～2.3	0.5～2.5	140～320	200～400	13
14	PVC 樹脂(硬質)	1.35～1.45	0.1～0.5	480～550	2～40	1.7～8.6
15	PVC 樹脂(軟質)	1.16～1.35	1.0～5.0	120～250	250～450	因可塑劑量而異
16	PS	1.04～1.09	0.1～0.6	350～840	1～2.5	1.1～1.7
17	壓克力	1.17～1.20	0.1～0.4	490～770	2～10	1.3～2.1
18	PC	1.2	0.5～0.7	560～670	60～100	51～69
19	變性 PPO(Noryl)	1.06～1.10	0.6	550～670	50～60	10.7
20	聚碸	1.24	0.7	717	50～100	5.0～5.4
21	Polyphenylene sulfide(萊通 R-6)	1.34	0.01	759	3	1.6
22	Methylpentene 樹脂 TPX(RT-18)	0.83	1.5～3.0	250	40	2.9

表 1.9　強化塑膠之性能比較

No.	成形材料	比重	成形收縮率 (%)	抗拉強度 (kg/cm²)	伸度 (%)	衝擊強度 Izod 缺口 (kg・cm/cm)
1	酚樹脂(30 % GF)	1.7～2.0	0.01～0.4	450～1050	0.3	2.7
2	Diallylphthalate 樹脂(30 % GF)	1.7	0.1～0.5	665	—	3.3
3	聚醯胺 6.6(30 % GF)	1.4	0.6	1820	5	10.8
4	聚縮醛(30 % GF)	1.6	0.5	1365	3	8.1
5	PBT 樹脂(30 % GF)	1.5	0.3	1330	5	10.8
6	PC(30 % GF)	1.4	0.1	1295	3	20.0
7	變性 PPO(Noryl)(30 % GF)	1.3	0.2	1260	5	9.8
8	聚碸(30 % GF)	1.4	0.2	1300	2	9.8
9	Polyphenylene sulfide(40 % GF)	1.6	0.2	1370	1.3	7.6

表 1.8　塑膠材料的性能比較 (續)

積體電阻 (Ω·cm)	絕緣耐力 短時間 (kv/mm)	介質常數 (10⁶Hz)	介質功率因數 (10⁶Hz)	線膨脹溫度 (10⁻⁵/℃)	熱變形溫度 (18.6kg/cm²)	吸水率 (%/24hr)
$10^9 \sim 10^{13}$	8～17	3.0～5.1	0.03～0.09	3～5	125～170	0.3～0.8
$10^{11} \sim 10^{12}$	9～16	6.0～8.0	0.25～0.35	2～4	125～145	0.4～1.0
$10^{12} \sim 10^{14}$	12～16	6.0～8.0	0.03～0.05	2～4	125～145	0.1～0.6
$10^{12} \sim 10^{15}$	10～15	5.2～6.4	0.008～0.022	2～3.3	＞204	0.06～0.28
$10^{11} \sim 10^{13}$	15～30	4.5～5.3	0.01～0.3	1～1.2	140～190	0.05～0.3
$>10^{16}$	18～20	2.3～2.4	＜0.005	11～13	43～49	＜0.01
$>10^{16}$	18～40	2.3～2.4	＜0.005	10～20	32～41	＜0.015
$>10^{16}$	20～26	2.2～2.6	0.005～0.0018	6～10	57～64	＜0.01
$10^{12} \sim 10^{15}$	19～20	3.5～4.7	0.03～0.04	8.3	66～80	1.6～1.9
	16	3.6	0.03	8.0	102	1.1～1.5
10^{14}	19	3.7	0.004	8.1	124	0.25
10^{16}	23	3.1	0.02	9.5	54(4.6kg/cm²)	0.08
$>10^{16}$	19	2.1	＜0.0002	10	121	0
$>10^{16}$	15～30	2.8～3.1	0.006～0.019	5～19	54～80	0.07～0.40
$10^{11} \sim 10^{15}$	11～35	3.3～4.5	0.04～0.14	7～25	—	0.15～0.75
$>10^{10}$	20～28	2.4～2.7	0.0001～0.0004	6～8	＜104	0.03～0.10
$>10^{14}$	18～22	2.2～3.2	0.02～0.003	5～9	60～88	0.3～0.4
10^{16}	16	3.0	0.01	6.6	130～138	0.15
$>10^{16}$	15～22	2.6	0.0009	5.2	130	0.066
10^{16}	17	3.1	0.0034	0.3	174	0.22
10^{16}	23	3.1	0.0006	3.5	137(4.6kg/cm²)	0.02
$>10^{16}$	65	2.1		11.7	100	0.01

表 1.9　強化塑膠之性能比較 (續)

積體電阻 (Ω·cm)	絕緣耐力 短時間 (V/mil)	介質常數 (10⁶Hz)	介質功率因數 (10⁶Hz)	線膨脹溫度 (10⁻⁵/℃)	熱變形溫度 (18.6kg/cm²)	燃燒性 UL94	吸水率 (%/24hr)
$10^8 \sim 10^{11}$	150～350	4.0～7.0	0.1～0.2	2.4～4.1	145～315	V1～V0	0.05～0.5
—	400	4.0	0.01	2.3～3.4	204	HB～V0	0.25
5×10^{15}	500	3.8	0.015	3.1	249	HB～V0	0.9
—	550	4.0	0.005	3.8	163	HB	0.4
10^{16}	525	3.0	0.008	2.3	218	HB～V0	0.06
10^{15}	475	3.4	0.008	2.1	146	V2～V0	0.07
10^{16}	540	2.9	0.015	2.6	149	HB～V0	0.06
5×10^{14}	460	3.5	0.005	2.5	185	V0	0.2
4.5×10^{16}	450	3.8	0.0013	1.9	＞260	V0	＞0.05

■ 1.13 塑膠之化學性能(chemical specialty)

表 1.10 結晶性與非結晶性塑膠材料之耐化學性能比較

分類	塑膠名稱	吸水率%	弱酸	強酸	弱鹼	強鹼	活性氯氣體	油	丙酮	苯	四氯化碳	醇	醋	醛
結晶性塑膠	POM(DELRIN)(DULACON)	0.25 0.22	△	×	△ ○	× ○	會被氯氣侵蝕	○	◎	◎	◎	◎	◎	◎
	PA(6)(6.6)(12)	1.33~1.90 1.5 0.25	○	×	○	○	耐氯氣	○	◎	×	◎	△	◎	◎
	PP	<0.01	◎	△	◎	◎	被氯氣侵蝕	○	◎	×	×	◎	×	○
	HDPE	<0.01	◎	△	◎	◎	被氯氣侵蝕	○(60°汽油)	×	×	×	◎	×	○
非結晶性塑膠	ABS	0.18~0.45	◎	△	◎	◎	被二氧化硫侵蝕	△	×	×	△	△	×	△
	AS	0.20~0.30	◎	△	○	◎	抵抗性大	◎	×	×	×	○	×	—
	PPO(GP PPO)(NORYL)	0.06 0.07	○	○	○	○	—	○	○	—	×	○	×	—
	PC	0.15	◎	△	○	×	抵抗性大	△(汽油)	×	×	×	△	×	×
	PSF	0.22	○	○	○	○	—	◎	×	×	×	◎	—	—
	PS(GPPS)(HIPS)	0.03~0.1 0.05~0.06	◎	△	◎	◎	耐氯氣	△	×	×	×	◎	×	—
	HPVC	0.07~0.4	◎	◎	○	◎	耐氯二氧化硫	○(60°汽油)	×	×	×	◎	×	○

■ 1.14 工程塑膠(engineering plastics)

工程塑膠(engineering plastics)，意指工程用塑膠或工業(industrial)用塑膠，意思是「在機械裝置的分野中取代金屬材料為己之主要用途的塑膠」，簡言之是用為機械材料的塑膠。工程塑膠的目標是取代金屬材料外，更能達到輕量化、絕緣、絕熱、耐蝕、成形容易且能大量生產及尺寸控制簡易等優點，因此受到工程業界的青睞。工程塑膠可再細分為泛用(general purpose)工程塑膠及高性能(high function)工程塑膠。因新塑膠材料不斷地日新月異研發使用中，因此僅各提供部份代表性塑膠來分類。如表 1.11。

表 1.11　工程塑膠之分類

分類	中文名稱	簡稱	全名
泛用工程塑膠	丙烯腈－丁二烯－苯乙烯	ABS	Acrylonitrile-butadiene-styrene
	聚醯胺(耐隆)	PA	Polyamide
	聚縮醛	POM	Polyoxymethlene
	聚碳酸酯	PC	Polycarbonate
	飽和聚酯	PBT	Polybutyleneterephthalate
高性能工程塑膠	聚碸	PSF	Poly sulfone
	聚二醚酮	PEEK	Poly ether ether ketone
	聚醚醯亞胺	PEI	Poly ether imide
	聚二甲苯硫	PPS	Poly phenylene sulfide
	聚二甲苯醚	PPE	Poly phenylene ether

2

成形加工法概要

本章重點

1. 成形加工之基本原理

2. 有那些塑膠成形加工法

3. 各種成形方法之適用性、裝置內容及經濟性、
   作業性等特性之比較

PLASTICS MOLD DESIGN

塑膠模具設計學

■ 2.1 成形加工(molding)原理

塑膠成形加工方法因塑膠的種類特性(specialty)，成形品的形狀(shape)等而異，但原理上不外熔化、流動、凝固三個基本過程的變化，亦即

第一階段　可塑化階段：熔化(solution)

第二階段　充填階段：流動(flow)

第三階段　冷卻階段：凝固(solidification)

不過，實際的成形加工，不是如此簡單，須多方努力，吸取經驗，才能獲得幾無缺點的成形品，茲將有關可塑化、充填、冷卻三項基本過程分述如下。

2.1-1 可塑化(plasticization)

塑膠之所以能成形加工是由於塑膠在溫度(temperature)與壓力(pressure)的作用下產生變形(deformation)，依受熱的溫度不同，可分為四種狀態(state)，即玻璃(glass)狀態、高彈性(high elastic)狀態、可塑化(plasticization)狀態、分解(decomposition)狀態，如圖2.1塑膠在恆壓下的變形狀態曲線(curve)。

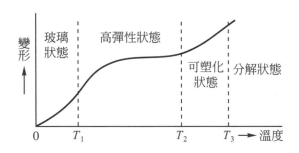

圖2.1　塑膠在恆壓下的變形狀態曲線

玻璃狀態$0 \sim T_1$：分子在凍結(freezing)狀態，硬(hardness)且脆(brittleness)，遇壓力則易破裂(cracking)。

高彈性狀態$T_1 \sim T_2$：因外力可變形，未達熔化狀態，不易成形。

可塑化狀態$T_2 \sim T_3$：可隨意成形加工。

分解狀態T_3**以後**：塑膠開始分解，出現氣體(gases)分解物，甚至達燒焦(burned)狀態。

2.1-2 充填(filling)

充填是將可塑化狀態下的熔融塑膠,在壓力的作用下流動,充滿整個成形空間(molding space)而成形的過程。若塑膠的流動性(fluidization)不良,成形壓力不足時,可能造成充填不足(short shot)的現象,相反的若塑膠的流動性優越,再加上成形壓力(molding pressure)過大,則易使成形品的分模面(parting plane)上造成毛邊(burr)的缺陷。因此在成形加工前,必先了解塑膠流動性之優劣。

2.1-3 冷卻(cooling)

塑膠充填後,必須經過一段冷卻的時間,亦即使塑膠在凝固成形後,再予取出。熱可塑性塑膠在未冷卻前還是半軟化狀,不可取出,否則會使成形品變形。但是熱硬化性塑膠在成形時,塑膠未凝固前,即迅速送入模具中,在模具中使其化學反應後再硬化(hardening),雖未完全冷卻亦可取出。**成形品的冷卻時間(cooling time)是依塑膠之性質、成形品(moldings)的形狀(shape)大小(size)、尺寸精度(dimension accuracy)、外觀(outward appearance)而定。**

■ 2.2 成形加工法(molding method)

成形加工法,要依材料的種類、特性、成形品的形狀等來選擇不同形式的加工法,但總以使用模具,再將材料加熱加壓為原則。目前使用的成形加工法,主要的有壓縮成形、轉移成形、射出成形、擠製成形、吹入成形、輪壓成形、真空成形、粉末成形、發泡成形、積層成形等。

2.2-1 壓縮成形(compression molding)

壓縮成形法是歷史最悠久的塑膠成形法。是PF、MF、UF等熱硬化性塑膠的代表性成形法,但幾近被射出成形法所取代,然而此方法的特色是:1.設備費低;2.可成形任何塑膠材料;3.成形品配向少;4.材料幾無損失。所以目前仍為重要的成形法之一。其成形過程如圖2.2所示,把成形材料(粉末或粒狀)放入加熱的模具中,封閉後以壓力機加壓使之硬化。

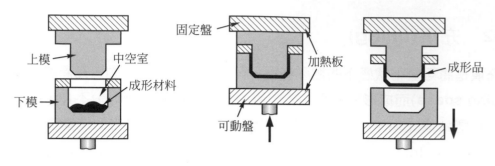

(a) 把成形材料放入加熱的模具　　(b) 密閉模具，加熱加壓　　(c) 取出成形品
以使材料硬化

圖 2.2　壓縮成形過程

表 2.1　熱硬化性塑膠成形材料的主要特色和標準成形條件

項目		PF	MF	DAP
成形材料的特色	保存性	優	差(流動性不良，易吸濕)	稍差(流動性不良)稍不如酚樹脂
	成形性	良好	稍惡	
	模子的模糊	少	多	少
	尺寸安定性	良	良(但因材料種類而異)	極好
成形條件(標準)	預熱溫度(℃)(高週波預熱)	90～120	60～80	80～110
	成形溫度(℃)	140～180	140～170	140～170
	成形壓力(kg/cm²)	150～300	70～450	70～200
	硬化時間(sec)(肉厚 1mm 時)	20～30[a]	40～50	30～40[a]
	排氣操作(必要次數)	0～1	1～2	通常不必要，但大型品要實施
硬化度判定方法(簡便法)		在沸騰丙酮中浸 30 分，表面無變化	在 0.8 % 硫酸浸 10 分，表面無變化	以三氯甲烷循環煮沸 1～2 小時，表面無變化

註：a)有高週波預熱時的標準硬化時間

　　成形材料被加熱成流動狀態，同時被加壓充滿模具的各角落，不久即藉化學反應而硬化，經過適當的時間後打開模具取出成形品，因硬化時的化學反應而產生水(H_2O)、氨(NH_3)等揮發物，常設排氣孔排氣，若以造粒機(granulator)加工粉末(powder)材料，作成粒狀(pellet)，則處理簡單，但一般以高週波預熱機(high frequency preheater)來預熱，可縮短模中的加熱時間，表 2.1 為成形條件一例。

2.2-2 轉移成形(transfer molding)

　　日常常見之電氣配線用的插座，不難發現其中埋有金屬片，此金屬片並非製得成形品後再加裝者，而是利用轉移成形將金屬片一起成形的。目前也因射出成形的**實用化而漸被取而代之**。轉移成形與壓縮成形之差別是塑膠材料在模具的加熱室(pot)中加熱軟化，然後再以柱塞(plunger)將熔融的塑料加壓使其經注道(sprue)、流道(runner)、澆口(gate)導入模中，在模中加熱一定時間而硬化，再打開模具取出成形品。圖2.3(a)為轉移成形法的原理，圖2.3(b)所示為轉移成形用模具。

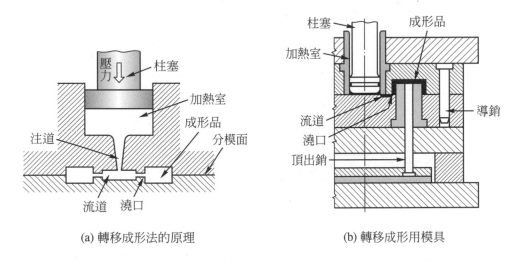

(a) 轉移成形法的原理　　　　　　　　　(b) 轉移成形用模具

圖2.3

2.2-3 射出成形(injection molding)

　　射出成形廣泛用於熱可塑性塑膠的成形，是把粒狀的材料在加熱缸中加熱成流動狀態，再由噴嘴向模具中射出成形，待成形品冷卻固化後再開模將成形品頂出。

　　最近熱硬化塑膠亦採用射出成形者，而與前述之壓縮成形和轉移成形法，同為熱硬化性塑膠有用之成形法之一。射出成形法之特性為加工效果良好，可成形任何塑膠材料及形狀複雜之成形品，且成形速度快，尺寸精度易控制，為目前最普遍的塑膠成形法。其構造可依射出裝置分為柱塞(plunger)式與螺桿(screw)式兩種，如圖2.4(a)(b)所示。

①關閉模具，使柱塞前進，由噴嘴把軟化的材料射向模具中

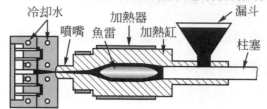

②柱塞後退時，成形材料供給到加熱缸內。打開模具取出冷却固化的成形品

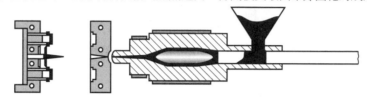

(a) 柱塞式射出成形

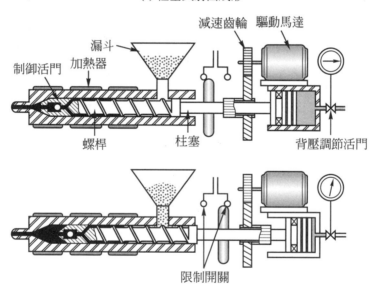

(b) 螺桿式射出成形

圖 2.4

2.2-4　擠製成形(extrusion molding)

　　轉移成形或射出成形每一週期(cycle)可成形一至數十個成形品，而擠製成形亦可稱為押出成形可連續成形膜(film)、皮(leather)、管(tube)等無限長物，原理上在加熱缸內熔融塑膠材料，以螺桿擠出，以前端的模具造形，再以水或空氣將成

形品冷卻固化。在設備上不可缺少擠製機、模具及拉取裝置三者。如圖2.5所示。擠製成形可依模具之形狀而得皮、管、異形材(profile)等各種斷面形狀之成形品。

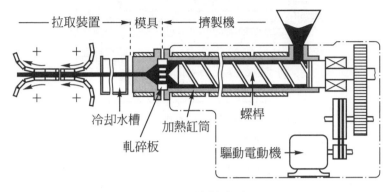

圖 2.5　擠製成形

1.　擠製機

　　擠製機有單軸式(single-screw type)與多軸式(multi-screw type)之分，單軸式只有一支螺桿，為目前最廣用之類型，多軸式組合二支以上的螺桿，單軸式擠製機之大小以螺桿外徑表示。圖2.6所示為擠製機之大小與擠製能力、所需馬力的關係，圖2.7所示為單軸擠製機的構造。

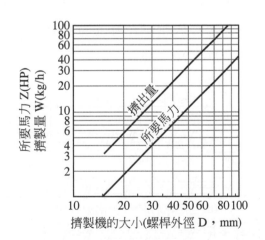

圖 2.6　單軸擠製機的大小與擠製能力所需馬力

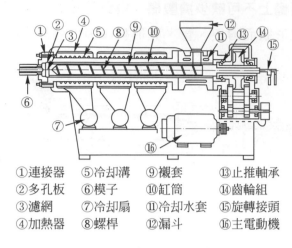

①連接器　⑤冷却溝　⑨襯套　⑬止推軸承
②多孔板　⑥模子　⑩缸筒　⑭齒輪組
③濾網　⑦冷却扇　⑪冷却水套　⑮旋轉接頭
④加熱器　⑧螺桿　⑫漏斗　⑯主電動機

圖 2.7　擠製成形機(單軸)

　　擠製機螺桿之形式，如圖 2.8 所示，為常用之形狀代表例，螺桿依其作用機構而分為漏斗送入螺桿的部份稱供給部(feed zone)，將材料壓縮並可塑化的部份稱壓縮部(compression zone)，擠製一定量的熔融材料部份稱計量部(metering zone)。圖 2.8(a)所示為一般性的螺桿，全長切削成螺旋，螺旋深度向前端漸減，在前端的計量部成為一定。圖(c)是使計量部成為與加熱缸間隙狹小的圓筒狀，減少吐出量的變化，並有混煉(kneading)效果。圖(b)是在計量部設有效的混煉特殊溝，促進著色劑等的分散。螺桿的壓縮比和長度與直徑比 L/D 也是重要的設計要因，通常壓縮比 2～4 倍，L/D 為 20～22。

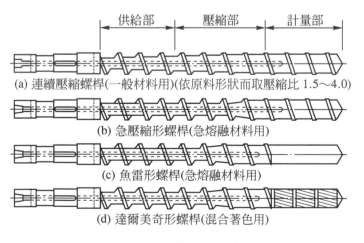

供給部　　壓縮部　　計量部

(a) 連續壓縮螺桿(一般材料用)(依原料形狀而取壓縮比 1.5～4.0)

(b) 急壓縮形螺桿(急熔融材料用)

(c) 魚雷形螺桿(急熔融材料用)

(d) 達爾美奇形螺桿(混合著色用)

圖 2.8　擠製機螺桿形式

　　排氣式擠製機如圖2.9所示，在擠製機中途設排氣孔(air vent)，使材料排氣。PS、PMMA、PC等材料在擠製成形時，若含有0.1％以上的水份，則擠製成形品表面會形成氣泡(bubble)，但若充分預先乾燥(predrying)，則這種不良現象，便可消除，否則利用此種排氣式擠製機可發揮排氣效果，除去水份。

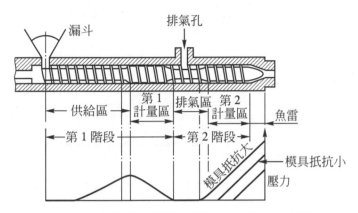

圖2.9　排氣式擠製機的構造及材料的壓力分佈

2. 管及異形品(profile)的擠製

　　管擠製用模具有直模、十字頭模、off-set 模，從模具擠製的熔融塑膠以冷卻槽水冷卻，規制管徑，硬質PVC管之成形如圖2.10之直模，在材料流路不形成滯留部份(dead spot)。

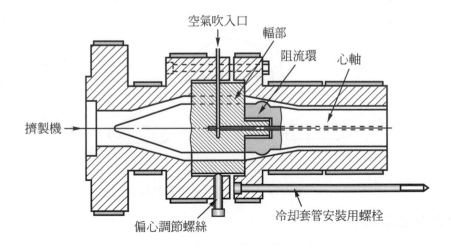

圖2.10　管用模具

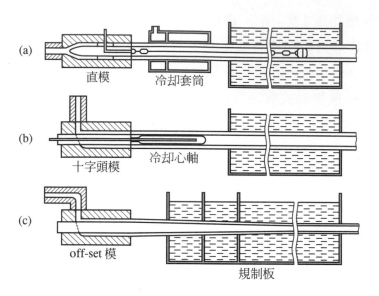

圖 2.11 管用模與規制系統的代表例

在管的擠製成形中，最成問題的是規制法，如圖 2.11 所示，通過冷卻套，規制外徑的方法(a)，用冷卻心軸規制內徑的方法(b)，通過數段規制外徑的規制板法(c)等。

異形材的擠製斷面(section)不規則，模具的設計特別困難，沒有一定的法則可循，實際上，要試作模具，在錯誤中修正，以得所要形狀的成形品，圖 2.12 所示從(a')的矩形模具得不到矩形斷面的成形品，須用(a)斷面的模具，才能得矩形斷面的成形品，相同的，如欲得(b')、(c')斷面的成形品，須用(b)(c)斷面的模具。

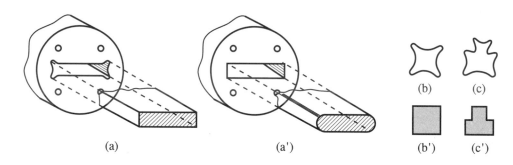

圖 2.12 異形品用模具的設計

3. 薄板及膠膜的擠製

圖 2.13 所示為用T形模製造薄板方法例子，被擠製機均勻可塑化的塑膠材料，從如圖 2.14 所示的T形模細縫擠出，在輥子(roller)上冷卻，將兩耳整緣，切斷成

規定的尺寸,適用於熔融黏度(melt viscosity)低而流動性良好的塑膠。圖2.15所示是用吹袋法製膜的工程,用圖2.16所示的環模,擠製熔融管狀薄膜,再吹入空氣,膨脹到規定尺寸,連續捲取,製成管狀膠膜。用於包裝的PE塑膠袋便是由此法製得之管狀膠膜,切成適當長度,再封底而製得。

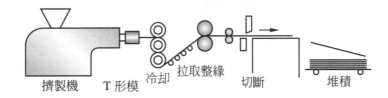

擠製機　　T形模　　冷却　拉取整緣　　切斷　　　堆積

圖2.13　用T形模法製薄板方法

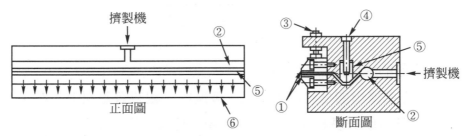

①模唇　　③厚度調整螺栓　　⑤限制桿
②歧管　　④限制桿上下螺栓　　⑥ land bar

圖2.14　T形模

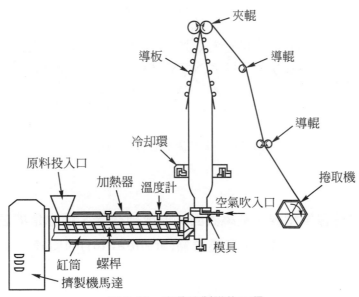

圖2.15　吹袋法製膜的工程

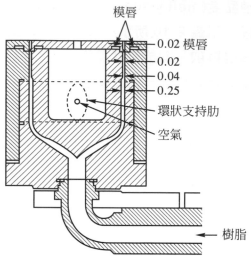

圖 2.16　吹袋用環模

4. 利用擠製成形的積層法

　　積層是將 T 形模擠出的熔融膜覆於紙、玻璃紙、鋁箔等基材上，在冷卻輥與壓力輥之間壓著，貼合膜與基材連續製造複合膜，如圖 2.17 所示。複合膜多用於糖果或藥品的包裝等。

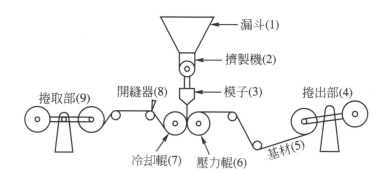

圖 2.17　PE 積層器的構造略圖

5. 電線包覆

　　以 PE、PVC 等包覆電線、電纜表面，形成絕緣層，這也是擠製成形的應用例子，如圖 2.18 所示的十字頭模，包覆預熱(preheating)的導線。

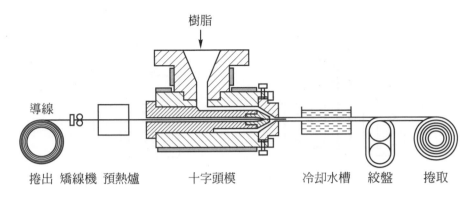

圖 2.18　電線包覆工程

6. **塑膠網的製造**

　　塑膠網的製造是用如圖 2.19 所示的模具，從沿內模和外模界線而排列於圓周上的小孔，擠製網狀材料，同時把內模與外模反方向旋轉，在內模與外模的小孔一致時就形成網的編目。

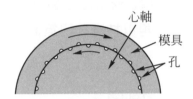

圖 2.19　製造網的模具

2.2-5　吹入成形(blow molding)

　　如圖 2-20 所示，由擠製機擠出熱可塑性塑膠的管(parison tube)(此管稱種管)，在種管尚軟化時夾於模中，再把空氣吹入種管內使膨脹，同時將之冷卻，即可得到一般的中空成形品，此成形法稱為吹入成形，亦稱中空成形，原理和方法與玻璃瓶的製造方法相同，材料多用 PE 或 PVC，不過也可用 PA 或 PC 等。擠製機的螺桿若不連續旋轉則效率差，也得不到肉厚均勻的種管，所以通常的吹入成形機都設計使擠製機的螺桿運轉不停以獲得良好效率的成形。

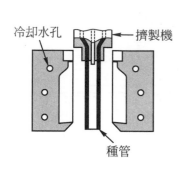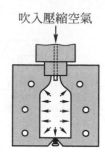

(a) 由擠製機擠製種管　　　　(b) 夾於冷模中而吹入壓縮空氣

圖 2.20　吹入成形

1.　擠製吹入成形

　　擠製吹入成形是最普通的吹入成形法，以擠製機將熱可塑性塑膠可塑化，擠出種管，在種管未冷卻固化前，夾入模具，內部吹入空氣而膨脹，使材料附著模具內壁而冷卻固化。如圖2.21所示，將擠製機可塑化的材料存入附有蓄壓器(accumulater)的加熱缸(heating cylinder)中，再以柱塞一口氣擠出，形成種管。此法常用於大型容器的成形。

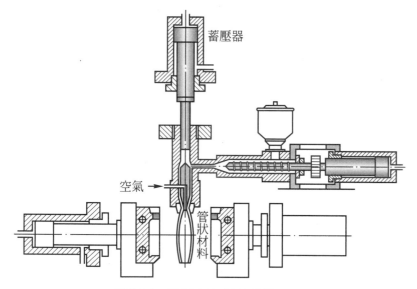

圖2.21　擠製吹入成形(附蓄壓器)

2. **射出吹入成形**

　　所謂射出吹入成形，如圖 2.22 所示，首先圖(a)藉射出成形法製造封底的種管，圖(b)從模具中取出封底的種管，圖(c)在種管未冷卻前即時移到吹入成形模中，關閉模具，圖(d)吹入空氣行吹入成形，圖(e)成形品冷卻固化後，再開模取出成形品，在此方式中瓶口螺紋是藉射出成形而確定成形，所以不需要再度加工，底部的強度也不弱，也不損失材料，目前此方式正用於大量生產PE藥品用瓶子、牛奶瓶等，而以養樂多瓶最早使用。

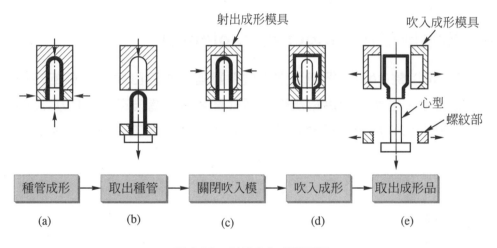

圖 2.22　射出吹入成形原理

3. **薄板的吹入成形**

　　所謂薄板吹入成形，如圖 2.23 所示，把兩枚加熱的薄板夾於模具中而把空氣吹入薄板間的方法，此外由擠製機擠出兩枚薄板同時立即成形的方法也被使用，此方法若用異色薄板則可製得雙色成形品，此外管狀的種管也可製成難於成形的扁平狀成形品。

　　另外一種薄板吹入成形法是如圖 2.24 所示，牢牢地夾住加熱軟化的薄板的周邊，而吹入空氣使之成形，若加上模蓋住，則可依上模形狀成形，如壓克力製的直升機機室等便是如此吹入成形而製得。

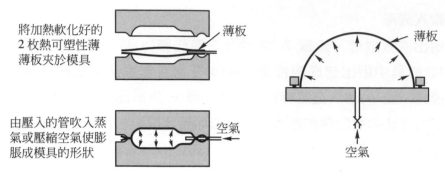

將加熱軟化好的
2 枚熱可塑性薄
薄板夾於模具

薄板

由壓入的管吹入蒸
氣或壓縮空氣使膨
脹成模具的形狀

空氣

薄板

空氣

圖 2.23　薄板的吹入成形　　　　圖 2.24　直升機機室的吹入成形

2.2-6 輪壓成形(calendering molding)

輪壓加工是以輥(roller)把熱可塑性塑膠壓延以製造膠膜或皮革的方法，主要用於PVC的加工，也可同時供給紙或布而壓著製造人造皮革等。PVC皮革、膠膜的製造工程如圖 2.25 所示，原材料配合→混煉→輪壓加工→冷卻→捲取。

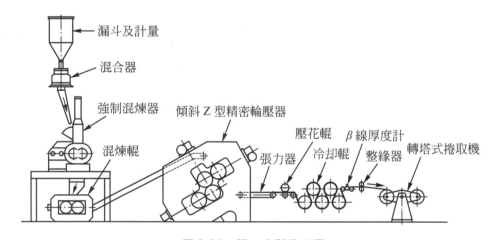

漏斗及計量

混合器

強制混煉器

傾斜 Z 型精密輪壓器

壓花輥　β 線厚度計

張力器　冷却輥　整緣器　轉塔式捲取機

混煉輥

圖 2.25　膜、皮製造工程

主體輪壓部依輥的組合方式而有如圖 2.26 所示的各種名稱，通常 PVC 的加工用逆 L 型、Z 型、傾斜 Z 型。Z 型及傾斜 Z 型用於肉厚精度高的膜、皮。直立 2 支型是用於製造石棉地磚。

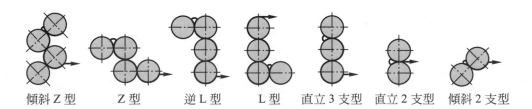

傾斜 Z 型　Z 型　逆 L 型　L 型　直立 3 支型　直立 2 支型　傾斜 2 支型

圖 2.26　輪壓機的形式

　　圖 2.27 所示是採用全自動配合連續混煉裝置的 PVC 輪壓系統，自動秤量的 PVC 及安定劑、潤滑劑、可塑劑等在預混器預備混合(premix)，再供給進入混煉裝置，混煉完全後連續投入輪壓機壓延，壓延之成形品將之冷卻，進行整緣(trimming)，然後自動捲取。

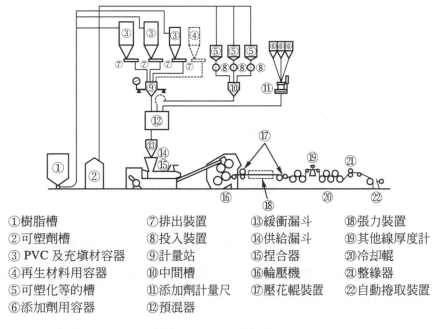

①樹脂槽　　　　　　⑦排出裝置　　　　⑬緩衝漏斗　　　　⑱張力裝置
②可塑劑槽　　　　　⑧投入裝置　　　　⑭供給漏斗　　　　⑲其他線厚度計
③ PVC 及充填材容器　⑨計量站　　　　　⑮捏合器　　　　　⑳冷卻輥
④再生材料用容器　　⑩中間槽　　　　　⑯輪壓機　　　　　㉑整緣器
⑤可塑化等的槽　　　⑪添加劑計量尺　　⑰壓花輥裝置　　　㉒自動捲取裝置
⑥添加劑用容器　　　⑫預混器

圖 2.27　全自動配合連續混煉裝置的近代輪壓系統

　　圖 2.28 所示是用逆 L 型輪壓機的皮革製造方式。圖(a)是以輪壓機的軋輥壓延的 PVC 皮壓著於基布的 topping 或 friction 方式。圖(b)(c)是以輪壓機作成的皮在金屬輥(metal roller)和橡膠輥(rubber roller)之間壓著貼合的 loading 方式。為了改善 PVC 皮與布的接著性，經常需要做"布燙平"或用"PVC 糊"塗佈的前工程工作。

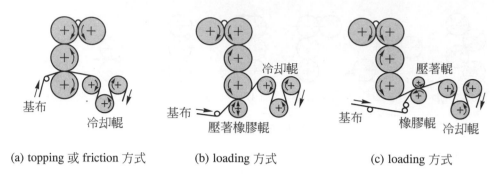

(a) topping 或 friction 方式 (b) loading 方式 (c) loading 方式

圖 2.28　逆 L 形輪壓輥的皮革

　　以輪壓機軋輥製造人造皮革時是在進入最後的壓延工程前供給基布，再把布和 PVC 膜一起壓著，在輪壓機之後安裝刻有皮革花紋的壓花輥(embossing roller)，即可容易地製得人造花紋皮革。

2.2-7　熱成形(thermo molding)

　　所謂熱成形，是將熱可塑性的薄板加熱使軟化，加外力而使之成形的方法。最常用的方法是熱可塑性塑膠的真空成形及壓空成形。

1.　**真空成形**(vacuum molding)

　　所謂真空成形是將熱可塑性薄板固定於模上，以加熱器(heater)加熱軟化的塑膠薄板被真空吸著於模具而成形，真空成形的壓力為一大氣壓以下，所以其模具可用石膏、木材、熱硬化性樹脂等，大量生產時用金屬模具，即使是使用金屬模具也不必像壓縮成形或射出成形那麼結實，而且單用雌模或雄模即可成形，所以模具的製作省時又省錢，因此以薄板製造大型品時比射出成形有利，特別是在數目少或急需試作時最方便。圖 2.29(a)為最簡單的方法，稱為直接法，適於大型成形品、薄肉容器。圖 2.29(b)的方式使用於較深物品的成形，先預熱薄板，然後抽成真空，此法稱覆罩法(drape)。通常用於硬質 PVC、HIPS、ABS 等，成形招牌、冰箱內襯、冰淇淋杯、蛋及豆腐的容器等。

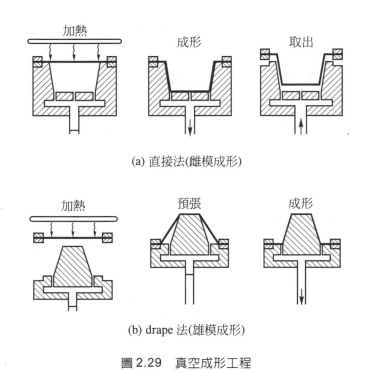

(a) 直接法(雌模成形)

(b) drape 法(雄模成形)

圖 2.29　真空成形工程

2. **壓空成形**(pressure molding)

　　真空成形壓力為一大氣壓以下，可成形較薄的薄板成形品，若欲成形厚板成形品或 CA、PC 等成形品，單靠真空的壓力尚難成形較深或複雜形狀者，此時可由薄板的下方抽成真空，同時由上方送下壓縮空氣(compression air)使成形，此壓縮空氣壓力可輕易地達到 $5 \sim 10$ kg/cm² 的壓力，此方法稱為壓縮空氣壓成形或壓空成形，PMMA 的浴槽等便是用此方法做成的。壓空成形的成形壓力高，所以成形週期比真空成形短，所以以往用真空成形可成形的，最近也都改用壓空成形。圖 2.30 所示為壓空成形一例，圖(a)將薄板送入加熱板與模具之間，圖(b)降下加熱器，夾緊薄板，由下送入壓縮空氣，使薄板密著於加熱器面板而加熱，圖(c)薄板達成形溫度後，反從加熱器由上往下供給壓縮空氣，推壓於模上，同時在塑膠薄板與模具之間形成真空，圖(d)成形品冷卻後，降低加熱器，切斷薄板整緣，圖(e)昇高加熱器，從模具底部供給壓縮空氣，取出成形品。

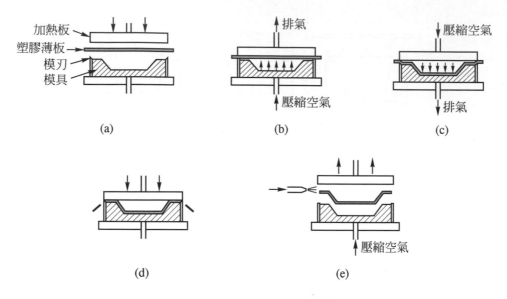

圖 2.30　壓空成形工程

2.2-8　流動成形(fluidized molding)

　　所謂流動成形是利用塑膠粉體(powder)或漿狀液體(paste)在常溫的流動性而成形的方法，有粉末成形、流動浸漬、漿體成形等。

1.　粉末成形(engel process，恩格爾法)

　　Engel process 法，如圖 2.31 為代表例，其成形過程：1.將粉末裝入鋼板製的模具；2.在加熱爐加熱熔融；3.在模具周圍形成預定厚度的樹脂層後，傾出多餘的粉末；4.再加熱，使內面平滑；5.冷卻固化；6.從模具中取出成形品。此方法成形品的厚度可藉加熱溫度與時間任意調節，用於以射出成形生產製造時嫌過大的大型容器，如划船等。此外也經常組合旋轉成形法而製得大型中空成形品，如圖 2.32 所示，將粉末裝入鋼板製成的模具，關閉模具，裝入加熱爐中，在垂直的 2 支旋轉軸周圍旋轉，使粉末附著於模具內面再從加熱爐取出，澆水冷卻固化，開模取出成形品。可成形大型的垃圾箱、藥品容器、漁業用浮子、玩具等，最近在成形時同時發泡的絕熱性良好的保溫容器也用旋轉成形製成。同時也可用 PVC 漿體取代粉末。

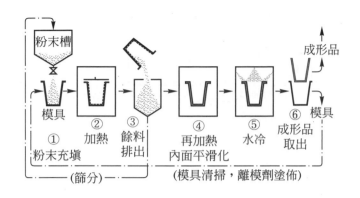

圖 2.31　粉末成形工程

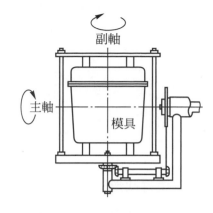

圖 2.32　旋轉成形

旋轉成形具有下列優點：

⑴　可得完全密閉的中空成形品，在吹入成形品有空氣的吹入孔，而無法完全密閉，欲密閉則需再度封著。

⑵　幾不浪費材料，不會產生射出成形中不可避免的注道、流道等材料損失。

⑶　秤量材料，可嚴密控制成形品的厚度、強度、重量等，且成形品的厚度分佈遠比吹入成形法均勻。

⑷　模子事實上並不承受壓力，可使用鋁或鋼板等價廉材料製得。

⑸　因不受成形壓力，成形品幾無殘留應力。

⑹　可適用相當廣泛的成形材料，除 PVC 漿體外也可利用 PP、PC、PA、CA 等粉末材料。

2.　**流動浸漬**(fluidized bed coating)

　　常用於金屬網、籠子等的塗裝，如圖 2.33 所示，將金屬網預熱(preheating)，裝入被空氣形成流動狀態的塑膠粉末中，使粉末融著，再進行 "後加熱(after baking)" 之後，用水冷卻。現在可用於流動浸漬的塑膠粉末種類很多，主要有 PE、PVC、CA、PC、PA、EP、PTFE 等。

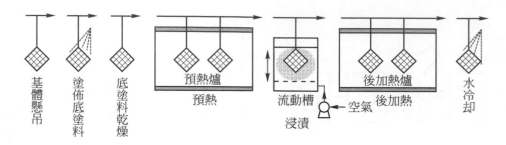

圖 2.33　流動浸漬工程

3. **漿體成形**(slush molding)

　　漿體成形亦可稱為糊狀成形，是以乳化聚合法作成的 PVC 中加入適當的可塑劑、著色劑、填充料等充分攪和而成漿體，利用漿體的流動性，可作成各種形態的成形品，如圖 2.34 所示，將漿體注入模具，將模具加熱而使漿體膠化，變成強韌的彈性體(elastomer)，製成中空成形品。此方法可成形玩具、人偶等，但最近已漸由上述有效率的旋轉成形法所取代。

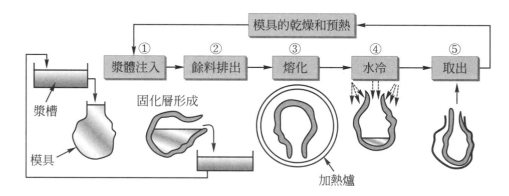

圖 2.34　漿體成形工程

2.2-9　發泡成形(foam molding)

　　把發泡劑乾燥混合於 PE 或 PP 的粒狀材料中，再投入擠製機或射出成形機，則材料在加熱缸內前進而熔融，發泡劑也同時分解產生氣體，不過在加熱缸的頭部承受高壓，所以發生的氣體溶解於熔融的材料口，將此由模具向外擠出或向模具內射出，則因溶解氣體的急速氣化而發泡，最近多以此方法製得 PE、PP、ABS、AS、HIPS、GPPS等的發泡擠製或射出成形品。目前亦有利用各種發泡法，成形熱硬化性塑膠的方式。表 2.2 所示為各種發泡塑膠的發泡法、性質、用途的分類。

表2.2 各種發泡塑膠的分類、性質、用途概略

發泡塑膠基材	發泡法	性質				耐熱(°C)	用途
		密度	氣泡	軟硬	特色		
聚苯乙烯	③、④	0.016~0.6	獨、連	硬~半硬	耐濕性優、稍脆	80~100	斷熱、包裝、裝飾、浮力材、輕量材
聚氯乙烯	③、④	0.032~0.73	獨、連	軟~硬	耐濕、耐藥品、耐候優、機械性強度大、不燃性	80	浮力、斷熱、吸音、輕量材、皮革
聚乙烯	③、④	0.0048~0.48	獨、連	軟	電絕緣性優、耐濕	66	電線包覆、墊物、包綫材
醋酸纖維素	③、④	0.097~0.13	獨、連	軟	機械性強度大	177	斷熱、浮力、吸音、輕量材
聚乙烯醇	④		連	軟~硬	被水軟化		化妝用品、grinder
PU	①、②、⑤	0.016~0.57	獨、連	軟~硬	機械性強度大、耐候差、彈力佳	130	緩衝材、斷熱、吸音、輕量材
酚樹脂	①、②、③、⑤	0.0016~0.5	獨、連	硬(脆)	耐熱、耐火、低密度物脆	<150	斷熱、吸音、包裝、裝飾
尿素樹脂	①、②、③、⑤	0.008~0.32	獨	硬(脆)	耐熱、耐火、稍吸濕	<120	斷熱、吸音
環氧樹脂	③	0.03~0.4	獨	硬	機械性強度大、介電特性、接著性		浮子、斷熱、電氣絕緣材
矽樹脂	③	0.08~0.4	獨	軟~硬	耐熱絕緣性優、硬質品脆	260~500	高溫絕緣材
橡膠	①、③	0.065~0.41	獨、連	軟	彈力佳	100	緩衝材、鞋底

註：1. 發泡法的數字有：①藉機械性攪拌起泡的方法、②利用反應生成氣體的方法、③用發泡劑的方法、④除去可溶性物質的方法、⑤利用噴射的發泡方法。

2. ABS樹脂包括聚苯乙烯、乙烯-醋酸、乙烯基聚合物(EVA)包含於聚乙烯。

3. 聚乙烯類的發泡中若用架橋法，可得高倍率發泡，改善彈性。

2.2-10 積層成形(laminating molding)

把 PF、MF 等熱硬化性塑膠的溶液滲入紙、布、膠合板單板、玻璃纖維等，在反應到適當程度後加熱乾燥，然後重合起來夾於經鏡面(mirror)研磨的金屬板之間，加壓加熱即可得板狀的積層品，此成形法稱積層成形，如圖 2.35 所示。此時所用的成形機通常是多段壓力機(multi-platen press)。或者與普通的壓縮成形同樣地把塑膠含浸材料裝入模具內製成積層成形品。

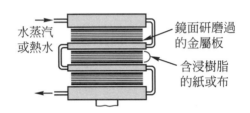

圖 2.35　多段壓力機積層成形

UP、EP 等硬化之際不發生揮發物，故以 0〜50 kg/cm^{2}加壓積層稱低壓積層(low pressure laminating)。PF、UF、MF 等縮合型塑膠以 100〜200 kg/cm^{2}加壓積層稱高壓積層(high pressure laminating)。工業上重要的 PF 積層板，大量用於電絕緣材料(electrical insulation materials)。在表面層積層屬MF含浸紙者用為裝飾板，廣用於傢俱、建材。硬質PVC板是重合PVC輪壓皮或擠製皮，加壓加熱所作成的板狀品。

2.2-11 各種塑膠成形法的比較

各種塑膠成形法之比較，如表 2.3 所示。

表 2.3　各種塑膠成形法之比較

成形法 內容	壓縮成形	轉移成形	射出成形	擠製成形	吹入成形
使用材料	主要為熱硬化性塑膠	熱硬化性塑膠	熱可塑性塑膠 熱硬化性塑膠	熱可塑性塑膠	熱可塑性塑膠
適用性	·可作多種目的的成形品 ·可多件成形形狀、尺寸一定的成形品 ·適於有埋入件的成形品	·均質的成形品、大型成形品、肉厚成形品 ·精密尺寸的成形品，複雜成形品，埋入成形品	·形狀複雜的成形品也可成形適合大量生產 ·適合大量成形高精度高品質之成形品 ·有埋入件成形品亦可成形	·用於連續大量生產斷面一定的成形品	·可得無接縫的一體中空成形品
裝置內容及其經濟性	·成形機及模具經費較少	·成形機或模具構造稍比壓縮成形複雜，費用也高	·成形機及模具費用高 ·容易自動控制(無人運轉)	·成形機構及運轉機構單純 ·設備費在生產費中非常少，所要動力熱量比射出成形少	·設備費比射出成形便宜 ·可用較便宜的模具
作業性	·操作簡單	·成形材料或成形條件須適當選擇	·模具的安裝調整不費事 ·不必特別熟練，肉體勞動也較少 ·成形條件調整需高技術	·操作較單純作業容易 ·初期階段的調整困難	·不必特別熟練
能率性(經濟性)	·成形時間長低能率不適合大量生產	·可短時間成形率等提高 ·幾無毛屑、修整加工簡單	·成形時間短、高能率 ·成形品修整工程簡單 ·經濟效益最高之成形法	·成形能率極高 ·經濟性很高的成形法	·成形時間短，效率較高
其他	·歷史最悠久 ·也用於熱可塑性塑膠的成形	·熱硬化性塑膠的一種非連續射出成形法	·最具代表性之塑膠成形法		

表 2.3　各種塑膠成形法之比較(續)

成形法　內容	輪壓成形	真空成形	粉末成形	發泡成形	積層成形
使用用材料	熱可塑性塑膠	熱可塑性塑膠	熱可塑性塑膠	熱硬化性塑膠、熱可塑性塑膠	熱硬化性塑膠、熱可塑性塑膠
適用性	製作膜、皮革、地板材	·適合用皮材作尺寸大的成形品 ·適可作極薄肉的成形品 ·尺寸精度有限，不能作成肉厚變化的成形品	·可得無接縫的一體成形品，模具費用低，可試作 ·各種新式成形品 ·適合少量生產，大型成形品	製造塑膠海棉或發泡體	面積大的板狀、管狀、棒狀成形品
裝置內容及其經濟性	·設備費多 ·為量產設備	·模具費低(木模、石膏模等)，製作期間短 ·模具不需雌雄兩模，一模即可 ·設備費可低	·設備費較少 ·模具費用低但須粉末化	·成形機因發泡體種類或用途而異 ·設備費高低不一	·需要大型壓縮成形機、設備費
作業性	要特別熟練	·不需高壓，作業容易而安全	·操作簡單，要注意原料粉末粒度分佈、形狀、融點、結晶性等末選擇	·發泡成形的條件選擇及控制很重要	·操作較簡單，要依板厚或種類選選擇適當的條件
能率性(經濟性)	·適於大量生產，可得寬度大者	·能率性較好 ·可作成廉價成形品	·成形時間長，效率低 ·幾無毛屑，修整加工簡單		·成形時間較長，但壓縮一次可成形數件至數十件
其他	主要用於橡膠，硬質PVC、軟質PVC的皮、膜，皮革之大量生產			PU之類利用塑膠生成反應中發生氣體的方法、攪拌液體而藉空氣粒發泡狀體的方法與加發泡劑，成形時發生氣體而發泡的方法等	·壓縮成形的一種

3

成形品設計

本章重點

1. 成形品設計之基本原則及分模線、凸轂、孔之設計

2. 成形品如何地改善

3. 成形品加飾的方法

■ 3.1 成形品設計(moldings design)原則

塑膠成形品(moldings)的設計是塑膠成形(molding)中,左右成形性(moldability)的重要事項之一,它直接影響到模具設計(mold design)、模具製作(mold manufacturing)、成形技術(molding technique)及成形品的品質(quality)。成形品設計之原則:1.依成形品的要求機能決定其形狀(shape)、尺寸(dimension)、外觀(outward appearance)及所用樹脂(synthetic resin);2.設計之成形品必須符合模塑原則,即模具製作容易、成形及後加工(post processing)容易,但不失成形品之機能(function)。

3.1-1 分模線(parting line)之選定

為使成形品能自模具中取出,則模具必須分模,使模具分成固定側及可動側兩部份,此分界面稱之為分模面(parting plane)。如圖 3.1 所示之位置。成形時,由於塑膠(plastics)材料(亦可稱樹脂)在射出壓力(injection pressure)的作用下,迫使成形空間(molding space)中的空氣(air),從此分模面溢出,即使模具之配合(fit)精度(accuracy)再好,成形品也難免會殘留線痕(line mark),此線痕稱之為分模線(PL)。

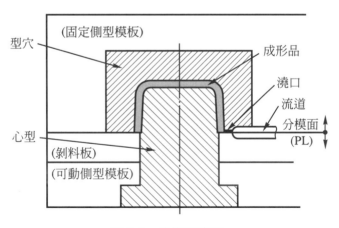

圖 3.1 分模面位置

分模線有分模及排氣之作用,但由於模具精度及成形條件(molding condition)之差異,易生毛邊(burr),及殘留痕跡,有礙成形品之外觀及精度。分模線未必為一直線,有時為複雜的曲線(curve),選擇分模線時要考慮下列要項而決定,如圖 3.2 所示。

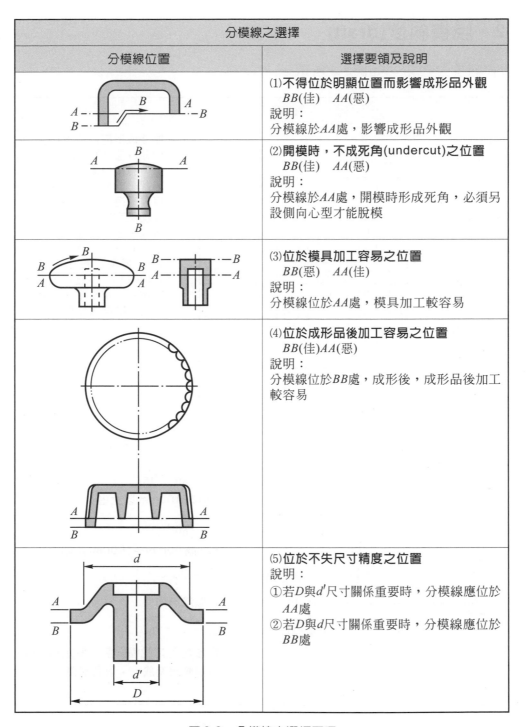

分模線之選擇	
分模線位置	選擇要領及說明
	(1)不得位於明顯位置而影響成形品外觀 BB(佳)　AA(惡) 說明： 分模線於AA處，影響成形品外觀
	(2)開模時，不成死角(undercut)之位置 BB(佳)　AA(惡) 說明： 分模線於AA處，開模時形成死角，必須另設側向心型才能脫模
	(3)位於模具加工容易之位置 BB(惡)　AA(佳) 說明： 分模線位於AA處，模具加工較容易
	(4)位於成形品後加工容易之位置 BB(佳)AA(惡) 說明： 分模線位於BB處，成形後，成形品後加工較容易
	(5)位於不失尺寸精度之位置 說明： ①若D與d'尺寸關係重要時，分模線應位於AA處 ②若D與d尺寸關係重要時，分模線應位於BB處

圖 3.2　分模線之選擇要項

3.1-2 脫模斜度(draft)

脫模斜度之設定，如圖 3.3 所示。

脫模斜度之設定		

脫模斜度
斜度度數與尺寸之關係(單位：mm)

	1/3°	1/4°	1/2°	1°	2°	3°	4°
0	0.06	0.1	0.2	0.4	0.8	1.2	1.8
	0.1	0.2	0.4	0.8	1.6	2.4	3.6
50	0.2	0.3	0.6	1.2	2.4	3.6	5.4
	0.2	0.4	0.8	1.6	3.2	4.8	7.2
100	0.3	0.5	1.0	2.0	4.0	6.0	9.0
4°	0.4	0.6	1.2	2.4	4.8	7.2	10.8
150	0.4	0.7	1.4	2.8	5.6	9.6	12.6
1°	0.5	0.8	1.6	3.2	6.4	10.8	14.4
200	0.6	0.9	1.8	3.6	7.2	12.0	16.2
250	0.6	1.1	2.2	4.3	8.6	13.0	17.4

· 為使成形品在模具中脫出容易，脫模斜度為必需者。脫模斜度視成形品之形狀，成形材料之類別、模具構造、表面精度，以及加工方向等有所不同，普通場合，適當之脫模斜度約為 1/30～1/60 (2°～1°)，實用之最小界限為 1/120 (1/2°)。在不影響尺寸精度之情形下，脫模斜度之範圍愈大愈佳

(一)箱盒(box)及蓋(cover)

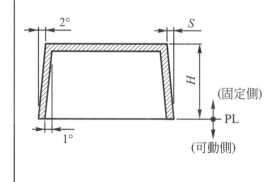

(1)設 H 為 50mm 以下者

$$\frac{S}{H} = \frac{1}{30} \sim \frac{1}{35}$$

(2)設 H 為 100mm 以上者

$$\frac{S}{H} = \frac{1}{60} \text{以下}$$

(3)設 H 為 50mm～100mm 之間者

$$\frac{S}{H} = \frac{1}{30} \sim \frac{1}{60}$$

(4)類似淺形薄件

$$\frac{S}{H} = \frac{1}{5} \sim \frac{1}{10}$$

(5)杯形物品之脫模斜度，固定側應較可動側略為放大，以利脫模

圖 3.3 脫模斜度之設定

脫模斜度之設定

(二)柵格(lattice)

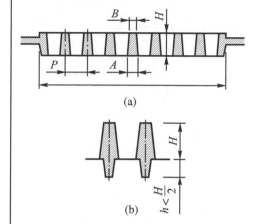

(a)

(b)

$$\frac{0.5(A-B)}{H} = \frac{1}{12} \sim \frac{1}{14}$$

・柵格形狀、尺寸及柵格部全部面積之尺寸，使脫模斜度有所差異
　(1)柵格節距(P)在 4mm 以下之場合，脫模斜度為 1/10 左右
　(2)柵格段面積愈大，脫模斜度應予加大
　(3)柵格高度(H)超過 8mm，則可如圖(b)所示之情形，將成形品可動側作 1/2H 以下之柵格

(三)縱肋(vertical rib)

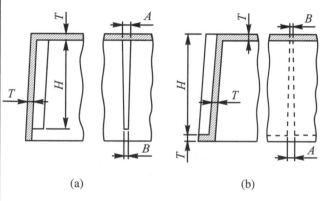

(a)　　　　　(b)

・肋(rib)之功用：
　(1)補強
　(2)改善流動性
　(3)防止殘留應力所致之變形

$$\frac{0.5(A-B)}{H} = \frac{1}{500} \sim \frac{1}{200}$$

圖(a)示內壁縱肋，圖(b)示外側壁之補強肋
$A = T \times (0.5 \sim 0.7) \rightarrow$ 注重外觀、尺寸時用
$A = T \times (0.8 \sim 1.0) \rightarrow$ 不畏收縮下陷時亦可使用

(四)底肋(bottom rib)

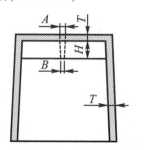

$$\frac{0.5(A-B)}{H} = \frac{1}{150} \sim \frac{1}{100}$$

$A = T \times (0.5 \sim 0.7) \rightarrow$ 注重外觀、尺寸時用
$A = T \times (0.8 \sim 1.0) \rightarrow$ 不畏收縮下陷時亦可使用

圖 3.3　脫模斜度之設定 (續)

脫模斜度之設定	
(五)凸轂(boss) 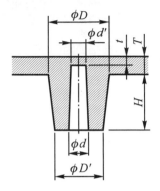	・凸轂與其他成形件以及金屬件組合使用。圖示用於裝接自攻螺絲(self tapping screw)之凸轂之脫模斜度尺寸例 $$\frac{0.5(D-D')}{H}=\frac{1}{30}\sim\frac{1}{20}$$ ・所用之自攻螺絲為3ϕ

T	2.5～3.0		3.5
D	7	7	8
D'	6	6.5	7
t	(T / 2 或 1.0～1.5)		
d	2.6		
d'	2.3		

H儘可能在 30mm 以下

| (六)凸轂
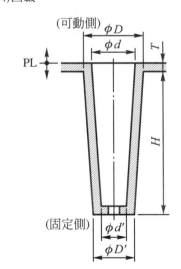 | ・圖示凸轂高度在 30mm 以上，應有必要強度之凸轂例
・此種凸轂之脫模斜度為
・固定側 $\dfrac{0.5(D-D')}{H}=\dfrac{1}{50}\sim\dfrac{1}{30}$
・可動側 $\dfrac{0.5(d-d')}{H}=\dfrac{1}{100}\sim\dfrac{1}{50}$
・固定側之脫模斜度較可動側為大，以利脫模 |

圖 3.3 脫模斜度之設定 (續)

3.1-3 肉厚(thickness)

肉厚不均對成形性(moldability)之影響：

⑴ 成形品之冷卻時間(cooling time)，取決於肉厚較厚部，使成形週期(molding cycle)延長、生產性(productivity)降低。

⑵ 肉厚不均則成形品冷卻後，收縮不均，造成收縮下陷(sink mark)，產生內應力(internal stress)，變形(deformation)、破裂(cracking)。

圖 3.4 至 3.6 為肉厚均一化之改良例，若肉厚變化無可避免，可如圖 3.7 之改良或圖 3.8 所示分成二件成形品，成形後再組合使用。

   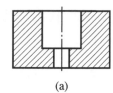 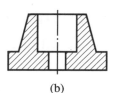

(a)   (b)   (a)   (b)

圖 3.4　肉厚均一之改良例　　圖 3.5　改良肉厚變化之例

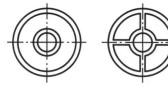   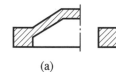

(a)   (b)   (a)   (b)

圖 3.6　肉厚均一之改良例　　圖 3.7　利用傾斜徐徐變化之例

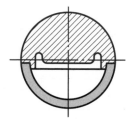

圖 3.8　改成 2 個成形品的方法

決定肉厚必須注意下列事項：

⑴ 構造強度是否充分。

⑵ 能否抵抗脫模力。

⑶ 能否均勻分散衝擊(impact)作用力。

⑷ 有埋入件(insert)之場合，能否防止破裂，若發生熔合線(weld line)是否影響強度(strength)。

⑸ 成形孔部之熔合線是否影響強度。

⑹ 盡可能肉厚均一，以防收縮下陷。

⑺ 稜角及薄肉部是否阻礙材料流動，而引起充填不足(short shot)。

各種塑膠材料由經驗、實驗而找出理想的範圍，表 3.1 所示為各種塑膠材料的標準肉厚(standard thickness)。

表 3.1 各種塑膠的標準肉厚

塑膠名稱	標準肉厚
PE	0.5～3.0
PP	0.6～3.0
PA	0.5～3.0
POM	1.5～5.0
PS	1.2～3.5
PBT	0.8～3.0
ABS、AS	1.2～3.5
PMMA	1.5～5.0
硬質 PVC	2.0～5.0
PC	1.5～5.0
CA	1.2～3.5

3.1-4 補強(strenthen)與變形(deformation)之防止

補強與變形之防止如圖 3.9 所示。

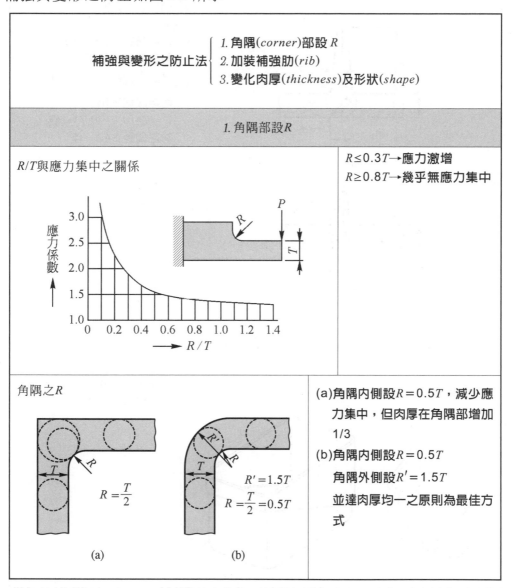

補強與變形之防止法 { 1. 角隅(*corner*)部設 R
2. 加裝補強肋(*rib*)
3. 變化肉厚(*thickness*)及形狀(*shape*)

1. 角隅部設R

R/T與應力集中之關係

$R \leq 0.3T \rightarrow$ **應力激增**
$R \geq 0.8T \rightarrow$ **幾乎無應力集中**

角隅之R

$R = \dfrac{T}{2}$

$R' = 1.5T$
$R = \dfrac{T}{2} = 0.5T$

(a)　　　　　　　(b)

(a)角隅內側設$R=0.5T$，減少應力集中，但肉厚在角隅部增加 1/3
(b)角隅內側設$R=0.5T$
　角隅外側設$R'=1.5T$
　並達肉厚均一之原則為最佳方式

圖 3.9　補強與變形之防止

2.加裝補強肋	

肋(rib)
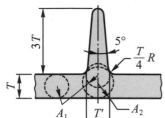
(a)
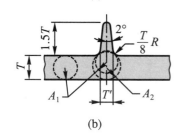
(b)
	・T'爲肋根之厚度
	・T爲壁厚
	  (a)$T' = T$時，$A_2 = 1.5A_1$
	    則會有收縮下陷
	  (b)$T' = \dfrac{1}{2}T$時，$A_2 = 1.2A_1$
	    則無收縮下陷
	    $T' = T \times (0.5 \sim 0.7) \rightarrow$佳
	    肋之間距$\geq 4T \rightarrow$佳

3.變化肉厚及形狀	
(一)側壁補強 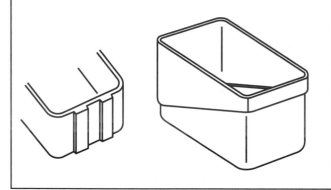	・除可防止變形外，亦可改變樹脂之流動性

圖 3.9 補強與變形之防止 (續)

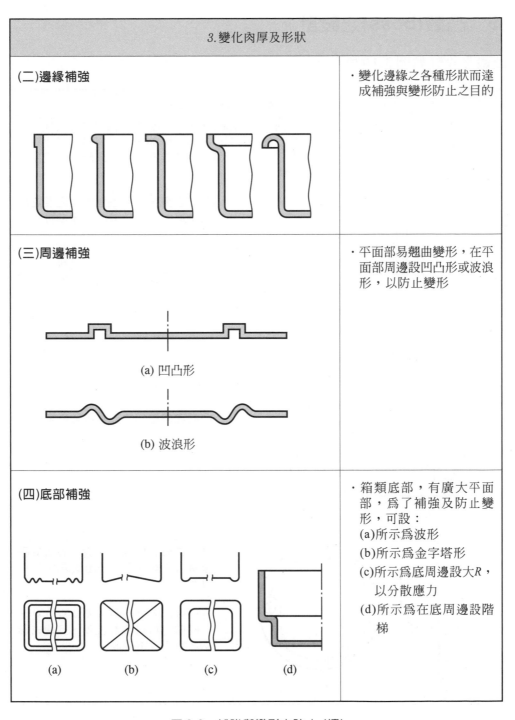

3.變化肉厚及形狀	
(二)邊緣補強	·變化邊緣之各種形狀而達成補強與變形防止之目的
(三)周邊補強 (a) 凹凸形 (b) 波浪形	·平面部易翹曲變形，在平面部周邊設凹凸形或波浪形，以防止變形
(四)底部補強 (a)　　(b)　　(c)　　(d)	·箱類底部，有廣大平面部，為了補強及防止變形，可設： (a)所示為波形 (b)所示為金字塔形 (c)所示為底周邊設大R，以分散應力 (d)所示為在底周邊設階梯

圖 3.9　補強與變形之防止 (續)

3.1-5 凸轂(boss)之設計

凸轂之設計如圖 3.10 所示。

凸轂之設計
·凸轂是成形品的凸出部份(一般使用圓形)，可彌補孔的周圍強度，可供裝配時嵌合之用，以及作局部增高之用。由於凸轂是凸出部份，肉厚增加，所以容易造成收縮下陷。又成形品之轂部在模具中成為盲孔，易聚集空氣造成充填不足或燒焦的現象，因此在成形品設計上應注意下列各點

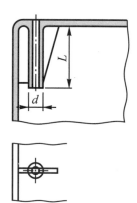

(1)**凸轂之長度以不超過本身直徑之兩倍為宜。否則必須加裝補強肋**

說明：
　凸轂過高，空氣聚集易引起氣孔、燒焦，及充填不足，且易彎曲及變形。加裝補強肋可防止變形，並可改善材料流動性

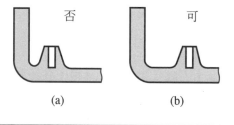

否　　　　可

(a)　　　　(b)

(2)**凸轂之位置勿太接近轉角或側壁**
說明：
　圖(a)所示模具製作困難，加工不易

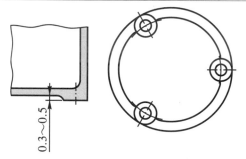

0.3~0.5

(3)**凸轂之形狀以圓形為宜。設置於底座時以 3 個為宜，凸出底面 0.3~0.5**
說明：
　方形與矩形之凸轂，模具製作困難，成形時材料流動性差，且使成形品之製作成本提高

圖 3.10　凸轂之設計

3.1-6 孔(hole)之設計

孔之設計，如圖 3.11 所示。

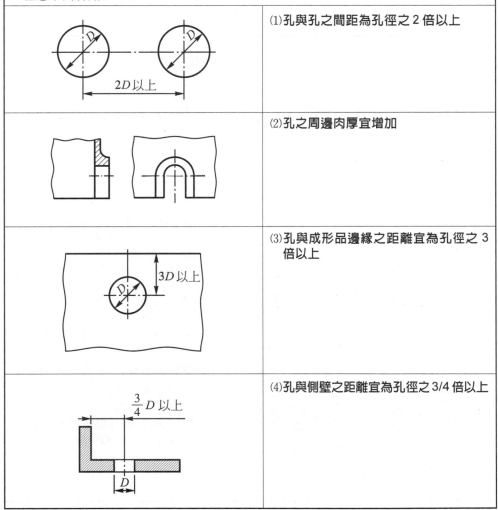

孔之設計
・成形品由於用途上的需要，常有孔的存在，孔有成形後再加工者，亦有在模具中一體成形者，一般採用後者之方法。因此在成形時由於材料的流動與模具內結構的關係，經常會造成熔合線，而減弱成形品之強度。再者，孔與孔之間距，孔與邊緣之距離，孔深與成形品厚度等也都會影響成形品之強度及成形性。因此在設計孔時應注意下列各點

	(1)孔與孔之間距為孔徑之 2 倍以上
	(2)孔之周邊肉厚宜增加
	(3)孔與成形品邊緣之距離宜為孔徑之 3 倍以上
	(4)孔與側壁之距離宜為孔徑之 3/4 倍以上

圖 3.11　孔之設計

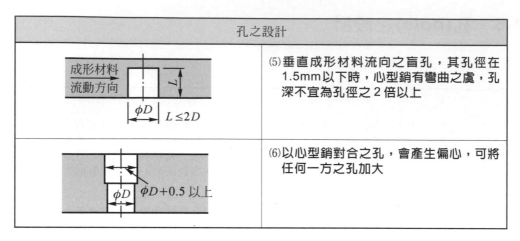

孔之設計	
	(5)垂直成形材料流向之盲孔，其孔徑在1.5mm以下時，心型銷有彎曲之虞，孔深不宜為孔徑之2倍以上
	(6)以心型銷對合之孔，會產生偏心，可將任何一方之孔加大

圖 3.11　孔之設計 (續)

3.1-7　成形螺紋(screw thread)及輥紋(rolling thread)之設計

成形螺紋及輥紋之設計如圖 3.12 所示。

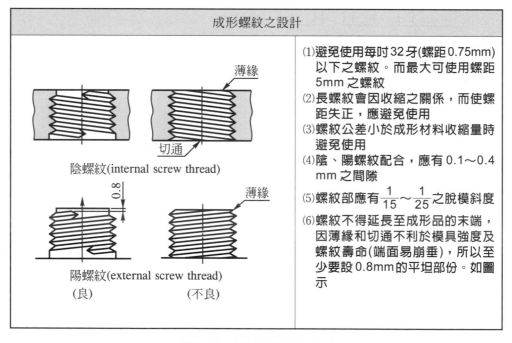

成形螺紋之設計	
	(1)避免使用每吋32牙(螺距0.75mm)以下之螺紋。而最大可使用螺距5mm之螺紋
	(2)長螺紋會因收縮之關係，而使螺距失正，應避免使用
	(3)螺紋公差小於成形材料收縮量時避免使用
	(4)陰、陽螺紋配合，應有0.1～0.4mm之間隙
	(5)螺紋部應有 $\frac{1}{15}$～$\frac{1}{25}$ 之脫模斜度
	(6)螺紋不得延長至成形品的末端，因薄緣和切通不利於模具強度及螺紋壽命(端面易崩垂)，所以至少要設0.8mm的平坦部份。如圖示

圖 3.12　螺紋及輥紋之設計

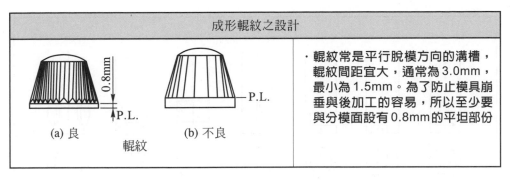

成形輥紋之設計	
(a) 良　　　　　(b) 不良 輥紋	・輥紋常是平行脫模方向的溝槽，輥紋間距宜大，通常為 3.0mm，最小為 1.5mm。為了防止模具崩垂與後加工的容易，所以至少要與分模面設有 0.8mm 的平坦部份

圖 3.12　螺紋及輥紋之設計 (續)

3.1-8　埋入件(insert)

埋入件之設計，如圖 3.13 所示。

埋入件(insert)
・埋入件之功用：⑴減少成形品之摩擦和破裂，以增加成形品之機械強度 　　　　　　　　⑵可作為傳導電流之媒體 　　　　　　　　⑶裝飾成形品與增進成形品之組合工作 　　　　　　　　⑷可作為螺紋成形之預置心型 ・埋入件之缺失：⑴由於金屬與塑膠收縮率不同，成形後，成形品易產生龜裂 　　　　　　　　⑵使用埋入件成形時，會使成形週期減緩 ・為使埋入件與塑膠密切結合，常在埋入件與塑膠之結合部份，設計成各種粗糙的表面或凸面之形狀。諸如切槽(channeling)、壓花(knurling)、鑽孔(drilling)、沖彎(bending)等

圖 3.13　各種埋入件之設計

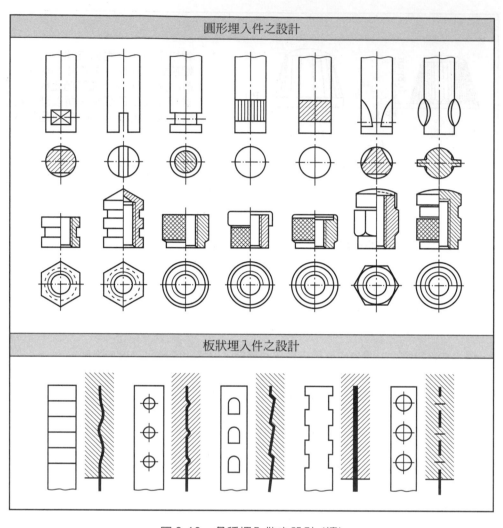

圖 3.13　各種埋入件之設計 (續)

3.1-9 成形品設計要點改善

圖 3.14 所示為成形品設計要點改善。

外觀的改善		
不可(×)	可(○)	摘要
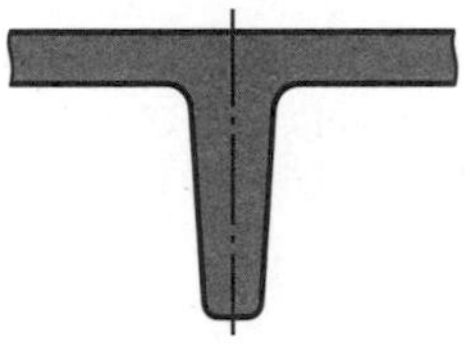	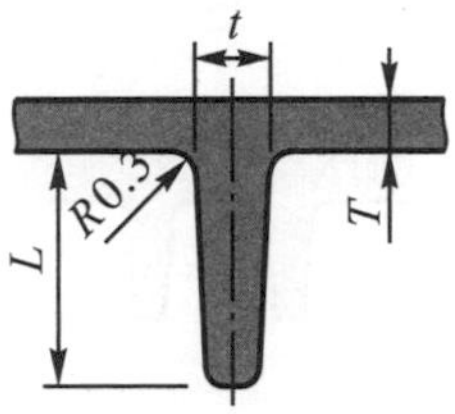	・厚肋為表面形成收縮下陷之原因，儘量減薄 PC，PPO　　　　$t < 0.6T$ PA，PE　　　　　$t < 0.5T$ PMMA，ABS　　$t < 0.5T$ PS　　　　　　　$t < 0.6T$ 肋高 $L \leq 3T$
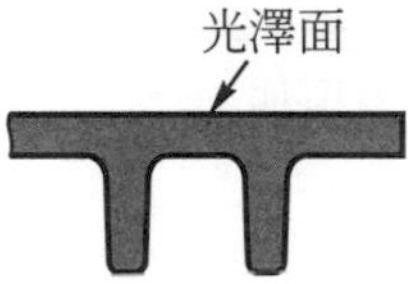 光澤面 	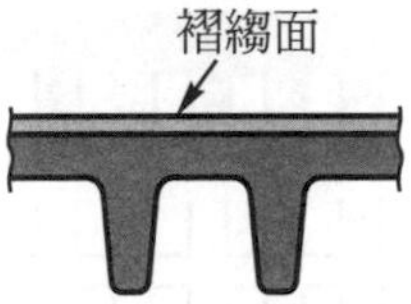 褶皺面 	・光澤表面可施行褶皺加工，可防收縮下陷，如模具表面施行放電、噴砂、腐蝕加工等
		・儘可能使分模面變為簡易，可使模具加工容易及毛邊、澆口切除容易
	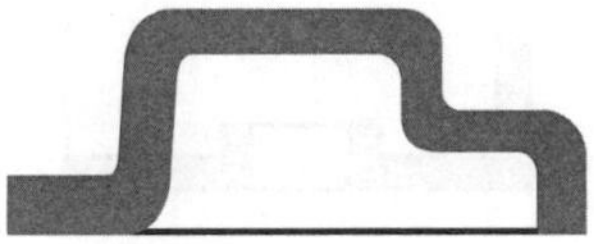	・肉厚均一，可防收縮下陷
	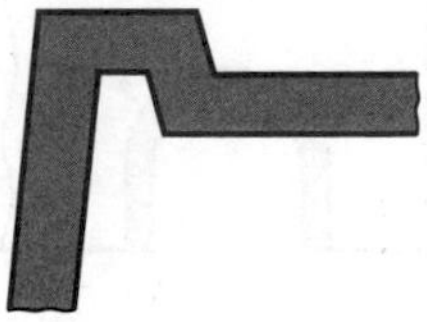	・內部肉厚去除，使肉厚均一，防止收縮下陷

圖 3.14　成形品設計要點改善

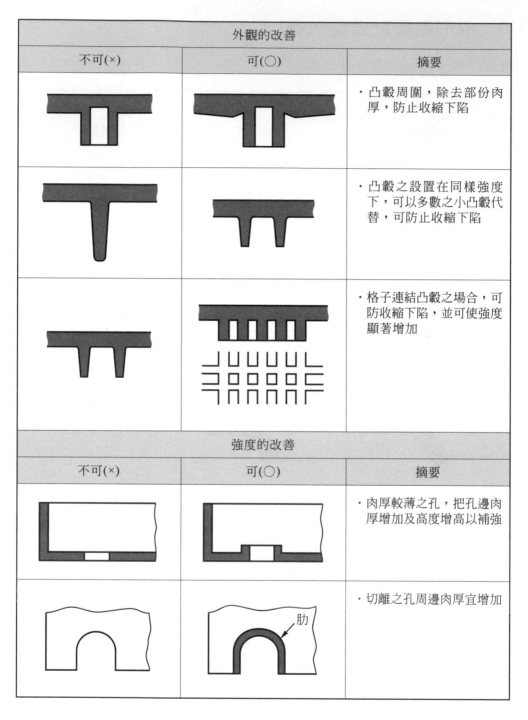

圖 3.14　成形品設計要點改善 (續)

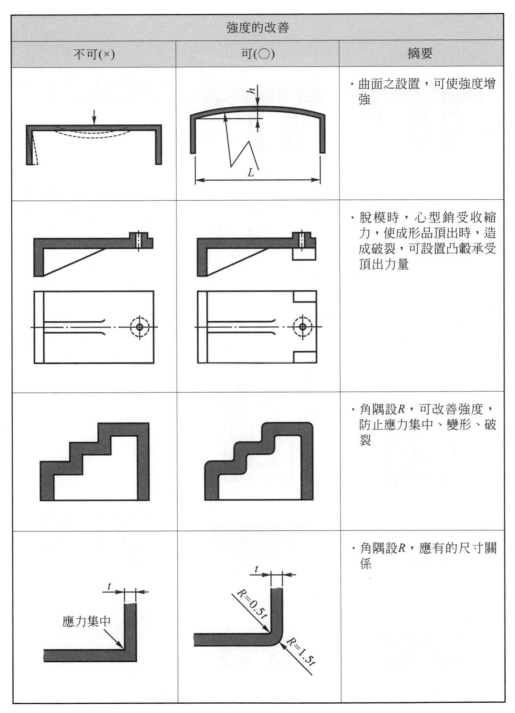

圖 3.14　成形品設計要點改善 (續)

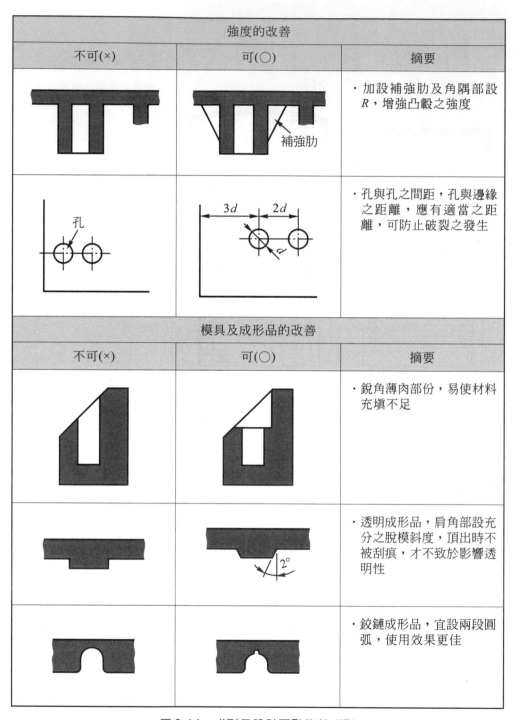

強度的改善		
不可(×)	可(○)	摘要
		・加設補強肋及角隅部設 R，增強凸轂之強度 補強肋
孔	3d　2d d	・孔與孔之間距，孔與邊緣之距離，應有適當之距離，可防止破裂之發生
模具及成形品的改善		
不可(×)	可(○)	摘要
		・銳角薄肉部份，易使材料充填不足
	2°	・透明成形品，肩角部設充分之脫模斜度，頂出時不被刮痕，才不致於影響透明性
		・鉸鏈成形品，宜設兩段圓弧，使用效果更佳

圖 3.14　成形品設計要點改善 (續)

模具及成形品的改善		
不可(×)	可(○)	摘要
		· 斜向凸轂,使模具構造變為複雜,改良凸轂方向與形狀,使成直角向之分模
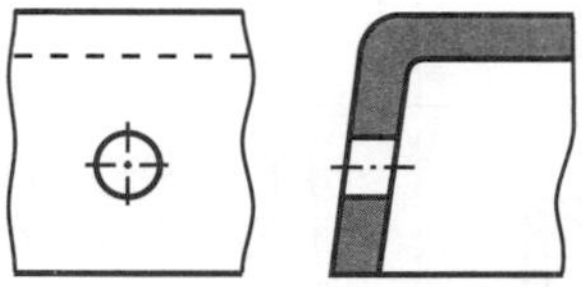	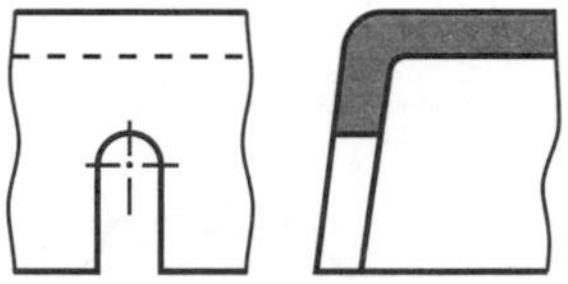	· 將側面之孔闢開,可消除undercut(死角)可不用側向心型
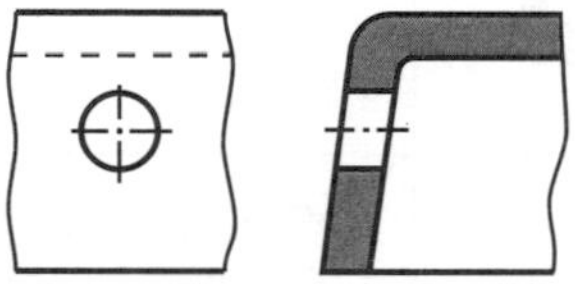	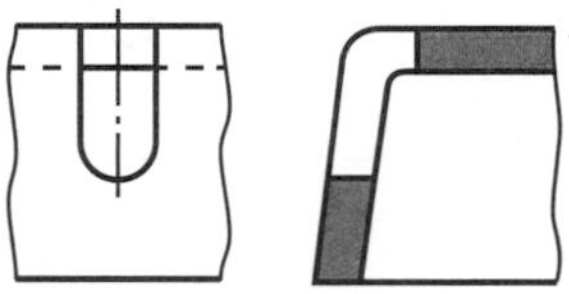	· 消除 undercut 之另一例
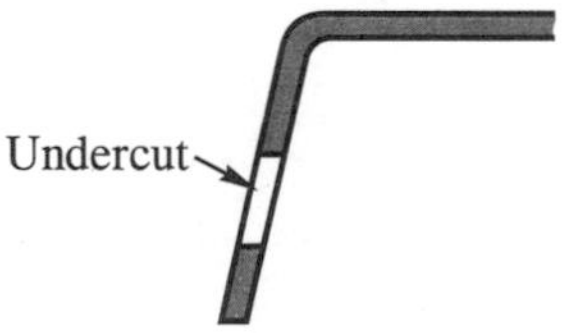	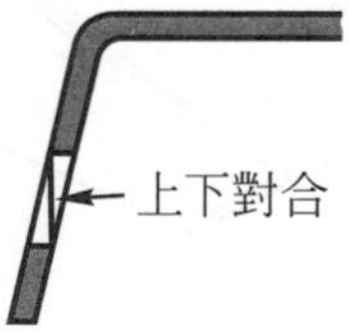	· 上下對合,可免除使用側向心型,使模具構造簡化
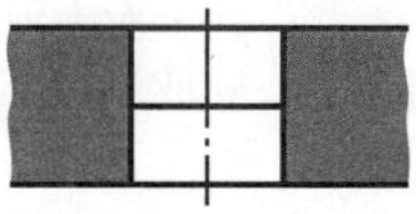	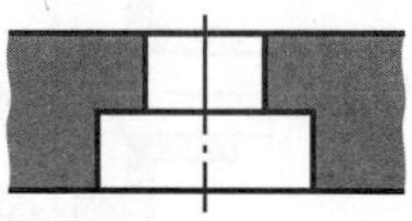	· 上下對合之孔,恐有偏心之虞,宜將另一方之孔擴大

圖 3.14 成形品設計要點改善 (續)

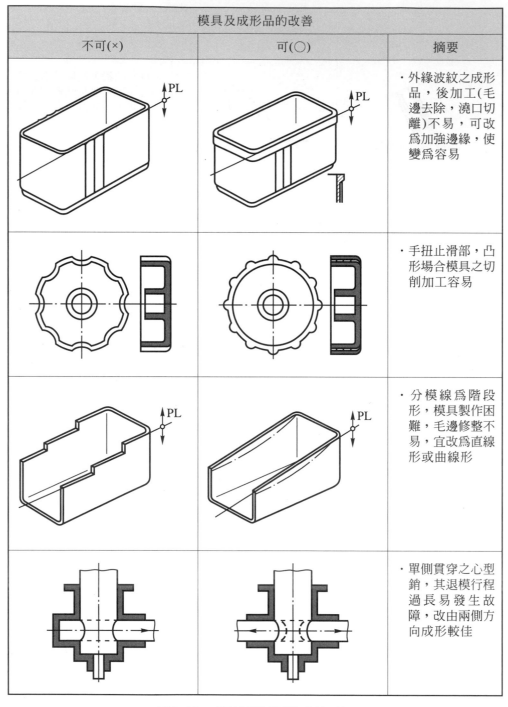

模具及成形品的改善		
不可(×)	可(○)	摘要
		·外緣波紋之成形品，後加工(毛邊去除，澆口切離)不易，可改爲加強邊緣，使變爲容易
		·手扭止滑部，凸形場合模具之切削加工容易
		· 分模線爲階段形，模具製作困難，毛邊修整不易，宜改爲直線形或曲線形
		·單側貫穿之心型銷，其退模行程過長易發生故障，改由兩側方向成形較佳

圖 3.14 成形品設計要點改善 (續)

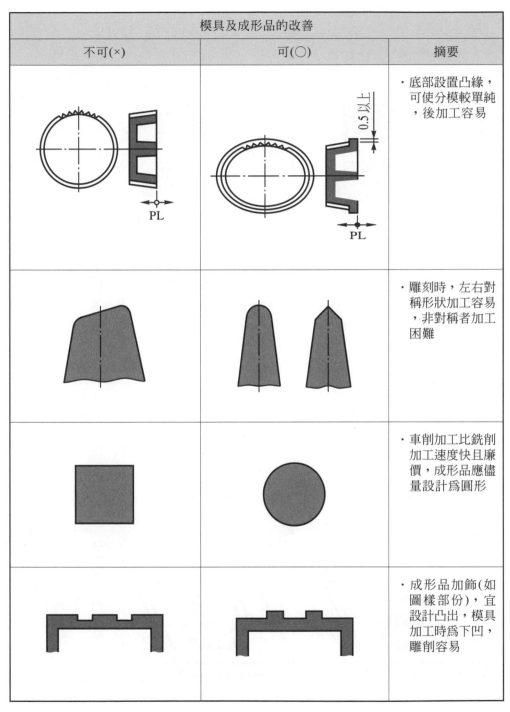

圖 3.14 成形品設計要點改善 (續)

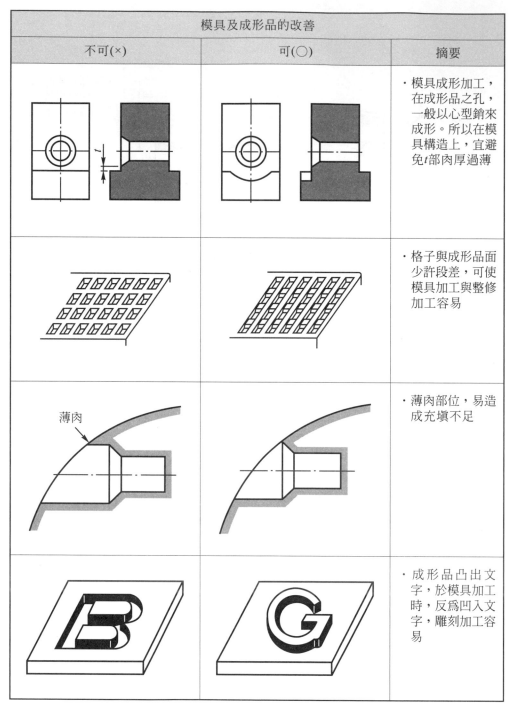

模具及成形品的改善		
不可(×)	可(○)	摘要
		· 模具成形加工，在成形品之孔，一般以心型銷來成形。所以在模具構造上，宜避免 t 部肉厚過薄
		· 格子與成形品面少許段差，可使模具加工與整修加工容易
		· 薄肉部位，易造成充填不足
		· 成形品凸出文字，於模具加工時，反為凹入文字，雕刻加工容易

圖 3.14　成形品設計要點改善 (續)

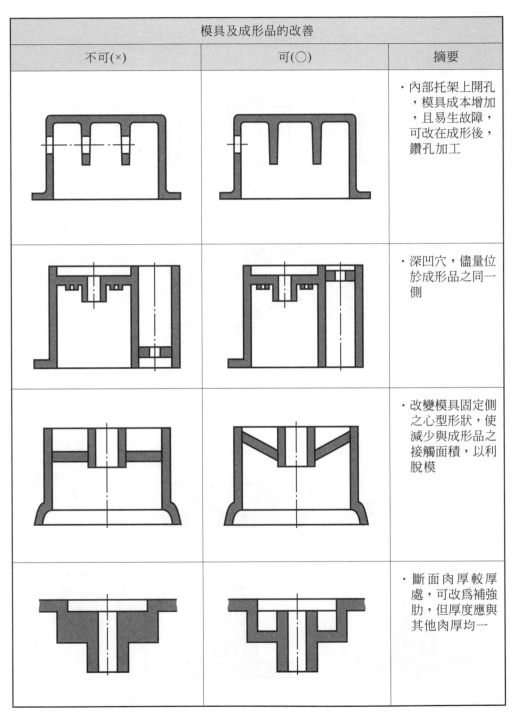

模具及成形品的改善		
不可(×)	可(○)	摘要
		·內部托架上開孔，模具成本增加，且易生故障，可改在成形後，鑽孔加工
		·深凹穴，儘量位於成形品之同一側
		·改變模具固定側之心型形狀，使減少與成形品之接觸面積，以利脫模
		·斷面肉厚較厚處，可改為補強肋，但厚度應與其他肉厚均一

圖 3.14　成形品設計要點改善 (續)

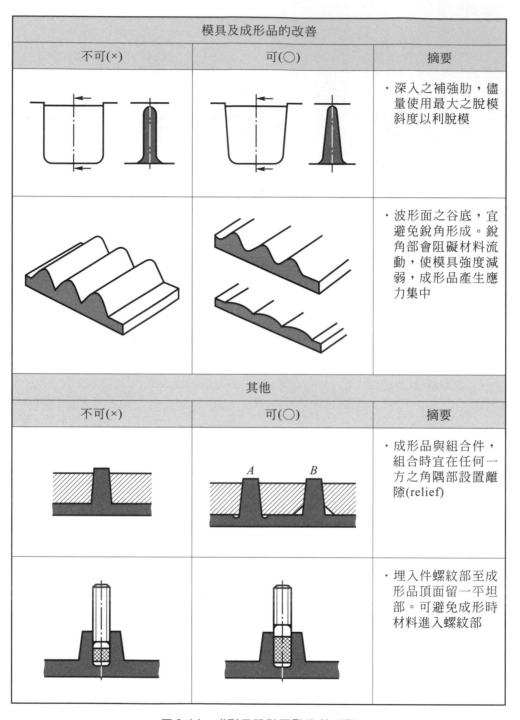

模具及成形品的改善		
不可(×)	可(○)	摘要
		·深入之補強肋,儘量使用最大之脫模斜度以利脫模
		·波形面之谷底,宜避免銳角形成。銳角部會阻礙材料流動,使模具強度減弱,成形品產生應力集中
其他		
不可(×)	可(○)	摘要
		·成形品與組合件,組合時宜在任何一方之角隅部設置離隙(relief)
		·埋入件螺紋部至成形品頂面留一平坦部。可避免成形時材料進入螺紋部

圖 3.14　成形品設計要點改善 (續)

其他		
不可(×)	可(○)	摘要
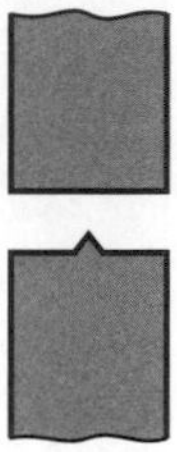	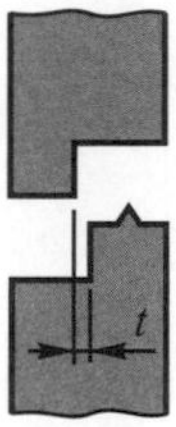	・兩件成形品熔接，給予 t 之間隙，使熔接毛頭進入
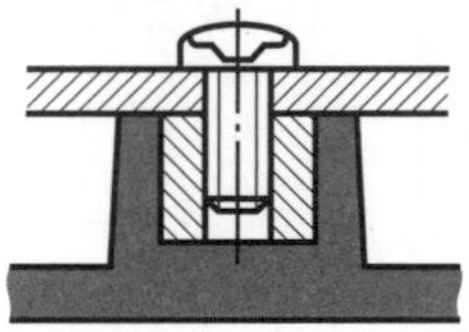	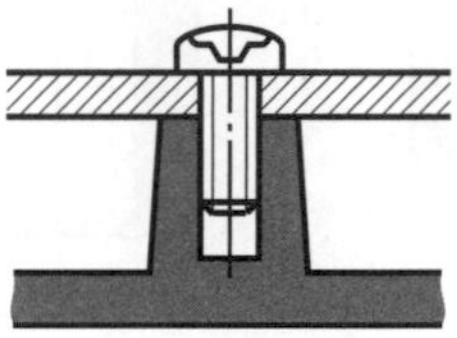	・螺紋埋入件製作成本高，成形時使成形週期延長，應儘量避免使用，成形品可預留攻絲用孔再與自攻螺絲配合使用
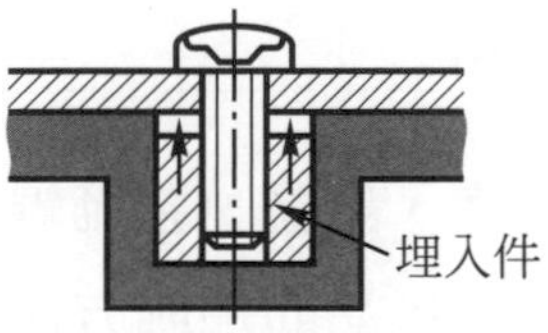 　埋入件	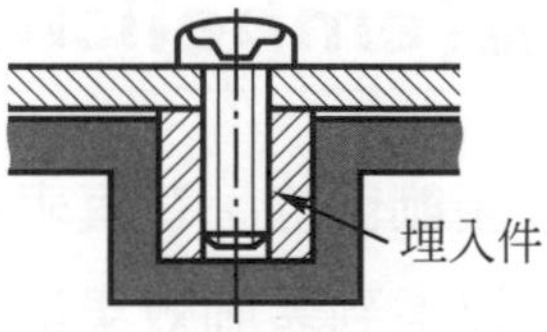 　埋入件	・埋入件高出成形品少許，固定時，可避免被拉取而鬆脫
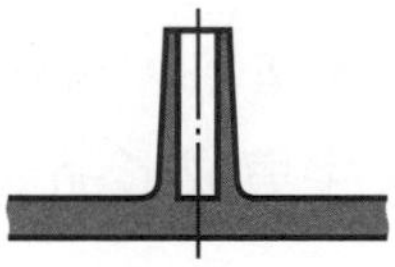	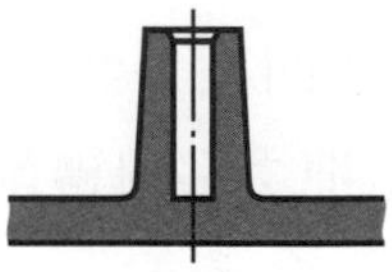	・凸轂之預留攻絲用孔，前端宜予倒角

圖 3.14　成形品設計要點改善 (續)

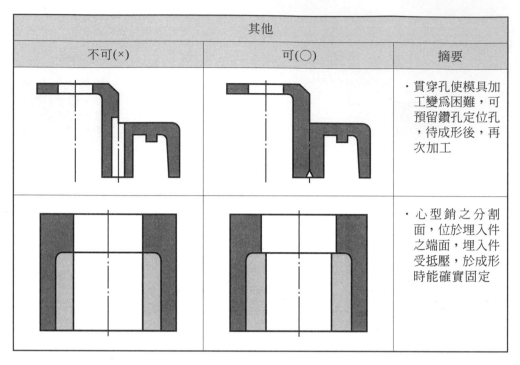

其他		
不可(×)	可(○)	摘要
		・貫穿孔使模具加工變為困難，可預留鑽孔定位孔，待成形後，再次加工
		・心型銷之分割面，位於埋入件之端面，埋入件受抵壓，於成形時能確實固定

圖 3.14 成形品設計要點改善 (續)

■ 3.2 成形品加飾(embelish)的方法

成形品為了實用目的或裝飾目的，在其表面形成文字、記號、裝飾線、皮革模樣、木紋等特殊表面狀態，以得到裝飾效果稱為加飾。成形品的加飾方法很多，大別可分為將模具表面加工而直接成形者、成形後再次加工成形者及利用特殊成形材料成形者或利用特殊成形法成形者。

文字、裝飾線等是在模具表面彫入，而在成形品表面凸出。或是相反作法(但模具加工困難)，使其在成形面凹入，然後在凹入部份塗入塗料，可防塗料因觸模而脫料。另外一種方法，則是把文字周邊削除，使凸出文字與成形品表面同高而得加飾效果。

為了使成形品表面形成皮革、布紋、木紋等狀態之表面加工稱為褶皺加工。在模具表面施行褶皺加工(crease finish)方法，不外是噴砂(sand blast)、化學腐蝕(chemical etching)及以實際的木材面為模型，應用照相製版技術之光蝕法(photo btching)，此法可得接近實物之表面狀態，另有以電鑄法(electro forming)作成的原模(master)為電極(electrode)而放電加工(EDM)成希望之表面的電鑄放電加工法。表 3.2 所示為塑膠成形品的各種加飾方法。

表 3.2　塑膠成形品的加飾方法

加工方法		裝飾效果的目的					
分類	加工程序	文字、數字、記號、裝飾線	皮革擬似布條梨皮	木紋模樣	大理石模樣	金屬性表面	金屬化
直接加工於模具表面者	機械雕刻 放電加工	○ ○					
	褶皺加工 噴砂 化學腐蝕 光蝕 電鑄 電鑄＋放電加工	○(梨皮) ○ ○	○ ○ ○ ○	○ ○ ○ ○			
	精密鑄造 銅壓力鑄造 show process	○	○ ○	○ ○			
在成形品二次加工者	眞空蒸著 電解鍍金	○(裝飾線)					○ ○
	熱壓印	○	○	○	○	○	
	塗裝 印刷 絲網印刷 滾輪印刷及其他	○	○	○ ○	○ ○	○ ○	
	貼著金屬板	○					○
利用特殊成形材料者	低發泡材料 金屬充塡材料			○		○	
利用特殊成形法者	二段成形 多色成形	○ ○			○		

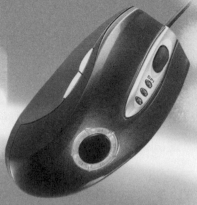

4 成形品的品質

本章重點

1. 成形品尺寸精度與何者有關係，並有何影響

2. 成形品尺寸公差及機械性質之探討

3. 成形品之實用物性

4. 成形品之熱處理及吸濕處理

塑膠模具設計學

　　成形品的品質(quality)要求大別可分為外觀(outward appearance)、尺寸精度(dimension accuracy)、物性(substance property)三要素。品質要素主要取決於成形材料的種類(kind)、成形品設計(moldings design)、成形條件(molding conditon)之設定。外觀問題將於射出成形實務章節裏詳述，本章只敘述尺寸精度與物性問題。

■ 4.1　成形品的尺寸精度(dimension accuracy)

4.1-1　成形品發生尺寸誤差(deviation)的原因

1. **與模具(mold)關連者**

   (1) **模具製作精度與模具構造之影響**：成形品的尺寸是得自模具之尺寸，模具各部的製造精度是成形品發生誤差的最重要因素。再者；模具的構造，如心型(core)與型穴(cavity)的配合、分模線(parting line)的位置、側向心型(side core)的構造、澆口(gate)與流道(runner)的形狀與尺寸等都會造成尺寸誤差。

   (2) **模具磨耗(abrasion)、變形(deformation)之影響**：模具經過長期使用，會因射出壓力、合模力等使模具各部變形或鬆弛，模具配合部份亦因長期使用而發生磨耗，此等都會造成成形品尺寸誤差。因此模具的構造或材料、強度、熱處理都是必須考慮的重要事項。

2. **與成形材料(molding materials)關連者**

   (1) **成形材料之種類及標準收縮率之影響**：不同的成形材料有其不同的收縮率(shrinkage)，然其標準值亦有所誤差，且成形品冷卻後之收縮比模具大，但其收縮量亦隨材料之不同而異，在成形條件有所變動時，收縮率較大之材料其收縮量也較大，故尺寸誤差較成形收縮率小者為大。

   (2) **成形材料本身的品質(quality)與副資材(subsidiary materials)之影響**：各批成形材料的品質不均勻，材料吸濕、乾燥是否充分以及著色劑、可塑劑、填充材等副資材之添加，而使成形收縮率有所變動亦是尺寸誤差之原因。

3. **與成形條件(molding condition)關連者**

   成形品之成形收縮率受成形條件之影響，故成形條件之設定亦為控制尺寸精度的重要因素之一。

⑴ **加熱缸溫度**(heating cylinder temperature)：亦即材料溫度，故加熱缸溫度上升，收縮變大。

⑵ **模具溫度**(mold temperature)：模具溫度上升，收縮變大。

⑶ **射出壓力**(injection pressure)與**保壓時間**(hold pressure time)：射出壓力增大，保壓時間加長，收縮變小。

⑷ **射出量**(injection value)：射出量增加，收縮變小。

⑸ **射出速度**(injection speed)：射出速度影響充填時間，致使成形收縮產生差異。

⑹ **冷卻時間**(cooling time)：成形品在模具中，冷卻時間愈長，收縮變小。

4. **與周圍環境**(environment)**關連者**

　　成形品放置於大氣中，由於周圍溫度之影響，經過數日後，其尺寸、形狀和內部組織常會發生變化，甚至龜裂(cracking)。這是由於成形時的熱條件，需要一段時間後，才會安定。組織安定而後才完全塑性變形。成形時的殘留應力所致之尺寸變化，亦隨時間之經過，不久後便安定。以上周圍溫度與殘留應力(residual stress)所致之形狀與尺寸之變化，稱為經時變化(age variable)。

4.1-2 成形品的尺寸精度與模具構造(mold structure)的關係

　　成形品尺寸得自模具的尺寸，自然與模具的製作精度相關連，構成模具的各配件加工精度重要，而各配件之總和精度(裝配後之精度)更是重要。模具配件之加工精度不只取決於加工法，也須注意模具構造、澆口的形狀和尺寸及收縮率等對成形品尺寸精度的影響。

　　成形品尺寸可依照模具構造的關係分類如下：

1. **直接取決於模具的尺寸**

　　圖 4.1 所示，是側面有圓孔的長方形箱形成形品的各部尺寸與模具構造的關係，L_1、L_4、L_5 及 H_1 直接取決於模具固定側的尺寸，L_2、L_3、L_6 及 H_2 取決於模具可動側的尺寸，圓孔直徑 D 直接取決於側向心型的尺寸。這些尺寸都直接取決於模具之單方面配件可絕對達成的尺寸，最易達成尺寸精度之要求。

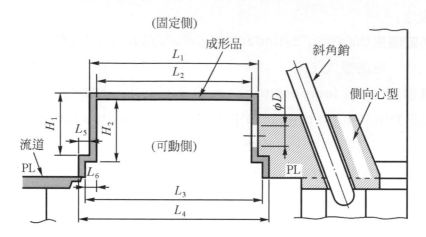

圖 4.1 直接取決於模子的尺寸

2. 不直接取決於模具的尺寸

圖 4.2 所示，也是箱形成形品例，H_3、H_4、H_5、H_6、T_2、T_3 取決於固定側模具與可動側模具的相對位置，分模面若有毛邊(burr)或合模壓力(mold clamping pressure)過大及側向心型之磨耗等，其尺寸即會變動。因而，這些尺寸不只取決於模具單一配件的尺寸，同時也牽涉總合的裝配精度或成形上的問題，故更難達成所要求之尺寸精度。

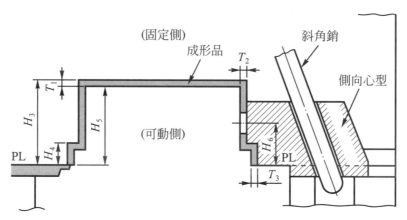

圖 4.2 不直接取決於模子的尺寸

圖 4.3 所示，是成形品孔的中心距離與模具構造的關係，L_2 為取決於可動側之心型銷(core pin)Ⓐ Ⓒ 的尺寸，乃直接取決於模具的尺寸。但是 L_1 則是取決於心型銷Ⓐ與Ⓑ之尺寸，若Ⓑ與Ⓒ之中心位置偏移 e 時，L_1 受其影響，乃為不直接取決於模具之尺寸。決定中心距離的心型銷若不在模具之同一側其精度必受影響，所以最好設置於模具之同一側，則更容易達到所要求之尺寸精度。

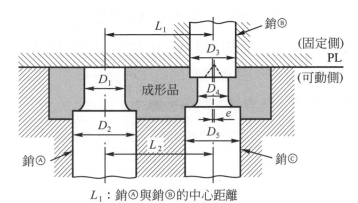

L_1：銷Ⓐ與銷Ⓑ的中心距離

L_2：銷Ⓐ與銷Ⓒ的中心距離

e：銷Ⓑ中心與銷Ⓒ中心的偏移

圖 4.3　固定側及可動側的心型銷形成的孔中心距離

3.　其他尺寸

角度(angle)、平行度(parallelism)、偏心(off center)、翹曲(warping)、扭曲(torsion)、彎曲(bending)等變形量關連到模具的構造、製作精度、成形品設計、成形技術(molding techniquc)，乃是最難達成所要求之尺寸精度。

4.1-3　成形收縮率(shrinkage)

剛從模具中取出之成形品，其溫度常高於常溫，須經數小時或數十個小時後才會冷卻至常溫，此時，成形品隨著冷卻而收縮，高溫時的成形品尺寸與常溫時的尺寸之差稱為成形收縮。其和成形品尺寸之比，稱為成形收縮率。

成形收縮的量因各種條件而異，模具尺寸都須加上成形收縮的尺寸，才能使成形品達到所要求之尺寸精度。

一般成形收縮的計算是由常溫的模具尺寸(D)及成形品尺寸(M)，以下式表示成形收縮率(α)：

$$\alpha = \frac{D - M}{M}$$

計算此成形收縮率所用常溫成形品尺寸(M)最好是成形後至少經 2～3 小時，最好 1日者。實際決定模具尺寸時，依所用的成形材料而先已知成形收縮率，所以通常使用下列公式：

$$D = (1 + \alpha) \times M$$

成形收縮以 1/1000 單位表示或以百分率(%)表示。

　　成形收縮率的大小如表4.1所示，熱可塑性塑膠之結晶性(crystalline)者遠大於非結晶性(amorphous)者，但也因填充料(filler)、強化材(reinforcement)等配合而異，玻璃纖維(glass fiber)強化材料的收縮率通常較小，但這些值往往都因成形條件之變動而有所差異，此表為一般標準值。

表 4.1　塑膠材料的線膨脹係數與成形收縮率

成形材料		填充料(強化材)	線膨脹係數 $(10^{-5}/°C)$	成形收縮率 (%)
	塑膠名稱			
熱硬化性塑膠	酚樹脂(PF)	木粉，棉屑	3.0～4.5	0.4～0.9
	酚樹脂(PF)	玻璃纖維	0.8～1.6	0.01～0.4
	尿素樹脂(UF)	纖維素	2.2～3.6	0.6～1.4
	三聚氰胺樹脂(MF)	纖維素	4.0	0.5～1.5
	diallyl phthalate(DAP)	玻璃	1.0～3.6	0.1～0.5
	環氧樹脂(EP)	玻璃纖維	1.1～3.5	0.1～0.5
	聚酯(UP)	玻璃纖維	2.0～3.3	0.1～1.2
熱可塑性塑膠 結晶性	PE(低密度)	—	10.0～20.0	1.5～5.0
	PE(中密度)	—	14.0～16.0	1.5～5.0
	PE(高密度)	—	11.0～13.0	2.0～5.0
	PP	—	5.8～10.0	1.0～2.5
	PP	玻璃纖維	2.9～5.2	0.4～0.8
	耐隆(6)	—	8.3	0.6～1.4
	耐隆(6.10)	—	9.0	1.0
	耐隆	20～40％玻璃纖維	1.2～3.2	0.3～1.4
	聚縮醛	—	8.1	2.0～2.5
	聚縮醛	20％玻璃纖維	3.6～8.1	1.3～2.8
熱可塑性塑膠 非結晶性	PS(一般用)	—	6.0～8.0	0.2～0.6
	PS(耐衝擊用)	—	3.4～21.0	0.2～0.6
	PS	20～30％玻璃纖維	1.8～4.5	0.1～0.2
	AS樹脂	—	3.6～3.8	0.2～0.7
	AS樹脂	20～33％玻璃纖維	2.7～3.8	0.1～0.2
	ABS樹脂(耐衝擊用)	—	9.5～13.0	0.3～0.8
	ABS樹脂(耐衝擊用)	20～40％玻璃纖維	2.9～3.6	0.1～0.2
	亞克力	—	5.0～9.0	0.2～0.8
	PC	—	6.6	0.5～0.7
	PC	10～40％玻璃纖維	1.7～4.0	0.1～0.3
	PVC樹脂(硬質)	—	5.0～18.5	0.1～0.5
	醋酸纖維素	—	8.0～18.0	0.3～0.8

(Modern Plastics Encyclopedia 1969 摘要)

1. 成形收縮與成形條件的關係

關係成形收縮之成形條件有材料溫度(加熱缸溫度)、模具溫度、射出壓力、射出速度、射出量、冷卻時間等。一般而言，模具溫度愈高時成形收縮率愈大，如圖 4.4、4.5 所示。射出壓力愈高時成形收縮率愈小，如圖 4.6、4.7 所示。

模具溫度升高時，成形收縮率增大，結晶性塑膠在模具溫度愈高時，愈易結晶化(crystallization)，成形收縮率更大。射出壓力高，模具內的材料密度(density)增高，特別是使用二次射出壓(保壓)時，收縮下陷(sink mark)之現象減低，成形收縮率減小。

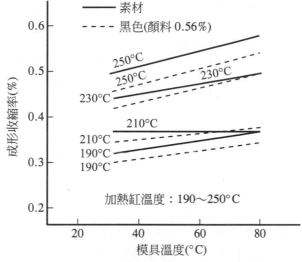

圖 4.4　ABS 樹脂的成形收縮率與模具溫度

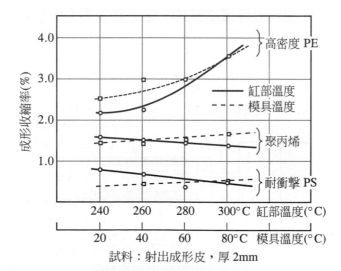

圖 4.5　高密度 PE、PP，耐衝擊 PS 的成形收縮率與缸部溫度，模具溫度的關係

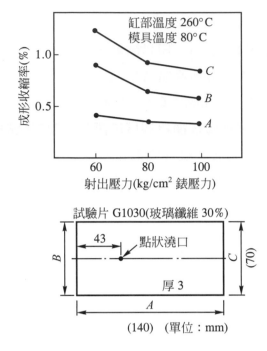

圖 4.6　玻璃纖維強化 PBT 樹脂的成形收縮率與射出壓力的關係

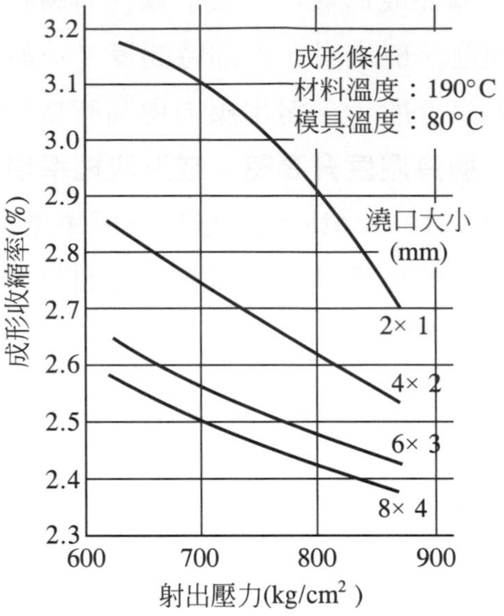

圖 4.7　POM 的成形收縮率與射出壓力、澆口大小的關係

2. 成形收縮與材料流態(配向性)的關係

通常材料以熔融狀態高速通過澆口的狹窄處時，其分子被拉伸，如圖 4.8 所示，配列於一定方向，此謂高分子的流動配向(flow orientation)或分子配向(molecular orientation)。

塑膠材料中加入玻璃纖維等纖維質時，纖維狀物質平行於材料流向而並列，稱為填充料之配向。

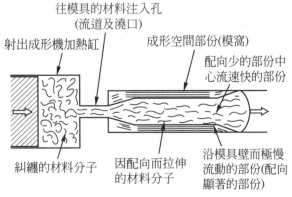

圖 4.8　塑膠材料的流動配向

　　塑膠材料流動時引起的材料分子配向或填充料的配向，通稱為塑膠材料的流動配向。此流動配向依材料流過模窩時，模具的構造或澆口的設置方式等而有各種不同的狀態，如圖4.9所示，同時亦使成形收縮或機械性質有方向性，並造成成形品翹曲或扭曲、龜裂等。此種缺失之影響，因材料種類而異，成形收縮率大的結晶性塑膠所受的影響大於非結晶性塑膠。同一材料也因其流動性稍有不同。

　　圖4.10為玻璃纖維強化PC成形品的成形收縮例子，通常玻璃纖維強化塑膠在流動方向的收縮率甚小於垂直流向的收縮率。但一般材料在流動方向的收縮率大於垂直流向的收縮率。

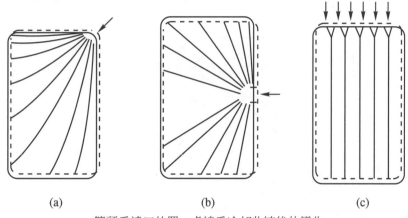

(a)　　　　　　　(b)　　　　　　　(c)

箭頭為澆口位置，虛線為冷却收縮後的變化

圖 4.9　澆口位置與流動配向

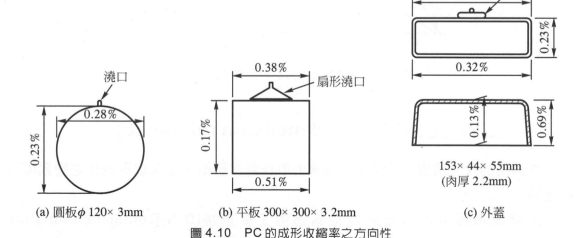

(a) 圓板 φ 120× 3mm　　　(b) 平板 300× 300× 3.2mm　　　(c) 外蓋

圖 4.10　PC 的成形收縮率之方向性

3.　成形收縮與澆口設計的關係

　　塑膠材料的流動配向使成形收縮率有方向性，導致成形品翹曲、扭曲等，也影響成形品尺寸精度，因而要檢討澆口之形狀及設置位置、大小等，澆口太小時，容易引起充填不足、收縮下陷等缺陷，也使成形收縮增大。澆口過大時，雖可減低成形收縮，但澆口周邊易殘留應力，致使成形品變形甚至龜裂之現象。澆口的大小也與成形收縮率關係極深，通常增大澆口斷面積可減少成形收縮率，如前述之圖 4.7 所示。

4. 成形收縮與成形品肉厚的關係

成形品的肉厚是依其機能(function)、必要的剛性(rigidity)、強度(strength)及材料的流動性(fluidization)等而作決定。成形品肉厚增大時收縮下陷(sink mark)、氣泡(bubble)等隨之而發生，通常成形品肉厚(thickness)愈厚成形收縮率(shrinkage)也愈大，圖 4.11 所示為各種 PA 成形品肉厚與成形收縮率之關係。

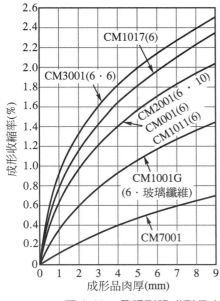

試料：80× 80mm
材料溫度：250〜280°C
澆口：膜狀澆口
模具溫度：40〜60°C
*( )的數字表示耐隆的類型

圖 4.11 各種耐隆成形品肉厚與成形收縮率

4.1-4 成形品的尺寸公差(dimension tolerance)

成形品的尺寸精度，不只是受模具的製作精度影響，也因成形條件之變動而有所差異。

塑膠成形品的尺寸公差規格有德國工業規格(DIN)Deutsche Industrial Normen、美國塑膠工業協會(SPI)Society of Plastics Industry。英國塑膠工業公會(BPF)Br itish Plastics Federation 等。其中最有體系的成形品尺寸公差規格為德國 DIN 7710 Blatt 2 射出成形品的尺寸公差規格，如表 4.2 所示，及 DIN 16901 成形品尺寸公差規格，如表 4.3 所示。

表 4.2　德國 DIN7710 Blatt 2 射出成形品的尺寸公差

(a)直接取決於模具的尺寸公差

No.	成形材料		適用處	尺寸範圍								
				0～6	6～18	18～30	30～50	50～80	80～120	120～180	180～250	250～500
1	・以聚苯乙烯射出成形材料 【例】DIN Type501，520 ・以壓克力與聚乙烯羧酸等基系之射出出成形材料	不指定公差的尺寸	所有尺寸(R部和螺紋部除外)	±0.1	±0.1	±0.15	±0.25	±0.4	±0.6	±0.8	±1.0	當事者自行協定
			圓弧部(R部)	保持與規定尺寸近接值								
			螺紋部	適用下列標準：DIN 13 Blatt 5 之公制螺紋「粗」及 DIN 11 Blatt 3 之惠氏螺紋「粗」適用於螺距與螺紋直徑比為 1：30 以下，且螺紋直徑在 80mm 以下，螺紋旋入深度為螺紋直徑 1 倍以下者，要有互換性								
2		指定公差的尺寸	所有尺寸(壁厚及螺紋部除外)	0.1	0.16	0.2	0.25	0.3	0.4	0.6	0.8	協定
			壁厚	±0.05	±0.08							
			螺紋部	參照 No.1 螺紋部								
3	・以纖維素衍生物為基系的射出出成形材料 【例】DIN Type 411，412，413	不指定公差之尺寸		與 No.1 相類似，這些射出出成形品在通常的放置條件下會引起二次尺寸變化，致超過公差範圍								
		指定公差之尺寸		與 No.2 相類似，這些射出出成形品在通常的放置條件下會引起二次尺寸變化，致超過公差範圍								

表 4.2 德國 DIN7710 Blatt 2 射出成形品的尺寸公差(續)

(b)不直接取決於模具的尺寸公差

	尺寸類別										
4 ·以聚苯乙烯射出成形材料 ·[例] DIN Type 501, 502 以壓克力與聚乙烯撥等基系之射出成形材料	不能指定公差的尺寸	所有尺寸(壁厚除外)	±0.1	±0.1	±0.15	±0.25	±0.4	±0.6	±0.8	±1.0	協定
		壁厚(開模方向壁厚除外)	±0.05	±0.08	±0.1	±0.15	±0.2	±0.25	±0.3	±0.3	協定
		開模方向壁厚(底厚)	尺寸範圍的關連尺寸為「直立高度」								
5	指定公差的尺寸	所有尺寸(壁厚除外)	0.2	0.25	0.3	0.35	0.45	0.6	0.8	1.0	協定
		壁厚	±0.05	±0.08	±0.1	±0.15	±0.2	±0.25	±0.3	±0.3	協定
		開模方向壁厚(底厚)	0.15	0.15	0.2	0.2	0.25	0.25	0.3	0.3	協定
			尺寸範圍的關連尺寸為「直立高度」								
6 ·以纖維素衍生物為基系的射出成形材料 ·[例] DIN Type 411, 412, 413	不指定公差之尺寸		尺寸範圍的關連尺寸例為箱形成形品的最大長度或最大直徑								
			與 No.4 相類似,這些射出成形品在通常條件下不會引起二次尺寸變化,致超過公差範圍								
7 ·No.1~3除外 ·No.4~6之射出成形材料	指定公差之尺寸		與 No.5 相類似,這些射出成形品在通常條件下不會引起二次尺寸變化,致超過公差範圍								
	·有關形狀的誤差 ·[例]翹曲,扭曲,變形等		不能以一般數值表示,因形狀而異,公差由當事者間協定								

表 4.3　德國 DIN 16901 射出成形品的尺寸公差

尺寸範圍 (mm)	PS ABS PC 硬質 PVC PA(充填玻璃纖維) POM(充填玻璃纖維)		PA POM	
	1 級	2 級	1 級	2 級
1	0.08	0.12	0.12	0.16
1～3	0.10	0.14	0.14	0.18
3～6	0.12	0.16	0.16	0.20
6～10	0.14	0.18	0.18	0.22
10～15	0.16	0.20	0.20	0.26
15～22	0.18	0.22	0.22	0.30
22～30	0.20	0.26	0.26	0.34
30～40	0.22	0.30	0.30	0.40
40～53	0.26	0.34	0.34	0.48
53～70	0.30	0.40	0.40	0.56
70～90	0.34	0.48	0.48	0.68
99～120	0.40	0.58	0.58	0.62
以下省略				

註：容許的尺寸偏差是指尺寸公差上下幅度的合計值 $0.12 \rightarrow 5\pm0.06$，$5^{+0.12}_{\;\;\;0}$，$5^{\;\;\;0}_{-0.12}$。

■ 4.2　塑膠成形品的實用物性(practical substance property)

4.2-1　一般的特色

　　塑膠為黏彈性(viscoelastisity)的物質，同時有黏性(viscosity)與彈性(elastisity)兩要素所組成的特性，在高速承受短時間外力或低溫時，有彈性的「硬脆」性質，另一方面，施加外力的時間長或溫度高時，有黏性的「軟而易永久變形」的性質。此二要素的比率取決於施加外力的速度或時間與溫度的組合，因此，考慮成形品實用上的特性時，要充分瞭解此項特色。成形品在使用中，**接觸藥品或化妝品時，有時會發生龜裂**，或者使外觀、形狀發生異樣、機械性質起變化，這些現象也都受當時的溫度和使用時間之不同而異。因此，塑膠成形時材料分子的配向、玻璃纖維強化材等填充料的配向、成形後的冷卻收縮等所致的內部應力都顯著影響成形品的特性，影響的程度也因這些殘留應力的殘留程度而異。室外使用的成形品易常受紫外線之照射而劣化(degradation)。

4.2-2 耐熱(heat resistance)特性的重要性

塑膠因時間和溫度的組合而有各種狀態變化，如表 4.4 所示，耐熱性包含外觀、尺寸、機械性質變化等廣範圍的現象。**耐熱性與各種物性深切關連，可說是塑膠材料所有物性的基本重要性質，亦為成形品的尺寸安定性(dimensional stability)、剛性(rigidity)、耐久性(durability)等的基礎。**

表 4.4 塑膠成形品的耐熱性

類別	溫度變化所致的變化	關連的構成材料物性
溫度變化所致形狀、尺寸的變化	(1)形狀變化： 翹曲、彎曲、扭曲	熱變形溫度($℃$) ASTM D-648，JIS K-6717 等 vicat 軟化點($℃$) ASTM D-1525
	(2)尺寸變化	線膨脹係數($10^{-5}/℃$) 加熱收縮率(%) 加熱減量(%) 結晶化度(或硬化度)：溫度關係特性
溫度變化所致機械性性質、電氣性質的變化	(1)機械性性質的變化： 抗拉強度降低、衝擊強度上昇、低溫時脆化	機械性性質：溫度關係特性 低溫脆化溫度(耐寒性)
	(2)電氣性質變化： 電絕緣特性劣化、高週波特性劣化	電氣性質：溫度關係特性
溫度變化所致化學性質的變化	(1)外觀變化： 膨脹、裂紋、變色、透明度喪失	
	(2)耐藥品性的變化： 劣化所致機械性、強度降低及其他	藥品浸漬時的機械性強度，其他

■ 4.3 成形品的機械性質(mechanical property)

4.3-1 機械性質與模具設計、成形方法等的關係

模具設計方面，澆口與排氣孔的設計特別重要，例如澆口尺寸太小時，材料未承受充分的壓力，成形後成形品之耐衝擊強度降低，玻璃纖維強化塑膠的纖維常在澆口部破斷而降低成形品的強度。再者；有充填不足(short shot)、收縮下陷(sink mark)、熔合線(weld line)、空洞(void)、氣泡(bubble)等不良現象的成形品其機械性強度亦成正比例的降低。

　　成形品的機械性質與成形條件的變動，也常有不同的結果，如模具溫度愈高時抗拉強度(tensile strength)或抗彎強度(bending strength)愈增，反之，耐衝擊強度(impact strength)降低，成形品脆化(brittleness)。

4.3-2　殘留應力(residual stress)導致成形品的破壞(destructive)

1.　應力龜裂(stress cracking)

　　成形時或冷卻過程中，成形品內部發生殘留應力，此時稍受外力或接觸藥品類時，成形品表面或內部會形成龜裂。成形品亦常在二次加工或長期使用中受環境的影響而發生龜裂。以上統稱為應力龜裂。

2.　形成殘留應力(residual stress)的主因

　(1)　**施加於成形品特定部位的過剩成形壓力所致。**例如直接澆口所致成形品澆口部周邊的放射性龜裂現象。

　(2)　**成形品各部位的冷卻速度不均，引起收縮差所致。**成形品各部位肉厚不均一或模具冷卻管路配列不當，造成成形品各部位的冷卻速度不同，較慢冷卻的部位被先冷卻的部位拉張，成為內部應力而殘留成形品中。

　(3)　**埋入金屬件時，埋入件之熱膨脹係數與塑膠材料差距太大時，冷卻狀態不均勻而造成殘留應力。**

　(4)　**熔融材料在模具內流動時的流動配向現象所致。**熔融材料流動時的配向，拉伸分子而發生應力，隨著冷卻後而成為殘留應力。

　(5)　**熱硬化性塑膠成形時會因成形品肉厚不均或成形時的加熱不均等，造成各部位硬度不均勻，導致殘留應力。**

3.　應力龜裂的發生與成形條件(molding condition)之關係

　　欲觀察殘留應力之大小的簡便方法是將成形品浸入溶劑(solvent)、界面活性劑(surfactant)等藥液中，依發生龜裂的大小、時間來判定。圖 4.12 所示，為 PC 的應力龜裂抵抗性與成形條件的關係，可見保壓之壓力愈高或模具溫度愈低時，直到發生龜裂的時間愈短，因而對應力龜裂的抵抗性弱，亦即容易龜裂。可見，模具溫度愈高或射出壓力愈低時，殘留應力愈小，應力龜裂愈小。

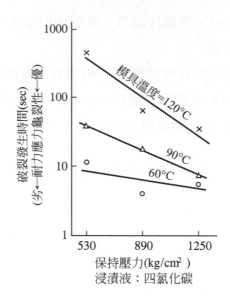

圖4.12 PC的耐應力龜裂性與成形條件的關係

■ 4.4 成形品的熱處理(heat treatment)與吸濕 (moisture absorption treatment)處理

4.4-1 退火(annealing)

1. 退火的目的與效果

退火的目的是為了除去熱可塑性塑膠之成形品的殘留應力,於成形品成形後所進行的加熱處理。

退火的效果如下:

⑴ 可改善成形品的尺寸安定性。

⑵ 可改善熱變形溫度或機械性質,如圖4.13所示。

⑶ 使不發生應力龜裂或減輕發生之程度。

以上所述,為成形品退火之效果,因此,PC的精密成形品常為了尺寸安定性而進行退火熱處理。但是,退火雖可改善品質,然而由於成形品再次加熱而引起二次收縮(加熱收縮),導致成形品尺寸再度變化,圖4.14所示為POM因退火所致的二次收縮。此二次收縮乃是由於材料的流動配向所致。

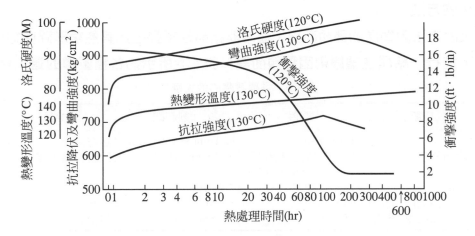

圖 4.13　PC 因熱處理所致的物性變化

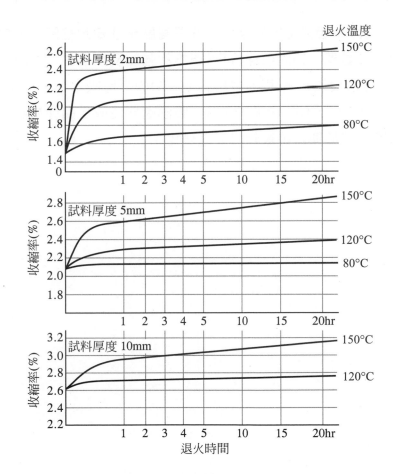

圖 4.14　POM 因退火所致的收縮

2. 退火的方法

退火的方法因塑膠的種類而異，通常非結晶性塑膠在比其熱變形溫度約低10℃的溫度下進行。結晶性塑膠則因種類而異，表4.5所示為各種塑膠的退火條件。

表4.5 各種塑膠的退火條件

樹脂	溫度	加熱時間	爐氣
PC	120～130℃	厚1mm為0.5～2hr	熱空氣中
耐隆(66)	比成形品使用溫度高 10～20℃(或150℃)	厚3～6mm為15～30 分	流動石蠟，淬火油中
聚縮醛	145～150℃	20～30分	熱空氣或油中
壓克力樹脂(一般用)	65～70℃	3～5hr	熱空氣中
壓克力樹脂(耐熱用)	75～80℃	3～5hr	熱空氣中

4.4-2 吸濕處理(moisture absorption treatment)

PA的吸濕性大，吸濕後尺寸變化，欲得高度尺寸安定性時，最好配合退火處理，強制施行吸濕處理，如此可保持PA原本的強韌及耐磨性，同時也改善其尺寸安定性。PA 在普通大氣狀態(相對濕度約 60 %)的平衡吸水率，在 PA6 約 3～3.5 %，PA66 約 2～2.5 %，PA610 約 1.5 %。吸濕處理使成形品強制吸水，預置於此程度的吸濕狀態，在於使用中幾無尺寸之變化。

5

射出成形用模具

本章重點

1. 射出成形模具之種類及用途

2. 射出成形模具內部構造之說明及功用

3. 冷卻系統之介紹

4. 流道系統之重要性及其尺寸關係

5. 頂出機構及 undercut 之處理

6. 模具材料及其熱處理與表面處理

7. 模具強度計算

PLASTICS MOLD DESIGN

塑膠模具設計學

　　射出成形(injection molding)廣泛用於熱可塑性塑膠(thermo plasties)的成形，其原理是把粒狀(pellet)的塑膠材料在加熱缸(heating cylinder)中加熱成流動狀態之後，由射出機構(injection mechanism)將熔融的材料，由噴嘴(nozzle)向模具中射出成形，待成形品冷卻(cooling)固化(curing)後，再開模而由頂出機構(ejector mechanism)將成形品(moldings)頂出。

　　最近，熱硬化性塑膠(thermosetting plastics)也採用射出成形法成形，其特點為加工效果良好，可成形形狀複雜之成形品，且成形速度快，為目前最普遍的塑膠成形加工法，可謂是現代塑膠成形法的主流。

■ 5.1　射出成形用模具(injection mold)的種類

　　射出成形用模具的構造是多變的，不同的澆口(gate)形式，不同的頂出方式與不同的模具結構，便可組成各種類型的模具形式，故欲將模具明確的分類頗為困難，茲以一般常用分類方式，可依模具構造而簡單區分為三種基本類型：1.二板式模具；2.三板式模具；3.無流道模具。分述如下：

1.　**二板式模具**(two plates mold)

　　此類型模具為射出成形用模具的標準構造，模具構造較簡單，且製作容易，所有射出成形用模具的基本製作與設計原理都以此為出發點。

　　此類型模具的固定側固定於射出成形機的固定盤(stationary platen)上，成為材料的射出部。可動側固定於成形機的可動盤(movable platen)上，射出成形結束，開模時，成形品附著於可動側，再利用成形機的開模動作或油壓頂出裝置，將成形品頂出。如圖 5.1 所示。

2.　**三板式模具**(three plates mold)

　　三板式模具與二板式模具不同的地方是，除了兩塊型模板外，另外插入一塊流道剝料板(runner stripper plate)，模具的主要部份是由固定側型模板、可動側型模板及流道剝料板三塊板所構成，因此稱為三板式模具。圖 5.3 所示為三板式模具之構造，上圖為模具閉合狀態，下圖為模具開啟、頂出成形品及流道的情形。在模具開啟時，除了固定側型模板與可動側型模板分開，以便取出成形品外，流道剝料板也在固定側固定板上安裝的支承銷(support pin)上滑動而分離，如此動作可使流道脫離，亦即成形品與流道系統分開取出。**此類型模具在構造上、製作上、設計上均較複雜，且成形時，需使用較大行程(stroke)之成形機來生產，故成本較高，但其優點是可自動化生產，可去除成形品後加工(post processing)之成本浪費。**

3. **無流道模具**(runnerless mold)

　　無流道模具(runnerless mold)，又稱為熱流道模具(hot runner mold)，其構造上可視為三板式模具的進展，與三板式模具之相異點是無流道模具之注道(sprue)和流道部份特別加熱或保溫，使其中軟化的材料不固化，保持在熔融狀態下，每次的射出操作只取出成形品，沒有注道與流道等廢料。此種模具的主要優點是可節省材料，可去除成形品後加工之成本浪費，可高速生產，但其缺點則是構造繁雜，模具製作與設計成本高。

■ 5.2　模具各部之名稱(name)及其功能(function)

5.2-1　射出成形用模具各部構件之名稱

　　模具各部構件名稱，如圖 5.1～5.5 所示。

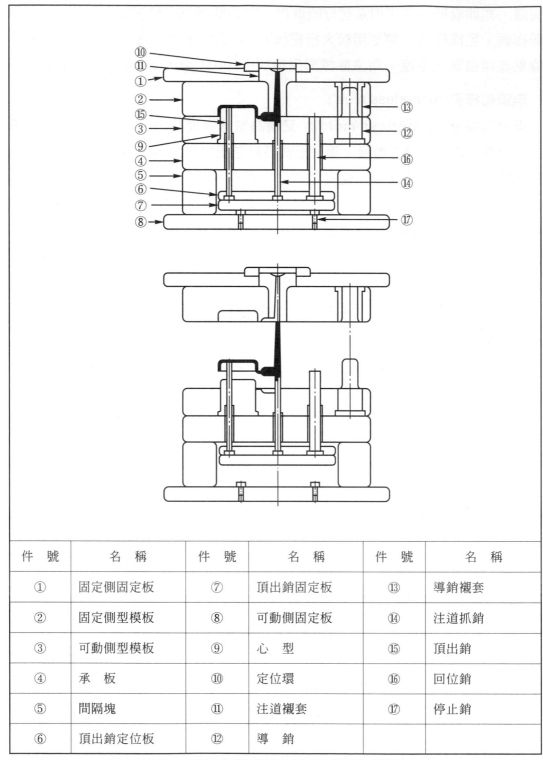

件 號	名 稱	件 號	名 稱	件 號	名 稱
①	固定側固定板	⑦	頂出銷固定板	⑬	導銷襯套
②	固定側型模板	⑧	可動側固定板	⑭	注道抓銷
③	可動側型模板	⑨	心 型	⑮	頂出銷
④	承 板	⑩	定位環	⑯	回位銷
⑤	間隔塊	⑪	注道襯套	⑰	停止銷
⑥	頂出銷定位板	⑫	導 銷		

圖 5.1 二板式(側狀澆口)頂出銷頂出方式模具

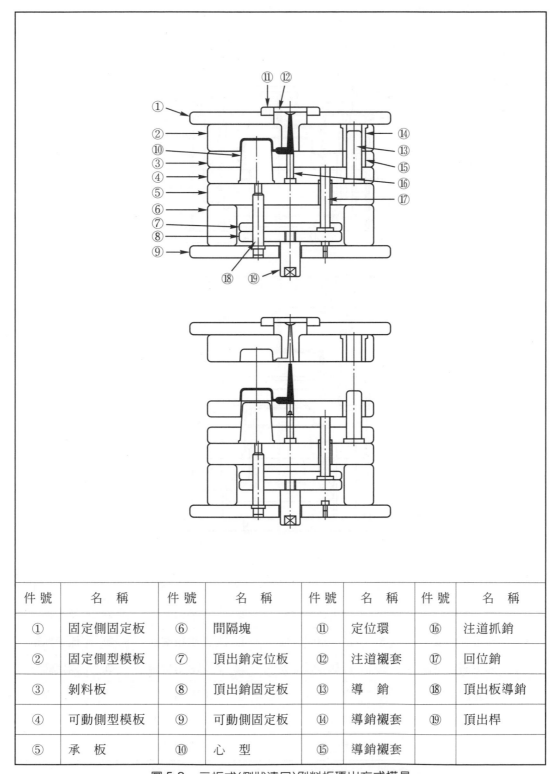

件號	名　稱	件號	名　稱	件號	名　稱	件號	名　稱
①	固定側固定板	⑥	間隔塊	⑪	定位環	⑯	注道抓銷
②	固定側型模板	⑦	頂出銷定位板	⑫	注道襯套	⑰	回位銷
③	剝料板	⑧	頂出銷固定板	⑬	導　銷	⑱	頂出板導銷
④	可動側型模板	⑨	可動側固定板	⑭	導銷襯套	⑲	頂出桿
⑤	承　板	⑩	心　型	⑮	導銷襯套		

圖 5.2　二板式(側狀澆口)剝料板頂出方式模具

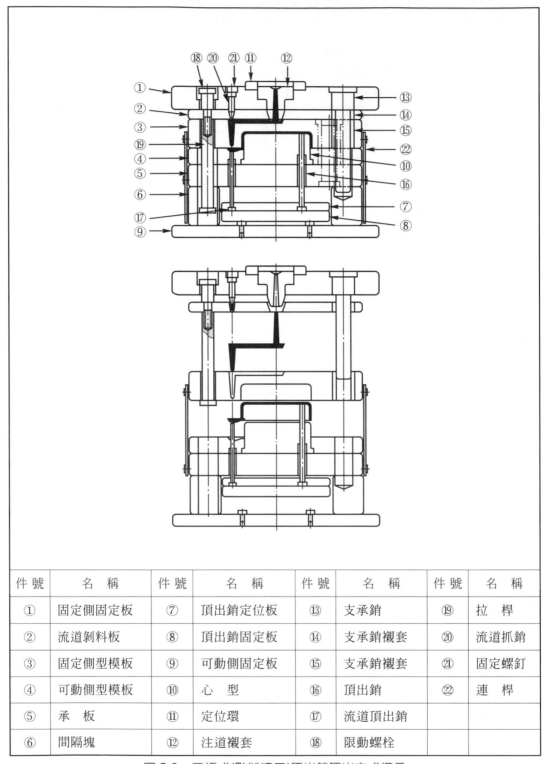

件 號	名 稱	件 號	名 稱	件 號	名 稱	件 號	名 稱
①	固定側固定板	⑦	頂出銷定位板	⑬	支承銷	⑲	拉 桿
②	流道剝料板	⑧	頂出銷固定板	⑭	支承銷襯套	⑳	流道抓銷
③	固定側型模板	⑨	可動側固定板	⑮	支承銷襯套	㉑	固定螺釘
④	可動側型模板	⑩	心 型	⑯	頂出銷	㉒	連 桿
⑤	承 板	⑪	定位環	⑰	流道頂出銷		
⑥	間隔塊	⑫	注道襯套	⑱	限動螺栓		

圖 5.3 三板式(點狀澆口)頂出銷頂出方式模具

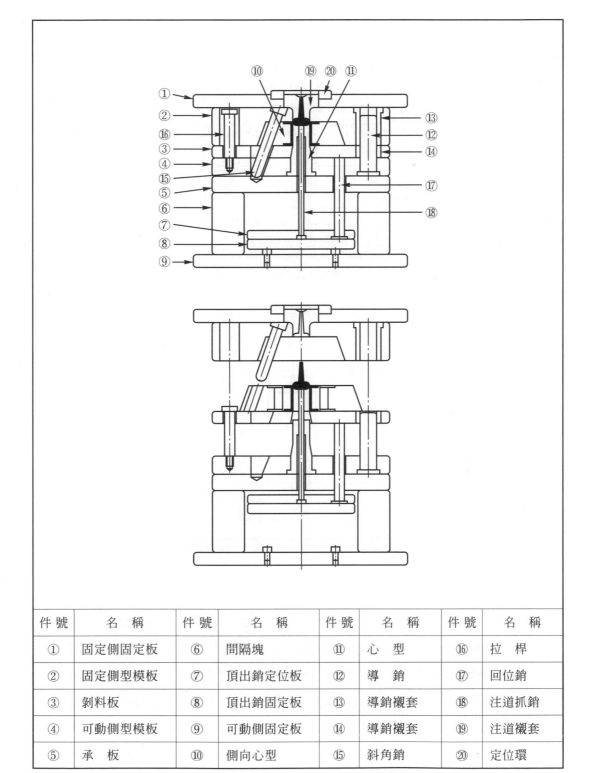

件 號	名 稱	件 號	名 稱	件 號	名 稱	件 號	名 稱
①	固定側固定板	⑥	間隔塊	⑪	心 型	⑯	拉 桿
②	固定側型模板	⑦	頂出銷定位板	⑫	導 銷	⑰	回位銷
③	剝料板	⑧	頂出銷固定板	⑬	導銷襯套	⑱	注道抓銷
④	可動側型模板	⑨	可動側固定板	⑭	導銷襯套	⑲	注道襯套
⑤	承 板	⑩	側向心型	⑮	斜角銷	⑳	定位環

圖 5.4　二板式(盤形澆口)剝料板頂出方式模具

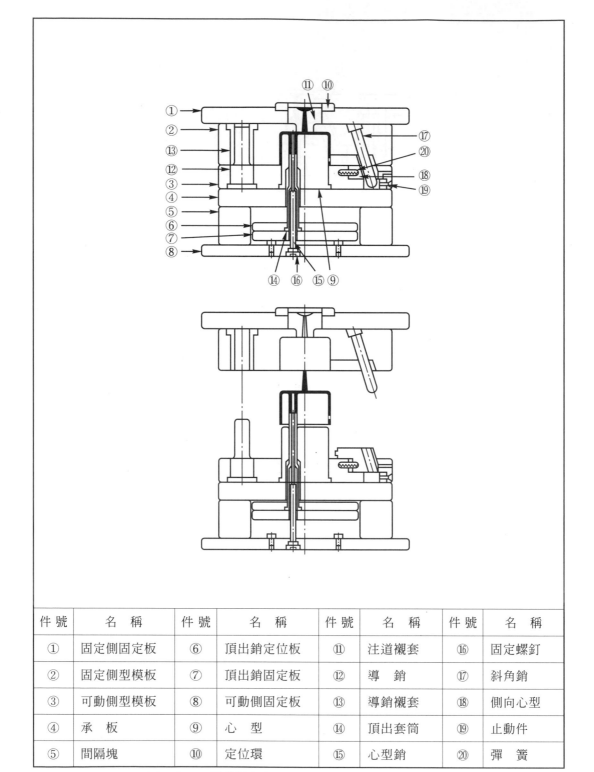

件 號	名　稱	件 號	名　稱	件 號	名　稱	件 號	名　稱
①	固定側固定板	⑥	頂出銷定位板	⑪	注道襯套	⑯	固定螺釘
②	固定側型模板	⑦	頂出銷固定板	⑫	導　銷	⑰	斜角銷
③	可動側型模板	⑧	可動側固定板	⑬	導銷襯套	⑱	側向心型
④	承　板	⑨	心　型	⑭	頂出套筒	⑲	止動件
⑤	間隔塊	⑩	定位環	⑮	心型銷	⑳	彈　簧

圖 5.5　二板式側向心型(直接澆口)套筒頂出方式模具

5.2-2　模具各部構件(structural parts)之功能

模具構件功能，以圖 5.1 之件號依序說明如下：

1. **固定側固定板**(cavity adapter plate 或 cavity clamping plate)

亦稱固定側裝置板，其功用是將固定側型模板、定位環、注道襯套、導銷襯套等，固定在此板上，然後利用此板，將整個模具之固定側予以固定在成形機之固定盤(stationary platen)上。

2. **固定側型模板**(cavity plate)

亦稱定模板，為固定側之主體，導銷襯套即裝在此板上，此板之主要功能是用來裝置心型或型穴等，亦可用來裝置注道襯套及流道、澆口之加工。

3. **可動側型模板**(core plate)

亦稱動模板，此板為可動側之主體，心型及導銷即裝置在此板上。流道、澆口、回位銷孔、注道抓銷孔亦都在此板上加工定位。此板與固定側型模板之接合面即構成模具上之分模面。

4. **承板**(support plate 或 backing plate)

此板裝置在可動側型模板之背面，具有補強之功用，使可動側型模板不因射出壓力而發生彎曲、變形，可保模具精度及壽命，並可使模具加工變為容易，如心型之固定及加工，可因承板之加裝而變為容易。承板亦可稱為背板或托板。

5. **間隔塊**(spacer block 或 spacer plate)

亦稱間隔板或墊塊，此板裝置在承板與可動側固定板之間的平行塊，其功用為確保成形品的頂出距離。其高度＝頂出銷固定板之厚度＋頂出銷定位板之厚度＋停止銷之凸緣高度＋頂出距離＋8～10mm。

6. **頂出銷定位板**(above ejector plate 或 ejector locating plate)

亦稱上頂出板或射銷定位板，此板之功用為使成形品頂出的方位正確平衡、穩定，並使頂出銷、回位銷、注道抓銷等確實定位的作用。

7. **頂出銷固定板**(below ejector plate 或 ejector clamping plate)

亦稱下頂出板，此板與射銷定位板以螺栓固定成一體。整個頂出機構就是靠這塊板與頂出銷定位板把頂出銷、注道抓銷、回位銷之位置確實固定而組成。當模具閉合時，此板與可動側固定板上的停止銷接觸。其厚度視頂出力量大小而定。

8. **可動側固定板**(core adapter plate 或 core clamping plate)

亦可稱可動側裝置板，此板將整個模具之可動側組裝起來，並將其固定在成形機之可動盤(movable platen)上。此板與間隔塊及承板構成頂出空間。

9. **心型**(core)

亦可稱模心、模蕊、入子或雄模，與型穴構成模具之成形空間。射出成形完畢，模具開啟，成形品必須附著在心型上，再由頂出機構之頂出動作而脫模。

10. **定位環**(locate ring)

整個模具是靠定位環與成形機固定盤上之定位環孔配合，而使得模具容易地安裝在成形機上，並使成形機之噴嘴與注道襯套得以對正，而順利進行射出成形之操作。

11. **注道襯套**(sprue bush)

亦稱豎澆道襯套，與成形機加熱缸前端之噴嘴相接觸，樹脂即經由它上面的錐孔而進入流道、成形空間而順利進行射出成形的操作，注道襯套因直接與成形機之噴嘴接觸，故磨耗較大，容易損壞，因此為便於修理與更換而做成襯套。

12. **導銷**(guide pin)

一般裝置於可動側型模板上的鋼質導銷是經過硬化處理與研磨的，用來使模具之固定側與可動側能迅速而確實地定位配合。

13. **導銷襯套**(guide pin bush)

一般是裝置於固定側型模板上，使用鋼質材料，經過硬化處理後再研磨加工，也是用來使模具之固定側與可動側能迅速而確實地定位配合。

14. **注道抓銷**(sprue snatch pin)

亦稱注道定位銷，為使射出成形操作順利，在每次成形完畢，模具開啟後，將注道自襯套中抓出，使注道附著在可動側以便與成形品同時被頂出脫落。其位置通常設置在模具中心位置，但亦有特殊情況而偏離中心者。

15. **頂出銷**(ejector pin)

亦稱射銷，當模具開啟動作完畢時，將成形品頂出脫落。

16. **回位銷**(return pin)

亦稱復歸銷，使整個頂出機構能在頂出成形品後，閉模完畢時，回到原來的位置。

17. **停止銷**(stop pin)

亦稱阻銷，它們被壓裝在可動側固定板上，整個頂出機構，就座落在它們上面，其功用為可適時調整整個頂出機構之高度，目前使用之模具，大都省略不用。

■ 5.3　流道系統(runner system)

流道系統的功用，是在導引從成形機的噴嘴所射出的熔融材料，進入成形空間(模窩)中成形。流道系統由下示部份構成：

> 【噴嘴(nozzle)】→注道→流道→澆口→【成形空間(molding space)】→排氣孔
> 　　　　　　　　　↓　　　　↓
> 　　　　　　　滯料部　滯料部

此系統的設計是否適當，直接影響成形品的外觀(outward appearance)、物性(substance property)、尺寸精度(dimension accuracy)和成形週期(molding cycle)。

5.3-1　注道(sprue)

注道為接合成形機噴嘴的部份。表 5.1 所示為成形機能量(capacity)與注道口直徑之關係。圖 5.6 所示為注道襯套前端R、D與噴嘴端面r(radius)、d(diameter)之關係使用例。

表 5.1　成形機能量與注道口直徑之關係

成形機能量 OZ	注道口直徑 mm
2 以下	3
3～8	4
12 以上	5

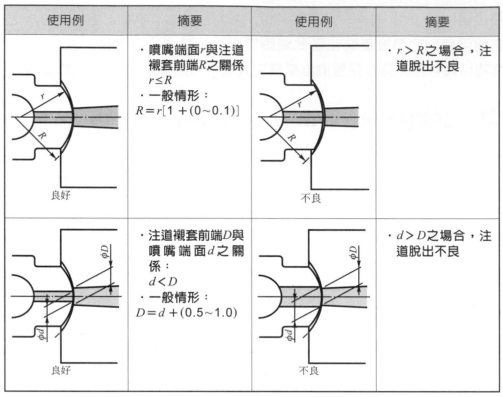

使用例	摘要	使用例	摘要
良好	·噴嘴端面r與注道襯套前端R之關係 $r \leq R$ ·一般情形： $R = r[1 + (0 \sim 0.1)]$	不良	·$r > R$之場合，注道脫出不良
良好	·注道襯套前端D與噴嘴端面d之關係： $d < D$ ·一般情形： $D = d + (0.5 \sim 1.0)$	不良	·$d > D$之場合，注道脫出不良

圖 5.6 注道襯套與噴嘴之關係

5.3-2 滯料部(slag well)

射出成形機的噴嘴前端在射出後，仍有少量熔融的材料殘留，此殘留材料在下次的射出成形前可能已經固化，若不設法收集此種已固化的材料，就可能引起流道或澆口的阻塞，即使進入成形空間，也會造成成形品外觀不良。滯料部就是用來收集這些已固化的材料，滯料部通常設在注道末端與流道末端兩處，如圖 5.7 所示，一般流道滯料部長為流道直徑之 1～1.5 倍。

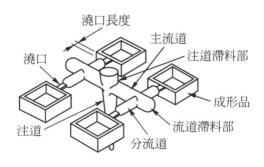

圖 5.7 滯料部及流道系統各部名稱

　　注道端的滯料部除了收集已固化的材料外，還與注道抓銷(sprue snatch pin)共同作用，如圖 5.8 所示，以便在開啓模具時將注道拉出。圖(a)與(b)爲一般常用形，圖(c)適用於軟質塑膠材料。詳細相關尺寸，可參閱第六章注道抓銷(sprue snatch pin)之裝配孔尺寸及使用例。

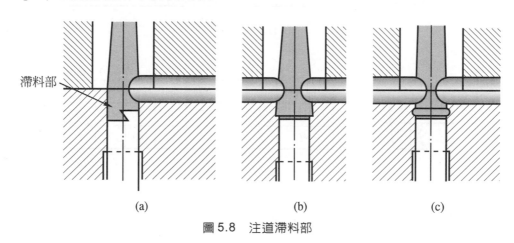

滯料部

(a)　　　　　(b)　　　　　(c)

圖 5.8　注道滯料部

5.3-3　流道(runner)

　　流道爲成形材料從注道到成形空間的主通路，依材料的流動性(fluidization)、成形品的重量(weight)及投影面積(project area)來決定形狀及大小。其斷面形狀及大小如圖 5.9 所示。圓形(circle type)流道體積最大而接觸面積(contact area)最小，有助於熔融材料的流動和減少其溫度傳到模具中，廣泛應用於一般場合，但在加工上，模具必須兩面切削加工，故較費時是其缺點。梯形流道因爲只在模具單側加工，較省時，所以常被使用，尤其是三板式點狀澆口之模具，大都使用梯形流道。梯形(trapezoid type)流道唯一之缺點爲與同一斷面積(section area)之圓形流道比較，有較大之接觸面積。U 形(U type)流道因缺點較多，很少被使用。

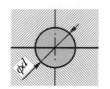

單位：mm

標稱尺寸	4	6	(7)	8	(9)	10	12
d	4	6	7	8	9	10	12

註：(　)內值避免使用

(a)圓形流道

圖 5.9　流道斷面形狀及尺寸

							單位：mm
標稱尺寸	4	6	(7)	8	(9)	10	12
R	2	3	3.5	4	4.5	5	6
H	4	6	7	8	9	10	12

(b) U 形流道

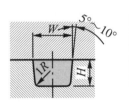

							單位：mm
標稱尺寸	4	6	(7)	8	(9)	10	12
W	4	6	7	8	9	10	12
H	3	4.0	5	5.5	6.0	7	8

$$\left(H \doteqdot \frac{2}{3}W \right)$$

(c) 梯形流道

圖 5.9　流道斷面形狀及尺寸 (續)

　　流道的斷面尺寸過大時，一來浪費材料，二來冷卻時間增長，成形週期亦隨之增長，形成成本上之浪費。斷面尺寸過小，則材料的流動阻力大，易造成充填不足 (short shot)，或者必須增高射出壓力始能充填，故流道斷面大小應適合成形品之重量或投影面積。如表 5.2 所示為流道之選用例。表列之值為一般使用例，但應視成形材料及特性、成形品形狀等，作適度之增減，如玻璃纖維強化塑膠或熱硬化塑膠常用較粗的流道。

表 5.2　流道選用例

(a) 以成形品重量作基準

標稱尺寸	成形品重量(OZ)
4	3
6	12
8	
10	12 以上
12	大型

(b) 以投影面積作基準(cm²)

標稱尺寸	成形品投影面積
6	10 以下
7	50
(7.5)	200
8	500
9	800
10	1200

表 5.2　流道選用例 (續)

(c) 以塑膠材料作基準

塑膠材料	標稱尺寸
ABS・AS	4.8～9.5
POM	3.2～9.5
PMMA	8.0～9.5
CA	4.8～11.1
PA	1.6～9.5
PC	4.8～9.5
PP	4.8～9.5
PE	1.6～9.5
PPO	6.4～9.5
PS	3.2～9.5
PVC	3.2～9.5
PSF	6.6～9.5

　　流道長度宜短，因為長的流道不但會造成壓力損失，不利於生產性，同時亦浪費材料。但是，材料以低溫成形時，為增高成形空間的壓力來減少成形品收縮下陷 (sink mark)時，或欲得肉厚較厚的成形品而延長保壓(hold pressure)時間，減短流道長度並非絕對可行。因為流道過短，則成形品的殘留應力增大，且易生毛邊 (burr)，材料的流動不均，所以流道長度也應適合成形品之重量。一般在決定圓形流道尺寸時，成形品的肉厚在 2.5mm 以下，重量 7oz(ounce)以下時，可用下列公式求得：

$$D = \frac{\sqrt{W} \times \sqrt[4]{L}}{0.707}$$

D：流道直徑(mm)

W：成形品的重量(oz)

L：流道長度(mm)

　　但D通常在$\phi 3 \sim \phi 10$之間，硬質PVC和PMMA應增加25％，圖 5.10 所示為成形品重量對流道長度與直徑之關係。

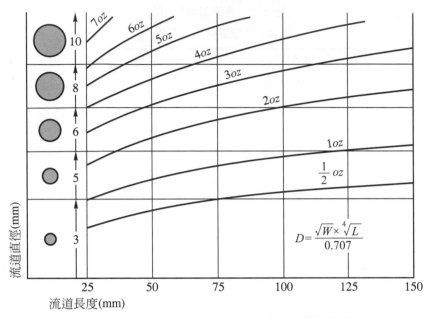

圖 5.10　成形品的重量對流道長度與直徑之關係

5.3-4　澆口(gate)

　　澆口是位於流道與成形空間的小通道，澆口的位置、數量、形狀、尺寸等是否適宜，直接影響到成形品的外觀、尺寸精度、物性和成形效率。

　　澆口大小之決定，需視成形品之重量、成形材料特性及澆口之形狀而定，在不影響成形品機能及成形效率下，澆口應儘量縮減其長度(length)、深度(depth)及寬度(width)。若澆口過小，則易造成充填不足(short shot)、收縮下陷(sink mark)、熔合線(weld line)等外觀上的缺陷，且成形收縮會增大。若澆口過大，則澆口周邊產生過剩的殘留應力(residual stress)，導致成形品變形(deformation)或破裂(cracking)，且澆口之去除加工困難等。

5.3-5　澆口的種類

1. **非限制澆口**(unlimited gate)

　　直接澆口為非限制澆口的代表，一般情形，此為成形性良好的澆口，連玻璃纖維之強化塑膠也容易成形，且成形品表面的收縮下陷少。但由於成形品表面或內面設置直接澆口時，必須將其切斷或研磨等後加工，其外觀上易留有澆口痕跡，此為其主要缺點。但對射出壓力損失小，對任何材料皆容易成形，常用於大型或較深之成形品。

相反的，若用在平而淺的成形品成形時，成形後容易產生翹曲(warping)、扭曲(torsion)或變形。再者成形後，殘留應力易集中於澆口附近，產生龜裂而且無滯料部可收集固化之樹脂，成形品之品質常受到影響，因此欲選擇此種澆口成形，應多方考慮。

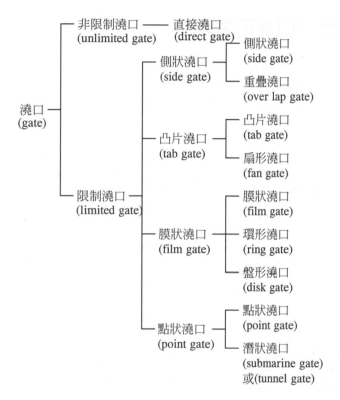

2.   **限制澆口**(limited gate)

澆口是在流道與成形空間的接合處作狹小通路可控制材料的流動，一般大都使用此種類型，限制澆口之功用如下：

⑴   控制流入成形空間的材料份量和方向。

⑵   後加工容易，澆口切離容易。

⑶   在此部份使材料迅速冷卻固化，防止逆流(reverse flow)，且澆口封閉(gate seal)時間短，可縮短成形作業時間。

⑷   材料通過此狹小部份，發生摩擦熱，再度昇高材料溫度，降低黏度，促進充填，減低流痕(flow mark)、熔合線等外觀缺陷。

⑸   從二處以上使材料進入成形空間。一次成形多件成形品時，可改變澆口尺寸調整各澆口的充填狀況，容易取得澆口平衡。

⑹   成形品澆口附近殘留應力減小，且翹曲、扭曲、熱變形亦可減低。

　　但使用限制澆口之場合，亦有其缺點，由於澆口部為狹窄之通道，壓力損失大，材料之流動變劣，半途冷卻固化，妨礙充填，必要時將射出壓力增加。因此為防止此種壓力損失，儘可能將澆口長度縮短，並增高射出壓力，以利成形。

5.3-6 各類型澆口使用要點

圖 5.11 所示為澆口形狀及使用要點。

澆口形狀及使用要點			
澆口	主要適用材料	優點	缺點
(一)直接澆口	硬質 PVC PE PP PC PS PA POM AS ABS PMMA	(1)省去流道之加工 (2)壓力損失少 (3)可成形大型或深度較深之成形品	(1)澆口殘留痕跡影響外觀及增加後加工 (2)平而淺的成形品易翹曲、扭曲 (3)澆口附近殘留應力 (4)一次只能成形一個成形品，除非使用多噴嘴成形機
(二)側狀澆口	硬質 PVC PE PP PC PS PA POM AS ABS PMMA	(1)澆口與成形品分離容易 (2)可防止材料逆流 (3)澆口部產生摩擦熱，可再次提昇材料溫度，促進充填	(1)壓力損失大 (2)流動性不佳之材料易造成充填不足或半途固化 (3)平板狀或面積大之成形品，由於澆口狹小易造成氣泡或流痕之不良現象
(三)重疊澆口	硬質 PVC POM AS ABS PMMA	(1)可防止成形品產生流痕 (2)具側狀澆口之各項優點	(1)壓力損失大 (2)澆口切離稍困難
(四)凸片澆口	硬質 PVC POM AS ABS PMMA	(1)澆口附近的收縮下陷可消除 (2)可排除過剩充填所致的應變，以及流痕的發生 (3)可緩和澆口附近之應力集中 (4)澆口部產生摩擦熱可再次提昇材料溫度	(1)壓力損失大 (2)澆口切離稍困難

圖 5.11　澆口使用要點

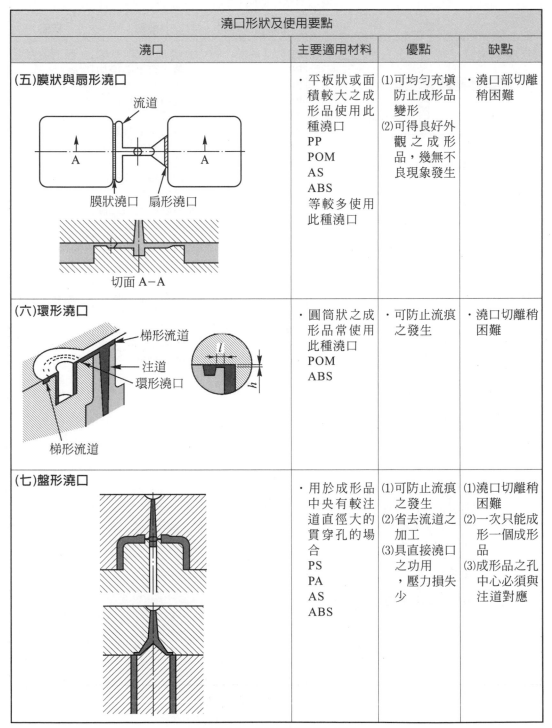

圖 5.11　澆口使用要點 (續)

澆口形狀及使用要點			
澆口	主要適用材料	優點	缺點
(八)點狀澆口 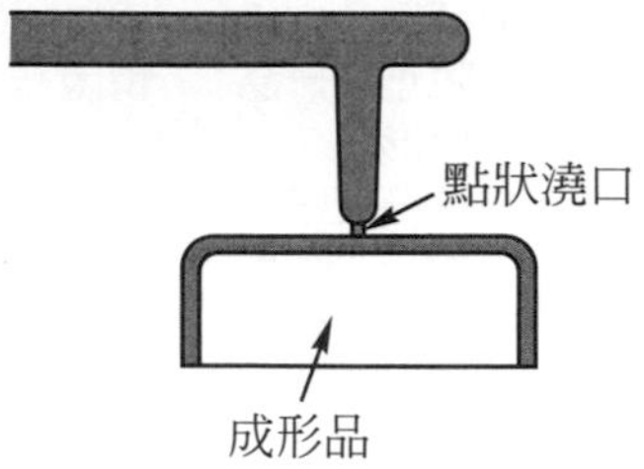 點狀澆口 成形品	PE PP PC PS PA POM AS ABS	(1) 澆口痕跡不顯著，可不必後加工 (2) 澆口位置可自由選擇 (3) 澆口可從數點注入，應力及應變較小 (4) 適合多數成形品之成形 (5) 具限制澆口之優點	・壓力損失大
(九)潛狀澆口 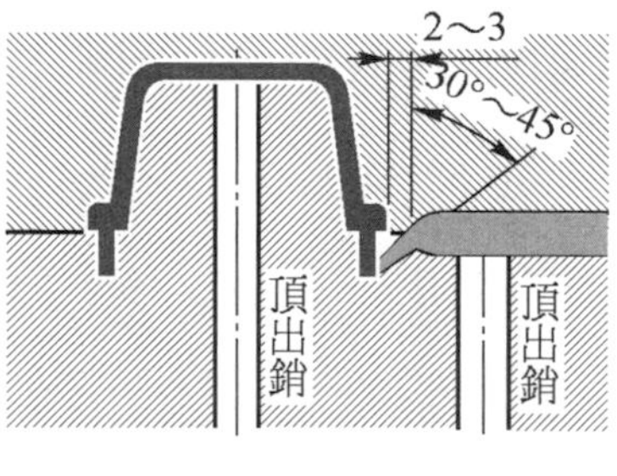 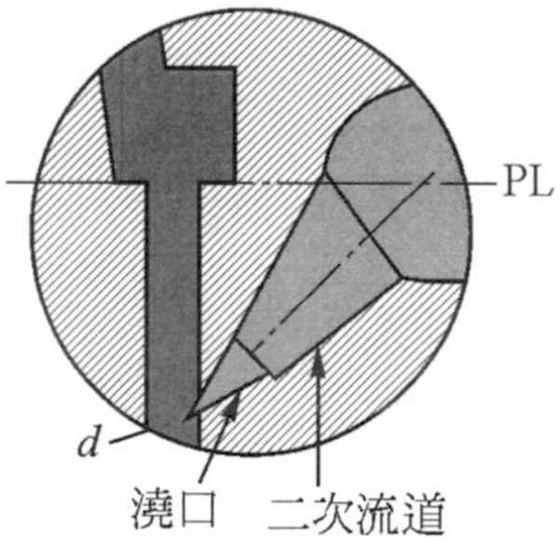 2～3 30°～45° 頂出銷　頂出銷 PL d 澆口　二次流道	PS PA POM ABS	(1) 澆口自動切斷，免除後加工 (2) 成形品之外側或內側可自由設定澆口位置	・壓力損失大

圖 5.11　澆口使用要點 (續)

5.3-7 各類型澆口之尺寸計算

圖 5.12 所示為各類型澆口之尺寸計算。

澆口尺寸計算	
澆口	澆口尺寸

(一)直接澆口

材料 \ 成形品重量 / 澆口直徑mm	3oz 以下		12oz 以下		大型	
	d	D	d	D	d	D
PS，PP，PE	2.5	4	3	6	3	8
ABS，AS POM，PA	2.5	5	3	7	4	8
PC，PMMA，PVC	3	5	3	8	5	10

(二)側狀澆口

$h = n \times t \text{(mm)}$

h：澆口深度(mm)

t：成形品肉厚(mm)

$W = \dfrac{n \times \sqrt{A}}{30} \text{(mm)}$

W：澆口寬度(mm)

A：成形品外側表面積(mm²)

一般 $h = \dfrac{1}{3}W = 0.5\sim1.5\text{mm}$

澆口長 $= 1\text{mm}$

$h = (0.7\sim0.8)t$

n：成形材料定數

$\begin{cases} \text{PS，PE–0.6} \\ \text{PP，ABS，SAN–0.7} \\ \text{POM，PA–0.8} \\ \text{PVC，PC，PMMA，PPO–0.9} \end{cases}$

(三)重疊澆口

$L_1 = 2\sim3\text{(mm)}$

$W = \dfrac{n \times \sqrt{A}}{30}\text{(mm)}$

$h = n \times t\text{(mm)}$

$L_2 = h + \dfrac{W}{2}$

圖 5.12 澆口尺寸計算

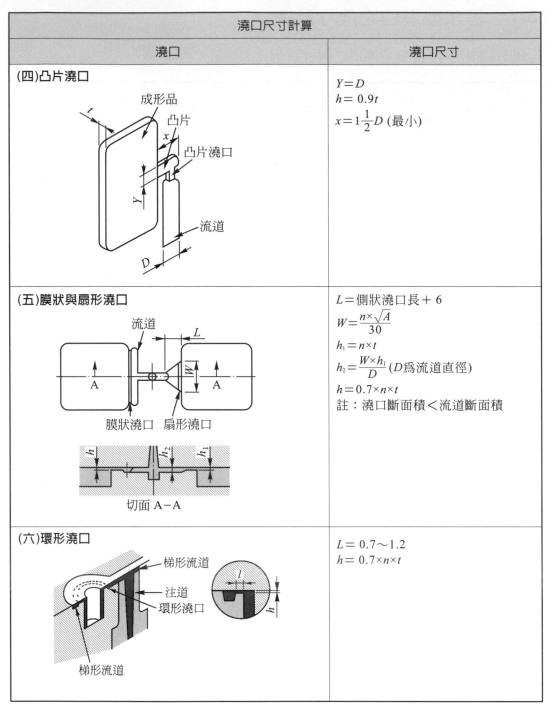

澆口尺寸計算	
澆口	澆口尺寸
(四)凸片澆口	$Y = D$ $h = 0.9t$ $x = 1\frac{1}{2}D$ (最小)
(五)膜狀與扇形澆口	$L = $ 側狀澆口長 $+ 6$ $W = \dfrac{n \times \sqrt{A}}{30}$ $h_1 = n \times t$ $h_2 = \dfrac{W \times h_1}{D}$ (D為流道直徑) $h = 0.7 \times n \times t$ 註：澆口斷面積＜流道斷面積
(六)環形澆口	$L = 0.7 \sim 1.2$ $h = 0.7 \times n \times t$

圖 5.12　澆口尺寸計算 (續)

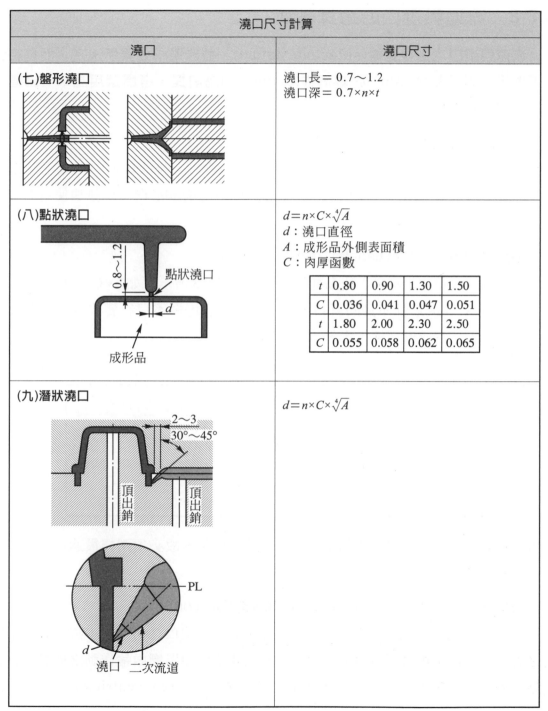

澆口尺寸計算	
澆口	澆口尺寸
(七)盤形澆口	澆口長＝ $0.7\sim1.2$ 澆口深＝ $0.7\times n\times t$
(八)點狀澆口	$d=n\times C\times\sqrt[4]{A}$ d：澆口直徑 A：成形品外側表面積 C：肉厚函數
(九)潛狀澆口	$d=n\times C\times\sqrt[4]{A}$

點狀澆口尺寸表：

t	0.80	0.90	1.30	1.50
C	0.036	0.041	0.047	0.051
t	1.80	2.00	2.30	2.50
C	0.055	0.058	0.062	0.065

圖 5.12　澆口尺寸計算 (續)

5.3-8 流道與澆口的選擇基準

流道與澆口之選擇基準(selective datum)，並非單一要素所決定，而是組合若干要素，以品質(quality)與經濟性(economy)為前提，考慮選用基準，流道與澆口之選擇基準如下：

1. 一次成形之成形品(moldings)數

一次成形一個成形品時，可使用任何流道、澆口。若欲成形二個成形品以上時，流道與澆口的配置方法受到限制，除非使用多噴嘴成形機否則無法使用直接澆口。

2. 使用材料(molding materials)之種類

(1) 材料的流動性：材料之流動性的比較表如表5.3所示。如PVC、PC、POM、PMMA 等成形性不良的材料，流道及澆口的選擇不只影響成形品外觀及機能，也左右成形週期，影響成形品的成本。

表5.3 材料流動性之比較

流動性	優	良	可	惡
材料名稱	HDPE LDPE PP GPPS HIPS	PA PBT ABS AS CA	POM PMMA PC PPO 軟質 PVC	硬質 PVC

(2) 其他理由：某些材料會因澆口的磨擦熱而褪色，故必須選擇最適合於材料的澆口種類及流道的尺寸、配置(lay out)。

3. 成形品之外觀(outward appearance)或機能(function)

例如收音機、電視機等正面框，不宜在正面看到澆口之切除加工痕，宜在不顯明之處設置澆口，再者如齒輪成形品不宜設側狀澆口而影響齒輪作動之機能，宜設置點狀澆口才不影響其作動機能，並可得良好之同心度(concentricity)。

4. 成形品形狀(shape)或尺寸(dimension)之限制

如大平面之成形品常使用膜狀澆口，除可減少成形品變形外，亦可容易控制其尺寸。

5. **成形機機盤(platen)(可動盤、固定盤)大小之限制**

例如一次成形一個成形品之場合，若使用側狀澆口，會相對於模板偏心，模具安裝不當，甚至於無法固定於機盤上，此時可改用直接澆口或三板式點狀澆口形式之模具構造。

6. **成形品後加工(post processing)之經濟性(economy)**

後加工足以影響成形品的外觀及機能，原則上選擇不需後加工之點狀澆口形式或潛狀澆口形式。

7. **成形品之殘留應力(residual stress)**

例如PE、PP用直接澆口成形時，殘留應力集中澆口附近而變形，可設二個以上之點狀澆口來成形，防止變形。

8. **生產性(productivity)**

為了改善生產性，常選擇可加速成形週期的流道及澆口，但最好從節約材料等經濟觀點選擇最適當的流道及澆口形式。

5.3-9 澆口平衡(BGV)與流道配置(OC 配置)

1. **澆口平衡(balanced gate value)**

熔融的材料到達二個以上的澆口時間各不相同，到達第一澆口的材料已經開始充填成形空間，而其他的澆口可能材料尚未到達，因此成形壓力不高。在最後的成形空間接近充填完成之瞬間，則成形壓力會驟然上昇，此時，通過第一澆口的材料因冷卻而進行固化，此固化之材料會被壓入成形空間或引起充填不足的現象，這在一次成形多個成形品的場合，會形成流痕或收縮下陷或充填不足的現象。

若欲使熔融的材料同時完成充填，則遠離注道的澆口要比接近注道的澆口大些，而且澆口尺寸微小的差異，不只對充填時間大有影響，也影響澆口的封閉時間，致使成形品重量或成形收縮不同，因而尺寸相同的成形空間會得到尺寸不同的成形品。因此欲得到同重量同尺寸，品質均勻的成形品，則有賴於澆口平衡之計算，通常是在一定長度的澆口間調整其寬與深。其計算公式如下：

⑴ 一次成形多個相同的成形品時之澆口平衡。此時對各澆口計算之 BGV 值須相等。

$$BGV = \frac{A_G}{\sqrt{L_R \times L_G}}$$

$$\frac{A_G}{A_R} \fallingdotseq 0.07 \sim 0.09$$

澆口長一定時，$\dfrac{B}{H} = 3$

A_G：澆口斷面積(mm²)　　　L_R：流道長度(mm)

A_R：流道斷面積(mm²)　　　B：澆口寬度(mm)

L_G：澆口長度(mm)　　　　H：澆口深度(mm)

例 如圖 5.13 所示，是一次取 10 個相同成形品之場合，若流道直徑$D = 5$mm，澆口長度 $= 1.5$mm，若澆口長度不變，欲得澆口平衡，則應如何選擇澆口尺寸？

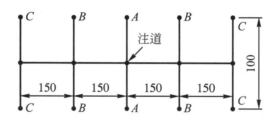

圖 5.13　流道配置圖

解　　$A_R = \dfrac{\pi D^2}{4} = \dfrac{\pi \times 5^2}{4} = 19.63 \ (\text{mm}^2)$

$\dfrac{A_G}{A_R} = 0.07$

則B之澆口斷面積

$A_{GB} = 0.07 \times A_R = 0.07 \times 19.63 = 1.37 \ (\text{mm}^2)$

設$H_B = x$，則$B_B = 3x \ (\because \dfrac{B}{H} = 3)$

$A_{GB} = H_B \times B_B = x \times 3x = 3x^2 = 1.37 \ (\text{mm}^2)$

得$H_B = x = 0.68$mm

$B_B = 3x = 2.04$mm

$$\frac{A_{GB}}{\sqrt{L_{RB} \times L_{GB}}} = \frac{A_{GC}}{\sqrt{L_{RC} \times L_{GC}}}$$

$$= \frac{A_{GA}}{\sqrt{L_{RA} \times L_{GA}}} (\text{BGV 之值} A = B = C)$$

$$\frac{1.37}{\sqrt{200 \times 1.5}} = \frac{A_{GC}}{\sqrt{350 \times 1.5}} = \frac{A_{GA}}{\sqrt{50 \times 1.5}} \cdots\cdots ①$$

由①式得$A_{GC} = 1.81\text{mm}^2$，又

$$A_{GC} = H_C \times B_C = 3(H_C)^2 = 1.81\text{mm}^2 \ (\because \frac{B_C}{H_C} = 3)$$

$$\therefore H_C = 0.78\text{mm}$$

$$B_C = 2.34\text{mm}$$

由①式得$A_{GA} = 0.69\text{mm}^2$，又

$$A_{GA} = H_A \times B_A = 3(H_A)^2 = 0.69\text{mm}^2 (\because \frac{B_A}{H_A} = 3)$$

$$\therefore H_A = 0.48\text{mm}$$

$$B_A = 1.44\text{mm}$$

算得澆口平衡之尺寸，如表 5.4 所示。

表 5.4　澆口平衡尺寸

成形空間	A	B	C
澆口長	1.50	1.50	1.50
澆口寬	1.44	2.04	2.34
澆口深	0.48	0.68	0.78

⑵　一次成形多個不同成形品時之澆口平衡。此時對各澆口計算之 BGV 值須正比於該成形品之充填量。

$$\frac{W_a}{W_b} = \frac{\dfrac{A_{Ga}}{\sqrt{L_{Ra}} \times L_{Ga}}}{\dfrac{A_{Gb}}{\sqrt{L_{Rb}} \times L_{Gb}}} = \frac{A_{Ga}}{A_{Gb}} \times \frac{\sqrt{L_{Rb}} \times L_{Gb}}{\sqrt{L_{Ra}} \times L_{Ga}}$$

其中

　W_a，$W_b = a$、b成形空間之充填量g

　A_{Ga}，$A_{Gb} = a$、b成形空間之澆口斷面積mm^2

　L_{Ra}，$L_{Rb} = a$、b成形空間之流道長度 mm

　L_{Ga}，$L_{Gb} = a$、b成形空間之澆口長度 mm

　$\dfrac{A_G}{A_R} = 0.07 \sim 0.09$，澆口長一定時$\dfrac{B}{H} = 3$

2. **流道配置**(organization chart)

從注道到各澆口的距離相等，且使其成幾何(geometry)相似之配置稱流道配置(OC配置)。亦即材料從注道可同一時間到達各成形空間完成充填，因此不需要取得澆口平衡。但其前提是相同之成形品，且流道與澆口之尺寸、形狀亦相同之情形下方可使用流道配置。圖5.14為OC配置之例。

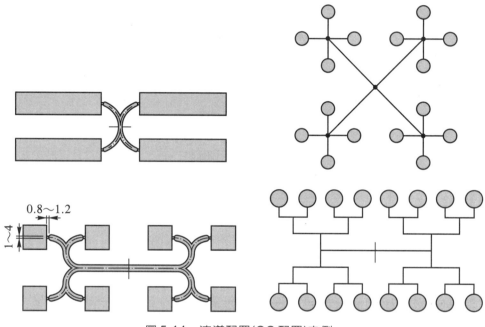

圖 5.14　流道配置(OC配置)之例

5.3-10　排氣孔(air vent)

模具在未射出成形前，成形空間中含有空氣，在材料填滿成形空間時，其間之氣體必須排出，未排出之空氣，會造成壓縮之空氣而產生熱，而且足夠熱會使材料燃燒(burning)。未燃燒之空氣則會造成氣泡(bubble)，若成形空間中之空氣無法順利從頂出銷或心型周圍以及分模面上排出時，就必須另設排氣孔。如圖 5.15 所示，通常排氣孔均設在澆口相對側，有時位於材料最後填滿的位置。但成形品形狀的設計也是氣泡產生與否的重要因素，因此成形品必須保持相當的曲線，如果在成形時，材料未能掃過整個成形空間，則氣泡之發生將是無可避免的。

排氣孔設置圖例

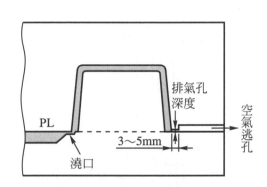

不發生毛邊的排氣孔深度

成形材料	排氣孔深度(mm)
PE	0.02
PP	0.01〜0.02
PS	0.02
SB	0.03
ABS	0.03
SAN	0.03
PPO	0.03
POM	0.01〜0.03
PMMA	0.03
PA	0.005〜0.015
PPS	0.01〜0.03
PC	0.01〜0.03
PBT	0.005〜0.015

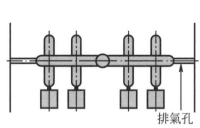

(a) 流道處之排氣孔

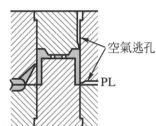

(b) 杯蓋類之排氣孔

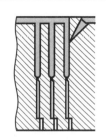

(c) 深肋處之排氣孔

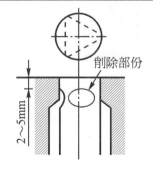

(d) 頂出銷處之排氣孔

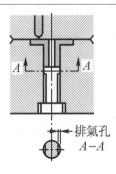

(e) 凸轂處之排氣孔

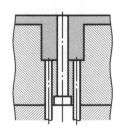

(f) 以銷類之配合間隙當排氣孔

圖 5.15　排氣孔

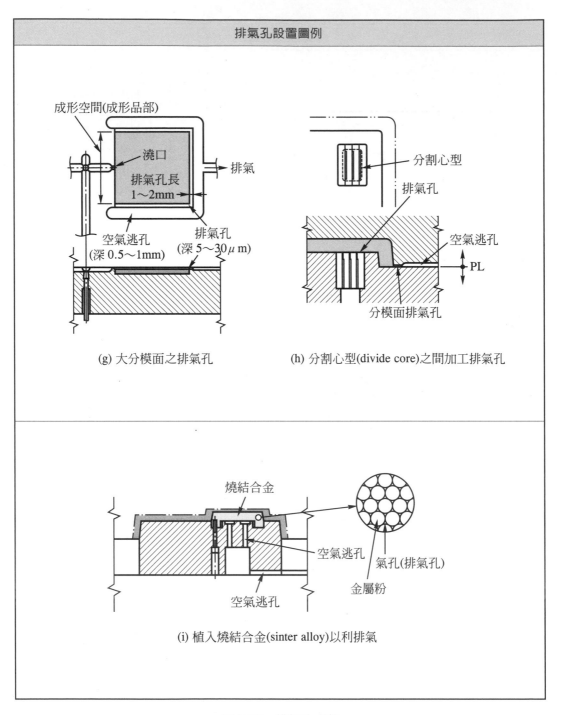

(g) 大分模面之排氣孔　　(h) 分割心型(divide core)之間加工排氣孔

(i) 植入燒結合金(sinter alloy)以利排氣

圖 5.15　排氣孔 (續)

5.3-11 無流道模具(runnerless mold)

　　無流道模具是將注道、流道加熱或保持材料在熔融狀態,使流道系統內之材料,保持在流動狀態下,在每次射出成形完畢後,使流道系統部乃存留於模具內,只取出成形品,故稱無流道模具。

　　無流道模具由於不必將流道部取出,故有下列優點:

⑴　可節省不必要之廢料部,可節省材料。

⑵　縮短材料往流道系統充填的時間,縮短成形機開閉模具的作動行程,同時也省去流道取出之時間,故可縮短成形週期。

⑶　流道不必取出,澆口自動分離,可全自動成形操作。

　　無流道模具有上述之優點,但亦有其限制:

⑴　在熔融狀態易熱分解(thermal decomposition),成形溫度範圍小的材料(POM、PVC 等)不適用此類模具但有充分之設計,亦可使用。

⑵　無流道模具通常構造較複雜,溫度控制裝置相當昂貴,生產量不多時,不合算。

　　無流道模具之種類,大別可分為:

⑴　延長噴嘴(extension nozzle)方式。

⑵　滯液式噴嘴(well type nozzle)方式。

⑶　絕熱流道(insulated hot runner)方式。

⑷　加熱流道(hot runner)方式。

　　前二個方式之無流道模具一次只能成形一件成形品,除非使用多噴嘴(multi-nozzle)成形機。後二個方式則一次可成形多件成形品。如圖 5.16 所示為各類型無流道方式模具。

無流道模具		
名稱	主要適用樹脂	摘要
(一)延長噴嘴 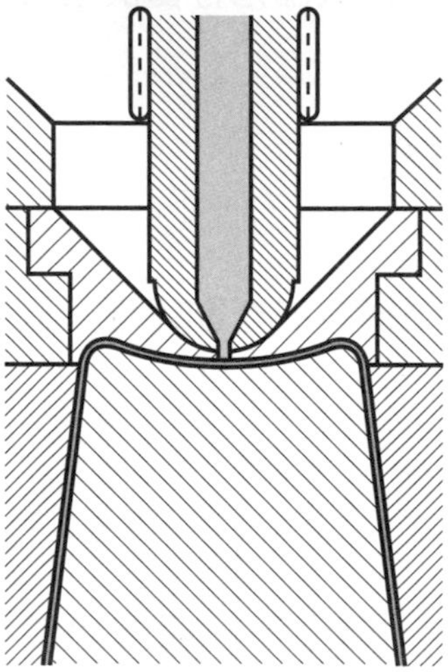 	PE PP PS AS ABS POM	·一次成形一件成形品方式無流道模具，此方式為最簡單的無流道方式，延長射出成形機的噴嘴，儘量接近於成形空間。帶式加熱器安裝於噴嘴，來自加熱缸的傳導熱也多，澆口固化的可能性小，但是澆口附近的模具溫度易上昇，所以大都在每次成形週期，使噴嘴後退而後再度接觸成形
(二)滯液式噴嘴 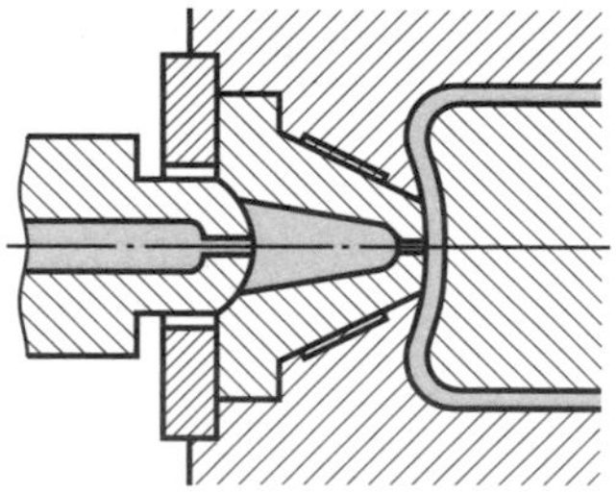 (a) 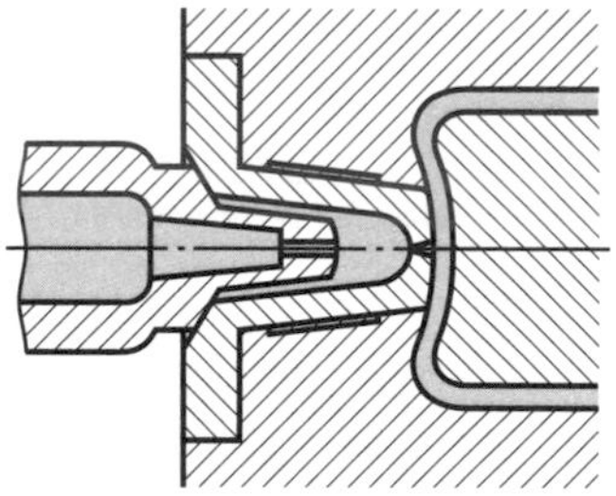 (b)	PE PP PS AS } 稍困難 ABS }	·一次成形一件成形品方式無流道模具。圖(a)所示，在噴嘴前端有滯液部，在成形中經常存有熔融之材料，噴嘴及模具不離。然而在成形週期長場合，以及成形溫度範圍小之材料容易固化，因此模具與滯液部之溫度差必需減低。一般情形，滯液部加裝特別襯套，使能減少與模具之接觸面積，噴嘴接觸面及實際之澆口長度亦得縮短，使熔融材料之溫度不致下降 ·圖(b)為滯液部長度變更，噴嘴形狀改變，如此滯液部必需由中間擠出，因而較長之循環時間，亦能保持不固化，可連續成形

圖 5.16　無流道模具

無流道模具		
名稱	主要適用樹脂	摘要
(三)絕熱流道 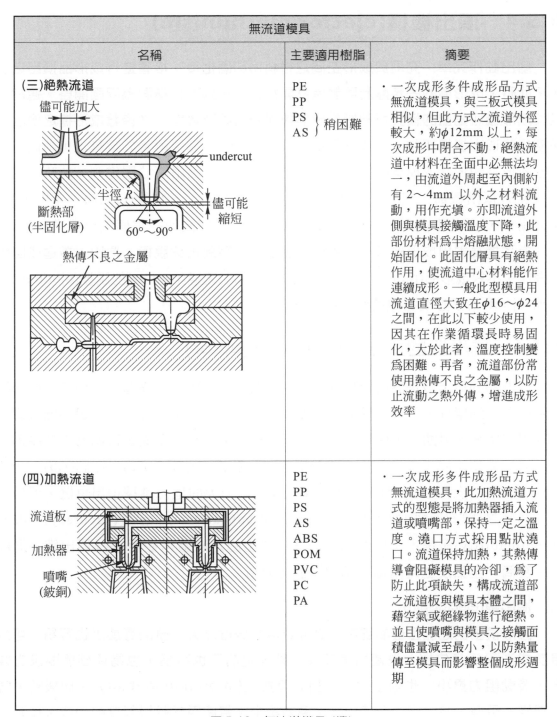	PE PP PS AS ⎫ 稍困難	· 一次成形多件成形品方式 無流道模具,與三板式模具 相似,但此方式之流道外徑 較大,約φ12mm 以上,每 次成形中閉合不動,絕熱流 道中材料在全面中必無法均 一,由流道外周起至內側約 有 2〜4mm 以外之材料流 動,用作充填。亦即流道外 側與模具接觸溫度下降,此 部份材料為半熔融狀態,開 始固化。此固化層具有絕熱 作用,使流道中心材料能作 連續成形。一般此型模具用 流道直徑大致在φ16〜φ24 之間,在此以下較少使用, 因其在作業循環長時易固 化,大於此者,溫度控制變 為困難。再者,流道部份常 使用熱傳不良之金屬,以防 止流動之熱外傳,增進成形 效率
(四)加熱流道	PE PP PS AS ABS POM PVC PC PA	· 一次成形多件成形品方式 無流道模具,此加熱流道方 式的型態是將加熱器插入流 道或噴嘴部,保持一定之溫 度。澆口方式採用點狀澆 口。流道保持加熱,其熱傳 導會阻礙模具的冷卻,為了 防止此項缺失,構成流道部 之流道板與模具本體之間, 藉空氣或絕緣物進行絕熱。 並且使噴嘴與模具之接觸面 積儘量減至最小,以防熱量 傳至模具而影響整個成形週 期

圖 5.16 無流道模具 (續)

■ 5.4 頂出機構(ejector mechanism)

射出動作完畢，充填於成形空間之材料冷卻固化後，接著進行成形品頂出之動作，此時，成形機的固定盤及可動盤打開行程，模具以分模面為界面開啓。通常固定於成形機可動盤的模具可動側與成形機可動盤同時後退，然後藉成形機之頂出桿使模具的頂出機構作動，將成形品頂出。此時，成形品須附著於模具之可動側。但由於成形品的形狀或模具配置的關係，有時亦使成形品附著於固定側，此時，在固定側裝有頂出機構，利用可動側結合桿(rod)、銷(pin)、鏈條(chain)、連桿(link)使之動作，或使用單獨的油壓(oil pressure)、氣壓裝置使固定側頂出機構動作。

為了提高射出成形效率，改善成形品品質，容易迅速脫模、頂出，並達成自動化操作，不只成形品(moldings)，連注道(sprue)、流道(runner)的脫模(ejection)、頂出(ejector)都必須選擇最適切的方法。

5.4-1 成形品的頂出(moldings ejector)

成形品的頂出取決於成形材料、成形品的形狀、模具的構造，頂出時，最好不發生破裂、刮傷等，並確實脫模且故障少，然而，模具中故障最多的是頂出機構，如頂出銷折斷、彎曲、卡住等，須能容易修補或更換，這是決定頂出方法的原則。

成形品頂出的主要目的是使因成形收縮而附著於心型(core)、深肋(rib)、凸轂(boss)等的成形品脫離模具，因而必須在脫模阻力大的地方選擇頂出位置，但是，同一形狀之成形品也因要求的外觀(outward appearance)、精度(accuracy)、成形性(moldability)而選用不同的頂出方法。頂出的方法最常使用的是頂出銷、剝料板、套筒、空氣及並用兩種或兩種以上之頂出。

1. 頂出銷(ejector pin)

圓形頂出銷之加工最為容易，必要之場合施行淬火、研磨等加工也容易，可設置於成形品任意位置，為使用最多者。銷孔之加工也容易，也易達到所要求之精度，滑動阻力最小，也較少卡住。且有互換性(interchangeability)，破損時，容易補修、更換，但以細小面積頂出，應力集中，若使用於脫模斜度較小或脫模阻力大之成形品易造成頂出壓陷或頂穿等，不適合杯子、盒類等脫模斜度小而脫模阻力大之成形品。頂出銷之位置宜設在脫模阻力大之處，而脫模阻力均勻時宜均等配置。

依成形品之形狀，有時用方形或板狀頂出銷，銷之加工及熱處理(heat treatment)並無問題，但方形頂出銷孔之加工不易，需要使用放電加工等特殊加工(special working)。用切削(cutting)加工時可用分件(split)組合(assembly)之方法，但加工費時，且成形品呈現分割線，不適於透明物，滑動阻力也大於圓形銷，板狀銷之厚度較薄時，容易折斷或彎曲，非必要之場合，儘量避免使用。

2. **頂出套筒**(ejector sleeve)

套筒(sleeve)之加工性(machinability)良好，但內徑小者或長度較長者不易加工，薄肉者在使用當中易破裂。但以套筒端面頂出時，有均勻的頂出力作用於成形品，可確實脫模，成形品較少破裂，外觀上不殘留頂出痕跡。

3. **剝料板**(stripper plate)

剝料板及心型之加工並不比頂出銷困難，然而滑動面(slide plane)機械加工(machine working)及配合(fit)則需要花費較多的時間，滑動面配合部必需施行淬火(quenching)硬化，熱處理較為困難。剝料板與心型之配合面為圓形面或方形面時，機械加工及配合加工較為容易，但如為連續變化之曲面時，機械加工及配合加工，則變為困難，且互換性或修理上亦有所不便。

經常為使剝料板施行淬火後仍保有互換性，可使用嵌入襯套，使修補容易，特別是成形多件成形品之場合，可僅將損壞之嵌入襯套換裝即可。

剝料板與其他頂出方法比較，為頂出面積大，成形品能確實脫模，對脫模阻力較大之杯類成形品廣泛使用，且外觀上也不殘留頂出痕跡。

4. **空氣壓**(air pressure)

使用空氣壓時，必須設置閥(valve)等，將空氣壓入間隙(clearance)間，加工較不簡單，但對杯類或箱形等深度較深之成形品的脫模極為有效。

5. **並用兩種或兩種以上的方法頂出**(multi-type ejector)

圖 5.17 為利用以上之方法將成形品頂出之裝置。

成形品頂出方法	
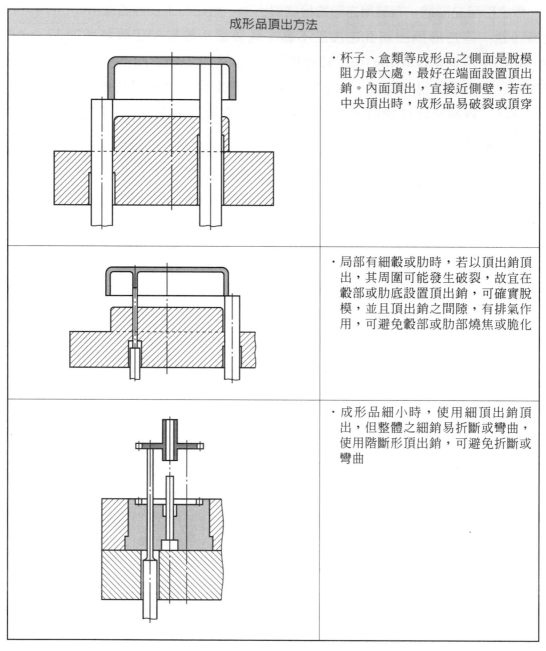	・杯子、盒類等成形品之側面是脫模阻力最大處,最好在端面設置頂出銷。內面頂出,宜接近側壁,若在中央頂出時,成形品易破裂或頂穿
	・局部有細轂或肋時,若以頂出銷頂出,其周圍可能發生破裂,故宜在轂部或肋底設置頂出銷,可確實脫模,並且頂出銷之間隙,有排氣作用,可避免轂部或肋部燒焦或脆化
	・成形品細小時,使用細頂出銷頂出,但整體之細銷易折斷或彎曲,使用階斷形頂出銷,可避免折斷或彎曲

圖 5.17　成形品之頂出

成形品頂出方法
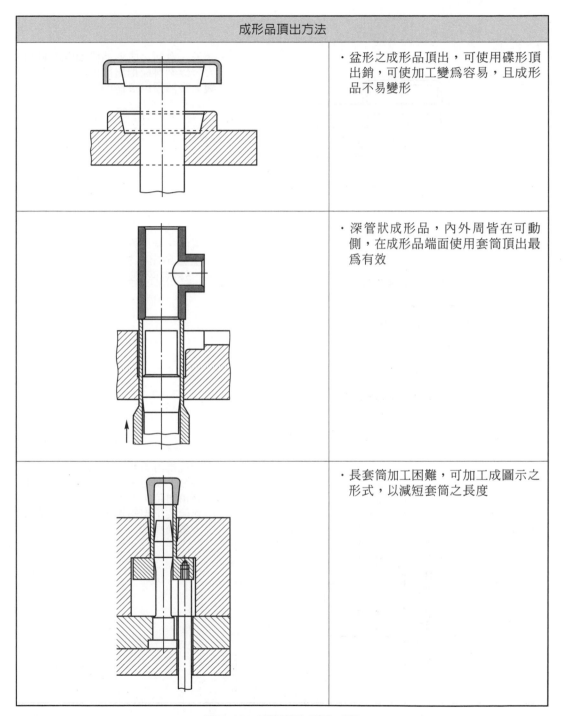

・盆形之成形品頂出,可使用碟形頂出銷,可使加工變為容易,且成形品不易變形

・深管狀成形品,內外周皆在可動側,在成形品端面使用套筒頂出最為有效

・長套筒加工困難,可加工成圖示之形式,以減短套筒之長度

圖 5.17　成形品之頂出 (續)

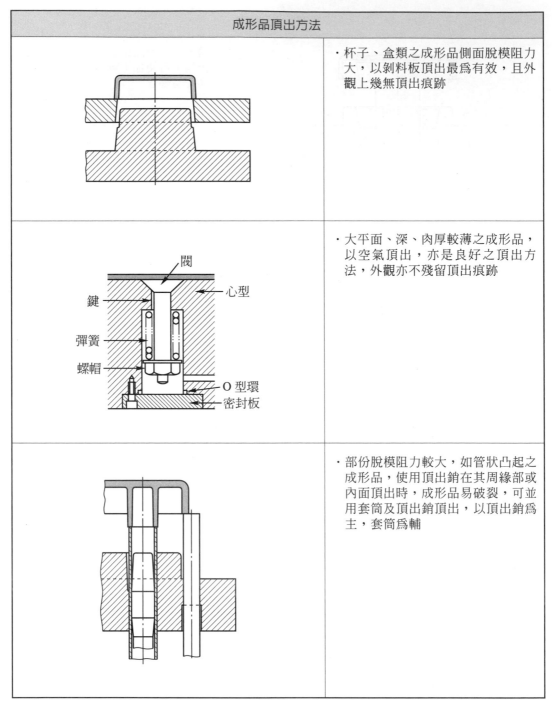

成形品頂出方法	
	・杯子、盒類之成形品側面脫模阻力大，以剝料板頂出最爲有效，且外觀上幾無頂出痕跡
閥 心型 鍵 彈簧 螺帽 O 型環 密封板	・大平面、深、肉厚較薄之成形品，以空氣頂出，亦是良好之頂出方法，外觀亦不殘留頂出痕跡
	・部份脫模阻力較大，如管狀凸起之成形品，使用頂出銷在其周緣部或內面頂出時，成形品易破裂，可並用套筒及頂出銷頂出，以頂出銷爲主，套筒爲輔

圖 5.17　成形品之頂出 (續)

成形品頂出方法	
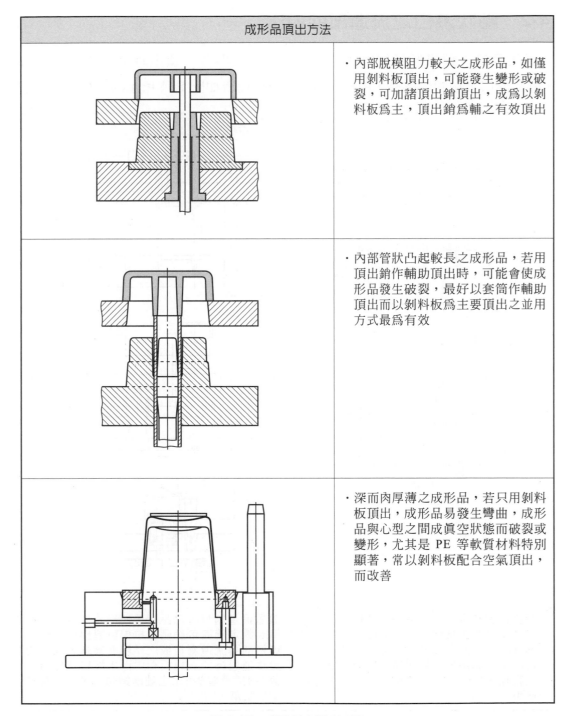	・內部脫模阻力較大之成形品,如僅用剝料板頂出,可能發生變形或破裂,可加諸頂出銷頂出,成為以剝料板為主,頂出銷為輔之有效頂出
	・內部管狀凸起較長之成形品,若用頂出銷作輔助頂出時,可能會使成形品發生破裂,最好以套筒作輔助頂出而以剝料板為主要頂出之並用方式最為有效
	・深而肉厚薄之成形品,若只用剝料板頂出,成形品易發生彎曲,成形品與心型之間成真空狀態而破裂或變形,尤其是 PE 等軟質材料特別顯著,常以剝料板配合空氣頂出,而改善

圖 5.17　成形品之頂出 (續)

5.4-2 點狀澆口之流道部的頂出

側狀澆口之類成形品取出面有流道、澆口之場合，頂出時可與成形品同時掉落。點狀澆口之類的成形品，由模具構造的不同而有如圖 5.18 所示的各種頂出方法。

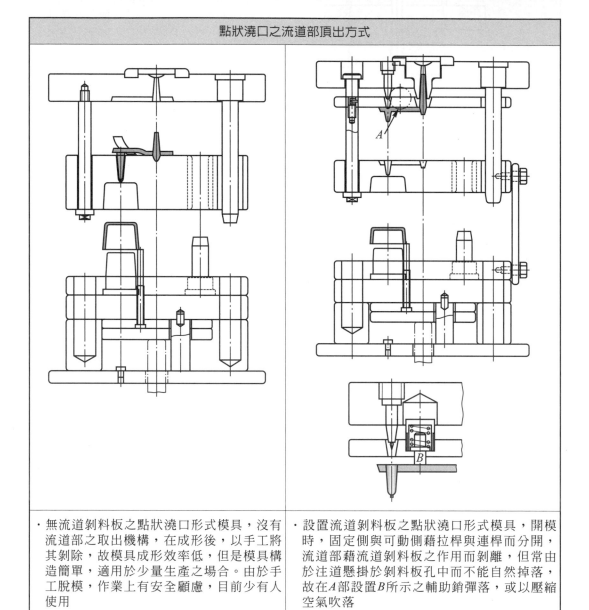

點狀澆口之流道部頂出方式

· 無流道剝料板之點狀澆口形式模具，沒有流道部之取出機構，在成形後，以手工將其剝除，故模具成形效率低，但是模具構造簡單，適用於少量生產之場合。由於手工脫模，作業上有安全顧慮，目前少有人使用

· 設置流道剝料板之點狀澆口形式模具，開模時，固定側與可動側藉拉桿與連桿而分開，流道部藉流道剝料板之作用而剝離，但常由於注道懸掛於剝料板孔中而不能自然掉落，故在A部設置B所示之輔助銷彈落，或以壓縮空氣吹落

圖 5.18 流道部之頂出

點狀澆口之流道部頂出方式	
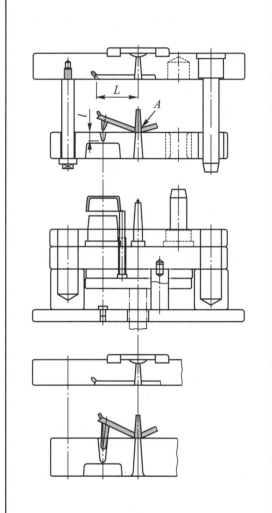	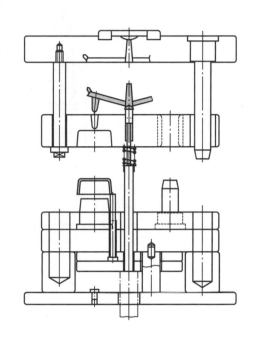
・利用 undercut 拉張流道，模具構造簡單，L 比l爲大，如l在某種深度以上時，流道雖浮上，但仍留於型模板上，不能自然落下。冷卻時間長時，流道部份彎折，即使澆口部浮動，仍會彈回型模板中。A部抓銷基部發生縱向毛邊，使流道附著不掉落等是其缺點	・利用 undercut 與注道抓銷頂出流道之方式，可消除注道基部之縱向毛邊，即使流道局部進入型模板，亦可將其頂出脫落。但此形式亦有其缺點，其注道抓銷甚長於可動側固定板，不可用於中心部無頂出桿孔之成形機及中心頂出桿不夠長之成形機

圖 5.18　流道部之頂出 (續)

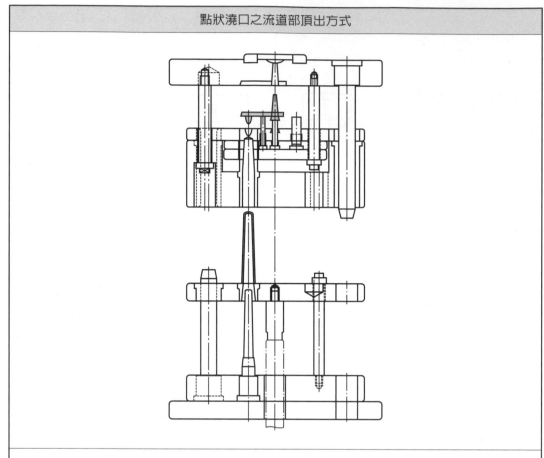

點狀澆口之流道部頂出方式

· 筆套之類，細長成形品因固定側之成形空間長，可在固定側型模板內設置流道部頂出機構，其頂出動作是利用固定側固定板與型模板的開閉及拉桿的作用使頂出機構動作，將流道部頂出。但此方法受限於成形品的形狀，亦即關連開模行程

圖 5.18　流道部之頂出 (續)

5.4-3　兩段頂出(two stage ejector)

　　成形品內側或外側具有少許凸緣(flange)而形成 undercut 之場合，若使用一段頂出，則將使成形品無法順利脫模，甚至使成形品凸緣部受到強制頂出而損壞。為消除此種缺失，則必須使用二段頂出機構。如圖 5.19 所示為兩段頂出實例。

兩段頂出實例	
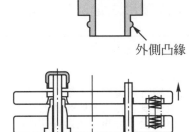 外側凸緣	・利用彈簧和剝料板及頂出銷之二段頂出機構 ・開模開始的同時，剝料板藉彈簧之彈力進行第一段頂出，但成形品仍附著於剝料板內側凹入部，此時再以頂出銷作第二段之頂出，將成形品從剝料板上頂落
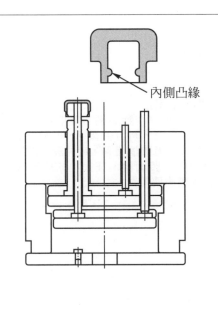 內側凸緣	・利用二組頂出板之頂出機構 ・開模完畢後，以頂出套筒進行第一段頂出，使成形品脫離型模板，但仍附著在頂出套筒上，此時再以頂出銷進行第二段頂出，將成形品頂落

圖 5.19　兩段頂出

5.4-4 兩段頂出之定位(locate)及行程調節(stroke regulate)

兩段頂出之場合，兩組頂出行程必須有所差異，行程大之頂出機構，必須與另一段頂出機構同時或較遲作用。如圖5.20所示為兩段頂出之定位及行程調節方法。

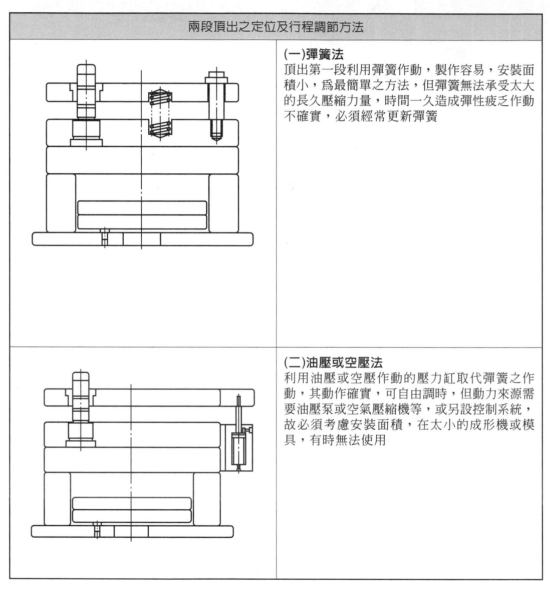

兩段頂出之定位及行程調節方法
(一)彈簧法 頂出第一段利用彈簧作動，製作容易，安裝面積小，為最簡單之方法，但彈簧無法承受太大的長久壓縮力量，時間一久造成彈性疲乏作動不確實，必須經常更新彈簧
(二)油壓或空壓法 利用油壓或空壓作動的壓力缸取代彈簧之作動，其動作確實，可自由調時，但動力來源需要油壓泵或空氣壓縮機等，或另設控制系統，故必須考慮安裝面積，在太小的成形機或模具，有時無法使用

圖5.20　兩段頂出之定位及行程調節

兩段頂出之定位及行程調節方法

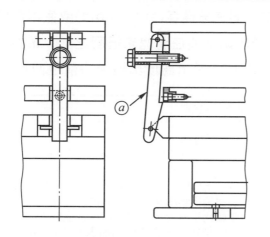

(三)凸輪法
利用凸輪取代彈簧或壓力缸，作動確實，不需其他附屬裝置，成本較低。在開模時，由凸輪桿 ⓐ 之階段帶動剝料板進行第一段頂出，再由頂出機構作第二段頂出。使用此方法時，必須注意凸輪桿之設置位置，以不妨礙成形品取出之處為宜

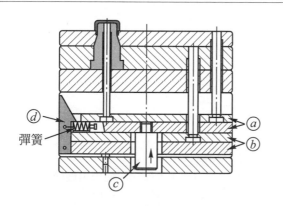

(四)爪鉤法
爪鉤法是利用上下二組頂出機構 ⓐ 及 ⓑ，ⓐ 組由頂出桿 ⓒ 作動，ⓑ 組由爪鉤 ⓓ 與 ⓐ 組頂出機構連結，第一段頂出動作是二組同時進行，直到爪鉤與承板接觸後，爪鉤脫離，使 ⓐ 組頂出機構繼續作動而進行第二段之頂出

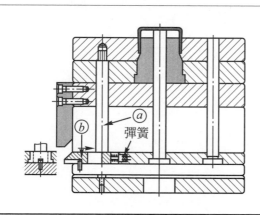

(五)滑塊法
利用滑塊作二段頂出調節，第一段頂出是剝料板與頂出銷同時動作，直至滑塊 ⓑ 與固定在承板上之定位件接觸後，由於滑塊的移動，使剝料板傳動銷 ⓐ 落入滑塊孔中，此時剝料板停止作動，繼而進行頂出銷之二段頂出動作。使用此方式二段頂出機構時，滑塊及剝料板傳動桿之滑動面必須光滑

圖 5.20　兩段頂出之定位及行程調節 (續)

5.4-5 頂出機構超前退回(previous return)

頂出機構在閉模時，藉回位銷回位，但在分件模(split mold)或使用側向心型模具(side core mold)中，閉模之際，頂出銷必須在滑塊未退回之前，確實先行退回，否則兩者會發生衝突，而破損。如圖 5.21 所示為頂出機構超前退回實例。

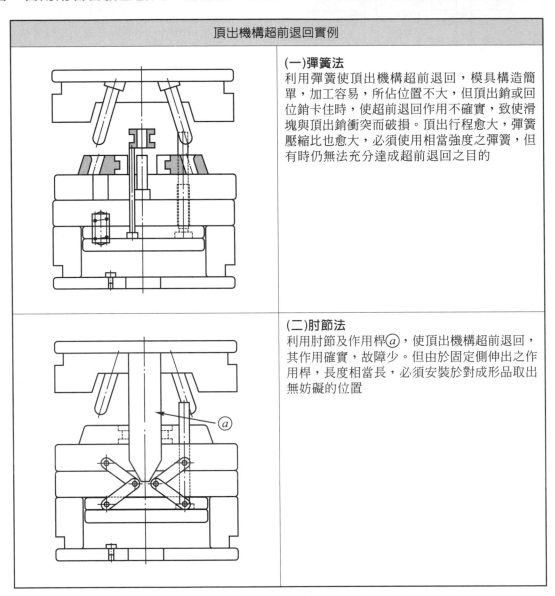

頂出機構超前退回實例
(一)彈簧法 利用彈簧使頂出機構超前退回，模具構造簡單，加工容易，所佔位置不大，但頂出銷或回位銷卡住時，使超前退回作用不確實，致使滑塊與頂出銷衝突而破損。頂出行程愈大，彈簧壓縮比也愈大，必須使用相當強度之彈簧，但有時仍無法充分達成超前退回之目的
(二)肘節法 利用肘節及作用桿ⓐ，使頂出機構超前退回，其作用確實，故障少。但由於固定側伸出之作用桿，長度相當長，必須安裝於對成形品取出無妨礙的位置

圖 5.21　頂出機構超前退回

頂出機構超前退回實例	
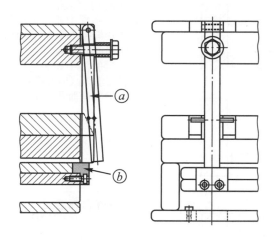	**(三)搖桿法** 搖桿 ⓐ 由固定側經彈簧往可動側伸出，桿中裝設滾子，滾子可在可動側型模板的滑動板上滑動，桿的前端接觸頂出板的延伸塊ⓑ。閉模時，搖桿推動延伸塊使頂出機構超前退回，退回完畢時，搖桿的前端必須恰好離開延伸塊
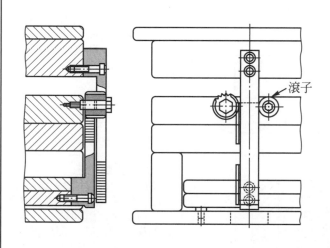	**(四)齒條法** 利用固定在固定側型模板與頂出機構之頂出板的二組齒條與可動側型模板的小齒輪及滾子，在開閉模具時，使頂出機構往復作動，其作動確實，但齒條設置之位置，以不妨礙成形品取出之處所為宜，且能使頂出機構之運動平穩
(此部份不用圖示說明，僅以文字說明，即可明瞭，故無圖面。其圖示僅將圖 5.20(二)之油壓或空壓傳動軸固定在頂出板上即可。)	**(五)油壓或空壓法** 此方法如二段頂出圖 5.20(二)之定位及行程調節所述，作動確實，可自由調時，但附屬裝置複雜，在太小之成形機或模具，有時無法使用

圖 5.21　頂出機構超前退回 (續)

頂出機構超前退回實例
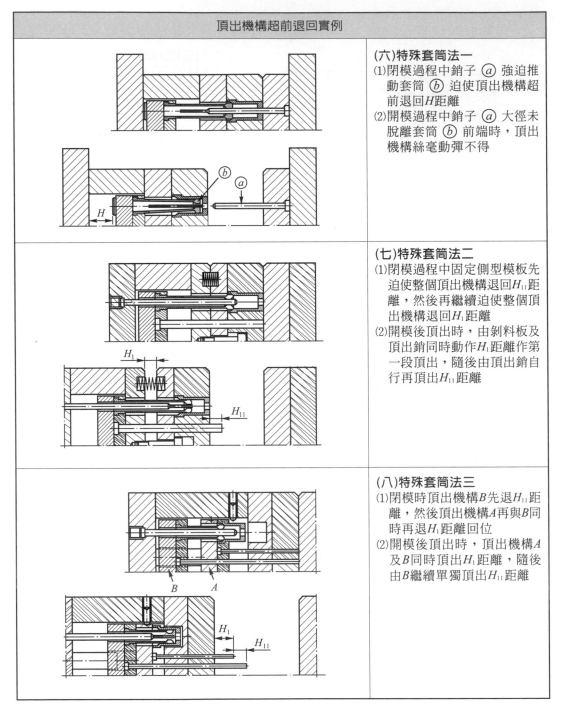

(六)特殊套筒法一

(1)閉模過程中銷子 ⓐ 強迫推動套筒 ⓑ 迫使頂出機構超前退回H距離

(2)開模過程中銷子 ⓐ 大徑未脫離套筒 ⓑ 前端時，頂出機構絲毫動彈不得

(七)特殊套筒法二

(1)閉模過程中固定側型模板先迫使整個頂出機構退回H_{11}距離，然後再繼續迫使整個頂出機構退回H_1距離

(2)開模後頂出時，由剝料板及頂出銷同時動作H_1距離作第一段頂出，隨後由頂出銷自行再頂出H_{11}距離

(八)特殊套筒法三

(1)閉模時頂出機構B先退H_{11}距離，然後頂出機構A再與B同時再退H_1距離回位

(2)開模後頂出時，頂出機構A及B同時頂出H_1距離，隨後由B繼續單獨頂出H_{11}距離

圖 5.21　頂出機構超前退回 (續)

■ 5.5 Undercut 處理

　　成形品側面(side wall)具有凸出(convex)或凹入(hollow)部份，如側面之孔
(hole)、文字(letter)、溝槽(channel)、凸緣(flange)等，在成形後無法從模具中
直接取出成形品，因這些凸出或凹入部份，對成形品之頂出，構成了干涉(interfere)
作用，若強制頂出則會使成形品變形、破損或使模具損傷，此干涉部份稱為
undercut。有 undercut 之成形品，使模具構造複雜、成本提高，成形時易生故
障，所以成形品設計時，宜盡量避免之。

　　但是，成形品形狀複雜，有時考慮後加工(post processing)的經濟性(economy)，
無法避免undercut時，模具設計時必須處理undercut。undercut有各種處理方法，
成形用材料中的 PE、PP 等軟(soft)而有彈性(elasticity)，有時可利用其彈性，強
制脫模，但因undercut的大小和成形材料硬度(hardness)的不同，可使用剝料板、
頂出銷、頂出套筒或人工剝離等方法脫模。圖 5.22 及 5.23 所示為對 undercut 之處
理使用強制脫模時所容許的限度加以規範，俾使成形品之變形量減至最低。

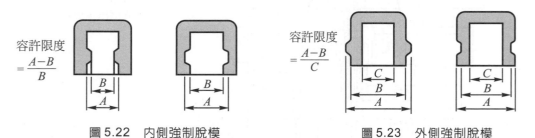

容許限度 $= \dfrac{A-B}{B}$

容許限度 $= \dfrac{A-B}{C}$

圖 5.22　內側強制脫模　　　　　　圖 5.23　外側強制脫模

強制脫模容許限度表

成形材料	容許限度(%)	成形材料	容許限度(%)
PS	＜0.5	LD PE	＜5
AS	＜1	MD PE	＜3
ABS	＜1.5	HD PE	＜3
PC	＜1	PVC(硬質)	＜1
PA	＜2	PVC(軟質)	＜10
POM	＜2	PP	＜2

　　有 undercut 之成形品的處理方法，大別可分為，外側 undercut 之處理方法
(如圖 5.24 所示)及內側 undercut 之處理方法(如圖 5.25 所示)。

外側 undercut 之處理	
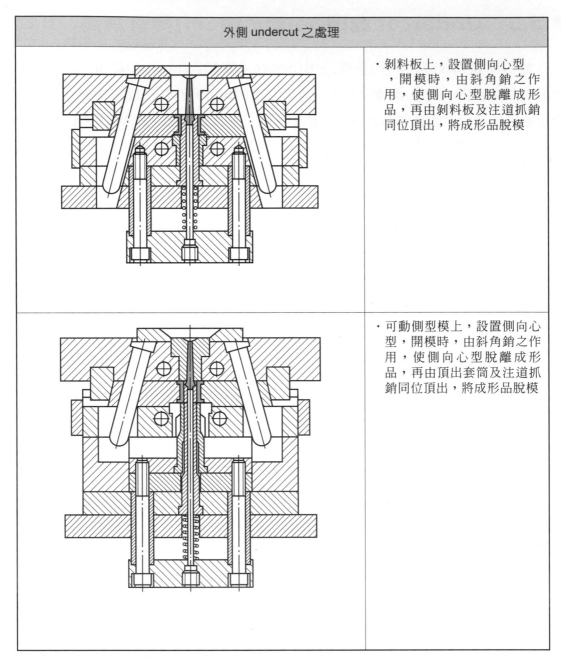	・剝料板上，設置側向心型，開模時，由斜角銷之作用，使側向心型脫離成形品，再由剝料板及注道抓銷同位頂出，將成形品脫模
	・可動側型模上，設置側向心型，開模時，由斜角銷之作用，使側向心型脫離成形品，再由頂出套筒及注道抓銷同位頂出，將成形品脫模

圖 5.24　成形品外側 undercut 之處理

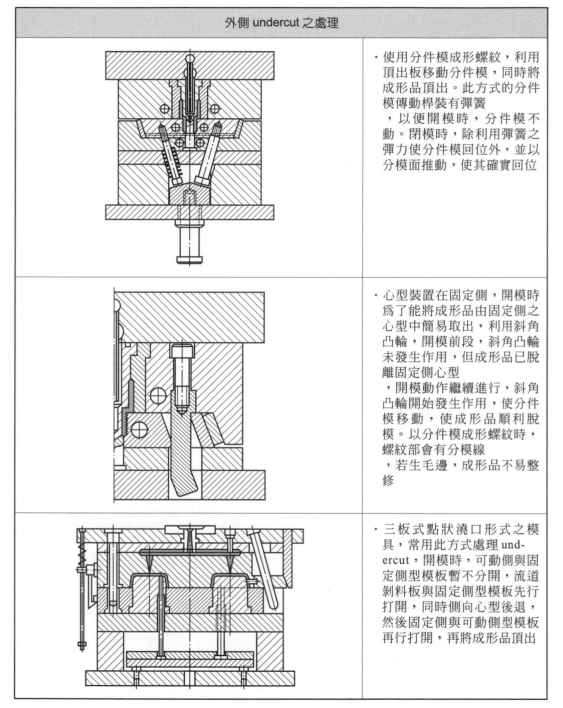

外側 undercut 之處理

· 使用分件模成形螺紋，利用頂出板移動分件模，同時將成形品頂出。此方式的分件模傳動桿裝有彈簧，以便開模時，分件模不動。閉模時，除利用彈簧之彈力使分件模回位外，並以分模面推動，使其確實回位

· 心型裝置在固定側，開模時為了能將成形品由固定側之心型中簡易取出，利用斜角凸輪，開模前段，斜角凸輪未發生作用，但成形品已脫離固定側心型，開模動作繼續進行，斜角凸輪開始發生作用，使分件模移動，使成形品順利脫模。以分件模成形螺紋時，螺紋部會有分模線，若生毛邊，成形品不易整修

· 三板式點狀澆口形式之模具，常用此方式處理 undercut，開模時，可動側與固定側型模板暫不分開，流道剝料板與固定側型模板先行打開，同時側向心型後退，然後固定側與可動側型模板再行打開，再將成形品頂出

圖 5.24　成形品外側 undercut 之處理 (續)

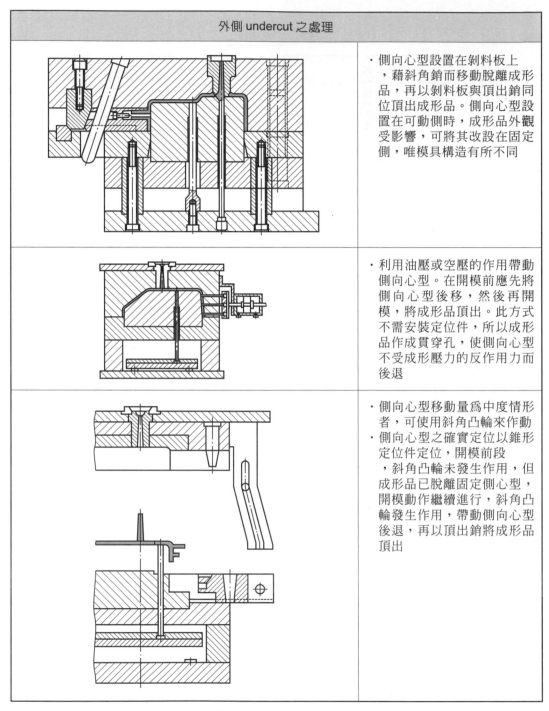

外側 undercut 之處理	
	・側向心型設置在剝料板上，藉斜角銷而移動脫離成形品，再以剝料板與頂出銷同位頂出成形品。側向心型設置在可動側時，成形品外觀受影響，可將其改設在固定側，唯模具構造有所不同
	・利用油壓或空壓的作用帶動側向心型。在開模前應先將側向心型後移，然後再開模，將成形品頂出。此方式不需安裝定位件，所以成形品作成貫穿孔，使側向心型不受成形壓力的反作用力而後退
	・側向心型移動量為中度情形者，可使用斜角凸輪來作動 ・側向心型之確實定位以錐形定位件定位，開模前段，斜角凸輪未發生作用，但成形品已脫離固定側心型，開模動作繼續進行，斜角凸輪發生作用，帶動側向心型後退，再以頂出銷將成形品頂出

圖 5.24　成形品外側 undercut 之處理 (續)

外側 undercut 之處理	
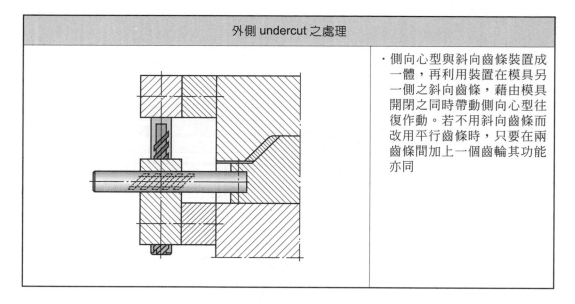	・側向心型與斜向齒條裝置成一體，再利用裝置在模具另一側之斜向齒條，藉由模具開閉之同時帶動側向心型往復作動。若不用斜向齒條而改用平行齒條時，只要在兩齒條間加上一個齒輪其功能亦同

圖 5.24　成形品外側 undercut 之處理 (續)

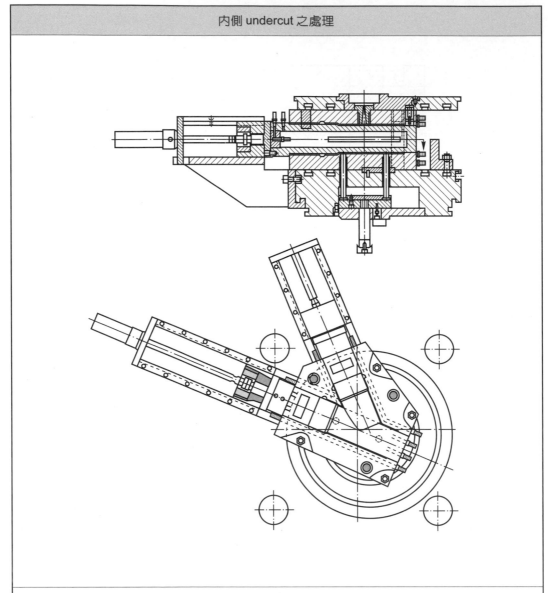

内側 undercut 之處理

- 彎管或Y形管等之成形,側向心型移動量很大,然而斜角銷之角度宜在25°以下,且為了強度之關係,其長度不移太長,故其帶動側向心型之移動量有限。在移動量大之場合,最好使用油壓缸。此種油壓缸中所用之油壓,可由成形機之油壓管路中取用,或另行準備油壓單元使用
- 圖中二支側向心型之拔出順序,後退順序或者頂出順序,若順序有所差誤,可能造成成形品破損或模具損壞,須特別注意

圖 5.25　成形品内側 undercut 之處理

內側 undercut 之處理

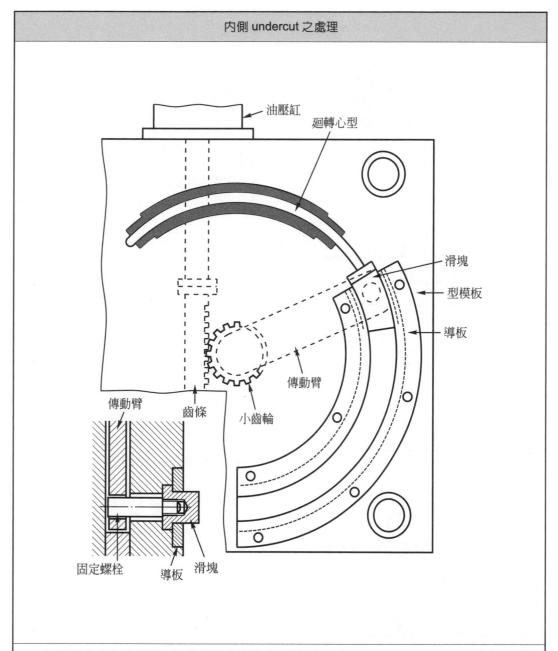

- 有圓弧狀之空心成形品，無法使用分件模或一般側向心型來成形。此時，可使用迴轉心型，由油壓缸帶動齒條作直線運動，再由齒條帶動齒輪，使傳動臂帶動迴轉心型，沿導板作圓弧運動而成形

圖 5.25　成形品內側 undercut 之處理 (續)

內側 undercut 之處理	
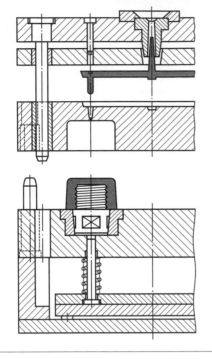	• 此方式是利用預置之金屬埋入件,來處理 undercut 之方法。處理方法簡單,但生產性差,常使用於螺紋之成形。在成形完畢後,由頂出銷將固著成形品之金屬埋入件頂出,然後再使用簡單之工具及夾具將成形品取出。在成形中,經常使用二組以上的預置金屬埋入件,一組置於模具中成形,另一組則已成形頂出,正在取出成形品,二組交替使用,以縮短成形週期
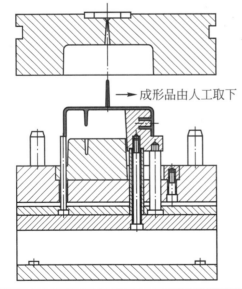 → 成形品由人工取下	• 箱形成形品內側具有凸轂時的滑動心型模具構造,開模完畢後,包含凸轂部的滑動心型與其他部份同時頂出後,再以人工將成形品橫移,脫離滑動心型而取出

圖 5.25　成形品內側 undercut 之處理 (續)

内側 undercut 之處理

<table>
<tr>
<td>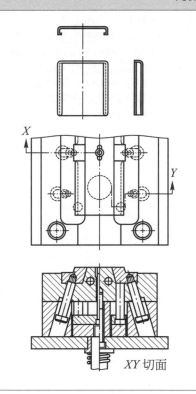
XY 切面</td>
<td>· 成形品內側具有凸緣之脫模方法，在可動側設置漲縮心型，頂出時，頂出銷依成形機的開閉方向動作，而漲縮心型則沿導桿的傾斜方向動作，此種模具構造是傳動桿與漲縮心型成為一體，由漲縮心型的縮合動作，將成形品頂出。此種模具構造之頂出行程必須有良好的控制
，否則頂出銷常與導桿起衝突，而造成模具損壞</td>
</tr>
<tr>
<td>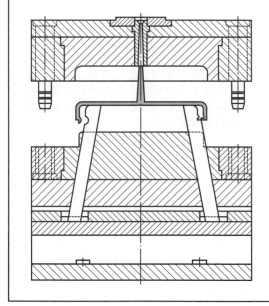</td>
<td>· 成形品內側有小凸出或內凹的場合，使用傾斜的滑動銷來成形，頂出時，滑動銷隨著頂出機構的動作，不但作頂出銷使用，同時沿傾斜方向橫移，直至 undercut 部脫離滑動銷，成形品自動掉落</td>
</tr>
</table>

圖 5.25　成形品內側 undercut 之處理 (續)

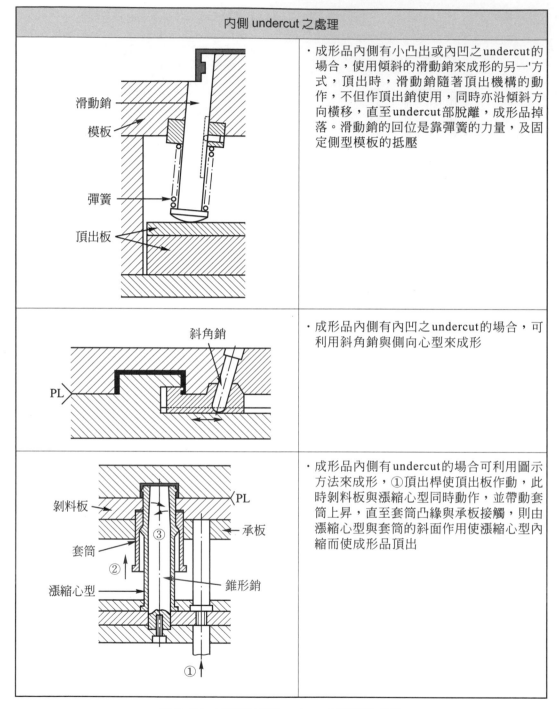

內側 undercut 之處理	
滑動銷 模板 彈簧 頂出板	・成形品內側有小凸出或內凹之undercut的場合，使用傾斜的滑動銷來成形的另一'方式，頂出時，滑動銷隨著頂出機構的動作，不但作頂出銷使用，同時亦沿傾斜方向橫移，直至undercut部脫離，成形品掉落。滑動銷的回位是靠彈簧的力量，及固定側型模板的抵壓
斜角銷 PL	・成形品內側有內凹之undercut的場合，可利用斜角銷與側向心型來成形
剝料板 PL 承板 套筒 ③ ② 漲縮心型 錐形銷 ①	・成形品內側有undercut的場合可利用圖示方法來成形，①頂出桿使頂出板作動，此時剝料板與漲縮心型同時動作，並帶動套筒上昇，直至套筒凸緣與承板接觸，則由漲縮心型與套筒的斜面作用使漲縮心型內縮而使成形品頂出

圖 5.25　成形品內側 undercut 之處理 (續)

內側 undercut 之處理

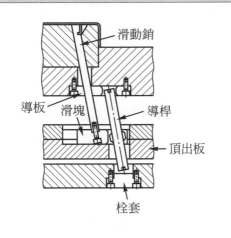

滑動銷
導板　滑塊　導桿
頂出板
栓套

· 成形品內側有內凹之 undercut 的場合，使用傾斜的滑動銷來成形的另一方式，頂出時頂出板沿頂出方向移動，此時滑塊沿傾斜方向橫移，同時帶動滑動銷沿傾斜方向作脫離 undercut 及頂出的動作直至成形品掉落。此方式因導桿的輔助，使整個機構作動確實堅固

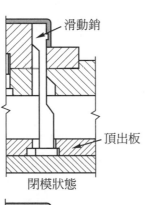

滑動銷
頂出板
閉模狀態

此處盡可能加厚增強
開模後頂出狀態

· 成形品內側 undercut 較小的場合可使用此方式，其結構簡易，成本較低，頂出時頂出速度盡可能放慢，滑動銷製作設計時強度盡可能加強。其動作是頂出時頂出板沿頂出方向移動，此時滑動銷跟著移動直至其斜面與模板斜面接觸時，滑動銷才由原本的單獨頂出動作改變成頂出與脫離 undercut 的雙向動作直至成形品掉落

圖 5.25　成形品內側 undercut 之處理 (續)

■ 5.6 有螺紋(screw thread)的成形品(moldings)之 處理方法

5.6-1 螺紋部的脫模處理

　　成形品有螺紋時，其螺紋部可視為一種 undercut，所以成形品脫模時，必須考慮到螺紋部的頂出是否會受到干涉(interfere)而影響成形品之完整性(completion)。螺紋部的脫模處理方法有下列幾種方式：

1. 手工脫模(hand ejection)

　　有螺紋成形品之最簡易的脫模方法，成形時在成形品端面(frontage)成形一個六角扳手孔(wrench hole)，開模後，以六角扳手直接從模具中將成形品旋出。以此方式成形，不但成形品之取出費時、費力，且成形效率低，危險性高，較大成形品無法以手工來旋出，此原始脫模方法，不適合大量生產，幾乎已被淘汰，少有人使用。

2. 強制脫模(compel ejection)

　　螺紋部牙深(thread depth)小，且形狀為半圓形(semicircle)，成形材料富彈性(elasticity)之場合，成形品不講求精度(accuracy)、外觀(outward appearance)時亦可使用。

3. 螺紋部作成預置金屬埋入件(prefix insert)

　　此方式適合模具構造上無法用分件模(split mold)或旋轉旋出的場合，將有螺紋部的模具作成埋入件，成形後，連同成形品一起頂出，然後再使用工具(tool)或夾具(fixture)將成形品從埋入件中取出。此方式之模具構造簡單，但有後加工(post processing)。成形品為外螺紋時，由於成形材料的收縮而容易取出，但如為內螺紋時，埋入件與成形品的接觸面積愈大愈難取出。

4. 螺紋部作成分件模(split mold)

　　此方式適合於外螺紋成形品之成形，模具構造及製作亦較簡單，能確實脫模。但成形品的螺紋部會有分模線(parting line)產生，容易有毛邊(burr)出現，增加後加工，同時影響螺紋之配合(fit)，故只用於有分模線也無妨的螺紋之成形。

5. **成形品或模具螺紋部旋轉脫模**(rotary ejection)

一般蓋帽(cap)類等有螺紋之成形品，大多使用旋轉自動旋出。此種場合，成形品與模具任一旋轉並作退出動作，或一件僅作旋轉，他件作退出動作，但成形品部必需有止滑部(smooth resistance)(旋轉止動用)，否則隨旋轉部旋轉而無法取出。如圖 5.26 所示為旋轉脫模實例。

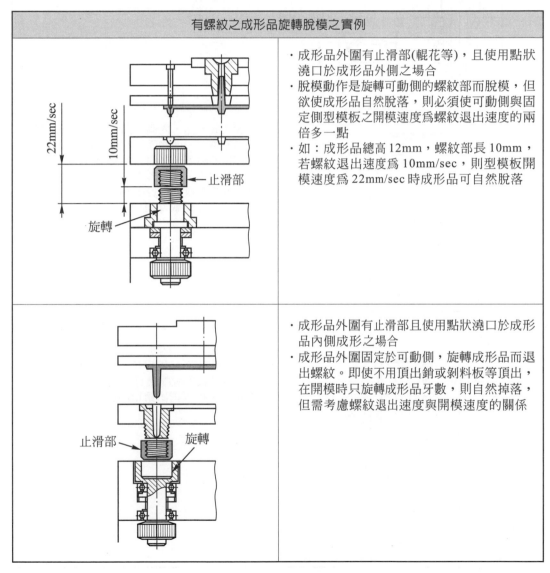

有螺紋之成形品旋轉脫模之實例	
	·成形品外圍有止滑部(輥花等)，且使用點狀澆口於成形品外側之場合 ·脫模動作是旋轉可動側的螺紋部而脫模，但欲使成形品自然脫落，則必須使可動側與固定側型模板之開模速度為螺紋退出速度的兩倍多一點 ·如：成形品總高 12mm，螺紋部長 10mm，若螺紋退出速度為 10mm/sec，則型模板開模速度為 22mm/sec 時成形品可自然脫落
	·成形品外圍有止滑部且使用點狀澆口於成形品內側成形之場合 ·成形品外圍固定於可動側，旋轉成形品而退出螺紋。即使不用頂出銷或剝料板等頂出，在開模時只旋轉成形品牙數，則自然掉落，但需考慮螺紋退出速度與開模速度的關係

圖 5.26　旋轉脫模

有螺紋之成形品旋轉脫模之實例	
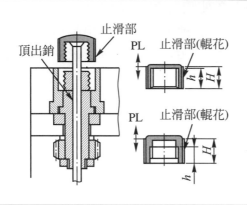	・成形品的止滑部與模具螺紋部都在可動側，若止滑部長度H與螺紋部長度h相等時，旋轉終了，即使不另頂出，成形品也可自然脫落。若H＞h時，旋轉終了，成形品未能自然脫落，需要使用頂出銷，另行頂出
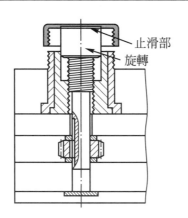	・內螺紋成形品，內側平面有止滑部，旋轉部一面旋轉，一面移動，當螺紋脫模之後，止滑部仍然附著，必須另外使用脫模方法，將成形品取出。此種形式之成形，旋轉部之移動速度與螺紋部之退出速度必須相等，否則將使成形品螺紋部崩裂
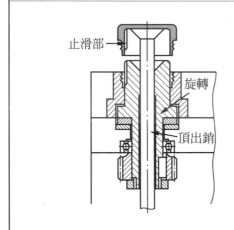	・外螺紋成形品，內側有止滑部，旋轉部的原位旋轉使成形品以螺紋的導程上移，直至螺紋部脫離模具，但成形品止滑部尚未脫離，再以頂出銷頂出脫模

圖 5.26　旋轉脫模 (續)

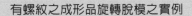

有螺紋之成形品旋轉脫模之實例

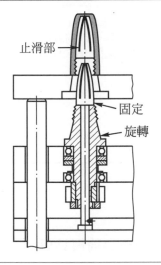

· 內螺紋成形品,內側有止滑部,旋轉部旋轉退出螺紋後,以頂出銷帶動剝料板,將成形品頂出脫模

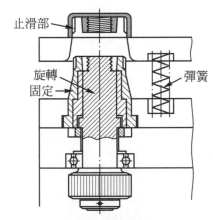

· 內螺紋成形品,內側有止滑部,旋轉部旋轉的同時,剝料板受彈簧的作用帶動成形品以螺紋的導程上移,直至螺紋部脫離模具,成形品脫模

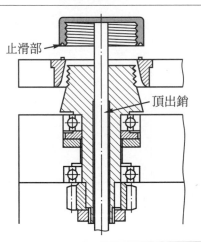

· 內螺紋成形品端面有止滑部的場合,旋轉部旋轉的同時,剝料板及成形品同時上移,直至成形品螺紋部脫離旋轉部螺紋,但成形品仍附著於剝料板上,再以頂出銷頂出脫模

圖 5.26　旋轉脫模 (續)

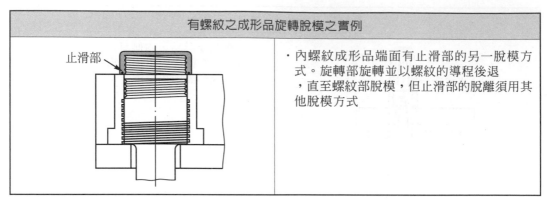

圖 5.26　旋轉脫模 (續)

6. 使用漲縮套筒(swell contract sleeve)

內螺紋成形品，無法使用旋轉脫模時，可使用漲縮套筒模具構造方式來脫模，如圖 5.27 所示。

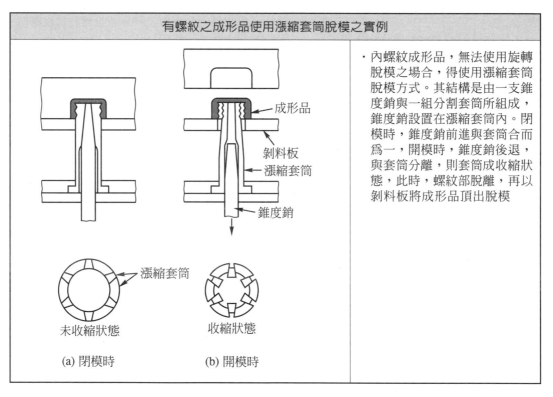

圖 5.27　漲縮套筒方式之脫模

5.6-2 旋轉部之驅動(drive)方式

有螺紋之成形品，常使成形品或模具旋轉部旋轉而脫模，其旋轉動力的來源可藉開模的動作轉換成旋轉運動，或藉油壓缸(oil pressure cylinder)、空壓缸(air pressure cylinder)、電動機(motor)等來驅動。但後者需合併設計控制裝置。而前者之動力傳達裝置最常用齒條(rack)及小齒輪(gear)，有時利用傘齒輪(斜齒輪)(bevel gear)、蝸輪(worm gear)及它們的組合來驅動。如圖 5.28 所示。

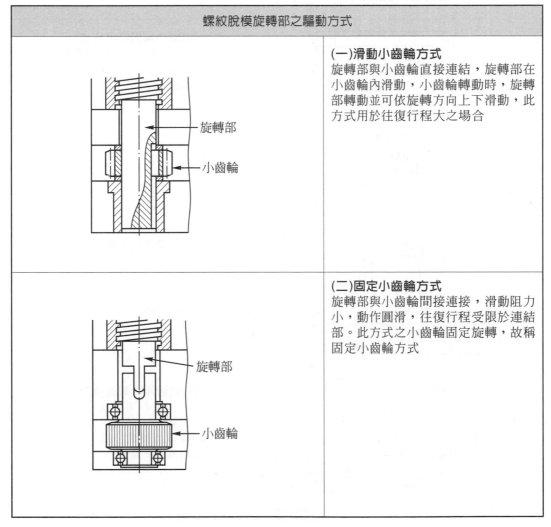

螺紋脫模旋轉部之驅動方式	
	(一)滑動小齒輪方式 旋轉部與小齒輪直接連結，旋轉部在小齒輪內滑動，小齒輪轉動時，旋轉部轉動並可依旋轉方向上下滑動，此方式用於往復行程大之場合
	(二)固定小齒輪方式 旋轉部與小齒輪間接連接，滑動阻力小，動作圓滑，往復行程受限於連結部。此方式之小齒輪固定旋轉，故稱固定小齒輪方式

圖 5.28　旋轉部之驅動方式

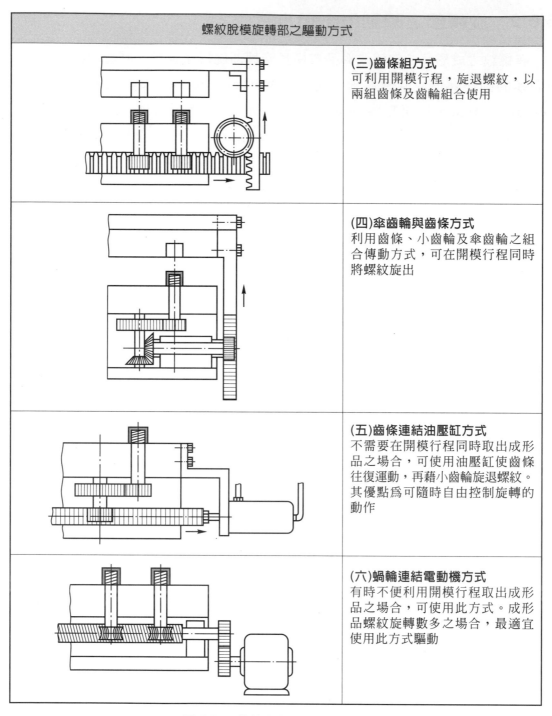

螺紋脫模旋轉部之驅動方式	
	(三)齒條組方式 可利用開模行程,旋退螺紋,以兩組齒條及齒輪組合使用
	(四)傘齒輪與齒條方式 利用齒條、小齒輪及傘齒輪之組合傳動方式,可在開模行程同時將螺紋旋出
	(五)齒條連結油壓缸方式 不需要在開模行程同時取出成形品之場合,可使用油壓缸使齒條往復運動,再藉小齒輪旋退螺紋。其優點為可隨時自由控制旋轉的動作
	(六)蝸輪連結電動機方式 有時不便利用開模行程取出成形品之場合,可使用此方式。成形品螺紋旋轉數多之場合,最適宜使用此方式驅動

圖 5.28　旋轉部之驅動方式 (續)

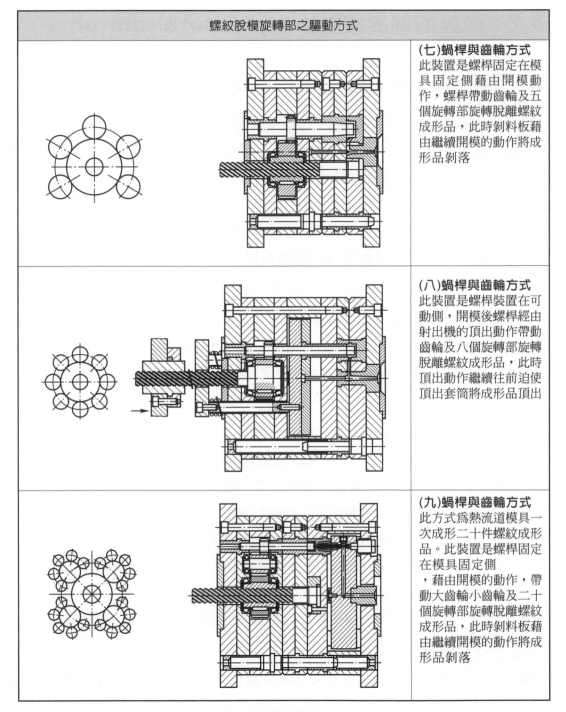

圖 5.28　旋轉部之驅動方式 (續)

■ 5.7 模具的溫度控制(temperature control)

5.7-1 溫度控制的必要性(necessity)

在射出成形中，射出於模具內之熔融材料溫度，一般在150～350℃之間，但由於模具之溫度一般在 40～120℃之間，所以成形材料所帶來的熱量會逐漸使模具溫度升高。另一方面由於加熱缸之噴嘴與模具之注道襯套直接接觸，噴嘴處之溫度高於模具溫度，亦會使模具溫度上升。假使不設法將多餘之熱量帶走，則模具溫度必然繼續上升，而影響成形品的冷卻固化。相反地，若從模具中帶走太多的熱量，使模具溫度下降，亦會影響成形品的品質。故不管在生產性或成形品的品質上，模具的溫度控制是有其必要性的。茲分述如下：

1. **就成形性(moldability)及成形效率(molding efficiency)而言**

模具溫度高時，成形空間內熔融材料的流動性改善，可促進充填。但就成形效率(成形週期)而言，模具溫度宜適度減低，如此，可減短材料冷卻固化的時間，提高成形效率。

2. **就成形品的物性(substance property)而言**

通常熔融材料充填成形空間時，模具溫度低的話，材料會迅速固化，此時為了充填，需要很大的成形壓力，因此，固化之際，施加於成形品的一部分壓力殘留於內部，成為所謂的殘留應力。對於 PC 或變性 PPO 之類硬質材料，此殘留應力大到某種程度以上時，會發生應力龜裂現象或造成成形品變形。

PA 或 POM 等結晶性塑膠之結晶化度及結晶化狀態顯著取決於其冷卻速度，冷卻速度愈慢時，所得結果愈好。

由上可知，模具溫度高，雖不利於成形效率，但卻常有利於成形品的品質。

3. **就防止成形品變形(deformation)而言**

成形品肉厚大時，若冷卻不充分的話，則其表面發生收縮下陷，即使肉厚適當，若冷卻方法不良，成形品各部份的冷卻速度不同的話，則會因熱收縮而引起翹曲、扭曲等變形，因而須使模具各部份均勻冷卻。

5.7-2 溫度控制的理論要素(theory element)

模具的溫度調整，對成形品的品質、物性及成形效率大有影響，冷卻孔的大小與其分佈狀況為重要的設計事項。

熱在空氣中，主要藉輻射和對流來傳播，在固體或液體中主要藉傳導來傳播。固體的熱傳導也因物質的不同而有所差異，而且不同物質的交界處也有界膜傳熱係數。在液體中，熱的傳導因冷卻管的大小(size)、流速(flow velocity)、密度(density)、黏度(viscosity)等而異，熱計算公式很複雜，需要很多假定，不易求解。但最近由於電腦的發展等已容易計算，可行理論解析(theory analysis)。

1. 模具溫度控制所需的傳熱面積

熔融材料的熱量約 5 ％，因輻射或對流而喪失於空氣中，95 ％傳導於模具。假定材料帶入的熱量全部傳播到模具，其熱量為 Q。則

$$Q = s \times g \times [C_p \times (T_1 - T_2) + L] \text{ (kcal/hr)}$$

s ：每小時的射出數(次／hr)

g ：每次射出材料的重量(kg／次)

C_p：材料的比熱(kcal/kg・℃)

T_1：材料的溫度(℃)

T_2：取出時的成形品溫度，即模具溫度(℃)

L ：熔解潛熱(kcal/kg)

現設　$C_p(T_1 - T_2) + L = a$

　　　$s \times g = m$

則　　$Q = m \times a \text{ (kcal/hr)}$

　　　m：每小時射出於模具的材料重量

　　　a：材料 1 kg 的全熱量

所謂融解潛熱是材料的相變化產生的熱量，亦即材料從液體變成完全固體時，從材料放出的熱量。以單位重量表示。表 5.5 所示為各種材料在成形條件下，1kg 材料的全熱量。

表 5.5　各種材料在成形溫度下的全熱量　　　　　(單位：kcal/kg)

成形材料	a (kcal/kg)	成形材料	a (kcal/kg)
PE(低密度)	138.9～166.7	ABS	77.8～94.4
PE(高密度)	166.7～194.4	AS	66.7～83.3
PP	138.9～166.7	聚縮醛	100
PS	66.7～83.3	PVC	50
耐隆	166.7～194.4	CA	68.9
		CAB	61.7

熱量Q從模具傳到冷媒(cooling medium)，此時冷卻管的傳熱面積為A，則

$$A = \frac{Q}{h_w \times \Delta T}(\text{m}^2)$$

A　：傳熱面積(m^2)

h_w　：冷卻管的界膜傳熱係數($\text{kcal/m}^2 \cdot \text{hr} \cdot {}^\circ\text{C}$)

ΔT：模具與冷媒的平均溫度差($^\circ\text{C}$)

冷卻管的界膜傳熱係數h_w在冷卻水流的場合為

$$h_w = \frac{\lambda}{d} \times \left(\frac{dve}{\mu}\right)^{0.8} \times \left(\frac{C_p \times \mu}{\lambda}\right)^{0.3} (\text{kcal/m}^2 \cdot \text{hr} \cdot {}^\circ\text{C})$$

λ　：冷媒的熱傳導率($\text{kcal/m} \cdot \text{hr} \cdot {}^\circ\text{C}$)

d　：管徑(m)

v　：流速(m/hr)

e　：密度(kg/m^3)

μ　：黏度($\text{kg/m} \cdot \text{hr}$)

C_p：比熱($\text{kcal/kg} \cdot {}^\circ\text{C}$)

2.　冷卻用水量

在成形作業中為了控制模具溫度，經常在模具內設有冷卻水管，但其入水溫度與出水溫度及冷卻水量等必須詳加考慮，為了再利用或循環模具送出的溫水，須選定冷卻水溫度調整機(temperature requlator)或熱交換機(heat exchanger)降低入水溫度。若入水溫度與出水溫度之差太大時，亦即冷卻水奪走模具中的熱量太多，則不利於模具的溫度分佈，而影響成形品的品質，此時，宜增快流速或增高注入壓力，或增加流量。表 5.6 為各冷卻孔徑的水量限度。

表 5.6　冷卻管路的界限循環水量

管路直徑(mm)	流量(m³/min)	流量(l/min)
8	0.0038	3.8
11	0.0095	9.5
19	0.038	38
24	0.076	76

一般帶入模具的熱量藉冷卻水帶出模具外的水量可計算如下：

$$\omega = \frac{ma}{K(T_3 - T_4)}$$

ω：每小時流出的冷卻水量(kg/hr)

m：每小時射入於模具的材料重量(kg/hr)

a：材料 1 kg 的全熱量(表 5.5)

K：水的熱傳導效率

T_3：出水溫度(℃)

T_4：入水溫度(℃)

K值之決定：

冷卻水管在型模板中或心型中時　　　　　　　　　$K = 0.64$

冷卻水管在固定側固定板或承板中時　　　　　　　$K = 0.50$

使用銅管之冷卻水管時　　　　　　　　　　　　　$K = 0.10$

3.　模具加熱器(heater)能量

加熱流道模具之加熱流道件通常使用插入式加熱器來控制其溫度。非加熱流道模具在成形高融點材料或肉厚較薄、流動距離長、面積大之成形品時，經常需將模具加熱，此時亦可使用加熱器將模具加熱以利成形。加熱器之能量可計算如下，現設加熱的材質爲高碳鋼，比熱 0.115 kcal/kg。則

$$P = \frac{0.115TW}{860n}$$

P：每小時所需電力(kW/hr)

T：模具溫度或加熱流道件溫度(℃)

W：模具重量或加熱流道件重量(kg)

n：效率(％)

此式所需溫度上升起點以 0℃ 作基準，而且加熱器之密接度，絕熱材之絕熱效果依情況而異，n值以 50 ％計。

5.7-3　模具的冷卻(colling)和加熱(heating)

一般模具，通常以常溫的水來冷卻，其溫度控制藉水的流量調節，流動性好的低融點材料大都以此方法成形。但有時為了縮短成形週期，須將水再加以冷卻。小型成形品的射出時間，保壓時間都短，成形週期取決於冷卻時間，此種成形為了提高效率，經常也以冷水冷卻，但以冷水冷卻時，大氣中的水份會凝聚於成形空間表面，造成成形品缺陷，須加以注意。

成形高融點材料或肉厚較薄、流動距離長的成形品，為了防止充填不足或應變的發生，有時對水管通溫水。成形低融點成形材料時，成形面積大或大型成形品時，也會將模具加熱，此時用熱水或熱油，或用加熱器來控制模具溫度。模具溫度較高時，需考慮模具滑動部位的間隙，避免模具因熱膨脹而作動不良。一般中融點成形材料，有時因成形品的品質或流動性而使用加熱方式來控制模具溫度，為了使材料固化為最終溫度均勻化，使用部份加熱方式，防止殘留應變。

以上所述，模具的溫度控制是利用冷卻或加熱的方式來調整的。

5.7-4　冷卻管路(water channel 或 colling channel)的分佈

欲提高成形效率，獲得應變少的成形品時，模具構造須能對應於成形空間的形狀或肉厚，進行均勻的高效率冷卻。在模具加工冷卻管路時，管路的數目、大小及配置極其重要。如圖 5.29(a)(b)所示，相同的成形空間，加工相近的大冷卻管路或加工遠離的小冷卻管路，探討熱的傳導路徑。現在大管路通入 59.83℃ 的水，小管路通入 45℃ 的水，求溫度斜度，連結等溫曲線，即得圖 5.29(c)(d)，可見模具成形空間表面的溫度分佈，大管路是每週期有 60〜60.05℃ 的溫度變化，而小管路，則有 53.33〜60℃ 的溫度變化。

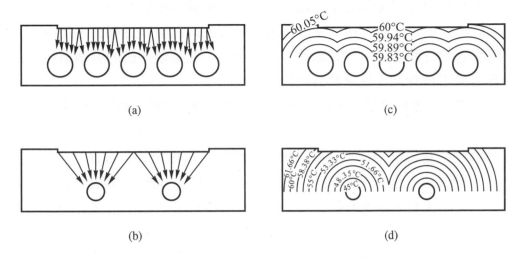

圖 5.29　熱傳路徑與溫度變化曲線

　　模具成形空間表面的溫度分佈，因管路的大小、配置、水溫而異，上示圖(d)之 6.67℃(60～53.33)溫度差在某一成形條件上也許充分，但殘留之內部應力，對尺寸精度高的成形品，可能造成成形應變或經時變化。熱傳導率愈高時，傳導效率愈好，容易控制及排除熱量。亦即熱傳導率愈高時，模具成形空間的表面溫度變動少，傳導率低時，表面溫度變化大。

　　通常熔融材料充填成形空間時，澆口附近溫度高，離澆口愈遠處的溫度愈低。若成形品分割成若干部份，則該部份的熱量正比於體積。

　　一般對冷卻系統的設置需考慮下列原則：

⑴　**冷卻管的口徑、間隔以及至成形空間表面的距離，對模具溫度的控制有重大影響，這些關係比的最大值如下，如冷卻管口徑為 1 時，管與管的間隔最大值為 5，管與成形空間表面的最大距離為 3。再者，成形品肉厚較厚處比肉厚較薄處，冷卻管必須縮小間隔並且較接近成形空間表面。以上說明如圖5.30 所示。**

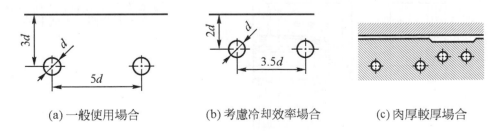

(a) 一般使用場合　　　(b) 考慮冷却效率場合　　　(c) 肉厚較厚場合

圖 5.30　冷卻管徑與管距之設置關係

(2) 為保持模具溫度分佈均勻，冷卻水應先從模具溫度較高處進入，然後循環至溫度較低處再出口。通常注道、澆口附近的成形材料溫度高，所以通冷水，溫度低的外側部份，則循環熱交換的溫水，此循環系統的管路連接，是在模具內加工貫穿孔，在模具外連接孔與孔。

(3) 成形 PE 等收縮大的材料時，因其成形收縮大，冷卻管路不宜沿收縮方向設置，使生變形。

(4) 冷卻管路應儘量沿成形空間的輪廓來設置，以保持模具溫度分佈均勻。

(5) 直徑細長的心型或心型銷，可在其中心鑽盲孔，再裝入套筒或隔板進行冷卻，若無法裝入套管及隔板時，以熱傳率良好的鈹銅合金作心型及心型銷材料，或以導熱管(heat pipe又稱thermo pipe)直接裝入盲孔中，再以冷卻水作間接之冷卻，效果尤佳。

(6) 冷卻水流動過程中不得有短捷或停滯現象而影響冷卻效果，而且冷卻管路儘可能使用貫穿孔方式，以便日後方便清理。

5.7-5 冷卻管路實例(example)

冷卻管路的配置，取決於成形品之形狀、成形空間內的溫度分佈及澆口位置等。常用的方法有鑽孔法、溝槽法、隔板法、套管法、間接法等。如圖 5.31 所示。

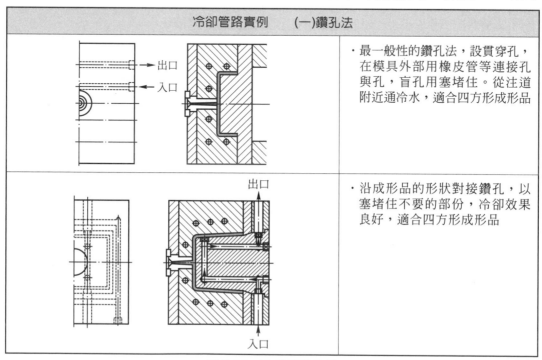

圖 5.31 冷卻管路實例

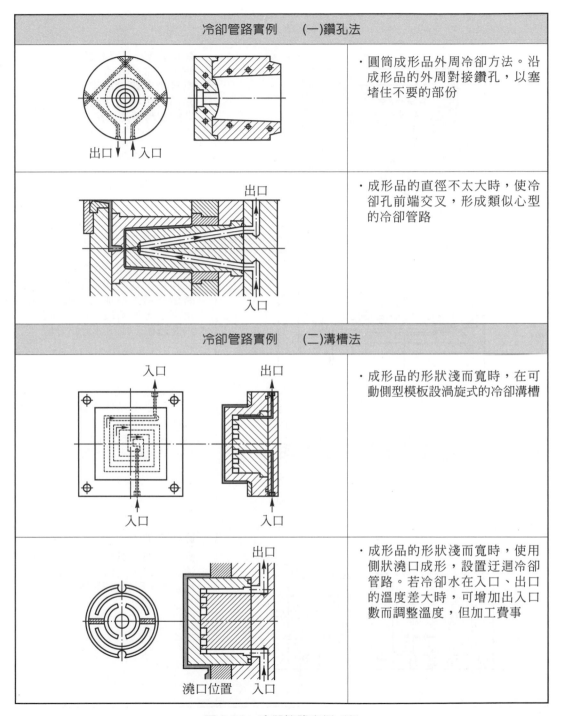

圖 5.31　冷卻管路實例 (續)

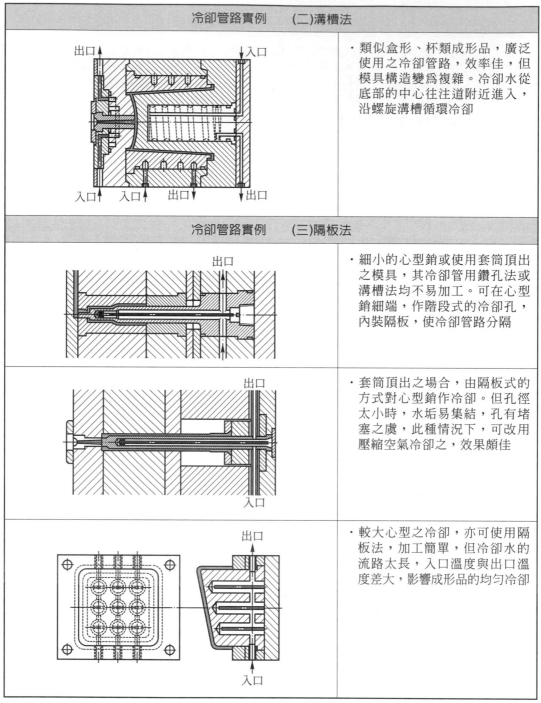

冷卻管路實例 (二)溝槽法	
	· 類似盒形、杯類成形品,廣泛使用之冷卻管路,效率佳,但模具構造變爲複雜。冷卻水從底部的中心往注道附近進入,沿螺旋溝槽循環冷卻
冷卻管路實例 (三)隔板法	
	· 細小的心型銷或使用套筒頂出之模具,其冷卻管用鑽孔法或溝槽法均不易加工。可在心型銷細端,作階段式的冷卻孔,內裝隔板,使冷卻管路分隔
	· 套筒頂出之場合,由隔板式的方式對心型銷作冷卻。但孔徑太小時,水垢易集結,孔有堵塞之虞,此種情況下,可改用壓縮空氣冷卻之,效果頗佳
	· 較大心型之冷卻,亦可使用隔板法,加工簡單,但冷卻水的流路太長,入口溫度與出口溫度差大,影響成形品的均勻冷卻

圖 5.31 冷卻管路實例 (續)

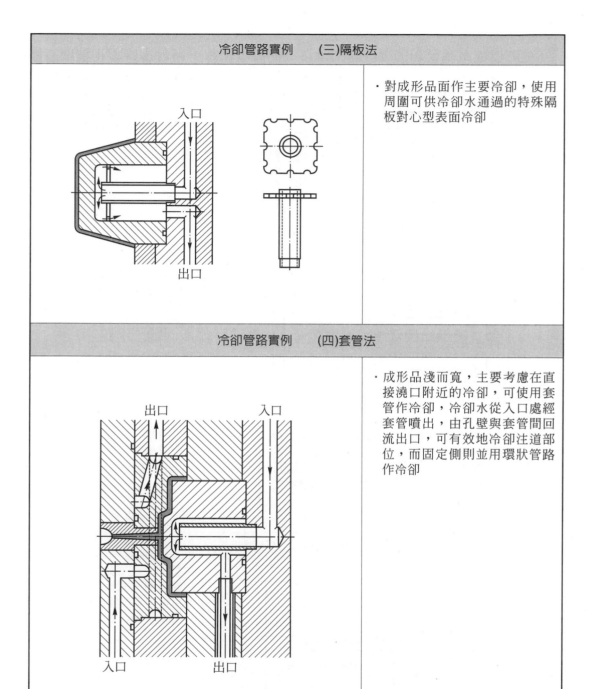

冷卻管路實例　　　(三)隔板法

· 對成形品面作主要冷卻，使用周圍可供冷卻水通過的特殊隔板對心型表面冷卻

冷卻管路實例　　　(四)套管法

· 成形品淺而寬，主要考慮在直接澆口附近的冷卻，可使用套管作冷卻，冷卻水從入口處經套管噴出，由孔壁與套管間回流出口，可有效地冷卻注道部位，而固定側則並用環狀管路作冷卻

圖 5.31　冷卻管路實例 (續)

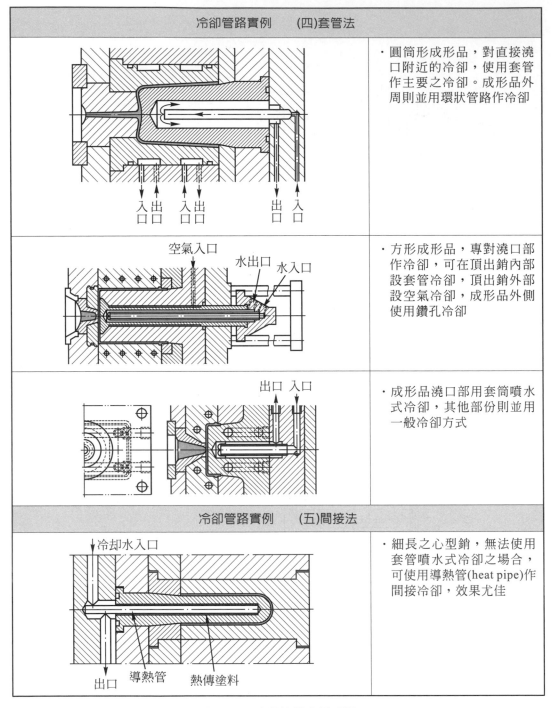

冷卻管路實例　　(四)套管法	
入出　入出　　　出入 口口　口口　　　口口	・圓筒形成形品，對直接澆口附近的冷卻，使用套管作主要之冷卻。成形品外周則並用環狀管路作冷卻
空氣入口　　水出口　水入口	・方形成形品，專對澆口部作冷卻，可在頂出銷內部設套管冷卻，頂出銷外部設空氣冷卻，成形品外側使用鑽孔冷卻
出口　入口	・成形品澆口部用套筒噴水式冷卻，其他部份則並用一般冷卻方式
冷卻管路實例　　(五)間接法	
冷却水入口 出口　導熱管　熱傳塗料	・細長之心型銷，無法使用套管噴水式冷卻之場合，可使用導熱管(heat pipe)作間接冷卻，效果尤佳

圖 5.31 　冷卻管路實例 (續)

冷卻管路實例 (五)間接法	
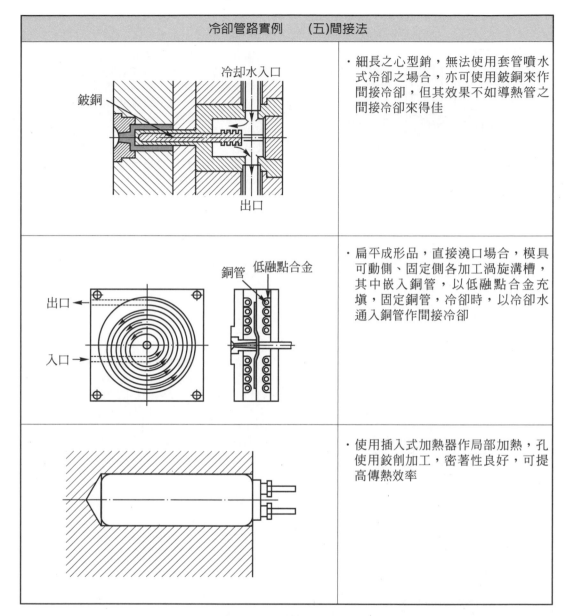	・細長之心型銷，無法使用套管噴水式冷卻之場合，亦可使用鈹銅來作間接冷卻，但其效果不如導熱管之間接冷卻來得佳
	・扁平成形品，直接澆口場合，模具可動側、固定側各加工渦旋溝槽，其中嵌入銅管，以低融點合金充填，固定銅管，冷卻時，以冷卻水通入銅管作間接冷卻
	・使用插入式加熱器作局部加熱，孔使用鉸削加工，密著性良好，可提高傳熱效率

圖 5.31 冷卻管路實例 (續)

5.7-6 無流道模具(runnerless mold)之溫度控制

無流道模具之溫度控制，如圖 5.32 所示。

無流道模具溫度控制	
(一)延長噴嘴 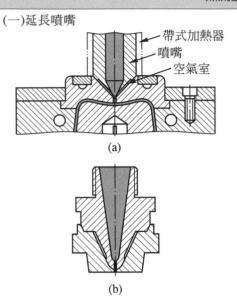 (a) (b)	・在模具上施行冷卻對噴嘴亦有影響，所以在每次成形完畢時，使噴嘴離開模具，使熱傳導儘量減少。如此，噴嘴之熱量不妨礙澆口之封閉，噴嘴前端不致溫度下降而阻塞。圖(a)(b)所示之噴嘴，其前端與模具接觸，必須使其前端部接觸面積儘量減少，使熱交換減至最少，如此，噴嘴前端部之溫度控制及澆口部之冷卻較為容易，延長噴嘴部一般以帶式加熱器作溫度控制
(二)滯液式噴嘴 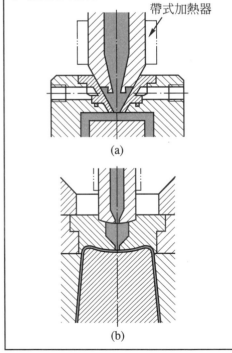 (a) (b)	・滯液式噴嘴部以帶式加熱器加熱，成形時，熔融的材料滯留噴嘴前端的滯液部，如圖(a)(b)所示，由於加壓，使噴嘴前端之熔融材料用於充填，接觸模具的外周部為半熔融或固化之材料，則具有絕熱作用。一般為控制滯液部之材料中心部不致冷卻固化，常使噴嘴前端與滯液部之接觸面積增大

圖 5.32　無流道模具溫度控制

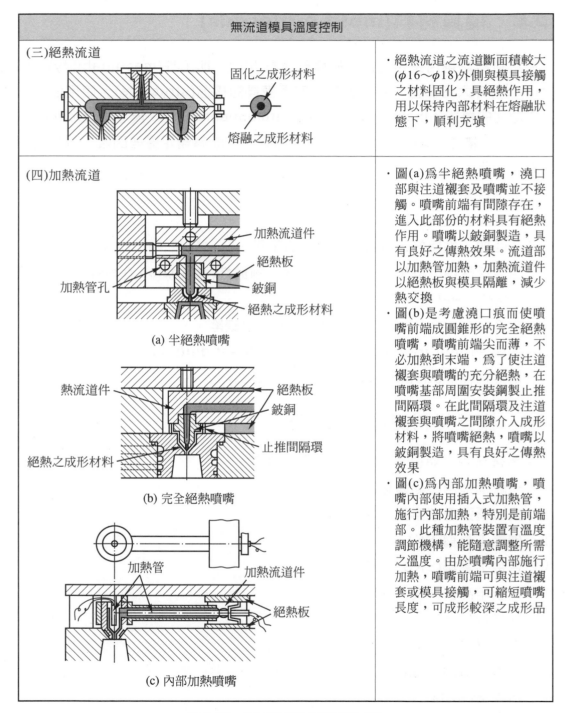

無流道模具溫度控制	
(三)絕熱流道 固化之成形材料 熔融之成形材料	・絕熱流道之流道斷面積較大 ($\phi16\sim\phi18$)外側與模具接觸之材料固化，具絕熱作用，用以保持內部材料在熔融狀態下，順利充填
(四)加熱流道 加熱流道件 絕熱板 鈹銅 絕熱之成形材料 加熱管孔 (a) 半絕熱噴嘴 熱流道件 絕熱板 鈹銅 止推間隔環 絕熱之成形材料 (b) 完全絕熱噴嘴 加熱管 加熱流道件 絕熱板 (c) 內部加熱噴嘴	・圖(a)為半絕熱噴嘴，澆口部與注道襯套及噴嘴並不接觸。噴嘴前端有間隙存在，進入此部份的材料具有絕熱作用。噴嘴以鈹銅製造，具有良好之傳熱效果。流道部以加熱管加熱，加熱流道件以絕熱板與模具隔離，減少熱交換 ・圖(b)是考慮澆口痕而使噴嘴前端成圓錐形的完全絕熱噴嘴，噴嘴前端尖而薄，不必加熱到末端，為了使注道襯套與噴嘴的充分絕熱，在噴嘴基部周圍安裝鋼製止推間隔環。在此間隔環及注道襯套與噴嘴之間隙介入成形材料，將噴嘴絕熱，噴嘴以鈹銅製造，具有良好之傳熱效果 ・圖(c)為內部加熱噴嘴，噴嘴內部使用插入式加熱管，施行內部加熱，特別是前端部。此種加熱管裝置有溫度調節機構，能隨意調整所需之溫度。由於噴嘴內部施行加熱，噴嘴前端可與注道襯套或模具接觸，可縮短噴嘴長度，可成形較深之成形品

表 5.32　無流道模具溫度控制 (續)

■ 5.8 模具材料(mold materials)

　　模具材料之選用是否適當，對模具壽命(life)、加工性(machinability)、精度(accuracy)等大有影響。其要求的內容因模具的構造(structure)、使用的成形材料及成形品的機能(function)、外觀(outward appearance)、尺寸精度(dimension accuracy)、物性(substance property)而異，一般為滿足這些因素，模具材料的要求條件如下：

(1)　取得容易。

(2)　機械加工性良好。

(3)　表面加工性良好，能獲得良好之加工面。

(4)　耐磨耗性(abrasion resistance)大，耐蝕性(corrosion resistance)良好，耐熱性(heat resistance)好。

(5)　組織(organization)均一，無針孔等內部缺陷。

(6)　熱處理(heat treatment)容易，熱變形(heat deformation)小。

(7)　熔接性(weldability)良好。

5.8-1　模具材料的種類和用途

　　模具材料的種類很多，常用的有下列幾種：

(1)　一般構造用壓延鋼材(SS)。

(2)　機械構造用碳素鋼(SC，SCK)。

(3)　碳素工具鋼(SK)。

(4)　合金工具鋼(SKS，SKD)。

(5)　軸承用高碳鉻鋼(SUJ)。

(6)　不銹鋼(SUS)。

(7)　鎳鉻鋼(SNC)。

(8)　鎳鉻鉬鋼(SNCM)。

(9)　鉻鉬鋼(SCM)。

(10)　鋁鉻鉬鋼(SACM)。

　　(1)、(2)通常在鍛造、壓延、抽製狀態使用，(3)～(10)通常在熱處理後使用，茲分述如下：

(1) 一般構造用壓延鋼材 SS41、SS50，廉價而易購得，但質軟多針孔，用於不需強度、硬度之零件，不適於製作型模板。

(2) 機械構造用碳素鋼S25C、S50C、S55C，廉價而易購得，加工性良好，可在鍛造、壓延狀態或正常化、淬火、回火後使用。

　① S25C用於模具的一般附屬品、承板、固定板、間隔塊、頂出板、定位環、止動螺栓、支持件等。

　② S50C、S55C原則上淬火回火至Hs28～35的硬度，增加其加工性而使用，為最標準的型模板材料。

　③ S9CK、S15CK 含碳量極少、質軟，所以需將表面滲碳淬火成 Hs60～80 再使用，主要為滾齒用素材。

(3) 碳素工具鋼SK3、SK5、SK7等含碳(C)0.6％以上的高碳鋼，淬火硬度SK3、SK5為HRC50～60，SK7為HRC50～55，耐磨耗性良好，為較便宜的工具鋼，用於滑動部份等需要硬度和耐磨耗性的導銷、導套、頂出銷、回位銷等。

(4) 合金工具鋼SKS2、SKS3、SKD11、SKD61等，但SKS的耐磨耗性較差，淬火應變大。

　① SKS2、SKS3 是碳素工具鋼加鉻(Cr)、鎢(W)、增高淬火性、耐磨耗性，用於特別要求硬度、耐磨耗性的心型及側向心型等材料，硬度HRC55～60。

　② SKD11、SKD61 是添加釩(V)，取代 SKS 的鎢，淬火性、耐磨耗性優於 SKS且淬火應變極少，SKD11用於心型、側向心型等材料，硬度 HRC55～60，用於要求硬度、耐磨耗性之場合。SKD61 的耐熱性、韌性優秀、硬度 HRC45～51，常用於心型之材料。

(5) 軸承用高碳鉻鋼SUJ2，主要為軸承用材料，耐磨耗性、淬火性良好，硬度 HRC55～60，用於滑動部位要求硬度和耐磨耗的場合。

(6) 不銹鋼 SUS23，耐蝕性良好，用於成形 PVC 樹脂時之心型材料。

(7) 鎳鉻鋼 SNC2、SNC3，為碳素鋼添加鎳(Ni)和鉻，增加其韌性及淬火性，淬火回火硬度 Hs36～42，用於心型材料等。

(8) 鎳鉻鉬鋼SNCM2是淬火性、耐磨耗性良好，強度及韌性特別好的鋼材，其用途同鎳鉻鋼。

(9) 鉻鉬鋼 SCM3、SCM4 是碳素鋼加鉻、鉬(Mo)的構造用鋼，強度韌性優於碳素鋼，價格比 SNC、SNCM 便宜。

⑽　鋁鉻鉬鋼 SACM1 經氮化處理後，氮化層硬度 HS95，耐磨耗性高，用於滑動部位要求硬度和耐磨耗性之場合，如頂出銷等，鋼材未經氮化處理之硬度為 HS34～42。

　　射出成形用模具的心型除了使用上述材料外，可用壓力鑄造法的鈹銅(BeCu)合金，特別要求強度和硬度時可用耐磨耗性不變形鋼和熱間加工用鋼。

　　表 5.7 為射出成形用模具構造零件所用材料名稱、熱處理方法、硬度等。

5.8-2　模具材料之化學成份與機械性能

　　表 5.8 所示為模具材料之化學成份。

　　表 5.9 所示為模具材料之熱處理與機械性能。

5.8-3　模具材料對照與硬度(hardness)換算

　　表 5.10 為國內使用模具材料對照表。

　　表 5.11～5.15 為國內工具鋼主要的使用品牌。

　　表 5.16 常用模具材料之品質特性。

　　表 5.17 模具材料之用途推薦。

　　表 5.18 為 CNS(Chinese National Standard)與 JIS(Japanese Industrial Standard)鋼料對照表。

　　表 5.19 為模具材料與模具使用壽命參考表。

　　表 5.20 為硬度換算表。

表 5.7　模具構造零件適用材料表

項目	零件名稱	材料	熱處理	硬度
1	固定側固定板	SS41，SS50，S25C～S55C	鍛壓，正常化或淬火回火	HB123～235
2	固定側型模板	S50C，S55C，SCM4，SK7	退火，正常化或淬火回火	HB183～235
3	可動側型模板	S50C，S55C，SCM4，SK7	退火，正常化或淬火回火	HB183～235
4	流道剝料板	S50C，S55C，SCM4，SK7	退火，正常化或淬火回火	HB183～235
5	剝料板	S50C，S55C，SCM4，SK7	退火，正常化或淬火回火	HB183～235
6	承板	S50C，S55C，SCM4，SK7	退火，正常化或淬火回火	HB183～235
7	間隔塊	SS41，SS50，S25C～S55C	鍛壓，正常化或淬火回火	HB123～235
8	頂出板	SS41，SS50，S25C～S55C	鍛壓，正常化或淬火回火	HB123～235
9	可動側固定板	SS41，SS50，S25C～S55C	鍛壓，正常化或淬火回火	HB123～235
10	心型	SK2，SK3，SK5，SK7，SKS2，SKS3，SKD1，SKD11，SKD61，SKH51，SKH55，SKH57	正常化或淬火回火	HRC55 以上
11	定位環	S50C，S55C，SK7	鍛壓，或正常化，退火	HB183～235
12	注道襯套	SK5～SK7，SCM4	正常化或淬火回火	HRC40 以上
13	導銷	SK3，SK5，SUJ2，SKS2，SKS3	淬火回火	HRC55 以上
14	導銷襯套	SK3，SK5，SUJ2，SKS2，SKS3	淬火回火	HRC55 以上
15	注道抓銷	SK3～SK5，SKS2，SKS3，SACM1	淬火回火，或氮化	HRC55 以上
16	頂出銷	SK3～SK5，SKS2，SKS3，SACM1	淬火回火，或氮化	HRC55 以上
17	頂出套筒	SK3～SK5，SKS2，SKS3，SUJ2	淬火回火	HRC55 以上
18	回位銷	SK3，SK5，SKS2，SKS3	淬火回火	HRC55 以上
19	停止銷	S25C～S55C，SK3～SK5	鍛壓，正常化，淬火回火	HRC55 以上

表 5.7 模具構造零件適用材料表 (續)

項目	零件名稱	材料	熱處理	硬度
20	定位銷	S25C～S55C，SK3～SK5	鍛壓，正常化、淬火回火	HRC55 以上
21	頂出板導銷	SK3～SK5，SKS2，SKS3，SUJ2	淬火回火	HRC55 以上
22	支座	S25C，S55C	鍛壓，正常化或淬火回火	HB123～235
23	頂出桿	S25C，S55C	鍛壓，正常化或淬火回火	HB123～235
24	止動螺栓	S25C，S55C	鍛壓，正常化或淬火回火	HB123～235
25	流道抓銷	SK3～SK5，SKS2，SKS3，SACM1	淬火回火或正常化	HRC55 以上
26	連桿(張力環)	SS41，SS50，S25C～S55C	淬火回火或正常化	HB123～207
27	連桿用螺栓	S25C～S55C	淬火回火或正常化	HB123～207
28	鏈條配件	SS41，SS50，S25C～S55C	淬火回火或正常化	HB123～207
29	鏈條配件用螺栓	S25C～S55C	淬火回火或正常化	HB123～207
30	側向心型	SK2，SK3，SK5，SK7，SKS2，SKS3，SKD1，SKD11，SKD61，SKH51，SKH55，SKH57	淬火回火或正常化	HRC55 以上
31	側向心型導承塊	SK3，SK5，SKS3	淬火回火	HBC52～56
32	滑動保持件	S50C～S55C	鍛壓，正常化	HB183～235
33	定位件	S50C，S55C，SK3～SK5，SKS2，SKD11	淬火回火或正常化	HBC52～56
34	斜角銷	SK3～SK5，SKS2～SKS3，SUJ2	淬火回火	HRC55 以上
35	斜角凸輪	S50C，S55C，SK3，SK2	淬火回火或正常化	HB183～235
36	塞	S20C，S30C	淬火回火或正常化	HB123～200

註：鍛壓＝鍛造、壓延或抽製狀態

表 5.8　模具材料之化學成份

材料名稱	JIS代號	化學成份(%)										
		C	Si	Mn	P	S	Ni	Cr	Mo	W	V	Al
一般構造用壓延鋼材	SS41				0.060 以下	0.060 以下						
	SS50				0.060 以下	0.060 以下						
機械構造用碳素鋼	S25C	0.20~ 0.30	0.15~ 0.40	0.30~ 0.60	0.35 以下	0.40 以下						
	S35C	0.30~ 0.30	0.15~ 0.40	0.30~ 0.85	0.35 以下	0.40 以下						
	S45C	0.40~ 0.50	0.15~ 0.40	0.40~ 0.85	0.35 以下	0.40 以下						
	S50C	0.45~ 0.55	0.15~ 0.40	0.40~ 0.85	0.35 以下	0.40 以下						
	S55C	0.50~ 0.60	0.15~ 0.40	0.40~ 0.85	0.35 以下	0.40 以下						
	S9CK	0.07~ 0.12	0.10~ 0.35	0.30~ 0.60	0.30 以下	0.30 以下						
	S15CK	0.12~ 0.18	0.15~ 0.35	0.30~ 0.60	0.30 以下	0.30 以下						
碳素工具鋼	SK3	1.00~ 1.10	0.35 以下	0.50 以下	0.030 以下	0.030 以下						
	SK5	0.80~ 0.90	0.35 以下	0.50 以下	0.030 以下	0.030 以下						
	SK7	0.60~ 0.70	0.35 以下	0.50 以下	0.030 以下	0.030 以下						

表 5.8 模具材料之化學成份（續）

材料名稱	JIS代號	化學成份(%)										
		C	Si	Mn	P	S	Ni	Cr	Mo	W	V	Al
合金工具鋼	SKS2	1.00~1.10	0.35以下	0.80以下	0.030以下	0.030以下		0.50~1.00		1.00~1.50		
	SKS3	0.90~1.00	0.35以下	0.90~1.20	0.030以下	0.030以下		0.50~1.00		1.00~1.50		
	SKD11	1.40~1.60	0.40以下	0.50以下	0.030以下	0.030以下		11.00~13.00	0.80~1.20		0.20~0.50	
	SKD61	0.32~0.42	0.80~0.20	0.50以下	0.030以下	0.030以下		4.50~5.00	1.00~1.50		0.80~1.20	
軸承用高碳鉻鋼	SUJ2	0.95~1.10	0.15~0.35	0.50以下	0.25以下	0.25以下		1.30~1.60				
不銹鋼	SUS23	0.25~0.40	0.75以下	1.00以下	0.040以下	0.030以下		12.00~14.00				
鎳鉻鋼	SNC2	0.27~0.35	0.15~0.35	0.35~0.65	0.030以下	0.030以下	2.50~3.00	0.60~1.00				
	SNC3	0.32~0.40	0.15~0.35	0.35~0.65	0.030以下	0.030以下	3.00~3.50	0.60~1.00				
鎳鉻鉬鋼	SNCM2	0.20~0.30	0.15~0.35	0.35~0.60	0.030以下	0.030以下	3.00~3.50	1.00~1.50	0.15~0.30			
鉻鉬鋼	SCM3	0.33~0.38	0.15~0.35	0.60~0.85	0.030以下	0.030以下		0.90~1.20	0.15~0.35			
	SCM4	0.38~0.43	0.15~0.35	0.60~0.85	0.030以下	0.030以下		0.90~1.20	0.15~0.35			
鋁鉻鉬鋼	SACM1	0.40~0.50	0.15~0.50	0.60以下	0.030以下	0.030以下		1.30~1.70	0.15~0.35			0.70~1.20

表 5.9　模具材料之熱處理溫度與機械性能

材料名稱	JIS代號	熱處理(℃)			機械性能					
		正常化及退火	淬火	回火	正常化及退火			淬火後回火		
					抗拉強度 kg/mm²	硬度 HB	硬度 HS	抗拉強度 kg/mm²	硬度 HB或HRC	硬度 HS
一般構造用壓延鋼材	SS41				41~50					
	SS50				50~60					
機械構造用碳素鋼	S25C	860~910 (正常化)			45以上 (正常化)	123~183	20~28			
	S35C	840~890	840~890水冷	550~650急冷	52以上	149~207	23~32	58以上	167~235 (HB)	26~35
	S45C	820~870	820~870水冷	550~650急冷	58以上	167~229	26~34	70以上	201~269	31~40
	S50C	810~860	810~860水冷	550~650急冷	62以上	179~236	28~35	75以上	212~277	32~41
	S55C	800~850	800~850水冷	550~650急冷	66以上	183~255	28~38	80以上	229~288	34~42
	S9CK		880~920油	150~200空冷				40以上	121~179	19~27
	S15CK		870~920油	150~200空冷				50以上	143~235	22~35
碳素工具鋼	SK3	750~780徐冷 (退火)	760~820水冷	150~200空冷		212以下	32以下		63以上 (HRC)	87以上
	SK5	740~760徐冷	760~820水冷	150~200空冷		207以下	32以下		63以上	87以上
	SK7	750~780徐冷	760~820水冷	150~200空冷		201以下	32以下		54以上	72以上

表 5.9 模具材料之熱處理溫度與機械性能（續）

材料名稱	JIS代號	熱處理(℃)			機械性能					
		正常化及退火	淬火	回火	正常化及退火			淬火後回火		
					抗拉強度 (kg/mm²)	硬度 HB	硬度 HS	抗拉強度 kg/mm²	硬度 HB或HRC	硬度 HS
合金工具鋼	SKS2	750~800 徐冷	830~880 油冷	150~200 空冷		201 以下	33 以下		61 以上	83 以上
	SKS3	750~800 徐冷	830~850 油冷	150~200 空冷		217 以下	33 以下		60 以上	81 以上
	SKD11	850~900 徐冷	1000~1050 空冷	150~200 空冷		255 以下	38 以下		61 以上 (HRC)	83 以上
	SKD61	820~870 (退火) 徐冷	1000~1050 空冷	530~600 空冷		229 以下 (退火)	34 以下		51 以上	68 以上
軸承用碳鉻鋼	SUJ2		800~850 油冷	150~180 空冷		201 以下	31 以下		62 以上	85 以上
不銹鋼	SUS23	750 空冷⇒ 800~900 徐冷	920~950 油冷	600~700 急冷		255 以下	38 以下		201 以上	31 以上
鎳鉻鋼	SNC2		820~880 油冷	550~650 急冷				75 以上	248~302 (HB)	37~45
	SNC3		820~880 油冷	550~650 急冷				85 以上	269~321	40~47
鎳鉻鉬鋼	SNCM2		820~870 油冷	570~670 急冷				95 以上	269~321	40~47
鉻鉬鋼	SCM3		830~880 油冷、水冷	580~680 急冷				95 以上	269~321	40~47
	SCM4		830~880 油冷	580~680 急冷				100 以上	285~341	42~50
鋁鉻鉬鋼	SACM1		880~930 油冷	680~720 急冷				85 以上	229~285	34~42

表 5.10　國內使用模具材料對照表(一)

類別	使用時硬度 HRC	JIS 符號系列	鋼材製造工廠					
			愛知製鋼	大同特殊鋼	日本高週波鋼業	日立金屬	三菱製鋼	UDDEHOLM
軋鋼	30(HS)	S55C 系						
	25-35	SCM440 系						
預硬鋼	30(HS)	S55C 系	AUK1	PXZ PDS1 PDS2	KPM1	HIT81	MT50C MT65VC M45VL	UHB11
	25-30	SCM440 系 (AISI P20)	AUK11	PDS3	KPM2 KPM2S	HIT82	MU-M	
	31-35	SCM40 系 SCM45 系		PDS5 PX5	KPM30	HPM2 HPM7	MT24T MT-M	HOLDAX IMPAX
		SNCM 系				HPM17	MU-P	
	36-45	SKT4 系						
		SKD61	AUD61	DH2F (TDAC)	KDAS	FDAC	MT24M	ORVAR
		析出硬化系 (AISI P21)		NAK55 NAK80	KAP KAP2	HPM1 HPM50	MEX41 MEX44	
需熱處理鋼	46-55	SKD61 系	SKD61	DHA1	KDA	DAC	HD21A MIK11	
	56-62	SKD11 系	AUD11	PD613 DC11	KD21 KD11 KPE KD12 KD11S	ZOP4 HPM31 SLD HMD1 ZCD-M	R31 R79	CALMAX RIGOR VANADIS4 VANADIS10
析出硬化鋼	45-55			MASIC	NKSS KMS18-20	YAG	DMG DMG-A	
耐蝕鋼	30-45	SUS 系		S-STAR NAK101 G-STAR	KSP1 U630	HPM77 PSL HPM38	SUS304	STAVAX RAMAXS
	46-60	SUS 系		DEX-P1 SUS440C PD555 PD742	KSP2 KROMAX SM3 SMD-K KSP3	SUS440C HPM38		ELMAX STAVAX RAMAXS
非磁性鋼	40-45			NAK301		YHD50		

表 5.10 國內使用模具材料對照表(一) (續)

類別	使用時硬度HRC	JIS符號系列	鋼材製造工廠					
			川崎製鐵	神戶製鋼所	新日本製鐵	住友金屬工業	山陽特殊製鋼	日本製鋼所
軋鋼	30(HS)	S55C系	S50，53，55C 厚板、平鋼	S50，55C 厚板	S50，55C 厚板	S50，55C 厚板		
	25-35	SCM440系	SCM435，440厚板	SCM440 厚板	SCM440 厚板	SCM440 厚板		
預硬鋼	30(HS)	S55C系	RMS53CN RMS55CN	U2000 KTSM21 KTS2，21 KTSM2A	N-PUK30	SD10 SD17 SD30 SD21	PC55	NPD2 NPD2S
	25-30	SCM440系 (AISI P20)	RMS-30PH RMS-P28	KTSM31 U3000 KTSM3A	N-PUK40	SD90 SD61 SD80 SD200	PCM28	NPD3 NPD3S
	31-35	SCM40系 SCM45系		U3500 KTSM3M (HRC30-34)		SD70 SHS100		NPD3MF NPD3M NPD5S
		SNCM系		KTS3，31 (HRC33-39)		SD100		
	36-45	SKT4系		KTSM4				
		SKD61		KTSM41			QD6F	NPD5
		析出硬化系 (AISI P21)	RMS-40PH	KTSM40E			PCM40	
需熱處理鋼	46-55	SKD61系						
	56-62	SKD11系		KAD181			QCM8	NPD6 NPD6MA NPD6MB
析出硬化鋼	45-55		RMS-HT210 RMS-MA53	KTS5 KTSMCF19 HT210		SMA180 SMA200 SMA245	QM300	
耐蝕鋼	30-45	SUS系		KTSM6UL KTSM20		SD90	QSH6	NPD7 NPD8
	46-60	SUS系		KAS440 KTSM60			QPD5 SPC5 QSD40M	
非磁性鋼	40-45			K T S M UM1			QSD15	JUS289S

表 5.10　國內使用模具材料對照表(二) (續)

類別	JIS 符號系列	鋼材製造工廠						
		日立金屬	大同特殊鋼	UDDEHOLM	神戶製鋼所	愛知製鋼	日本高週波	住友金屬工業
碳素工具鋼	SK3	YC3	YK3			SK3	K3	
合金工具鋼	SKS3	SGT	GOA			SKS3	KS3	
	SKD1	CRD	DC1			SKD1	KD1	
	SKD11	SLD	DC11			SKD11	KD11	
	SKD12	SCD	DC12	RIGOR		SKD12	KD12	
	SKD61	DAC	DHA1		KTD2	SKD61	KDA	
	SKD62	DBC	DH62		KTD3	SKD62	KDB	
	SKT4	DM	GFA GF4		KTH3		KTV	
鉬系高速鋼	SKH51	YXM1	MH51					
	SKH55	YXM4	MH55				H51	
	SKH57	XVC5	MH57				HM35	
		MH8				MV10		
		MH24						
		MH25						
		YXR3						
		YXR4						
		YXM60						
粉末高速鋼		HAP10	DEX20	ASP23	KHA32			
		HAP20						
		HAP40	DEX40	ASP30	KHA30			
		HAP50	DEX60	ASP60	KHA60			
		HAP72	DEX80					
預硬鋼	S50C 系	HIT81	PDS1		KTSM2A	AUK1	KPM1	SD17
					KTSM21			SD30
	SCM440 系	HIT82	PDS3		KTSM3A	AUK11	KPM2	SD61
					KTSM31		KPM2S	SD80
		HPM2	PDS5	HOLDAX	KTSM3M			
	SNCM 系	HPM17		IMPAX				SD100
	SKT4 系				KTSM4			
	SKD61 系	FDAC	DH2F		KTSM41		KDAS	
	析出硬化系	HPM1	NAK55				KAP	
		HPM50	NAK80		KTSM40E			

表 5.10　國內使用模具材料對照表(二) (續)

類別	國際規格代號			使用時硬度 HRC
	JIS	AISI	DIN	
碳素工具鋼	SK3	W1-10	C105W1	58〜61
合金工具鋼	SKS3	O1	105WCr6	55〜62
	SKD1	D3	X210Cr12	
	SKD11	D2	X165CrMoV12	
	SKD12	A2	X100CrMoV51	
	SKD61	H13	X40CrMoV51	40〜50
	SKD62	H12		
	SKT4	F2	55NiCrMoV6	35〜50
鉬系高速鋼	SKH51	M2	S6-5-2	55〜63
	SKH55		S6-2-5	57〜65
	SKH57		S10-4-3-10	55〜68
				57〜68
				57〜62
				56〜62
				57〜66
粉末高速鋼				58〜66
				65〜68
				64〜68
				66〜69
				69〜72
預硬鋼	S55C 系	1055	CK55	(14)
	SCM440 系	4140H		25〜30
		4142H	42CrMo4	
	SNCM 系	P20		30〜33
	SKT4 系	F2	55NiCrMoV6	36〜42
	SKD61 系	H13	X40CrMoV51	
	析出硬化系	P21		

註：JIS(Japanese Industrial Standard)日本工業標準

　　AISI(American Iron and Steel Institute)美國鋼鐵協會

　　DIN(Deutsche Industrial Normen)德國工業標準

表 5.11 碳素工具鋼國內主要的使用品牌

材質	製造廠家	品牌名稱	主要成份(%)						熱處理方法					市場尺寸(m/m)
			C	Si	Mn	S	P	Cr	鍛造(℃)	退火(℃)	淬火(℃)	回火(℃)	硬度(HRC)	
SK2 (紅牌)	大同	YK2	1.1~1.3	0.35↓	0.5↓	—	—	—	1000~800	750~780	760~820 水	150~200	63↑	圓棒 10m/m~300m/m
	日立	SK2	1.1~1.3	0.35↓	0.5↓	0.03↓	0.03↓	—	850~700	750~780	760~820 水	150~200	63↑	圓棒 13m/m~420m/m
	高周波	SK2	1.1~1.3	0.35↓	0.5↓	0.03↓	0.03↓	—	850~700	750~780	760~820 水	150~200	63↑	圓棒 10m/m~300m/m
	麒麟	SK2	1.1~1.3	0.35↓	0.5↓	0.03↓	0.03↓	—	850~700	750~780	760~820 水	150~200	63↑	圓棒 10m/m~300m/m
SK3 (紅牌)	大同	YK30	1.0~1.1	0.35↓	0.5↓	—	—	—	1000~800	750~780	760~820 水	150~200	63↑	方棒 8m/m~75m/m，扁棒 10×25~130×300
	日立	YCS3	1.0~1.1	0.15~0.5	0.6~1.1	0.03↓	0.03↓	0.1~0.6	850	750~780	790~850 油	150~200	63↑	扁棒 22×55~100×310
	高周波	SK3	1.0~1.1	0.35↓	0.5↓	0.03↓	0.03↓	—	850	750~780	760~820 水	150~200	63↑	圓棒 10~300，扁棒 6×75~90×460，方棒 8~100
	麒麟	SK3	1.0~1.1	0.35↓	0.5↓	0.03↓	0.03↓	—	850	750~780	760~820 水	150~200	63↑	圓棒 10~300，扁棒 6×65~100×300
	ASSAB	K-100	1.05	0.2	0.3	—	—	—	—	—	—	—	—	—

表 5.12 冷模合金工具鋼國內主要的使用品牌

材質	製造廠家	品牌名稱	主要成份								熱處理方法					市場尺寸(m/m)
			C	Si	Mn	Cr	W	V	Mo	Cu	鍛造(℃)	退火(℃)	淬火(℃)	回火(℃)	硬度(HRC)	
SKS2 (綠牌)	高周波	KS2	1.0~1.1	0.1~0.35	0.4~0.8	0.5~1.0	1.0~1.5	—	—	—	1000~850	750~800	830~880 油	150~200	60~63	圓棒 6.4~356，扁棒 6.4×75~76 ×305
	TEW	Veresta	1.05	0.25	1.0	1.0	1.2	—	—	—	1000~850	710~750	850~850 油	150~200	64	圓棒 8~300，方棒 10~65，扁棒 6×50~75×300、1.8×800×1600~4.5×800×1600
	大同	GOA	0.9~1.0	0.35↓	0.8↓	0.5~1.0	0.5~1.0	—	—	—	1100~850	750~800	830~880 油	150~200	61↑	同上
	日立	SGT	0.9~1.0	0.15~0.35	0.9~1.2	0.5~1.0	0.5~1.0	—	—	—	1050~850	750~800	800~850 油	150~200	60↑	圓棒 6.5~300，扁棒 3×55~75 ×305
SKS3 (藍黃牌)	TEW	Veresta-V	0.95	0.25	1.1	0.6	0.6	0.1	—	—	1000~850	710~750	790~820 油	150~200	63	圓棒 6.4~356，扁棒 6.4×75~76 ×325
	高周波	KS3	0.9~1.0	0.35↓	0.9~1.2	0.5~1.0	0.5~1.0	—	—	—	1000~850	750~800	800~850 油	150~200	60~63	同上
	ASSAB	DF2	0.9	—	1.2	0.5	0.5	1.0	—	—	860	1200~1240 油	100~600	63~68	—	圓棒 8~310，扁棒 6×100~8×300，9.5×25~76×304、2×800×1600~6×800×1600
	百樂	A.M.S	0.95	—	1.0	0.5	0.6+V	—	—	—	1050~850	740~760	780~820 油	100~300	58~63	圓棒 5.5~300，扁棒 6×65~75 ×300
	麒麟	K-X9	0.95	0.15~0.35	0.9~1.5	0.5~1	0.5~1	—	—	—	900~800	780~700	810~860 油	150~200	60	
SKS43 (藍白牌)	日立	KVF	0.95~1.05	0.3↓	0.3↓	—	—	0.15~0.25	—	—	1050~850	750~780	780~820 油	150~200	63↑	圓棒 6.4~356，扁棒 6.4×75~76 ×305
	TEW	KSS	1.0	0.25	0.2	—	—	0.15	—	—	1000~850	680~710	780~820 水	150~200	65	圓棒 10~200，扁棒 10×50~56
	高周波	KS43	1~1.1	0.25↓	0.3↓	—	—	0.1~0.25	—	—	1000~850	730~780	780~830 水	100~200	60~64	圓棒 5.5~300，扁棒 6.35×55~65 ×305
SKD1 (白牌)	大同	DC-1	1.8~2.4	0.4↓	0.6↓	12~15	—	0.3↓	—	—	1050~850	850~900	930~980 油	150~200	61	圓棒 6.4~356，扁棒 6.4×76~76 ×305
	日立	CRD	2~2.2	0.15~0.35	0.3~0.6	12~15	—	—	—	—	1050~950	800~850	930~980 油	150~200	61	同上
	TEW	BORA12	2	0.25	0.3	11.5	—	—	—	—	1000~850	800~840	930~960 油	150~200	63~64	圓棒 6~300，方棒 10~75，扁棒 6×50~75×300
	高周波	KD1	1.8~2.4	0.4↓	0.6↓	12~15	—	0.3	—	—	1000~850	850~900	960~1010 油	150~200	61	圓棒 5.5~300，方棒 10~75，扁棒 6×50~75×300
	百樂	SPC-K	2	—	—	12	—	—	—	0.2↓	1050~850	800~850	920~980 油	100~350	58~65	圓棒 8~300，方棒 10~65，扁棒 6.50~75×300
	麒麟	KDD	1.8~2.4	0.4↓	0.6↓	12~15	—	—	0.8~1.2	—	1050~950	830~880	930~980 油	150~200	61↑	圓棒 5.5~510，扁棒 6.35×26~100×360
SKD11 (柴牌)	大同	DC-11	1.0~1.6	0.4↓	0.5↓	11~13	—	—	0.8~1.2	0.2~0.5	1100~850	850~900	970~1020 油	150~200	61	圓棒 6.4~356，扁棒 6.4×76~76 ×305
	日立	SLD	1.4~1.6	0.15~0.35	0.3~0.3	11~13	—	0.2~0.5	—	—	1050~950	800~850	1000~1050 空	150~200	61↑	同上
	TEW	BORA Spezial M	1.6	0.25	0.3	11.5	0.5	0.45	0.1	—	1000~850	800~840	980~1010 油	150~200	63~64	圓棒 5.5~300，扁棒 6×65~75 ×300
	高周波	KDIE	1.4~1.6	0.4↓	0.5↓	11~13	—	0.3~0.5	0.8~1.2	—	1000~850	850~900	1000~1050 油	150~200	60↑	同上
	百樂	SPC-KNL	1.7	—	—	12	0.5+V	—	0.6	—	1050~850	850~900	970~1000 空	100~350	58~65	圓棒 5.5~300，扁棒 6×65~75 ×300
SKD2	ASSAB	XW-10	1.0	—	—	5.3	—	0.2	1.1	—	—	850	940~970 油	100~600	52~64	
其他	愛知	SX-106V	專利	—	—	—	—	—	—	—	—	800~830	940~970 空	150~200	—	

表 5.13　熱模合金工具鋼國內主要的使用品牌

材質	製造廠家	品牌名稱	主要成份									熱處理方法					市場尺寸(m/m)
			C	Si	Mn	Cr	W	V	Mo	Ni	Cu	鍛造(℃)	退火(℃)	淬火(℃)	回火(℃)	硬度(HRC)	
SKT4 (黑白牌)	日立	DM	0.5~0.6	0.14~0.35	0.7~1.0	1.0~1.4	–	0.1~0.2	0.2~0.5	1.3~2.0	–	–	750~800	830~880 油	400~650	32~55	圓棒10~310，扁棒19×200~300×500
	TEW	AMS	0.55	0.2	0.9	0.7	–	0.1	0.2	1.7	–	1050~850	680~710	840~870 油	350~700	58×	同上
	高周波	KTV	0.55~0.6	0.35↓	0.6↓	0.8~1.2	–	0.08~0.15	0.2~0.5	1.3~2.0	–	1150~850	740~780	850~880 油	400~600	38~48	圓棒10~150
	百樂	GNME	0.54	–	–	1.1	–	0.2	0.3	1.7	–	1100~850	680~700	830~870 油	450~650	35~58	圓棒140~180，扁棒250×250，250×300
SKD4 (紅白牌)	日立	YDC	0.25~0.35	0.15~0.35	0.3~0.6	2~3	5~6	0.3~0.5	–	–	–	1100~900	800~850	1050~1130 油	600~700	50↓	圓棒10~310，扁棒19×200~300×500
	TEW	Spezial-W5	0.3	0.2	0.3	2.4	4.3	0.55	–	–	–	1100~900	760~850	1050~1100 油	500~600	51	同上
	高周波	KD4	0.25~0.35	0.4↓	0.6↓	2~3	5~6	0.3~0.5	–	–	–	1100~900	800~850	1030~1070 油	600~650	42~46	圓棒10~150
	百樂	WKZ50	0.3	0.2	0.3	2.35	4.25	0.55	–	–	–	1100~900	760~800	1050~1100 油	500~600	51↓	圓棒10~200
	麒麟	KDL	0.25~0.35	0.4↓	0.6↓	2~3	5~6	0.3~0.5	–	–	–	1100~1050	800~850	1050~1100 油	610~650	40~47	
SKD5 (紅黃牌)	日立	HDC	0.25~0.35	0.15~0.35	0.3~0.6	2~3	9~10	0.3~0.5	–	–	–	1100~900	800~850	1130~1180 油	600~700	50↓	圓棒5.5~400，扁棒6×65~75×300
	高周波	KD5	0.25~0.35	0.4	0.6↓	2~3	9~10	0.3~0.5	–	–	–	1100~900	800~850	1050~1100 油	610~650	42~48	圓棒90~200，扁棒25×200~180×310
	麒麟	KDH	0.25~0.35	0.4	0.6	2~3	9~10	0.3~0.5	–	0.2↓	1100~930	800~850	1050~1100 油	600~650	40~47	圓棒8~300，扁棒25×200~165×300
SKD61 (紅藍牌)	大同	DH2F	0.35~0.4	0.8~1.1	0.25~0.5	5.0~5.5	–	0.9~1.1	1.2~1.5	–	–	已經熱處理，硬度41~44	–	–	–	–	圓棒5.5~400，扁棒10×120~180×360
	大同	DHA-1	0.35~0.4	0.8~1.1	0.25~0.5	5.0~5.5	–	0.9~1.1	1.2~1.5	–	–	1100~850	840~880	950~1050 油	550~650	40~55	圓棒5.5~400，扁棒10×120~180×360
	日立	DAC	0.35~0.42	0.8~1.2	0.3~0.5	4.8~5.5	–	0.5~1.1	1.2~1.6	–	–	1050~850	800~850	1000~1080 油	550~680	53↓	圓棒6.5~255，扁棒10×120~180×360
	日立	FDAC	0.33~0.42	0.8~1.2	0.55~0.75	4.8~5.5	–	0.3~0.8	1.2~1.6	另加快削性元素尚未公開	–	已經熱處理，硬度40~44	–	–	–	–	
	TEW	E38V	2.4	1	2.4	5.3	–	1	1	–	–	1100~900	740~780	1020~1070 油	500~600	56↓	圓棒10~310，扁棒19×200~300×500
	高周波	KDA	0.33~0.42	0.8~1.1	0.3~0.45	4.5~5.5	–	0.6~1.2	1.2~1.6	–	–	1100~900	820~860	1000~1050 油	550~650	38~50	圓棒10~310，扁棒19×200~300×500
	ASSAB	8407	0.37	1.0	0.4	5.3	–	1.0	1.4	–	–		850	100~1050 油	200~600	49~55	圓棒10~300，方棒80~150，扁棒25×205~165×305
	百樂	USU-2	0.4	1.1	–	0.5	–	1.1	1.3	–	–	1100~900	800~840	1040~1080 油	550~650	50~54	同上
	麒麟	KDY	0.32~0.42	0.8~1.2	0.5↓	4.5~5.5	1.0~1.5	0.8~1.2	1.0~1.5	–	0.2↓	1100~900	820~870	1000~1050 油	550~650	40~50	圓棒10~250，扁棒10×200~180×300
SKD62 (藍黑牌)	日立	DBC	0.35~0.42	0.8~1.2	0.3~0.5	4.8~5.5	1.5	0.2~0.5	1.2~1.6	–	–	1050~850	800~850	980~1060 油	550~680	55↓	
	TEW	E38W	0.38	1.2	0.4	5.6	–	0.3	1	–	–	1100~900	740~780	1000~1050 油	500~600	56↓	圓棒10~310，扁棒19×200~300×500
	高周波	KDB	0.33~0.42	0.8~1.1	0.3~0.45	4.8~5.5	1.1~1.6	0.3~0.5	1.2~1.6	–	–	1100~900	800~820	1000~1050 油	550~610	40~51	同上
其他	ASSAB	QRO80M	0.4	0.3	0.75	2.6	–	1.2	2.0	–	–	–	–	–	–	–	
	ASSAB	M-14	0.55	0.3	0.5	1.0	–	–	0.3	3.0	–	–	–	–	–	–	

表 5.14 高速工具鋼國內主要的使用品牌

材質	製造廠家	品牌名稱	主要成份								熱處理方法					市場尺寸(m/m)
			C	Si	Mn	Cr	W	V	Mo	Co	鍛造(℃)	退火(℃)	淬火(℃)	回火(℃)	硬度(HRC)	
SKH2 (綠白牌)	日立	YHX2	0.7~0.85	0.45↓	0.45↓	3.8~4.5	17~19	0.8~1.2	—	—	1200~900	830~880	1250~1300油	560~580	62↑	—
	高周波	H2	0.7~0.85	0.4↓	0.4↓	3.8~4.4	17~19	0.8~1.2	—	—	1150~900	820~880	1260~1300油	540~580	62~67	圓棒6~150，方棒6.4~51，扁棒3.2×12.7~12.7×63.5
	TEW	Rapid-Special	0.75	0.3	0.3	4	18.5	1.1	0.5	—	1050~900	820~850	1250~1290油	550~570	64	同上
	百樂	SRE	0.75	—	—	4.3	18	1.0	—	—	1150~900	820~870	1240~1290油	550~580	64~66	圓棒5.5~50、方棒6~38，扁棒3.2×800×1600~7×800×1600
	麒麟	KHW	0.7~0.85	—	—	3.8~4.5	17~19	0.8~1.2	—	—	1150~900	820~880	1250~1300油	550~580	62↑	圓棒5.5~150、方棒6~50，扁棒2×200~5×200
	TEW	Kobalt2	0.8	0.3	0.3	4.2	18	1.6	1.9	4.8	1150~900	820~850	1260~1300油	560~580	64	圓棒6~150，方棒6.~51，扁棒3.2×12.7~12.7×63.5
SKH3 (綠賈牌)	高周波	H3	0.75~0.85	0.15~0.38	0.15~0.4	3.8~4.5	17~19	0.8~1.2	1.0	4.5~5.5	1150~900	850~910	1260~1290油	560~580	63~67	同上
	百樂	SRE500	0.8	—	—	4.3	18	1.6	1.0	5.0	1150~900	800~850	1250~1310油	550~580	54~67	圓棒13~75、方棒10~25
	麒麟	KHC	0.7~0.85	—	—	3.8~4.5	17~19	0.8~1.2	—	4.5~5.5	1150~900	840~900	1260~1310油	560~590	63	圓棒5.5~50、方棒7~38
SKH4	麒麟	KHA	0.7~0.85	—	—	3.85~4.5	17~19	1.0~1.5	—	9~11	1150~950	850~910	1260~1320油	560~590	64↑	方棒7~38
	日立	YXM1	0.8~0.9	0.45↓	0.45↓	3.8~4.5	5.5~6.7	1.6~2.2	4.5~5.5	—	1100~900	800~850	1200~1250油	550~570	63↑	圓棒5.5~200
	TEW	Mo20	0.85	0.3	0.3	4.2	6.3	2.0	5.2	—	1100~900	790~820	1000~1240油	550~570	62	圓棒6~150，方棒6.4~51，扁棒3.2×12.7~12.7×63.5
SKH9 (綠藍牌)	高周波	H9	0.85	0.28	0.4	4.0	6.5	2.2	5.3	—	1100~900	820~900	1180~1220油	550~600	62~66	同上
	ASSAB	HSP41	0.85	—	—	4.0	6.5	1.9	5	—	—	860	1210~1250油	500~600	63~66	
	百樂	SRE-Mo	0.85	—	—	4.3	6.3	1.8	4.9	—	1100~900	800~850	1190~1250油	540~570	64~66	圓棒5.5~150、扁棒(2~4.5)×800×1600
	麒麟	KHM	0.8~0.9	—	—	3.8~4.5	5.5~6.7	1.6~2.2	4.5~5.5	—	1150~900	800~880	1200~1250油	540~570	63↑	圓棒6~100，方棒4~50
SKH55	日立	YXM4	0.85~0.95	0.45↓	0.45↓	3.8~4.5	6~7	1.8~2.3	4.8~5.8	4.5~5.5	1200~900	800~850	1210~1250油	550~580	64↑	
其他	日立	YXR3	專利	—	—	—	—	—	—	—	1200~900	800~850	430~1170油	560~590	57↑	

SKH4：綠紅牌

表 5.15 免再熱處理工具鋼國內主要的使用品牌

製造廠家	品牌名稱	主要成份								硬度	市場尺寸(m/m)
		C	Si	Mn	Cr	Mo	Ni	Cu	Al	HRC	
日立	HPM1	0.12	0.3	1.3	—	0.6	2.7	—	—	HRC38-42	
日立	HPM2	0.34	0.4	1.1	2	0.4	—	—	—	HRC32-36	
高周波	KST1	0.5	0.3	1.0	0.6	—	—	—	—	HRC30-34	(115-335)mm×(460-810)mm (115-380)mm×(460-810)mm
大同	NAK55	0.15	0.13	1.5	—	0.3	3.0	1.0	1.0	HRC41-43	(25-38)mm×(105-305)mm
大同	PDS1	0.55	0.2	1.0	1.1	—	—	—	—	HRC29-33	(6-105)mm×(25-460)mm
大同	PDS3	0.45	0.2	0.9	1.1	0.25	—	—	—	HRC38-42	(75-165)mm×(410-610)mm
大同	PDS5	0.48	0.2	1.2	0.6	0.1	0.1	0.1	—	HRC32	
ASSAB	718	0.35	0.3	0.7	1.8	0.3	0.7	—	—	HRC32	
ASSAB	STAVAX	0.38	0.8	0.5	13.6	—	—	—	—	HRC32	
AISI規格	P20	0.35	—	—	1.25	0.4	—	—	—	HRC30-35	

註：以上鋼材之共同特性

(1)已調質至最適合使用硬度。

(2)被切削性良好、加工容易、縮短製模時間。

(3)模具放電加工後、表面硬化層，其研磨加工非常容易。

(4)硬度內外部均勻、韌性高、耐磨性良好，故壽命亦相對提高。

(5)極優良之拋光性。

(6)熔接性良好，蝕花加工性優異。

表 5.16 常用模具材料之品質特性

類別		使用時硬度 HRC	JIS 符號系列	品質特性						模具材料 (製造廠)
				被削性	耐磨耗性	耐蝕性	鏡面加工性	蝕刻加工性	熱處理尺變寸化	
預硬鋼	一般	30(HS)	S55C 系	A	C	B	C	B	—	PDS1(大同特殊鋼) AUS1(愛知製鋼) KPM1(日本高周波) MT50C，65C(三菱製鋼) KTS21(神戶製鋼所) SD17，30(住友金屬)
		25〜30	SCM440 系	A	C	B	C	B	—	PDS3(大同特殊鋼) KPM2(日本高周波) SD61，80(住友金屬) AUK11(愛知製鋼)
		31〜35	SCM445 系	A	B	B	BA	B	—	PDS5(大同特殊鋼) HPM2，17(日立金屬) KTS3，31(神戶製鋼所)
	耐磨耗用鏡面用	36〜45	SKD61 系 析出硬化系	B	A	B	BA	B	—	NAK55，80，DH2F(大同特殊鋼) HPM1，FDAC(日立金屬) KDAS(日本高周波) MT24M(三菱製鋼) KTS4，41(神戶製鋼所)
需熱處理鋼	耐磨耗用鏡面用	56〜62	SKD11 系	B	A	B	A	B	B	PD613(大同特殊鋼) AUD11(愛知製鋼) KD11，12(日本高周波) HPM31(日立金屬)
析出硬化鋼	耐磨耗用鏡面用	45〜55	析出硬化系	B	A	B	A	B	A	MASIC(大同特殊鋼) YAG(日立金屬) NKSS(日本高周波)
耐蝕鋼	耐蝕用	30〜45	SUS 系	C	A	A	A	B	—	NAK101(大同特殊鋼) PSL(日立金屬) U630(日本高周波) KTS6UL(神戶製鋼所)
	耐蝕用耐磨耗用	40〜60	SUS 系	C	A	A	A	B	B	PD555(大同特殊鋼) KPOMAX(日本高周波) HPM38(日立金屬) STAVAX(Uddehom)

表 5.17 模具材料之用途推薦

塑膠分類		用途		模具材料 應用材料備特性	推薦模具材料	備註
		代表性塑膠	代表性成形品			
熱可塑性塑膠	一般塑膠	PP、ABS	保險桿、儀表板、水箱前面板、辦公室自動化機器	蝕花加工性	PDS1、PDS3、AUK11、PDS5、HPM2、HPM7	1. 為加強模具材料耐磨性可作氮化處理 2. 加強耐蝕性可作鍍鉻處理
		PE、PS、PMMA、ABS	錄影機、錄音機、收音機、卡匣、吸塵器、照明器具、雜貨、化妝品容器	蝕花加工性、鏡面加工性	NAK55、NAK80、HPM1、MASIC、HPM50、KAP2	
		PA、POM	工程塑膠製品(齒輪等傳動件)	耐磨性	NAK55、NAK80、FDAC、PD613、DH2F、AUD11	
		PMMA	透明鏡片	鏡面加工性	NAK80、PD613、HPM31、PD555、MASIC、KDAS	
		PMMA、PC	雷射音響外殼、光碟片	鏡面加工性、耐蝕性	PD555、KSP3、HPM38、STAVAX、KAS440、QPD5	
		PVC	電話機、雨水槽、水管	耐蝕性	NAK101、KSP1、HPM77	
	難燃性塑膠	PS、ABS	電視機外殼、吹風機、家電製品	耐磨性	NAK101、U630、PSL、PD555、RAMAXS、SD90	
	強化塑膠(玻璃纖維等)	ABS、PA、PC	相機外殼、電腦鍵盤、工程塑膠製品	耐磨性(耐蝕性)	NAK55、PD613、KAP、NAK80、MEX41、PCM40	
	塑膠磁鐵	PA	印表機、感測器、磁碟機	非磁性(耐磨性)	NAK301、YHD50、QSD15、KTSMUM1、JUS289S	
熱硬化性塑膠	一般塑膠	PF、MF	煙灰盤、餐具、雜貨	耐磨性	NAK55、PD613、HPM31、NAK80、AUD11、R31	
	難燃性塑膠	PF、UP	微動開關、連接器	耐磨性、耐蝕性	PD613、PD555、KSP3、NAK55、NAK80、SM3	
	強化塑膠(玻璃纖維等)	EP、UP	積體電路、電晶體、齒輪、工程塑膠	耐磨性(耐蝕性)	PD613、PD555、KPE、HMD1、SPC5、KAS440	

表 5.18　CNS 與 JIS 鋼料對照表

名稱		CNS	JIS
碳素工具鋼		S140C(T) S120C(T) S105C(T) S95C(T) S85C(T) S75C(T) S65C(T)	SK1 SK2 SK3 SK4 SK5 SK6 SK7
高速工具鋼	W 系高速鋼	S80W1(HS) S80WCo(HS) S80WCo2(HS) S80WCo3(HS) S80W2(HS) S80WCo4(HS)	SKH2 SKH3 SKH4A SKH4B SKH5 SKH6 SKH8 SKH10
	Mo 系高速鋼	S85WMo(HS)	SKH9 SKH52 SKH53 SKH54 SKH55 SKH56 SKH57
合金工具鋼	切削工具鋼	S135CrW(TC) S125CrWV(TC) S105CrW(TC) S105CrWV(TC) S80NiCr1(TC) S80NiCr2(TC) S115CrW(TC) S140Cr(TC)	SKS1 SKS11 SKS2 SKS21 SKS5 SKS51 SKS7 SKS8
	耐衝擊工具鋼	S50CrW(TS) S40CrW(TS) S80CrWV(TS) S105V(TS) S85V(TS)	SKS4 SKS41 SKS42 SKS43 SKS44
	耐磨(冷模)工具鋼	S95CrW(TA) S100CrW(TA) S210CrW(TA) S150CrMoV(TA) S100CrMoV(TA) S200CrW(TA)	SKS3 SKS31 SKD1 SKD11 SKD12 SKD2
	熱加工(熱模)工具鋼	S30CrWV1(TH) S30CrWV2(TH) S37CrMoV1(TH) S37CrMoV2(TH) S55C(TH) S55Cr(TH) S55NiCrMo1(TH) S55NiCrMo2(TH) S55CrMoV(TH) S75NiCrMo(TH)	SKD4 SKD5 SKD6 SKD61 SKT1 SKT2 SKT3 SKT4 SKT5 SKT6
軸承用高碳鉻鋼		S100Cr2(BB)	SUJ2
鉻鉬鋼		S40CrMo	SCM4
鋁鉻鉬鋼		S40AlCrMo	SACM1

表 5.19　模具材料與模具使用壽命參考表

模具類別	主要模具材料	成形品名稱	使用之成形材料	模具壽命
塑膠模	PDS3(日本大同)	計算機	ABS	20萬次
射出模	ASSAB718(瑞典)	X-Y Control	ABS	50萬次
射出模	TDAC(日本大同)	12m/m CORC	PP	50萬次
射出模	TDAC	$\phi10$、$\phi13$馬達表	Duracon	50萬次
射出模	NAK55(日本大同)	電話機上下殼	ABS	50萬次
射出模	HPM1(日本日立)	電腦外殼	NORYL	50萬次
射出模	PDS5(日本大同)	汽車門鎖	Duracon	50萬次
酚樹脂模	SKD61	電器配件	PF	10萬次
塑膠模	SK3	機車零件	ABS	30萬次
塑膠模	PDS3	洗衣機	ABS	30萬次
塑膠模	ASSAB718、PDS3	電視機外殼	ABS	30萬次
塑膠模	NAK55	透明鏡片	PMMA、PS	20萬次
塑膠模	SKD61、FDAC	BOBBIN、電錶	PC、DELRIN、NORYL	20萬次
塑膠模	SKD11	電腦零件	PC、NORYL	20萬次
塑膠模	ASSAB8407	透明零件	PMMA、PS	20萬次
塑膠模	S60C	一般性產品	ABS、PP、PS、AS	20萬次
塑膠模	TDAC	錄影帶	ABS	100萬次
電木射出模	TDAC 氮化	電磁	PF	30萬次

表 5.19 模具材料與模具使用壽命參考表（續）

模具類別	主要模具材料	成形品名稱	使用之成形材料	模具壽命
塑膠模	PDS3	廚具	PP	20 萬次
塑膠模	PDS3	面板	PS、ABS	30 萬次
塑膠模	PDS1	電子儀錶	ABS	15 萬次
塑膠模	KST1(日本神戶)	機車檔板	ABS	5 萬次
塑膠模	SKD61	日用五金	UF	10 萬次
塑膠模	K3	化妝品盒	PVC、PC	30 萬次
塑膠模	NAK55	化妝品盒	PVC、PC	50 萬次
塑膠模	SKT1、SK3、S45C	啤酒箱	HDPE	60 萬次
塑膠模	S45C、SCM4	海飄零件	HDPE、PP	15 萬次
塑膠模	NAK55、FDAC	照相機等	ABS、PC	50 萬次
塑膠模	NAK55、FDAC	縫紉機配件等	PC、PA、PET、PBT	30 萬次
塑膠模	P20(美國)	玩具	PE、PS	20 萬次
射出模	S45C、SCM、SKD	馬桶	PVC	20 萬次
塑膠模	NAK55	錄音帶盒	PS	60 萬次
電木模	FDAC(日本日立)	低壓開關零件	PF	5 萬次
電木模	SKD61	低壓開關零件	PF	8 萬次
塑膠射出模	PDS3、PDS1	洗衣槽	PP	15 萬次

表 5.20　硬度換算表

維克氏硬度 (HV)	勃氏硬度 (HB)10m/m 3000kg	洛氏硬度(HR)			蕭氏硬度 (HS)	抗拉強度 (kg/mm²)
		*A*級	*B*級	*C*級		
940		85.6		68.0	97	
920		85.3		67.5	96	
900		85.0		67.0	95	
880		84.7		66.4	93	
860		84.4		65.9	92	
840		8.1		65.3	91	
820		83.8		64.7	90	
800		83.4		64.0	88	
780		83.0		63.3	87	
760		82.6		62.5	86	
740		82.2		61.8	84	
720		81.8		61.0	83	
700		81.3		60.1	81	
690		81.1		59.7		
680		80.8		59.2	80	231
670		80.6		58.8		228
660		80.3		58.3	79	224
650		80		57.8		221
640		79.8		57.3	77	217
630		79.5		56.8		214
620		79.2		56.3	75	210
610		78.9		55.7		207
600		78.6		55.2	74	203

表 5.20 硬度換算表 (續)

維克氏硬度 (HV)	勃氏硬度 (HB)10m/m 3000kg	洛氏硬度(HR)			蕭氏硬度 (HS)	抗拉強度 (kg/mm²)
		A級	B級	C級		
590		78.4		54.7		200
580		78.0		54.1	72	196
570		77.8		53.6		193
560		77.4		53.0	71	189
550	505	77.0		52.3		186
540	496	76.7		51.7	69	183
530	488	76.4		51.1		179
520	480	76.1		50.5	67	176
510	473	75.7		49.8		173
500	465	75.3		49.1	66	169
490	456	74.9		48.4		165
480	448	74.5		47.7	64	162
470	441	74.1		46.9		157
460	433	73.6		46.1	62	155
450	425	73.3		45.3		150
440	415	72.8		44.5	59	148
430	405	72.3		43.6		143
420	397	71.8		42.7	57	141
410	388	71.4		41.8		137
400	379	70.8		40.8	55	134
390	369	70.3		39.8		130
380	360	69.8		38.8	52	127
370	350	69.2	(110.0)	37.7		123

表 5.20　硬度換算表（續）

維克氏硬度 (HV)	勃氏硬度 (HB)10m/m 3000kg	洛氏硬度(HR)			蕭氏硬度 (HS)	抗拉強度 (kg/mm²)
		*A*級	*B*級	*C*級		
360	341	68.7	(109.0)	36.6	50	120
350	331	68.1		35.5		117
340	322	67.6	(108.0)	34.4	47	113
330	313	67.0		33.3		110
320	303	66.4	(107.0)	32.2	45	106
310	294	65.8		31.0		103
300	284	65.2	(105.5)	29.8	42	99
295	280	64.8		29.2		98
290	275	64.5	(104.5)	28.5	41	96
285	270	64.2		27.8		94
280	265	63.8	(103.5)	27.1	40	92
275	261	63.5		26.4		91
270	256	63.1	(102.0)	25.6	38	89
265	252	62.7		24.8		87
260	247	62.4	(101.0)	24.0	37	85
255	243	62.0		23.1		84
250	238	61.6	99.5	22.2	36	82
245	233	61.2		21.3		80
240	228	60.7	98.1	20.3	34	78
230	219		96.7	(18.0)	33	75
220	209		95.0	(15.7)	32	71
210	200		93.4	(13.4)	30	68
200	190		91.5	(11.0)	29	65

表 5.20　硬度換算表 (續)

維克氏硬度 (HV)	勃氏硬度 (HB)10m/m 3000kg	洛氏硬度(HR)			蕭氏硬度 (HS)	抗拉強度 (kg/mm²)
		A級	B級	C級		
190	181		89.5	(8.5)	28	62
180	171		87.1	(6.0)	26	59
170	162		85.0	(3.0)	25	56
160	152		81.7	(0.0)	24	53
150	143		78.7		22	50
140	133		75.0		21	46
130	124		71.2		20	44
120	114		66.7			40
110	105		62.3			
100	95		56.2			
95	90		52.0			
90	85		48.0			
85	81		41.0			

註：1. 此表引用 JIS 鋼鐵手冊。
　　2. 表中括弧內之數值為超出使用範圍之不用值。
　　3. HV(Vickers Hardness)、HB(Brinell Hardness)、HR(Rockwell Hardness) HS(Shore Hardness)

■ 5.9　模具材料之熱處理(heat treatment)與表面處理(surface treatment)

　　鋼材經適當的熱處理，可顯著增加硬度(hardness)、強度(strength)、耐磨耗性(abrasion resistance)、韌性(toughness)等機械性質(mechanical property)。相同地，對鋼材施行表面處理，除可增加表面硬度、耐磨耗外，並可提高模具表面光度(surface lightness)，使成形品脫模(ejection)容易、增加外觀(outward appearance)、改善成形性(moldability)。因此，為使模具壽命(life)增長，品質(quality)向上，必需選用適當之模具材料外，正確的熱處理及表面處理方法是必備的條件。

5.9-1　模具材料用熱處理(heat treatment)概要

1.　**正常化**(normalizing)

　　為了消除鑄造、鍛造、壓延等高溫高熱時產生的粗組織，使之常態化，並將加工所生之內部應力消除，將鋼(steel)加熱到變態點A_{c3}或A_{cm}點以上 30～50°C的高溫後，於空氣中冷卻，謂之正常化處理。使用大型構造用鋼，在材料鍛造後，施行正常化後再加工。

2.　**退火**(annealing)

　　退火是為了使材料軟化、調整結晶組織、除去內部應力，加熱到適當溫度後，徐徐冷卻。目的在調整結晶組織時，將鋼在A_{c3}變態點以上約 50°C的溫度加熱後，進行爐冷或灰冷。模具材料處理常用的退火方式如下：

　(1)　**製程退火**(process annealing)：其目的在除去加工時所致的內部應力。適用於欲淬火的模具零件，大多在粗加工或中加工後施行。否則，淬火會因麻田散鐵(martensite)變態所生之應力，造成淬裂、翹曲等。即使不淬火的零件，若施行大量重切削加工，不施行此項處理的話，尺寸可能失正或發生變形。

　(2)　**球狀化**(spheroid annealing)**退火**：其目的在改變加工性、增加淬火後的韌性、防止淬裂、將鋼中的碳化物變成球狀組織。

3.　**淬火**(quenching)**及回火**(tempering)

　　淬火是為了將鋼硬化或增加強度，加熱到變態點，通常在A_{c3}變態點以上30～50°C的溫度後，在適當的淬火液中急冷。淬火用的冷卻液稱為淬火液，因鋼材而異。

　　碳鋼用淬火液：水或食鹽水。

　　特殊鋼用淬火液：油。

　　模具零件常用的淬火方法如下：

　(1)　**普通淬火**：鋼加熱至變態點以上的溫度後，在水或油中急冷，以獲得麻田散鐵組織，此時要防止過熱及氧化脫碳。模具零件肉厚不均時的淬火，會因不均勻加熱所致的溫度差、熱膨脹差、變態差等，造成淬火應變或淬裂。

　　　　為防止氧化脫碳，宜使用可調整氣體之加熱爐(heating furnace)或鹽浴爐(salt bath furnace)。若無須防止氧化脫碳之場合時，則可在被覆淬火用鹽粉之鐵製箱中加熱。

　　　　為避免淬火變形時，可加輔助鋼材，使淬火零件厚度均勻或選用淬火溫度低與自硬性大的空冷淬火鋼為零件材料。

(2)　**麻淬火**：鋼加熱至淬火溫度後，投入高於 Ms 點的熱浴槽，在沃斯田鐵不開始變態的溫度，保持恆溫，直到內外同一溫度，從熱浴槽中取出，使沃斯田鐵(austenite)徐徐變化為麻田散鐵。Ms 點的溫度可由下列公式求得：

$$\text{Ms}(℃) = 723 - 14 \times \text{Mn} \% + 22 \times \text{Si} \% - 1.4 \times \text{Ni} \% + 23.3 \times \text{Cr} \%$$

　　　　此方法淬火後，常施行回火。被處理鋼內外同時徐徐麻田散鐵化，不會淬裂或淬彎且硬度高。投入 Ms 正上方溫度的熱浴，保持恆溫的時間，如表 5.21 所示。

表 5.21　麻淬火用熱浴保持時間

鹽浴溫度 (℃)	適當的保持時間(分)		
	直徑 25mm	直徑 50mm	直徑 75mm
200	5	8	13.5
260	4	7	12.5
315	3.5	6	11.5

(3)　**麻回火**：鋼加熱至淬火溫度後，投入從沃斯田鐵組織開始變成麻田散鐵的溫度與變態終了的溫度之間(Ms點以下的溫度)的熱浴中，長時間保持恆溫，直到變態終了，然後取出空冷。利用此方法淬火者，淬火應力消除，並可得強韌性。

(4)　**回火**：鋼材在淬火狀態後，一般成硬脆而組織不安定，回火可消除淬火應力，使成安定狀態，在 A_1 變態點以下加熱冷卻，即可得適合用途的硬度和韌性。**普通的回火是在 316℃ 以下的溫度加熱，組織從麻田散鐵變成吐粒散鐵(troostite)，此時韌性增加，硬度減低，稱為低溫回火。加熱到 316℃ 以上的溫度，使組織從麻田散鐵變成糙斑鐵(sorbite)，此時硬度增加但韌性減低，稱為高溫回火。**

　　　　高碳鋼以回火溫度約 200℃ 施行低溫回火時，可消除淬火應力。構造用鋼為了使組織糙斑鐵化，改善強韌性、硬度，可施行 500～600℃ 的高溫回火。高合金鋼或高速鋼，若一次回火達不到充分效果時，可反覆二次、三次重覆施行，爲了改善機械性質時，亦可回火二至三次。另外亦有以高週波感應電流在 300～600℃ 施行的高週波回火，可局部回火或自動輸送回火，可回火自動化。

5.9-2　模具材料的表面處理(surface treatment)

所謂的表面處理是指以加熱或化學處理方法，使模具表面某種厚度達到增加硬度的方法。表面處理方法有滲碳淬火、高週波淬火、火焰淬火、氮化處理及鍍金與被覆處理等。

1. **滲碳淬火**(carburization quenching)

低碳鋼或表面淬火鋼，如低鎳鋼或低鎳鉻鋼等低含碳(C)量的鋼，在適當的滲碳劑中加熱，增加碳含量。在滲碳劑中以 850～900℃ 加熱 8～10 小時，則鋼表面起滲碳層約 2mm 深。滲碳層深度是指鋼表面至硬度HRC50處的距離，此距離稱爲有效硬化層深度。滲碳作業後常以淬火處理使滲碳部位硬化。不需滲碳部位可以鍍銅(Cu)來防止。

表面滲碳依所用滲碳劑可分為固體滲碳、氣體滲碳與液體滲碳。

⑴ **固體滲碳**：固體滲碳的滲碳劑用木炭、焦炭等固體，以木炭粉爲主體，加 20～30 ％碳酸鋇($BaCO_3$)、碳酸鈉(Na_2CO_3)等促進劑。

⑵ **氣體滲碳**：氣體滲碳用之滲碳劑，可用以一氧化碳(CO)爲主成份的氣體或甲烷碳化氫(CH_4)來調節滲碳濃度，可使滲碳均勻化，滲碳能力大，不只表面，甚至連心部也可均勻滲碳，將低碳鋼變成高碳鋼可透過氣體滲碳達成。

⑶ **液體滲碳**：液體滲碳是在熔融氰化物(氰化鉀(KCN)、氰化鈉(NaCN))浴槽中，將鋼加熱至A_{c1}變態點以上(900～950℃)來滲碳，表面類似氨氣(NH_3)的氣體滲碳，此方法亦可稱氰化法(cyaniding)，不過眞正的氰化法是氮(N)量多而碳量少，氰化層約 0.25mm。液體滲碳大多是碳量多，氮量少，滲碳層也深達 5mm，是廣義的液體滲碳法，但是，液體滲碳的溫度降到 850～900℃時，有氰化法的功用，硬化層薄，在 900～950℃ 的硬化層深，950℃ 以上時會使滲碳劑劣化。浸浴後，投入水、油、熱浴中淬火硬化。

通常，薄層硬化是以氰化鈉多的浴槽低溫處理，深層硬化是以氰化鈉少的浴槽高溫處理，故宜用 850～900℃ 的低溫滲碳，或增厚銅的鍍層 (0.03～0.05mm)再作液體滲碳。

2. **高週波淬火**(induction quenching)

　　高週波淬火，是藉高週波感應電流將鋼材表面急熱，在達淬火溫度的瞬間，停止加熱，再用適當的淬火液急冷。用於零件必需要求強韌而表面耐磨之場合，通常用於含碳 0.4～0.5 ％的碳鋼，若有可淬火的含碳量，碳鋼、合金鋼都有效。使用高週波淬火的模具零件有導銷、回位銷、斜角銷等。

3. **火焰淬火**(flame quenching)

　　火焰淬化是以氧氣(O_2)、乙炔(C_2H_2)火焰將需要硬化的表面急速加熱至淬火溫度，再以水急冷淬硬。火焰淬火的特色，只將零件外周部淬火硬化，淬火應變少，可用於任何形狀、大小之鋼製品，亦可利用火焰進行退火、回火。

　　火焰淬火有全面同時淬火與移動淬火。全面同時淬火適用於較小的處理面，將全面同時加熱，再將該面急冷淬硬，移動淬火用於不能同時硬化處理的大面，依序移動加熱和冷卻而達成淬硬目的。

　　火焰淬火，適用於不易全面淬火的模具之局部淬火，或僅滑動摩擦面之淬火，可增高耐磨耗性，延長模具壽命。

4. **氮化處理**(nitriding)

　　氮化處理是在氨氣或含氮劑中加熱，增加氮含量而將鋼表面硬化的方法。氮化層非常硬，有特殊卓越的耐磨耗性、耐蝕性，因此對模具之滑動部位有非常之功效。氮化處理，加熱溫度高時，硬度減低，但氮化深度加深，氮化時間取決於所需氮化深度，大約是 50 小時 0.5mm，標準是 100 小時 0.7mm。為了防止被氮化之表面，可在該部鍍錫(Sn)或鍍鎳(Ni)加以防止。

　　氮化用鋼通常稱為氮化鋼，標準成份大約是含碳(C)量 0.35～0.45 ％，鋁(Al)1.0～1.3 ％，鉻(Cr)1.3～1.8 ％，鉬(Mo)0.5 ％以下，此時的氮化溫度 500～550℃，表面硬度 HV900～1000。

　　氮化處理依氮化劑而分為氣體氮化法、液體氮化法、軟氮化(tufftriding)(又稱低鹽浴氮化法)。

　(1) **氣體氮化法**：氣體氮化，是利用氨氣的氮化，上示數據為氣體氮化的場合。有氣體氮化中加壓者或火花放電而促進氮化者。

(2) **液體氮化法**：液體氮化法是在熔融鹽中氮化的方法，溫度同氣體氮化 (500～550℃)，液體滲碳和氰化法是在鋼的 A_{c1} 變態點以上，利用熔融鹽進行。液體氮化卻是在變態點以下加熱，比起液體滲碳，液體氮化使用氮多，碳少的鹽，原理同氣體氮化，但氣體氮化層較深。液體氮化主要為薄層滲氮用，可有效改善耐磨耗性，增大耐疲勞性，處理溫度低，變形小。

用氰化鈉鹽 60～70％與氰化鉀鹽 40～30％在 570℃ 加熱 12～16 小時，減少浴中氰化物，增加氰酸鹽(NaCNO)和碳酸鹽(Na_2CO_3)後使用。氰酸鹽有氮化作用，故氰化物與氰酸鹽之混合比例非常重要。

(3) **軟氮化法**：前面所述之液體滲碳法是在 900℃ 之溫度處理，同時進行滲碳和氮化。軟氮化是在 520～570℃ 的低溫下，以氮化為主的鹽浴法，硬度約為氣體氮化之半，故稱軟氮化法。用低碳鋼在約 550℃，施行 1～2 小時的鹽浴氮化，其硬度不大上升，但耐磨耗性和耐疲勞性卻顯著改善。

軟氮化用鹽浴是以氮和碳為基本元素的氰化鉀(KCN)50～60％，氰酸鉀(KCNO)33～35％，熔解鹽浴爐(salt bath furnace)中，處理溫度約 550℃。軟氮化處理的低、中碳鋼硬度為 HV570～580，適合滑動配合之模具零件表面處理。

5. **鍍金**(plating)

鍍金是不將鋼加熱硬化處理，而是以其他金屬包覆鋼的表面，增加表面硬度、表面光度，增強耐蝕性等的表面處理方法。

(1) **鍍硬鉻(Cr)**：將模具欲鍍金的部份，浸入以無水鉻酸為主體的鍍金液中，通電流，在模具材料表面析出鉻而鍍著，鍍鉻層比普通鍍鉻層厚，約 0.01～0.02mm，硬度為 HV900～1000。

鍍硬鉻之特色如下：

① 鏡面加工的鍍鉻面，脫模性極為優秀。

② 耐磨耗性高，不易刮傷。

③ 對鹽酸、稀硫酸以外的藥品具有耐蝕性，很安定。

④ 鍍鉻過的模具表面所得的成形品有良好的光澤，具有商品價值。

(2) **無電解鍍鎳(Ni)**：此方法無電解作用，利用純化學作用。鍍著經由附著於被處理材上之觸媒劑作用與鎳置換而鍍於表面。

無電解鍍鎳其特色如下：

① 電鍍之鍍層厚度不均，但此方法的差值小，可得較均勻的鍍層。

② 表面不生針孔，圓滑而硬，鍍層硬度為 HV500，也可藉熱處理增高硬度為 HV800～900 之間。

③ 密著性良好，不易剝離。

④ 鍍層表面耐蝕性良好，可與純鎳相比。

表 5.22　塑膠模具用鋼之熱處理及表面處理

6. **被覆**(tough coat)**處理**

　(1)　PVD 被覆處理(Physical vapor deposition tough coat)：PVD(物理蒸著)被覆處理是將所產生的鈦蒸氣離子化，在鋼表面被覆約 3～5μmm 的超硬氮化鈦(TiN)或碳化鈦(TiC)。其處理溫度在 360～500℃進行，對模具的受熱變形較小，但大大的增加了模具的耐磨耗性及耐蝕性等。

　(2)　CVD 被覆處理(Chemical vapor deposition tough coat)：CVD(化學蒸著)被覆處理是在 800～1050℃的溫度下，導入減壓爐中的 TiC、TiN 等在鋼表面單層或多層被覆，增強模具的耐磨耗、耐蝕、耐熱等效果。但因其處理溫度高，易造成尺寸變化，因此須選用熱變形小的鋼材來處理。

　　以上為鋼材的熱處理及表面處理方法，選用時，要依模具構造零件之機能來選擇最適當的處理方法，如表5.22所示。

■ 5.10　模具強度(strength)計算

　　射出成形(injection molding)加工中，模具所承受的射出壓力(injection pressure)和合模壓力(mold clamping pressure)是很高的，因此，模具的各部份要有足夠的強度來承受這些壓力，才不致產生撓曲(warping)與變形(deformation)，而影響成形品的尺寸精度(dimension accuracy)。

　　模具強度計算時，必須先行獲知成形材料成形時，所用之壓力，其壓力大小視成形品之肉厚(thickness)、成形材料的種類(kind)、成形的條件(condition)而有所不同，但計算強度時，通常以 $500\sim700kg/cm^2$ 之成形壓力來計算。撓曲量若不擔心毛邊(burr)之發生時，可取0.1～0.2mm，若擔心毛邊發生時用0.05～0.08mm，但PA樹脂則採0.025mm以下因其流動性(fluidization)佳，易生毛邊所致，一般情形大型成形品取大值，小型成形品取小值。

5.10-1　型穴側壁(side wall)計算

　　型穴側壁計算，如圖5.33所示。

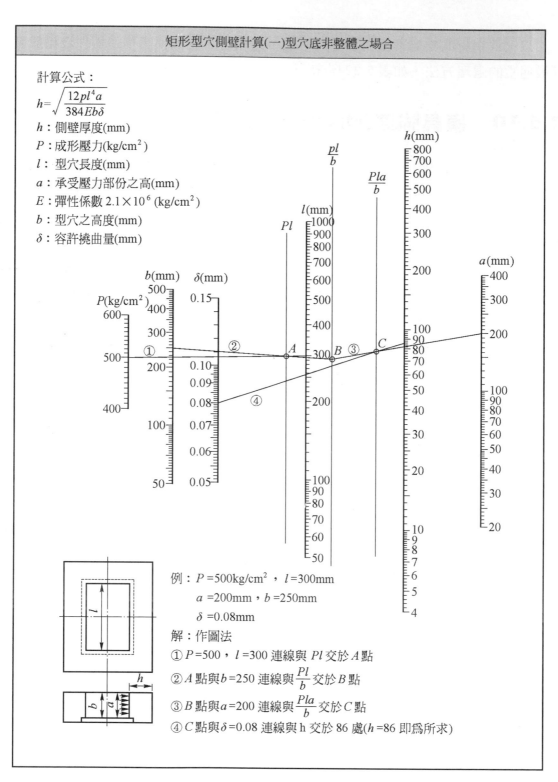

計算公式：

$$h=\sqrt{\frac{12pl^4a}{384Eb\delta}}$$

h：側壁厚度(mm)

P：成形壓力(kg/cm^2)

l：型穴長度(mm)

a：承受壓力部份之高(mm)

E：彈性係數 2.1×10^6 (kg/cm^2)

b：型穴之高度(mm)

δ：容許撓曲量(mm)

例：P=500kg/cm^2，l=300mm

a=200mm，b=250mm

δ=0.08mm

解：作圖法

① P=500，l=300 連線與 Pl 交於 A 點

② A 點與 b=250 連線與 $\dfrac{Pl}{b}$ 交於 B 點

③ B 點與 a=200 連線與 $\dfrac{Pla}{b}$ 交於 C 點

④ C 點與 δ=0.08 連線與 h 交於 86 處(h=86 即為所求)

圖 5.33　型穴側壁計算

矩形型穴側壁計算(二)型穴底為整體之場合

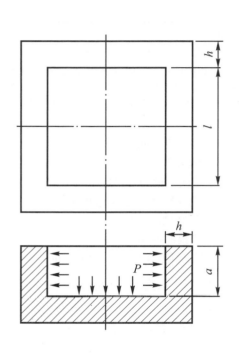

計算公式：

$$h = \sqrt[3]{\dfrac{CPa^4}{E\delta}}$$

$h =$ 側壁厚度(mm)
$p =$ 成形壓力(kg/cm²)
$a =$ 型穴之深度(mm)
$l =$ 型穴長度(mm)
$E =$ 彈性係數(鋼為 2.1×10^6 kg/cm²)
$\delta =$ 容許撓曲度(mm)
C與l/a之關係如下表：

l/a	c	l/a	c	l/a	c
1.0	0.044	1.5	0.084	2.0	0.111
1.1	0.053	1.6	0.090	3.0	0.134
1.2	0.062	1.7	0.096	4.0	0.140
1.3	0.070	1.8	0.102	5.0	0.142
1.4	0.078	1.9	0.106		

例：$p = 500$kg/cm²，$l = 300$mm
　　$a = 200$mm，$\delta = 0.08$mm

　　$\left(\dfrac{l}{a} = 1.5\right.$，由此得$C = 0.084)$

　　$h = \sqrt[3]{\dfrac{0.084 \times 500 \times 200 \times 200 \times 200 \times 200}{2.1 \times 1,000,000 \times 0.08}}$

　　$= 73$(mm)

無底圓形型穴側壁計算

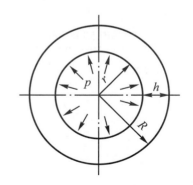

計算公式：

$$\delta = \dfrac{rp}{E}\left(\dfrac{R^2 + r^2}{R^2 - r^2} + m\right)$$

$\delta =$ 內半徑之變形量(mm)
$p =$ 成形壓力(kg/cm²)
$E =$ 彈性係數(鋼為 2.1×10^6 kg/cm²)
$r =$ 內半徑(mm)
$R =$ 外半徑(mm)
$m =$ 蒲松氏比鋼為 0.25
例：$r = 75$mm，$p = 630$kg/cm²
　　$\delta = 0.053$mm，求側壁厚？

　　$\delta = \dfrac{rp}{E}\left(\dfrac{R^2 + r^2}{R^2 - r^2} + m\right)$

　　$0.053 = \dfrac{75 \times 630}{2.1 \times 10^6}\left(\dfrac{R^2 + 75^2}{R^2 - 75^2} + 0.25\right)$

　　$R = 125$

　　∴側壁厚$h = R - r = 125 - 75 = 50$mm

圖 5.33　型穴側壁計算 (續)

5.10-2 承板之厚度(thickness)計算

承板之計算如圖 5.34 所示。

承板厚度計算

(一)承板中間無支承者

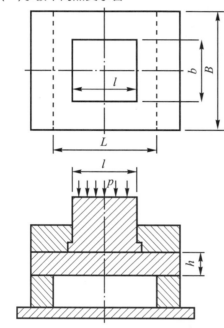

- 承板經由成形壓力可致變形,變形大時,成形品肉厚產生變化,或發生毛邊,最大變形量必需在 0.1～0.2mm 以下。參照左圖得知

$p=$成形壓力(kg/cm^2)

$h=$承板厚度(mm)

$L=$間隔塊距離(mm)

$l=$承受成形壓力之長度(mm)

$b=$承受成形壓力之寬度(mm)

$B=$模板寬度(mm)

$\delta=$容許撓曲度(mm)

$E=$彈性係數(鋼為 2.1×10^6kg/cm^2)

- 簡化計算,設定 $l=L$,則計算公式如下:

$$\delta=\frac{5pbL^4}{384EI}=\frac{5pbL^4}{384\frac{1}{12}Bh^3E}$$

$$=\frac{5pbL^4}{32EBh^3}$$

$$\therefore h=\sqrt[3]{\frac{5pbL^4}{32Eb\delta}}$$

例:$L=500$mm,$b=500$mm

$p=700$kg/cm^2,$B=700$mm

$\delta=0.1$mm

得 $h=\sqrt[3]{\dfrac{5\times700\times500\times500^4}{32\times2.1\times10^6\times700\times0.1}}$

$=275$mm

圖 5.34　承板厚度計算

承板厚度計算

(二)承板中間一支支承者

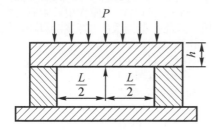

· 成形品的投影面積增大時，則承板的厚度也隨之增大，可加裝中間支承，使承板厚度減小。於中間加裝一支支承之場合，厚度變為

$$h = \sqrt[3]{\frac{5pb(L/2)^4}{32Eb\delta}}$$

· 此式所求得支h值為中間無支承者的$\frac{1}{2.5}$

· 例：加工條件與例一相同

$\quad L = 500\text{mm}$，$b = 500\text{mm}$

$\quad p = 700\text{kg/cm}^2$，$B = 700\text{mm}$

$\quad \delta = 0.1\text{mm}$

但中間加裝一支支承之場合，得

$$h = \sqrt[3]{\frac{5 \times 700 \times 500 \times (500/2)^4}{32 \times 2.1 \times 10^6 \times 700 \times 0.1}}$$

$\quad = 110\text{mm}$

(三)承板中間二支支承者

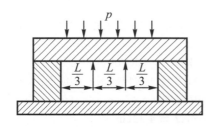

· 在兩間隔塊間三等分，加裝二支支承時，厚度變為

$$h = \sqrt[3]{\frac{5pb(L/3)^4}{32Eb\delta}}$$

· 此式得之h值為中間無支承者的$\frac{1}{4.3}$

· 例：加工條件與例一相同，但中間加裝二支支承之場合δ值減為0.05mm，得

$$h = \sqrt[3]{\frac{5 \times 700 \times 500 \times (500/3)^4}{32 \times 2.1 \times 10^6 \times 700 \times 0.05}}$$

$\quad = 80\text{mm}$

圖 5.34　承板厚度計算 (續)

5.10-3　心型側壁(side wall)計算

心型側壁計算如圖 5.35 所示。

心型側壁計算		

(一)矩形心型

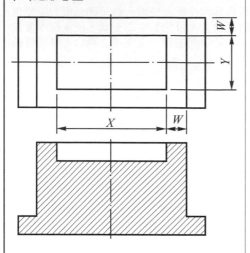

- 在模具合模時爲了使固定側及可動側心型在分模面的接觸更加確實，通常使心型的高度高出型模板 0.02mm，此時合模力僅作用於兩側心型的接觸面積，因此心型側壁 W 之寬度計算顯得格外重要。其計算公式如下

$$F=P\times S=A\times P_m\times(1+\alpha)\times10^{-3}$$

F：必要之合模力(噸)

P：鋼材所能承受之應力

$\begin{cases} \text{HRC32 左右：0.5 噸／cm}^2 \\ \text{HRC44 以上：0.8 噸／cm}^2 \end{cases}$

S：心型接觸面積(cm^2)

A：模內總投影面積(cm^2)

P_m：模內平均壓力(kg/cm^2)其值如表

α：安全係數 0.1～0.2

成形材料	P_m
PS，PP，PE	250～300
ABS，SAN，PA，POM	300～400
PC，PMMA，PPO，PVC	400～600

(二)圓形心型

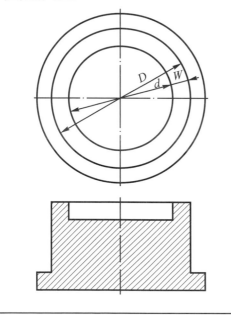

- 例：心型結構：如(一)矩形心型，$X=3.6$cm
  $Y=1.2$cm

心型材料：SKD11，HRC60°

成形材料：ABS 且一次只成形一個成形品

求　心型側壁寬 W

解　$A=3.6\times1.2=4.32cm^2$

$F=4.32\times400\times(1+0.2)\times10^{-3}=2.07$ 噸

$P=0.8$ 噸／cm^2

$S=\dfrac{F}{P}=\dfrac{2.07}{0.8}=2.59cm^2$

$2.59=(3.6+2W)W\times2+1.2W\times2$

得　$W=0.245cm=2.45mm$

- 註：以上例題是以一次成形一個成形品場合來作計算，計算式較簡單。若一次成形兩個成形品以上之場合，無論是矩形或是圓形心型側壁計算時，模內總投影面積尚須加上流道與澆口之投影面積

圖 5.35　心型側壁計算

6

模具構造零件及尺寸規格

1. 模具之尺寸精度
2. 標準模座尺寸規格
3. 模具內部零件尺寸規格
4. 模具零件之相對尺寸關係及使用例

PLASTICS MOLD DESIGN

塑膠模具設計學

■ 6.1 模具尺寸精度(mold dimension accuracy)

6.1-1 模具構造部(mold structure)的尺寸精度

構成模具的各零件(parts)尺寸標準值及公差(tolerance)規格是採用 JIS (Japanese Industrial Standard)規格及日本金型工業協會規格化(standardization)的數值，表6.1為一般條件、標準值及適用規格。

表 6.1　模具構造部的尺寸精度　　　　　　　　(單位：mm)

模具部份	對象	條件	標準值及適用規格
模板	厚度	平行	每300為0.02以內
	裝配總厚度	平行	每300為0.02以內
	導銷孔	孔徑正確	H7
		固定可動側同位置	±0.02以內
		直角	每100為0.02以內
	頂出銷、回位銷孔	孔徑正確	H7
		直角	配合長度為0.02以內
	基準面	平面度	每300為0.02以內
		平行	加工面的平行度每300為0.02以內
		直角	彼此相交的面每300為0.02以內
		表面光度	6S(1.6a)
導銷	壓入部直徑	研磨	k6，k7，m6
	滑動部直徑	研磨	f7，e7
	眞直度	不彎曲	每100為0.02以內
	硬度	淬火回火	HRC55以上

表 6.1　模具構造部的尺寸精度 (續)　　　　　　(單位：mm)

模具部份	對象	條件	標準值及適用規格	
導銷襯套	外徑	研磨	k6，k7，m6	
	內徑	研磨	H7	
	內外徑的關係	同心	0.01	
	硬度	淬火回火	HRC55 以上	
頂出銷 回位銷	滑動部直徑	研磨	2.5-5S(0.63～1.25a)	-0.01 -0.03
			6-12S(1.6～3.2a)	-0.02 -0.06
	真直度	不彎曲	每 100 為 0.1 以內	
	硬度	淬火回火或氮化	HRC55 以上	
頂出板	頂出銷安裝孔	與模板之孔位置同尺寸	±0.3	
	回位銷安裝孔		±0.1	
側向心型機構	滑動部配合	不卡住，可圓滑滑動	H7e6	
	硬度	雙方或一方淬火	HRC50～55	
斜角銷	銷徑 傾斜角 硬度	研磨 與安裝板的角度 淬火回火	k6 25°以下 HRC55 以上	
定位環	環的外徑	與成形機定位環孔配合	公差 -0.2 -0.4	
	安裝螺絲	使用 2 支	內六角沉頭螺絲 M8	
	表面粗糙度	表面光度	6S(1.6a)	

註：標準值的絕對值及該零件的其他尺寸參考後述的模具構造零件及尺寸規格

6.1-2　模具一般尺寸公差(dimension tolerance)

　　在模具圖面未以數值或記錄記入之尺寸差，這些尺寸差稱為一般公差(common tolerance)，如表 6.2 所示，表中所謂成形品部是指模具中成形品的成形處所。所謂一般尺寸差為除配合部份與成形品部及需再作磨削處所之調整預留量外之模具尺寸，也不包括導銷之中心距離。所謂標稱(nominal)長度處之肉厚為心型與型穴構成之成形品肉厚部。未規定之偏心尺寸，最好在一般尺寸差中間。

表 6.2 模具一般尺寸公差

標稱尺寸區分	成形品部			一般	調整預留量	
	尺寸差			尺寸差	尺寸	尺寸差
	一般	圓孔中心距離	標稱長度處之肉厚			
63 以下	±0.07	±0.03	±0.07	±0.1	0.1	+0.1
超過 63 至 250 以下	±0.1	±0.04	±0.1	±0.2	0.2	+0.1
超過 250 至 1000 以下	±0.2	±0.05	±0.2	±0.3	0.3	+0.1

■ 6.2 標準模座(mold base)

1. 二板式模具標準模座

⑴ 模座型式：模座型式可分為如圖 6.1 所示之 *A* 型、*B* 型、*C* 型三種型式。

⑵ 表示方法(訂購方法)：表示方法，如表 6.3 所示。

二板式 1520 之標準型模座型式及尺寸

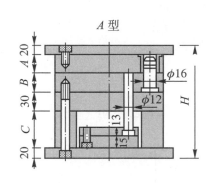

A 型

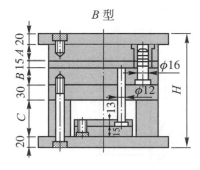

B 型

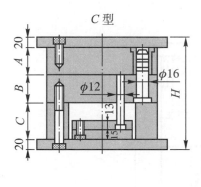

C 型

編號	型模板 A	型模板 B	間隔塊 C	A 型 H	A 型 重量 kg	B 型 H	B 型 重量 kg	C 型 H	C 型 重量 kg
01		20		160	35	175	39	130	28
02		25	50	165	36	180	40	135	29
03		30		170	37	185	41	140	30
04	20	35		175	39	190	43	145	32
05		40		190	41	205	45	160	34
06		50	60	200	43	215	47	170	36
07		60		210	45	225	49	180	38
08		20		165	36	180	40	135	29
09		25	50	170	37	185	41	140	30
10		30		175	39	190	43	145	32
11	25	35		180	40	195	44	150	33
12		40		195	42	210	46	165	35
13		50	60	205	44	220	48	175	37
14		60		215	47	230	51	185	40
15		20		170	37	185	41	140	30
16		25	50	175	39	190	43	145	32
17		30		180	40	195	44	150	33
18	30	35		185	41	200	45	155	34
19		40		200	43	215	47	170	36
20		50	60	210	45	225	49	180	38
21		60		220	48	235	52	190	41
22		20		175	39	190	43	145	32
23		25	50	180	40	195	44	150	33
24		30		185	41	200	45	155	34
25	35	35		190	42	205	46	160	35
26		40		205	44	220	48	175	37
27		50	60	215	47	230	51	185	40
28		60		225	49	240	53	195	42
29		20		180	40	195	44	150	33
30		25	50	185	41	200	45	155	34
31		30		190	42	205	46	160	35
32	40	35		195	43	210	47	175	36
33		40		210	45	225	49	180	38
34		50	60	220	48	235	52	190	41
35		60		230	50	245	54	200	43
36		20		190	42	205	46	160	35
37		25	50	195	43	210	47	165	36
38		30		200	44	215	48	170	37
39	50	35		205	46	220	50	175	39
40		40		220	48	235	52	190	41
41		50	60	230	50	245	54	200	43
42		60		240	52	255	56	210	45
43		20		200	44	215	48	170	37
44		25	50	205	46	220	50	175	39
45		30		210	47	225	51	180	40
46	60	35		215	48	230	52	185	41
47		40		230	50	245	54	200	43
48		50	60	240	52	255	56	210	45
49		60		250	55	265	59	220	48

圖 6.1　二板式 1520 之標準型模座型式及尺寸

表 6.3　二板式模具表示方法

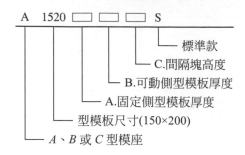

例如：A1520-30-40-60S 即表示如圖 6.2 所示之模座。

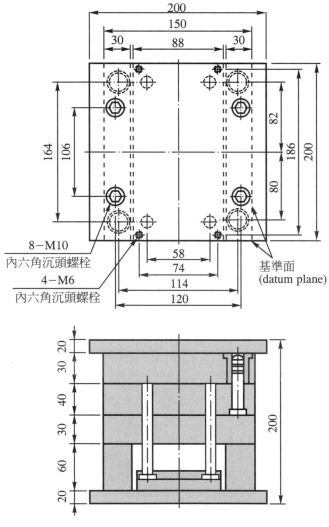

圖 6.2　A1520-30-40-60S 之標準模座

2. 點狀澆口用模具標準模座

(1) 模座型式：如圖 6.3 所示，分 *DA*、*DB*、*DC*、*EA*、*EB*、*EC* 六種型式。*D* 型附有流道剝料板而 *E* 型則無。

(2) 表示方法(訂購方法)：表示方法，如表 6.4 所示。

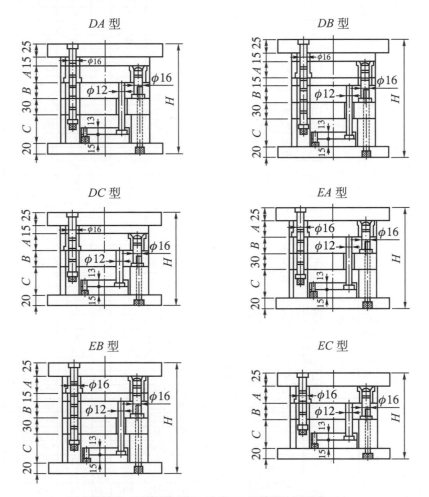

圖 6.3　點狀澆口用 1520 之模座型式及尺寸

點狀澆口 1520 模座尺寸規格														
編號	型模板		間隔塊	DA 型		DB 型		DC 型		EA 型		EB 型		EC 型	
No.	A	B	C	H	重量 kg	H	重量 kg	H	重量 kg	H	重量 kg	H	重量 kg	H	重量 kg
01	20	20	50	180	43	195	47	150	36	165	39	180	43	135	32
02		25		185	44	200	48	155	37	170	40	185	44	140	33
03		30		190	45	205	49	160	38	175	41	190	45	145	34
04		35		195	46	210	50	165	39	180	42	195	46	150	35
05		40	60	210	49	225	53	180	42	195	45	210	49	165	38
06		50		220	51	235	55	190	44	205	47	220	51	175	40
07		60		230	53	245	57	200	46	215	49	230	53	185	42
08	25	20	50	185	44	200	48	155	37	170	40	185	44	140	33
09		25		190	45	205	49	160	38	175	41	190	45	145	34
10		30		195	47	210	51	165	40	180	43	195	47	150	36
11		35		200	48	215	52	170	41	185	44	200	48	155	37
12		40	60	215	50	230	54	185	43	200	46	215	50	170	39
13		50		225	52	240	56	195	45	210	48	225	52	180	41
14		60		235	55	250	59	205	48	220	51	235	55	190	44
15	30	20	50	190	45	205	49	160	38	175	41	190	45	145	34
16		25		195	47	210	51	165	40	180	43	195	47	150	36
17		30		200	48	215	52	170	41	185	44	200	48	155	37
18		35		205	49	220	53	175	42	190	41	205	49	160	38
19		40	60	220	51	235	55	190	44	205	47	220	51	175	40
20		50		230	53	245	57	200	46	215	49	230	53	185	42
21		60		240	56	255	60	210	49	225	52	240	56	195	45
22	35	20	50	195	47	210	51	165	40	180	43	195	47	150	36
23		25		200	48	215	52	170	41	185	44	200	48	155	37
24		30		205	49	220	53	175	42	190	45	205	49	160	38
25		35		210	50	225	54	180	43	195	42	210	50	165	39
26		40	60	225	52	240	56	195	45	210	48	225	52	180	41
27		50		235	55	250	59	205	48	220	51	235	55	190	44
28		60		245	57	260	61	215	50	230	53	245	57	200	46
29	40	20	50	200	48	215	52	170	41	185	44	200	48	155	37
30		25		205	49	220	53	175	42	190	41	205	49	160	38
31		30		210	50	225	54	180	43	195	46	210	50	165	39
32		35		215	51	230	55	185	44	200	47	215	51	170	40
33		40	60	230	53	245	57	200	46	215	49	230	53	185	42
34		50		240	56	255	60	210	49	225	52	240	56	195	45
35		60		250	58	265	62	220	51	235	54	250	58	205	47
36	50	20	50	210	50	225	54	180	43	195	46	210	50	165	39
37		25		215	51	230	55	185	44	200	47	215	51	170	40
38		30		220	53	235	57	190	46	205	49	220	53	175	42
39		35		225	54	240	58	195	47	210	50	225	54	180	43
40		40	60	240	56	255	60	210	49	225	52	240	56	195	45
41		50		250	58	265	62	220	51	235	54	250	58	205	47
42		60		260	61	275	65	230	54	245	57	260	61	215	50
43	60	20	50	220	53	235	57	190	46	205	49	220	53	175	42
44		25		225	54	240	58	195	47	210	50	225	54	180	43
45		30		230	55	245	59	200	48	215	51	230	55	185	44
46		35		235	56	250	60	205	49	220	52	235	56	190	45
47		40	60	250	58	265	62	220	51	235	54	250	58	205	47
48		50		260	61	275	65	230	54	245	57	260	61	215	50
49		60		270	63	285	67	240	56	255	59	270	63	225	52

圖 6.3　點狀澆口用 1520 之模座型式及尺寸 (續)

表 6.4　點狀澆口用模座表示方法

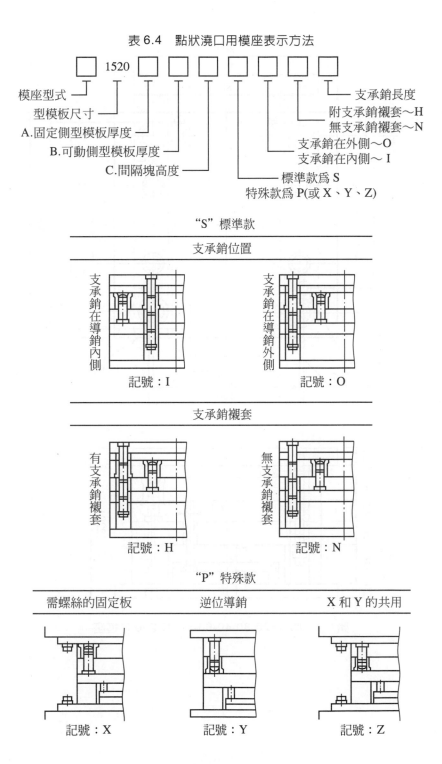

例如：DA1520-30-40-60-S-I-H-200，即表示如圖 6-4 之模座。

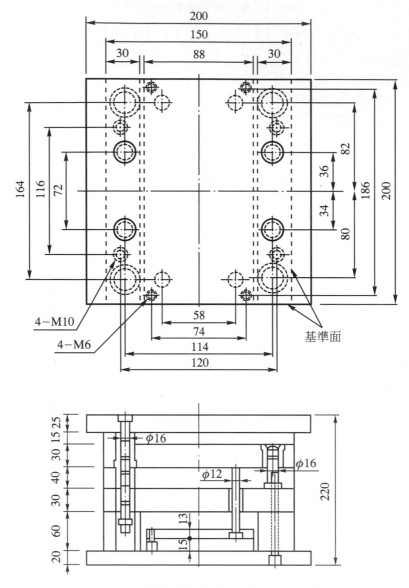

圖 6.4 DA1520-30-40-60-S-I-H-200 之模座

6.2-1　二板式標準模座(two plates mold base)尺寸規格

如圖 6.5 所示。

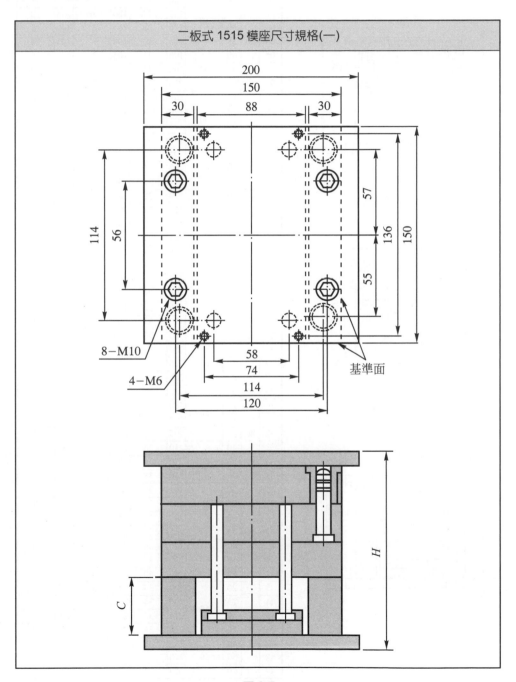

圖 6.5

二板式 1515 模座尺寸規格(二)

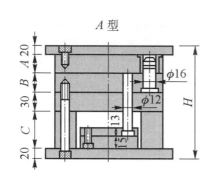

A 型

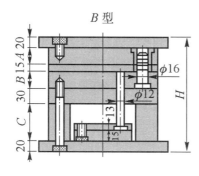

B 型

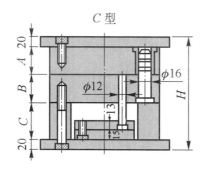

C 型

編號	型模板 A	型模板 B	間隔塊 C	A 型 H	A 型 重量kg	B 型 H	B 型 重量kg	C 型 H	C 型 重量kg
01	20	20	50	160	26	175	29	130	21
02		25	50	165	27	180	30	135	22
03		30	50	170	28	185	31	140	23
04		35	50	175	29	190	32	145	24
05		40	60	190	31	205	34	160	26
06		50	60	200	33	215	36	170	28
07		60	60	210	34	225	37	180	29
08	25	20	50	165	27	180	30	135	22
09		25	50	170	28	185	31	140	23
10		30	50	175	29	190	32	145	24
11		35	50	180	30	195	33	150	25
12		40	60	195	32	210	35	165	27
13		50	60	205	33	220	36	175	28
14		60	60	215	35	230	38	185	30
15	30	20	50	170	28	185	31	140	23
16		25	50	175	29	190	32	145	24
17		30	50	180	30	195	33	150	25
18		35	50	185	31	200	34	155	26
19		40	60	200	33	215	36	170	28
20		50	60	210	34	225	37	180	29
21		60	60	220	36	235	39	190	31
22	35	20	50	175	29	190	32	145	24
23		25	50	180	30	195	33	150	25
24		30	50	185	31	200	34	155	26
25		35	50	190	32	205	35	160	27
26		40	60	205	33	220	36	175	28
27		50	60	215	35	230	38	185	30
28		60	60	225	37	240	40	195	32
29	40	20	50	180	30	195	33	150	25
30		25	50	185	31	200	34	155	26
31		30	50	190	32	205	35	160	27
32		35	50	195	33	210	36	175	28
33		40	60	210	34	225	37	180	29
34		50	60	220	36	235	39	190	31
35		60	60	230	38	245	41	200	33
36	50	20	50	190	32	205	35	160	27
37		25	50	195	33	210	36	165	28
38		30	50	200	34	215	37	170	29
39		35	50	205	34	220	37	175	29
40		40	60	220	36	235	39	190	31
41		50	60	230	38	245	41	200	33
42		60	60	240	40	255	43	210	35
43	60	20	50	200	34	215	37	170	29
44		25	50	205	34	220	37	175	29
45		30	50	210	35	225	38	180	30
46		35	50	215	36	230	39	185	31
47		40	60	230	38	245	41	200	33
48		50	60	240	40	255	43	210	35
49		60	60	250	41	265	44	220	36

圖 6.5 (續)

二板式 1518 模座尺寸規格(一)

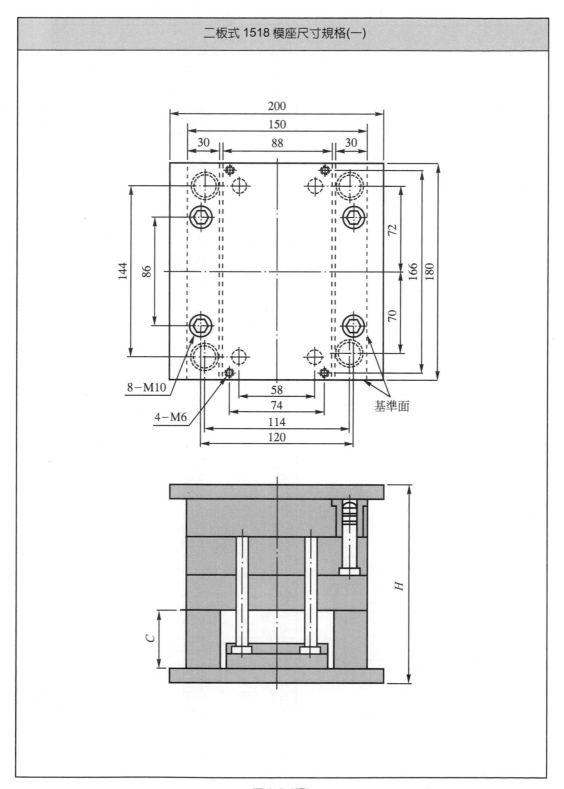

圖 6.5 (續)

二板式 1518 模座尺寸規格(二)

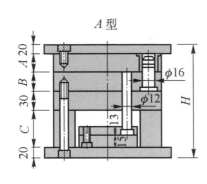

A 型

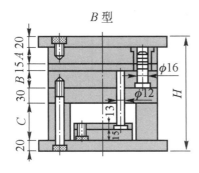

B 型

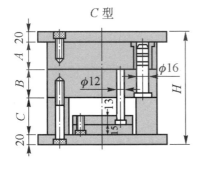

C 型

編號	型模板		間隔塊	A 型		B 型		C 型	
	A	B	C	H	重量 kg	H	重量 kg	H	重量 kg
01	20	20	50	160	31	175	34	130	25
02		25	50	165	32	180	35	135	26
03		30	50	170	33	185	36	140	27
04		35	50	175	34	190	37	145	28
05		40	60	190	36	205	39	160	30
06		50	60	200	38	215	41	170	32
07		60	60	210	41	225	44	180	35
08	25	20	50	165	32	180	35	135	26
09		25	50	170	33	185	36	140	27
10		30	50	175	34	190	37	145	28
11		35	50	180	35	195	38	150	29
12		40	60	195	37	210	40	165	31
13		50	60	205	39	220	42	175	33
14		60	60	215	42	230	45	185	36
15	30	20	50	170	33	185	36	140	27
16		25	50	175	34	190	37	145	28
17		30	50	180	35	195	38	150	29
18		35	50	185	36	200	39	155	30
19		40	60	200	38	215	41	170	32
20		50	60	210	41	225	44	180	35
21		60	60	220	43	235	46	190	37
22	35	20	50	175	34	190	37	145	28
23		25	50	180	35	195	38	150	29
24		30	50	185	36	200	39	155	30
25		35	50	190	38	205	41	160	32
26		40	60	205	39	220	42	175	33
27		50	60	215	42	230	45	185	36
28		60	60	225	44	240	47	195	38
29	40	20	50	180	35	195	38	150	29
30		25	50	185	36	200	39	155	30
31		30	50	190	38	205	41	160	32
32		35	50	195	39	210	42	175	33
33		40	60	210	41	225	44	180	35
34		50	60	220	42	235	45	190	36
35		60	60	230	45	245	48	200	39
36	50	20	50	190	38	205	41	160	32
37		25	50	195	39	210	42	165	33
38		30	50	200	40	215	43	170	35
39		35	50	205	41	220	44	175	35
40		40	60	220	42	235	45	190	36
41		50	60	230	45	245	48	200	39
42		60	60	240	47	255	50	210	41
43	60	20	50	200	40	215	43	170	34
44		25	50	205	41	220	44	175	35
45		30	50	210	42	225	45	180	36
46		35	50	215	43	230	46	185	37
47		40	60	230	45	245	48	200	39
48		50	60	240	47	255	50	210	41
49		60	60	250	49	265	52	220	43

圖 6.5 (續)

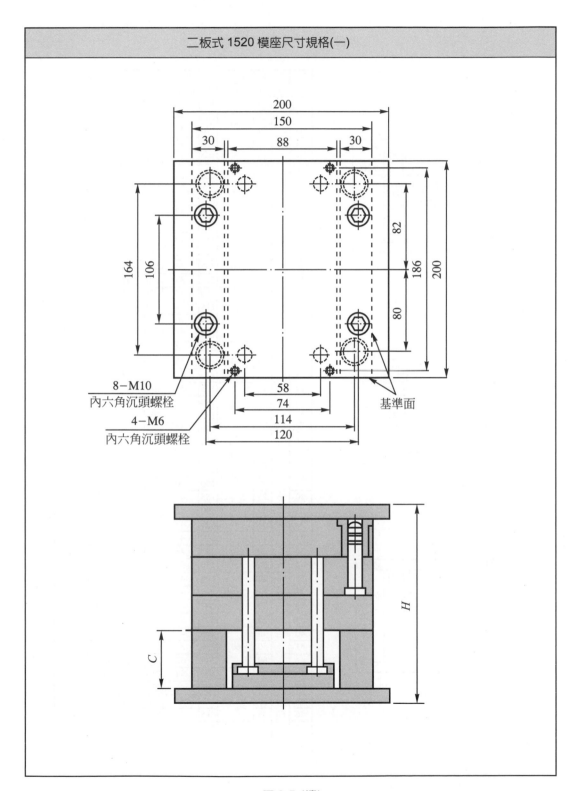

二板式 1520 模座尺寸規格(一)

圖 6.5 (續)

二板式 1520 模座尺寸規格(二)

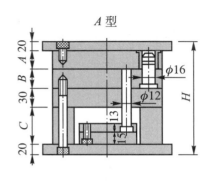

A 型

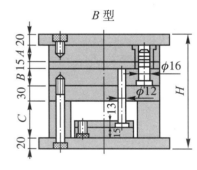

B 型

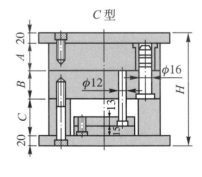

C 型

編號	型模板 A	型模板 B	間隔塊 C	A型 H	A型 重量 kg	B型 H	B型 重量 kg	C型 H	C型 重量 kg
01		20		160	35	175	39	130	28
02		25	50	165	36	180	40	135	29
03		30		170	37	185	41	140	30
04	20	35		175	39	190	43	145	32
05		40		190	41	205	45	160	34
06		50	60	200	43	215	47	170	36
07		60		210	45	225	49	180	38
08		20		165	36	180	40	135	29
09		25	50	170	37	185	41	140	30
10		30		175	39	190	43	145	32
11	25	35		180	40	195	44	150	33
12		40		195	42	210	46	165	35
13		50	60	205	44	220	48	175	37
14		60		215	47	230	51	185	40
15		20		170	37	185	41	140	30
16		25	50	175	39	190	43	145	32
17		30		180	40	195	44	150	33
18	30	35		185	41	200	45	155	34
19		40		200	43	215	46	170	36
20		50	60	210	45	225	48	180	38
21		60		220	48	235	51	190	41
22		20		175	39	190	53	145	32
23		25	50	180	40	195	44	150	33
24		30		185	41	200	45	155	34
25	35	35		190	42	205	46	160	35
26		40		205	44	220	48	175	37
27		50	60	215	47	230	51	185	40
28		60		225	49	240	53	195	42
29		20		180	40	195	44	150	33
30		25	50	185	41	200	45	155	34
31		30		190	42	205	46	160	35
32	40	35		195	43	210	47	175	36
33		40		210	45	225	49	180	38
34		50	60	220	48	235	52	190	41
35		60		230	50	245	54	200	43
36		20		190	42	205	46	160	35
37		25	50	195	43	210	47	165	36
38		30		200	44	215	48	170	37
39	50	35		205	46	220	50	175	39
40		40		220	48	235	52	190	41
41		50	60	230	50	245	54	200	43
42		60		240	52	255	56	210	45
43		20		200	44	215	48	170	37
44		25	50	205	46	220	50	175	39
45		30		210	47	225	51	180	40
46	60	35		215	48	230	52	185	41
47		40		230	50	245	54	200	43
48		50	60	240	52	255	56	210	45
49		60		250	55	265	59	220	48

圖 6.5 (續)

二板式 1523 模座尺寸規格(一)

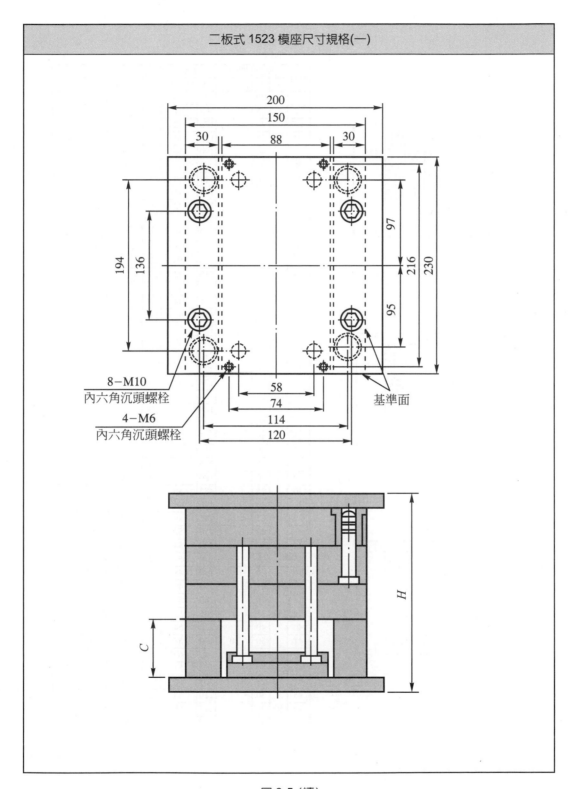

圖 6.5 (續)

二板式 1523 模座尺寸規格(二)

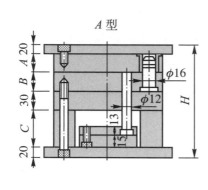

A 型

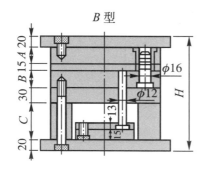

B 型

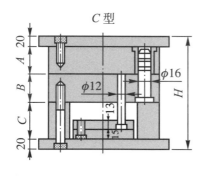

C 型

編號	型模板 A	型模板 B	間隔塊 C	A型 H	A型 重量kg	B型 H	B型 重量kg	C型 H	C型 重量kg
01	20	20	50	160	40	175	44	130	32
02		25	50	165	41	180	45	135	33
03		30	50	170	42	185	46	140	34
04		35	50	175	44	190	49	145	36
05		40	60	190	46	205	50	160	38
06		50	60	200	49	215	53	170	41
07		60	60	210	52	225	56	180	44
08	25	20	50	165	41	180	45	135	33
09		25	50	170	42	185	46	140	34
10		30	50	175	44	190	49	145	36
11		35	50	180	45	195	50	150	39
12		40	60	195	48	210	52	165	40
13		50	60	205	50	220	54	175	44
14		60	60	215	53	230	57	185	45
15	30	20	50	170	42	185	46	140	34
16		25	50	175	44	190	48	145	36
17		30	50	180	45	195	49	150	37
18		35	50	185	46	200	50	155	38
19		40	60	200	49	215	53	170	41
20		50	60	210	52	225	56	180	44
21		60	60	220	54	235	58	190	46
22	35	20	50	175	44	190	48	145	36
23		25	50	180	45	195	49	150	37
24		30	50	185	46	200	50	155	38
25		35	50	190	48	205	52	160	41
26		40	60	205	50	220	54	175	42
27		50	60	215	53	230	57	185	45
28		60	60	225	56	240	60	195	48
29	40	20	50	180	45	195	49	150	38
30		25	50	185	46	200	50	155	38
31		30	50	190	48	205	52	160	40
32		35	50	195	49	210	53	175	41
33		40	60	210	52	225	56	180	44
34		50	60	220	54	235	58	190	46
35		60	60	230	57	245	61	200	49
36	50	20	50	190	48	205	52	160	40
37		25	50	195	49	210	53	165	41
38		30	50	200	51	215	55	170	43
39		35	50	205	52	220	56	175	44
40		40	60	220	54	235	58	190	46
41		50	60	230	57	245	61	200	49
42		60	60	240	60	255	64	210	52
43	60	20	50	200	51	215	55	170	43
44		25	50	205	52	220	56	175	44
45		30	50	210	53	225	57	180	45
46		35	50	215	55	230	59	185	47
47		40	60	230	57	245	61	200	49
48		50	60	240	60	255	64	210	52
49		60	60	250	63	265	67	220	55

圖 6.5 (續)

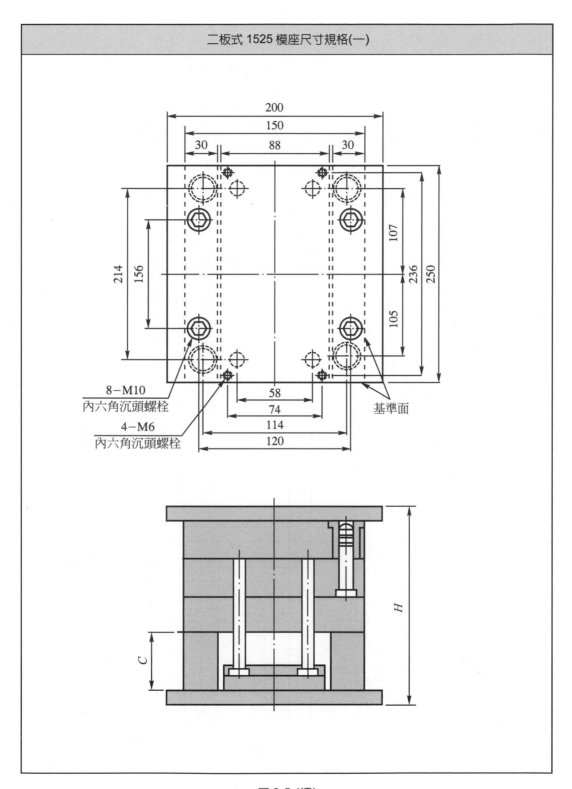

圖 6.5 (續)

二板式 1525 模座尺寸規格(二)

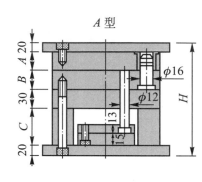

A 型

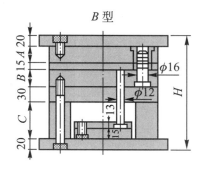

B 型

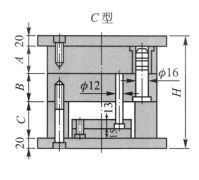

C 型

編號	型模板		間隔塊	A 型		B 型		C 型	
	A	B	C	H	重量 kg	H	重量 kg	H	重量 kg
01		20		160	43	175	48	130	34
02		25		165	45	180	50	135	36
03		30	50	170	46	185	51	140	37
04	20	35		175	48	190	53	145	39
05		40		190	51	205	56	160	42
06		50	60	200	54	215	57	170	45
07		60		210	56	225	61	180	47
08		20		165	45	180	50	135	36
09		25		170	46	185	51	140	37
10		30	50	175	48	190	53	145	39
11	25	35		180	49	195	54	150	40
12		40		195	52	210	57	165	43
13		50	60	205	55	220	60	175	46
14		60		215	58	230	63	185	49
15		20		170	46	185	51	140	37
16		25		175	48	190	53	145	39
17		30	50	180	49	195	54	150	40
18	30	35		185	51	200	56	155	42
19		40		200	54	215	59	170	45
20		50	60	210	56	225	61	180	47
21		60		220	59	235	64	190	50
22		20		175	48	190	53	145	39
23		25		180	49	195	54	150	40
24		30	50	185	51	200	56	155	42
25	35	35		190	52	205	57	160	43
26		40		205	55	220	60	175	46
27		50	60	215	58	230	63	185	49
28		60		225	61	240	66	195	52
29		20		180	49	195	54	150	40
30		25		185	51	200	56	155	42
31		30	50	190	52	205	57	160	43
32	40	35		195	54	210	59	175	45
33		40		210	56	225	61	180	47
34		50	60	220	59	235	64	190	50
35		60		230	62	245	67	200	52
36		20		190	52	205	57	160	43
37		25		195	54	210	59	165	45
38		30	50	200	55	215	60	170	46
39	50	35		205	57	220	62	175	48
40		40		220	59	235	64	190	50
41		50	60	230	62	245	67	200	52
42		60		240	65	255	70	210	56
43		20		200	55	215	60	170	46
44		25		205	57	220	62	175	48
45		30	50	210	58	225	63	180	49
46	60	35		215	60	230	65	185	51
47		40		230	62	245	67	200	53
48		50	60	240	65	255	70	210	56
49		60		250	68	265	73	220	59

圖 6.5 (續)

6.2-2　點狀澆口用標準模座(point gate mold base)尺寸規格

如圖 6.6 所示。

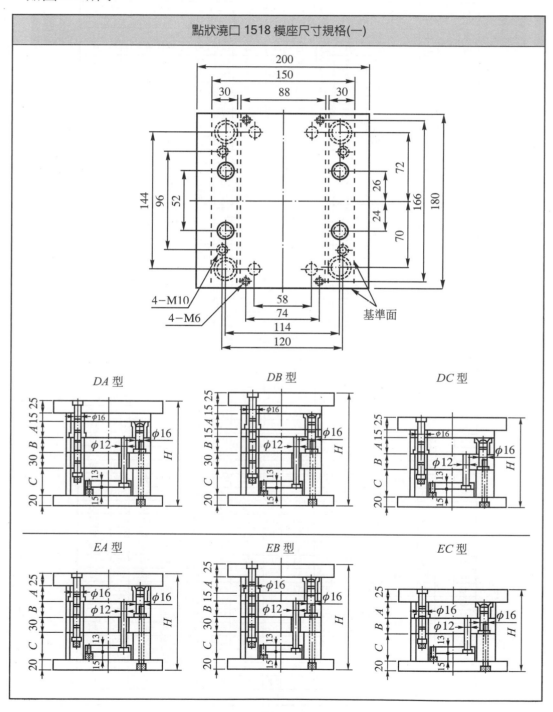

圖 6.6

	型模板		間隔塊	DA 型		DB 型		DC 型		EA 型		EB 型		EC 型	
編號 No.	A	B	C	H	重量 kg	H	重量 kg	H	重量 kg	H	重量 kg	H	重量 kg	H	重量 kg
01	20	20	50	180	39	195	42	150	33	165	36	180	39	135	30
02		25		185	40	200	43	155	34	170	37	185	40	140	31
03		30		190	41	205	44	160	35	175	38	190	41	145	32
04		35		195	42	210	45	165	36	180	39	195	42	150	33
05		40	60	210	44	225	47	180	38	195	41	210	44	165	35
06		50		220	46	235	49	190	40	205	43	220	46	175	37
07		60		230	48	245	51	200	42	215	45	230	48	185	39
08	25	20	50	185	40	200	43	155	34	170	37	185	40	140	31
09		25		190	41	205	44	160	35	175	38	190	41	145	32
10		30		195	42	210	45	165	36	180	39	195	42	150	33
11		35		200	43	215	46	170	37	185	40	200	43	155	34
12		40	60	215	45	230	48	185	39	200	41	215	45	170	36
13		50		225	47	240	50	195	41	210	44	225	47	180	38
14		60		235	49	250	52	205	43	220	46	235	49	190	40
15	30	20	50	190	41	205	44	160	35	175	38	190	41	145	32
16		25		195	42	210	45	165	36	180	39	195	42	150	33
17		30		200	43	215	46	170	37	185	40	200	43	155	34
18		35		205	44	220	47	175	38	190	41	205	44	160	38
19		40	60	220	46	235	49	190	40	205	43	220	46	175	40
20		50		230	48	245	51	200	42	215	45	230	48	185	42
21		60		240	50	255	53	210	44	225	47	240	50	195	41
22	35	20	50	195	42	210	45	165	36	180	39	195	42	150	33
23		25		200	43	215	46	170	37	185	40	200	43	155	34
24		30		205	44	220	47	175	38	190	41	205	44	160	35
25		35		210	45	225	48	180	39	195	42	210	45	165	36
26		40	60	225	47	240	50	195	41	210	44	225	47	180	38
27		50		235	49	250	52	205	43	220	46	235	49	190	40
28		60		245	51	260	54	215	45	230	48	245	51	200	42
29	40	20	50	200	43	215	46	170	37	185	40	200	43	155	34
30		25		205	44	220	47	175	38	190	41	205	44	160	35
31		30		210	45	225	48	180	39	195	42	210	45	165	36
32		35		215	46	230	49	185	40	200	43	215	46	170	37
33		40	60	230	48	245	51	200	42	215	45	230	48	185	39
34		50		240	50	255	53	210	44	225	47	240	50	195	41
35		60		250	52	265	55	220	46	235	49	250	52	205	43
36	50	20	50	210	45	225	48	180	39	195	42	210	45	165	36
37		25		215	46	230	49	185	40	200	43	215	46	170	37
38		30		220	47	235	50	190	41	205	44	220	47	175	38
39		35		225	48	240	51	195	42	210	45	225	48	180	39
40		40	60	240	50	255	53	210	44	225	47	240	50	195	41
41		50		250	52	265	55	220	46	235	49	250	52	205	43
42		60		260	54	275	57	230	48	245	51	260	54	215	45
43	60	20	50	220	47	235	50	190	41	205	44	220	47	175	38
44		25		225	48	240	51	195	42	210	45	225	48	180	39
45		30		230	49	245	52	200	43	215	46	230	49	185	40
46		35		235	50	250	53	205	44	220	47	235	50	190	41
47		40	60	250	52	265	55	220	46	235	49	250	52	205	43
48		50		260	54	275	57	230	48	245	51	260	54	215	45
49		60		270	57	285	60	240	51	255	54	270	57	225	48

點狀澆口 1518 模座尺寸規格(二)

圖 6.6 (續)

點狀澆口 1520 模座尺寸規格(一)

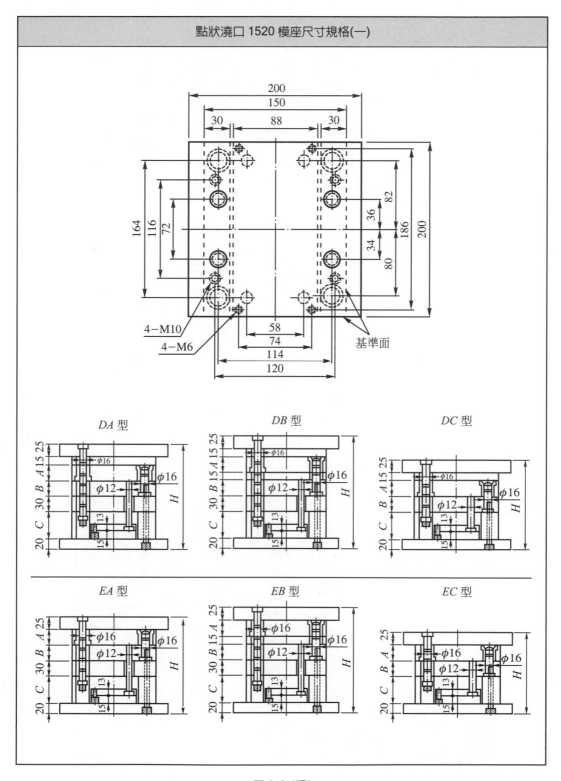

圖 6.6 (續)

點狀澆口 1520 模座尺寸規格

編號 No.	型模板 A	B	間隔塊 C	DA 型 H	重量 kg	DB 型 H	重量 kg	DC 型 H	重量 kg	EA 型 H	重量 kg	EB 型 H	重量 kg	EC 型 H	重量 kg
01		20		180	43	195	47	150	36	165	39	180	43	135	32
02		25	50	185	44	200	48	155	37	170	40	185	44	140	33
03		30		190	45	205	49	160	38	175	41	190	45	145	34
04	20	35		195	46	210	50	165	39	180	42	195	46	150	35
05		40		210	49	225	53	180	42	195	45	210	49	165	38
06		50	60	220	51	235	55	190	44	205	47	220	51	175	40
07		60		230	53	245	57	200	46	215	49	230	53	185	42
08		20		185	44	200	48	155	37	170	40	185	44	140	33
09		25	50	190	45	205	49	160	38	175	41	190	45	145	34
10		30		195	47	210	51	165	40	180	43	195	47	150	36
11	25	35		200	48	215	52	170	41	185	44	200	48	155	37
12		40		215	50	230	54	185	43	200	46	215	50	170	39
13		50	60	225	52	240	56	195	45	210	48	225	52	180	41
14		60		235	55	250	59	205	48	220	51	235	55	190	44
15		20		190	45	205	49	160	38	175	41	190	45	145	34
16		25	50	195	47	210	51	165	40	180	43	195	47	150	36
17		30		200	48	215	52	170	41	185	44	200	48	155	37
18	30	35		205	49	220	53	175	42	190	41	205	49	160	38
19		40		220	51	235	55	190	44	205	47	220	51	175	40
20		50	60	230	53	245	57	200	46	215	49	230	53	185	42
21		60		240	56	255	60	210	49	225	52	240	56	195	45
22		20		195	47	210	51	165	40	180	43	195	47	150	36
23		25	50	200	48	215	52	170	41	185	44	200	48	155	37
24		30		205	49	220	53	175	42	190	45	205	49	160	38
25	35	35		210	50	225	54	180	43	195	42	210	50	165	39
26		40		225	52	240	56	195	45	210	48	225	52	180	41
27		50	60	235	55	250	59	205	48	220	51	235	55	190	44
28		60		245	57	260	61	215	50	230	53	245	57	200	46
29		20		200	48	215	52	170	41	185	44	200	48	155	37
30		25	50	205	49	220	53	175	42	190	41	205	49	160	38
31		30		210	50	225	54	180	43	195	46	210	50	165	39
32	40	35		215	51	230	55	185	44	200	47	215	51	170	40
33		40		230	53	245	57	200	46	215	49	230	53	185	42
34		50	60	240	56	255	60	210	49	225	52	240	56	195	45
35		60		250	58	265	62	220	51	235	54	250	58	205	47
36		20		210	50	225	54	180	43	195	46	210	50	165	39
37		25	50	215	51	230	55	185	44	200	47	215	51	170	40
38		30		220	53	235	57	190	46	205	49	220	53	175	42
39	50	35		225	54	240	58	195	47	210	50	225	54	180	43
40		40		240	56	255	60	210	49	225	52	240	56	195	45
41		50	60	250	58	265	62	220	51	235	54	250	58	205	47
42		60		260	61	275	65	230	54	245	57	260	61	215	50
43		20		220	53	235	57	190	46	205	49	220	53	175	42
44		25	50	225	54	240	58	195	47	210	50	225	54	180	43
45		30		230	55	245	59	200	48	215	51	230	55	185	44
46	60	35		235	56	250	60	205	49	220	52	235	56	190	45
47		40		250	58	265	62	220	51	235	54	250	58	205	47
48		50	60	260	61	275	65	230	54	245	57	260	61	215	50
49		60		270	63	285	67	240	56	255	59	270	63	225	52

圖 6.6 (續)

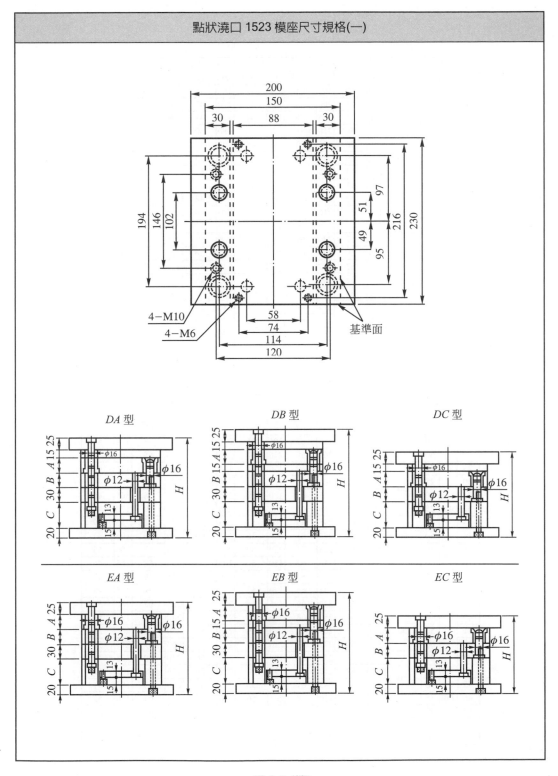

圖 6.6 (續)

				點狀澆口 1523 模座尺寸規格(二)									

編號	型模板		間隔塊	DA 型		DB 型		DC 型		EA 型		EB 型		EC 型	
No.	A	B	C	H	重量 kg	H	重量 kg	H	重量 kg	H	重量 kg	H	重量 kg	H	重量 kg
01		20		180	49	195	53	150	41	165	45	180	49	135	37
02		25	50	185	51	200	55	155	43	170	47	185	51	140	39
03		30		190	52	205	56	160	44	175	48	190	52	145	40
04	20	35		195	54	210	58	165	46	180	50	195	54	150	42
05		40		210	56	225	60	180	48	195	52	210	56	165	44
06		50	60	220	59	235	63	190	51	205	55	220	59	175	47
07		60		230	53	245	65	200	53	215	57	230	61	185	49
08		20		185	51	200	55	155	43	170	47	185	51	140	39
09		25	50	190	52	205	56	160	44	175	48	190	52	145	40
10		30		195	53	210	57	165	45	180	49	195	53	150	41
11	25	35		200	55	215	59	170	47	185	51	200	55	155	43
12		40		215	57	230	61	185	49	200	53	215	57	170	45
13		50	60	225	60	240	64	195	52	210	56	225	60	180	48
14		60		235	63	250	67	205	55	220	59	235	63	190	51
15		20		190	52	205	56	160	44	175	48	190	52	145	40
16		25	50	195	54	210	58	165	46	180	50	195	54	150	42
17		30		200	55	215	59	170	47	185	51	200	55	155	43
18	30	35		205	56	220	60	175	48	190	52	205	56	160	44
19		40		220	59	235	63	190	51	205	55	220	59	175	47
20		50	60	230	61	245	65	200	53	215	57	230	61	185	49
21		60		240	64	255	68	210	56	225	60	240	64	195	52
22		20		195	53	210	57	165	45	180	49	195	53	150	41
23		25	50	200	55	215	59	170	47	185	51	200	55	155	43
24		30		205	56	220	60	175	48	190	52	205	56	160	44
25	35	35		210	58	225	62	180	50	195	54	210	58	165	46
26		40		225	60	240	64	195	52	210	56	225	60	180	48
27		50	60	235	63	250	67	205	55	220	59	235	63	190	51
28		60		245	65	260	69	215	57	230	61	245	65	200	53
29		20		200	55	215	59	170	47	185	51	200	55	155	43
30		25	50	205	56	220	60	175	48	190	52	205	56	160	44
31		30		210	58	225	62	180	50	195	54	210	58	165	46
32	40	35		215	59	230	63	185	51	200	55	215	59	170	47
33		40		230	61	245	65	200	53	215	57	230	61	185	49
34		50	60	240	64	255	68	210	56	225	60	240	64	195	52
35		60		250	67	265	71	220	59	235	63	250	67	205	55
36		20		210	58	225	62	180	50	195	54	210	58	165	46
37		25	50	215	59	230	63	185	51	200	55	215	59	170	47
38		30		220	60	235	64	190	52	205	56	220	60	175	48
39	50	35		225	62	240	66	195	54	210	58	225	62	180	50
40		40		240	64	255	68	210	56	225	60	240	64	195	52
41		50	60	250	67	265	71	220	59	235	63	250	67	205	55
42		60		260	69	275	73	230	61	245	65	260	69	215	57
43		20		220	60	235	64	190	52	205	56	220	60	175	48
44		25	50	225	62	240	66	195	54	210	58	225	62	180	50
45		30		230	63	245	67	200	55	215	59	230	63	185	51
46	60	35		235	64	250	68	205	56	220	60	235	64	190	52
47		40		250	67	265	71	220	59	235	63	250	67	205	55
48		50	60	260	70	275	74	230	62	245	66	260	70	215	58
49		60		270	72	285	76	240	64	255	68	270	72	225	60

圖 6.6 (續)

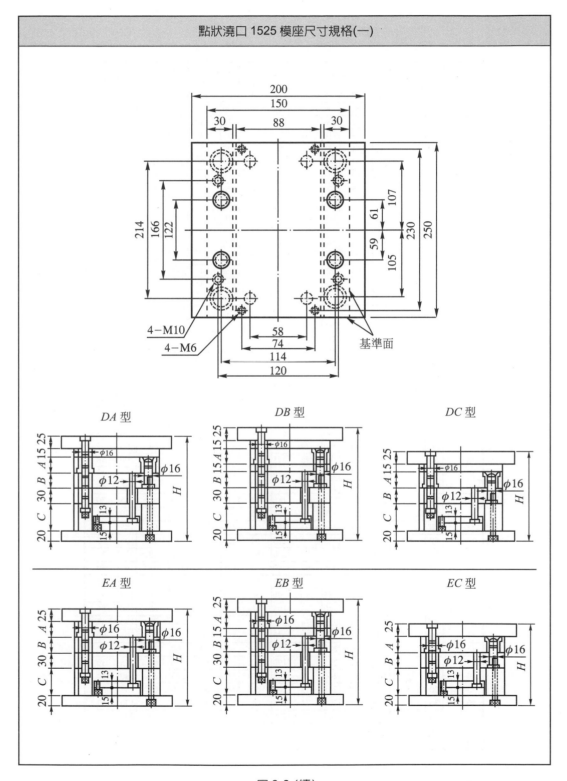

點狀澆口 1525 模座尺寸規格(一)

DA 型　　　　DB 型　　　　DC 型

EA 型　　　　EB 型　　　　EC 型

圖 6.6 (續)

點狀澆口 1525 模座尺寸規格(二)

編號 No.	型模板 A	型模板 B	間隔塊 C	DA型 H	DA型 重量kg	DB型 H	DB型 重量kg	DC型 H	DC型 重量kg	EA型 H	EA型 重量kg	EB型 H	EB型 重量kg	EC型 H	EC型 重量kg
01		20		180	54	195	58	150	45	165	50	180	54	135	41
02		25		185	55	200	59	155	46	170	51	185	55	140	42
03		30	50	190	57	205	61	160	48	175	53	190	57	145	44
04	20	35		195	58	210	62	165	49	180	54	195	58	150	45
05		40		210	61	225	60	180	52	195	57	210	61	165	48
06		50	60	220	64	235	63	190	55	205	60	220	64	175	51
07		60		230	67	245	71	200	58	215	63	230	67	185	54
08		20		185	55	200	59	155	46	170	51	185	55	140	42
09		25		190	57	205	61	160	48	175	53	190	57	145	44
10		30	50	195	58	210	62	165	49	180	54	195	58	150	45
11	25	35		200	60	215	64	170	51	185	56	200	60	155	47
12		40		215	62	230	66	185	53	200	58	215	62	170	49
13		50	60	225	65	240	69	195	52	210	61	225	65	180	52
14		60		235	68	250	72	205	59	220	64	235	68	190	55
15		20		190	57	205	61	160	48	175	53	190	57	145	44
16		25		195	58	210	62	165	49	180	54	195	58	150	45
17		30	50	200	60	215	64	170	51	185	56	200	60	155	47
18	30	35		205	61	220	65	175	52	190	57	205	61	160	48
19		40		220	64	235	68	190	55	205	60	220	64	175	51
20		50	60	230	67	245	71	200	58	215	63	230	67	185	54
21		60		240	70	255	74	210	61	225	66	240	70	195	57
22		20		195	58	210	62	165	49	180	55	195	58	150	45
23		25		200	60	215	64	170	51	185	51	200	60	155	47
24		30	50	205	61	220	65	175	52	190	52	205	61	160	48
25	35	35		210	63	225	67	180	54	195	59	210	63	165	50
26		40		225	65	240	69	195	56	210	61	225	65	180	52
27		50	60	235	68	250	72	205	59	220	64	235	68	190	55
28		60		245	71	260	75	215	62	230	67	245	71	200	58
29		20		200	60	215	64	170	51	185	56	200	60	155	47
30		25		205	61	220	65	175	52	190	57	205	61	160	48
31		30	50	210	63	225	67	180	54	195	59	210	63	165	50
32	40	35		215	64	230	68	185	55	200	60	215	64	170	51
33		40		230	67	245	71	200	58	215	63	230	67	185	54
34		50	60	240	70	255	74	210	61	225	66	240	70	195	57
35		60		250	73	265	77	220	64	235	69	250	73	205	60
36		20		210	63	225	62	180	54	195	59	210	63	165	50
37		25		215	64	230	68	185	55	200	60	215	64	170	51
38		30	50	220	66	235	70	190	57	205	62	220	66	175	53
39	50	35		225	67	240	71	195	58	210	63	225	67	180	54
40		40		240	70	255	74	210	61	225	66	240	70	195	57
41		50	60	250	73	265	77	220	64	235	69	250	73	205	60
42		60		260	76	275	80	230	67	245	72	260	76	215	63
43		20		220	66	235	70	190	57	205	62	220	66	175	53
44		25		225	67	240	71	195	58	210	63	225	67	180	54
45		30	50	230	69	245	73	200	60	215	65	230	69	185	56
46	60	35		235	70	250	74	205	61	220	66	235	70	190	57
47		40		250	73	265	77	220	64	235	69	250	73	205	60
48		50	60	260	76	275	80	230	67	245	72	260	76	215	63
49		60		270	79	285	83	240	70	255	75	270	79	225	66

圖 6.6 (續)

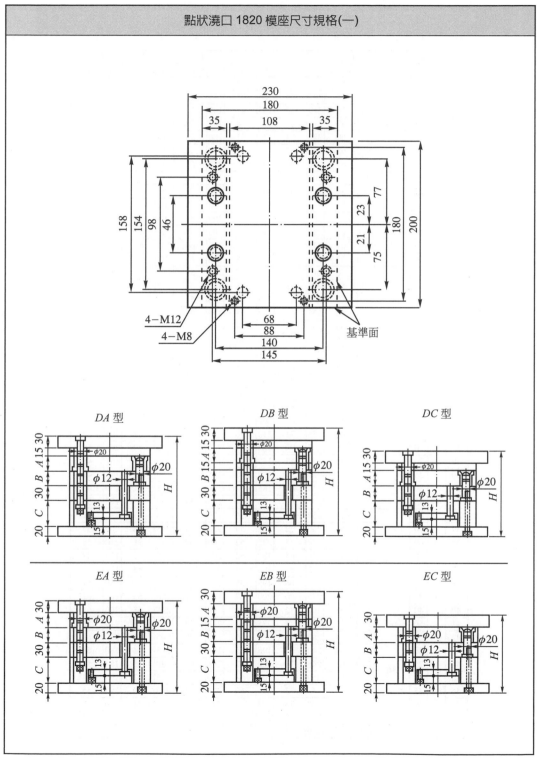

圖 6.6 (續)

		點狀澆口 1820 模座尺寸規格(二)												

編號	型模板		間隔塊	DA 型		DB 型		DC 型		EA 型		EB 型		EC 型	
No.	A	B	C	H	重量 kg	H	重量 kg	H	重量 kg	H	重量 kg	H	重量 kg	H	重量 kg
01		20		185	53	200	57	155	44	170	49	185	53	140	40
02		25		190	54	205	58	160	45	175	50	190	54	145	41
03		30	50	195	56	210	60	165	47	180	51	195	55	155	42
04	20	35		200	57	215	61	170	48	185	53	200	57	155	44
05		40		205	60	220	64	175	51	200	55	215	59	170	46
06		50	60	225	63	240	67	195	54	210	58	225	62	180	49
07		60		235	65	250	69	205	56	220	61	235	65	190	52
08		20		190	54	205	58	160	45	175	50	190	54	145	41
09		25		195	56	210	60	165	47	180	51	195	55	150	42
10		30	50	200	57	215	61	170	48	185	53	200	57	155	44
11	25	35		205	59	220	63	175	50	190	54	205	58	160	45
12		40		220	61	235	65	190	52	205	57	220	61	175	48
13		50	60	230	64	245	68	200	55	215	60	230	64	185	51
14		60		240	67	255	71	210	58	225	63	240	67	195	54
15		20		195	56	210	60	165	47	180	51	195	55	150	42
16		25		200	57	215	61	170	48	185	53	200	57	155	44
17		30	50	205	59	220	63	175	50	190	54	205	58	160	45
18	30	35		210	60	225	64	180	51	195	56	210	60	165	47
19		40		225	63	240	67	195	54	210	58	225	62	180	49
20		50	60	235	65	250	69	205	56	220	61	235	65	190	52
21		60		245	68	260	72	215	59	230	64	245	68	200	55
22		20		200	57	215	61	170	48	185	53	200	57	155	44
23		25		205	59	220	63	175	50	190	54	205	58	160	45
24		30	50	210	60	225	64	180	51	195	56	210	60	165	47
25	35	35		215	63	230	67	185	54	200	57	215	61	170	48
26		40		230	64	245	68	200	55	215	60	230	64	185	51
27		50	60	240	67	255	71	210	58	225	63	240	67	195	54
28		60		250	70	265	74	220	61	235	65	250	69	205	56
29		20		205	59	220	63	175	50	190	54	205	58	160	45
30		25		210	60	225	64	180	51	195	56	210	60	165	47
31		30	50	215	61	230	65	185	54	200	57	215	61	170	48
32	40	35		220	63	235	67	190	54	205	59	220	63	175	50
33		40		235	65	250	69	205	56	220	61	235	65	190	52
34		50	60	245	68	260	72	215	59	230	64	245	68	200	55
35		60		255	71	270	75	225	62	240	67	255	71	210	58
36		20		215	61	230	65	185	52	200	57	215	61	170	48
37		25		220	63	235	67	190	54	205	59	220	63	175	50
38		30	50	225	64	240	68	195	55	210	60	225	64	180	51
39	50	35		230	66	245	70	200	57	215	61	230	65	185	52
40		40		245	68	260	72	215	59	230	64	245	68	200	55
41		50	60	255	71	270	75	225	62	240	67	255	71	210	58
42		60		265	74	280	78	235	65	250	70	265	74	220	61
43		20		225	64	240	68	195	55	210	60	225	64	180	51
44		25		230	66	245	70	200	57	215	61	230	65	185	52
45		30	50	235	67	250	71	205	58	220	63	235	67	190	54
46	60	35		240	69	255	73	210	60	225	64	240	68	195	55
47		40		255	71	270	75	225	62	240	67	255	71	210	58
48		50	60	265	74	280	78	235	65	250	70	265	74	220	61
49		60		275	77	290	81	245	68	260	72	275	76	230	63

圖 6.6 (續)

■ 6.3 模板(mold plate)

圖 6.7 為模板尺寸規格。

模板(mold plate)尺寸規格

1.適用範圍：本規格適用於射出成形模具用模板。規定對象為：固定側型模板，可動側
　型模板，承板及剝料板
2.材料：原則上使用材料為 S50C，S55C，SCM4(S40CrMo)，SK_7 (S65C(T))
3.形狀尺寸：表列尺寸之公差，適用 JIS B 0405 精級公差或 SNS4018 規定之 1 級者

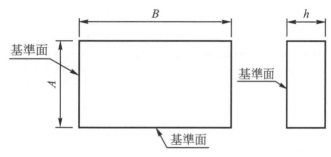

單位：mm

A	B	h
150	100　150　200　250　280　300　320　350	20　25　30　35　40　45　50
180	180　200　220　250　300　350　400	20　25　30　35　40　45　50
200	200　220　240　250　270　300　350　400　450	20　25　30　35　40　45　50　60
250	230　240　300　270　300　350　400　450　500	20　25　30　40　50　60　70　80
300	290　300　350　350　400　450　500　550	20　25　30　40　50　60　70　80　90
350	330　350　400　450　500　550　600	25　30　40　50　60　70　80　90　100
400	330　400　450　500　550　600　650　700	30　40　50　60　70　80　90　100
450	330　450　500　550　600　650　700　800	30　40　50　60　70　80　90　100　120　140
500	330　500　700　600　650　700　800	30　40　50　60　70　80　90　100　120　140
600	600　700　800	40　60　70　70　80　100　120　140　160
700	700　800　900	50　70　80　80　100　120　140　160
800	800　900　1000	60　80　100　120　140　160

4.品質：
　4.1　外觀及內部不得有傷痕、裂紋、銹蝕等瑕疵，加工情況必需良好
　4.2　加工基準面精度
　　4.2-1　平面度：300mm 長，0.02mm 以內
　　4.2-2　平行度：加工面平行度，300mm 長，0.02mm 以內
　　4.2-3　直角度：300mm 長，0.02mm 以內
　　4.2-4　表面精度：6S(1.6a)
　4.3　硬度：HB183～HB235
5.製品標稱法：規格名稱及 $A \times B \times h$ 表示之
　例：射出成形模具用模板 150× 200× 20

圖 6.7

■ 6.4 　定位環(locate ring)

6.4-1 　定位環尺寸規格

如圖 6.8 所示。

定位環(locate ring)尺寸規格

1.適用範圍：本規格適用於射出成形模具用定位環
2.材料：原則上使用 S50C，S55C，SK$_7$ (S65C(T))
3.形狀、尺寸：如下所示

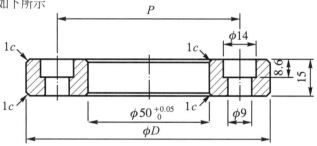

單位：mm

標稱尺寸	D		P
	尺寸	尺寸公差	
90	90		70
100	100		75
(101.6)	(101.6)		75
※　110	110	−0.05	75
120	120	−0.2	90
※　125	125		90
(127)	(127)		90
150	150		120
(152.4)	(152.4)		120
※　175	175		120

備考：(1)括弧中所示數值，儘可能避免使用。
　　　(2)所用之內六角沉頭螺絲為 M8，使用二件。
　　　(3)未標示公差之尺寸，適用 JIS B 0405 中級公差
　　　　 或 CNS 4018 之 2 級者。
　　　(4)註有※者未有規定，僅供參考。

4.品質：
　4.1 　外觀：不得有有害之傷痕、裂紋、銹蝕等瑕疵，加工情況良好
　4.2 　表面精度：6S(1.6a)
5.製品標稱法：規格名稱及標稱尺寸表示之
　例：射出成形模具用定位環 100

圖 6.8

6.4-2　定位環之使用例

如圖 6.9 所示。

定位環之使用例	
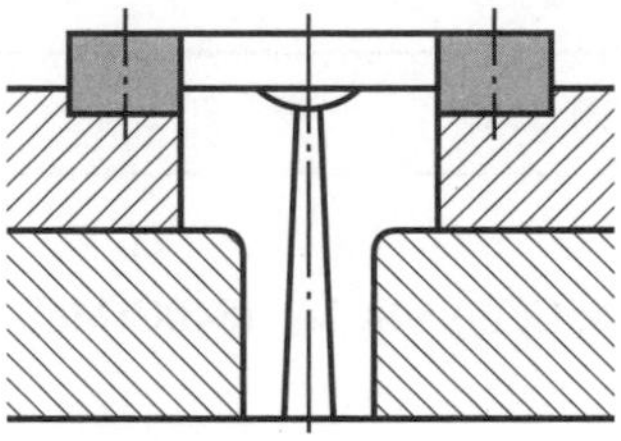	・此方式為最一般性的使用例
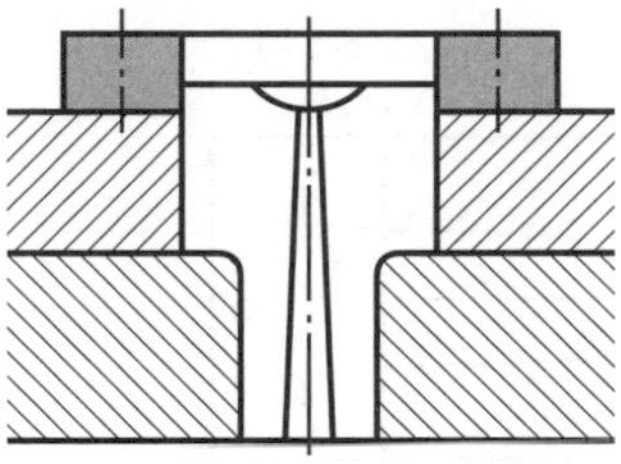	・此方式可省去固定側固定板之柱坑加工，為最簡單的使用例，但將會使注道襯套加長
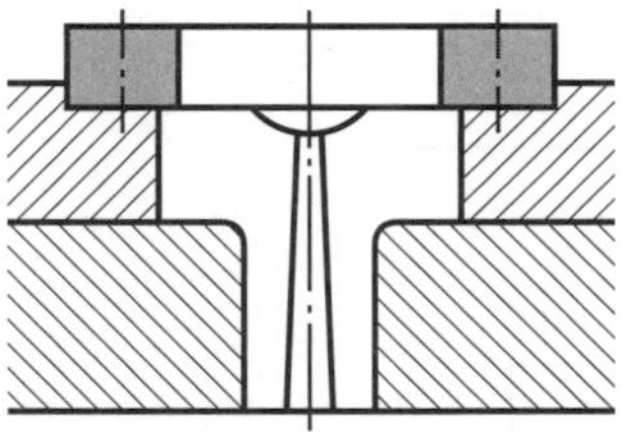	・此方式以定位環抵壓於注道襯套上，能防止注道襯套脫出，且可使注逆襯套縮短
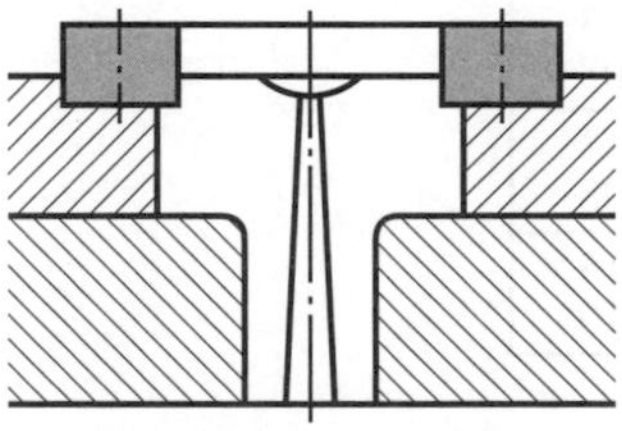	・此方式以定位環抵壓於注道襯套凸肩上，能防止注道襯套脫出
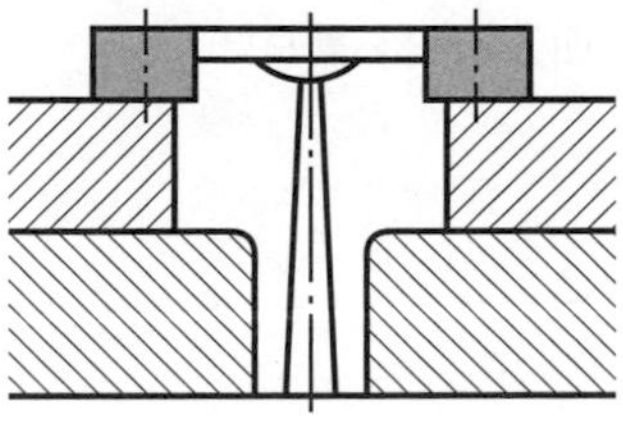	・此方式可省去固定側固定板之柱坑加工，並可防止注道襯套脫出，頗受歡迎

圖 6.9

■ 6.5 注道襯套(sprue bush)

6.5-1 *A*形注道襯套尺寸規格

如圖 6.10 所示。

A 形注道襯套(sprue bush)尺寸規格
1.適用範圍：本規格適用於射出成形模具用之注道襯套

2.材料：原則上使用 S50C，S55C，SK_5 (S85C(T))～SK_7 (S65C(T))，SCM_4 (S40CrMo)

3.形狀、尺寸：如下所示

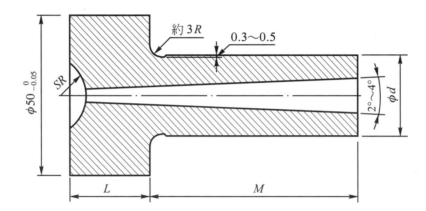

單位：mm

標稱尺寸	d	
	尺寸	尺寸公差
20	20	+ 0.013 − 0.008
25	25	+ 0.013 − 0.008
35	35	+ 0.015 − 0.010

備考：*M . L* 及 *R* 由使用者指定。

4.品質：

   4.1 外觀：不得有有害之傷痕、裂紋、銹蝕及其他瑕疵，加工情況必需良好

   4.2 表面精度：內緣表面精度為 1.5S(0.4a)

   4.3 硬度：熱處理場合之硬度為 HRC40 以上

5.製品標稱法：規格名稱及、形式及標稱尺寸×*M*×*L*×*R* 表示之

   例：射出成形模具用 *A* 形注道襯套 25× 50× 20× 20

圖 6.10

6.5-2　B形注套襯套尺寸規格

如圖 6.11 所示。

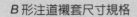

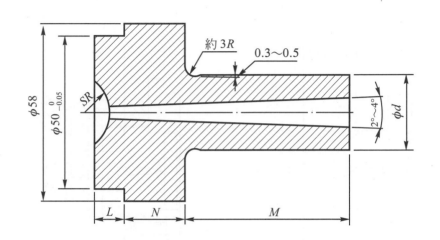

單位：mm

標稱尺寸	d	
	尺寸	尺寸公差
16	16	+ 0.013 − 0.008
20	20	+ 0.013 − 0.008
25	25	+ 0.013 − 0.008
35	35	+ 0.015 − 0.010

備考：$M.N.L$ 及 R 由使用者指定。

1. 用途：經由抵壓，防止脫出時使用
2. 材料、品質：依 A 形之規定
3. 製品標稱法：名稱形式及標稱尺寸×M×N×L×R 表示之
   例：注道襯套　B 形　25× 50× 20× 10× 20

圖 6.11

6.5-3 注道襯套裝配孔之尺寸

如圖 6.12 所示。

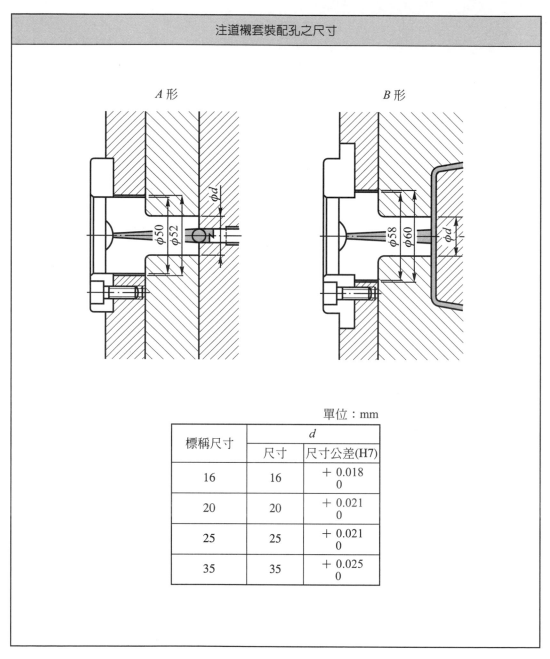

單位：mm

標稱尺寸	d		
	尺寸	尺寸公差(H7)	
16	16	+ 0.018 0	
20	20	+ 0.021 0	
25	25	+ 0.021 0	
35	35	+ 0.025 0	

圖 6.12

6.5-4　注道襯套之使用例

如圖 6.13 所示。

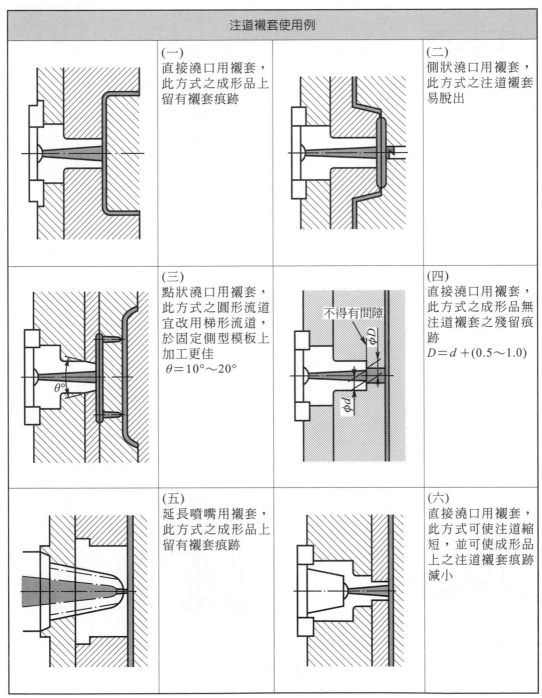

注道襯套使用例		
	(一) 直接澆口用襯套，此方式之成形品上留有襯套痕跡	(二) 側狀澆口用襯套，此方式之注道襯套易脫出
	(三) 點狀澆口用襯套，此方式之圓形流道宜改用梯形流道，於固定側型模板上加工更佳 $\theta = 10° \sim 20°$	(四) 直接澆口用襯套，此方式之成形品無注道襯套之殘留痕跡 $D = d + (0.5 \sim 1.0)$ 不得有間隙 ϕD ϕd
	(五) 延長噴嘴用襯套，此方式之成形品上留有襯套痕跡	(六) 直接澆口用襯套，此方式可使注道縮短，並可使成形品上之注道襯套痕跡減小

圖 6.13

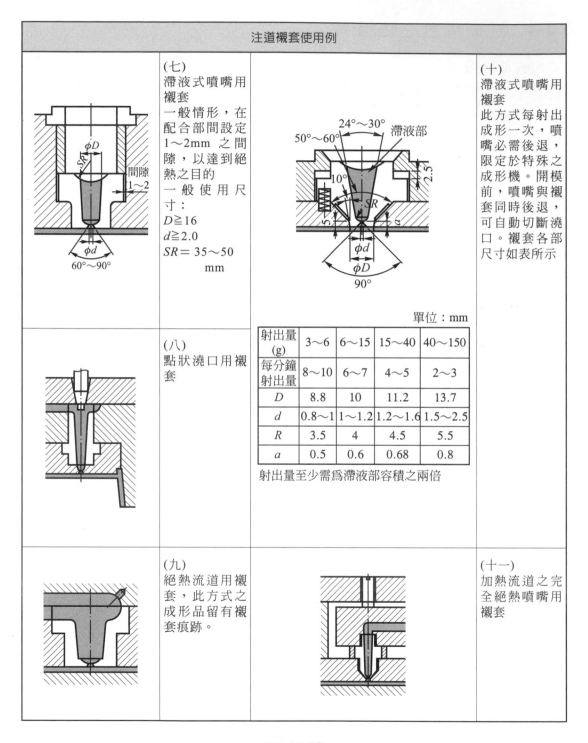

注道襯套使用例

(七)
滯液式噴嘴用襯套
一般情形，在配合部間設定 1～2mm 之間隙，以達到絕熱之目的
一般使用尺寸：
$D \geqq 16$
$d \geqq 2.0$
$SR = 35～50$ mm

(八)
點狀澆口用襯套

(九)
絕熱流道用襯套，此方式之成形品留有襯套痕跡。

(十)
滯液式噴嘴用襯套
此方式每射出成形一次，噴嘴必需後退，限定於特殊之成形機。開模前，噴嘴與襯套同時後退，可自動切斷澆口。襯套各部尺寸如表所示

單位：mm

射出量 (g)	3～6	6～15	15～40	40～150
每分鐘射出量	8～10	6～7	4～5	2～3
D	8.8	10	11.2	13.7
d	0.8～1	1～1.2	1.2～1.6	1.5～2.5
R	3.5	4	4.5	5.5
a	0.5	0.6	0.68	0.8

射出量至少需為滯液部容積之兩倍

(十一)
加熱流道之完全絕熱噴嘴用襯套

圖 6.13 (續)

■ 6.6　導銷(guide pin)及導銷襯套(guide pin bush)

6.6-1　A形導銷尺寸規格

如圖 6.14 所示。

*A*形導銷(guide pin)尺寸規格

1.適用範圍：本規格適用於射出成形模具之導銷
2.材料：原則上使用 SK_3(S105C(T))～SK_5(S85C(T))，SKS_2(S105CrW(TC))，
　　　　SKS_3(S95CrW(TA))，SUJ_2(S100Cr$_2$(BB))
3.形狀、尺寸：如下所示

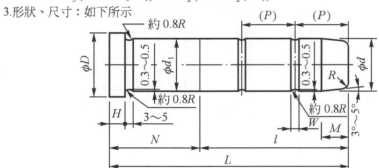

單位：mm

標稱尺寸	d			d_1		D	H	M	R	W	※P (參考)
	尺寸	尺寸公差(記號)		尺寸	尺寸公差(記號)						
16	16	-0.016 -0.034 (f7)		16	$+0.012$ $+0.001$ (k6)	20	6	8	2.5	3	15
20	20	-0.020 -0.041 (f7)		20	$+0.015$ $+0.002$ (k6)	25	6	10	2.5		20
25	25	-0.020 -0.041 (f7)		25	$+0.015$ $+0.002$ (k6)	30	8	12	2.5	3	25
30	30	-0.040 -0.061 (e7)		30	$+0.015$ $+0.002$ (k6)	35	8	15	3		30
35	35	-0.050 -0.075 (e7)		35	$+0.018$ $+0.002$ (k6)	40	8	15	3		30
40	40	-0.050 -0.075 (e7)		40	$+0.027$ $+0.002$ (k7)	45	10	20	4	4	40
50	50	-0.050 -0.075 (e7)		50	$+0.034$ $+0.009$ (m7)	56	12	25	5		50
60	60	-0.060 -0.090 (e7)		60	$+0.041$ $+0.011$ (m7)	66	15	25	5		50

備考：(1) L 及 N 由使用者指定。
　　　(2)未註明公差之尺寸公差，適用 JIS B0405 之中級公差或 CNS4018
　　　　　標準規定之 2 級者。
4.品質：
　4.1　外觀：不得有有害傷痕、裂紋、銹蝕等瑕疵，加工情況必需良好
　4.2　加工：配合部份使用磨削加工
　4.3　表面精度：配合部份之表面精度為 3S(0.8a)
　4.4　硬度：硬度在 HRC55 以上
5.製品標稱法：規格名稱、形式及標稱尺寸×L×N 表示之
　例：射出成形模具用導銷　A形　40×150×50

圖 6.14

6.6-2 *B*形導銷尺寸規格

如圖 6.15 所示。

*B*形導銷尺寸規格

1.適用範圍：同 *A* 形導銷之規定
2.材料：同 *A* 形導銷之規定
3.形狀及尺寸：如下所示

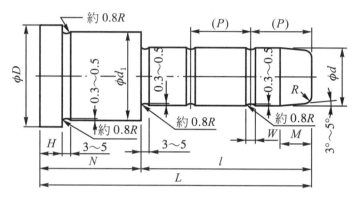

單位：mm

標稱尺寸	d		d_1		D	H	M	R	W	※P(參考)
	尺寸	尺寸公差(記號)	尺寸	尺寸公差(記號)						
16	16	-0.016 -0.034 (f7)	25	$+0.015$ $+0.001$ (k6)	30	8	8	2.5	3	15
20	20	-0.020 -0.041 (f7)	30	$+0.018$ $+0.002$ (k6)	35	8	10	2.5		20
25	25	-0.020 -0.041 (f7)	35	$+0.027$ $+0.002$ (k6)	40	8	12	2.5	3	25
30	30	-0.040 -0.061 (e7)	42	$+0.015$ $+0.002$ (k6)	47	10	15	3		30
35	35	-0.050 -0.075 (e7)	48	$+0.027$ $+0.002$ (k6)	54	10	15	3		30
40	40	-0.050 -0.075 (e7)	55	$+0.041$ $+0.011$ (k7)	61	12	20	4	4	40
50	50	-0.050 -0.075 (e7)	70	$+0.041$ $+0.011$ (m7)	76	15	25	5		50
60	60	-0.060 -0.090 (e7)	80	$+0.041$ $+0.011$ (m7)	86	15	25	5		50

備考：(1) *L* 及 *N* 由使用者指定。

(2)未註明公差之尺寸公差，同 *A* 形導銷之規定。

4.品質：同 *A* 形導銷之規定
5.製品標稱法：同 *A* 形導銷之表示法

圖 6.15

6.6-3　導銷裝配孔之尺寸

如圖 6.16 所示。

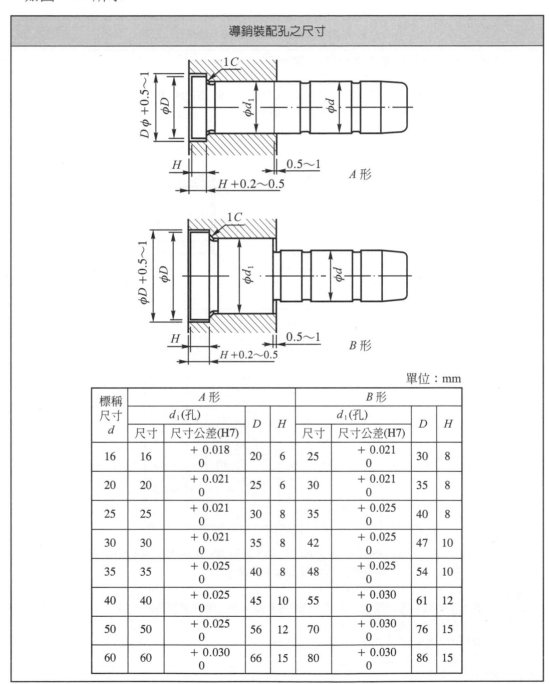

單位：mm

標稱尺寸 d	A 形				B 形			
	d_1(孔)		D	H	d_1(孔)		D	H
	尺寸	尺寸公差(H7)			尺寸	尺寸公差(H7)		
16	16	+ 0.018　0	20	6	25	+ 0.021　0	30	8
20	20	+ 0.021　0	25	6	30	+ 0.021　0	35	8
25	25	+ 0.021　0	30	8	35	+ 0.025　0	40	8
30	30	+ 0.021　0	35	8	42	+ 0.025　0	47	10
35	35	+ 0.025　0	40	8	48	+ 0.025　0	54	10
40	40	+ 0.025　0	45	10	55	+ 0.030　0	61	12
50	50	+ 0.025　0	56	12	70	+ 0.030　0	76	15
60	60	+ 0.030　0	66	15	80	+ 0.030　0	86	15

圖 6.16

6.6-4 導銷襯套尺寸規格

如圖 6.17 所示。

<table>
<tr><td colspan="9" align="center">導銷襯套(guide pin bush)尺寸規格</td></tr>
</table>

1.適用範圍：本規格適用於射出成形模具用導銷襯套
2.種類：分 *A* 形及 *B* 形
3.材料：原則上使用 SK_3 (S105C(T))〜SK_5 (S85C(T))，SKS_2 (S105CrW(TC))，
$\quad$ SKS_3 (S95CrWT(A))，SUJ_2 (S100Cr$_2$ (BB))
4.形狀尺寸：如下所示

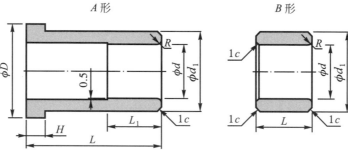

A 形　　　　　　　　　　　　　*B* 形

單位：mm

標稱尺寸	d		d_1		D	H	R
	尺寸	尺寸公差(記號)	尺寸	尺寸公差(記號)			
16	16	$+0.018 / 0$ (H7)	25	$+0.015 / +0.002$ (k6)	30	6	3
20	20	$+0.021 / 0$ (H7)	30	$+0.015 / +0.002$ (k6)	35	8	3
25	25	$+0.021 / 0$ (H7)	35	$+0.018 / +0.002$ (k6)	40	8	3
30	30	$+0.021 / 0$ (H7)	42	$+0.027 / +0.002$ (k7)	47	10	3
35	35	$+0.025 / 0$ (H7)	48	$+0.027 / +0.002$ (m7)	54	10	4
40	40	$+0.025 / 0$ (H7)	55	$+0.041 / +0.011$ (m7)	61	10	4
50	50	$+0.025 / 0$ (H7)	70	$+0.041 / +0.011$ (m7)	76	12	4
60	60	$+0.030 / 0$ (H7)	80	$+0.041 / +0.011$ (m7)	86	12	4

備註：(1) L 及 L_1 由使用者指定。
$\quad$ (2)未註明公差之尺寸公差，適用 JIS B 0405 之中級公差或
$\quad\quad$ CNS4018 標準規定之 2 級者。

5.品質：
$\quad$ 5.1　外觀：不得有有害之傷痕、裂紋、銹蝕等瑕疵，加工情況必需良好
$\quad$ 5.2　加工：配合部份使用磨削加工
$\quad$ 5.3　表面精度：配合部份之表面精度爲 3S(0.8a)
$\quad$ 5.4　硬度：硬度在 HRC55 以上
6.製品標稱法：規格名稱、形式及標稱尺寸×*L* 表示之
$\quad$ 例：射出成形模具用導銷襯套 *B* 形 40× 80

圖 6.17

6.6-5　導銷襯套裝配孔之尺寸

如圖 6.18 所示。

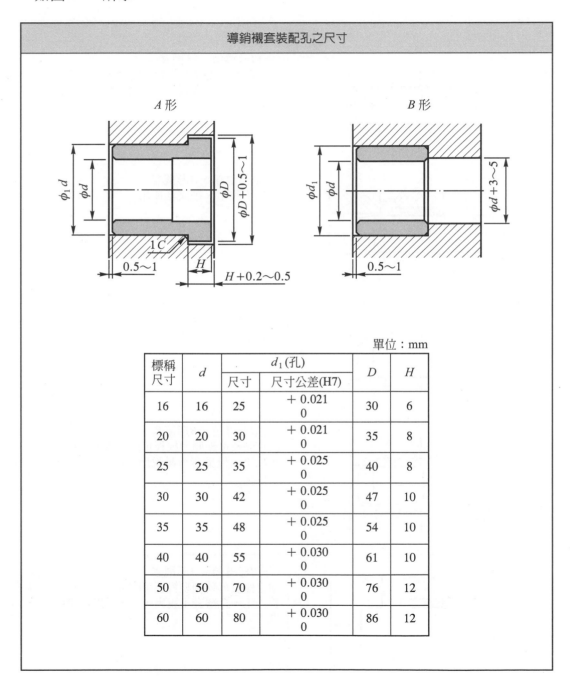

單位：mm

標稱尺寸	d	d_1(孔)		D	H
		尺寸	尺寸公差(H7)		
16	16	25	$^{+0.021}_{0}$	30	6
20	20	30	$^{+0.021}_{0}$	35	8
25	25	35	$^{+0.025}_{0}$	40	8
30	30	42	$^{+0.025}_{0}$	47	10
35	35	48	$^{+0.025}_{0}$	54	10
40	40	55	$^{+0.030}_{0}$	61	10
50	50	70	$^{+0.030}_{0}$	76	12
60	60	80	$^{+0.030}_{0}$	86	12

圖 6.18

6.6-6　導銷及導銷襯套之使用例

如圖 6.19 所示。

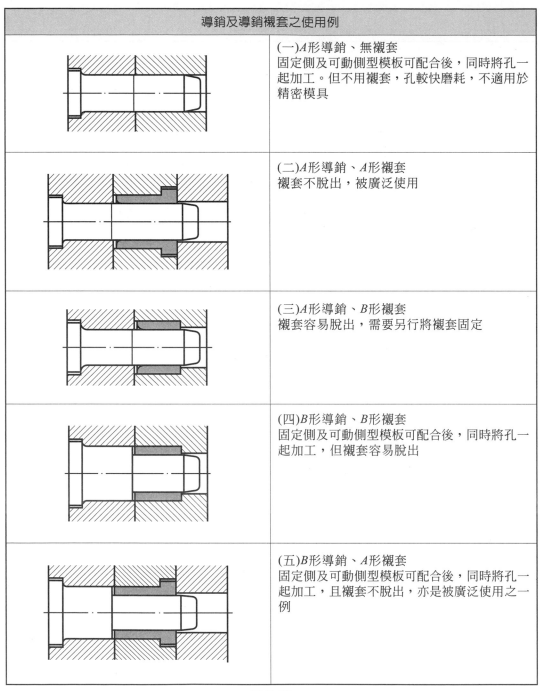

導銷及導銷襯套之使用例	
	(一)A形導銷、無襯套 固定側及可動側型模板可配合後，同時將孔一起加工。但不用襯套，孔較快磨耗，不適用於精密模具
	(二)A形導銷、A形襯套 襯套不脫出，被廣泛使用
	(三)A形導銷、B形襯套 襯套容易脫出，需要另行將襯套固定
	(四)B形導銷、B形襯套 固定側及可動側型模板可配合後，同時將孔一起加工，但襯套容易脫出
	(五)B形導銷、A形襯套 固定側及可動側型模板可配合後，同時將孔一起加工，且襯套不脫出，亦是被廣泛使用之一例

圖 6.19

■ 6.7 頂出銷(ejector pin)

6.7-1 頂出銷尺寸規格

　如圖 6.20、6.21、6.22、6.23 所示分 A 形、B 形、C 形、D 形。

A 形頂出銷(ejector pin)尺寸規格

1.適用範圍：本規格適用於射出成形模具用之頂出銷
2.材料：原則上使用 SK_3 (S105C(T))～SK_5 (S85C(T))，SKS_2 (S105CrW(TC))，
　　　　 SKS_3 (S95CrW(TA))，$SACM_1$ (S45A1CrM)
3.形狀尺寸：如下所示

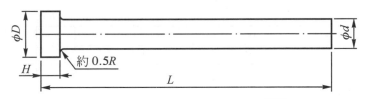

單位：mm

標稱尺寸	d		D	II	
	尺寸	尺寸公差		尺寸	尺寸公差
2.5	2.5		6		
3.0	3.0		6	4	
3.5	3.5	−0.010 −0.030	7		
4.0	4.0		8		
4.5	4.5		8		
5.0	5.0		9	6	−0.02 −0.1
6.0	6.0		10		
7.0	7.0	−0.020 −0.050	11		
8.0	8.0		13		
10.0	10.0		15	8	
12.0	12.0		17		

　　　　備註：(1) L 由使用者指定。
　　　　　　　(2)未註明公差之尺寸公差，適用 JIS B 0405 之中級
　　　　　　　　　公差或 CNS4018 標準規定之 2 級者。
4.品質：
　4.1 外觀：不得有有害之傷痕、裂紋、銹蝕等瑕疵，加工情況必需良好
　4.2 加工：配合部份使用磨削加工
　4.3 表面精度：配合部份之表面精度為 3S(0.8a)
　4.4 硬度：硬度在 HRC55 以上
5.製品標稱法：規格名稱、形式及標稱尺寸×L　表示之
　例：射出成形模具用頂出銷　A 形 10×150

圖 6.20

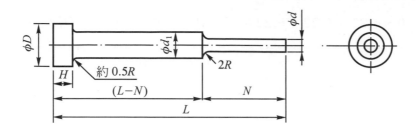

B 形頂出銷尺寸規格

單位：mm

標稱尺寸	d		d_1	H		D
	尺寸	尺寸公差		尺寸	尺寸公差	
2.0	2.0	−0.010 −0.030	4.0	6	−0.02 −0.1	8
2.5	2.5					
3.0	3.0		6.0			10
3.5	3.5					
4.0	4.0		8.0	8		13
4.5	4.5					
5.0	5.0		10.0			15
6.0	6.0	−0.020 −0.050				

備註：(1) L 及 N 由使用者指定。
　　　(2) d_1 原則上使用 A 形者。

1.材料、品質：以 A 形為基準
2.製品標稱法：規格名稱、形式及標稱尺寸× L× N 表示之
　例：頂出銷　B 形　3× 100× 30

圖 6.21

C 形頂出銷尺寸規格

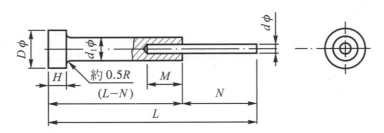

單位：mm

標稱尺寸	d		d_1	H		D	M
	尺寸	尺寸公差		尺寸	尺寸公差		
1.0	1.0						
1.2	1.2		6.0			10	6
1.4	1.4						
1.6	1.6			6			
1.8	1.8						
2.0	2.0	-0.010 -0.030	7.0		-0.02 -0.1	11	10
2.4	2.4						
2.8	2.8						
3.0	3.0						
3.4	3.4		8.0	8		13	15
3.8	3.8						
4.0	4.0						

備註：(1) L 及 N 由使用者指定。

　　　(2) d_1 原則上使用 A 形者。

　　　(3) d 及 d_1 之接合使用銲接(例 1 及例 2)。

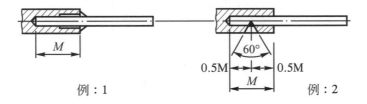

例：1　　　　　　　　　　　　　　　　例：2

1.材料、品質：以 A 形爲基準

2.製品標稱法：規格名稱、形式及標稱尺寸× L × N 表示之

　例：頂出銷　C 形　3× 100× 30

圖 6.22

	D 形頂出銷尺寸規格

階段切削形

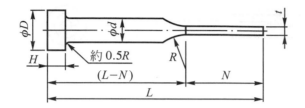

階段鑲入形

兩端鎚擊(鉚接或鉀接)

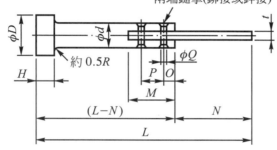

鑲入部尺寸

單位：mm

d	M	O	P	Q
8	15	4.5	6	3
12	15	4.5	6	3
15	20	5	8	4
20	20	5	8	4

備註：(1) t, W, L 及 N 由使用者指定。
(2) d 原則上依 A 形頂出銷。

1. 材料、品質：以 A 形為基準
2. 製品標稱方法：名稱形式及標稱尺寸× $t × W × L × N$ 表示之
   例 1：頂出銷 D 形(階段切削)2× 9× 100× 30
   例 2：頂出銷 D 形(階段鑲入)2× 9× 100× 30

圖 6.23

6.7-2　頂出銷之裝配孔尺寸及使用例

如圖 6.24 所示。

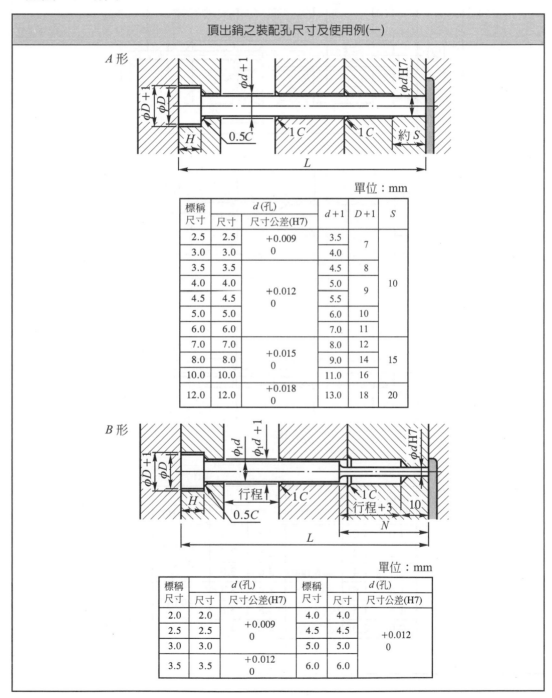

頂出銷之裝配孔尺寸及使用例(一)

單位：mm

標稱尺寸	d (孔)		d+1	D+1	S
	尺寸	尺寸公差(H7)			
2.5	2.5	+0.009 / 0	3.5	7	
3.0	3.0		4.0		
3.5	3.5	+0.012 / 0	4.5	8	
4.0	4.0		5.0	9	10
4.5	4.5		5.5		
5.0	5.0		6.0	10	
6.0	6.0		7.0	11	
7.0	7.0	+0.015 / 0	8.0	12	
8.0	8.0		9.0	14	15
10.0	10.0		11.0	16	
12.0	12.0	+0.018 / 0	13.0	18	20

單位：mm

標稱尺寸	d (孔)		標稱尺寸	d (孔)	
	尺寸	尺寸公差(H7)		尺寸	尺寸公差(H7)
2.0	2.0	+0.009 / 0	4.0	4.0	+0.012 / 0
2.5	2.5		4.5	4.5	
3.0	3.0		5.0	5.0	
3.5	3.5	+0.012 / 0	6.0	6.0	

圖 6.24

頂出銷之裝配孔尺寸及使用例(二)

C形

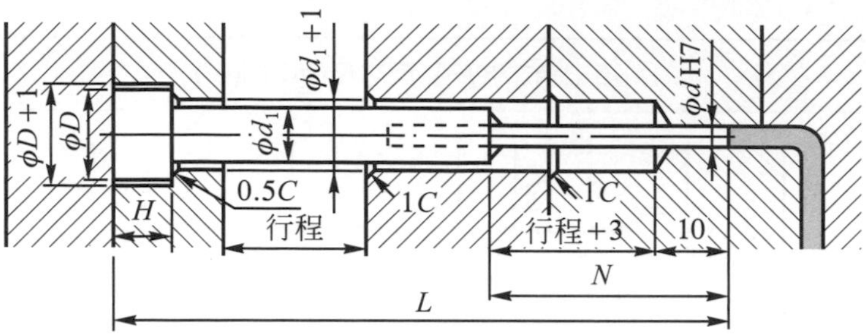

$\phi D+1$ ϕD H ϕd_1+1 ϕid_1 $0.5C$ 行程 $1C$ $1C$ 行程+3 10 N ϕd H7 L

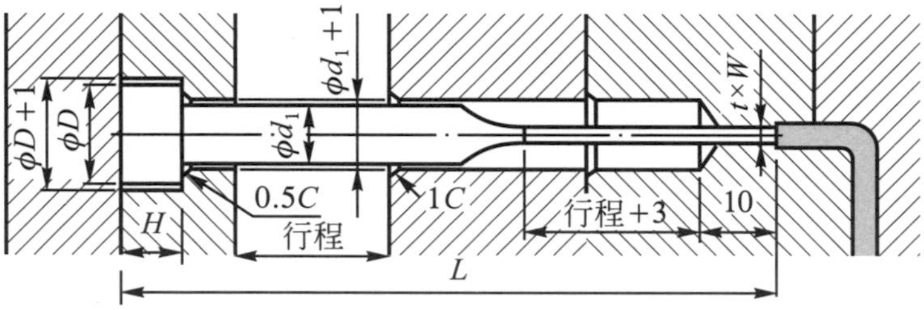

D形

$\phi D+1$ ϕD H ϕd_1+1 ϕid_1 $0.5C$ 行程 $1C$ 行程+3 10 $t \times W$ L

D形

$t \times W$

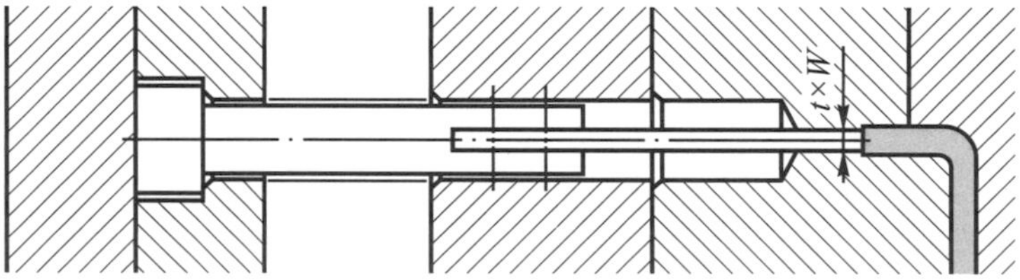

備註：$t \times W$ 之孔之尺寸公差為 H7。

單位：mm

標稱	d(孔)		標稱	d(孔)	
尺寸	尺寸	公差(H7)	尺寸	尺寸	公差(H7)
1.0	1.0		2.4	2.4	
1.2	1.2		2.8	2.8	+0.009 0
1.4	1.4	+0.009 0	3.0	3.0	
1.6	1.6		3.4	3.4	
1.8	1.8		3.8	3.8	+0.012 0
2.0	2.0		4.0	4.0	

圖 6.24 (續)

■ 6.8 頂出套筒(ejector sleeve)

6.8-1 頂出套筒尺寸規格

如圖 6.25 所示。

頂出套筒(ejector sleeve)尺寸規格

1.適用範圍：本規格適用於射出成形模具用之頂出套筒
2.材料：原則上使用 SK$_3$ (S105C(T))～SK$_5$ (S85C(T))，SKS$_2$ (S105CrW(TC))，
　　　　SKS$_3$ (S95CrW(TA))，SUJ$_2$ (S100Cr$_2$ (BB))
3.形狀尺寸：如下所示

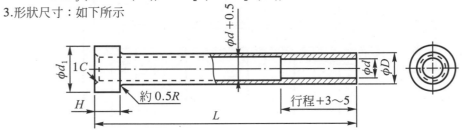

單位：mm

標稱尺寸	d(孔)		D		D_1	H	
	尺寸	尺寸公差(H7)	尺寸	尺寸公差		尺寸	尺寸公差
3.0	3.0	+0.009 0	6.0		10	6	
4.0	4.0	+0.012 0	7.0		11		
5.0	5.0		8.0	−0.020 −0.050	13		−0.02 −0.1
6.0	6.0		10.0		15		
8.0	8.0	+0.015 0	12.0		17	8	
10.0	10.0		14.0		19		
12.0	12.0	+0.018 0	17.0		22		

備註：(1) L 由使用者指定。
　　　(2)未註明公差之尺寸公差，適用 JIS B 0405 之中級公差或
　　　　　CNS4018 標準規定之 2 級者。

4.品質：
　4.1 外觀：不得有有害之傷痕、裂紋、銹蝕等瑕疵，加工情況必需良好
　4.2 加工：配合部份使用磨削加工
　4.3 表面精度：配合部份之表面精度爲 3S(0.8a)
　4.4 硬度：HRC55 以上，氮化硬化或鍍硬鉻
5.製品標稱法：名稱及標稱尺寸× D× L 表示之
　例：頂出套筒 5× 8× 100

圖 6.25

6.8-2 頂出套筒之裝配孔尺寸及使用例

如圖 6.26 所示。

頂出套筒之裝配孔尺寸及使用例

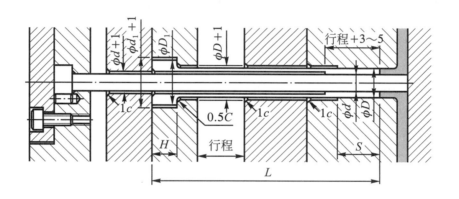

單位：mm

標稱 尺寸	D(孔)		$d+1$	$D+1$	D_1+1	S
	尺寸	尺寸公差(H7)				
3.0	6.0	+0.012 0	4	7	11	10
4.0	7.0	+0.015 0	5	8	12	15
5.0	8.0		6	9	14	
6.0	10.0		7	11	16	
8.0	12.0	+0.018 0	9	13	18	20
10.0	14.0		11	15	20	
12.0	17.0		13	17	23	25

圖 6.26

■ 6.9 回位銷(return pin)

6.9-1 回位銷尺寸規格

如圖 6.27 所示。

回位銷(return pin)尺寸規格

1.適用範圍：本規格適用於射出成形模具用回位銷
2.材料：原則上使用材料為 SK₃ (S105C(T))～SK₅ (S85C(T))，SKS₂ (S105CrW(TC))，
      SKS₃ (S95CrW(TA))
3.形狀、尺寸：如下所示

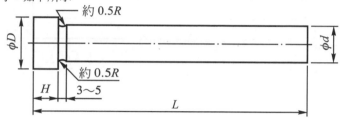

單位：mm

標稱尺寸	d			D	H	
	尺寸	尺寸公差(符號)			尺寸	尺寸公差
12	12	-0.032 -0.050 (e7)		17		
15	15	-0.032 -0.050 (e7)		20		
20	20	-0.040 -0.061 (e7)		25	8	-0.02 -0.1
25	25	-0.040 -0.061 (e7)		30		
30	30	-0.040 -0.061 (e7)		35		
35	35	-0.050 -0.075 (e7)		40		

備註：(1) L 由使用者指定。
        (2)未註明公差之尺寸公差，適用 JIS B 0405 之中級公差或
           CNS4018 標準規定之 2 級者。
4.品質：
  4.1 外觀：不得有有害之傷痕、裂紋、銹蝕等瑕疵，加工情況必需良好
  4.2 加工：部份配合使用磨削加工
  4.3 表面精度：配合部份之表面精度為 3S(0.8a)
  4.4 硬度：硬度在 HRC55 以上
5.製品標稱法：名稱及標稱尺寸× L 表示之
  例：回位銷 12× 100

圖 6.27

6.9-2　回位銷之裝配孔尺寸及使用例

如圖 6.28 所示。

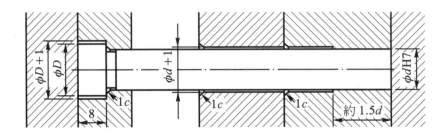

回位銷之裝配孔尺寸及使用例

單位：mm

標稱尺寸	d(孔)		d+1	D+1	約 1.5d
	尺寸	尺寸公差(H7)			
12	12	+0.018 0	13	18	18
15	15	+0.018 0	16	21	23
20	20	+0.021 0	21	26	30
25	25	+0.021 0	26	31	38
30	30	+0.021 0	31	36	45
35	35	+0.025 0	36	41	53

圖 6.28

■ 6.10　注道抓銷(sprue snatch pin)

6.10-1　注道抓銷尺寸規格

如圖 6.29 所示。

注道抓銷(sprue snatch pin)

1. 適用範圍：本規格適用於射出成形模具用之注道抓銷
2. 材料：原則上所用材料為 SK_3 (S105C(T))～SK_5 (S85C(T))，SKS_2 (S105CrW(TC))，
　　　　SKS_3 (S95CrW(TA))，$SACM_1$ (S45A1CrMo)
3. 形狀尺寸：如下所示

A 形

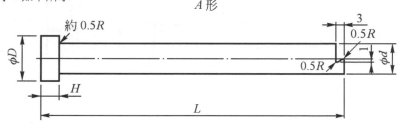

B 形　　　　　　　　　　　　　　　C 形

單位：mm

標稱尺寸	d		D	H	
	尺寸	尺寸公差		尺寸	尺寸公差
6.0	6.0		10	6	
8.0	8.0	−0.02 −0.05	13		−0.02 −0.1
10.0	10.0		15	8	
12.0	12.0		17		

備註：尺寸 L 由使用者指定。

4. 品質：
　4.1　外觀：不得有有害之傷痕、裂紋、銹蝕等瑕疵，加工情況必需良好
　4.2　加工：配合部份使用磨削加工
　4.3　表面精度：配合部份之表面精度為 3S(0.8a)
　4.4　硬度：硬度 HRC55 以上
5. 製品標稱法：名稱及標稱尺寸×L 表示之
　例：注道抓銷　A形　6×100

圖 6.29

6.10-2 注道抓銷之裝配孔尺寸及使用例

如圖 6.30 所示。

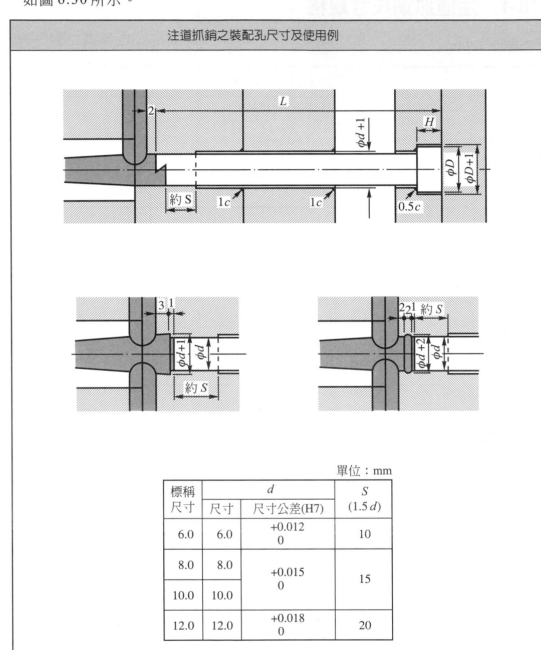

注道抓銷之裝配孔尺寸及使用例			

單位：mm

標稱尺寸	d		S
	尺寸	尺寸公差(H7)	(1.5 d)
6.0	6.0	+0.012 0	10
8.0	8.0	+0.015 0	15
10.0	10.0		
12.0	12.0	+0.018 0	20

圖 6.30

■ 6.11　流道抓銷(runner snatch pin)

6.11-1　流道抓銷尺寸規格

如圖 6.31 所示。

流道抓銷(runner snatch pin)

1. 適用範圍：本規格適用於射出成形模具用之流道抓銷
2. 材料：原則上所用材料為 SK_3 (S105C(T))～SK_5 (S85C(T))，SKS_2 (S105CrW(TC))，
   SKS_3 (S95CrW(TA))，$SACM_1$ (S45A1CrMo)
3. 形狀尺寸：如下所示

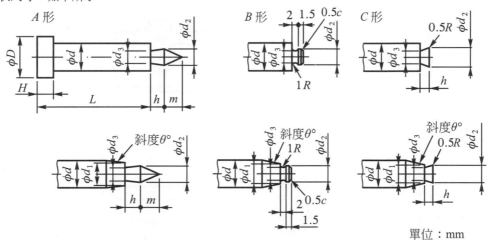

單位：mm

標稱尺寸	d		D	H		d_1	d_2	d_3	h	m	θ
	尺寸	尺寸公差(m6)		尺寸	尺寸公差						
4.0	4.0	+0.012 +0.004	8.0	6.0		3.0	2.8	2.3	2.5	5.0	10°
5.0	5.0		9.0			3.5	3.3	2.8	3		
6.0	6.0		10.0		−0.02 −0.1	4.0	3.8	3.0	3		
8.0	8.0	+0.015 +0.006	13.0	8.0		5.0	4.8	4.0	4	7.0	20°
10.0	10.0		15.0			6.0	5.8	4.8	5		
12.0	12.0	+0.018 +0.007	17.0			8.0	7.2	6.2	5		

備註：尺寸 L 由使用者指定。

4. 品質：
   4.1　外觀：不得有有害之傷痕、裂紋、銹蝕等瑕疵，加工情況必需良好
   4.2　加工：配合部份使用磨削加工
   4.3　表面精度：配合部份之表面精度為 3S(0.8a)
   4.4　硬度：流道抓銷前端熱處理，硬度 HRC50 以上
5. 製品標稱法：名稱、形式及標稱尺寸×L　表示之

圖 6.31

6.11-2 流道抓銷之使用例

如圖 6.32 所示。

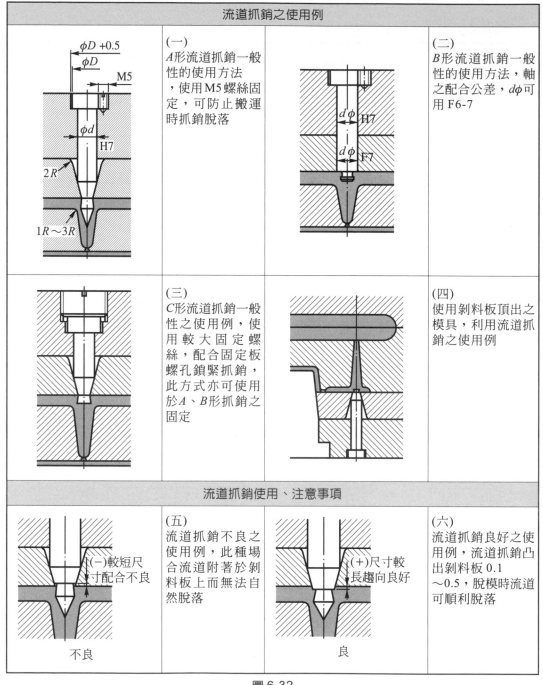

流道抓銷之使用例			
	(一) A形流道抓銷一般性的使用方法，使用M5螺絲固定，可防止搬運時抓銷脫落		(二) B形流道抓銷一般性的使用方法，軸之配合公差，$d\phi$可用 F6-7
	(三) C形流道抓銷一般性之使用例，使用較大固定螺絲，配合固定板螺孔鎖緊抓銷，此方式亦可使用於A、B形抓銷之固定		(四) 使用剝料板頂出之模具，利用流道抓銷之使用例
流道抓銷使用、注意事項			
	(五) 流道抓銷不良之使用例，此種場合流道附著於剝料板上而無法自然脫落		(六) 流道抓銷良好之使用例，流道抓銷凸出剝料板0.1～0.5，脫模時流道可順利脫落

圖 6.32

■ 6.12 停止銷(stop pin)之尺寸及使用例

如圖 6.33 所示。

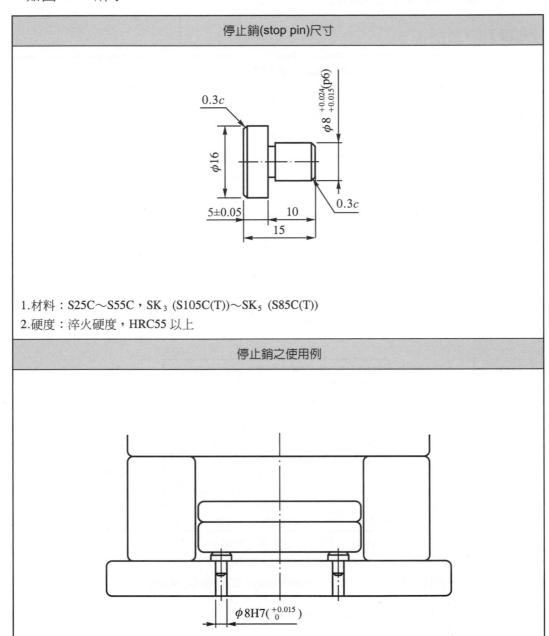

停止銷(stop pin)尺寸

1.材料：S25C～S55C，SK_3 (S105C(T))～SK_5 (S85C(T))
2.硬度：淬火硬度，HRC55 以上

停止銷之使用例

圖 6.33

■ 6.13   斜角銷(angular pin)

6.13-1   斜角銷尺寸規格

如圖 6.34 所示。

斜角銷(angular pin)尺寸規格

1.適用範圍：本規格適用於射出成形模具用之斜角銷
2.材料：原則上所用材料為 SK_3 (S105C(T))～SK_5 (S85C(T))，SKS_2 (S105CrW(TC))，
　　　　SKS_3 (S95CrW(TA))，SUJ_2 (S100Cr_2 (BB))
3.形狀尺寸：如下所示

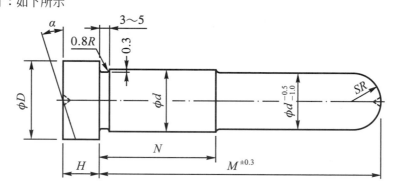

單位：mm

標稱 尺寸	d		D	H
	尺寸	尺寸公差(k6)		
12	12	+0.012 +0.001	17	10
15	15		20	12
20	20	+0.015 +0.002	25	15
25	25		30	15
30	30		35	20
35	35	+0.018 +0.002	40	20
40	40		45	25

備註：尺寸 N、M 由使用者指定。

4.品質：
　4.1　外觀：不得有有害之傷痕、裂紋、銹蝕等瑕疵，加工情況必需良好
　4.2　加工：配合部份使用磨削加工
　4.3　表面精度：配合部份之表面精度為 3S(0.8a)
　4.4　硬度：HRC55 以上
5.製品標稱法：名稱及標稱尺寸× $(H+M)$ ×N　表示之
　例：斜角銷 20× 100× 30

圖 6.34

6.13-2　斜角銷之裝配孔尺寸及定位角度

如圖 6.35 所示。

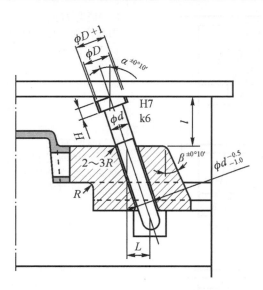

斜角銷之裝配孔尺寸及定位角度

1.斜角銷裝配孔之尺寸

2.定位角度
  (1)斜角銷之傾斜角 α =25°以下
  (2)定位接觸面角度 $\beta = \alpha +2°$

3.斜角銷長度計算式

$$M=\frac{l}{\cos\alpha}+\frac{L}{\sin\alpha}+\frac{d}{2}-H$$

單位：mm

標稱 尺寸	d		D	H
	尺寸	尺寸公差(H7)		
12	12	+0.018 0	17	10
15	15		20	12
20	20	+0.021 0	25	15
25	25		30	15
30	30		35	20
35	35	+0.025 0	40	20
40	40		45	25

傾斜角 α 之 $\sin\alpha$、$\cos\alpha$ 值

單位：mm

α	$\cos\alpha$	$\sin\alpha$
12	0.97815	0.20791
15	0.96593	0.25882
18	0.95106	0.30902
20	0.93969	0.34202
22	0.92718	0.37461
25	0.90631	0.42262

L：行程

圖 6.35

6.13-3 斜角銷作動之側向心型定位方法

如圖 6.36 所示。

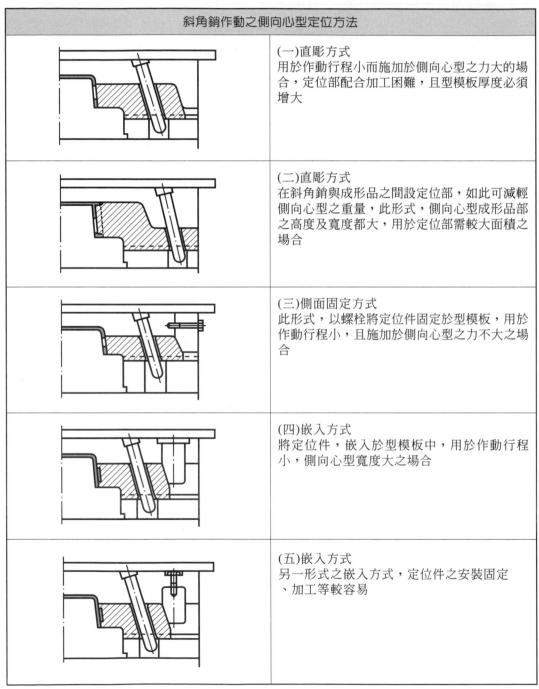

斜角銷作動之側向心型定位方法	
	(一)直彫方式 用於作動行程小而施加於側向心型之力大的場合,定位部配合加工困難,且型模板厚度必須增大
	(二)直彫方式 在斜角銷與成形品之間設定位部,如此可減輕側向心型之重量,此形式,側向心型成形品部之高度及寬度都大,用於定位部需較大面積之場合
	(三)側面固定方式 此形式,以螺栓將定位件固定於型模板,用於作動行程小,且施加於側向心型之力不大之場合
	(四)嵌入方式 將定位件,嵌入於型模板中,用於作動行程小,側向心型寬度大之場合
	(五)嵌入方式 另一形式之嵌入方式,定位件之安裝固定、加工等較容易

圖 6.36

■ 6.14 斜角凸輪(angular cam)

6.14-1 斜角凸輪形狀

如圖 6.37 所示。

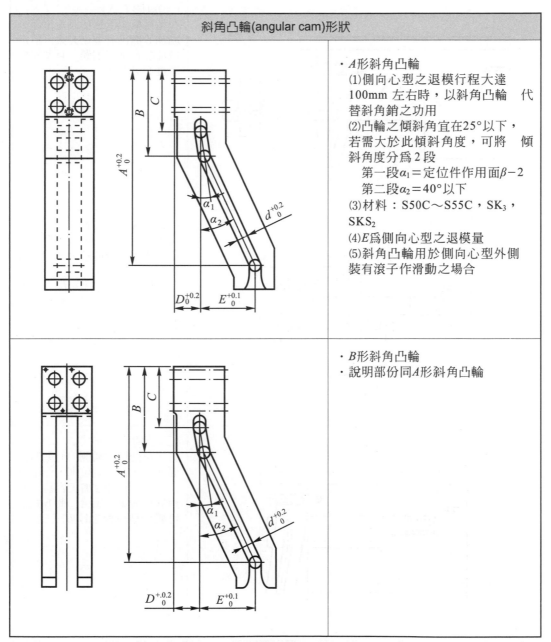

斜角凸輪(angular cam)形狀	
	・A形斜角凸輪 (1)側向心型之退模行程大達100mm 左右時，以斜角凸輪 代替斜角銷之功用 (2)凸輪之傾斜角宜在25°以下，若需大於此傾斜角度，可將 傾斜角度分為2段 第一段α_1＝定位件作用面β－2 第二段α_2＝40°以下 (3)材料：S50C～S55C，SK$_3$，SKS$_2$ (4)E為側向心型之退模量 (5)斜角凸輪用於側向心型外側裝有滾子作滑動之場合
	・B形斜角凸輪 ・說明部份同A形斜角凸輪

圖 6.37

6.14-2 斜角凸輪作動之側向心型定位方法

如圖 6.38 所示。

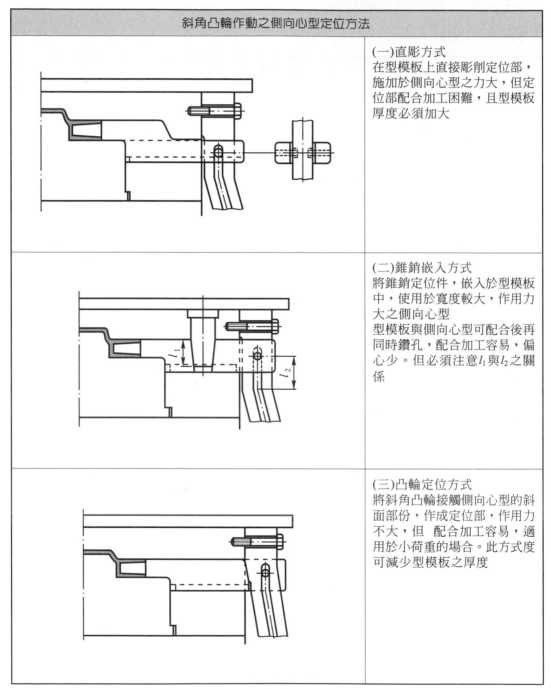

斜角凸輪作動之側向心型定位方法	
	(一)直彫方式 在型模板上直接彫削定位部,施加於側向心型之力大,但定位部配合加工困難,且型模板厚度必須加大
	(二)錐銷嵌入方式 將錐銷定位件,嵌入於型模板中,使用於寬度較大,作用力大之側向心型 型模板與側向心型可配合後再同時鑽孔,配合加工容易,偏心少。但必須注意 l_1 與 l_2 之關係
	(三)凸輪定位方式 將斜角凸輪接觸側向心型的斜面部份,作成定位部,作用力不大,但 配合加工容易,適用於小荷重的場合。此方式度可減少型模板之厚度

圖 6.38

■ 6.15 側向心型(side core 或 slide core)

6.15-1 側向心型之形狀及滑動部尺寸

如圖 6.39 所示。

側向心型(side core)之形狀及滑動部尺寸

1.滑動部 B 部對 C、D 之尺寸

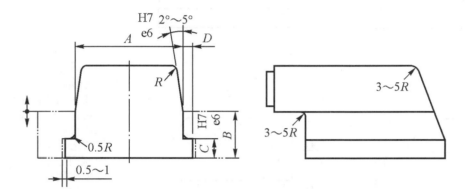

單位：mm

B	30 以下	30～40	40～50	50～65	65～100	100～160
C	8	10	12	15	20	25
D	6	8	10	10	12	15

2.滑動部尺寸公差

單位：mm

A、C	10 以下	10～18	18～30	30～50	50～80	80～120	120～180	180～250	250～315	315～400	400～500
尺寸公差 (e6)	−0.025	−0.032	−0.040	−0.050	−0.060	−0.072	−0.085	−0.100	−0.110	−0.125	−0.135
	−0.034	−0.043	−0.053	−0.066	−0.079	−0.094	−0.110	−0.129	−0.142	−0.161	−0.175

3.材料：SK$_3$(S105C(T))～SK$_5$(S85C(T))，SKS$_2$(S105CrW(TC))，SKS$_3$(S95CrW(TA))，SCM$_3$(S35CrMo)，SCM$_4$(S40CrMo)，SKD$_{11}$(S150CrMoV(TA))
4.硬度：滑動部以火焰淬火或全部淬火 HRC50 以上

圖 6.39

6.15-2 側向心型種類

如圖 6.40 所示。

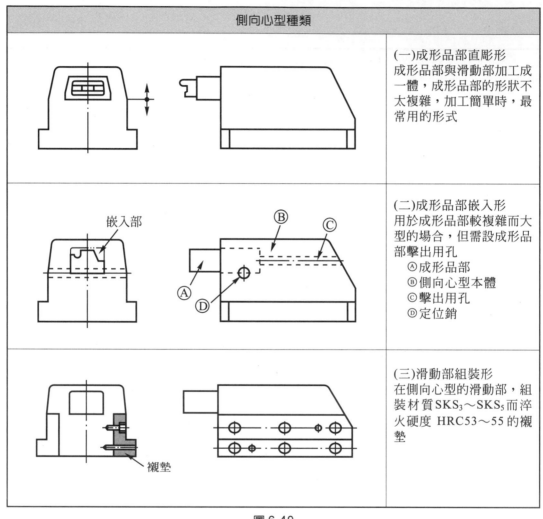

側向心型種類	
	(一)成形品部直彫形 成形品部與滑動部加工成一體，成形品部的形狀不太複雜，加工簡單時，最常用的形式
	(二)成形品部嵌入形 用於成形品部較複雜而大型的場合，但需設成形品部擊出用孔 Ⓐ成形品部 Ⓑ側向心型本體 Ⓒ擊出用孔 Ⓓ定位銷
	(三)滑動部組裝形 在側向心型的滑動部，組裝材質SKS$_3$～SKS$_5$而淬火硬度 HRC53～55 的襯墊

圖 6.40

6.15-3　側向心型導承塊(guide block)之形狀與滑動部尺寸

如圖 6.41 所示。

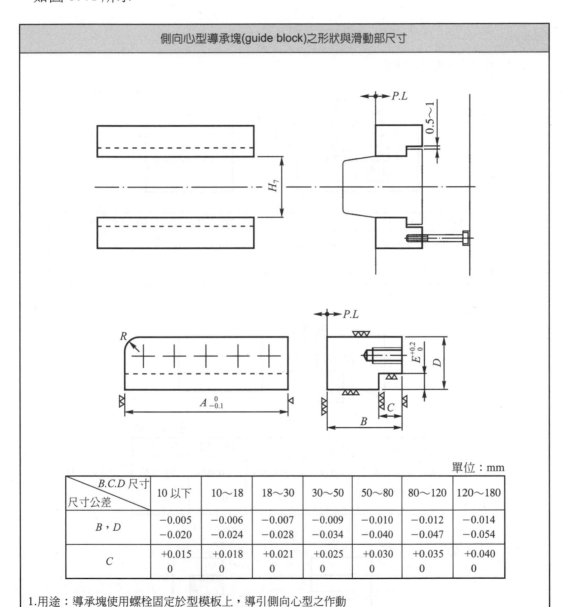

B.C.D 尺寸 尺寸公差	10 以下	10～18	18～30	30～50	50～80	80～120	120～180
B，D	−0.005 −0.020	−0.006 −0.024	−0.007 −0.028	−0.009 −0.034	−0.010 −0.040	−0.012 −0.047	−0.014 −0.054
C	+0.015 0	+0.018 0	+0.021 0	+0.025 0	+0.030 0	+0.035 0	+0.040 0

單位：mm

1.用途：導承塊使用螺栓固定於型模板上，導引側向心型之作動
2.材料：SK_3 (S105C(T))～SK_5 (S85C(T))，SKS_3 (95CrW(TA))
3.硬度：HRC52～56(與側向心型間，設有硬度差)

圖 6.41

6.15-4 滑動保持件(slide holder)之形狀與滑動部尺寸

如圖 6.42 所示。

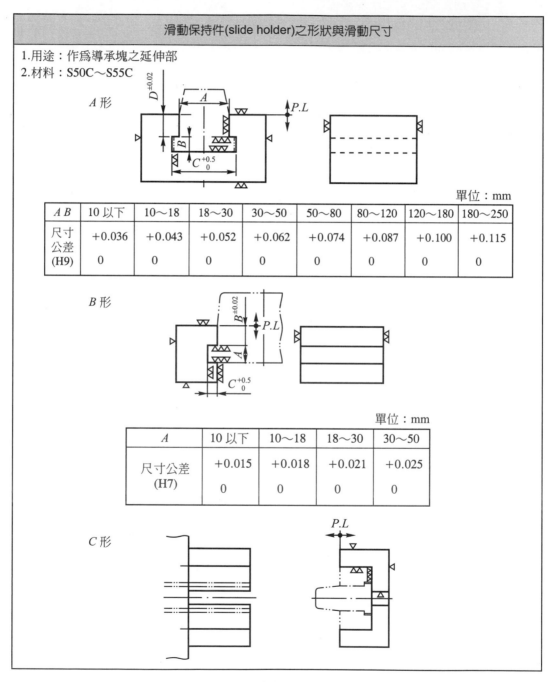

滑動保持件(slide holder)之形狀與滑動尺寸

1.用途：作為導承塊之延伸部
2.材料：S50C～S55C

A 形

單位：mm

A B	10 以下	10～18	18～30	30～50	50～80	80～120	120～180	180～250
尺寸公差 (H9)	+0.036 0	+0.043 0	+0.052 0	+0.062 0	+0.074 0	+0.087 0	+0.100 0	+0.115 0

B 形

單位：mm

A	10 以下	10～18	18～30	30～50
尺寸公差 (H7)	+0.015 0	+0.018 0	+0.021 0	+0.025 0

C 形

圖 6.42

6.15-5　側向心型導承塊與滑動保持件組合使用例

如圖 6.43 所示。

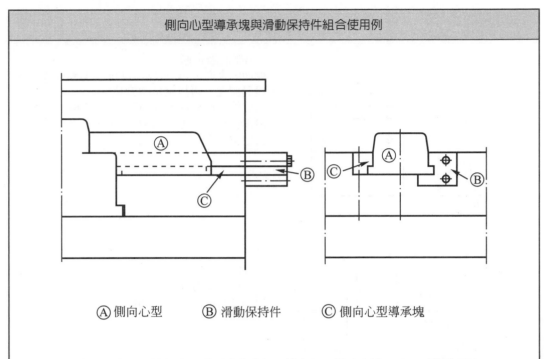

| 側向心型導承塊與滑動保持件組合使用例 |

Ⓐ 側向心型　　　Ⓑ 滑動保持件　　　Ⓒ 側向心型導承塊

使用側向心型導承塊，可使側向心型滑動配合部及槽之加工變爲容易，並且可將導承塊淬火，減少不必要之磨耗，同時也便於更換。若側向心型退模量大時，使用滑動保持件可使導引部加長，不必再增加型模板尺寸

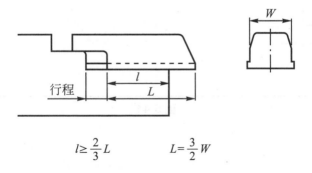

$$l \geq \frac{2}{3} L \qquad\qquad L = \frac{3}{2} W$$

爲了減少側向心型之磨耗，限制側向心型滑動部長度 $L = \frac{3}{2} W$ 左右。退模時 $l \geq \frac{2}{3} L$

圖 6.43

■ 6.16　定位件(locking block)種類

如圖 6.44 所示。

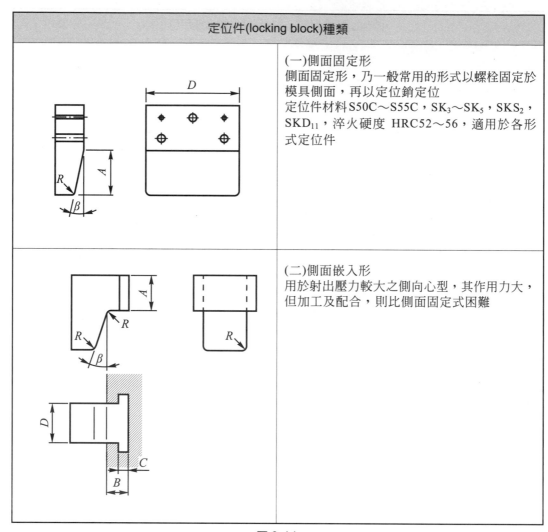

定位件(locking block)種類	
	(一)側面固定形 側面固定形，乃一般常用的形式以螺栓固定於模具側面，再以定位銷定位 定位件材料S50C～S55C，SK₃～SK₅，SKS₂，SKD₁₁，淬火硬度 HRC52～56，適用於各形式定位件
	(二)側面嵌入形 用於射出壓力較大之側向心型，其作用力大，但加工及配合，則比側面固定式困難

圖 6.44

定位件(locking block)種類

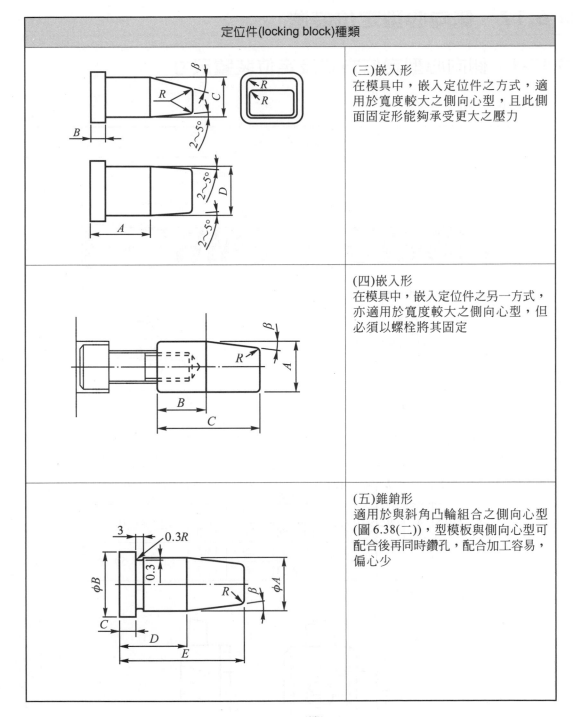

(三)嵌入形
在模具中，嵌入定位件之方式，適用於寬度較大之側向心型，且此側面固定形能夠承受更大之壓力

(四)嵌入形
在模具中，嵌入定位件之另一方式，亦適用於寬度較大之側向心型，但必須以螺栓將其固定

(五)錐銷形
適用於與斜角凸輪組合之側向心型(圖6.38(二))，型模板與側向心型可配合後再同時鑽孔，配合加工容易，偏心少

圖 6.44 (續)

■ 6.17 側向心型定位裝置

6.17-1 側向心型定位方式及定位裝置尺寸

如圖 6.45 所示。

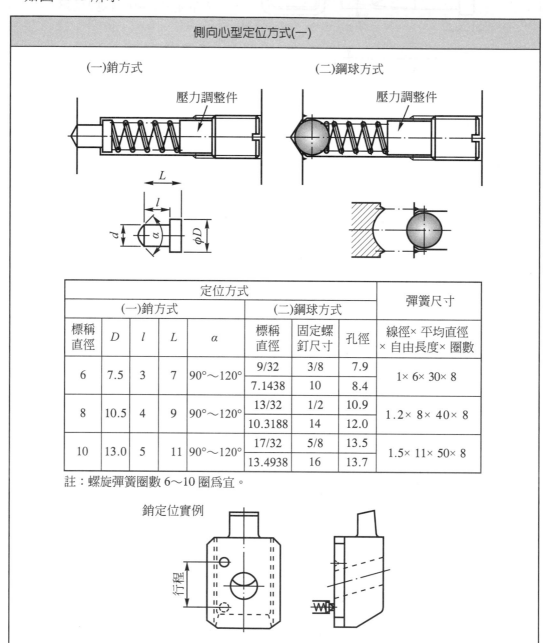

定位方式								彈簧尺寸
(一)銷方式					(二)鋼球方式			
標稱直徑	D	l	L	α	標稱直徑	固定螺釘尺寸	孔徑	線徑× 平均直徑 × 自由長度× 圈數
6	7.5	3	7	90°～120°	9/32	3/8	7.9	1× 6× 30× 8
					7.1438	10	8.4	
8	10.5	4	9	90°～120°	13/32	1/2	10.9	1.2× 8× 40× 8
					10.3188	14	12.0	
10	13.0	5	11	90°～120°	17/32	5/8	13.5	1.5× 11× 50× 8
					13.4938	16	13.7	

註：螺旋彈簧圈數 6～10 圈為宜。

圖 6.45

側向心型定位方式(二)

(三)球型定位柱與球底柱

　1.球型定位柱

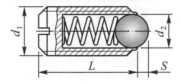

球體材質 SUJ2
本體材質 S45C
　　硬度 HRC29-35

d_1標稱尺寸	L	d_2鋼珠直徑	S彈簧行程/mm	初壓荷重/kg	最大荷重/kg
M 4	9	2.5	0.8	0.4	1
M 5	12	3	0.9	0.6	1.1
M 6	14	3.5	1	0.9	1.3
M 8	16	5	1.5	1.5	3
M10	19	6	2	2	3.5
M12	22	8	2.5	3	5.5
M16	24	10	3.5	6.5	12.5

　2.球底柱

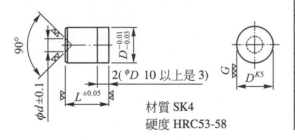

材質 SK4
硬度 HRC53-58

D^{K5}標稱尺寸		L	d
6	+0.006 +0.001	8	2
8	+0.007 +0.001	10	3
10		12	4
12	+0.009 +0.001	14	5
16		18	8

　3.使用例

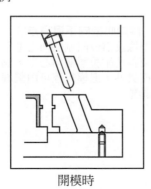

開模時

球底柱　球型定位柱

閉模時

圖 6.45 (續)

6.17-2　側向心型定位裝置使用例

如圖 6.46 所示。

側向心型定位裝置使用例	
	(一)側向心型向上退模方式 以螺旋彈簧懸吊著側向心型之重量，保持一定之退模量，關模時可避免斜角銷與側向心型衝突，成形品頂出時，可避免側向心型因自重而下滑，影響成形品之頂出作業。螺旋彈簧之強度為側向心型自重的 1.5～2 倍
	(二)側向心型左右退模方式 在側向心型之內側面設90°～120°的錐坑，於退模行程終了時，銷或鋼珠進入錐孔，使側向心型定位靜止，關模時，可避免斜角銷與側向心型衝突
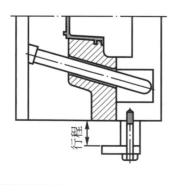	**(三)側向心型向下退模方式** 以墊塊及擋板限制側向心型下滑之退模行程，即使斜角銷脫離側向心型，側向心型亦不致滑落模具外。退模行程可由墊塊高度的變化而易於調整

圖 6.46

■ 6.18 拉桿(puller pin)

6.18-1 拉桿尺寸規格

如圖 6.47 所示。

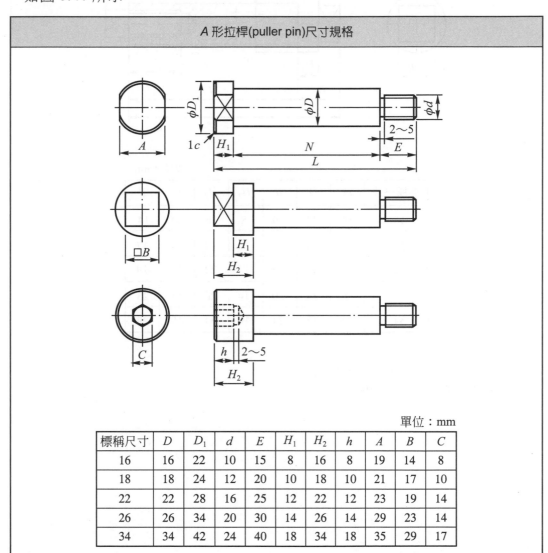

A 形拉桿(puller pin)尺寸規格

單位：mm

標稱尺寸	D	D₁	d	E	H₁	H₂	h	A	B	C
16	16	22	10	15	8	16	8	19	14	8
18	18	24	12	20	10	18	10	21	17	10
22	22	28	16	25	12	22	12	23	19	14
26	26	34	20	30	14	26	14	29	23	14
34	34	42	24	40	18	34	18	35	29	17

1.材料：S25C～S55C
2.製品標稱法：名稱形式及標稱尺寸×L
　例：拉桿　A 形　16× 100

圖 6.47

B形拉桿(puller pin)尺寸規格

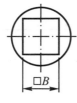 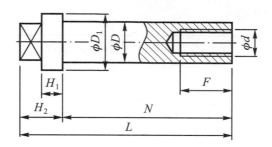

單位：mm

標稱尺寸	D	D₁	d	H₁	H₂	F	B
16	16	22	10	8	16	20	14
18	18	24	12	10	18	25	17
22	22	28	16	12	22	30	19
26	26	34	20	14	26	35	23
34	34	42	24	18	34	45	29

1.材料：S25C～S55C
2.製品標稱法：名稱形式及標稱尺寸×L
　例：拉桿　B形　16× 100

圖 6.47 (續)

C形拉桿(puller pin)尺寸規格

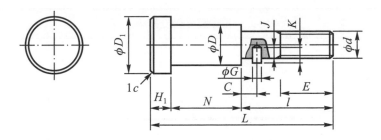

單位：mm

標稱尺寸	D	D₁	d	H₁	l	E	C	G	J	K
16	16	22	10	8	25. 30. 35.	20	6	4	6	7.3
18	18	24	12	10	35. 40. 45.	25	10	5	7.5	9
22	22	28	16	12	45. 50. 55.	30	10	7	10.5	13
26	26	34	20	14	55. 60. 65.	35	15	7	10.5	13
34	34	42	24	18	65. 70. 75.	45	15	7	10.5	13

1.材料：S25C～S55C
2.製品標稱法：名稱形式及標稱尺寸×L×N
　例：拉桿　C形　16×93×50

圖 6.47 (續)

6.18-2 拉桿使用例

如圖 6.48 所示。

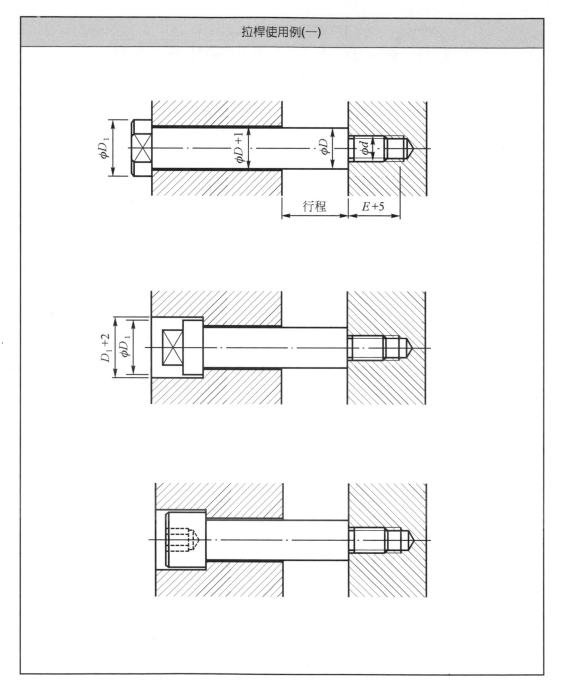

圖 6.48

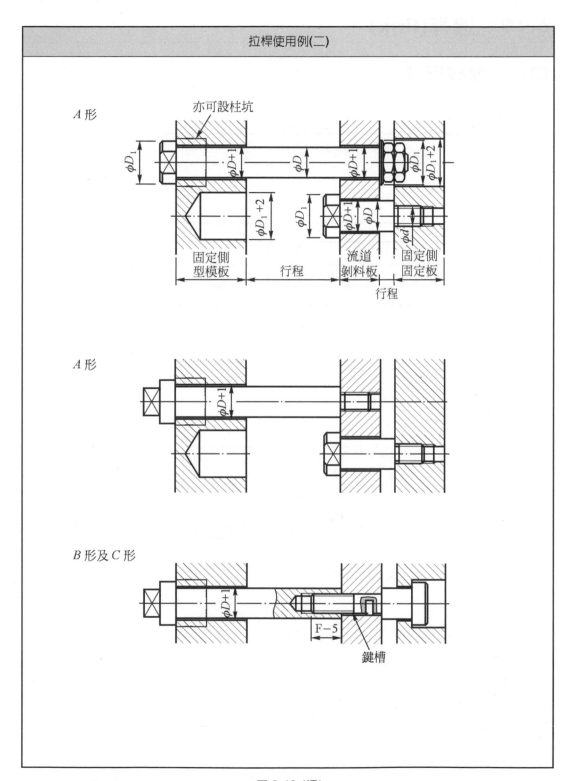

圖 6.48 (續)

■ 6.19 連桿(link)

6.19-1 連桿尺寸

如圖 6.49 所示。

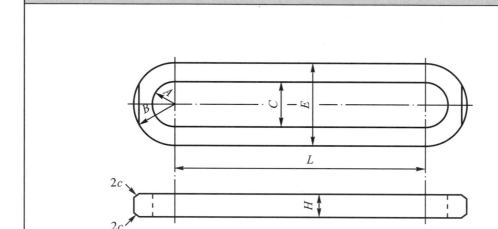

連桿(link)尺寸

單位：mm

標稱尺寸	A	B	C	E	H
12	8.5	16	17	32	9
16	10.5	19	21	38	9
20	12	22	24	44	12

1.材料：S25C～S55C 及 SS41～SS50

圖 6.49

6.19-2　連桿用螺絲尺寸及使用例

如圖 6.50 所示。

連桿用螺絲尺寸

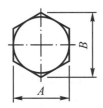
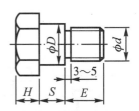

單位：mm

d	D	A	B	S	H	E
12	16	21	24.2	10	9	20
16	20	26	30	10	11	25
20	23	32	37	13	13	30

1.材料：S25C～S55C

連桿及連桿用螺絲使用例

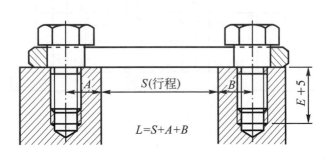

$$L=S+A+B$$

圖 6.50

■ 6.20 拉桿(puller pin)及連桿(link)使用例

如圖 6.51 所示。

拉桿及連桿使用例

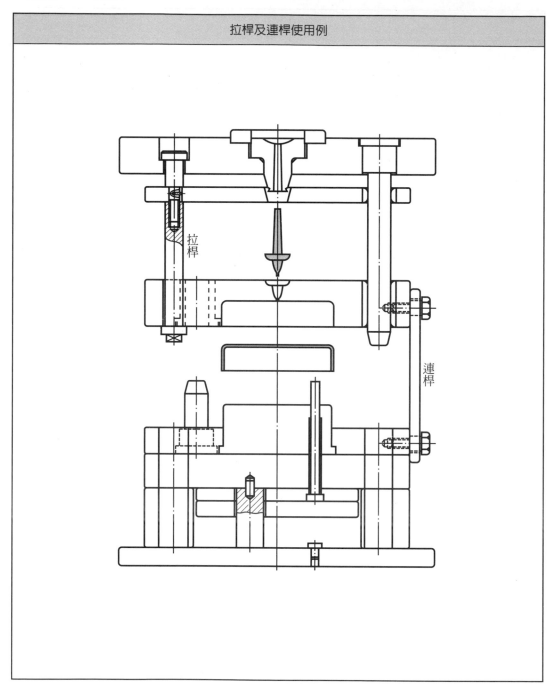

圖 6.51

■ 6.21 頂出板導銷(ejector guide pin)

6.21-1 頂出板導銷尺寸規格

如圖 6.52 所示。

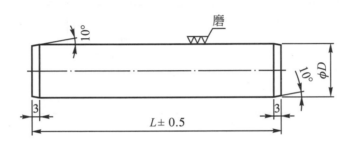

A 形頂出板導銷(ejector guide pin)尺寸規格

單位:mm

標稱尺寸	D		L
	尺寸	尺寸公差(e7)	
15	15	−0.032 −0.050	指定尺寸
20	20	−0.040 −0.061	
25	25		
30	30		
35	35	−0.050 −0.075	

1.材料:SK3〜SK5 以及 SKS2,SKS3,SUJ2
2.硬度:HRC55 以上
3.製品標稱法:名稱形式及標稱尺寸×L
　例:頂出板導銷 A 形　25× 100

圖 6.52

| | B形頂出板導銷(ejector guide pin)尺寸規格 | |

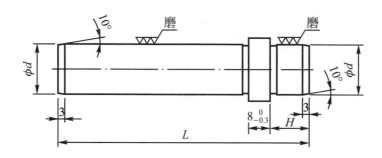

單位：mm

標稱尺寸	D		D	H	L
	尺寸	尺寸公差(e7)			
15	15	−0.032 −0.050	20	10	
20	20		25	10	
25	25	−0.040 −0.061	30	15	指定尺寸
30	30		35	15	
35	35	−0.050 −0.075	40	15	

1.材料：SK3～SK5 以及 SKS2，SKS3，SUJ2
2.硬度：HRC55 以上
3.製品標稱法：名稱形式及標稱尺寸× L
　例：頂出板導銷 B 形 20× 100

圖 6.52 (續)

6.21-2 頂出板導銷使用例

如圖 6.53 所示。

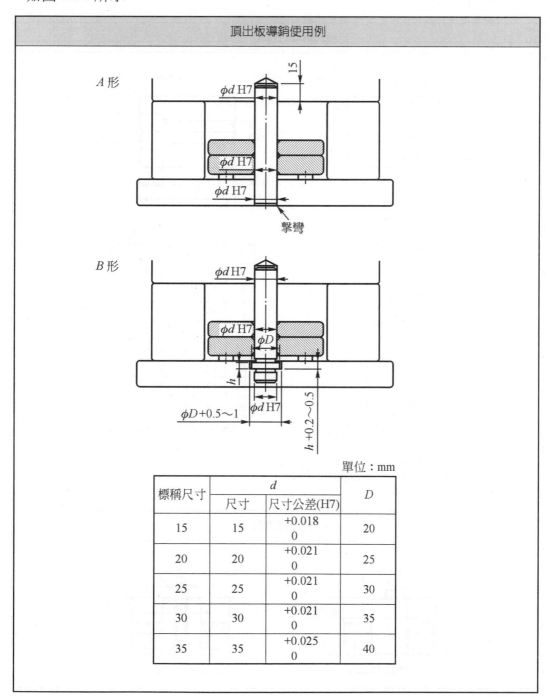

圖 6.53

單位：mm

標稱尺寸	d		D
	尺寸	尺寸公差(H7)	
15	15	+0.018 0	20
20	20	+0.021 0	25
25	25	+0.021 0	30
30	30	+0.021 0	35
35	35	+0.025 0	40

■ 6.22 支座(support pillar)尺寸規格及使用例

如圖 6.54 所示。

支座(support pillar)尺寸規格

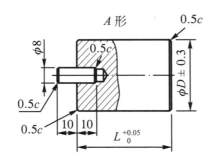

A 形

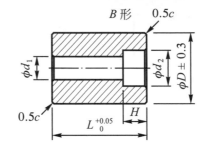

B 形

單位：mm

D	L
25	
30	
35	
40	指定尺寸
45	
50	
60	
80	

備註：亦可一體加工製造

單位：mm

D	d	d_1	d_2	H	L
25	10	11	17.5	11	
30	10	11	17.5	11	
35	10	11	17.5	11	
40	10	11	17.5	11	指定尺寸
45	10	11	17.5	11	
50	10	11	17.5	11	
60	12	13	20	14	
80	16	17	23	18	

備註：*d* 為使用螺絲直徑

1.材料：S25C～S55C
2.製品標稱法：名稱、形式及標稱尺寸×L
　例：支座　*A* 形 50× 100

支座使用例

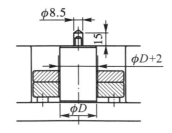

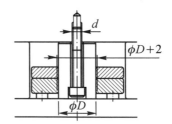

圖 6.54

■ 6.23 頂出桿(ejector rod)尺寸規格及使用例

如圖 6.55 所示。

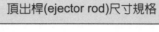

頂出桿(ejector rod)尺寸規格

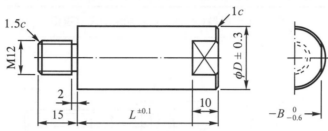

單位：mm

標稱尺寸	D	B	L
20	20	17	指定尺寸
25	25	21	
30	30	26	
40	40	22	

1.材料：S25C～S55C
2.製品標稱法：名稱及標稱尺寸×L
　例：頂出桿　20×100

頂出桿使用例

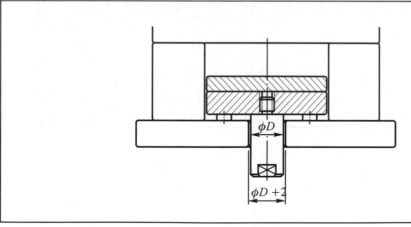

圖 6.55

■ 6.24　內六角沉頭螺絲(socket cap screw)

6.24-1　內六角沉頭螺絲尺寸規格

如圖 6.56 所示。

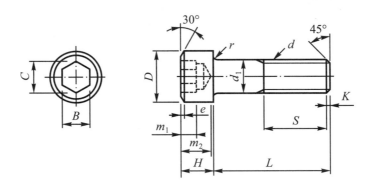

內六角沉頭螺絲(socket cap screw)尺寸規格

單位：mm

標稱尺寸 d	螺距 P	d_1	D	H	e(約)	B	C(約)	m_1	m_2	r(約)	K	S	L
M3	0.5	3	5.5	3	0.2	2.5	2.9	1.6	3	0.2	0.6	12	4～20
M4	0.7	4	7	4	0.3	3	3.6	2.2	3.9	0.3	0.8	14	4～25
M5	0.8	5	8.5	5	0.3	4	4.7	2.5	4.8	0.3	0.9	16	8～32
M6	1	6	10	6	0.4	5	5.9	3	5.7	0.5	1	18	10～50
M8	1.25	8	13	8	0.5	6	7	4	7.4	0.5	1.2	25	12～100
M10	1.5	10	16	10	0.6	8	9.4	5	9.3	0.8	1.5	30	14～125
M12	1.75	12	18	12	0.7	10	11.7	6	11.4	0.8	2	35	18～125
M16	2	16	24	16	1	14	16.3	8	15	1.2	2	40	25～160
M20	2.5	20	30	20	1	17	19.8	10	18	1.2	2.5	50	35～180
M22	2.5	22	33	22	1	17	19.8	11	20	1.2	2.5	55	40～200
M24	3	24	36	24	1	19	22.1	12	21.5	1.6	3	60	50～250
M30	3.5	30	45	30	1.5	22	25.6	15	26.5	1.6	3.5	70	55～300
M36	4	36	54	36	1.5	27	31.4	18	31	2	4	80	70～300

1.材料：SCM3
2.製品標稱法：名稱形式及標稱尺寸×L
　例：內六角沉頭螺絲 M6× 20

圖 6.56

6.24-2　內六角沉頭螺絲裝配孔尺寸

如圖 6.57 所示。

內六角沉頭螺絲裝配孔尺寸

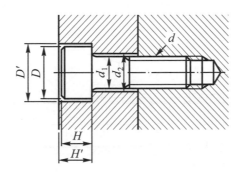

單位：mm

標稱尺寸 d	d_1	d_2	D	D'	H	H'
M3	3	3.4	5.5	6.5	3	3.3
M4	4	4.5	7	8	4	4.4
M5	5	5.5	8.5	9.5	5	5.4
M6	6	6.5	10	11	6	6.5
M8	8	9	13	14	8	8.6
M10	10	11	16	17.5	10	10.8
M12	12	14	18	20	12	13
M16	16	18	24	26	16	17.5
M20	20	22	30	32	20	21.5
M22	22	24	33	34	22	23.5
M24	24	26	36	39	24	25.5
M30	30	33	45	48	30	32
M36	36	39	54	58	36	38

圖 6.57

■ 6.25 螺旋彈簧(coil spring)使用例及回位銷彈簧 (return pin coil spring)尺寸規格

如圖 6.58 所示。

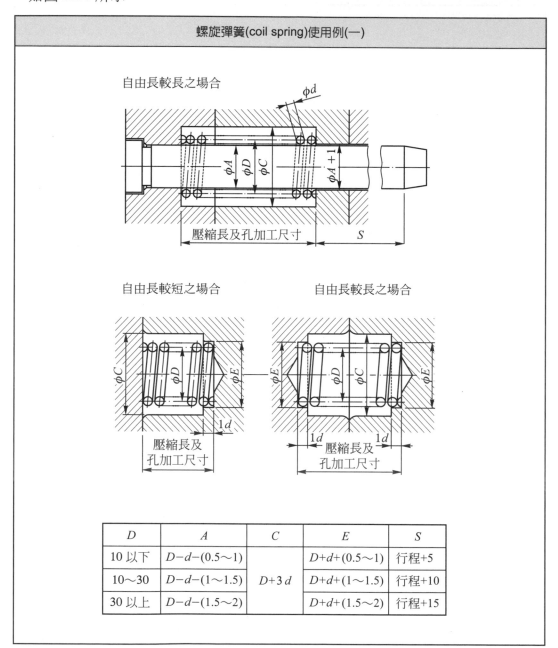

D	A	C	E	S
10 以下	$D-d-(0.5\sim1)$		$D+d+(0.5\sim1)$	行程+5
10~30	$D-d-(1\sim1.5)$	$D+3\,d$	$D+d+(1\sim1.5)$	行程+10
30 以上	$D-d-(1.5\sim2)$		$D+d+(1.5\sim2)$	行程+15

圖 6.58

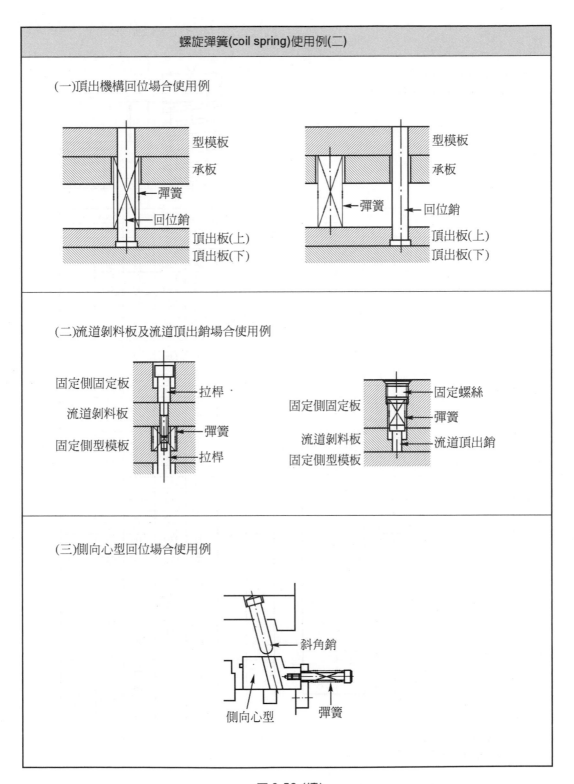

圖 6.58 (續)

回位銷用螺旋彈簧尺寸規格(一)

(一)高壓縮量場合使用

荷重(kgf)＝彈簧定數× 壓縮量

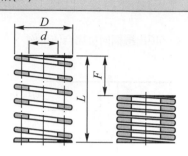

內徑 d	外徑 D	自由長 Lmm	彈簧定數	密著長 mm	F=L×50% Fmm	荷重 kgf (N)
8.5	14.5	20	1.30	8	10	13 (127.5)
		25	1.04	10	12.5	
		30	0.87	12	15	
		35	0.74	14	17.5	
		40	0.65	16	20	
		45	0.58	18	22.5	
		50	0.52	20	25	
		55	0.47	22	27.5	
		60	0.43	24	30	
		65	0.40	26	32.5	
		70	0.37	28	35	
		75	0.35	30	37.5	
		80	0.33	32	40	
10.5	17	25	1.60	10	12.5	20 (196.1)
		30	1.33	12	15	
		35	1.14	14	17.5	
		40	1.00	16	20	
		45	0.89	18	22.5	
		50	0.80	20	25	
		55	0.73	22	27.5	
		60	0.67	24	30	
		65	0.62	26	32.5	
		70	0.57	28	35	
		75	0.53	30	37.5	
		80	0.50	32	40	
		90	0.44	36	45	
		100	0.40	40	50	
13.5	21	30	2.00	12	15	30 (294.1)
		35	1.71	14	17.5	
		40	1.50	16	20	
		45	1.33	18	22.5	
		50	1.20	20	25	
		55	1.09	22	27.5	
		60	1.00	24	30	
		65	0.92	26	32.5	
		70	0.86	28	35	
		75	0.80	30	37.5	
		80	0.75	32	40	
		90	0.67	36	45	
		100	0.60	40	50	

內徑 d	外徑 D	自由長 Lmm	彈簧定數	密著長 mm	F=L×50% Fmm	荷重 kgf (N)
16.5	26	30	2.67	12	15	40 (392.3)
		35	2.29	14	17.5	
		40	2.00	16	20	
		45	1.78	18	22.5	
		50	1.60	20	25	
		55	1.45	22	27.5	
		60	1.33	24	30	
		65	1.23	26	32.5	
		70	1.14	28	35	
		75	1.07	30	37.5	
		80	1.00	32	40	
		90	0.89	36	45	
		100	0.80	40	50	
		125	0.64	50	62.5	
		150	0.53	60	75	
21	31	40	2.50	16	20	50 (490.3)
		50	2.00	20	25	
		60	1.67	24	30	
		70	1.43	28	35	
		80	1.25	32	40	
		90	1.11	36	45	
		100	1.00	40	50	
		125	0.80	50	62.5	
		150	0.67	60	75	
		175	0.59	70	87.5	
		200	0.50	80	100	
26	37	40	3.00	16	20	60 (588.4)
		50	2.40	20	25	
		60	2.00	24	30	
		70	1.71	28	35	
		80	1.50	32	40	
		90	1.33	36	45	
		100	1.20	40	50	
		125	0.96	50	62.5	
		150	0.80	60	75	
		175	0.71	70	87.5	
		200	0.60	80	100	
33	46	100	2.20	40	50	110 (1078.7)
		125	1.76	50	62.5	
		150	1.47	60	75	
		175	1.26	70	87.5	
		200	1.10	80	100	
		250	0.88	100	125	
		300	0.73	120	150	

1 材料：SUP3

2.製品標稱法：名稱及 $d×D×L$

　例：回位銷用螺旋彈簧　8.5× 14.5× 50

圖 6.58 (續)

回位銷用螺旋彈簧尺寸規格(二)

(二)中壓縮量場合使用

　　荷重(kgf)＝彈簧定數× 壓縮量

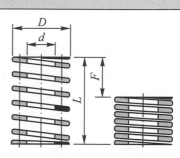

內徑 d	外徑 D	自由長 Lmm	彈簧定數	密著長 mm	F=L×50%	
					Fmm	荷重 kgf (N)
8.5	14.5	20	2.50	10	8	20 (196.1)
		25	2.00	12.5	10	
		30	1.67	15	12	
		35	1.43	17.5	14	
		40	1.25	20	16	
		45	1.11	22.5	18	
		50	1.00	25	20	
		55	0.91	27.5	22	
		60	0.83	30	24	
		65	0.77	32.5	26	
		70	0.71	35	28	
		75	0.67	37.5	30	
		80	0.63	40	32	
10.5	17	25	3.00	12.5	10	30 (294.2)
		30	2.50	15	12	
		35	2.14	17.5	14	
		40	1.88	20	16	
		45	1.67	22.5	18	
		50	1.50	25	20	
		55	1.36	27.5	22	
		60	1.25	30	24	
		65	1.15	32.5	26	
		70	1.07	35	28	
		75	1.00	37.5	30	
		80	0.94	40	32	
		90	0.83	45	36	
		100	0.75	50	40	
13.5	21	30	3.58	15	12	43 (421.7)
		35	3.07	17.5	14	
		40	2.69	20	16	
		45	2.39	22.5	18	
		50	2.15	25	20	
		55	1.95	27.5	22	
		60	1.79	30	24	
		65	1.65	32.5	26	
		70	1.54	35	28	
		75	1.43	37.5	30	
		80	1.34	40	32	
		90	1.19	45	36	
		100	1.08	50	40	

內徑 d	外徑 D	自由長 Lmm	彈簧定數	密著長 mm	F=L×50%	
					Fmm	荷重 kgf (N)
16.5	26	30	4.83	15	12	58 (568.8)
		35	4.14	17.5	14	
		40	3.63	20	16	
		45	3.22	22.5	18	
		50	2.90	25	20	
		55	2.64	27.5	22	
		60	2.41	30	24	
		65	2.23	32.5	26	
		70	2.07	35	28	
		75	1.93	37.5	30	
		80	1.81	40	32	
		90	1.61	45	36	
		100	1.45	50	40	
		125	1.16	62.5	50	
		150	0.97	75	60	
21	31	40	5.00	20	16	80 (784.5)
		50	4.00	25	20	
		60	3.33	30	24	
		70	2.86	35	28	
		80	2.50	40	32	
		90	2.22	45	36	
		100	2.00	50	40	
		125	1.60	62.5	50	
		150	1.33	75	60	
		175	1.14	87.5	70	
		200	1.00	100	80	
26	37	40	5.31	20	16	85 (833.6)
		50	4.25	25	20	
		60	3.54	30	24	
		70	3.04	35	28	
		80	2.66	40	32	
		90	2.36	45	36	
		100	2.13	50	40	
		125	1.70	62.5	50	
		150	1.42	75	60	
		175	1.21	87.5	70	
		200	1.06	100	80	
33	46	100	3.25	50	40	130 (1274.9)
		125	2.60	62.5	50	
		150	2.17	75	60	
		175	1.86	87.5	70	
		200	1.63	100	80	
		250	1.30	125	100	
		300	1.08	150	120	

1 材料：SUP3

2.製品標稱法：名稱及 $d×D×L$

　例：回位銷用螺旋彈簧　10.5× 17× 60

圖 6.58 (續)

■ 6.26 吊環(eye bolt)尺寸規格

如圖 6.59 所示。

吊環(eye bolt)尺寸規格

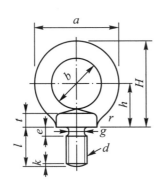 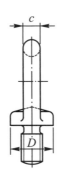 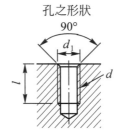

孔之形狀 90°

 垂直吊重　 45°吊重

單位：mm

標稱尺寸 d	螺紋外徑	a	b	c	D	t	h	H	l	e	g	r	k	d_1	最大容許荷重 kg	
															垂直吊重	45°吊重(2 件支承)
M10	10	41	25	8	20	7	21	41.5	18	4	7	4	1.5	10	140	140
M12	12	50	30	10	25	9	26	51	22	5	9.5	6	2	13.2	220	220
M16	16	60	35	12.5	30	11	30	60	27	5	12.5	6	2	16	400	400
M20	20	72	40	16	35	13	35	71	30	6	15	8	2.5	20	600	600
M22	22	81	45	18	40	15	40	80.5	35	7	18	10	3	22.4	800	800
M24	24	90	50	20	45	18	45	90	38	8	20.5	12	3	26.5	1100	1100
M30	30	110	60	25	60	22	55	110	45	8	26	15	3.5	33.5	1800	1800
M36	36	133	70	31.5	70	26	65	131.5	55	10	32	18	4	40	2500	2500
M45	45	151	80	35.5	80	30	75	150.5	65	12	37	20	4.5	45	3500	3500
M52	52	171	90	40	80	35	85	170	70	12	42	22	5	53	5200	5200

1.材料：SS41
2.製品標稱法：名稱及標稱尺寸
例：吊環 M10

圖 6.59

■ 6.27 管用螺紋(pipe screw)尺寸

如圖 6.60 所示。

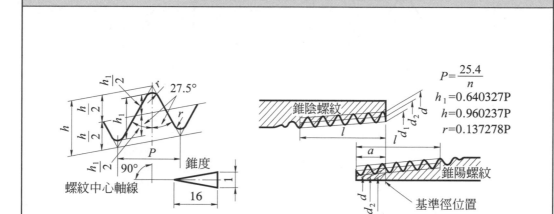

錐度管用螺紋(tapper pipe screw)尺寸

單位：mm

標稱尺寸	螺紋形狀				基準徑			基準徑位置			有效螺紋長(最小) l
	牙數 n	螺距 p	牙深 h₁	牙尖圓弧 r	陽螺紋			陽螺紋		陰螺紋	
					外徑 d	節徑 d₂	內徑 d₁				
					陰螺紋			基準長	軸線方向 容差±b	軸線方向 容差±c	
					外徑 d	節徑 d₂	內徑 d₁				
PT 1/8	28	0.9071	0.581	0.12	9.728	9.147	8.566	3.97	0.91	1.13	8
PT 1/4	19	1.3368	0.586	0.18	13.157	12.301	11.445	6.01	1.34	1.67	11
PT 3/8	19	1.3368	0.586	0.18	16.662	15.806	14.950	6.35	1.34	1.67	12
PT 1/2	14	1.8143	1.162	0.25	20.955	19.793	18.631	8.16	1.81	2.27	15
PT 3/4	14	1.8143	1.479	0.25	26.441	25.279	24.117	9.53	1.81	2.27	17
PT 1	11	2.3091	1.479	0.32	32.249	31.770	30.291	10.39	2.31	2.89	19

圖 6.60

平行管用螺紋(straight pipe screw)尺寸

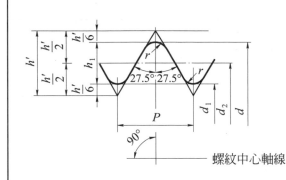 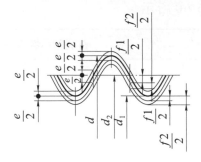

$$P=\frac{25.4}{n}$$
$$h'=0.960491P$$
$$h_1=0.640327P$$
$$r=0.137329P$$

單位：mm

標稱尺寸	螺紋形狀				基準徑			尺寸公差			
	牙數 n	螺距 p	牙深 h_1	牙尖圓弧 r	陽螺紋			陽螺紋		陰螺紋	
					外徑 d	節徑 d_2	內徑 d_1	外徑 節徑 內徑		外徑	
					陰螺紋					節徑	內徑
					外徑 d	節徑 d_2	內徑 d_1	尺寸公差公限 $-f_1$	尺寸公差公限 $-f_2$	尺寸公差公限 $+e$	尺寸公差公限 $-e$
PS 1/8	28	0.9071	0.581	0.12	9.728	9.147	8.566	0.07	0.24	0.07	0.07
PS 1/4	19	1.3368	0.586	0.18	13.157	12.301	11.445	0.10	0.31	0.10	0.10
PS 3/8	19	1.3368	0.586	0.18	16.662	15.806	14.950	0.10	0.31	0.10	0.10
PS 1/2	14	1.8143	1.162	0.25	20.955	19.793	18.631	0.14	0.38	0.14	0.14
PS 3/4	14	1.8143	1.479	0.25	26.441	25.279	24.117	0.14	0.38	0.14	0.14
PS 1	11	2.3091	1.479	0.32	32.249	31.770	30.291	0.18	0.45	0.18	0.18

圖 6.60 (續)

■ 6.28 冷卻管路接頭(water janctions)

6.28-1 標準形冷卻管路接頭

如圖 6.61 所示。

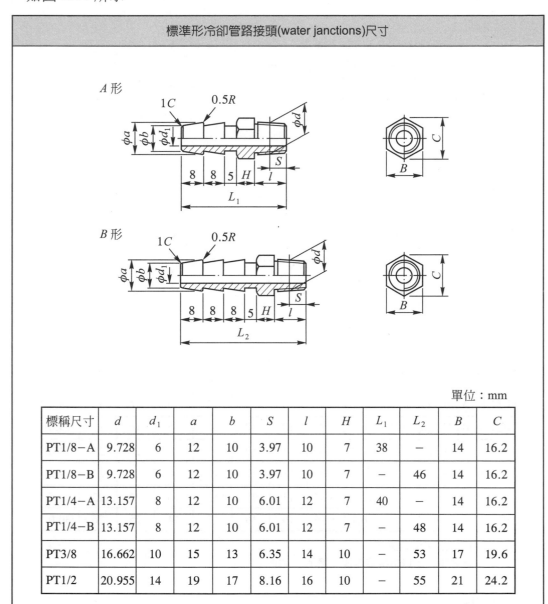

標稱尺寸	d	d_1	a	b	S	l	H	L_1	L_2	B	C
PT1/8−A	9.728	6	12	10	3.97	10	7	38	−	14	16.2
PT1/8−B	9.728	6	12	10	3.97	10	7	−	46	14	16.2
PT1/4−A	13.157	8	12	10	6.01	12	7	40	−	14	16.2
PT1/4−B	13.157	8	12	10	6.01	12	7	−	48	14	16.2
PT3/8	16.662	10	15	13	6.35	14	10	−	53	17	19.6
PT1/2	20.955	14	19	17	8.16	16	10	−	55	21	24.2

單位：mm

1.材料：黃銅

圖 6.61

6.28-2　長形冷卻管路接頭(water janction)

如圖 6.62 所示。

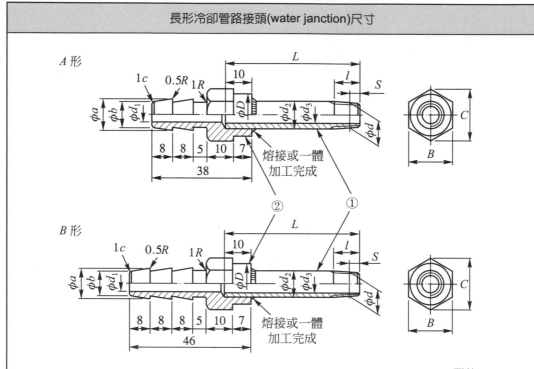

標稱尺寸	①					②					
	d	d_2	d_3	S	l	a	b	d_1	D	B	C
PT1/8－A	9.728	10.5	6.5	3.97	10	12	10	6	16	17	19.6
PT1/8－B	9.728	10.5	6.5	3.97	10	12	10	6	16	17	19.6
PT1/4－A	13.157	13.8	9.2	6.01	12	12	10	6	20	21	24.2
PT1/4－B	13.157	13.8	9.2	6.01	12	12	10	6	20	21	24.2
PT3/8	16.662	17.3	12.7	6.35	14	15	13	10	22	23	26.6
PT1/2	20.955	21.7	16.1	8.16	16	19	17	14	25	26	30.0

備註：(1) L 由使用者決定。

　　　(2)零件①②以熔接結合或一體加工完成。

1.材料：黃銅

圖 6.62

6.28-3　冷卻管路接頭使用例

如圖 6.63 所示。

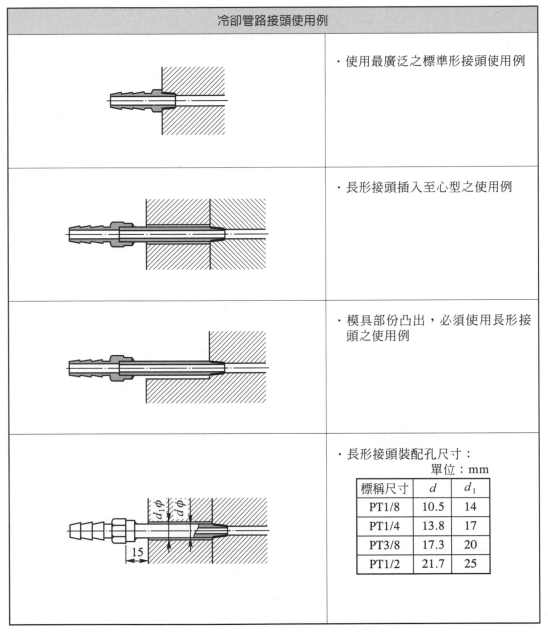

冷卻管路接頭使用例	
	・使用最廣泛之標準形接頭使用例
	・長形接頭插入至心型之使用例
	・模具部份凸出，必須使用長形接頭之使用例
	・長形接頭裝配孔尺寸： 單位：mm

・長形接頭裝配孔尺寸：
單位：mm

標稱尺寸	d	d_1
PT1/8	10.5	14
PT1/4	13.8	17
PT3/8	17.3	20
PT1/2	21.7	25

圖 6.63

■ 6.29 塞(tapered screw plug)尺寸及使用例

如圖 6.64 所示。

塞(tapered screw plug)尺寸

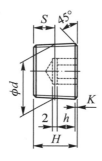

單位：mm

標稱尺寸	d	H	h	B	C	S	K
PT1/8	9.728	10	3	5 $\begin{matrix}+0.1\\+0.03\end{matrix}$	5.7	3.97	1.0
PT1/4	13.157	12	4	6 $\begin{matrix}+0.1\\+0.03\end{matrix}$	7	6.01	1.0
PT3/8	16.662	14	6	8 $\begin{matrix}+0.15\\+0.04\end{matrix}$	9.4	6.35	1.0
PT1/2	20.995	16	7	12 $\begin{matrix}+0.16\\+0.05\end{matrix}$	14	8.16	1.5
PT3/4	22.911	16	7	14 $\begin{matrix}+0.16\\+0.05\end{matrix}$	16.3	9.53	1.5
PT1	26.441	16	7	14 $\begin{matrix}+0.16\\+0.05\end{matrix}$	16.3	10.39	2.0

備註：表中 h 之尺寸為最小值。

1.材料：S20C～S30C

塞使用例

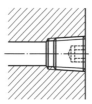

圖 6.64

■ 6.30 冷卻管路接頭及塞之裝配孔尺寸

如圖 6.65 所示。

冷卻管路接頭及塞之裝配孔尺寸

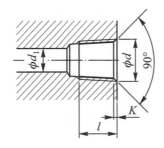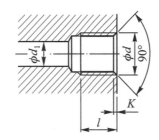

單位：mm

標稱尺寸		d		d_1	l (最小)	K (約)
錐度螺紋	平行螺紋	外徑	內徑			
PT1/8	PS1/8	9.728	8.566	8	10	1
PT1/4	PS1/4	13.157	11.445	10	12	1
PT3/8	PS3/8	16.662	14.950	12	14	1
PT1/2	PS1/2	20.955	18.631	16	19	1.5

圖 6.65

■ 6.31 O 形環(O ring)及 O 形環槽尺寸

如圖 6.66 所示。

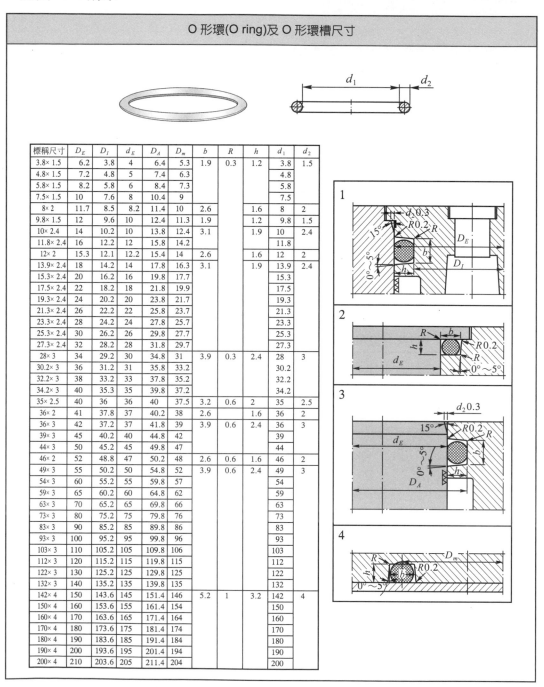

標稱尺寸	D_E	D_I	d_E	D_A	D_m	b	R	h	d_1	d_2
3.8× 1.5	6.2	3.8	4	6.4	5.3	1.9	0.3	1.2	3.8	1.5
4.8× 1.5	7.2	4.8	5	7.4	6.3				4.8	
5.8× 1.5	8.2	5.8	6	8.4	7.3				5.8	
7.5× 1.5	10	7.6	8	10.4	9				7.5	
8× 2	11.7	8.5	8.2	11.4	10	2.6		1.6	8	2
9.8× 1.5	12	9.6	10	12.4	11.3	1.9		1.2	9.8	1.5
10× 2.4	14	10.2	10	13.8	12.4	3.1		1.9	10	2.4
11.8× 2.4	16	12.2	12	15.8	14.2				11.8	
12× 2	15.3	12.1	12.2	15.4	14	2.6		1.6	12	2
13.9× 2.4	18	14.2	14	17.8	16.3	3.1		1.9	13.9	2.4
15.3× 2.4	20	16.2	16	19.8	17.7				15.3	
17.5× 2.4	22	18.2	18	21.8	19.9				17.5	
19.3× 2.4	24	20.2	20	23.8	21.7				19.3	
21.3× 2.4	26	22.2	22	25.8	23.7				21.3	
23.3× 2.4	28	24.2	24	27.8	25.7				23.3	
25.3× 2.4	30	26.2	26	29.8	27.7				25.3	
27.3× 2.4	32	28.2	28	31.8	29.7				27.3	
28× 3	34	29.2	30	34.8	31	3.9	0.3	2.4	28	3
30.2× 3	36	31.2	31	35.8	33.2				30.2	
32.2× 3	38	33.2	33	37.8	35.2				32.2	
34.2× 3	40	35.3	35	39.8	37.2				34.2	
35× 2.5	40	36	36	40	37.5	3.2	0.6	2	35	2.5
36× 2	41	37.8	37	40.2	38	2.6		1.6	36	2
36× 3	42	37.2	37	41.8	39	3.9	0.6	2.4	36	3
39× 3	45	40.2	40	44.8	42				39	
44× 3	50	45.2	45	49.8	47				44	
46× 2	52	48.8	47	50.2	48	2.6	0.6	1.6	46	2
49× 3	55	50.2	50	54.8	52	3.9	0.6	2.4	49	3
54× 3	60	55.2	55	59.8	57				54	
59× 3	65	60.2	60	64.8	62				59	
63× 3	70	65.2	65	69.8	66				63	
73× 3	80	75.2	75	79.8	76				73	
83× 3	90	85.2	85	89.8	86				83	
93× 3	100	95.2	95	99.8	96				93	
103× 3	110	105.2	105	109.8	106				103	
112× 3	120	115.2	115	119.8	115				112	
122× 3	130	125.2	125	129.8	125				122	
132× 3	140	135.2	135	139.8	135				132	
142× 4	150	143.6	145	151.4	146	5.2	1	3.2	142	4
150× 4	160	153.6	155	161.4	154				150	
160× 4	170	163.6	165	171.4	164				160	
170× 4	180	173.6	175	181.4	174				170	
180× 4	190	183.6	185	191.4	184				180	
190× 4	200	193.6	195	201.4	194				190	
200× 4	210	203.6	205	211.4	204				200	

圖 6.66

■ 6.32 開閉器(parting lock set)

6.32-1 單行程開閉器尺寸

如圖 6.67 所示。

單行程開閉器(parting lock set)尺寸

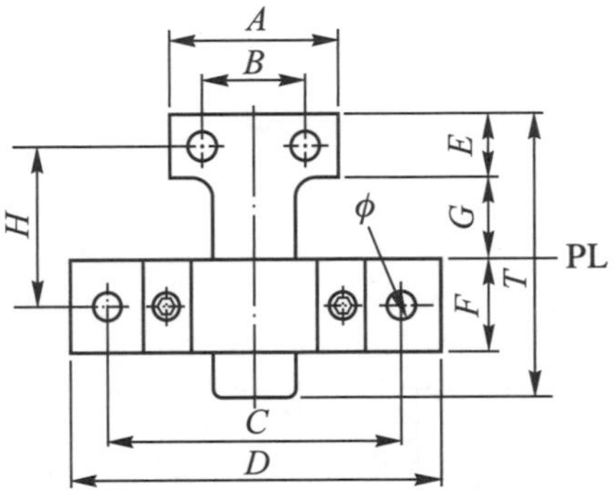

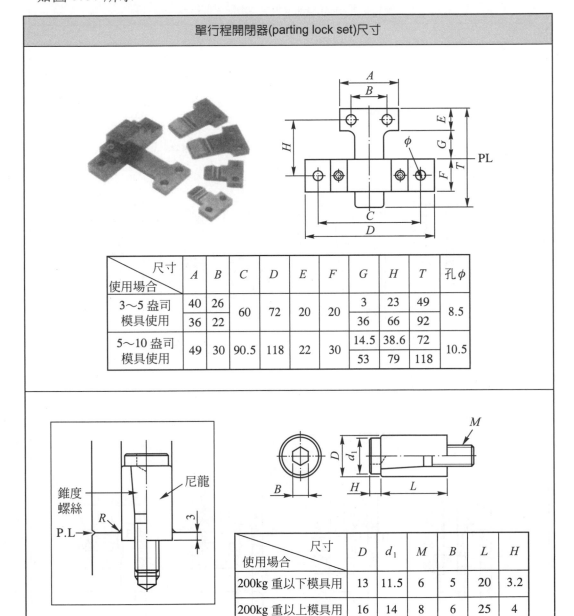

尺寸／使用場合	A	B	C	D	E	F	G	H	T	孔φ
3～5 盎司模具使用	40	26	60	72	20	20	3	23	49	8.5
	36	22					36	66	92	
5～10 盎司模具使用	49	30	90.5	118	22	30	14.5	38.6	72	10.5
							53	79	118	

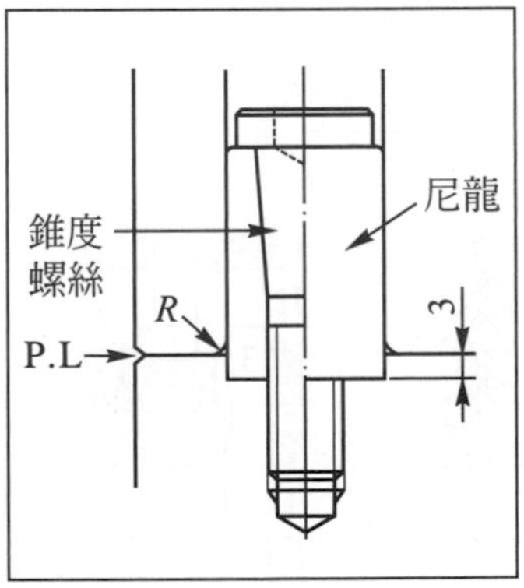

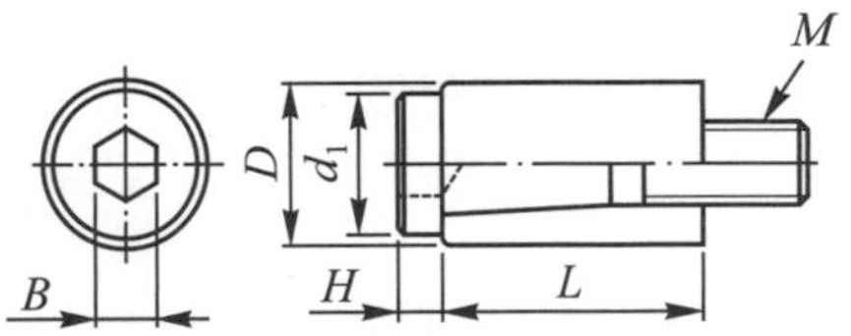

尺寸／使用場合	D	d_1	M	B	L	H
200kg 重以下模具用	13	11.5	6	5	20	3.2
200kg 重以上模具用	16	14	8	6	25	4

圖 6.67

6.32-2 雙行程開閉器(parting lock set)使用例

如圖 6.68 所示。

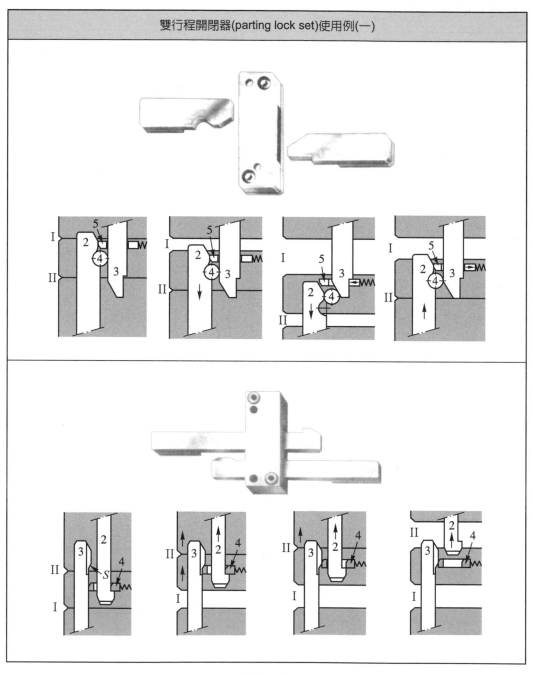

圖 6.68

雙行程開閉器(parting lock set)使用例(二)

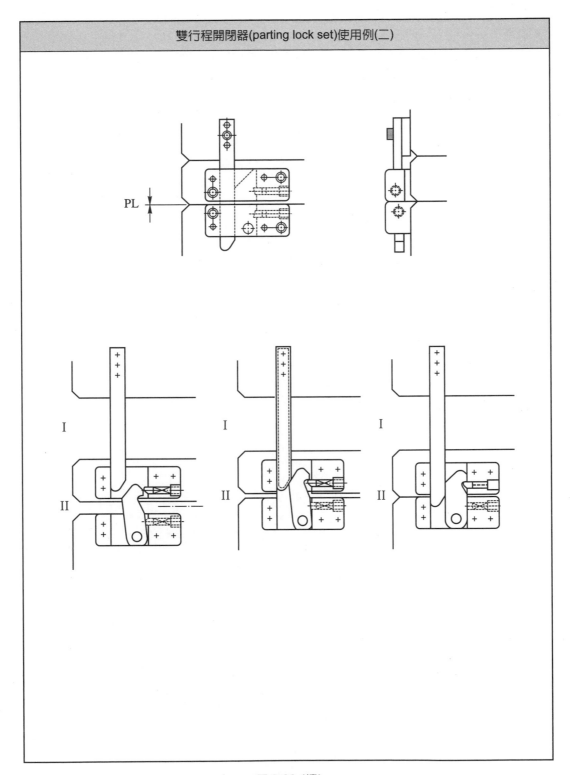

圖 6.68 (續)

7

模具加工法概要

本章重點

1. 模具如何製作

2. 加工模具之加工方法有那些

3. 模具加工流程與機械設備

4. 模具之特殊加工法

5. 模具之整修裝配及保養

塑膠模具設計學

　　射出成形用模具的加工大別可分為切削(cutting)加工、特殊(special)加工與
整修(amendment)裝配(assembly)。切削加工是指用適切的切削工具(tool)，切
削除去不必要的部份，加工成所需的尺寸及形狀，亦即產生切屑(chip)的加工方
法。整修裝配作業是除去切削加工所剩下的加工預留量(allowance)，達成正確的
尺寸、形狀及表面粗糙度(surface roughness)(表面精度或表面光度)後再行裝配使
用。表7.1為各種加工方法與表面粗糙度之關係，表7.2為各種加工方法之代號。

表7.1　各種加工方法與表面粗糙度之關係

表面情況	基準長度	說明	表面粗糙度		
			Ra	Rmax	Rz
▽▽▽▽ 超光面	0.08	以超光製加工方法，加工所得之表面，其加工面光滑如鏡面。	0.01a 0.01a 0.01a 0.02a 0.02a 0.03a 0.05a 0.06a 0.08a 0.10a 0.12a 0.16a	0.040S 0.050S 0.063S 0.080S 0.100S 0.125S 0.20S 0.25S 0.32S 0.40S 0.50S 0.63S	0.040Z 0.050Z 0.063Z 0.080Z 0.100Z 0.125Z 0.20Z 0.25Z 0.32Z 0.40Z 0.50Z 0.63Z
	0.25		0.20a	0.80S	0.80Z
▽▽▽ 精切面	0.8	經一次或多次精密車、銑、磨光、搪光、研光、擦光、拋光或刮鉸、搪等有屑切削加工法所得之表面幾乎無法以觸覺或視覺分辨出加工之刀痕，較細切面光滑。	0.25a 0.32a 0.40a 0.50a 0.63a 0.80a 1.00a 1.25a 1.60a	1.0S 1.25S 1.6S 2.0S 2.5S 3.2S 4.0S 5.0S 6.3S	1.0Z 1.25Z 1.6Z 2.0Z 2.5Z 3.2Z 4.0Z 5.0Z 6.3Z
▽▽ 細切面	2.5	經一次或多次較精細車銑、刨、磨、鑽、搪、鉸或銼等有屑切削加工所得之表面以觸覺試之，似甚光滑，但由視覺仍可分辨出有模糊之刀痕，故較粗切面光滑。	2.0a 2.5a 3.2a 4.0a 5.0a 6.3a	8.0S 10.0S 12.5S 16S 20S 25S	8.0Z 10.0Z 12.5Z 16Z 20Z 25Z
▽ 粗切面	8	經一次或多次粗車、銑、刨、磨、鑽、搪或銼等有屑切削加工所得之表面，能以觸覺及視覺分別出殘留有明顯之刀痕。	8.0a 10.0a 12.5a 16.0a 20a 25a	32S 40S 50S 63S 80S 100S	32Z 40Z 50Z 63Z 80Z 100Z
～ 光胚面	不予規定	一般鑄造、鍛造、壓鑄、輥軋、氣焰或電弧切割等無屑加工方法所得之表面，必要時尚可整修之毛頭，惟其黑皮胚料仍可保留。	32a 40a 50a 63a 80a 100a 125a	125S 160S 200S 250S 320S 400S 500S	125Z 160Z 200Z 250Z 320Z 400Z 500Z

註：中心線平均粗糙度(Ra)，最大高度粗糙度(Rmax)，十點平均粗糙度(Rz)，Rmax=Rz÷4Ra。

表 7.2　各種加工方法之代號

項目	加工方法	代號	項目	加工方法	代號
1	車削(Turning)	車	19	鑄造(Casting)	鑄
2	銑削(Milling)	銑	20	鍛造(Forging)	鍛
3	刨削(Planing Shaping)	刨	21	落鎚鍛造(Drop Forging)	落鍛
4	搪孔(Boring)	搪	22	壓鑄(Die Casting)	壓鑄
5	鑽孔(Drilling)	鑽	23	超光製(Super Finishing)	超光
6	鉸孔(Reaming)	絞	24	鋸切(Sawing)	鋸
7	攻螺絲(Tapping)	攻	25	焰割(Flame Cutting)	焰割
8	拉削(Broaching)	拉	26	擠製(Extruding)	擠
9	輪磨(Grinding)	輪磨	27	壓光(Burnishing)	壓光
10	搪光(Honing)	搪光	28	引伸(Drawing)	引伸
11	研光(Lapping)	研光	29	衝製(Blanking)	衝製
12	拋光(Polishing)	拋光	30	衝孔(Piercing)	衝孔
13	擦光(Buffing)	擦光	31	放電加工(E.D.M)	放電
14	砂光(Sanding)	砂光	32	電化加工(E.C.M)	電化
15	滾筒磨光(Tumbling)	滾磨	33	化學銑削(C.Milling)	化銑
16	鋼絲刷光(Brushing)	鋼刷	34	化學切削(C.Machining)	化削
17	銼削(Filing)	銼	35	雷射加工(Laser)	雷射
18	刮削(Scrapping)	刮	36	電化磨光(E.C.G)	電化磨

■ 7.1 模具構造零件(parts)加工

模具構造零件的加工可分為面削加工與內部加工。分述如下：

1. **面削(surface cutting)加工**

面削加工是用車床(turning machine)、鉋床(shaping machine)、銑床(milling machine)、磨床(grinding machine)等工作母機，以粗(coarse)加工、細(fine)加工、精(finish)加工完成面削加工，使零件之平面度(flatness)、平行度(parallelism)及垂直度(perpendicularity)達到預期的要求。施行面削加工之零件有固定側及可動側固定板、型模板與承板、間隔塊、頂出板、流道剝料板、心型、導銷、襯套等。

2. **內部(internal)加工**

完成面削之零件以銑床、鉋床、鑽床(drilling machine)、車床、搪床(boring machine)等加工吊環孔、埋入孔、滑動槽、注道孔、導銷及襯套孔，定位銷、回位銷、停止銷、斜角銷孔與螺絲孔、沉頭孔、冷卻水孔等稱之內部加工。

頂出板、型模板、承板、間隔塊等的面削加工終了後，再完成它們的其他孔加工，然後再施行頂出板之頂出銷孔加工，而斜角銷孔之加工則在相關零件面削後再行加工。各種孔加工依其目的分別使用鑽床、車床、搪床、工模搪床(jig boring machine)、工模磨床(jig grinding machine)等來加工。

模具構造零件的加工，作業順序並非一成不變，可依工程的進行情況、機械的負荷狀態而有所變更。同時，於重切削加工後之零件，得視情況施行消除應變之退火處理。若不實施退火(annealing)處理，成形時易造成尺寸變化，在模具淬火(quenching)時可能造成淬裂(cracking)或翹曲(warping)。

■ 7.2 模具成形品部加工

成形品部加工有直接彫入型模板的方法，亦有製作心型後嵌入型模板的方法，任一方法都可分為粗削與精削，粗削為強力切削，先切削成大概的形狀及尺寸，其次再精削，以減少進刀深度、進給量、增高切削速度、減小切削寬度來切削，最後再整修裝配。粗削依成形品形狀、尺寸精度而選用不同的工作母機，目的在使精削、整修裝配更容易施工。在此階段也必需施行內部應力(stress)、應變(strain)消除之退火(annealing)處理。

■ 7.3 模具加工流程(working process)與機械設備(machine equipment)

模具之加工流程及機械設備表可由表7.3及7.4所示一目瞭然，雖然目前CAD/CAM (Computer Aided Design /Computer Aided Manufacturing) 之硬體(hard ware)及軟體(soft ware)受到相當程度的青睞，但由表7.5所示，傳統泛用加工機在模具加工領域中是永遠不可或缺的。

模具依使用目的而有不同的材料、形狀、尺寸、精度、使用壽命等條件，自然其加工的程序會有所差異，精密的模具(precision mold)須使用精密的機械(precision machine)，選用最適切的加工方法，才能獲得最經濟而實用的模具。模具的概略製作程序如表7.3所示。模具製作用機械設備如表7.4所示。表內機械設備若輔於電腦及專業軟體支援加工則成電腦輔助機械製造(CAM)加工機。

表7.3 模具製作程序表

表 7.4　模具製作用機械設備一覽表

加工機械設備＼區分	切削加工機械		特殊加工機械	特殊設備
彫模成形用	(鑽床) 桌上鑽床 立式鑽床 旋臂鑽床 (車床) 普通車床 桌上車床 仿削車床 CNC車床 (鉋床) 牛頭鉋床 仿削牛頭鉋床 立式鉋床 (龍門機械) 龍門鉋床 龍門銑床 龍門磨床 (磨床) 圓筒磨床 平面磨床	(銑床) 立式銑床 臥式銑床 萬能銑床 CNC銑床 鉋塔式銑床 (彫模機) 手動式仿削彫模機 電氣式彫模機 空氣式油壓式彫模機 電氣油壓式彫模機 仿削銑床 綜合加工機 (帶鋸機) 臥式帶鋸機 立式帶鋸機	放電加工機 線切割放電加工機 cold hobbing 超音波加工機	(壓力鑄造設備) (shaw process) (化學加工設備) 腐蝕設備 電鑄設備
細加工用		(電動工具) 可撓磨床 手研磨床 diprofile 鉊磨機 鉗工用特殊工具 液體搪磨 搪磨機	電解研磨裝置 超音波研磨裝置 extrude horn	
特殊用		工模搪床 工模磨床 仿削磨床 成形磨床 CNC磨床 萬能工具磨床 無心磨床 投影磨床	diaform	
檢查用		光學投影機 平板及其他測定工作 工具顯微鏡	三次元測定機	

註：表內機械設備若輔於電腦及專業軟體支援加工則成電腦輔助機械製造(CAM)加工機。

表 7.5　模具加工機械設備使用概況

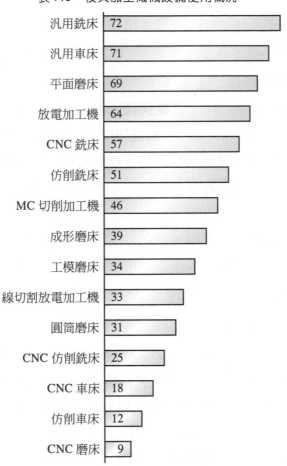

汎用銑床	72
汎用車床	71
平面磨床	69
放電加工機	64
CNC 銑床	57
仿削銑床	51
MC 切削加工機	46
成形磨床	39
工模磨床	34
線切割放電加工機	33
圓筒磨床	31
CNC 仿削銑床	25
CNC 車床	18
仿削車床	12
CNC 磨床	9

■ 7.4　特殊加工法(special working method)

　　模具的成形品部加工用特殊加工法有冷間壓刻法、殼模法、壓力鑄造法、電鑄法、放電加工法、光蝕加工法等。模具設計及製作時，要充分瞭解特殊加工法之特色，依成形品形狀、大小、尺寸精度、機能、數量而選用最適當的方法。

1.　冷間壓刻法(cold hobbing)

　　除了以切削加工方法製作模具的成形品部外，用冷間壓刻法(cold hobbing)複製將更為有效。**冷間壓刻法是將一塊製成成形品部形狀，並經硬化與高度打光的壓刻原模(hob master)，壓入軟鋼中，形成心型或型穴。**壓刻原模與材料的潤滑材料是在壓刻原型表面包覆一層硫酸銅薄膜，塗佈麻子油或種子油，在常溫高壓以每秒 1/1000～3/100mm 的慢速壓入保持環中的材料。必要壓力高達 15～20 噸／cm^2。

由於壓刻原模的表面光製狀況能在心型上重現，可減少心型內部之打光作業，並可在短時內複製多個尺寸形狀一致的心型，精度可達 0.1mm 以下。常用於製有花紋、文字或標誌模樣之瓶蓋與筆套類、計算機按鈕、化妝箱及鋼琴、風琴的琴鍵等。

2.　**殼模法**(shaw process)

　　殼模法亦稱 shaw process，這是英國人 Mr. Shaw 為了複製美術工藝品而發明的殼模製造方法，原模(master)以石膏(plaster)作成，再將原模裝入框內，注入耐火材與矽酸乙酯加水分解液的混合物，作成殼模。等殼模凝固後，拔出石膏原型，燒成後注入金屬，作成金屬模。複雜而細微的花紋模樣、曲線、皮革花樣等可與實物完全相同重現，尺寸精度可達±0.15～0.2mm，表面光度可至4～18S(1～4.5a)，且注入之金屬可自由選擇，可製作大型成形品，製作時間短。常用於機械加工費時的大型模具及模樣複雜、曲線多的模具。用於各種布、皮革花紋之皮箱、手提包、收音機外殼、電視機外殼之模具製作。

3.　**壓力鑄造法**(pressure casting)

　　一種含鈹(Be)2.5 %，含銅(Cu)97.5 %的合金，用於製作射出成形用模具的心型或型穴部。製作的方法是將熔融的鈹銅合金(beryllium copper alloy)注入含有原型的金屬模中，然後在熔融的合金上以柱塞加壓直至冷卻為止。原模通常以SKD61 之熱模合金鋼製成，並經硬化後拋光。在原模垂直面上最少應有 0.5°的脫模斜度，數字或文字上應有5°的脫模斜度。鈹銅合金的壓力鑄造法可複製心型數目6～40 個，依原模上的複雜結構與強度的情況而定。鈹銅鑄件可製成各種不同之複雜形狀，且能複製成若干完全相同的心型，冷間壓刻法所不能製成的複雜形狀及薄斷面之心型，都能以壓力鑄造法來完成，而尺寸精度不減。以切削加工鈹銅合金製成之心型及型穴時必需小心，鑄件邊緣肉厚一般保留大約 3mm 供切削加工之用，切削加工過程應避免過熱，否則會因熱而造成某種程度的變形。鈹銅具有強韌性質，易使刀具磨損不利，應避免由孔中去除微量之切削加工。同時在切削鈹銅合金時，鑽頭與鉸刀易於卡住，因此在鈹銅合金上鑽孔時，最好把鑽頂角磨成 130～140°之間，鉸孔時單邊切削量不得少於0.4mm。

　　鈹銅合金的熱處理硬度可達 HRC42～48，但尺寸精度會減低，但其熱傳導性良好，有利於冷卻效果，是複製複雜形狀並有微細結構及需稜銳角隅之心型及型穴的一種經濟方法。有時鉛(Pb)鋅(Zn)鑄件之心型及型穴亦可使用壓力鑄造法製得。

4. **放電加工法**(electrical discharge machining)

　　放電加工(EDM)是利用電極(electrode)與工件之間一連串高頻率(high frequency)放電來進行加工的方法。在模具工場中常常利用放電加工法來製作整件心型或型穴，或是製作特殊結構的心型及型穴之一部份。電極的特殊形狀與工件上待加工部位正好相反。由於有若干放電間隙(clearance)存在，所以電極與加工部位之尺寸有所差異。間隙的大小主要依放電條件來決定。放電條件必須小心地預先決定也要小心的控制。間隙可由 0.01mm 調整到 0.20mm。一般來說，在最後精修時，間隙的範圍由 0.01mm 至 0.05mm 之間。EDM 是一種精密控制的電子金屬蝕刻法，能得到精確的加工結果。

　　放電加工法所能得到的表面精度，視所用放電條件而定。作較精細加工或作光製加工時，一般採用較小的電流與相當高的火花頻率。用這種方法加工出來的心型或型穴表面，已經光滑到可用 320 號的油石(oil stone)或金鋼砂(emery)來拋光(polishing)。

　　進行放電加工時，電極與工件是在絕緣液(insulating liquid)(又稱加工液、一般用煤油、純水等)中隔 0.02～0.05mm 而相向，在兩者之間施加 60～150v 的直流電壓，破壞絕緣，產生放電(電流數 A～數十 A)。此時以適當的電源，使放電電流每秒斷續 10^3～10^6 次，放電成為脈衝性過渡電弧(arc)放電或火花(park)放電。這些放電是在電極面上直徑數～數百 μm 的範圍發生，在該部位使電極、工件局部加熱、熔融、氣化。放電使加工液氣化，其衝擊性壓力使熔融部位散逸。一定形狀的電極與工件間發生此種作用，即可使電極形狀複現於工件，進行彫形加工。電極形態從彫形用，改為切斷用薄片、或線電極等可行切斷或面加工。

　　當工件在進行放電時，電極會損耗，損耗率隨工件材質以及電極材料而定。其他影響損耗率的因素有，所使用之放電條件及所用電流量等。由於電極的損耗，往往使用一支以上的電極，分粗加工與細加工用，至於應使用多少支電極，則視工件之構造、放電深度及要求的尺寸精度與表面光度而定。

　　電極是以良好的導電材料製成，如鎢銅(WCu)、銀鎢(AgW)、銅(Cu)、鋁(Al)以及石墨(graphite)等。放電加工法可以加工在傳統切削加工上無法完成，甚而不可製成的各種形狀、細槽，以及複雜而深的形狀。放電加工法可以直接在整塊工件上加工，或是工件先用傳統加工作粗切削，然後再用放電加工法光製，並可在已經硬化的工件上進行加工，因此，工件可以先經熱處理硬化後再作放電加工，因而避免了硬化過程中可能發生的工件變形。也是一種專為已經硬化後再作修改的工件之有效加工方法，很多放電加工作業是在工件已經硬化的狀態下進行的。可用於齒輪(gear)、凸輪(cam)、特殊形狀之工件，乃模具不可缺少的加工方法。

5. **電鑄法**(electro forming)

　　電鑄法是利用金屬的電著性(原理同電鍍)，將原模與電著材於電解液中通電後，電著材的金屬離子化，溶於電解液中，析出於原模，至適當厚度後在原模上剝下，用來製作心型或型穴的方法。電著材一般使用鎳(Ni)。電鑄法其複製精度為所有特殊加工法中最佳者，不過在經濟上，電著層不宜太厚，裝入模具時，底部必需加裝背托，並且須注意不使電著層變形，適用於鋼筆、原子筆、體溫計套筒等長筒件類，各種透鏡、鋼琴及電子琴的琴鍵、齒輪及凸輪、彫刻花紋之透明容器類之心型或型穴製作。

6. **光蝕加工法**(photo etching)

　　腐蝕加工法是將金屬表面塗佈感光劑(sensitizer)，光線透過原版底片使金屬面感光後產生顯像(image)，再以水清洗，則未感光部份被洗去，而感光部份為水的不溶性而附著，再將此部份使用酸或鹼等藥品浸蝕，蝕刻成花紋或文字等。浸蝕液對所有蝕刻面同時加工，複雜的曲面也可均勻加工，亦可用於大型工件之光蝕加工，但蝕刻面淺而缺乏立體感，適用於皮革花紋、木紋或其他裝飾花紋模樣之加工或一般裝飾花紋的盒類及容器類之心型或型穴之加工。

■ 7.5　整修(amendment)裝配(assembly)加工

　　整修加工可分為以手工整修或以機械切削加工過的加工面使達到所要尺寸的手工作業(hand work)及測定零件與零件的結合部再加工成所需尺寸的對合作業(fit work)與將成形品部表面細磨的研磨作業(abrasive finishing work)。

⑴ 手工作業有心型、型穴、嵌入件、側向心型、頂出板、銷類等的作業，整修工具是用高速砂輪機(high speed grinder)、各種銼刀(file)、帶柄砂輪(mounted wheel)等。

⑵ 對合作業施行於分模面、嵌入件、銷類、側向心型、定位件、流道系統、頂出機構、肉厚部等各部份，整修工具除了具備手工作業工具外，尚需具備部份精修加工機械。分模面對合作業因分模面具有排氣作用，為能排氣而不發生毛邊，須使對合間隙(clearance)在0.02mm以下。嵌入件對合是用切削工

具(cutting tool)及量具(measuring tool)，將嵌入件的寬度、長度、厚度、角度、角隅部的R整修成所需尺寸之配合工作。銷及定位件的對合作業是整修成所需尺寸再與對方對合。側向心型對合是將頂出板各定位孔與沈頭孔整修成所需尺寸再與各銷配合使用。流道系統的對合作業是將定位環、注道襯套、流道整修成所需尺寸再對合模具。肉厚調整經常是直接測量心型與型穴的對稱相關尺寸或注入石蠟或石墨等假成形，將之切削、測定厚度，調整成均勻的規定厚度。

⑶ **研磨作業是把手工作業或對合作業過的成形品部表面加工成所需的粗糙度，目的不僅在顯出光澤，實際的表面粗糙度(表面光度)應達 3S(0.8a)以下。工具與作業順序一般如下：**

① **切削痕消除器**：GC(綠色碳化矽)砂輪或 C(碳化矽)砂輪，或以油混合金鋼砂研磨(最適合螺紋部、彫削面)。

② **砂紙或油石**：AA(熔融氧化鋁)#60～#1000。

③ **磨料粉**：E(金鋼砂)#60～#1000 或青砥石混入機油，加熱成液狀，以絨布沾著研磨，彫刻部可用竹刀沾著青砥石細磨。

④ **鋼絲絨**：沾著化學除去劑而研磨(有時省略)。

⑤ **橡膠砂輪**：技術需要熟練。

⑥ **氈質擦光輪**：用氈沾著青砥石，安裝於帶式砂輪機(超硬質氈 500×500×2.5，擦光輪切削速度約 1830～2750m/min)。但分模面或稜銳部的研磨勿發生崩垂。

　一般所謂的鏡面(mirror)是指粗糙度在0.2μm(0.2S 或 0.05a)以下的表面稱之，其操作程序，依模具材料種類及研磨工具與研磨材而有一定的作業程序。其程序為選擇適當的鏡面用鋼，經車床或銑床加工後，由磨床作精細加工，接著砥石(grindstone)研磨由粗到細(#46-#80-#120-#150-#220-#320-#400)再由砂紙(abrasive paper)研磨(#200-#280-#320-#400-#600-#800-#1000-#1200-#1500-#2000)最後使用鑽石膏(diamond paste)作精細打光(15μm-9μm-6μm-3μm-1μm-0.2μm 以下)達到鏡面加工最高境界。

　各零件整修、對合、研磨作業完成後，模具進行裝配，此時也有若干對合作業需同時進行，裝配完成後，勿忘了模具各滑動部的動作是否圓滑確實。

■ 7.6 模具的檢查(inspection)

7.6-1 工場(factory)檢查

　　模具在裝配後才施行尺寸檢查的話，常會造成延誤的結果，尺寸檢查應在加工時由作業者自行檢查，不過，由於機械、量具、整修預留量的關係，有時無法充分檢查，因此，整修加工前，設檢查工程，由檢查員檢查，將加工不充分者、未加工者、切削過量者等，送回前段的機械加工工程，此謂中間檢查工程，著重在尺寸精度。在整修作業中，測量最後的尺寸，在設計圖的對應尺寸處以異色記入測定值，即成最後的尺寸檢查表，可供以後問題解決的參考。肉厚檢查以對合加工時作調整及測定最終尺寸，冷卻管路的漏水要施行水壓檢查。

　　裝配完畢後檢查主要為模具各部份的機能檢查，以當作試模的保證。表7.6為一般用模具檢查表。

表 7.6　模具檢查表

檢查部位	項目	摘要
(1)成形品部	表面整修 手工修正 對合面 逆斜度 肉厚 形狀	良 否 有 無 良 否 有 無 良 否 良 否
(2)流道	尺寸形狀 表面整修	良 否 良 否
(3)注道	與噴嘴接觸 尺寸 打磨 死角 襯套配合間隙	良 否 良 否 良 否 有 否 良 否
(4)澆口	長度 寬度 深度	良 否 良 否 良 否
(5)導銷	與襯套配合 配合部長度	良 否 良 否

表 7.6　模具檢查表 (續)

檢查部位	項目	摘要
(6)頂出機構	作動情形 頂出行程 頂出銷軸方向的晃動 頂出銷殘留痕跡 頂出銷配合間隙 回位銷配合間隙	輕　緊　非常緊 ? mm 良　否 凹凸 ? mm 適當　多　少 適當　多　少
(7)側向心型	滑動部間隙 心型對合部 滑動距離 退模行程 定位件位置 斜角銷孔	適當　太鬆　太緊 合模時均勻接觸　否 良　否 良　否 良　否 良　否
(8)冷卻管路	水壓試驗 位置、數量	? kg/cm^2　良　否 符合圖面　否
(9)加熱器	加熱器嵌合 位置、數量 絕緣電阻試驗	良　否 符合圖面　否 良　否
(10)分模面	表面加工 間隙	良　否 良　否
(11)模座	頂出孔徑(單桿) 頂出孔間隙(多桿)	良　否 良　否
(12)固定板	固定用孔徑 固定孔間距	良　否 良　否
(13)其他	模具記號 各部定位 模具安裝固定面 吊環孔 鎖緊用溝 圖面文字之規定事項	有　無 有　無 表面均勻　否 符合圖面　否 符合圖面　否 符合　否

7.6-2　試模(try mold)檢查

　　模具是取得成形品的工具，成形品之重點仍在於成形品的品質，左右成形品的品質是與成形機的性質、模具設計及製作、成形技術有關，其中一項不妥時，便得不到良好的成形品，以現有的成形機，預估成形條件而設計模具，進而模具製作完成，若不實際成形也不知其成果好壞，通常是模具製作及檢查完成後試模，再觀察成形品及尺寸測定而修正模具，試模或成形中的成形品不良原因，可能由模具本身或成形條件聯合影響所致，須充分檢討後再修正，一般情形成形條件較易變更，故先變更成形條件，再無法解決時才修正模具。

■ 7.7 模具整修(amendment)保養(recuperation)

模具不同於平時使用的機械，在模具成形後到下一次成形之間有一段期間。此期間整修保養管理的良否，不只左右模具的壽命，也影響成形效率，故應充分研討模具的整修保養管理。某些人將成形後的模具，立即送入保管場所，直到下一次成形前才提出整修保養，殊不知模具早已生鏽、機能衰退，而延緩成形，有時迫在眉睫才發現模具必需整修保養而延誤貨期。因此應在模具成形後，立即做整修保養工作，整修保養完成後才得送入保管場，以提高成形效率。

7.7-1 防鏽(rust resistance)與除油(oil removal)

成形過的模具易殘留脫模渣屑、污物、油類等，要完全清理乾淨，用一般油脂防鏽時，油脂氧化，易吸收水份，且與模具的吸著力減弱，水份介入油脂與模具的間隙而生鏽，再度擦拭清理費事，故應使用專門的防鏽油。

有時因成形品的光澤與透明度的要求而把模具表面鍍金，除硬化作用外還具備防鏽效果。成形 PVC 等發生腐蝕性氣體的樹脂可用鎳鉻鋼為模具材料，可增高防鏽效果。

欲使用保管中的模具之前，一定要做除油處理，因為進入模具面、嵌入部或頂出銷間隙的防鏽油，在成形中會滲出而使成形品造成不良。尤其是透明成形品在成形前，須絕對除油，方法是分解模具，用稀釋或礦物油性酒精等溶劑擦拭銷類或心型嵌入部等，無法分解的部份可注入溶劑，再以壓縮空氣吹散來做除油處理。

7.7-2 模具修護(repair)

模具在成形時，有時會受壓傷、發生毛邊、發生加工時之殘留應變、尺寸失正，此時需要將模具加以維修。

(1) **隆肉修護**：藉氬焊、電弧熔接等隆肉，並加以整修，此方法很常用。

(2) **埋入修護**：以鑽頭(drill)、銑刀(mill)或其他機械加工(machining)，將欲修部消除，作成新埋入件(insert)嵌入此處進行整修。

(3) **擴孔修護**：各種銷孔因滑動磨損時，可將孔徑擴大，換裝較大直徑的銷子 (pin)使用。

(4) **敲擊修護**：受損部淺小時，可敲擊四周肉厚，再加以整修。

(5) **切削研磨修護**：分模面等壓傷時，可考慮以切削(cutting)、研磨(grinding) 整修，但得注意成形品之相關尺寸，若盲目切削、研磨整修有時是得不償失 的。

　　上述模具的大略修護方法，此外，除銹或滑動部作動不良等可依其程度使用砂 輪(grinding whell)、砂紙(abrasive paper)、砥石(grindstone)、手提砂輪機(hand grinder)、研磨劑(abrasive)等來做適切的整修。銷類折損、卡住等在本質上應研 究材料的選擇、淬火處理方法等是否適當，僅做暫時性的管理難免再度發生故障。 尤其是頂出銷的故障，佔模具故障的大部份，須找出癥結所在，做徹底的根本整 修。其他的修護事項有模具改造、偏肉修正、嵌合修整等模具各部位的整修，可參 照上述修護方法施行。

7.7-3 研磨劑(abrasive)與使用方法

　　模具生銹、受傷或改善表面粗糙度時，所用的研磨劑依其程度選用如下所示：

(1) **鑽石(diamond)砥石(grindstone)、氧化鋁(Al_2O_3)砥石**：用於受傷相當嚴重 的場合，使用時勿忘沾油，容易形成凹痕，所以加工要熟練。

(2) **金鋼砂(emery)**：無法以砥石、砂紙研磨的複雜彫刻面或螺紋部可用刷子沾 油和金鋼砂研磨。

(3) **青砥(green grindstone)**：混合青砥與機油，一起加熱成液體，用絨布沾著 研磨，研磨彫刻等的細部時，可用竹刀沾著青砥來施工。此方法可改善成形 品的光澤及容易脫模。

(4) **鋼絲絨(steel wool)**：鋼絲絨不能單獨使用，可沾化學除去劑使用，使用後 要充分洗掉。

(5) **橡膠(rubber)砥石**：小傷痕時適用。

(6) **氈質拋光輪(felt polishing wheel)**：以氈質拋光輪沾著青砥來研磨，效果非 常有效，但可能使稜銳部崩垂，且容易在不同材質交界處發生凹陷，研磨時 必須注意。

(7) **砂紙類(emery paper或abrasive paper)**：不規則或輕度之研磨很廣用。

8

考慮加工性之設計

本章重點

1. 依據加工之需要所採用之設計

2. 簡化整修、裝配作業之設計

3. 使機械加工容易及簡化的設計

塑膠模具設計學

　　模具各部位加工的難易度，直接影響模具製作時間、製作成本及尺寸精度，也左右成形品的品質及生產性。模具設計與製作時，須著重成形性的適切構造，也須詳加考慮加工性。在精度、加工性上，若工作母機不易切削加工時，不一體加工，將其分割(divide)再施行切削或特殊加工，然後再組合(assembly)以達成目的。

■ 8.1　心型(core)、型穴(cavity)的加工與組合

　　模具主要部份的心型或型穴在形狀簡單而小型時，有時直接在型模板上彫削加工，不過，通常為了容易切削加工可使用特殊加工件裝配而成。模具設計製作時，要依成形品的形狀、大小尺寸精度等適當的組合，使模具製作合乎經濟性(economy)與實用性(practicability)。將心型與型穴組合於型模板時，在型模板加工盲孔，以螺絲固定，或在型模板上加工貫穿孔，以螺絲或凸緣固定。

8.1-1　安裝於型模板盲孔(blind hole)的方法

　　此種方式能使心型及型穴輕量化，便於加工。型穴底部或心型的形狀複雜或由於肋等的關係，在型模板加工盲孔，以螺絲固定心型或型穴部，如圖 8.1 所示。盲孔的加工，使用端銑刀所費工時較多，但型模板撓曲則較少。

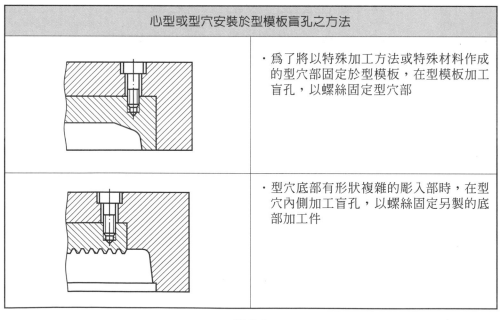

心型或型穴安裝於型模板盲孔之方法	
	・為了將以特殊加工方法或特殊材料作成的型穴部固定於型模板，在型模板加工盲孔，以螺絲固定型穴部
	・型穴底部有形狀複雜的彫入部時，在型穴內側加工盲孔，以螺絲固定另製的底部加工件

圖 8.1

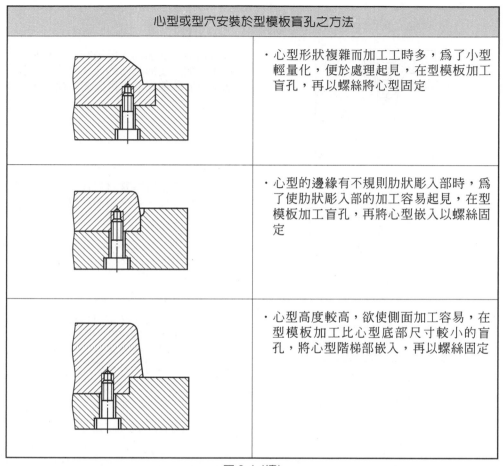

圖 8.1 (續)

8.1-2　安裝於型模板貫穿孔(through hole)的方法

　　固定側及可動側型模板需要孔的對合加工時，或不易以螺絲固定時或型穴深而底部形狀加工困難時，可如圖 8.2 所示，將型模板貫穿，用以安裝心型或型穴。將心型或型穴嵌入貫穿孔而固定的方法需要背板(可動側使用承板)，其厚度需使撓曲量止於最小。

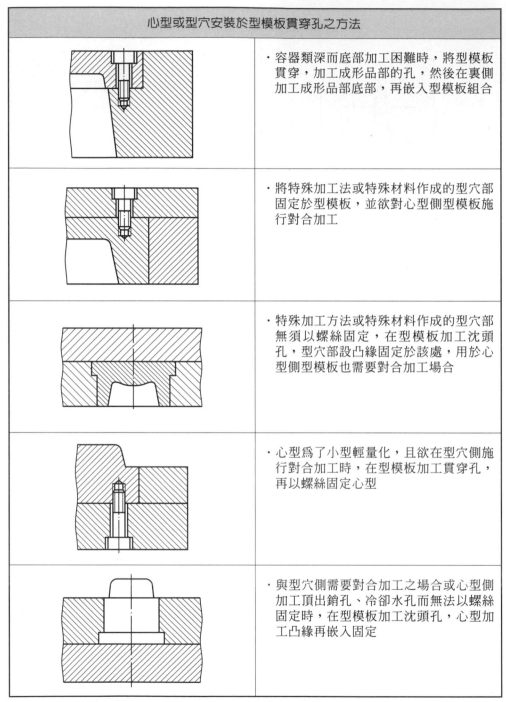

心型或型穴安裝於型模板貫穿孔之方法	
	・容器類深而底部加工困難時,將型模板貫穿,加工成形品部的孔,然後在裏側加工成形品部底部,再嵌入型模板組合
	・將特殊加工法或特殊材料作成的型穴部固定於型模板,並欲對心型側型模板施行對合加工
	・特殊加工方法或特殊材料作成的型穴部無須以螺絲固定,在型模板加工沈頭孔,型穴部設凸緣固定於該處,用於心型側型模板也需要對合加工場合
	・心型為了小型輕量化,且欲在型穴側施行對合加工時,在型模板加工貫穿孔,再以螺絲固定心型
	・與型穴側需要對合加工之場合或心型側加工頂出銷孔、冷卻水孔而無法以螺絲固定時,在型模板加工沈頭孔,心型加工凸緣再嵌入固定

圖 8.2

■ 8.2　模具構造部或成形品部考慮加工性的實例

　　模具設計或製作時，除了心型、型穴的加工與組合方法外，對模具構造零件或成形品部的加工或細部加工也須考慮經濟性與加工的難易。

8.2-1　分件(split)組合(assembly)改善加工性(machinability)

　　在模具構造零件或成形品部的一部份，分件加工再組合另外加工零件，以改善加工性；另外加工零件可為切削加工件、特殊加工件或淬火件。

1.　構造零件或成形品部的嵌入側，如圖 8.3 所示，另以切削加工作成零件而嵌入，此種考慮加工性之處，必須在設計之初就表現於圖面中。

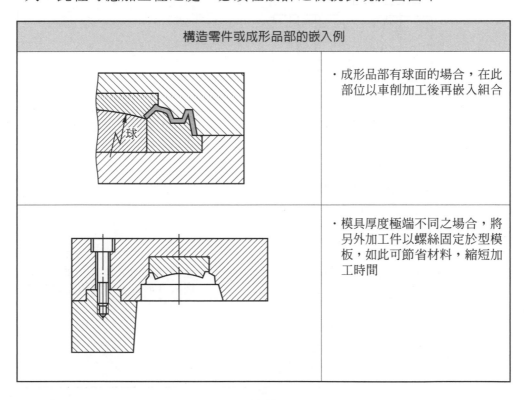

圖 8.3

2.　利用嵌入件改善加工性，嵌入切削加工件、特殊加工件來改善加工性，如圖8.4 所示。

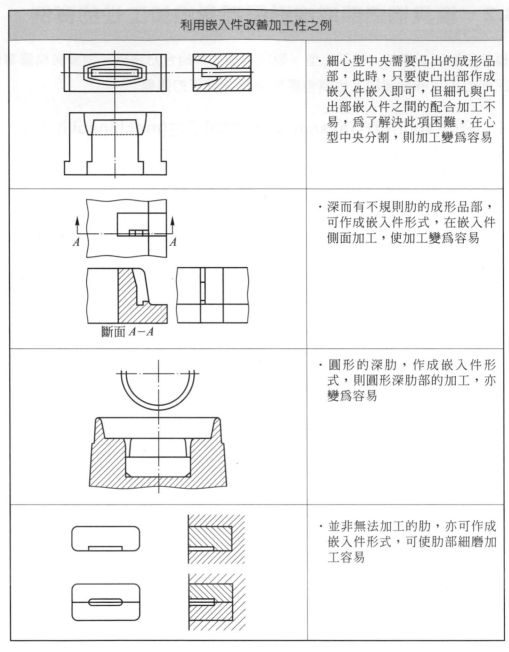

利用嵌入件改善加工性之例	
	‧細心型中央需要凸出的成形品部，此時，只要使凸出部作成嵌入件嵌入即可，但細孔與凸出部嵌入件之間的配合加工不易，爲了解決此項困難，在心型中央分割，則加工變爲容易
斷面 *A*−*A*	‧深而有不規則肋的成形品部，可作成嵌入件形式，在嵌入件側面加工，使加工變爲容易
	‧圓形的深肋，作成嵌入件形式，則圓形深肋部的加工，亦變爲容易
	‧並非無法加工的肋，亦可作成嵌入件形式，可使肋部細磨加工容易

圖 8.4

3. 淬火件強度及定位方法，如圖 8.5 所示。

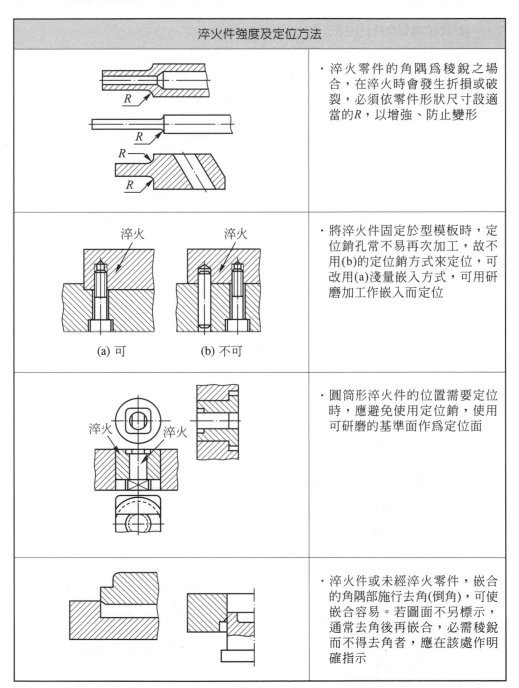

淬火件強度及定位方法	
	‧淬火零件的角隅爲稜銳之場合，在淬火時會發生折損或破裂，必須依零件形狀尺寸設適當的*R*，以增強、防止變形
	‧將淬火件固定於型模板時，定位銷孔常不易再次加工，故不用(b)的定位銷方式來定位，可改用(a)淺量嵌入方式，可用研磨加工作嵌入而定位
	‧圓筒形淬火件的位置需要定位時，應避免使用定位銷，使用可研磨的基準面作爲定位面
	‧淬火件或未經淬火零件，嵌合的角隅部施行去角(倒角)，可使嵌合容易。若圖面不另標示，通常去角後再嵌合，必需稜銳而不得去角者，應在該處作明確指示

圖 8.5

8.2-2 使機械加工(machine working)容易(easy)及簡化(simplification)的設計

1. 使機械加工容易的基礎設計。
2. 簡化機械加工的設計例。以上二項說明如圖 8.6 所示。

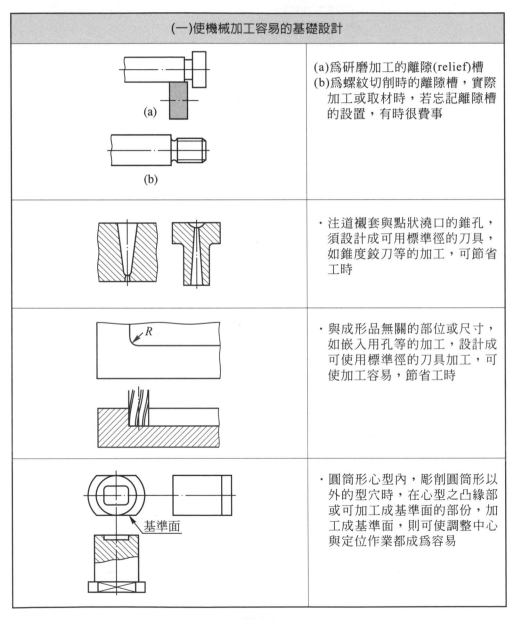

(一)使機械加工容易的基礎設計	
(a) (b)	(a)為研磨加工的離隙(relief)槽 (b)為螺紋切削時的離隙槽，實際加工或取材時，若忘記離隙槽的設置，有時很費事
	・注道襯套與點狀澆口的錐孔，須設計成可用標準徑的刀具，如錐度鉸刀等的加工，可節省工時
R	・與成形品無關的部位或尺寸，如嵌入用孔等的加工，設計成可使用標準徑的刀具加工，可使加工容易，節省工時
基準面	・圓筒形心型內，彫削圓筒形以外的型穴時，在心型之凸緣部或可加工成基準面的部份，加工成基準面，則可使調整中心與定位作業都成為容易

圖 8.6

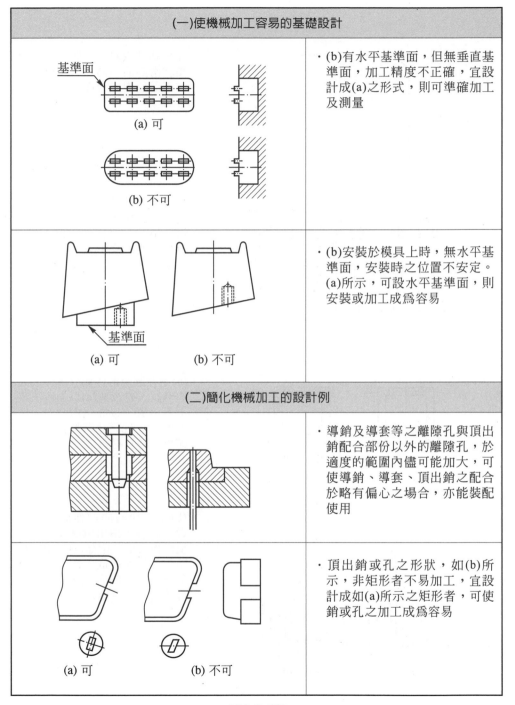

圖 8.6 (續)

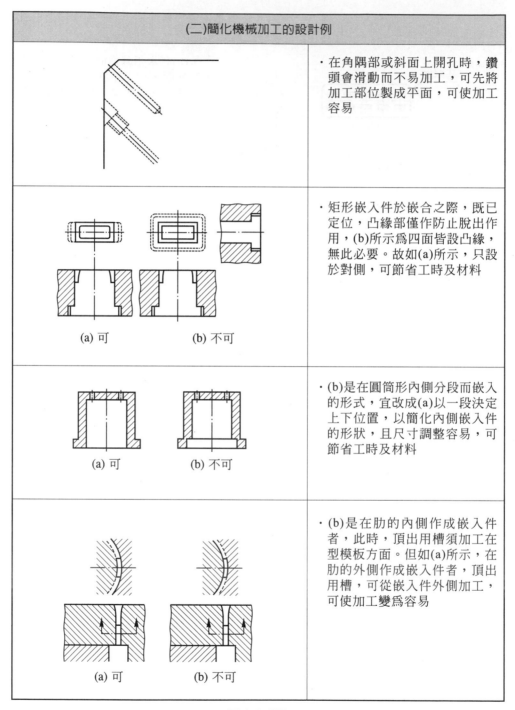

(二)簡化機械加工的設計例	
	· 在角隅部或斜面上開孔時，鑽頭會滑動而不易加工，可先將加工部位製成平面，可使加工容易
(a) 可　　　　(b) 不可	· 矩形嵌入件於嵌合之際，既已定位，凸緣部僅作防止脫出作用，(b)所示為四面皆設凸緣，無此必要。故如(a)所示，只設於對側，可節省工時及材料
(a) 可　　　　(b) 不可	· (b)是在圓筒形內側分段而嵌入的形式，宜改成(a)以一段決定上下位置，以簡化內側嵌入件的形狀，且尺寸調整容易，可節省工時及材料
(a) 可　　　　(b) 不可	· (b)是在肋的內側作成嵌入件者，此時，頂出用槽須加工在型模板方面。但如(a)所示，在肋的外側作成嵌入件者，頂出用槽，可從嵌入件外側加工，可使加工變為容易

圖 8.6 (續)

(二)簡化機械加工的設計例	
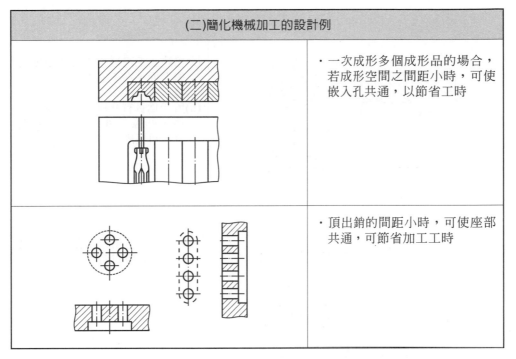	・一次成形多個成形品的場合，若成形空間之間距小時，可使嵌入孔共通，以節省工時
	・頂出銷的間距小時，可使座部共通，可節省加工工時

圖 8.6 (續)

8.2-3 簡化整修(amendment)、裝配(assembly)作業的設計

模具細部加工有很多嵌入件與配合加工，減少配合加工部位，即可簡化加工，如圖 8.7 所示。

簡化整修、裝配作業的設計	
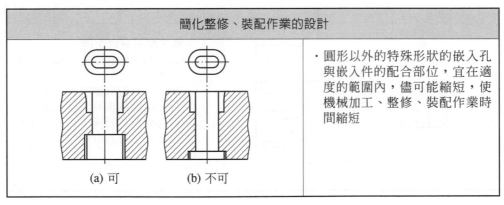	・圓形以外的特殊形狀的嵌入孔與嵌入件的配合部位，宜在適度的範圍內，盡可能縮短，使機械加工、整修、裝配作業時間縮短

圖 8.7

簡化整修、裝配作業的設計	
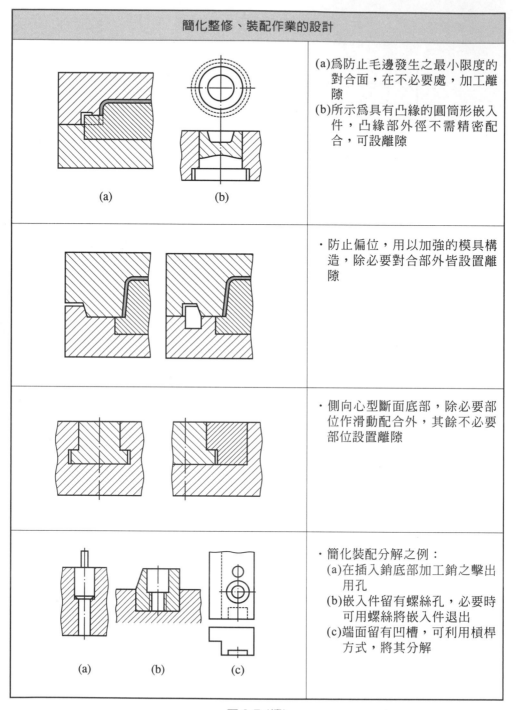	(a)為防止毛邊發生之最小限度的對合面，在不必要處，加工離隙 (b)所示為具有凸緣的圓筒形嵌入件，凸緣部外徑不需精密配合，可設離隙
	‧防止偏位，用以加強的模具構造，除必要對合部外皆設置離隙
	‧側向心型斷面底部，除必要部位作滑動配合外，其餘不必要部位設置離隙
	‧簡化裝配分解之例： (a)在插入銷底部加工銷之擊出用孔 (b)嵌入件留有螺絲孔，必要時可用螺絲將嵌入件退出 (c)端面留有凹槽，可利用槓桿方式，將其分解

圖 8.7 (續)

簡化整修、裝配作業的設計	
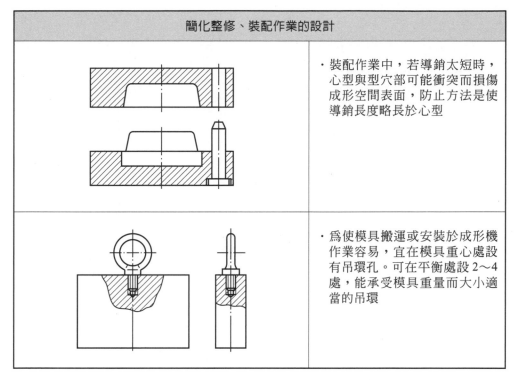	・裝配作業中，若導銷太短時，心型與型穴部可能衝突而損傷成形空間表面，防止方法是使導銷長度略長於心型
	・為使模具搬運或安裝於成形機作業容易，宜在模具重心處設有吊環孔。可在平衡處設 2～4 處，能承受模具重量而大小適當的吊環

圖 8.7 (續)

9

射出成形機

本章重點

1. 射出成形機有那些種類

2. 有那些裝置及功用

3. 射出成形機之性能及大小的表示法

塑膠模具設計學

■ 9.1 射出成形機(injection molding machine)的種類

射出成形機可依成形材料的種類、射出裝置的構造、合模裝置的形式、配列方式等分類如下。

1. **依成形材料的種類區分如下**

   依成形材料的種類大別可分為：

   (1) **熱可塑性塑膠用射出成形機。**

   (2) **熱硬化性塑膠用射出成形機。**

2. **依射出裝置的構造區分如下**

   (1) **柱塞(plunger)式**：加熱缸內藏魚雷，以活塞形的柱塞將熔融的材料加壓而射出，如圖9.1所示。

圖9.1　柱塞式射出成形機(名機 H-85)

   (2) **螺桿(screw)式**：使用一支螺桿，具備材料可塑化、混煉、射出機能，是目前最常用之類型，如圖9.2所示。

   (3) **預備可塑化(preplasticization)**：柱塞式裝置組合材料預備可塑化裝置者，預備可塑化裝置又可區分為柱塞式與螺桿式。圖9.3所示為螺桿式預備可塑化裝置之成形機。

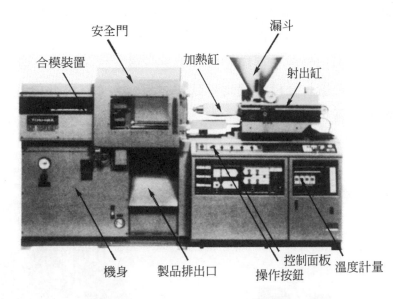

圖 9.2　螺桿式射出成形機(名機 SJ 60 B)

圖 9.3　螺桿預備可塑化裝置(哈斯基公司 T1525PH，加拿大)

3.　依合模裝置的構造區分如下

(1)　**肘節(toggle)式**：以肘節機構與連桿組合，進行模具的開閉及合模。

(2)　**直壓(straight hydraulic)式**：以油壓缸直接產生合模力的構造。

(3)　**肘節直壓(toggle straight hydraulic)式**：組合肘節機構與直壓式油壓缸裝置的作動，通常以肘節機構開閉模具，再以直壓式油壓裝置產生合模力。

4.　依射出裝置與合模裝置的配列方式區分如下

(1)　**臥式(plain horizontal)**：射出裝置的加熱缸水平配置，合模裝置的中心也成水平配列，亦即射出裝置與合模裝置在橫向的一直線上，同圖 9.3 所示。

(2) **立式(vertical)**：射出裝置與合模裝置的中心線都在垂直方向且在鉛直的一直線上配列，如圖 9.4 所示。

(3) **立臥組合式**：射出裝置、合模裝置其中之一為立式，另一為臥式。諸如此形式者亦有射出裝置、合模裝置均為臥式之組合。亦有彼此成直角配列成 L 形或 T 形者，如圖 9.5 所示。

圖 9.4　立式射出成形機
(山城精機，SAN-100-75)

圖 9.5　立臥組合式射出成形機
(熱硬化性用—名機 RJ-75 BV)

5. 依射出裝置與合模裝置的組數區分如下

(1) **射出裝置複數者**：如多色成形機或多種材料成形機等屬於此類型。

(2) **合模裝置複數者**：數組合模裝置組合一組射出裝置的方式。或在水平或垂直軸周圍旋轉的台上設數組合模裝置，再組合臥式射出裝置者，如圖 9.6 所示。

圖 9.6　旋轉式射出成形機

■ 9.2 射出裝置(injection equipment)

9.2-1 代表性射出裝置的構造與特色

射出裝置依其計量(metering)、可塑化(plasticization)、射出(injection)等方式而分為數種類型，以下介紹代表性射出裝置的構造與特色。

1. 柱塞(plunger)式射出裝置

柱塞式射出裝置，如圖9.7、9.8所示，從漏斗(hopper)落下的成形材料利用連結於射出柱塞的計量裝置作往復運動而計量，計量終了，射出柱塞前進時，材料通過加熱缸(heating cylinder)內部與魚雷(torpedo)構成的狹小通路，在此充分加熱，成為熔融(melt)狀態，再從噴嘴(nozzle)部射出於模具(mold)內。魚雷外周相對於中心軸承輻射狀配置很多細長溝槽，材料通過此部份時被均勻加熱而成熔融狀態。

柱塞式射出裝置比起螺桿式，對材料的可塑化能力較差，射出壓力的損失也大，目前只用於有限的範圍。

2. 螺桿(screw)式射出裝置

圖9.9所示為使用螺桿式射出裝置的成形工程，來自漏斗的材料以自身的重量落下於加熱缸內，由螺桿混煉(kneading)，沿其螺旋槽送到加熱缸前端部，此時，材料被加熱外周的加熱器加熱，且有混煉作用發生的摩擦熱(friction heating)，使材料成為熔融狀態。隨著熔融材料的貯存於加熱缸前端部，由於材料的反作用力(背壓(back pressure))使螺桿後退，再以限制開關(limit switch)限定其後退量，在一定位置停止螺桿的旋轉，再開始計量。

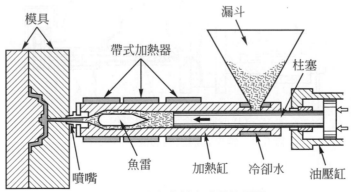

圖9.7 柱塞式射出成形的原理

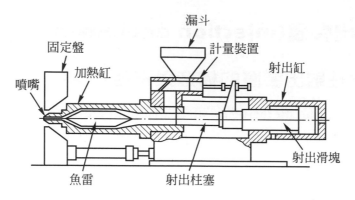

圖9.8　柱塞式射出裝置

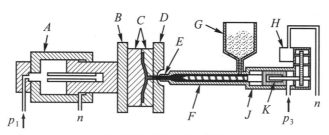

(1) 合模完了，射出開始

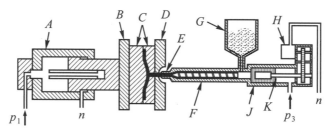

(2) 射出完了

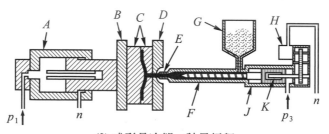

(3) 成形品冷卻，計量行程

圖 9.9　螺桿式射出成形機的成形工程

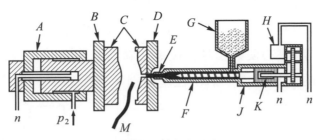

(4) 開模，頂出成形品

A：合模缸	G：漏斗	p_1：壓力油流入(合模)
B：可動盤	H：螺桿驅動用	p_2：壓力油流入(開模)
C：模具	油壓馬達	p_3：壓力油流入(螺桿前進)
D：固定盤	J：射出缸	n：無壓力
E：噴嘴	K：活塞	
F：加熱缸／螺桿	M：成形品	

圖 9.9　螺桿式射出成形機的成形工程 (續)

　　模內的材料冷卻(cooling)固化(curing)後，頂出成形品(moldings)，再關閉模具，進入射出工程(injection engineering)，此時藉射出裝置後部的油壓缸(hydraulic cylinder)，對螺桿施加射出力，螺桿成為射出柱塞，在高壓下，加熱缸前端部的材料從噴嘴部往模內射出。

　　螺桿式為目前最常用的射出裝置，比起柱塞式，具有下列優點。

⑴　藉螺桿的混煉作用，材料內部也發熱，均勻可塑化，可塑化能力大。

⑵　由於加熱缸內的壓力損失少，可使用較低的射出壓力亦能成形。

⑶　加熱缸內的材料滯留處少，熱安定性差的材料也很少因滯留而分解。

⑷　材料更換、換色操作容易。

⑸　某些材料可用乾式著色法(dry coloring)直接著色。

　　螺桿式射出裝置雖有上述優點，但亦有缺點，在射出時，熔融材料易順著螺旋槽而往加熱缸後部，造成材料逆流(back flow)。

3.　預備可塑化(preplasticization)式射出裝置

　　預備可塑化射出裝置是組合將成形材料加熱成熔融狀態的預備可塑化用加熱缸和將熔融材料射出的射出用加熱缸。依組合的預備可塑化用加熱缸形式而有下列種類：

(1) **柱塞預備可塑化式射出裝置**：如圖 9.10 所示，其構造如前述柱塞式射出裝置的加熱缸，將材料熔融可塑化再送入射出用加熱缸。在射出用加熱缸中，由於送入的材料壓力使射出柱塞後退，調節此後退量而決定一次的射出量(計量)。達所定的射出量後，射出柱塞前進，將熔融材料射出進入模內。

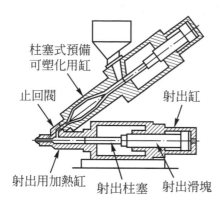

圖 9.10　柱塞預備可塑化式射出裝置

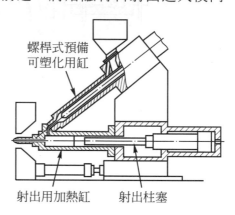

圖 9.11　螺桿預備可塑化式射出裝置

(2) **螺桿預備可塑化式射出裝置**：如圖 9.11 所示，將螺桿式射出裝置用於預備可塑化用加熱缸。螺桿旋轉，將漏斗內的材料送入加熱缸內，材料被可塑化而成為熔融狀態，再送入射出用加熱缸，此時也藉著射出柱塞的後退量來調節射出量，計量終了後，柱塞前進，將材料射出於模內。

　　以上任一項預備可塑化裝置，材料易滯留於二組加熱缸接合部的止回閥部位，不可用於可能熱分解的材料上成形。在構造上，材料更換、換色等操作很費事，今天已幾乎不使用。但預備可塑化方式，比起螺桿式射出裝置，可增大材料的可塑化能力，適用於 PE、PS 等不易熱分解的材料，而且是希望特別快速成形的場合。

9.2-2　螺桿(screw)式射出裝置的主要部份

1. 螺桿(screw)

　　螺桿的基本形狀如圖 9.12 所示，分為供給部(feed zone)、壓縮部(compression zone)、計量部(metering zone)三部份，壓縮部的螺桿底部直徑愈往前端愈大，從供給部送來的材料，隨著螺桿的旋轉而前進，在熔融的同時承受壓縮和混煉作用，在最後的計量部，材料更加混煉而均勻，再送往螺桿的前端部。

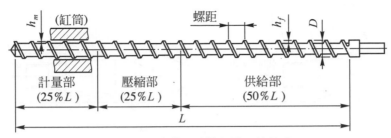

圖 9.12 螺桿的基本形狀

螺旋槽的深度比(h_f/h_m)稱為壓縮比,通常為 2～3,螺桿全長與螺桿外徑比L/D常用 16～18。熔融材料從噴嘴射出時,由於施加於材料的射出壓力之反作用力,材料的一部份經螺旋槽逆流到後方,為了防止如此,依材料種類而用圖 9.13(a)的逆流防止閥,圖 9.14 說明逆流防止閥(check valve)的作用,如圖 9.14 的環、閥座都隨螺桿的旋轉而旋轉。在計量行程中,如圖(a)所示,環與閥座之間開放,螺桿旋轉而後退,熔融材料通過此間隙而送往前方。射出時如圖(b)所示,環被熔融材料的反作用力推向後方,密著於閥座,間隙閉合,阻止材料逆流。

射出時材料的逆流除了經由螺旋槽外,在螺桿或加熱缸磨耗激烈時,也會通過兩者之內外徑的間隙而逆流。

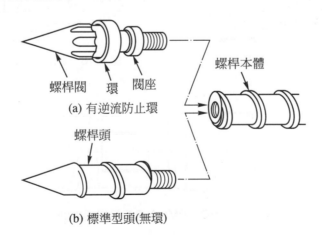

圖 9.13 螺桿頭

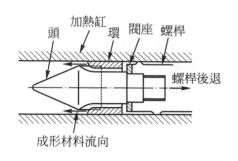

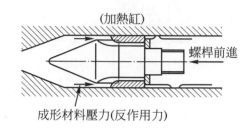

(a) 計量中：環與閥座之間開放 （b) 射出中：環與閥座之間閉住

圖 9.14 逆流防止閥的作用

　　逆流防止閥在構造上易在環的周邊形成熔融材料滯留處，高溫的熔融材料長時間滯留同一處時，某些材料會熱分解而在成形品上形成黑條、燒焦或其他影響外觀之不良現象發生，此時可改用無逆流防止閥的直頭形螺桿，如圖 9.15 所示。

　　螺桿頭的形狀除了直頭形外，有主要適用於硬質 PVC 成形的螺桿頭，如圖 9.16 所示及主要適用於 PC 或 PMMA 透明成形品用的螺桿頭，如圖 9.17 所示。

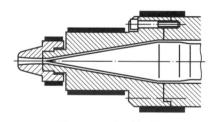

圖 9.15　直形螺桿頭

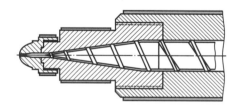

圖 9.16　硬質 PVC 用螺桿頭

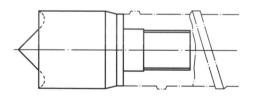

圖 9.17　PC、PMMA 透明品用螺桿頭

2.　加熱缸(heating cylinder)

　　加熱缸內裝螺桿，耐高射出壓力，成為射出裝置本體，以外周的數組帶式加熱器(belt heater)直接將內部材料加熱。如圖 9.18 所示。加熱缸的帶式加熱器分為 3～4 組，各組構成加熱帶，藉各熱電偶(thermocouple)保持適合材料的溫度。

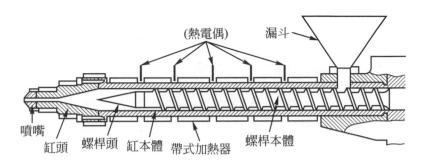

圖 9.18　加熱缸

3.　噴嘴(nozzle)

噴嘴是將加熱缸內的熔融材料射出於模內，同時連接模具與加熱缸的接合部，通常噴嘴部份也裝置獨立的帶式加熱器，直接左右射出材料的熔融狀態，必要時也附加各種裝置用以遮斷熔融材料的流動，防止材料從加熱缸洩漏。

⑴　**開放噴嘴(open nozzle)**：開放噴嘴是最常用的噴嘴，如圖 9.15 與圖 9.16 所示，無材料滯留部份，容易換色，殘留於前端部的材料爲了連同注道被一起拉出起見，前端部的內徑稍成逆斜度(counter draft)。

⑵　**針閥噴嘴(pin valve nozzle)**：加熱缸內的射出壓力上昇時，中心部的針狀閥克服彈簧力量而後退，打開噴嘴口，平常在計量時藉彈簧閉合材料通路則材料不致洩漏。如圖 9.19 及圖 9.20 所示。此形式適於PA之類黏度較低的材料，當然也適用於高黏度的材料。

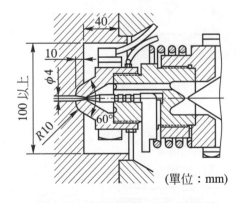

圖 9.19　針閥噴嘴(日鋼 SVN 形)

圖 9.20　針閥噴嘴(東芝機械)

⑶　**閉鎖噴嘴(shut off nozzle)**：閉鎖噴嘴，如圖 9.21 所示，用小型油壓缸取代彈簧作用，從外部開閉針狀閥桿。此形式噴嘴從外部控制針操作桿，可任意設定噴嘴口的開閉時間。

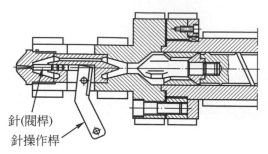

針(閥桿)

針操作桿

圖 9.21　油壓操作式針閥閉鎖噴嘴

4. 螺桿的驅動(drive)方法

使螺桿旋轉的驅動裝置，可用電動機或油壓馬達。

(1) **電動機驅動**：使用電動機驅動的螺桿式射出裝置，其動作經由齒輪裝置減速，使螺桿的轉速和轉矩受限制。

(2) **油壓馬達驅動**：使用油壓馬達驅動時，亦有與電動機同樣用齒輪裝置者，其動作是將油壓馬達軸直接連結於射出缸的射出滑塊而驅動的直接驅動方式，如圖 9.22 及圖 9.23 所示。

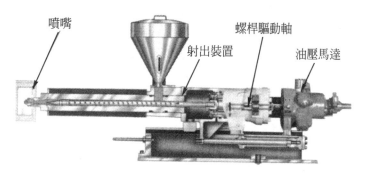

噴嘴　　　　　　　　　螺桿驅動軸

射出裝置　　　　　油壓馬達

圖 9.22　油壓馬達直接驅動式螺桿射出裝置(日本製鋼，J-SSⅡ)

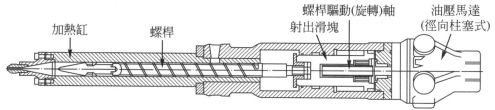

加熱缸　　　螺桿　　　　　　螺桿驅動(旋轉)軸　　油壓馬達
　　　　　　　　　　　　射出滑塊　　　　　　(徑向柱塞式)

圖 9.23　油壓馬達直接驅動式螺桿射出裝置(日精樹脂 FS 系列射出機)

最近開發有低速高轉矩性能的油壓馬達，可容易地藉油壓閥將轉矩變換 2～3 段。油壓馬達可無段改變轉速，並使螺桿不承受無理的負荷，故成為目前螺桿驅動的主流，如圖 9.24 與圖 9.25 所示。

圖 9.24 利用油壓馬達的螺桿驅動裝置 (新潟鉄工，NN 系列射出機)

圖 9.25 輪葉式油壓馬達 (東芝機械 IS-125C 用)

(3) **螺桿驅動方式的比較**：使用電動機的驅動方式與使用油壓馬達驅動方式的比較，如表 9.1 所示。

表 9.1 螺桿驅動方式的比較

項目	電動機驅動方式	油壓馬達驅動方式
輸出特性	輸出一定	與螺桿轉速無關，轉矩(旋轉力)一定
螺桿轉速變換方法	使用齒輪組合成的減速裝置改變齒輪組合法而改變螺桿轉速，為階段性變換	以流量調節閥調節往馬達的送油量可無段改變螺桿轉速
螺桿的保護	在電動機特性上，轉矩因轉速而異，有時轉矩過大，螺桿徑小時，很難保護過負荷	放洩閥使油壓不會超出一定壓力以上，可自動保護

9.2-3 排氣(air vent)式射出裝置

排氣式射出裝置將材料的可塑化過程分成二個階段，以強制排除材料所含的水份或揮發物。此射出裝置使用如圖 9.26 所示二支螺桿連成一支的長螺桿，在加熱缸約略中央部設排氣口,如圖 9.27 所示。在可塑化工程,從漏斗通過計量裝置進入螺桿第一階段的材料藉螺桿的旋轉送往前方的期間加熱成熔融狀態,材料移至第二階段時,螺旋槽在排氣部其深度急增,熔融材料的壓力因而減低,水份或揮發物因而氣化,從排氣口排出或藉真空泵強制排出。如此經過排氣的材料進入第二階段的計量部,保持一定壓力再送往螺桿頭。

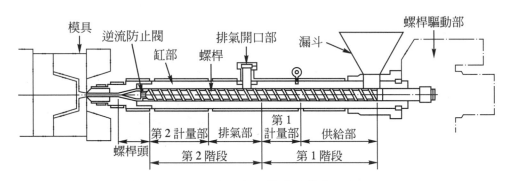

圖 9.26　排氣式射出裝置的構造(日鋼)

圖 9.27　排氣式射出裝置的排氣口及排氣裝置(東芝 IS-140BV)

　　排氣式射出裝置的特色是可省略材料的預備乾燥工程,不僅不需漏斗乾燥器,也不必預備乾燥作業。又由於充分排氣,可消除銀條等外觀之不良現象,可得表面光澤良好的成形品,同時也可改善成形品的物性。此外,難燃性的材料或硬質PVC之類易因熱分解而發生氣體的材料也可使用此方法成形。

■ 9.3 合模裝置(mold clamping equipment)

合模裝置除了用以開閉模具外，最主要是用以對抗射出於模內之熔融材料的高壓力，以充分的強力閉鎖。

9.3-1 直壓(straight hydraulic)式合模裝置

1. 升壓滑塊式

此形式是最常用的射出成形機合模裝置，如圖 9.28 所示，其固定於合模缸底部的細徑升壓滑塊插入合模滑塊，使模具的開閉高速化。

升壓滑塊裝置的作用，如圖 9.29 所示，圖(a)為開模狀態，合模滑塊在後退位置，自動控制閥(可自動吸入排出)閉住，如圖(b)箭頭所示，經升壓滑塊中央的貫通孔供給高壓油，則合模滑塊以高速前進，開始閉模。此時，自動控制閥開著，隨著合模滑塊前進生成的缸內空間都吸入油。合模滑塊再前進而將閉模之前，如圖(c)所示，閉住自動控制閥，來自油壓泵的高壓油流入。合模滑塊變低速前進，徐徐閉模，再以高壓合模。

開閉模具的速度變換是藉著隨合模滑塊移動的控制桿的擋塊使限制開關作動，以控制閥變換油壓回路。

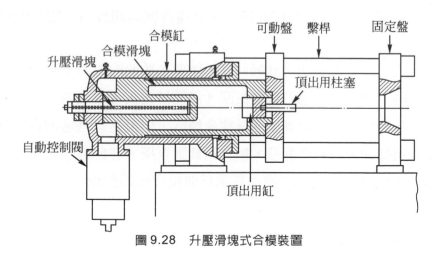

圖 9.28　升壓滑塊式合模裝置

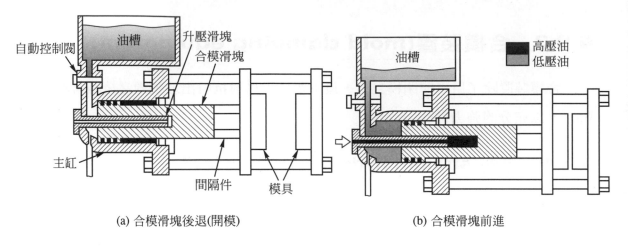

(a) 合模滑塊後退(開模)　　　　　　　　(b) 合模滑塊前進

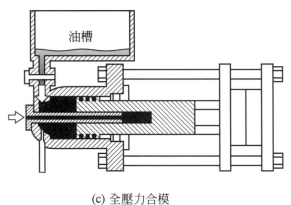

(c) 全壓力合模

圖 9.29　升壓滑塊式合模裝置的作用

2.　補助缸式

補助缸式合模裝置，如圖 9.30 所示，合模滑塊兩側設有二組補助缸，使模具的開閉高速化。

在閉模行程，先將高壓油送到補助缸，使連結於此的成形機可動盤高速前進而開始閉模，此時，油壓油通過自動控制閥，從油槽流入合模缸內。在即將閉模終了之前，變換油壓油的流路，使高壓油送往合模缸，則模具以低速閉合，再高壓施加於合模缸及二組補助滑塊的全面積，模具以高壓合模。在此形式合模裝置中，合模滑塊如圖所示，成為單動形，以補助缸進行開模行程的動作。

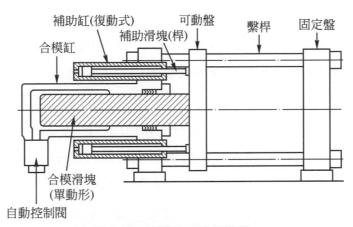

圖 9.30　補助缸式合模裝置

3. 增壓缸式

增壓缸式合模裝置如圖 9.31 所示，由串列的二組油壓缸裝置而成，閉模時，先將油壓油送往合模缸，藉合模滑塊以低壓閉模，其次將高壓油送往增壓缸，藉增壓滑塊的作用，增大合模缸內的油壓，以高壓合模。合模缸內油壓(kg/cm^2)＝回路油壓$(kg/cm^2)×$增壓比(D^2/d^2)。

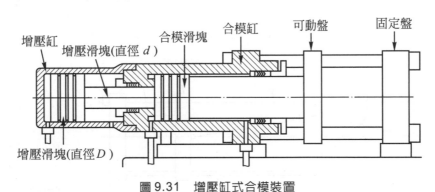

圖 9.31　增壓缸式合模裝置

9.3-2　肘節(toggle)式合模裝置

1. 肘節裝置的作用

肘節式合模裝置是以肘節接頭將油壓缸或電動機產生的力放大，使合模力增大，如圖 9.32 所示。肘節機構中，力的放大率與速度因連桿(link)位置而大有變化，在閉模行程的最初階段，力的放大率小而速度快，接近閉模行程終了時，力的放大率大而速度慢。在肘節連桿將近完全伸直之前，發生很大的合模力，如圖 9.33

所示。但是，連桿若在未合模完成時就已 100 ％伸長，則無合模壓力的產生。所以在肘節連桿 100 ％伸直之前約數 mm～數分之一 mm 閉合模子，則在連桿充分伸直時，相對拉張繫桿(tie bar)，藉繫桿伸長發生的彈力來合模。如圖 9.34 所示為肘節連桿的行程與合模力的關係。

肘節式合模裝置的基本形式有一組肘節連桿構成的單連桿肘節式合模裝置，如圖 9.35 所示。亦有由二組肘節連桿所構成的雙連桿肘節式合模裝置，如圖 9.36 所示。前者隨肘節連桿的移動，油壓缸進行擺動，適合於小型成形機。

圖 9.32　肘節合模裝置(新潟鉄工，CN 系列)

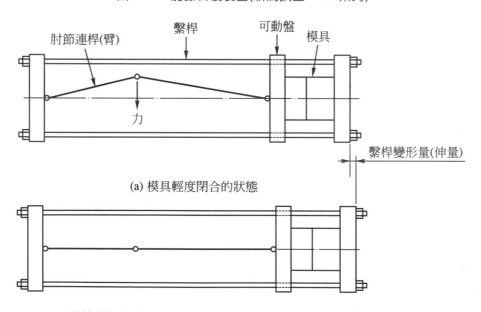

(a) 模具輕度閉合的狀態

(b) 肘節連桿伸長，模具完全閉合(發生合模力)的狀態

圖 9.33　肘節式合模裝置的原理

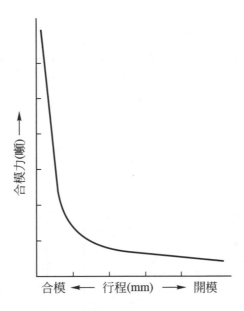

圖 9.34　肘節連桿的行程與合模力的關係

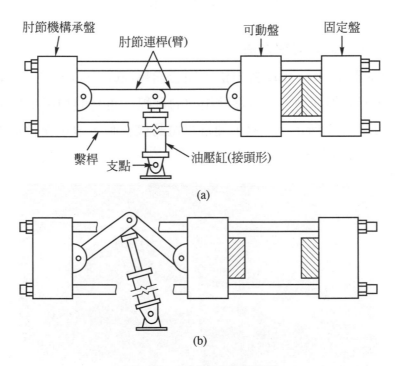

圖 9.35　單肘節式合模裝置

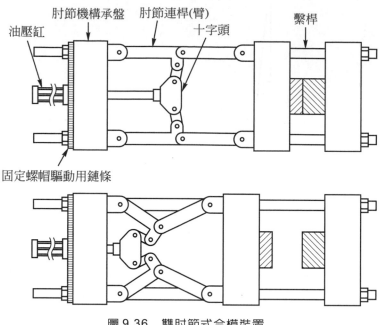

油壓缸　肘節機構承盤　肘節連桿(臂)　十字頭　繫桿

固定螺帽驅動用鏈條

圖 9.36　雙肘節式合模裝置

2. 模厚(mold thickness)調整方法

(1) **用繫桿螺帽(tie bar nut)的方法**：組合齒輪(gear)或鏈條(chain)等，使合模繫桿的四個螺帽運動，同時移動相同的行程。也有的利用手把來調整模厚的方法，如圖 9.37 所示。不過，通常以電動機驅動，達預先設定的位置後自動停止如圖 9.38 所示。

圖 9.37　合模力及模厚調整裝置(住友)

圖 9.38　電動機驅動式模厚調整裝置(日本製鋼，J-SSII 系列)

⑵　**用中央螺絲(center screw)的方法**：在成形機可動盤(movable platen)與肘節連桿(toggle link)之間，另有一肘節板(toggle plate)，以中心部的大螺絲(中央螺絲)直接連結於肘節板與可動盤。在調整模厚時，以手動或電動旋轉中央螺絲的大螺帽部來調整肘節伸長時的可動盤位置以調整模厚。

3.　**肘節式合模裝置的特色**

　　肘節式合模裝置須依模厚來調整，但油壓裝置比直壓式合模裝置小型化且運轉成本低。表9.2為直壓式與肘節式合模裝置的比較。

表 9.2　直壓式與肘節式的比較

項目	直壓式	肘節式
合模行程	⑴可依模厚改變 ⑵可比肘節式長	⑴一定 ⑵受構造限制，不能太長
模厚調整	容易	要依模厚移動肘節裝置
合模壓力	⑴容易調整 ⑵可用量計直讀	⑴不易調整 ⑵不能直讀
模子開閉速度	容易廣範圍調節	速度常比直壓式快
經濟性 (運轉成本)	所需動力大於肘節式，作動油量也多，運轉成本增高	肘節操作用缸小，油壓泵也小，運轉成本減低

9.3-3 肘節直壓(toggle straight hydraulic)式合模裝置

肘節直壓式合模裝置是組合肘節機構與直壓式合模缸裝置,外觀為肘節式的一種,但合模力的發生方式接近於直壓式。其動作是肘節機構使模具的開閉高速化,而直壓式合模缸產生合模力,容易調整模厚與調整合模力。如圖 9.39 所示為肘節直壓式合模裝置,合模缸裝入可動盤,在圖 9.40 中,肘節機構承盤直接連結於合模缸的滑塊。這些裝置在肘節連桿 100 ％伸直後,合模缸作動,發生合模力。

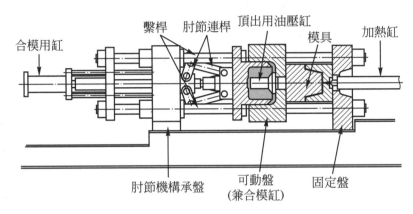

圖 9.39 肘節、直壓式合模裝置

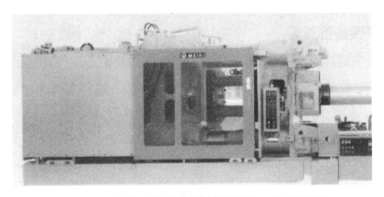

圖 9.40 肘節直壓式合模裝置(名機,M-B 系列)

■ 9.4 成形品的頂出裝置(ejector equipment)

成形品的頂出裝置在開模終了或即將終了的適當位置作動,使模具的頂出板(ejector plate)向前作動而將成形品頂出。

9.4-1　機械(machine)式頂出裝置

　　機械式頂出裝置，如圖 9.41 所示，在合模滑塊(mold clamping slide)與可動盤的接合部之空間部份設置有數支頂出桿(ejector rod)的頂出板，藉頂出板的作動，使頂出桿推動模具的頂出板而將成形品頂出。

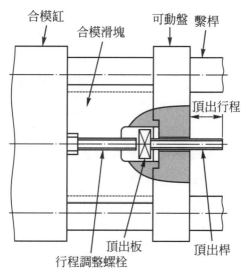

圖 9.41　機械式頂出裝置

　　頂出板在開模終了之前，抵住固定於合模缸的行程調整螺栓，然後受合模滑塊的開模力，向前推出而將成形品頂出，此時的頂出行程可由調整螺栓的位置長度來調節。

9.4-2　油壓(hydraulic)式頂出裝置

　　油壓式頂出裝置，不以成形機的開模力使頂出板作動，而是利用成形機的小型油壓缸和柱塞使頂出板作動。油壓式頂出裝置有設置於成形機合模滑塊內部或可動盤中央的中央頂出方式如圖 9.42 與圖 9.43 所示。也有在可動盤兩側設置左右兩邊小型油壓缸的兩側頂出方式。

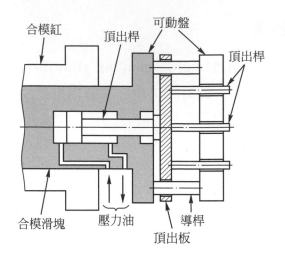

圖 9.42　油壓式頂出裝置(中央頂出型)

圖 9.43　可動盤中央的油壓頂出裝置

　　油壓式頂出裝置有下列各種優點，是全自動射出成形絕對必要的裝置。

⑴　頂出板何時動作與成形機的模具開閉行程無直接關連，能在任意時間作動。

⑵　頂出板的作動速度可調整，即使肉厚較薄的成形品也可順利脫模而不會變形或破損。

⑶　頂出板可高速反覆作動數次，動作成衝擊性，成形品可確實自動脫落。

⑷　成形有埋入件(insert)時，可在閉模動作開始前使頂出板回位，埋入件在置入模具時成為容易，可縮短成形週期。

■ 9.5　油壓裝置(hydraulic equipment)

9.5-1　油壓的基本知識

1.　力(force)與壓力(pressure)的關係

　　對物體或物質施力時，受力面單位面積受力的大小稱為壓力，例如大氣對萬物每1cm²施力 1kg，可表成下列公式：

$$壓力 = \frac{力}{面積} = \frac{1\,kg}{1\,cm^2} = 1\,kg/cm^2$$

此1kg/cm²在氣體或液體壓力時稱為氣壓或液壓，有各種壓力單位。此關係對成形機所用油壓油的壓力或成形時射出壓力等也同樣道理。

圖 9.44(a)所示充滿油的容器口壓入斷面積1cm²的活塞(piston)任一部份都受同一壓力，即使為圖 9.44(b)所示不規則形狀的容器，其內部各處所受的壓力也全為1kg/cm²，液體壓力均勻傳到各部份的現象稱為「巴斯噶」原理(Pascal's principle)，為研討液壓時的基礎。

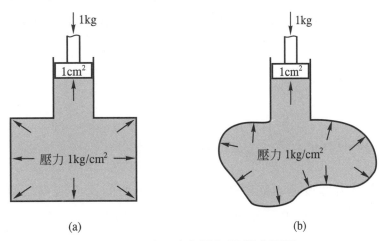

圖 9.44　容器內的壓力(巴斯噶原理)

2. 油壓的作用(油壓槓桿)(hydraulic lever)

設有圖 9.45(a)所示充滿油的兩個缸，壓入斷面積相同的活塞 ⓐ ⓑ ，分別載10kg荷重，則兩側活塞保持平衡而靜止。但如圖 9.45(b)所示，活塞②的斷面積大於①的話，兩側活塞欲平衡而靜止時，由巴斯噶原理，活塞②上要有10kg/cm²×10cm²＝100kg的荷重。

如圖 9.45(c)所示，對活塞①施加10kg 的力取代荷重，若下推10cm，則活塞②發生 100kg 的力時只上升 1cm，因此，此時施加於活塞①的力在活塞②放大為10 倍，這種情形類似槓桿原理，故稱油壓槓桿。

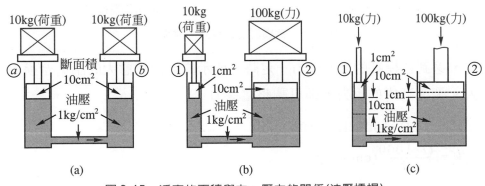

圖 9.45　活塞的面積與力、壓力的關係(油壓槓桿)

9.5-2　油壓缸(hydraulic cylinder)

1.　合模缸的合模力、開模力及作動速度

在圖9.46(a)中，設合模缸直徑為D(cm)，其斷面積為A，此時設從油壓泵送來的作動油壓力為P(kg/cm²)，由圖9.45(c)知施加於合模滑塊(活塞)的力，亦即合模力F(kg)為

$$F = A \times P \text{(kg)}$$

或

$$F = \frac{\pi}{4}D^2 \times P \text{(kg)} = \frac{\frac{\pi}{4}D^2 \times P}{1000}\text{(ton)}$$

開模時，合模滑塊後退，如圖9.46(b)所示，油的流向變換，缸徑D與合模滑塊的直徑d形成的環狀部份承受油壓，所以開模力F_B為

$$F_B = \frac{\pi}{4}(D^2 - d^2) \times P \text{(kg)}$$

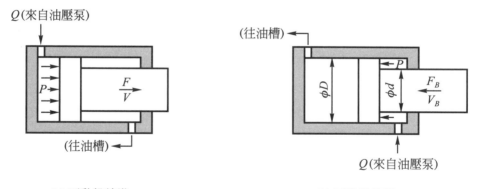

(a) 可動盤前進　　　　　　　　　　　　(b) 可動盤後退

圖9.46　合模缸的合模力、開模力

如此，送到合模缸的油，壓力一定時，前示的斷面積愈大的話，合模力、開模力則愈大。調節缸內的壓力，即可調整這些力。

$$V \times A = Q \times 1000 (1l = 1000\text{cm}^3)$$
$$V = \frac{Q \times 1000}{A}\text{(cm/sec)}$$

式中　　V：合模滑塊前進時的移動速度(cm/sec)

Q：射出率(l/sec)

　　其次合模滑塊的前進速度是改變泵的吐出量或在油壓回路途中疏散一部份油用以改變往缸的送油量而改變其速度。若往合模缸的送油量一定的話，移動速度則取決於斷面積A的大小。

　　合模滑塊後退時的移動速度與前進時相同的觀念，則其後退速度V_B為

$$V_B = \frac{Q \times 1000}{A_B} \quad , \quad A_B = \frac{\pi}{4}(D^2 - d^2)$$

由式中可知，可調節Q來控制後退速度。

2.　射出缸的射出力與螺桿射出壓力的關係

　　射出缸的功能是使連結於活塞的螺桿前進、後退，前進時使螺桿得射出壓力，後退計量時保持一定的背壓。在圖 9.47 所示，設射出缸的活塞直徑為D(cm)，油的壓力為P(kg/cm²)，則射出缸產生的力即射出力F_1為

$$F_1 = \frac{\pi}{4}D^2 \times P(kg)$$

在加熱缸部射出壓為p(kg/cm²)，螺桿外徑d(cm)，則螺桿產生的射出力F_2為

$$F_2 = \frac{\pi}{4}d^2 \times p(kg)$$

但是，射出缸的活塞與射出螺桿直接連結。

所以
$$F_1 = F_2$$

因而
$$\frac{\pi}{4}D^2 \times P = \frac{\pi}{4}d^2 \times p$$

由上式得射出壓力p(kg/cm²)為

$$p = \frac{D^2}{d^2} \times P = \left(\frac{D}{d}\right)^2 \times P(kg/cm^2)$$

結果得射出壓力正比於射出缸徑與螺桿徑之比的平方。

　　中小型射出成形機的油壓回路最高壓力大都為140kg/cm²，一般設計成下式：

$$p = (10 \sim 20) \times P (\text{kg/cm}^2)$$

若知此式，則由射出缸的油壓錶績數(P)，可求得射出壓力，但螺桿徑(d)不同的話，同一機種的射出壓力值當然也不同。

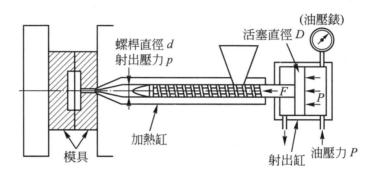

圖 9.47　射出力及射出壓力

9.5-3　油壓泵(hydraulic pump)

射出成形機用油壓泵，依構造與所用油壓的範圍可分類如下：

齒輪泵(普通構造)⋯⋯⋯⋯⋯⋯⋯70kg/cm²以下
齒輪泵(IP 泵)⋯⋯⋯⋯⋯⋯⋯⋯⋯300kg/cm²以下
柱塞泵⋯⋯⋯⋯⋯⋯⋯⋯⋯⋯⋯⋯140～210g/cm²
輪葉泵(單段)⋯⋯⋯⋯⋯⋯⋯⋯⋯70～105kg/cm²
輪葉泵(二段)⋯⋯⋯⋯⋯⋯⋯⋯⋯140kg/cm²以下
輪葉泵(單段，intravane 形)⋯⋯210kg/cm²以下

1. **柱塞泵**(plunger pump 或 piston pump)

柱塞泵有藉活塞(柱塞)的往復運動將油加壓的往復運動式泵與藉活塞的旋轉運動而將油加壓的旋轉運動式泵。目前之射出成形機幾乎不使用往復運動式泵。

旋轉柱塞泵的構造，如圖 9.48 所示，圖(a)中，缸體在偏心環(轉子)內旋轉時，配列成放射狀的柱塞藉離心力在轉子內滑動而旋轉，柱塞在半徑方向進退，從心銷部將油吸入及排出。

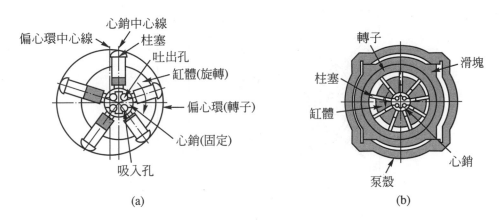

圖 9.48 旋轉柱塞泵

2. 輪葉泵(vane pump)

輪葉泵(vane pump)為最常用於各種塑膠成形機的油壓泵,如圖 9.49 所示。輪葉泵的作動原理,如圖 9.50 所示,轉子旋轉時,配列於轉子(rotor)部的板狀輪葉因離心力而在凸輪環內側滑動旋轉,從吸入口將作動油帶往吐出口排出。

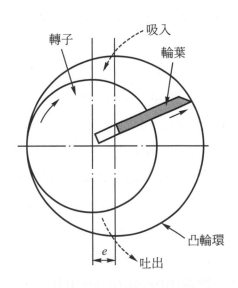

圖 9.49 1 段輪葉泵(NACHI-V 系列) 　　圖 9.50 輪葉泵的作動原理

實際上在成形機使用的輪葉泵,如圖 9.51 所示,有十幾個板狀的輪葉配列於轉子,隨著轉子旋轉,作動油來自於二輪葉間,沿凸輪環運行,在轉子每旋轉 1/4 周時,來自二處吸入口的油分別運送到其次的吐出口排出。

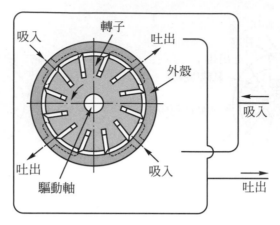

圖 9.51　平衡形輪葉泵

9.5-4　油壓閥(hydraulic valve)

　　油壓閥的功用是控制油壓回路中之作動油的壓力、流量、流向等，調節油壓缸或油壓馬達等的操作條件。

1.　**壓力調整閥**(pressure regulate valve)

　(1)　**放洩閥**(relief vavle)：放洩閥是將油壓回路壓力保持一定的調整閥，有安全閥的作用。放洩閥的構造、外觀，如圖 9.52、9.53 所示，以下所述的減壓閥、無負載閥、順序閥與此類似。

　(2)　**減壓閥**(pressure reduce valve)：減壓閥之功用是可使油壓回路的一部份壓力低於主回路。

　(3)　**無負載閥**(unload valve)：無負載閥的功用是可使油壓回路的壓力超出設定值時，使泵的吐出量幾近全量退回油槽，使泵成無負載。

　(4)　**順序閥**(sequence valve)：順序閥是可藉壓力的大小變換油的流向，以控制操作順序，例如使合模壓充分上升時，成形材料開始射出進入模內。

　(5)　**壓力開關**(pressure switch)：在油壓回路的壓力上升到設定值時，使微動開關作動，控制油壓回路或電路。

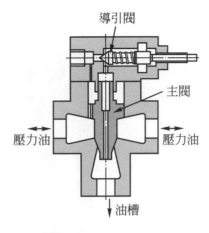

導引閥

主閥

壓力油　　　　　壓力油

油槽

圖 9.52　平衡形放洩閥

圖 9.53　放洩漏(NACHI-R 系列)

2. **流量調整閥**(throttle valve)

流量調整閥可調節送往油壓缸或油壓馬達的油量，用以控制作動速度。其原理非常簡單，猶如水龍頭，一次側的壓力變動時，通過的油量也變動，一般油壓回路用的流量調整閥，如圖 9.54 所示，有壓力補償機構，使通過的油量一定而與回路油壓的變動無關。

圖 9.54　流量調整閥(有止回閥)

3. **方向變換閥**(position selecte valve)

方向變換閥是用來變換油壓回路中油的流向，如圖 9.55 所示，依油的出入口數有二方變換閥、三方變換閥、四方變換閥等，一般之止回閥是方向控制閥之一種。

變換油的流向之閥桿操作方式有手動式、利用彈簧或凸輪、利用補助油壓回路者。但以利用電磁線圈的電磁閥最為普遍，如圖 9.56 所示。

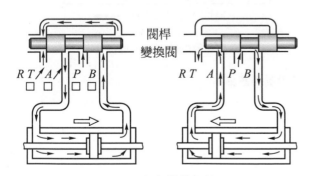

閥桿
變換閥

R T A P B　　　R T A P B

圖 9.55　方向變換閥的原理

圖 9.56　電磁閥(NCAHI-S-G03)

9.5-5 蓄壓器(accumulater)

蓄壓器是儲存高壓油的容器，在瞬間放出比油壓泵供給的油量更大量的高壓油，可使油壓泵的作動高速化，如圖9.57所示。

射出壓力的變動與蓄壓器的關係，如圖 9.58 所示，圖(a)是實際的射出成形機使用蓄壓器時的射出壓力變動情形，比起圖(b)不用蓄壓器者，圖(a)的射出壓力可迅速上昇，且無脈動發生，可保持一定的射出壓力。在每次成形週期中，以一定的型態升高射出壓力、無脈動、壓力可保持一定，則可減少成形品的尺寸與品質的不均勻。

圖 9.57　蓄壓器(住友 Neomat 150/75)

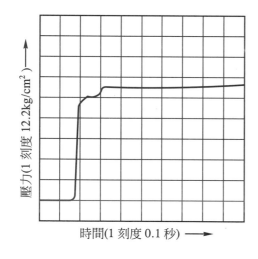

(a) 使用蓄壓器的射出成形機(Neomat 的場合)

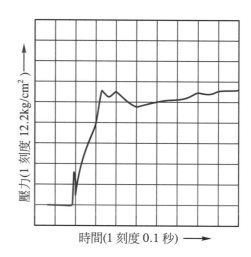

(b) 無蓄壓器的射出成形機

圖 9.58　射出壓力的變動與蓄壓器

■ 9.6 射出成形機的性能或大小的表示法

9.6-1 選擇射出成形機時的關鍵

射出成形機的射出裝置、合模裝置及各種附屬裝置等的性能,在出廠時,都會明列於型錄上。**在實際使用射出成形機時,要查核下列項目:**

⑴ 成形能力對成形品的大小、尺寸、重量是否充分。

⑵ 是否妨礙預定裝設的模具大小。如縱、橫尺寸及操作關連尺寸。

⑶ 操作速度是否適合於預定的成形循環。

9.6-2 關連成形品之大小者(成形能力)

1. **螺桿徑**(screw diameter)**與螺桿行程**(screw stroke)

螺桿徑與螺桿行程為射出容量的構成要素,同時也關連射出率、射出壓力、可塑化能力等。但是,即使是同一機種的成形機,若螺桿徑不同,則上述的各種能力亦有所不同,所以在選擇射出成形機時,必須特別確認螺桿徑的大小。表 9.3 為螺桿徑與射出裝置的性能關係之一例。

表 9.3　螺桿徑與射出裝置的性能

射出成形機:日鋼 N100A(合模力 107ton)

項目 ＼ 螺桿記號	A	B	C
螺桿直徑 mm	40	40	52
射出壓力 kg/cm²	1,715	1,350	1,010
理論射出容積 cm³	162	207	276
射出容積 cm³	130	165	220
射出重量 { gr	138	175	234
{ oz	4.9	6.2	8.3
射出率 cm³/sec	135	172	230
可塑化能力 kg/hr	30	45	60

2. **射出壓力**(injection pressure)

射出壓力是指射出螺桿前端部作用於熔融材料的壓力(kg/cm^2)。可參照 9.5-2 ⑵所示之計算式求得。

3. **射出容積**(injection volume)

　　射出容積是指一次射出的材料最大量，又稱理論射出容積或理論射出量，其計算方式如圖9.59所示。設螺桿徑為$D(\text{cm})$，行程為$S(\text{cm})$，則射出容積$V(\text{cm}^3)$為

$$V = \frac{\pi}{4}D^2 \times S$$

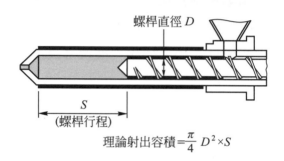

$$\text{理論射出容積} = \frac{\pi}{4}D^2 \times S$$

圖9.59　理論射出容積

4. **射出量**(injection weight)

　　射出量是表示一次實際射出的熔融材料最大重量(g)，與前項的射出容積成下列關係

　　射出量(g)＝射出容積(cm^3)×熔融材料的密度(g/cm^3)

　　射出時熔融材料的真正密度(density)因當時的溫度及壓力等而有所變化，也有因射出壓力所致的逆流而改變，故須實測正確的射出量。

　　但一般成形機的射出量是以常溫的材料密度乘射出容積的80～85％。射出量以重量表示，但由於射出的材料種類及密度不同，其數值自然也不同。一般射出成形機的射出量是以一般用 PS(密度 1.05)為計算基準所得的射出量來表示。其單位經常以盎斯(oz)表示，$1\text{oz} = 28.4\text{g}$，因而，一般用PS射出量10oz(284g)的射出成形機，在PP(密度 0.92)為8.8oz(240g)，在PC(密度 1.2)為11.4oz(324g)。

5. **射出率**(injection rate)

　　射出率是指在單位時間內從噴嘴射出的熔融材料最大容積，表示熔融材料通過噴嘴的速度，以(射出螺桿斷面積×螺桿前進速度)或(射出容積÷射出時間)來表示，單位為cm^3/sec。

　　射出率通常是愈大愈好，例如PA、PS之類易急速固化的材料或肉厚較薄成形品，若射出速度慢，在模內會隨著冷卻而很快地失去流動性，以致造成充填不足。但是，硬質 PVC 之類熱安定性低的材料，若以高射出率射出，材料會熱分解而發生黑條等外觀不良。

6. 可塑化能力(plasticizing capacity)

　　可塑化能力即加熱缸每小時將材料可塑化(熔融)的最大量(kg/hr)，可塑化能力低時，加熱缸內材料無法在所需循環時間內熔融而繼續射出，故高速循環運轉時特別需要可塑化能力高之成形機。

7. 合模力(mold clamping force)

　　合模力乃閉合模具的最大力，通常以噸表示其單位，熔融材料在高壓下往模內射出之際，為了不使材料壓力推開模具，需要必要之合模力。

⑴　**依使用成形材料之模內平均壓力來計算合模力**：

$$F = A \times P_m \times (1 + \alpha) \times 10^{-3}$$

F ：必要之合模力(噸)

A ：模內總投影面積(cm^2)

P_m：模內平均壓力(kg/cm^2)，其值如表9.4所示。

α ：安全係數 $0.1 \sim 0.2$

　　總投影面積為成形品、注道、流道、澆口的投影面積之和。P_m值的取決為精密成形品取大值而一般成形品取小值。

表 9.4　模內平均壓力值

成形材料	P_m
PS、PP、PE	$250 \sim 300$
ABS、SAN、PA、POM	$300 \sim 400$
PC、PMMA、PPO、PVC	$400 \sim 600$

⑵　**依成形品使用等級來決定合模力**：圖9.60所示為不考慮安全因素的合模力，其P_m值之取決，在雜貨類使用250kg/cm^2，工業用成形品使用400kg/cm^2，而工業用精密成形品則使用500kg/cm^2。

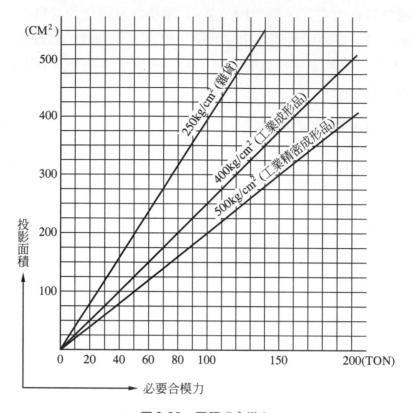

圖 9.60　圖解式合模力

　　成形品的投影面積(project area)是從成形機的機盤(可動盤、固定盤)開閉方向所看模具成形空間的面積,亦即模具垂直開閉方向的投影面積。如圖 9.61 所示,圖(a)所示有突緣管狀成形品,從 I 方向所看到投影面積為圖(b)所示的環狀面積,從 II 方向所看到的投影面積為圖(c)所示。

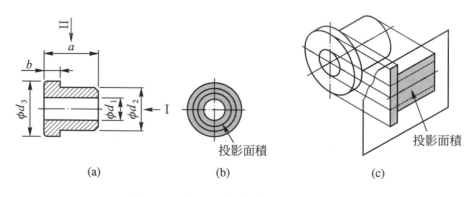

圖 9.61　成形面積(成形品的投影面積)

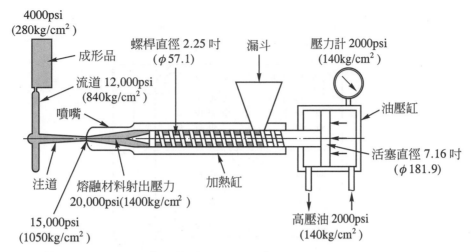

圖 9.62　螺桿的射出壓力與模內壓力的關係

模內材料的平均壓力常為加熱缸內射出壓力的數分之一，這是由於熔融材料從噴嘴射出，通過注道、流道、澆口等，因流動阻力而使壓力損失所致，圖 9.62 所示為其一例。在實際的成形品中，模內壓力因材料種類、成形品形狀、模具構造、成形條件等而異，泛用塑膠材料的模內平均壓力約 $250\sim600\text{kg}/\text{cm}^2$ 之間。

8. 開模力(mold opening force)

開模力是指成形終了取出成形品時，打開模具的最大力，單位以噸表示之，通常直壓式合模裝置的射出成形機，其開模力約為合模力的 6～10％，不過，若不用油壓頂出裝置，而以頂出桿作頂出動作時，視成形品脫模的難易，還需加大。

9.6-3　關連模具之大小者(模具相關尺寸)

1. 機盤(platen)尺寸與繫桿(tie bar)間隔

成形機的機盤是用來安裝固定模具，並夾帶模具作往復運動，以達到開閉模具的目的，如圖 9.63 所示，機盤的外側尺寸($H_D \times V_D$)與繫桿的內側尺寸($H_T \times V_T$)是決定所能安裝模具的尺寸，即模具的固定側及可動側固定板長寬尺寸須分別在機盤與繫桿的水平尺寸及垂直尺寸($H \times V$)之內。

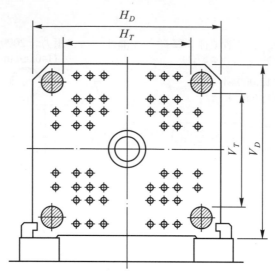

H_D，V_D：機盤尺寸
H_T，V_T：間隔

圖 9.63　機盤尺寸及繫桿間隔

2.　機盤間隔(platen distance)

直壓式成形機的最大機盤間隔是以合模滑塊在最後退出位置時，可動盤(movable platen)與固定盤(stationary platen)的間隔距來表示，如圖 9.64 所示。機盤的最大間隔距離(D)減去合模行程(S)而得最小值(M)，此稱最小模厚(亦就是閉模時模具總高度H)若其值不在最小模厚以上，則模具無法合模亦即

$$D - S = M$$
$$H > M 或 H > D - S$$

肘節式成形機的機盤間隔，可前後移動整個肘節機構，使機盤的間隔有所變化，以配合安裝不同厚度的模具，如圖 9.65 所示。此時模具厚度需介於M_2與M_1之間，若模具厚度大於M_1，則模具無法安裝於機盤上，若模具厚度小於M_2，則需要加裝墊塊，否則模具無法閉合。

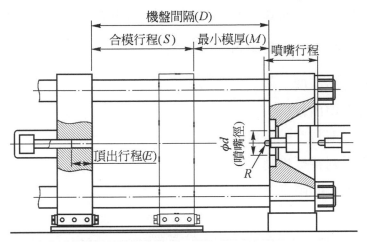

圖 9.64　直壓式射出成形機的機盤間隔

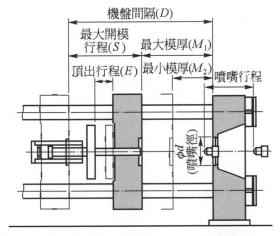

圖 9.65　肘節式射出成形機的機盤間隔

3. 合模行程(mold clamping stroke)

合模行程是指成形機的可動盤可移動的最大距離，合模行程愈大時，在打開模具時，固定盤與可動盤之間的距離愈大，可成形高度(h)愈大的成形品。一般情形，合模行程應為成形品最大高度(h)的二倍以上，否則成形品取出發生困難。

(1) 二板式合模行程：如圖 9.66 所示為二板式的模具構造，其合模行程S為

$$S = 2h + s + a$$

h ：成形品高度

s ：注道長度

a ：必要之間隙

(2) 三板式合模行程：如圖 9.67 所示為三板式的模具構造，其合模行程 S 為

$$S = (h + S_a + a) + S_2 + S_1$$

h ：成形品高度

S_3 ：最大頂出行程

S_2 ：流道部長度＋裕量

S_1 ：流道剝料板移動行程

a ：必要之間隙

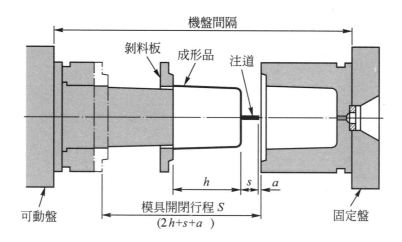

圖 9.66　二板式模具必要的模具開閉行程(成形機合模行程)

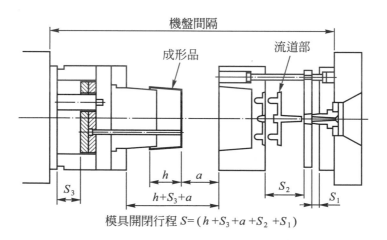

圖 9.67　三模式模具必要的模具開閉行程(成形機合模行程)

9.6-4 關連成形循環(molding cycle)者

　　射出成形機的性能中，直接關連成形循環者有閉模速度及開模速度等，爲了加速成形循環，這些速度當然是愈高愈好。表示成形機作動速度的方法常用空循環時間(dry cycle time)，即不對成形機供給材料而進行成形操作，使成形機在無負荷下，以最高速度空運轉時，一循環所需淨動作時間。小型成形機特別重視高速性能，所以常記載空循環時間，單位以(次／hr)表示。

10

射出成形機之周邊機器

PLASTICS MOLD DESIGN

本章重點

1. 周邊機器之定義
2. 乾燥機、進料器及粉碎機
3. 製品之自動取出與落下確認裝置及輸送帶
4. 模具溫度調整裝置

塑膠模具設計學

■ 10.1 何謂周邊機器(surround machine)

　　周邊機器是指直接安裝於射出成形機或設置於成形機周圍，使射出成形的各關連作業自動化、省力化等所用的機械裝置總稱。周邊機器又可稱為合理化機器。目前一般所用的周邊機器可依使用功能，大別可分為下述三者。

(1)　關連成形材料的處理和供給者。

(2)　關連製品(包括成形品及流道部)的取出及其後處理者。

(3)　關連模具溫度的調整者。

■ 10.2 關連成形材料(molding materials)的處理 (treatment)和供給者(feeder)

10.2-1 箱形乾燥機(box dryer)(恆溫槽)

　　乾燥機的功用是將成形材料在供給射出成形機之前，排除材料中的水份。亦可用於成形品的退火(annealing)或後烘乾(post baking)等的熱處理(heat treatment)。

　　一般的成形工廠的乾燥機，如圖10.1所示的箱形熱風循環式乾燥機(恆溫槽)，箱形容器外側有電熱器(electric heater)，以風扇攪拌箱形容器內空氣而循環，將內部成形材料或成形品均勻加熱。

圖10.1　箱形熱風循環式乾燥機

10.2-2 漏斗乾燥機(hopper dryer)

漏斗乾燥機(hopper dryer)也是熱風式乾燥機的一種，此形式之乾燥機是直接連結於射出成形機的加熱缸，如圖 10.2 所示，在圓筒形漏斗內供給熱風，將內部成形材料加以乾燥。乾燥完成的材料，分次從漏斗下方進入加熱缸供射出成形用。

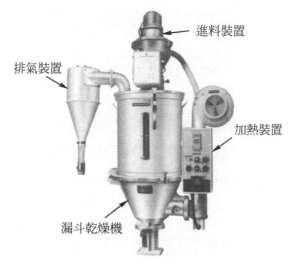

圖 10.2　標準形漏斗乾燥機與其構造

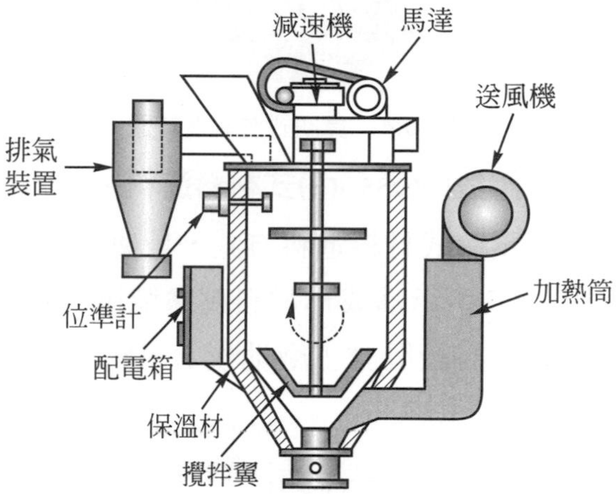

圖 10.3　攪拌式漏斗乾燥機

攪拌式漏斗乾燥機，如圖 10.3 所示，是利用漏斗上方的電動機驅動的攪拌翼，攪拌成形材料，同時在漏斗下方送入熱風，進行熱風乾燥，如此可將成形材料均勻加熱。

10.2-3 漏斗進料器(hopper loader)

漏斗進料器(hopper loader)是自動將成形材料送入成形機漏斗或漏斗乾燥器的位置，有真空式與壓送式進料方式。漏斗進料器，通常組合漏斗乾燥器一齊使用。

1. 真空(vacuum)式進料

真空式進料方式，是以漏斗頭部的送風機，將成形材料吸引至漏斗內，在漏斗內材料即將用完時，送風機自動作旋轉，開始吸入成形材料，達限時器設定的時間後，送風機自動停止，如此可經常保持一定量的材料貯存於漏斗內，如圖 10.4 所示。

圖 10.4　真空式漏斗進料器

圖 10.5　成形材料壓送裝置

2. 壓送(pressure)式材料進料

　　壓送式材料進料方式，是使用高壓送風機，以壓縮空氣搬送材料進入漏斗，如圖 10.5 所示為成形材料壓送裝置。圖 10.6 所示為壓送式材料進料機的應用例，材料壓送機設置於工廠地板上，將材料壓送至漏斗乾燥器。

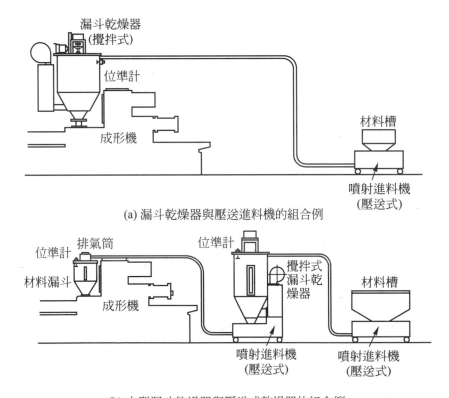

(a) 漏斗乾燥器與壓送進料機的組合例

(b) 大型漏斗乾燥器與壓送式乾燥器的組合例

圖 10.6　壓送式材料進料機的應用例

10.2-4 粉碎機(crusher)

粉碎機是將射出成形製品的流道部(包括注道、流道與澆口三部份)，或不良的成形品粉碎成便於再利用之形狀的機器。

目前成形工廠廣用的粉碎機，有如圖 10.7 所示之切刃旋轉軸成水平的橫軸式粉碎機，其構造如圖 10.8 所示。亦有如圖 10.9 所示之小型粉碎機或切刃旋轉軸成鉛直的立軸式粉碎機。

圖 10.7　橫軸式粉碎機

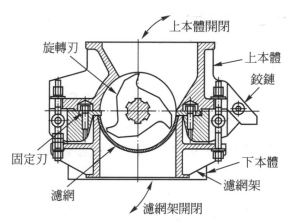

圖 10.8　橫軸式粉碎機的構造

圖 10.9　小型粉碎機(日水化工)

■ 10.3 關連製品的取出(take out)及其後處理(post treatment)者

10.3-1 製品的自動取出裝置

製品的自動取出裝置種類很多，大致用於將下示作業自動化的場合。

⑴ 製品的自動取出，確認模內有無殘留物或同模內不同成形品分別取出的操作。自動取出裝置，如圖10.10與圖10.11所示。

⑵ 流道部的自動取出。點狀澆口模具構造，成形後，成形品與流道部自動分離後，以自動取出裝置，將流道部夾持取出再將其送入粉碎機的操作。如圖10.12所示。

⑶ 利用自動取出裝置，將埋入件自動插入模具。

⑷ 成形品的組合或接著的二次加工。可從模具取出二種成形品(如杯蓋和杯本體)的組合，或其他成形品的接著或熔接等的操作。

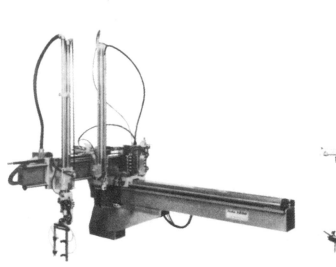

圖10.10 製品自動取出裝置   圖10.11 製品的自動取出裝置

圖 10.12 流道部的自動取出

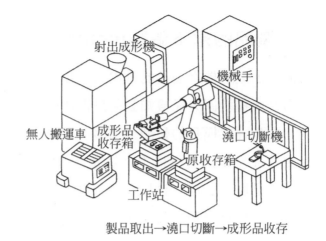

圖 10.13 自動製品取出裝置的應用

(5) 製品的搬送或存放。如圖 10.13 所示，使製品由機械手(robot)取出，再送往澆口切斷機(gate cutter)，如圖 10.14 所示，將澆口切斷，再將成形品送至收存箱(store box)由無人搬運車(nobody conveyer)運走。

圖 10.14 澆口切斷機

以上所述之自動取出作業，以(1)(2)的操作使用最多，最近也由製品的取出到二次加工、裝配、搬送等的一系列關連作業亦都有利用電腦控制來操作。利用自動取出裝置的優點是可使成形操作作全自動化、省力及高速化的運轉。另一方面，在大型成形品的場合，如啤酒箱等，在成形作業中，可確保作業者的安全和體力疲勞的減輕。

10.3-2 製品的落下確認(confirmation)裝置

一般的射出成形機在製品的排出口，設置有光電管或微動開關等的製品排出檢知裝置。但是此種裝置只能檢知製品是否通過排出口，然而對於成形品與流道部分別落下或一次多件式模具的製品分別落下與製品因充填不足而殘留於模具時，無法檢知製品是否完全排出，故稱不上是完全的檢知裝置。

製品的自動取出裝置，也具備殘留物的確認裝置，可較簡便確認模內是否留有殘留物。以防止模具受損的製品落下確認裝置有光電式落下確認裝置與重量式落下確認裝置。

1. 光電式落下確認裝置

此裝置是在模具設置投光器與承受光束的光電變換元件(受光器)，光束照射附著於模具可動側心型上的成形品或附著於流道剝料板的流道部，若有任何殘留物，則會阻擋光束通過，此時，成形機不閉模，持續停止狀態，若無殘留物，則成形機正常閉模而繼續成形。圖10.15所示為光電式落下確認裝置的原理，或如圖10.16、10.17所示為攝影照相式落下確認裝置。

2. 重量式落下確認裝置

此裝置設置於射出成形機的製品排出口，每次成形週期秤量落下製品的總重量，若在設定重量範圍時，則機盤再行閉模，繼續射出成形，如果秤量的重量不足時，即發生警報，使成形機保持在停止狀態。

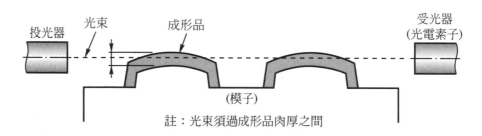

圖 10.15　光電式落下確認裝置的原理

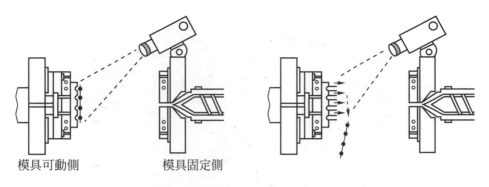

模具可動側　　　　　　模具固定側

(a) 第一回：開模時　　　　　　(b) 第二回：成形品頂落時

圖 10.16　攝影照相式落下確認裝置的動作

圖 10.17　攝影照相式落下確認裝置

10.3-3　輸送帶(transporter belt 或 conveyer belt)

　　從模具直接落下或使用自動取出裝置取出的製品或成形品或流道部，可用輸送帶將其送往成形機外或將其分別集中於各處。如圖 10.18 所示為將自動落下的成形品利用輸送帶送往成形機外的例子。

　　圖 10.19 所示，在輸送帶的一端設格子，在此分離從成形機一齊送出的成形品與流道部，成形品潛入格子而落入成形品收存箱，而流道部則通過格子，繼續由輸送帶輸送至粉碎機或集中存放於某處。

圖 10.18　自動落下的成形品用輸送帶送往機外

圖 10.19　成形品(圓形)與流道部的自動分離裝置

■ 10.4　模具的溫度調整(adjustment)裝置

　　模具的溫度控制，直接影響成形品的品質、物性，也左右成形效率，為射出成形中重要的管理項目之一，常須精確地控制模具溫度。

　　最簡單的模具溫度調整方法，是將自來水或冷水等直接通往模具冷卻管路，將模具冷卻，但此方法很難將供給的水溫保持一定，同時也無法使模具溫度保持於某程度範圍內。

欲將模具溫度保持在 30〜90℃時，可用將水加熱而以泵循環的模具溫度調整機，若要求更高的溫度時，可將乙二醇(150℃以內)或油加熱而循環，圖 10.20 及圖 10.21 所示爲水、油用中溫、高溫模具溫度調整機。反之，因成形材料種類(PE、PP 等)、成形品形狀、肉厚等的關係而欲特別減低模具溫度時，可使用有冷凍裝置，減低冷卻水溫度而循環的模具冷卻機(mold chiller)。

圖 10.20　中溫用模溫調整機

圖 10.21　高溫用模溫調整機

11 射出成形實務

PLASTICS MOLD DESIGN

塑膠模具設計學

■ 11.1 成形材料流動特性的表示法

射出成形在實際決定成形條件時，首先須瞭解所用成形材料的流動特性。射出成形用材料的流動性表示法，以下二種方法最為常用。

1. 熔融流動指數(melt flow rate)

熔融流動指數是熱可塑性塑膠材料最具代表性的流動特性表示法，常用於PE、PP、PS等成形材料。試驗方法是使用如圖11.1所示melt flow index的試驗裝置，其試驗過程是將一定量之成形材料的試料，裝入加熱缸，在該材料規定的加熱溫度和壓力下，從加熱缸底部細孔擠出熔融的材料，求10分鐘的擠出量(g/10min)，以此為熔融流動指數(melt flow index)簡稱MI或(melt flow rate)簡稱MFR，作為該材料的流動特性表示法。

圖 11.1　Melt flow index 試驗裝置

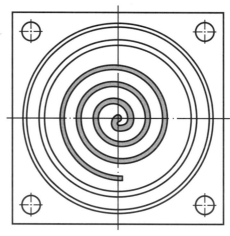

圖 11.2　渦旋流動試驗模具

2. 渦旋流動長度(whirlpool flow lenght)

渦旋流動長度試驗是將加工有渦旋槽的模具，如圖 11.2 所示，將其安裝於實際的成形機，在規定的溫度、壓力條件下，將熔融材料射出進入槽內，做成蚊香狀成形品，以渦旋全長的距離(cm)來表示材料的流動特性。此方法以接近實際射出成形的條件，來試驗材料的流動特性，除了熱可塑性材料之外，也適用於熱硬化性材料的射出成形、轉移成形用材料的流動特性試驗。

3. 材料之流動長度

成形材料之流動性一般是以最長之充填距離(L)與厚度(T)之比值來表示，其值越大表示流動性越佳，如表11.1所示。

表 11.1　成形材料流動長度(*L/T*)

成形材料	*T* (mm)	*L/T*
PE	0.3～3.0	280～200
PP	0.6～3.0	280～160
POM	1.5～5.0	250～150
PA	0.8～3.0	320～200
PS	1.4～4.0	300～220
PMMA	1.5～5.5	150～100
PVC	1.5～5.0	150～100
PC	1.5～5.0	150～100
CA	1.4～4.0	300～220
ABS	1.5～4.0	280～160

■ 11.2　代表性塑膠材料的射出成形

11.2-1　結晶性(crystalline)塑膠的射出成形

結晶性塑膠的物性是取決於結晶化度或結晶化的狀態，成形時的冷卻速度愈慢，愈易結晶化，結晶化度愈高。因而，欲得機械性性質優秀且表面光澤良好的成形品時，模具溫度的控制極其重要，欲減慢冷卻速度而充分結晶化時，須增高模具溫度，但難免會延長成形週期。

結晶性塑膠在融點前後的比容積(g/cm^3)變化很大，比起非結晶性塑膠，成形收縮率通常較大，所以，成形品容易變形，且肉厚較厚的成形品容易發生收縮下陷，因此使成形品各部均勻冷卻是必須深切注意的要項。

1.　聚乙烯

聚乙烯(PE)成形時流動性良好，成形溫度範圍廣，不必擔心熱安定性，但分子配向性強，流動方向的收縮大於垂直方向，且成形收縮大，所以成形品容易發生翹曲及變形。

　　高密度 PE 有明顯的結晶化溫度，最好增大射出壓力及射出速度。此種材料受模具溫度之影響很大，若模具溫度控制不當，則先進入成形空間的材料先結晶化，致使成形品表面光澤不良，其次由於收縮大的緣故，因此模具的冷卻要均一，以防止成形品的翹曲和變形。表 11.2 為各種塑膠材料的標準成形條件。

表 11.2　代表性塑膠材料的射出成形條件

塑膠名稱	種類	成形條件	加熱缸溫度(℃)	加熱缸溫度設定				模具溫度(℃)
				NH	H_1	H_2	H_3	
PS	GPPS	標準	190〜210	200	200	190	170	50〜60
	GPPS HIPS HRPS HFPS	一般	150〜250 160〜260 160〜260 150〜210					40〜60 40〜60 50〜60 40〜60
ABS		標準	180〜230	220	220	210	190	50〜70
		一般	190〜260					50〜70
AS		標準	200〜230	220	220	210	190	50〜70
		一般	170〜290					40〜80
PE	低密度(LDPE)	標準	180〜210	190	190	180	160	40〜50
		一般	140〜300					35〜65
	高密度(HDPE)	標準	190〜200	190	190	180	160	40〜60
		一般	150〜300					40〜70
EVA		標準	150〜180	150	150	140	120	30〜40
		一般	120〜200					20〜55
PP		標準	200〜220	210	210	200	180	50〜60
		一般	180〜300					20〜80
PMMA		標準	220〜240	220	220	210	190	50〜60
		一般	180〜260					50〜80

表 11.2　代表性塑膠材料的射出成形條件 (續)

塑膠名稱	種類	成形條件	加熱缸溫度 (℃)	加熱缸溫度設定				模具溫度 (℃)
				NH	H₁	H₂	H₃	
CA		標準	200～220	200	200	190	170	60～70
		一般	170～265					20～80
PC		標準	260～280	280	280	270	250	70～90
		一般	260～320					80～120
PA		標準	240～250	240	240	230	210	50～70
		一般	220～280					20～90
POM		標準	190～210	190	190	180	160	80～90
		一般	190～240	200	200	190	170	80～120
PPO		標準	260～280	260	260	250	230	60～100
		一般	260～280					
PSF		標準	330～360	330	330	320	290	95～100
		一般	330～420					90～165
PETP		標準	290～310	290	290	280	260	50～70
		一般	290～315					50～150
PBT		標準	230～250	230	230	220	200	60～70
		一般	230～270					
PVC	硬質 (HPVC)	一般	150～190	190	190	180	160	50～70
	軟質(PVC)		150～190					
玻璃纖維強化塑膠 (FRP)	PS	一般	170～300					40～90
	AS		180～300					
	PC		285～340					70～120
	PET		290～315					50～150
	PBT		245～270					60～70

表 11.2　代表性塑膠材料的射出成形條件 (續)

塑膠名稱	種類	成形條件	射出壓力 (kg/cm²)	成形收縮率 (%)	塑膠材料標準乾燥條件			再生材的使用	著色	備考
					溫度 (℃)	時間	乾燥方法			
PS	GPPS	標準	500〜800	0.2〜0.6			不要	可	可	
	GPPS HIPS HRPS HFPS	一般	500〜1000 500〜1000 500〜1000 500〜1000							
ABS		標準	500〜900	0.4〜0.8	80	4〜6	熱風	可	可	
		一般	500〜1500							
AS		標準	700〜900	0.2〜0.6	70〜80	4〜6		可	可	
		一般	700〜1500							
PE	低密度 (LDPE)	標準	360〜500	1.5〜5			不要	可	可	
		一般	300〜1000							
	高密度 (HDPE)	標準	300〜1000							
		一般	300〜1500							
EVA		標準	600〜800	0.7〜2	40〜50	2〜4	熱風	可	可	
		一般	600〜1500							
PP		標準	500〜800	0.8〜2.5			不要	可	可	
		一般	400〜1500							
PMMA		標準	500〜900	0.2〜0.8	70〜80	4〜6	熱風	可	可	
		一般	700〜1500							
CA		標準	700〜900	0.2〜0.7	80	2〜4	熱風	可	可	水份 0.1〜0.3 % 以下
		一般	700〜900							
PC		標準	1000〜1200	0.6〜0.8	120	8〜10	熱風	可	可	水份 0.3 % 以下
		一般	1000〜1500							

表 11.2　代表性塑膠材料的射出成形條件 (續)

塑膠名稱	種類	成形條件	射出壓力 (kg/cm²)	成形收縮率 (%)	塑膠材料標準乾燥條件			再生材的使用	著色	備考
					溫度 (℃)	時間	乾燥方法			
PA		標準	500～1000	0.6～2	80	12～24	熱風	困難	可	水份 0.03 % 以下
		一般	500～1400		80	10	眞空			
POM		標準	500～900	1.5～3.5	80～90	3～6	熱風	可	可	
		一般	500～1500							
PPO		標準	1200～1300	0.7～0.8	100～120	2～4	熱風	可	可	
		一般								
PSF		標準	700～1000	0.7	135	4	熱風	可	可	
		一般	700～2000	0.7	160	2～3				
PETP		標準	700～1400	1～2	130	5 以上	熱風	可	可	
		一般			150	4 以上				
PBT		標準	300～1200	0.5～2	120	2～4	熱風	不可	可	
		一般								
PVC	硬質 (HPVC)	一般	900～1500	0.1～0.4	70～85	2～3	熱風	不可	可	
	軟質 (PVC)		600～1500	1～5						
玻璃纖維強化塑膠 (FRP)	PS	一般	500～1500	0.1～0.5			不要	可	可	
	AS		700～1500	0.1～0.3				可	可	
	PC		1000～2000	0.05～0.3				可	可	
	PET		700～1400	0.05～0.5				可	可	
	PBT		500～1500	0.05～0.5				可	可	

2. 聚丙烯

聚丙烯(PP)的性質很近似 PE，如圖 11.3 所示，流動性相當良好，但材料從 280℃附近開始劣化，所以成形機的加熱缸溫度宜在 270℃以下，但 PP 的分子配向性也很強，在稍低溫成形時，易因分子配向而翹曲、扭曲，須特別注意。

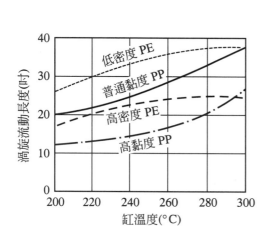

圖 11.3 PP 與 PE 的流動性比較

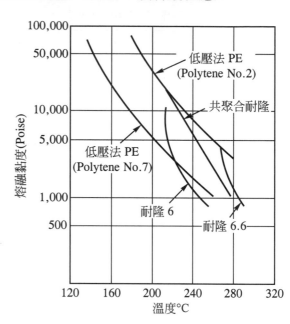

圖 11.4 各種耐隆與硬質 PE 溫度所致熔融黏度的變化

3. 聚醯胺

聚醯胺(耐隆、PA)的黏度對加熱溫度很敏感，如圖 11.4 所示，異於其他熱可塑性塑膠。融點較明顯，如表 11.3 所示。聚醯胺的成形，須在融點以上，因此成形溫度須高於其他的成形材料，圖 11.5 所示是其剛成形後的密度與模具溫度的關係。

表 11.3 各種耐隆的融點與成形條件

類型	融點(℃)	成形溫度(℃)
耐隆 6	215	220～300
耐隆 6.6	255	260～320
耐隆 6.10	213	220～300
耐隆 12	177	185～300

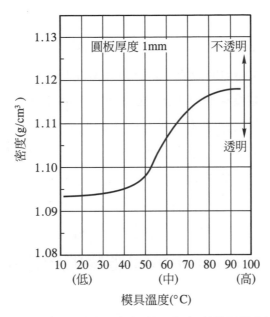

圖 11.5　耐隆剛成形後的密度(結晶化度)與模具溫度的關係

　　聚醯胺為吸濕性大的材料，預備乾燥須充分，但在 90℃以上乾燥時會產生變色現象，必須注意。

4.　聚縮醛

　　聚縮醛(POM)有單獨聚合物(商品名 Delrin)與共聚合物(鳩拉康)(Duracon)，都是流動性不太好的塑膠材料且成形溫度範圍較狹窄，容易引起熱分解，要注意成形時材料溫度的控制。共聚合物對熱分解的安定性優於單獨聚合物，如圖 11.6 所示，可在更高的溫度成形，但是，材料在加熱缸內的滯留時間過長時，會引起熱分解而變為黃色，且生成甲醛，具有強烈的刺激味，對作業者產生困擾。

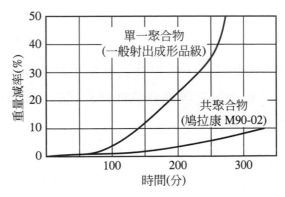

圖 11.6　縮醛樹脂單一聚合物與共聚合物的熱安定性比較

5. PBT 樹脂

PBT 樹脂(polybutylene terephthalate)又稱為 PTMT(polytetramethylene terephthalate)，與PET(polyethylene terephthalate)同屬於飽和聚酯(熱可塑性聚酯)。

PBT樹脂熔融時的黏度極低，成形性良好，結晶化迅速、固化快。PBT或PET常以玻璃纖維強化，但在此敘述者，為非強化的成形要點。加熱缸溫度230～270℃(難燃性成形品為250℃以內)，模具溫度在40～90℃之間，模具溫度低亦可成形，但欲得光澤良好的表面時，宜昇高溫度。射出壓力500～1300kg/cm²，因其是固化迅速的材料，射出速度快、可改善外觀，同時亦可改善物性。此種材料，若在吸濕狀態下熔融，會因加水分解而脆化，故須充分預備乾燥。

11.2-2　非結晶性(amorphous)塑膠的射出成形

1. 苯乙烯系樹脂

苯乙烯系樹脂為PS、AS、ABS等的總稱，成形溫度範圍廣，易於成形。但嚴格說起來，一般用 PS(GPPS)的流動性最好，而衝擊用 PS(HIPS)是橡膠成份愈多時流動性愈不好。

GPPS很脆，脫模時易破裂。AS、ABS因成份中的丙烯腈而易加熱變色。ABS比PS之流動性稍不好，但常用於需電解鍍金(electroplating)之成形品的成形材料。

2. 壓克力

壓克力(PMMA)的熔融黏度高於PS，故其成形性不如PS。

壓克力也有流動性良好者，但其耐熱性及耐衝擊性，則不如一般用壓克力，但材料溫度過高時，容易引起熱分解，故經常以加大模具的流道或澆口斷面積，以改善材料的流動性。

3. 聚碳酸酯

聚碳酸酯(PC)的熔融黏度高，所以其流動性不好，成形時，材料溫度、射出壓力要高於PE、PS等。但加熱缸溫度過高或材料在缸內的滯留時間過長時，會引起熱分解、變色而減低成形品物性。

模具溫度以85～120℃為標準，但較低時亦可成形。不過，有些成形品由於形狀及肉厚的關係，在模具溫度過低時，不只不易成形，且使成形品的殘留應力增加，造成日後破裂的原因。同時，為使成形品脫模容易，在使用離形劑時，宜用粉末狀離形劑(mold release agent)，盡量少用液狀離形劑。

4. 變性 PPO

變性 PPO(Noryl)的物性類似 PC，成形性也類似 PC。其成形時的材料溫度以 240～300℃為標準，但為了加速成形週期時可稍高些。其模具溫度在某溫度以上時，幾不影響材料的流動性，但須依成形品形狀及肉厚之大小，可使模具溫度適度調整，使成形品之殘留應力減至最小，或改善成形品的外觀及增強熔合部的強度，其適度調整的溫度範圍在80～100℃之間。

5. 硬質氯乙烯樹脂

硬質氯乙烯樹脂(HPVC)的熔融黏度極高，流動性不好，即使增高射出壓力或材料溫度，流動性的變化也很遲鈍，而且成形溫度與材料的熱分解溫度很接近，可成形的溫度範圍很小，不易成形。圖 11.7 所示為硬質 PVC 樹脂的成形溫度與材料在加熱缸中所能滯留的時間關係。

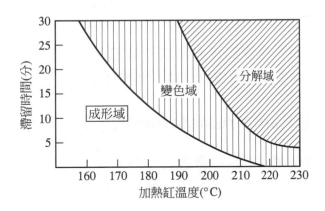

圖 11.7　硬質 PVC 樹脂的成形溫度幅(缸溫度與樹脂滯留時間的關係)

硬質 PVC 的加熱缸溫度宜在170～190℃之間。避免200℃以上，且材料在缸內的滯留時間宜短。

模具溫度 50～60℃，射出壓力增高到最大限度而成形，但為了改善成形品外觀，特別是噴流痕所致的外觀不良，射出速度宜慢。

■ 11.3 特殊材料的射出成形

11.3-1 玻璃纖維強化塑膠(FRTP)的射出成形

最近，大部份熱可塑性塑膠都充填20～30％重量比的玻璃纖維，稱為強化塑膠(FRTP 或 GRTP)。FRTP 的射出成形比起基質非強化塑膠，有下列要點須加以注意。

(1) FRTP的流動性低於非強化塑膠，所以常增高材料溫度、模具溫度及射出壓力。

(2) 模具的流道系統(注道、流道、澆口、排氣孔)等的尺寸也須大於非強化塑膠。

(3) FRTP的成形品表面易形成猶如玻璃纖維浮出的現象，但可增高模具溫度、射出速度來改良表面光澤。

(4) 成形收縮率甚小於非強化塑膠，但由於玻璃纖維的流動配向，易使成形收縮率或機械性質出現方向性，因此澆口的設置須設法減少配向性所致的不良影響。

(5) 成形品的熔合線部強度常低於非強化塑膠的熔合部，因此在設計成形品或模具設計、製作時，須加以注意，經常在熔合部設排氣孔，或設置溢流池(over flow)使一部份材料進入溢流池而消除成形品部熔合線的發生。

(6) 模具各部份，特別是澆口或射出成形機的螺桿磨耗很快，在成形強化塑膠時，須特別注意模具或螺桿的材質、熱處理及表面處理等。

11.3-2 難燃性(flame resistance)塑膠的射出成形

家電製品很重視塑膠成形品的難燃性。PVC 之類的材料本身具有自熄性，但一般所謂的難燃性材料是指添加特殊的難燃劑或材料中混合 PVC，使材料成難燃化者，但賦予難燃性的材料，在成形中易有熱分解等所致的各種缺陷，故須注意下列要點。

(1) 材料的熔融溫度範圍與引起熱分解的溫度範圍很接近，若材料的溫度控制錯誤，則易使成形品燒焦或發生黑條，因而須注意調整材料溫度、螺桿速度及射出速度等，同時勿使材料在加熱缸內滯留的時間太長。

(2) 材料分解發生的氣體，若不充分排氣，則會造成成形品表面光澤不良，為了防止如此，要注意澆口或排氣孔的位置及尺寸等，因此，難燃性材料的射出成形大都使用排氣式成形機。

(3)　分解發生的氣體會使金屬腐蝕，所以模具之成形空間、流道部份等，最好表面經熱處理硬化或鍍硬鉻，而在成形機方面，則必須使用耐蝕性螺桿。成形終了，須將模具各部清理乾淨，完全擦除濕氣並塗佈防銹劑。

11.3-3　低發泡(low foam)塑膠的射出成形

1.　低發泡塑膠成形品的特色與用途

(1)　成形品表面出現美觀的發泡模樣，可得重厚感之外觀的成形品。圖 11.8 所示為低發泡 PS 的射出成形品。

(2)　形狀複雜及肉厚較厚的成形品在表面也不會產生收縮下陷。

(3)　可用大約與木材同樣的方法著色、塗裝。

(4)　可得音響效果及隔音效果的成形品。

(5)　發泡率高的成形品，可增高成形品的剛性，並可輕量化。

圖 11.8　低發泡 PS 射出成形品

　　發泡率 1.1～1.2 的極低發泡成形品，用於要求平滑美觀的木紋模樣，主要以 PS、AS、ABS 等苯乙烯系樹脂成形，用於家庭用電化機器、雜貨、傢俱等。

　　發泡率大者，1.5～3 的發泡率，可兼得剛性、輕量化、隔熱效果，也可成形苯乙烯系樹脂的較小型成形品，但大都是以 PE、PP 等樹脂成形，作成容器類、傢俱類等低成本的大型成形品。

2. 低發泡射出成形

發泡率 1.1～1.2 的極低發泡樹脂之成形，可用普通的螺桿式射出成形機。但是，在非發泡樹脂的射出成形過程中，於計量終了後使螺桿背壓為零。然而，在低發泡樹脂的成形過程中，在計量終了時螺桿後退，於等待下一次射出開始的期間，加熱缸內的發泡劑已徐徐開始分解，其氣體壓力會再使螺桿後退，因此宜在射出缸的油壓回路中設背壓調整回復，用以抑止螺桿的再後退。相同的，由於缸內的氣體壓力，會使噴嘴處的材料洩漏增多，故宜用具有彈簧閥的噴嘴。

低發泡射出成形在成形品表面所得的木紋花樣，其中有條紋花樣是成形材料中的發泡劑發泡，形成的微細氣泡平行於材料流動方向而伸長的現象。另一方面，微細的氣泡，若適當的固定則會在成形品的表面造成色調的濃淡。因此，模具澆口或排氣孔的設置，在發泡效果上為重要因素，發泡花樣經常出自澆口流動方向而形成放射狀。故在模具製作、設計上，應先考慮成形品的那一部份或那一方向需要發泡模樣後，再決定澆口的位置或形狀。同時，為了迅速排除模內發生的氣體，也須詳加考慮排氣孔的位置數目，若排氣孔的設置不充分的話，則不利發泡花樣或光澤，圖 11.9、圖 11.10 為低發泡樹脂成形用模具的澆口及排氣孔設置之例。

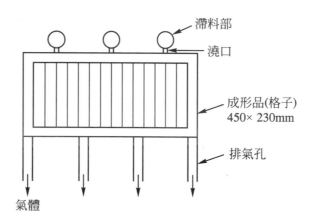

圖 11.9　低發泡樹脂成形用模具的澆口及排氣孔

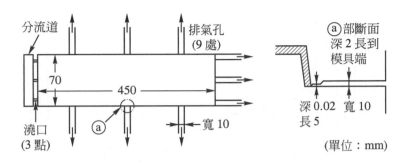

圖 11.10　低發泡樹脂成形用模具的澆口及排氣孔

　　發泡率較大者(1.5～3)之低發泡成形，目前有各種的成形方法及專用射出成形機的開發而可成形，但由於成形時間長等的經濟理由，至今未被廣泛使用。

■ 11.4　熱硬化性塑膠(thermosetting plastics)的射出成形

11.4-1　熱硬化性塑膠之射出成形法概要

　　圖 11.11 所示，為使用螺桿式射出成形機，將熱硬化性塑膠材料，射出成形的基本形式，從漏斗進入加熱缸內的材料被旋轉的螺桿送往加熱缸前端部，加熱缸內的材料被溫水或熱油等從外周加熱，同時由於螺桿的混煉作用使材料發生摩擦熱，使內部也發熱而升溫。

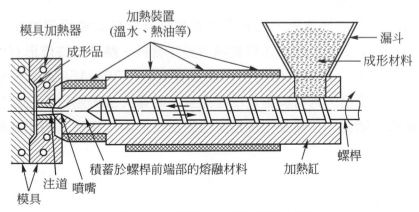

圖 11.11　熱硬化性材料的射出成形

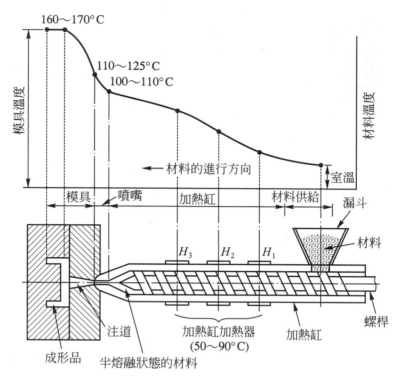

註：( )內的溫度為一般用酚樹脂射出成形時一例。

圖 11.12 熱硬化性材料在射出成形工程的材料溫度上昇情形

　　螺桿旋轉的期間，貯存於加熱缸前端部的半熔融材料，具有後退壓力，而推回螺桿，不過，須限制其後退量，並可計量一次所需的射出量。接著，施加於射出缸油壓滑塊的射出力，使螺桿急速前進，此時，加熱缸前端部的材料從噴嘴往模內高速射出，然後在模內加熱硬化。

　　熱硬化性塑膠的射出成形，在表面上看起來非常類似熱可塑性塑膠的射出成形，其實，其材料溫度的控制方法異於熱可塑性材料，熱硬化性成形材料在加熱缸內不達完全熔融狀態，噴嘴射出的材料溫度最高約 120～150℃，只成半熔融狀態。因為若超高此溫度，則材料硬化反應過度，急速失去流動性，致無法完全充填模具之成形空間。因此，在熱硬化性塑膠的射出成形中，螺桿式射出裝置成為材料的預熱裝置。

　　圖 11.12 所示為表示供給漏斗的室溫酚樹脂經螺桿的混煉、射出等過程，直到充填終了的溫度變化。

　　圖 11.13 所示為射出壓縮成形法，預先將模具的分模面打開*C*量，射出材料，如圖(a)。充填完了後，施加合模力，合緊模具，藉壓縮力將材料加壓而成形，如圖(b)所示。射出壓力宜低，防止澆口部發生過剩的殘留應力，減少填充料配向性對成形品的影響，以防止成形品破裂。

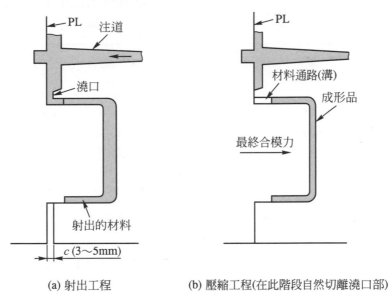

(a) 射出工程　　　　　　　(b) 壓縮工程(在此階段自然切離澆口部)

圖 11.13　射出壓縮成形法的原理

11.4-2　熱硬化性射出成形材料

　　用於射出成形的熱硬化性塑膠以酚樹脂(PF)為代表，其次為dially phthalate (DAP)；聚酯樹脂(UP)或三聚氰胺樹脂(MF)。

　　射出成形用熱硬化性材料，最重要的是加熱缸內的熱安定性，即使缸內滯留時間稍長些，射出時的成形性也不急變。環氧樹脂(EP)對硬化反應很敏感，幾乎不為射出成形用。

　　成形材料的形狀，如粉末、顆粒、屑狀、塊狀等也必須注意，微粉多的材料往加熱缸的落下供給不順暢，易使計量不確實。聚酯樹脂之類材料，若為塊狀者，則必須安裝特殊裝置，才能使材料連續供給加熱缸。

　　填充料的種類亦影響熱硬化性材料的成形性、成形品的品質。尤其是充填長纖維的玻璃纖維或石棉材或布片的材料，在射出時，不只注道、流道、澆口對材料的流動阻力大，同時這些纖維質也易因螺桿的混煉作用或通過噴嘴、澆口部的摩擦而破斷，因此，添加這些填充料的熱硬化性塑膠之射出成形品的機械性強度稍低於壓縮成形之成形品。

11.4-3 熱硬化性塑膠之射出成形條件

表 11.4 所示，是代表性射出成形用熱硬化性塑膠的標準成形條件，在所有成形條件中，以成形材料的溫度特別重要。成形開始時或成形中發生充填不足或流痕、熔合線等之不良現象時，則可進行空射來確認噴嘴射出的材料溫度。

表 11.4 代表性熱硬化性塑膠的成形條件

項目	單位	酚樹脂 (一般用)	DAP 樹脂	聚酯樹脂 (顆粒狀)
缸溫度(前)	℃	85～100	80～90	80～90
材料溫度	℃	110～125	100～110	100～110
射出壓力	kg/cm²	600～1500	600～1300	500～1000
射出時間	sec	5～15	5～10	5～10
模具溫度	℃	160～190	160～180	165～190
硬化時間	sec	15～90	15～60	15～50

11.4-4 熱硬化性塑膠的射出成形用模具

熱硬化性塑膠的射出成形用模具，大體上與熱可塑性用者相差無幾，但必須注意下列各點。

(1) 注道、流道、澆口常比熱可塑性成形用模具粗大，大致與玻璃纖維強化之熱可塑性成形用模具略同。

(2) 澆口之形狀、尺寸的決定，以不受填充料配向性之影響為宜，可選用膜狀澆口或扇形澆口等。

(3) 排氣孔設置的良否，亦影響成形效率，宜儘量設置適宜的排氣孔，如圖 11.14 所示。

圖 11.14 熱硬化性材料的射出成形品

(4) 毛邊無法避免之場合，模具構造宜作成易於清理的方式並施行熱處理硬化或表面處理。

(5) 模面磨耗，比一般用熱可塑性材料之成形更為嚴重，同時也容易被成形時所生之毛邊損傷，最好施行淬火硬化處理。

(6) 為了改善成形品的脫模性和防止模面腐蝕，通常亦施行鍍硬鉻之表面處理。

(7) 為使模具各部份均勻加熱，必須注意加熱器的配置、數量等。

11.4-5　熱硬化性塑膠用射出成形機

1.　射出成形的種類

　　目前最常用的熱硬化性塑膠用射出成形機，其構造類似可塑性塑膠用之螺桿式射出成形機，如圖11.15所示。但在聚酯樹脂的射出成形中，亦可用柱塞式射出成形機，如圖11.16所示，但由於螺桿式的成形效率高，對聚酯樹脂的成形也常用螺桿式射出成形機。

圖 11.15　熱硬化性塑膠用射出成形機

圖 11.16　柱塞式射出成形機

2.　射出裝置的構造

　　熱硬化性塑膠用射出成形機的最大特色在於射出裝置的構造和溫度控制的方法，而且其螺桿形狀異於熱可塑性用者，無供給部、壓縮部、計量部之區分，螺桿全長的谷徑相同，故無壓縮比可言。

　　螺桿前端部的形狀，略同於熱可塑性用的直頭形而不用逆流防止閥，原因是材料在逆流防止閥的環部會受局部壓縮而發熱及材料的流動易在環的周邊停滯，進而使材料在未射出成形前先硬化而使成形操作變為困難。

　　加熱缸的構造在基本上與熱可塑性用者差不多，水或油等的加熱媒體通過其外周。

　　加熱缸的外套構造有使加熱缸外壁全長分為兩段，而使溫水或熱油循環者，如圖 11.17 所示。亦有將外套作成單元構造再數組單元組合的方式等，如圖 11.18 所示，加熱缸外周裝設帶式加熱器，各成一單元加熱區，藉裝於各區之熱電偶斷續往加熱器的電源，自動調節進出外套的水或油而控制溫度。圖 11.19 所示為單元外套構造的另一加熱缸構造。

圖 11.17　利用熱油外套的加熱缸

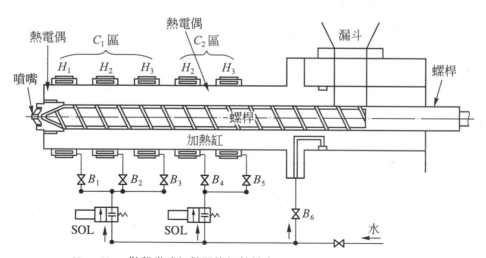

$H_1 \sim H_6$：裝設常式加熱器的加熱外套
$B_1 \sim B_6$：水量調節用閥

圖 11.18　裝設帶式加熱器的溫水外套構造之加熱缸

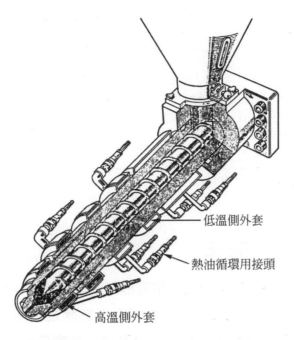

圖 11.19　熱硬化性材料用射出成形機加熱缸的熱油用外套構造

■ 11.5　成形材料的預備乾燥

11.5-1　預備乾燥(predrying)的重要性

　　在熱可塑性塑膠的射出成形中，成形材料若吸濕或水份附著於表面，對成形品有下列不良影響：

⑴　成形品產生銀條、氣泡、模糊、透明性不良等不良現象。

⑵　成形品容易產生熔合線。

⑶　PC或PBT樹脂等會因吸濕而引起加水分解，降低分子量，成形品的強度減低，特別是耐衝擊強度，如表 11.5 所示。

表 11.5　PC 的乾燥度與其對成形品的影響

真空乾燥時間	含水率	成形品分子量	衝擊值*	銀條	流道內的氣泡**
0.5hr	0.067 %	$2.2×10^4$	4.2ft · lb/in	多數	多數
1.25	0.030	2.4～2.5	16.2	少數	13
2.15	0.013	2.6	17.7	無	5
3.50	0.009	2.6	16.4	無	5
5.00	0.009	2.5	17.6	無	4

註：*　衝擊值用 Izod 試驗法(單位 ft.lb/in)。

　　**流道氣泡爲長約 10cm 的流道中呈現的氣泡數。

11.5-2　預備乾燥的方法

　　成形材料的預備乾燥方法，通常使用箱形熱風循環式乾燥機或漏斗乾燥機等，乾燥溫度的範圍是以材料在乾燥機內不致熔融成塊狀之原則下，盡量選用較高溫度，而乾燥時間以能脫水至容許水份以下爲原則，經常依經驗決定，表 11.6 所示爲成形材料一般的預備乾燥條件。

表 11.6　成形條件的預備乾燥條件

材料名	吸水率(%) ASTM 法	乾燥溫度 (℃)	乾燥時間 (hr)
PS(一般用)	0.1～0.3	75～85	2 以上
AS 樹脂	0.2～0.3	75～85	2～4 以上
ABS 樹脂	0.1～0.3	80～100	2～4 以上
壓克力	0.2～0.4	80～100	2～6 以上
PE	0.01 以下	70～80	1 以上
PP	0.01 以下	70～80	1 以上
雙性 PPO(Noryl)	0.14	105～120	2～4 以上
雙性 PPO(Noryl SE-100)	0.37	85～95	2～4 以上
聚醯胺(耐隆)	1.5～3.5	80	2～10 以上
聚縮醛	0.12～0.25	80～90	2～4 以上
PC	0.1～0.3	100～120	2～10 以上
硬質 PVC 樹脂	0.1～0.3	60～80	1 以上
PBT 樹脂	0.30	130～140	4～5 以上
FR-PET	0.10	130～140	4～5 以上

註：ASTM(American Society for Testing and Materials)美國材料試驗協會

■ 11.6　成形材料的著色(coloring)

11.6-1　利用乾式著色劑的方法

　　預先將成形材料與粉末狀著色劑混合，再同時供給螺桿式射出成形機而直接著色的方法。著色費用較低，主要用於 PE、PP 等的雜貨品成形品。

　　首先將粒狀成形材料和著色劑裝入鼓形混合機(mixer)內充分攪拌，使著色劑均勻附著於粒狀材料表面。混合機外形如圖 11.20 所示。有時可用濕潤劑使乾式著色劑均勻附著於成形材料表面，亦就是預先將成形材料與濕潤劑混合，使成形材料表面附著一層濕潤劑薄膜，其次再混加乾式著色劑，即可使著色劑充分附著於成形材料表面，可防止射出成形後成形品著色不均勻。

圖 11.20　鼓形混合機

11.6-2　利用著色料的方法

　　此方法是使用成形材料之原料混加高濃度 5～50 ％顏料而成粒狀或片狀或板狀的著色料，成形時，以 1：4，1：9，1：19 等的適當比例混合粒狀成形材料而達成形後著色的方法。此方法的著色成本高於乾式著色劑，但比起下述使用擠製機的方法便宜，而且容易換色，亦可自動計量混合。

11.6-3 利用擠製機的方法

此方法是以前述乾式著色劑混合成形材料著色，再通過擠製機而混煉的著色方法，如圖 11.21 所示，如此著色的材料稱為粒狀著色材料，可直接用於射出成形而得有色成形品。

圖 11.21　用擠製的著色方法

乾式著色劑法只混合粉末狀著色劑與粒狀成形材料，可能發生著色不均的情形，但此法則可使著色均勻化。此著色方法常在專門工廠施行，廣泛用於高度要求色澤均勻的成形品。PC、PBT等的工程塑膠，PE、PP、苯乙烯系樹脂等的家電機器或事務機器等高級品大都使用此方法。

11.6-4 利用液狀著色劑的方法

此方法是最近開發的方法，於射出成形中，當螺桿後退時，對加熱缸供給液狀著色劑而著色，其工程簡單，色劑的分散性亦良好。

■ 11.7 換料作業(purging)

11.7-1 同一材料的換色

對同一種成形材料換色時，原則上從淡色材料換為濃色材料，從透明材料換為不透明材料，較易作業。

一般換色作業程序如下：

(1) 關閉漏斗下部的進料擋門。

(2) 空射數次，將加熱缸內的材料全部射出。

(3) 新材料供給漏斗。

(4) 打開進料擋門，空打十數次，直到換色完成。

但是從濃色換為淡色材料或從不透明材料換為透明材料時，先關閉進料擋門，空射十數次後，再卸下加熱缸頭部，清除加熱缸內部及螺桿之殘留材料。

11.7-2 不同材料的更換

不同材料的更換作業是利用換料前後各材料的熔融黏度差與加熱缸的溫度控制來實施。

熱可塑性塑膠材料的溫度高時，會黏著金屬面，溫度低時不黏著，換料作業即利用此性質，使欲更換的加熱缸內原材料黏著於加熱缸內壁，以讓供給冷螺桿的高黏度清除用材料削取之，此時，螺桿溫度宜低，使欲更換之原材料不捲附螺桿而得以清除。因而清除用材料宜用熔融黏度高的材料，如高密度 PE(HDPE) 或 PS 等。

換料作業須注意下列事項：

(1) 在換料終了前，加熱缸溫度盡量低於實際的成形溫度，如圖 11.22 所示，為不同材料更換作業的溫度控制過程。

(2) 螺桿轉速宜低，減低螺桿背壓，防止摩擦熱導致材料溫度上昇。

(3) 欲更換的原材料，熔融狀態下盡量勿捲附螺桿。

(4) 以短行程使螺桿前進，衝擊性射出材料數次，換料效果極佳。

(5) 加熱缸內壁或螺桿頭部或外徑、螺桿槽部份，若有傷痕或缺口，則熔融材料會滯留該處而使換料作業困難。

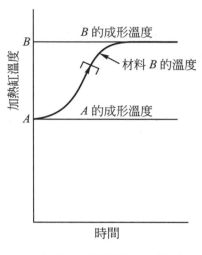

(a) 成形溫度低的材料 A 更換成
　　高的材料 B 的場合

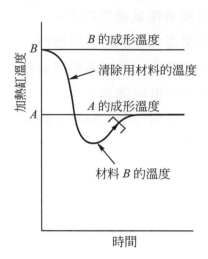

(b) 成形溫度高的材料 A 更換成
　　低的材料 B 的場合

圖 11.22　不同材料的更換作業之溫度控制

11.7-3　換料作業實例

1. 原材料為 PC 之換料作業

(1)　PC 更換成 ABS 之場合：

① 　將加熱缸內 PC 材料全部射出。

② 　在 PC 之成形溫度間，以 HDPE 將缸內殘留 PC 材料清除。

③ 　將加熱缸溫度降至 220℃ 以下，再以 ABS 將 HDPE 清出，即可完成換料作業。

(2)　PC 更換成 POM 之場合：

① 　將加熱缸內 PC 材料全部射出。

② 　在 PC 之成形溫度間，以 HDPE 將缸內殘留 PC 材料清除。

③ 　將加熱缸溫度降至 190℃ 以下，再以 POM 將 HDPE 清出，即可完成換料作業。

(3)　PC 更換成 PMMA 之場合：

① 　將加熱缸內 PC 材料全部射出。

② 　在 PC 之成形溫度間，以 HDPE 將缸內殘留 PC 材料清除。

③ 將加熱缸溫度降至240℃以下，以無乾燥之PMMA將HDPE清出，再以乾燥之PMMA將無乾燥之PMMA清出即可。

(4) PC更換成PP之場合：

① 將加熱缸內PC材料全部射出。

② 在PC之成形溫度間，以PP將PC清除。

③ 加熱缸溫度降至220℃反復射出即可。

(5) PC更換成HIPS之場合：

① 將加熱缸內PC材料全部射出。

② 在PC之成形溫度間，以HDPE將缸內殘留PC材料清除。

③ 加熱缸溫度降至220℃以HIPS將HDPE清出即可。

2. 原材料為ABS之換料作業

(1) ABS更換成PC之場合：

① 將加熱缸內ABS全部射出。

② 在ABS之成形溫度間，以PE將缸內殘留ABS清除。

③ 加熱缸溫度提高至290℃，再以PC材料將PE清出，即可完成換料作業。

(2) ABS更換成POM之場合：

① 將加熱缸內ABS全部射出。

② 在ABS之成形溫度間，以PS將缸內殘留ABS清除。

③ 加熱缸溫度降至190℃，再以POM將PS清出即可。

(3) ABS更換成PMMA之場合：

① 將加熱缸內ABS全部射出。

② 在ABS之成形溫度間，以PS將缸內殘留ABS清除。

③ 加熱缸溫度提高至240℃，以無乾燥之PMMA將PS清出，然後再以乾燥之PMMA清出即可。

(4) ABS更換成PP之場合：

① 將加熱缸內ABS全部射出。

② 在ABS之成形溫度間，以PP將ABS清除即可。

(5) ABS更換成HIPS之場合：

① 將加熱缸內 ABS 全部射出。

② 在 ABS 之成形溫度間，以 HIPS 將 ABS 清除即可。

3. 原材料為 POM 之換料作業

(1) POM 更換成 PC 之場合：

① 將加熱缸內 POM 全部射出。

② 在 POM 之成形溫度間，以 PE 將缸內殘留 POM 清除。

③ 將加熱缸溫度昇至 290℃，再以 PC 將 POM 清出即可。

(2) POM 更換成 ABS 之場合：

① 將加熱缸內 POM 全部射出。

② 在 POM 之成形溫度間，以 ABS 將缸內殘留 POM 清出。

③ 把加熱缸溫度昇至 220℃ 反復射出即可。

(3) POM 更換成 PMMA 之場合：

① 將加熱缸 POM 全部射出。

② 在 POM 之成形溫度間，以 PS 將缸內殘留 POM 清除。

③ 將加熱缸溫度昇至 240℃，以無乾燥之 PMMA 將 PS 清出，再以乾燥之 PMMA 將無乾燥之 PMMA 清出即可。

(4) POM 更換成 PP 之場合：

① 將加熱缸內 POM 全部射出。

② 在 POM 之成形溫度間，以 PP 將缸內殘留 POM 清出。

③ 加熱缸溫度昇至 220℃ 反覆射出即可。

(5) POM 更換成 HIPS 之場合：

① 將加熱缸內 POM 全部射出。

② 在 POM 之成形溫度間，以 HDPE 將缸內殘留 POM 清除。

③ 加熱缸溫度昇至 240℃ 反覆射出即可。

4. 原材料為 PMMA 之換料作業

(1) PMMA 更換成 PC 之場合：

① 將加熱缸內 PMMA 全部射出。

② 在 PMMA 之成形溫度間，以 PE 將缸內殘留 PMMA 清除。

③ 將加熱缸溫度昇至 290℃，再以 PC 將 PMMA 清出即可。

(2) PMMA 更換成 ABS 之場合：

① 將加熱缸內 PMMA 全部射出。

② 在 PMMA 之成形溫度間，以 ABS 將缸內殘留 PMMA 清出。

③ 加熱缸溫度在 ABS 之成形溫度反覆射出即可。

(3) PMMA 更換成 PP 之場合：

① 將加熱缸內 PMMA 全部射出。

② 在 PMMA 之成形溫度間，以 PP 將缸內殘留 PMMA 清出。

③ 加熱缸溫度在 PP 之成形溫度反覆射出即可。

(4) PMMA 更換成 POM 之場合：

① 將加熱缸內 PMMA 全部射出。

② 在 PMMA 之成形溫度間，以 PS 將缸內殘留 PMMA 清除。

③ 加熱缸溫度固定在 190℃，再以 POM 將 PS 清出即可。

(5) PMMA 更換成 HIPS 之場合：

① 將加熱缸內 PMMA 全部射出。

② 在 PMMA 之成形溫度間，以 HIPS 將缸內殘留之 PMMA 清除。

③ 加熱缸在 HIPS 之成形溫度反覆射出即可。

5. 原材料為 PP 之換料作業

(1) PP 更換成 PC 之場合：

① 將加熱缸內 PP 全部射出。

② 加熱缸溫度提昇至 290℃，以 PC 將 PP 清出即可。

(2) PP 更換成 POM 之場合：

① 將加熱缸內 PP 全部射出。

② 加熱缸溫度固定在 190℃時，以 POM 將 PP 清出即可。

(3) PP 更換成 ABS 之場合：

① 將加熱缸內 PP 全部射出。

② 加熱缸溫度固定在 240℃，以 ABS 將 PP 清出即可。

(4) PP 更換成 PMMA 之場合：

① 將加熱缸內 PP 全部射出。

② 加熱溫度固定在240℃，以無乾燥之 PMMA 將缸內殘留之 PP 清除，再以乾燥之 PMMA 將無乾燥之 PMMA 清出即可。

(5) PP 更換成 HIPS 之場合：

① 將加熱缸內 PP 全部射出。

② 加熱溫度固定在240℃，以 HIPS 將 PP 清出即可。

6. 原材料為 HIPS 之換料作業

(1) HIPS 更換成 PC 之場合：

① 將加熱缸內 HIPS 全部射出。

② 加熱缸固定在240℃，以 PE 將缸內殘留之 HIPS 清除。

③ 加熱缸溫度昇至290℃，以 PC 將 PE 清出即可。

(2) HIPS 更換成 ABS 之場合：

① 將加熱缸內 HIPS 全部射出。

② 在 HIPS 之成形溫度間，以 ABS 將 HIPS 清出即可。

(3) HIPS 更換成 POM 之場合：

① 將加熱缸內 HIPS 全部射出。

② 在 HIPS 之成形溫度間，以 PE 將缸內殘留之 HIPS 清除。

③ 加熱缸溫度固定在190℃，再以 POM 將 PS 清出即可。

(4) HIPS 更換成 PMMA 之場合：

① 將加熱缸內 HIPS 全部射出。

② 加熱缸固定在240℃，以無乾燥之 PMMA 將缸內殘留之 HIPS 清出，再以乾燥之 PMMA 將無乾燥之 PMMA 清出即可。

(5) HIPS 更換成 PP 之場合：

① 將加熱缸內 HIPS 全部射出。

② 在 HIPS 之成形溫度間，以 PP 將 HIPS 清出即可。

■ 11.8 成形不良的原因(cause)及對策(improvement)

射出成形品各種成形不良的原因大別如下：

⑴ **成形材料(樹脂)本身的性質所致者。**

⑵ **成形條件設定不當。**

⑶ **模具設計或製作不完備。**

⑷ **成形品設計不良。**

⑸ **射出成形機成形能力不足。**

實際上，成形不良的原因並不單純，常伴隨上示多項原因引起，原因的追究及對策常有賴作業者的經驗與技術。表11.7所示為主要之不良成形及其原因。表11.8所示為不良成形之對策檢查表。

表 11.7 主要之不良成形及其原因

主要之不良成形及其原因			
原因 成形不 良之種類	關連成形機者	關連模具者	關連成形材料者
充填不足	⑴射出壓力不足 ⑵加熱缸溫度太低 ⑶加熱缸或噴嘴阻塞 ⑷噴嘴太小 ⑸材料供給不足 ⑹漏斗阻塞 ⑺射出速度太低	⑴澆口位置不當 ⑵模具構造不良 ⑶流道太小 ⑷模具溫度太低 ⑸冷料對流道及澆口阻塞 ⑹成形品部肉厚不均或太薄 ⑺成形空間內之氣體未能順 　利排出	⑴流動性不良 ⑵潤滑劑不足
毛邊過剩	⑴射出壓力太高 ⑵合模力不足 ⑶材料供給過多 ⑷保壓時間太長 ⑸加熱缸溫度太高 ⑹射出速度太快	⑴模具無法緊密配合 ⑵模具中有異物及毛頭等附 　著，而無法完全合模 ⑶模具構造不良	流動性太好
收縮下陷	⑴射出壓力不足 ⑵加熱缸溫度太高 ⑶射出速度太低 ⑷材料供應不足 ⑸成形機能量不足 ⑹保壓時間太短 ⑺噴嘴口徑太小 ⑻成形循環過快	⑴模具溫度過高，及溫度不 　均一 ⑵澆口太小 ⑶流道太小 ⑷成形品厚度不均一	⑴材料過軟 ⑵收縮率大

表 11.7 主要之不良成形及其原因 (續)

主要之不良成形及其原因			
成形不良之種類 ＼ 原因	關連成形機者	關連模具者	關連成形材料者
氣泡	(1)射出壓力不足 (2)射出速度太低 (3)射出中形成斷續 (4)保壓時間不足 (5)加熱缸溫度太高	(1)澆口位置不當 (2)模具構造不良 (3)成形品厚度不均一 (4)流道太小 (5)澆口太小 (6)成形品在模具中受冷卻時間過長 (7)成形空間內氣體未能順利排出	(1)流動性不良 (2)有吸濕性 (3)含有揮發性物質
破裂	(1)射出壓力過高 (2)加熱缸溫度太低 (3)保壓時間太長 (4)射出速度太快或太慢	(1)成形品肉厚不均一 (2)脫模斜度不足 (3)頂出方式不當 (4)金屬埋入件之關係 (5)模具溫度過低 (6)成形空間內部，打磨不充分，稜銳部太多 (7)澆口太小或形式不當 (8)滯料部設置不足或未設置	吸濕性
翹曲、扭曲變形	(1)射出壓力太高或太低 (2)射出速度太快或太慢 (3)保壓時間不當 (4)加熱缸溫度過高或過低 (5)噴嘴過小	(1)成形品肉厚不均一 (2)澆口位置、形式不當 (3)澆口太小 (4)膜模斜度不夠 (5)頂出方式不當 (6)冷卻時間不足 (7)模具溫度太低或太高 (8)冷卻系統設置不當 (9)滯料部未設置或太小 (10)成形空間內打磨不充分，稜銳部太多	(1)收縮率大 (2)材料或填充料所致之配向性
熔合線	(1)噴嘴溫度或加熱缸溫度太低 (2)射出壓力不足 (3)射出速度太低	(1)澆口及流道太小 (2)澆口位置不適當 (3)模具溫度太低 (4)模具構造不良	(1)材料固化過速 (2)有吸濕性 (3)潤滑劑不足 (4)流動性不良
流痕	(1)加熱缸溫度過低 (2)射出速度太低 (3)射出壓力過低 (4)保壓時間太短	(1)模具溫度太低 (2)澆口太小 (3)澆口附近溫度太低 (4)滯料部未設置或不足	流動性不良

表 11.7　主要之不良成形及其原因 (續)

主要之不良成形及其原因			
成形不良之種類＼原因	關連成形機者	關連模具者	關連成形材料者
噴流痕	(1)射出速度太快 (2)加熱缸溫度太低	(1)澆口太小或位置不當 (2)模具溫度太低 (3)滯料部未設置或不足	
銀條	(1)加熱缸溫度過高 (2)射出速度太快 (3)射出壓力過高	(1)模具溫度太低 (2)澆口太小 (3)成形空間表面有水份	(1)吸濕性 (2)含有揮發物
燒焦	(1)加熱缸溫度太高 (2)射出速度太快 (3)射出壓力過高	(1)成形空間內氣體未能順利排出 (2)澆口太小	材料易分解
黑條	(1)加熱缸中有燒黑材料 (2)混加別種材料 (3)噴嘴噴射不順 (4)漏斗底部加熱缸部位冷卻不足 (5)加熱缸溫度太高	(1)成形空間受油脂或污染物污染 (2)頂出機構中之油脂滲入成形空間	(1)潤滑劑不足 (2)材料易分解
表面光澤不良、模糊	(1)加熱缸中加熱不均一 (2)噴嘴部份阻塞 (3)噴嘴口徑太小 (4)成形機能量不足 (5)射出壓力速度太低 (6)材料供給不足 (7)加熱缸溫度太低	(1)成形空間電鍍不良 (2)澆口及流道太小 (3)滯料部未設置或不足 (4)成形空間表面有水或油脂污染 (5)模具溫度太低 (6)成形空間表面打磨不充分 (7)模具構造不良	(1)吸濕性 (2)含有揮發物 (3)不同材料混入或異物污染
注道及成形品與模具黏著	(1)射出壓力過高 (2)材料供給過量 (3)加熱缸溫度過低或過高 (4)保壓時間太長 (5)頂出機構不良	(1)噴嘴與注道襯套接觸及尺寸不良 (2)注道口徑小於噴嘴口徑 (3)注道錐度太小 (4)注道襯套錐孔打磨不充分 (5)模具溫度過高 (6)成形空間表面打磨不充分 (7)脫模斜度不夠 (8)模具構造不良 (9)undercut部未適當處理 (10)成形空間內角隅部過份稜銳	潤滑劑不足

表 11.8　不良成形之對策檢查表

註： ●增加調整 ○減少調整 □檢查修正 1234 考慮次序	塑膠自噴嘴滴流	充填不足	螺桿不退	收縮下陷	溢料、毛邊	脫模時破裂	成形品黏著	流道黏著	表面光澤不良	黑條	燒焦	黑點或黑斑	流痕	熔合線	銀條	成形品脆化	成形品變形	成形品內氣泡
射出壓力		❷		❷	①	①	①	①	❷		②		3	❸	④		4	❶
射出速度		❸		❸	③	③	③	③	❸		①		2	❸	④		5	①
射出時間		❸		❸	③	③	③	③	❹				△				5	❷
射出量		❶		❶	②	②	②	②	❹								5	❷
二次射出壓力		❹		❹	④	④	④	④	❺									
二次射出時間		❹		❹	④	④	④	④	❺									
加熱缸溫度		❸		⑤	①	④	⑤	⑤	❶	①	①	④	❶	❶	③	①	3	④
噴嘴及前段溫度	③									②	②	⑤			③	①		④
加熱缸後段溫度			③												③			❹
材料乾燥溫度															❶			③
材料乾燥時間															❶			③
模具溫度		❺		6	△	❺	5		❶				❶	❶	❺	❺	1	
心型及心型銷溫度				6		5	5	④									1	5
螺桿轉速										③	③	⑥	❹	❹		③		
背壓	②	❻		①	△								❹	❹	②	③		❺
螺桿後拉距離	❶									④	④							
螺桿保壓段距離				5												⑦	②	
合模力					❺													
冷卻時間				7			❻	❹		④	④						❶	⑦
頂出速度						⑥	⑦										②	
檢查材料				△							5	1	5	8	8	8		
澆口及流道大小		❼		8									❻	❻	8	7	6	6
澆口及流道位置		❼		8	6		9							7	8	7	6	6
模具打光						❼	❽	❻	❻									
模具倒角檢修						7	8	6										
模具排氣孔		❼														❺		
離形劑之使用						❻	❼	❺							②		⑧	
清理模具各部		8		7						5	5	2						
檢修加熱缸		8	4	9						6	6	3				6		
檢查漏斗			2								5	1	5	8	6			
水浴冷卻時間				⑨														⑧
水浴冷卻溫度				❾														⑧

11.8-1　充填不足(short shot)

充填不足(short shot)是熔融的材料未完全流遍成形空間的各角落之現象，如圖 11.23 所示。

圖 11.23　充填不足

充填不足的原因有成形條件設定不適當、模具的設計、製作不完備、成形品的**肉厚太薄等所致**。成形條件的對策是增高材料溫度(加熱缸溫度)、模具溫度，增大射出壓力、射出速度及提高材料的流動性。模具方面可增大注道或流道尺寸，或者再檢討澆口位置、大小、數目等使熔融材料容易流動。爲了使成形空間內的氣體順利疏散，可在適當位置設置排氣孔。

11.8-2　毛邊(burr)過剩

熔融材料流入分模面或側向心型的對合面或銷類間隙等模具配件間隙時，會發生毛邊(burr)。

發生毛邊的基本原因除了成形機對成形品的投影面積無充分的合模力之外，大都是模具與成形材料所致。模具配件發生間隙或配件密著性不良的原因有模具構造設計製作不當、模具配件的加工精度不良、裝配精度不良、配件變形或磨耗。模具成形空間內的熔融材料流動性太好時，也會造成毛邊過剩，防止的方法是降低模具溫度、材料溫度、射出壓力及射出速度，但必須配合前項的充填不足問題，否則可能造成顧此失彼的現象發生。

11.8-3　收縮下陷(sink mark)

收縮下陷(sink mark)是成形品表面產生凹陷的現象，主要原因是熔融材料冷卻固化時的體積收縮所致。收縮下陷易發生於成形品肉厚較厚的部份、肋或凸轂的背面、注道背面等肉厚不均的部份，如圖 11.24 所示。因此為了防止收縮下陷，基本上，成形品的設計要適切，如圖 11.25 所示。

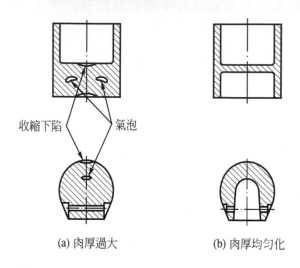

(a) 肉厚過大　　(b) 肉厚均勻化

圖 11.24　防止收縮下陷、氣泡的成形品設計例

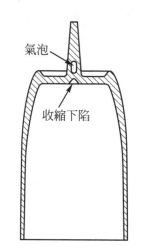

圖 11.25　收縮下陷及氣泡

防止收縮下陷可適度調整成形條件，如降低模具溫度、材料溫度、增高射出壓力、延長射出壓力保持時間(保壓時間)，或依成形品的形狀或肉厚而在容易發生收縮下陷的部位追加設置澆口。

收縮下陷是成形品收縮所致，易見於PE、PP、PA等成形收縮率大的結晶性塑膠材料。反之，以玻璃纖維強化的塑膠或充填無機質的塑膠材料之成形收縮率甚小於基質的塑膠材料，其收縮下陷可減至最小。

11.8-4　氣泡(bubble)

氣泡(bubble)是在成形品內部形成的空隙，一般所謂的氣泡有成形品冷卻時，由於體積收縮差在肉厚較厚部形成的空洞與熔融材料中的水份、揮發物形成的氣體而封入成形品內部者。

成形品肉厚過大或肉厚嚴重不均勻時，常會發生氣泡，如圖 11.24 及圖 11.25 所示。此時，延長保壓時間或增高模具溫度，即可減輕氣泡發生的程度。再者，將成形材料充分乾燥，降低材料溫度，防止熱分解，亦可阻止氣泡之發生。

11.8-5   破裂(cracking)

破裂(cracking)是成形品表面產生毛髮狀之裂紋，成形品有尖銳稜角時，此部份常發生不易看出的細裂紋。

裂紋是成形品的致命不良現象，主要原因如下所示：

⑴   **脫模不易所致。**

⑵   **過度充填所致。**

⑶   **模具溫度過低所致。**

⑷   **成形品構造上的缺陷所致。**

若欲避免脫模不良所致的裂紋時，模具成形空間須設有充分的脫模斜度，檢討頂出銷的大小、位置、形式等，頂出時，成形品各部份的脫模阻力要均勻。

過度充填是射出成形時，施加過大的射出壓力或材料計量過多，成形品內部應力過大，脫模時造成裂紋，在此種狀態下，模具配件的變形量也增大，更難脫模，助長破裂之發生，此時，宜降低射出壓力，防止過度充填。

澆口部常易殘留過大的內部應力，澆口附近易脆化，特別是直接澆口的部份，易因內部應力而破裂，例如杯狀或碗狀成形品，易以澆口為中心而發生放射狀裂紋，如圖 11.26 所示。

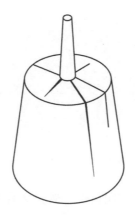

圖 11.26   注道周邊的放射狀裂紋

11.8-6   白化(blushing)

成形品脫模之際，常遭受頂出銷的頂出力或有 undercut 部位時不適當的頂出而變形受力時，該部變白稱為白化(blushing)。白化並非裂紋，但卻是裂紋之預兆，常見於ABS、HIPS、硬質PVC等。白化是成形品內部顯著的殘留應力所致，可套用脫模不良的對策。

11.8-7 翹曲(warping)、扭曲(torsion)

翹曲、扭曲都是從模具取出的成形品產生之變形(defomation)，**平行邊變形者稱翹曲(warping)**，如圖 11.27 所示。**對角線方向的變形稱為扭曲(torsion)**，如圖 11.28 所示。

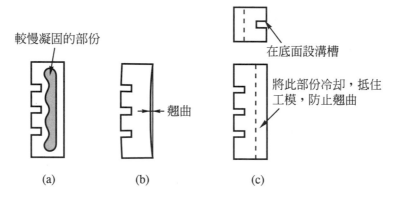

較慢凝固的部份

翹曲

在底面設溝槽

將此部份冷却，抵住工模，防止翹曲

(a)　　　　　(b)　　　　　(c)

圖 11.27　梳齒形成形品的翹曲(左)與其對策(右)

圖 11.28　成形品扭曲

這些變形為成形時的各種應力所致，原因大別如下：

⑴　脫模時的內部應力所致。

⑵　模具溫度控制不充分或不均勻所致。

⑶　材料或填充料的流動配向所致。

⑷　成形條件不適當所致。

⑸　成形品形狀、肉厚等所致。

成形品脫模時的內部應力所致的變形，是成形品未充分冷卻固化前，從模具頂出所致。

模具內的成形品，若不均勻冷卻，則造成熱收縮不均勻，容易變形。結晶性塑膠的成形收縮大，因此，收縮差所致的變形也大，防止方法是注意模具的溫度控制。

成形時的材料或填充料所致的配向性，也是成形品變形的主要原因，配向性所致的變形與模具構造有關係，如澆口的設置、形狀、大小、數目等，影響成形品的變形有重大的關連。

防止成形品的變形，只調整成形條件是很難達成的，但為了減少內部應力所致的變形，可減低射出壓力、縮短保壓時間、減低射出速度。

成形品的變形主要取決於成形品設計的良否，使用之成形材料的適當與否，因此，成形品設計時須加以注意。

一般為防止成形品變形，可在剛成形後，以冷工模等對成形品施加外力，矯正變形或防止進一步的變形，但成形品在使用中若再次遇到高溫時又會復原，對此點須特別加以注意。

11.8-8　熔合線(weld line)

熔合線(weld line)是熔融材料二道或二道以上合流的部份所形成的細線。

熔合線發生的原因如下所示：

(1)　成形品形狀(模具構造)所致材料的流動方式。

(2)　熔融材料的流動性不良。

(3)　熔融材料合流處捲入空氣、揮發物或離形劑等異物。

熔合線是流動的材料前端部合流時，此部份的材料溫度特別低所致，即合流部未能充分熔合所致。成形品的窗、孔部周邊難免會造成材料合流，而產生熔合線。但材料的流動性特別良好時，可使熔合線幾乎看不見，同時，昇高材料溫度、增高模具溫度，亦可使熔合線之程度減至最小。

改變澆口的位置、數目，將熔合線的位置改變如圖11.29所示；或在熔合部設置排氣孔，迅速疏散此部份的空氣及揮發物；或如圖11.30所示，在熔合部附近設置材料溢流池，將熔合線移至溢流池，事後再將其切除等皆是有效的處置對策。

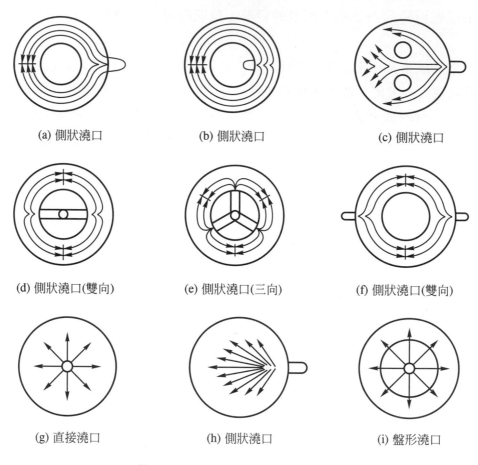

(a) 側狀澆口

(b) 側狀澆口

(c) 側狀澆口

(d) 側狀澆口(雙向)

(e) 側狀澆口(三向)

(f) 側狀澆口(雙向)

(g) 直接澆口

(h) 側狀澆口

(i) 盤形澆口

圖 11.29　澆口位置與熔合線之關係

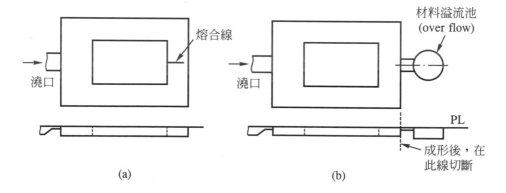

(a)

(b)

圖 11.30　熔合線的發生(a)及其防止用材料溢流池(b)

　　熔合線不僅有礙成形品之外觀，同時也不利於成形品強度，不含玻璃纖維等填充料的非強化塑膠之熔合線部位強度與其他部位相差無幾。但玻璃纖維強化塑膠(FRTP)的玻璃纖維在熔合部不融著，此部份的強度常低很多，圖 11.31 所示為其實驗例，在試片成形用模具的流道部份設變換閥，能以一點側狀澆口及二點側狀澆口(成形後有熔合線)兩方式成形，試驗結果如表 11.9 所示，玻璃纖維(30 %)強化塑膠的熔合部強度約為非強化者的 60 %。

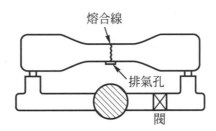

圖 11.31　熔合線部位的強度試片

表 11.9　熔合線部的抗拉強度保持率

材料名稱	強化材	%	填充料	%	試驗片厚度(mm)		
					1.6	3.2	6.4
PC	—	—	—	—	100	99	99
PC	玻璃纖維	10	—	—	91	86	90
PC	玻璃纖維	30	—	—	64	64	65
PC	—	—	玻璃粉末	30	100	94	92
耐隆 6.6	—	—	—	—	100	97	100
耐隆	玻璃纖維	10	—	—	92	93	87
耐隆	玻璃纖維	30	—	—	64	61	56
耐隆	—	—	玻璃粉末	30	100	95	90

註：強度保持率是指圖 11.31 中二點澆口強度(熔合部強度)對 1 點澆口的強度(無熔合)的比率(%)。

11.8-9 流痕(flow mark)

流痕(flow mark)是熔融材料流動的痕跡,以澆口為中心而呈現的條紋模樣。

流痕是最初流入成形空間內的材料冷卻過快,而與其後流入的材料間形成界線所致。為了防止流痕,可增高材料溫度,改善材料流動性,調整射出速度,圖11.32所示為射出速度與各種流動模樣的關係。

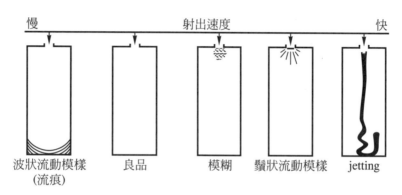

圖 11.32 射出速度與各種流動模樣的關係

殘留於射出成形機噴嘴前端的冷材料,若直接進入成形空間內,則會造成流痕,因此在注道與流道的會合處或流道與分流道的交接處設充分的滯料部,可有效的防止流痕的發生。同時,亦可增大澆口的尺寸來防止。

11.8-10 噴流痕(jetting mark)

噴流痕(jetting mark)是從澆口往成形空間內射出的熔融材料成紐帶狀固化,在成形品表面形成蛇行狀態,如圖11.33所示。

(a) 噴流痕(PVC)　　　(b) 良好的成形品

圖 11.33 噴流痕

　　使用側狀澆口的成形品，在材料流路中無滯料部或不充足時，容易產生噴流痕，原因是急速通過澆口的冷材料直接進入成形空間，然後接觸成形空間表面而固化，接著被隨後進入的熱材料推流，而殘留蛇行痕跡。

　　防止噴流痕的方法是在流道系統設置足夠的滯料部，或增大澆口斷面積、增高模具溫度、防止材料快速固化，或改變澆口形狀，採用重疊澆口或凸片澆口，如圖11.34 所示，或使從澆口進入成形空間的材料，一度碰撞成形空間內的銷類或壁面，再者，可減慢材料的射出速度。

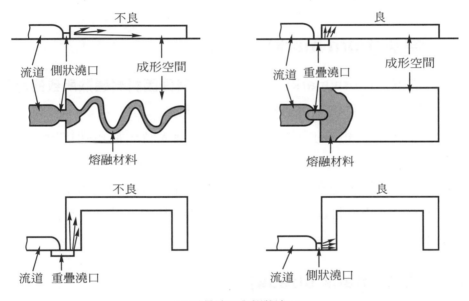

(a) 重疊澆口與側狀澆口

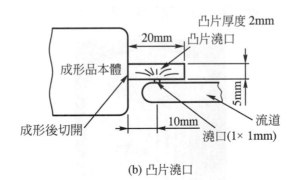

(b) 凸片澆口

圖 11.34　防止噴流痕的澆口設計

11.8-11 銀條(silver streak)

銀條(silver streak)是在成形品表面或表面附近，沿材料流動方向，呈現的銀白色條紋。

銀條的發生大都是成形材料中的水份或揮發物或附著模具表面的水份等汽化所致，射出成形的螺桿捲入空氣時也會發生銀條。

防止銀條的對策是首先充分乾燥成形材料，再者，增高模具溫度、降低材料溫度、減慢射出速度、降低射出壓力及昇高螺桿背壓等。

11.8-12 燒焦(burn mark)

一般所謂的燒焦(burn mark)，包括成形品表面因材料過熱所致的變色及成形品的銳角部份或轂部、肋的前端等材料焦黑的現象。

燒焦是滯留成形空間內的空氣，在熔融材料進入時未能迅速排出，被壓縮而顯著昇溫，再將材料燒焦所致。

燒焦之有效防止對策是在易聚集空氣部位設置排氣孔或利用頂出銷、心型銷等的間隙，使殘留空氣急速排出。再者，可降低材料溫度、減低射出速度及射出壓力或加大澆口尺寸。

11.8-13 黑條(black streak)

黑條(black streak)是成形品有黑色條紋的現象，如圖 11.35 所示，其發生的主要原因是成形材料的熱分解所致，常見於熱安定性不良的材料。

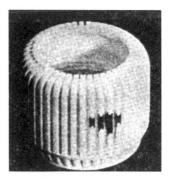

圖 11.35　黑條

有效防止黑條發生的對策是防止加熱缸內的材料溫度過高，減慢射出速度。加熱缸內壁或螺桿，若有傷痕或缺口，則附著於此部份的材料會過熱，引起熱分解。逆流防止閥亦會因材料滯留而引起熱分解，所以黏度高的材料或容易分解的材料要特別注意防止黑條的發生。

11.8-14　表面光澤不良(haze)

成形品表面失去材料本來的光澤，形成乳白色層膜，成為模糊狀態等皆可稱為表面光澤不良(haze)。

成形品表面光澤不良，大都是由於模具表面狀態所致，模具表面的研磨不良時，成形品表面當然得不到良好的光澤。但模具表面狀態良好時，增高材料溫度、模具溫度，可改良表面光澤。使用過多的離形劑或油脂性離形劑亦是表面光澤不良的原因。同時，材料吸濕或含有揮發物及異質物混入污染亦是造成成形品表面光澤不良的原因之一。

11.8-15　表面剝離(pelling)

成形品表面成雲母狀薄層裂痕的現象，稱為表面剝離。

表面剝離(pelling)的原因在不同材料的混入或成形條件不當。例如一般用 PS 或 ABS、PE 與 PP 混用時，因彼此間無相容性，故造成表面剝離。平常的剝離發生是在換料不完全，混用粉碎的再生料時，弄錯材料種類等。同時，材料溫度太低時，流動材料的內部發生交界面，亦會造成剝離現象。

■ 11.9　射出成形工程(injection molding engineering)的控制方法

11.9-1　基本觀念

射出成形機的主要機能，可區分為兩大工程，關連合模工程者與關連射出工程者。關連合模工程者，主要影響成形效率，而關連射出工程者，直接左右成形品的品質。

　　射出成形機的控制系統，包括對所有機能的控制。射出工程的控制比合模工程的控制更為複雜。射出工程控制的成形條件要素很多，各條件的設定方法也複雜而且微妙，向來是依賴經驗來設定成形條件的比率偏高。為了容易設定成形條件及正確地保持設定的條件，使成形品的品質安定化，減少不良率，目前已發展以射出工程控制為中心的各種有效控制方式。

　　今日一般的射出成形機已安裝各種裝置，可精密控制成形條件，此節所謂射出成形工程的控制是更進一步，使各種控制機能，綜合作用，使成形品的品質更高度的安定化。此更進一步的控制方法稱為程序控制，包括下述的程式(program)控制乃至電腦(computer)控制方法等。

11.9-2　利用固態回路

　　最近大多數產業機械的操作控制業已利用固態回路。在應用固態回路的控制板中，將向來電磁繼電器(relay)之類有機械性接點的開關(switch)類，置換為電晶體或IC(integrated circuit)積體回路之類半導體電子元件，使回路無接點化。採用此種回路，可增快應答速度，增進動作的確實性，減少故障，延長設備裝置壽命，不只全面提高控制機能的可靠性，也可使設備裝置小型化等。

　　固態回路的價格偏高，不過，由於控制系統的多樣化、複雜化，需要更高可靠性的程式控制系統已不可缺少固態回路的使用。

11.9-3　何謂程式控制(program control)

1.　何謂程式控制

直接影響成形品品質的射出工程可分為下列三個階段。

(1)　充填：熔融狀態下的材料(樹脂)射出於模內而填滿整個成形空間。

(2)　澆口封閉(gate seal)：澆口封閉之功用是為了彌補模內材料冷卻固化所致的體積收縮及保持二次射出壓的作用。

(3)　冷卻：模內的材料進一步冷卻、固化到可從模具取出的程度。

表 11.10 所示爲各階段與成形品品質的關連。

表 11.10　成形品的品質與成形過程

品質項目		成形過程			影響品質項目的 基 本 要 因
		⑴充填	⑵澆口封閉	⑶冷卻(模內)	
外觀	充填不足，毛口	◎	○		
	變形(翹曲、扭曲)	○	○	○	·材料或填充料的流動方向殘留應力(內部應力)
	其他缺點(流痕、熔合線、銀條等)	◎	○		
尺寸	成形收縮率	○	○	◎	·熱或壓力所致的容積變化 ·結晶化(或硬化反應)所致的容積變化
	配向所致的尺寸	○			·材料或填充料的流動配向
物性	應力龜裂	○	◎	◎	·成形壓力所致的內部應力 ·熱收縮不均勻所致的內部應力 ·流動配向所致的內部應力以及二次加工條件及使用條件所致的內部應力
	機械性性質及各種特性	○	○	◎	

註：○與品質項目直接關連
　　◎與品質項目的直接關連特別深

　　射出工程各成形條件的要素須確保高精度，也須掌握熔融材料實際充填時的狀態與充填的材料冷卻固化的收縮情形。

　　實際上主要控制熔融材料從流動狀態到固化的過程中其黏度的變化狀態即可，但是，塑膠本身爲黏彈性物質，黏度狀態的變化極爲複雜，牽涉到材料當時的溫度、壓力、流動速度等的大小。因此，即使設定的成形條件在外表上保持一定，仍不充分，爲了正確起見，應追究實際黏度(viscosity)狀態的變化，以求高精度的控制。將此觀念納入射出工程之控制即稱爲射出工程的程式控制。

2. **程式控制的內容**

目前已開發各種程式控制方式，在眾多成形條件的管理項目中，各家採用的重點不同，不外乎可分類如下：

⑴ **射出速度的控制。**

⑵ **射出壓力的控制。**

⑶ **材料往模內的充填量控制。**

⑷ **螺桿背壓或轉速等材料混煉狀態的控制。**

下述為**實用化程式控制的例子：**

⑴ **射出速度的程式控制**：將螺桿的射出行程分為三～四區段，在各區段分別發揮適當的射出速度，其射出速度控制方法是熔融材料開始通過澆口時，減慢射出速度，充填成形空間時增高射出速度，於充填終了時再降低射出速度，如圖 11.36 所示為射出速度的程式控制。

此種射出速度程式控制方法，可防止毛邊、消除澆口部的流痕、減輕成形品的殘留應力、防止心型銷傾倒。圖 11.37 所示為將射出速度進行程式控制而除去流痕之例，其過程是減慢最初通過澆口前的射出速度 ⓐ 而消除噴流痕 1，分段加快射出速度ⓑⓒ而消除流痕 2，以得良好之成形品。圖 11.38 為其工程的機能說明圖。

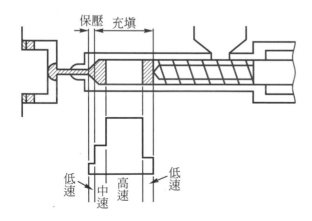

圖 11.36 射出速度的 program 控制

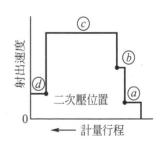

圖 11.37 將射出速度進行program控制而除去流痕

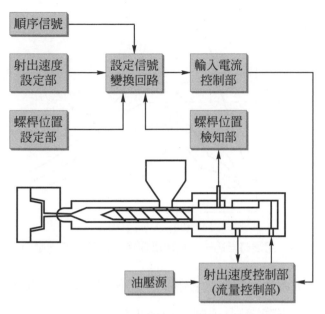

圖 11.38　INJECTROL 裝置的機能說明圖

(2)　**射出壓力的程式控制**：射出壓力的控制分為一次射出壓及二次射出壓(保壓)的控制，最近也有可控制三次壓的射出成形機。

從一次壓變換為二次壓的方法有開始射出後，以限時器限制一次壓保持時間的方法，如圖 11.39 所示。另一方法是在螺桿的射出行程中在預先設定的位置，以限制開關變換為二次壓的方法。

射出壓力變換時機合適與否，是防止過大的成形壓力施加於模具、防止過剩毛邊或充填不足等的重要操作。射出壓力的程式控制是對應模內實際壓力，控制射出壓力變換時機，使熔融材料的充填狀態達理想狀態。

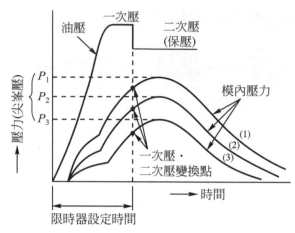

圖 11.39　用限時器將一次射出壓保持一定時的模內壓力之變化

　　圖 11.40 所示為射出壓力控制的一個例子，用 DPC(Derivative Propotional Control)系統的模內壓力控制，使成形壓力檢知器裝置在模內，如圖 11.41 所示，在射出工程中，模內壓力到達預先設定的壓力時，變換為二次壓，此種方式，不依賴限時器或限制開關(limit switch)，僅依檢知器(sensor)測知的模內實際壓力來控制變換二次壓。

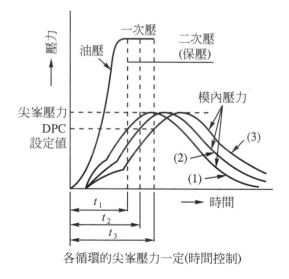

圖 11.40　用 DPC 系統的模內壓力控制

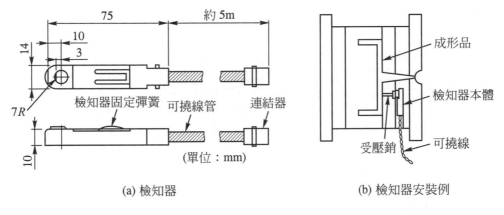

圖 11.41　模內壓檢知器

(3)　**緩衝量的自動修正**：在射出行程終點附近，預先調整計量，使少量熔融材料，殘留螺桿前端部，以備緩衝用，依模內的充填狀況再加射出壓力(二次壓或三次壓)，補給若干材料量給模內。此方法可防止成形品收縮下陷或調整成形收縮時材料的補充。對於模內壓自動調節緩衝量的方法可並用前述的控制方式。

11.9-4　電腦控制(computer control)射出成形工程

　　此方式是在射出成形機的控制系統裝置小型電腦，再活用電腦的記憶、監視、判斷、演算、指令等機能來控制成形工程。例如，對於成形工程中成形品的尺寸變動或成形品的品質要求，以電腦不斷探索最佳條件，再對射出成形機各部機能施予必要的指令來成形。換言之，不斷監視成形中的成形品品質，對其情報反饋到控制系統，使成形品品質保持一定。圖11.42所示是用微電腦設定和控制最佳成形條件的射出成形機控制系統。

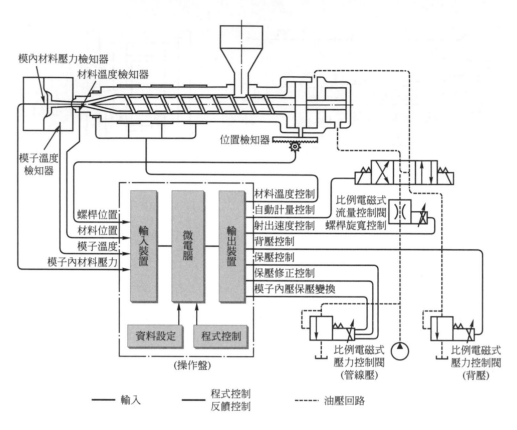

圖 11.42　用微電腦的程式控制系統

12 模具設計

PLASTICS MOLD DESIGN

塑膠模具設計學

　　射出成形的效率和成形品的品質是取決於模具的成效，可見模具設計對成形加工之重要性。因此，成形品設計者、模具設計者、模具製作者、成形加工者之間在技術上要緊密的連接，才能以低成本製作高生產性的優秀模具。

　　模具設計是依據塑膠成形品圖，考慮成形材料的標準收縮率和經時應變，再依據成形品圖的尺寸精度換算成模具的尺寸精度，繪製成模具設計圖。

　　模具設計時須特別留意下列事項：1.要能發揮成形品的設計特色及使用機能，並能符合成形品所要求之形狀外觀及尺寸精度；2.為了使成形品後加工減至最少，宜在容許的範圍內，儘量以模具直接來成形孔、窗及溝槽等；3.模具構造能有良好的成形效率，亦即模具構造能使充填容易，成形品冷卻快速，頂出動作可迅速確實而成形品不發生變形，再者流道、澆口去除必須容易等；4.模具構造須堅固耐久，磨耗損失少，可耐長時間運轉而不生故障；5.模具構造之設計應以製作時間短、製作成本低，但不失堅固耐久為原則。

■ 12.1　模具設計(mold design)檢討事項

　　成形品之成形，需要成形機、成形材料(樹脂)、模具。使用現成的成形機，既定的材料而欲得所希望成形品時，關鍵就在如何設計與製作模具。相同地，欲設計模具適合所用成形機或成形材料時，須先充分瞭解成形機及成形材料的特色。成形機有各種形式，使用之成形材料有熱可塑性、熱固性材料及添加發泡劑之發泡材料或添加玻璃纖維強化之塑膠材料等都可用為射出成形。模具方面須考慮的事項有模具的安裝、加工、頂出、合模力、行程等。以下所述為**模具設計時必須檢討的事項**。

　⑴　使用何種形式的成形機。(參閱第九章)
　⑵　檢討所用成形材料的性質。(參閱第一章及第十一章)
　⑶　使用那種形式之模具構造最好。(參閱第五章及第六章)
　⑷　從模具加工觀點，檢討成形品形狀外觀及尺寸精度。(參閱第三章及第四章)
　⑸　檢討成形技術。(參閱第十章及第十一章)
　⑹　模具成形品部如何加工。(參閱第七章及第八章)

12.1-1　射出成形機形式的檢討

　　模具的設計因射出成形機的種類而異，因此模具設計時須先熟知射出成形機的形式與成形能力。

成形機的形式依合模裝置的構造和配列方式而有直壓式、肘節式、立式、臥式等。依射出裝置而區分有螺桿式、柱塞式等。**在模具設計上須熟知的要項如下。**

(1) **直壓式：合模行程可依模厚改變且行程比肘節式長，模厚調整容易，合模壓力容易調整，可用量具直接讀出合模壓力，模具開閉速度可任意調整，但所需動力大於肘節式，作動油量也多，運轉成本較高。**

(2) **肘節式：合模行程一定，模厚調整要以肘節裝置移動來調整，合模壓力比直壓式大，模具開閉速度比直壓式快，肘節操作用缸小，油壓泵也小，運轉成本較低。**

(3) **立式：便於有埋入件的成形及雙色成形。**

(4) **臥式：成形容易高速化、自動化。**

(5) **螺桿式：可塑化能力大，混煉效果好，易分解的材料常使用此形式成形機，材料更換容易，射出壓力損失少。**

(6) **柱塞式：成形品小者可高速化成形。**

　　成形機成形能力中的射出量、合模力、合模裝置是任何模具設計所必要者，茲分述如下：

1. 使用幾盎斯的成形機

　　射出量常以噴嘴一次所能射出 GPPS(比重 1.05)之最大重量表示之。乘上所用成形材料的比重比，檢討可否成形包括成形品、流道、注道、澆口的合計重量，此合計重量最好爲射出量的 80％以下。

2. 使用合模力幾噸的成形機

　　合模力之計算可參照 9.6-2 節來計算，以計算所得合模力噸數再決定使用幾噸之成形機。

3. 射出壓力

　　首先須熟知材料之標準射出壓力，可查閱表 11.2 及表 11.4 所示，然後再決定所用之成形機。

4. 可否安裝所設計的模具

　　考慮模板尺寸、繫桿間隙、合模行程、模具固定用螺絲孔位置等，再設計可安裝的模具。

　　成形品的最大高度若超過合模行程 1/2 時，則成形品取出不易，模具厚度若小於最小模厚(*M*)時，可在可動側固定板與可動盤間加上墊塊即可。可參閱 9.6-3 所示。

5. **頂出桿的孔位置是否適宜**

　　檢討模具頂出用孔與成形機頂出桿之大小與尺寸的關係。

6. **噴嘴與注道襯套的關係**

　　噴嘴與注道襯套的相關位置、尺寸、圓弧接觸，可參閱圖 5.6 所示。

7. **定位環尺寸**

　　定位環外徑須與成形機之定位環尺寸相配合，常用定位環尺寸，可參閱圖 6.8 所示。

12.1-2　檢討所用成形材料的性質

　　成形材料在設計成形品時，須充分檢討後再作決定，除非不得已，很難在模具設計時變更所用成形材料。

　　模具設計、製作時，須檢討所用成形材料的性質並考慮其成形性，使模具構造、模具加工能符合其特性。**欲獲得良好成形品的要訣在成形材料的特色如何的活用於模具技術或成形技術，表 12.1 所示為射出成形用代表性熱可塑性塑膠材料在成形上的特色與模具設計時應特別注意的事項。**

表 12.1　成形材料與模具設計時的注意事項

成形材料與模具設計時的注意事項		
成形材料	成形特色	設計時應注意事項
結晶形塑膠　聚乙烯 (PE)	(1)收縮大，容易變形 (2)需要較長的冷卻時間，成形效率不太好 (3)成形收縮率受模具溫度影響大，安定性不良 (4)成形品有死角也可強制脫模	(1)設計能使材料充填速度快的流道與澆口 (2)冷卻方式要使模具各部冷卻均勻 (3)最好使用螺桿式成形機 (4)成形品設計要考慮防止變形
聚丙烯(PP)	(1)成形性相當良好 (2)容易變形 (3)有黏著特性 (4)尺寸安定性良好，成形後24小時不引起尺寸變化	(1)澆口設計必需注意成形品脂黏著特性 (2)成形品設計要防止收縮下陷及變形
聚醯胺 (耐隆、PA)	(1)熔融黏度低，流動性良好，但易生毛邊 (2)尺寸安定性不良 (3)在熔融溫度以外時，硬度很硬，可能損傷模具或螺桿 (4)注道、成形品容易黏著	(1)為了防止毛邊，需要尺寸精度高的模具加工 (2)工業用成形品增高模具溫度，注意結晶化 (3)成形品設計需防收縮下陷，並考慮尺寸安定性
聚縮醛 (POM)	(1)流動性不良，材料容易分解 (2)澆口部附近易產生流痕 (3)容易收縮下陷及變形	(1)改善流動性及澆口部外觀，需注意流道及澆口的設計，並加設排氣孔 (2)宜用螺桿式成形機 (3)成形品成形後，使用工模防止變形 (4)注意成形條件的設定，特別是材料溫度與模具溫度的控制
氟素樹脂 (PTFE)	(1)熔融黏度高，需用高壓成形 (2)容易變色	(1)設計適合高黏度流動的流道、澆口 (2)使用高壓射出成形機 (3)為防止變色，必須注意成形條件的控制 (4)使用防止表面氧化的模具材料或施行表面處理

表 12.1 成形材料與模具設計時的注意事項 (續)

成形材料與模具設計時的注意事項		
成形材料	成形特色	設計時應注意事項
非結晶形塑膠 聚苯乙烯 (PS) 丙烯腈與苯乙烯共聚物 (AS)	(1)流動性、成形性、成形效率良好 (2)容易破裂 (3)易生毛邊	(1)選用適當的頂出機構,防止破裂 (2)成形品易破裂,注意成形品設計。使用1°以上之脫模斜度,特別注意 undercut 之處理方式
丙烯腈,丁二烯,苯乙烯三者共聚物 (ABS)	(1)流動性尚可 (2)成形品的性能安定 (3)澆口部附近表面易形成外觀不良,成形品易形成明顯之熔合線 (4)溫度高時易得高精度及外觀良好之成形品,但須增高模具溫度及高壓成形	(1)必需選擇適當的流道及澆口,如澆口稍大或以凸片澆口成形 (2)熔合線顯眼,須考慮澆口位置的設置 (3)由於高壓成形,所以脫模斜度須2°以上為宜
丙烯樹脂 (壓克力、PMMA)	(1)流動性不良,充填不良,易生流痕,需要高壓成形 (2)光學用途的成形品,不得有異種材料混入,而影響透明度或造成分解	(1)使用高壓成形機 (2)不影響尺寸精度範圍,脫模斜度宜儘量加大 (3)注意材料溫度及模具溫度的控制 (4)設計流動阻力小的流道及澆口
硬質氯化乙烯(硬質 PVC)	(1)熱安定性不良,成形溫度與分解溫度範圍接近 (2)流動性不良 (3)外觀易形成不良 (4)對模具有腐蝕作用 (5)加熱缸內材料滯留時易產生熱分解	(1)注意材料之溫度控制 (2)使用螺桿式成形機 (3)設計流動阻力小之流道與澆口 (4)模具表面需作耐蝕表面處理,如鍍鉻等
聚碳酸脂 (PC)	(1)熔融黏度高,需要高壓、高溫成形 (2)流動性不良 (3)因殘留應力易破裂 (4)由於硬度高,易損傷模具 (5)不易有毛邊發生	(1)用高溫高壓及螺桿式成形機成形 (2)材料要充分預備乾燥 (3)設計流動阻力小的流道及澆口 (4)成形品設計避免懸殊之肉厚不均現象,且儘量避免使用埋入件 (5)脫模斜度宜在2°以上
醋酸纖維素 (CA) 醋酸鉻酸纖維素 (CAB)	(1)流動性良好,成形性良好 (2)表面光澤優良,尺寸精度易控制	材料要充分預備乾燥

12.1-3　使用何種模具構造

模具依構造的不同，有各種形式，模具的形式及各部之名稱可參閱圖5.1～5.5所示，可依使用目的來加以選用。**模具構造設計上的決定事項如下所述。**

(1) **依成形品必要數量，決定最經濟的模窩(cavity)數與配置。**

(2) **決定分模面與滑動裝置等基本形式。**

(3) **從模具材料與強度計算決定模具的外側尺寸。(參閱5.10節)**

(4) **決定澆口、流道、注道的形式及配置。(參閱5.3節)**

(5) **決定頂出方式。(參閱5.4節)**

(6) **決定冷卻管路的尺寸、作用面積、配置或加熱方式。(參閱5.7節)**

(7) **決定特殊加工法的使用與否。(參閱7.4節)**

詳細檢討那個部位須採用特殊加工法及使用那種特殊加工法，是冷間壓刻法或是仿削、放電、電鑄、壓鑄。模具是否需要表面處理或熱處理等。**若局部使用特殊加工法時，應決定組合的方法。**

(1) **檢討模具各部的強度。**

(2) **角隅部避免應力集中，稜銳部儘可能減至最少。**

(3) **決定上示事項後，則自然決定模具的形式。**

12.1-4　成形品形狀外觀及尺寸的檢討

從模具加工觀點上，檢討成形品的形狀前，先調查配合或安裝零件的有無，若有，須確定安裝的方法、配合程度及檢查方法，然後再檢討該部位的尺寸，完成後，再如下所述檢討事項檢討成形品的形狀外觀及尺寸。

(1) 形狀複雜而曲線多時，採用特殊加工，依加工法準備特殊加工用原模(master)、量規(gauge)、電極(elecerode)等。

(2) 將澆口或頂出銷的位置，設置於不影響成形品外觀之處。

(3) 在強度或外觀上檢討熔合線可能發生的位置及所帶來的影響。

(4) 成形品的容許尺寸在加工上及成形技術上是否能達成所要求之尺寸。

(5) 脫模斜度可否在容許的範圍內取大值，頂出時，成形品有無局部受力現象。

(6) 決定表面的加工程度，亦即模具成形空間表面的研磨程度。

12.1-5 成形技術的檢討

由於塑膠工業的發達，最近的模具設計不只要射出成形後的成形品品質優良，尤其注重高生產性。因而模具設計須能使生產性增高，由充填、射出、冷卻、脫模、取出等的時間能儘量縮短，使成形循環(成形週期)時間減至最短而又不影響成形品的品質，因此，模具設計時，也須檢討成形技術上的項目，如下所述：

⑴ 預先推定單位時間內的成形次數。
⑵ 流動性不良的材料，常造成充填不足，須考慮澆口與流道的設計。
⑶ 規定成形品的頂出與取出方法，儘量使成形品能自動落下。
⑷ 為了防止成形品成形後的變形，可檢討使用工模矯正。
⑸ 模具構造上的設計儘可能降低成形品的變形、裂紋、流痕、收縮下陷等可預知的不良現象。

■ 12.2 模具設計的程序(process)

完成上述的準備、檢討與最終的決定後，才著手模具設計，此過程看來似乎冗長，然而卻是高生產性優秀模具的捷徑，具體的設計程序如下所述。

1. 決定一次射出的成形品數及模窩配置

成形品產量少之場合，成形品大之場合及成形品要求高精度時，經常以一次成形一個成形品，亦即使用單模窩的模具來射出成形。一次成形多件成形品的場合，若不採用可同時充填成形空間的流道配置或澆口平衡時，即使成形空間相同，成形品的尺寸精度必有所差異而影響成形效率。

2. 決定分模線及流道、澆口

分模線的選定依成形品設計之分模線選定的原則，分模線決定後，再選用最適合成形材料和成形品形狀的澆口形式，再由成形品的大小決定流道的尺寸。

決定分模線、流道、澆口後，則模具的基本構造形成，再就可能發生毛邊的位置或外觀上的問題，決定後加工的方法等。

3. 死角(undercut)的處理與頂出方法的決定

成形品有 undercut 時，必需考慮以何種方式來成形與取出成形品。頂出方法通常以頂出銷頂出，但成形品忌諱頂出銷殘留痕跡時，可改用剝料板、套筒或空氣頂出或並用兩種以上的方法等，可由其中選用最適當的方法。

4. 模具材料及模具加工法的決定

決定模具的細部構造時可同時決定其加工方法，加工法的決定儘可能使用較經濟的加工方法，但也必須考慮模具的各部精度是否容易達成且不影響模具結構上的強度。

若採用特殊加工法，在零件機能要求材質變化或因現有工作母機的規格而要求分割加工時，須組合二件或二件以上的加工物時，須圖示其方法。模具成形品部的加工，若構造複雜或曲線多時，可用特殊加工法，此外，模具構造應儘量設計成可用一般工作母機來加工，表面須特別研磨的場合應以註明。可能磨耗的滑動部或必須淬火的部位勿忘註明其硬度。

模具加工法決定的同時，也別忘了模具材料的適當選用及其熱處理與表面處理方式的決定。

5. 溫度控制方法的決定

為了使充填的材料均勻冷卻固化，減少成形品的殘留應變，模具的溫度控制極為重要。模具的溫度控制對成形品的品質、生產效率大有影響。冷卻管路要以冷卻媒體除去成形材料帶入模具成形空間的熱量，以保持模具溫度，使成形品均勻冷卻固化，減少內部殘留應力。模具的溫度控制依模具溫度的高低，有時以加熱方式來控制模具的溫度。模具溫度的控制，無論是以冷卻或加熱方式來實施，其決定的次序宜在頂出銷位置決定之前。

■ 12.3 模具設計規範(regulation)與檢查表(inspection list)

模具設計時，須全面瞭解客戶(定製者)的各種要求，在決定承製的同時，必須與對方充分技術合作，施行檢討，再把檢討後的決定內容記入模具設計規範，作為設計模具的依據，設計完了時，亦可以此作為檢查的依據。

1. 模具設計規範書

模具設計規範是在模具設計時與客戶洽商檢討的必要記錄。為了在實際設計時無不明之處，以O標示協議決定的項目，以免遺漏，表12.2所示為其一例。

2. 模具設計檢查表

模具設計完了後，為了確認加工裝配上的必要尺寸、加工程度、構造、機能等有無差錯，除了一般性的檢查外，亦必須檢查如表12.3所列之各項，以期模具設計、製作以致於射出成形的萬全。

表 12.2　模具設計規範書

客戶	公司名稱		
	住址		
	交貨地點		
成形品	品名		
	成形材料名稱		
	成形收縮率		/1,000
	色調	透明性	透明或不透明
		色名	
	成形品重量(一件)		g
	成形品投影面積		cm²
成形機	成形機製造廠		
	形式		
	射出量		g(oz)
	合模力		噸
	繫桿間隔	縱	cm×　　　cm
		橫	cm×　　　cm
	頂出桿直徑		φmm
	模厚	最大	mm
		最小	mm
	定位環孔孔徑		φmm
	噴嘴孔徑		φmm
	噴嘴端R		Rmm

表 12.2　模具設計規範書 (續)

資料提供	實物		成形品樣本、模型等
	圖面		成形品圖、彫刻原圖等
	其他		成形機操作說明書等
其他	模具交貨日期		
	使用工場		
	模具價格		
模具構造	模具構造形式		二板式、三板式或無流道方式
	模窩數		
	分模線		
	頂出方式	頂出銷	*A*形、*B*形、*C*形、*D*形、碟形等
		剝料板	板狀、環狀等
		套筒	套筒、特殊套筒
		空氣	
		並用兩種以上	
		其他	二段頂出
	流道	方式	普通流道、絕熱流道、加熱流道
		形狀、尺寸	圓形、U形、梯形
	噴嘴方式		普通、延長，滯液、絕熱、內部加熱噴嘴
	澆口	形式	側狀、潛狀、點狀、扇形、凸片澆口等
		形狀、尺寸	
	undercut 之處理	方法	側向心型、分件模、迴轉心型等
		退出構造	斜角銷、斜角凸輪、油壓、空壓等
	冷卻或加熱方式		
	特殊加工		放電、電鑄、壓鑄、冷間壓刻、褶皺加工等
	鍍金		鍍鉻、鍍鎳等
	主要材料		
	熱處理及硬度		
	其他		
備註：協議決定者加註○			

表 12.3　模具設計檢查表

分類		檢查事項
品質		檢討模具材質、硬度、精度、構造是否符合定製者之要求
成形品		(1)檢討成形材料的流動、收縮下陷、熔合線、裂紋、脫模斜度、流痕等關連成形品表面外觀的事項 (2)在成形品機能、外觀等的容許範圍內，儘量簡化加工 (3)成形材料的收縮率是否估計正確，是否會經時變化
成形機		(1)射出量、射出壓力、合模力是否充分 (2)模具是否能正確安裝於使用之成形機上 (3)成形品從成形機上取出是否順利 (4)成形機的噴嘴與模具定位環、注道襯套是否能正確接觸 (5)頂出是否正常
模具構造	分模線	(1)分模線位置是否適當，是否容易發生毛邊，開模時成形品是否附著可動側 (2)分模線之位置是否對模具加工、成形品外觀有所影響
	頂出機構	(1)使用之頂出方法對成形品是否適當 (2)頂出銷、套筒的位置是否理想，數目是否充分 (3)剝料板是否易卡住心型
	溫度控制	(1)加熱用加熱器的能量是否充分 (2)冷卻管路的大小、位置、數量是否適當 (3)冷卻用媒體的選用是否適當
	死角處理	(1)死角(undercut)之處理方法是否適當 (2)側向心型是否會與頂出機構、回位銷衝突
	流道澆口	(1)澆口形狀的選擇是否適當 (2)澆口位置、大小是否適當 (3)注道及流道的尺寸、形狀是否適當
設計製圖	裝配圖	(1)模具大小是否適當，強度上是否適當 (2)模具各構造零件的配置是否適當 (3)裝配圖的繪製是否明確適當 (4)各零件是否註明裝配位置 (5)必要零件是否全部記入 (6)必要的規格欄、標題欄等是否明確註明

表 12.3　模具設計檢查表 (續)

分類		檢查事項
設計製圖	零件圖	(1)零件件號、名稱、件數、是否正確記入 (2)是否註明自製或在庫品或市購品等資料 (3)必要時是否使用標準品或市購品 (4)配合部公差、表面精度(表面光度)是否明確註明 (5)精度要求嚴格的部份，是否已考慮再修正的可能性 (6)是否有不必要的過剩精度 (7)材料的使用，是否適合零件的機能 (8)是否已註明熱處理、表面處理及表面特殊加工的程度 (9)心型及型穴號碼是否已註明 ⑩是否已註明各零件的加工方法
	圖法	(1)現場作業者可否看懂圖面的表示 (2)圖面是否超過必要或有欠充分
	尺寸	(1)現場作業者是否無需再作計算 (2)文字、數字、尺寸標註位置是否明確適當
加工考慮		(1)檢討加工法，是否適合模具構造 (2)檢討加工或組合，是否可能而且容易 (3)特殊加工及工程指示是否充分 (4)加工雖可能，但有極度困難之處，可否變更設計 (5)對加工及裝配之基準面是否已記入 (6)現場配合加工處是否明確指示 (7)配合調整之處是否指示調整預留量及調整過程說明 (8)裝配時注意事項是否已記入 (9)吊環用孔是否已註明其大小及適當位置 ⑩裝配、分解、調整用衝出孔、螺紋孔等是否有明確指示 ⑪淬火或其他加工等所致的變形是否止於最小

■ 12.4 高速化(high-speed)、自動化(automation) 用模具設計概要

　　射出成形機的可塑化能力至今已是相當的進步，因此在成形的高速化、自動化中，在流道、澆口、頂出機構，undercut的處理上已能迎刃而解，然而更重要的是模具溫度的控制問題，若無法相應的配合，難望達到高速化與自動化的效果。因為即使成形機及模具的各作動時間縮短，然而佔成形週期大半的冷卻時間卻是左右高速化與自動化效果的重要因子。

12.4-1 高速化用模具設計

　　不論大型、小型成形品，都要求縮短射出成形週期，大型成形品為了以高產量生產出應變少的高品質成形品，必須使用裝有冷凍裝置以減低冷卻水溫度而循環的模具冷卻機。對小型成形品而言，則在冷卻管路中，通充分的冷卻水量來達成目的。若改善成形週期而縮短至成形機可塑化能力的界限，則目前已達高速化的最高狀態。為達此目的，冷卻機構固不待言，也須充分檢討模具各部份構造。同時由於熔融材料高速充填於模具，須快速排除成形空間的空氣，故必須考慮排氣孔的設計。心型等主要部份材料，要用強度高的合金鋼。再者由於高速成形，須考慮成形品的脫模、取出、頂出機構的急回等，縮短成形品取出時間而快速閉模時，注意勿夾入成形品。

　　上述為模具構造的一般注意事項，高速化的最大問題是在於佔成形週期之大部份的冷卻固化時間如何來縮短。實際成形時須要求冷卻效果的模具，因此要注意模具的冷卻管路及冷卻部份的模具材質。冷卻管路的複雜化，冷卻部份高熱傳率的材質之加工設置，冷卻位置的理論性決定等會增加理論上或加工上的困難性及製造費用，不過，這只是增大一時性的費用，若考慮成形效率的長期改善，仍是值得的一件事。

　　模具的局部加熱可用加熱器，其調整是用恆溫器與多點溫度調整器，局部的冷卻可用導熱管。模具全體的溫度調整裝置可用自來水、冷水、增加流量縮短冷卻水的入口、出口溫度差，可使用具有冷凍裝置(冷凝器)的模具冷卻機，其冷卻管路，如圖 12.1 所示。

　　普通成形時，不大需要細小的加工，但在高速化成形中，成形週期要儘量縮短，影響冷卻時間的冷卻管路要儘量提高冷卻效果，可參閱圖 5.31 的冷卻管路實例，並使冷卻管路儘量接近成形品。亦可如圖 12.2 所示，在冷卻管路壁面加工成梯段部，使冷卻水碰到此梯段，將心型排熱，在梯段部濺散昇溫的冷卻水，將熱量帶出模具。此梯段部稱為斷流部(flow breaker)，可提高冷卻效果而使心型冷卻的另一方法。

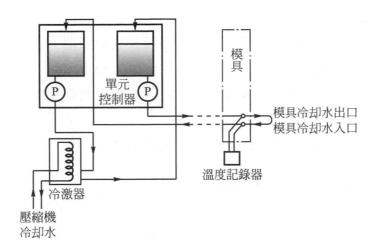

圖 12.1　使用冷凝器與單元控制器的模具冷卻管路例

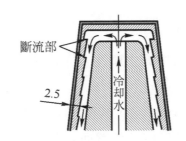

圖 12.2　冷卻管路設斷流部的心型

　　高速化成形除上述之注意事項外，並須配合成形品的自動取出裝置與落下確認裝置及模具保護裝置的使用。

12.4-2　自動化模具設計

　　最近射出成形效率急劇增高，原因在於成形週期的高速化與自動化。

　　射出成形自動化在於成形前工程的材料預備乾燥、漏斗充填與後工程的後整修、檢查、包裝、出貨等的無人化，且成形作業本身亦能已較廣範圍的成形材料將形狀複雜的成形品自動成形。所以，成形機的性能、成形條件的設定、模具構造等都需要在完美的狀況下動作。

　　自動化須使模具確實達成各種機能，逐步持續運轉，增進經濟效果，而且在主要的成形工程中的閉模、充填、冷卻固化、開模、成形品的頂出等也必須在理想的狀態與時間內完成。

在普通的成形作業，成形品以外另有注道、流道、澆口，這是成形所需要，但非成形品，這些流道部需要充填與固化時間而延長成形週期，固化取出不僅損失材料，他們的脫模、取出也很費事。因此須設法使此部份不固化，保持可塑化狀態，以便能連續成形，若因材料的特性而無法如此，須將它們確實脫模並裝設自動取出與落下確認與模具保護的裝置。

在成形工程中，自動化運轉所需的模具構造如下：

1. 不必取出注道、流道的模具構造

關係自動化用的流道，成形材料最好保持熔融易流動的狀態，以便能連續成形，因此可採用無流道方式模具。欲只以噴嘴方式連續成形時，採用滯液式噴嘴或延長噴嘴方式，欲以流道方式達成目的時，可採用絕熱流道方式或加熱流道方式模具。

2. 將不易脫模的成形品頂出

為了使自動化圓滑進行及增高生產性，從脫模阻力大的心型使成形品完全脫模頂出乃是自動成形中的重要工程。

最難脫模的部位是 undercut 處，其處理方法不妥時，也會影響成形工程的自動化。undercut的處理，依其形狀及位置而有各種不同的處理方法，有時亦可利用兩段頂出來處理。

以大平面頂出深而肉厚薄的成形品，若以銷或剝料板頂出，成形品可能銼曲，成形品與心型之間成為真空，引起破裂、變形，此時以空氣頂出最為有效。使用空氣頂出的方法有只用空氣的場合與並用銷、頂出套筒、剝料板的場合。空氣頂出為了使成形品容易自動落下，以限制開關控制空氣閥，即可自動運轉。

3. 確認成形品的取出

射出成形作業的工程中，開模時頂出機構作動，頂出成形品，但有時亦無法順利取出，此時須設置成形品自動取出裝置與成形品落下確認裝置，才能使成形作業持續自動化。

4. 使用注道、流道固化式模具時的自動化

經常使注道或流道固化而取出的模具，其中自動化必要的項目為澆口自動切斷裝置與流道部自動取出裝置。

5. **螺紋成形品的模具構造時的自動化**

通常螺紋成形品常使用預置埋入件的方法成形，成形頂出後，再將預置埋入件與成形品分開，有礙自動化與高速化成形。為使螺紋成形品的成形自動化，常以模具螺紋部分模或使模具螺紋部旋轉、成形品旋轉而使成形品自動落下。

以上概述高速化與自動化用模具之設計，但用於實際的成形時，會因成形品的形狀及使用成形材料等的不同而引起某些難解決的問題，但如能夠參考本書前述各章節內容而加以更深入應用，想必發生的問題將可迎刃而解。

■ 12.5 電腦輔助模具設計(computer aided mold design)實例

12.5-1 二板式直接澆口頂出銷頂出方式模具設計(參閱 12-20 至 12-39 頁)

此份模具設計圖，如表 12.4 及圖 12.3-1 至 12.3-19 所示。成形品是零件盒，如圖 12.3-1 所示。由於整組設計圖是由CAD(Computer Aided Design)繪製，因此心型及模具各部位零件與模板皆可配合 CAM(Computer Aided Manufacturing)來加工。成形品之標誌及文字部位各教學或相關單位可自行設計，讓自己沈浸在成形品設計至模具設計再到模具製作乃至射出成形之愉悅中。

12.5-2 二板式側狀澆口頂出銷頂出方式模具設計(參閱 12-42 至 12-68 頁)

此份模具設計圖，如表 12.5 及圖 12.6-1 至 12.6-26 所示為一完整的模具設計圖，此份模具設計圖是以十字配合件(如圖 12.4 所示)的件①(詳細尺寸如圖 12.6-1 所示)為成形品所加以設計的，若讀者有意嘗試一下模具設計的滋味，可以十字配合件的件②(詳細尺寸如圖 12.5 所示)為成形品來從事簡易分件(split)組合(assembly)之形式的模具設計。由於整組設計圖以CAD繪製，因此亦可配合CAM來加工。

12.5-3 二板式潛狀澆口套筒頂出方式模具設計(參閱 12-69 至 12-93 頁)

此份模具設計圖，如表 12.6 及圖 12.7-1 至 12.7-24 所示。成形品是積木，如圖 12.7-1 所示，由於是單件配合，因此在模具設計時作者將其收縮率忽略不計，而以成形品之尺寸為模具尺寸來從事模具設計，然而在實際從事模具設計時，若非單件配合或成形品要求尺寸精度時，則必須把成形品尺寸換算成模具尺寸，亦就是說，必須考慮到成形品的成形收縮量。此份模具設計圖亦由 CAD 繪製，當然亦可配合 CAM 來加工。

12.5-4 二板式潛狀澆口頂出銷頂出方式模具設計(參閱 12-96 至 12-125 頁)

此份模具設計圖，如表 12.7 及圖 12.10-1 至 12.10-29 所示，此份模具設計圖是以六件十字配合件(如圖 12.8 及圖 12.9 所示)的件⑤(詳細尺寸如圖 12.10-1 所示)為成形品所加以設計的，若讀者有意嘗試一下更高層次的分件組合形式模具設計，可以六件十字配合件另外五件分件(如圖 12.9 所示)付予相對配合尺寸加以設計，享受一下由成形品尺寸設計至模具設計，再到模具製作乃至射出成形來獲得良好之成形品而達到六件十字配合件完美組合之最終目標。此份模具設計圖亦由 CAD 繪製，模具製作亦可配合 CAM 來加工。

12.5-5 三板式點狀澆口剝料板頂出方式模具設計(參閱 12-126 至 12-151 頁)

此份模具設計圖，如表 12.8 及圖 12.11-1 至 12.11-25 所示。成形品是透明的壓克力玻璃杯蓋，如圖 12.11-1 所示，由於成形品只重外觀並無精度要求，因此亦把成形品收縮量忽略不計，以成形品尺寸為模具尺寸來從事模具設計。此份三板式點狀澆口形式模具構造較複雜，值得讀者用心來品味以瞭解其中奧妙之處。此份模具設計圖由 CAD 繪製完成，模具製作時亦可配合 CAM 來加工。

12.5-6　二板式側向心型潛狀澆口頂出銷頂出方式模具設計(參閱 12-152 至 12-185 頁)

此份模具設計圖，如表 12.9 及圖 12.12-1 至 12.12-32 所示。成形品是轉筒，如圖 12.12-1 所示，由於是需要與其他相關零件組合使用，因此必須精準的計算出模具尺寸，以達到最佳配合效果，其內部具有金屬埋入件且側邊有兩孔，因此在模具設計上必須詳加考慮埋入件與 undercut 的處理，因而在模具構造上較為複雜且模具相關配合尺寸也較多，是值得讀者細心加以品味以瞭解其中深奧之處。此份設計圖是由 CAD 繪製，理所當然的模具製作時也免不了藉助 CAM 來加工。

12.5-7　二板式側向心型重疊澆口套筒頂出方式模具設計(參閱 12-186 至 12-220 頁)

此份模具設計圖，如表 12.10 及圖 12.13-1 至 12.13-33 所示。成形品是按扭，如圖 12.13-1 所示，由於成形品除外觀之外並無精度要求，因此在澆口設計上，選擇了重疊澆口，並且將其收縮量忽略不計，而以成形品尺寸作為模具尺寸來從事模具設計。此份設計圖之重點在於如何有效處理成形品兩側之孔所形成undercut，因此在模具構造上顯得較為複雜，且模具相關配合尺寸亦較多，尤其是心型、心型銷、套筒及側向心型、側向心型銷、斜角銷、定位件與模具各部位的相對尺寸關係更形重要，讀者可更細心的品嚐其中滋味。此份模具設計圖是由 CAD 繪製完成，模具製作時亦免不了藉助 CAM 來加工，尤其是固定側心型與可動側心型之形狀及尺寸，因藉助 CAM 的加工而顯得容易多了。

12.5-8　二板式重疊澆口頂出銷頂出方式模具設計(參閱 12-221 至 12-242 頁)

此份模具設計圖，如表 12.11 及圖 12.14-1 至 12.14-21 所示。成形品是相機機殼，如圖 12.14-1 及 12.14-2 所示，由於成形品需要與其他相關相機零件組合成相機，因此必須精準的計算出模具尺寸，同時在成形品外觀上不能留有任何澆口之痕跡，因此在澆口設計上選擇了重疊澆口。此份設計圖之重點在於固定側心型(如 12.14-20 所示)及可動側心型(如圖 12.14-21 所示)之成形品部位是純粹 3D(Three Dimension)結構，因此在模具製作時是絕對免不了必須藉助 CAM 之 3D 加工來完成。

表 12.4

零件明細表				
編　號　MOLD-A		成形品名稱　零件盒		圖面　19　張
模座規格　A1515-35-20-50S				完成日期　**年 06 月 08 日
件號	名稱	數量	材質	尺寸	備註
1	固定側固定板	1	S55C	20×150×200	
2	固定側型模板	1	S55C	35×150×150	
3	可動側型模板	1	S55C	20×150×150	
4	承板	1	S55C	30×150×150	
5	間隔塊	2	S55C	30×50×150	
6	射銷定位板	1	S55C	13×88×150	
7	射銷固定板	1	S55C	15×88×150	
8	可動側固定板	1	S55C	20×150×200	
9	注道襯套	1	SK5	ϕ45×25	
10	定位環	1	S55C	ϕ76×15	
11	導銷襯套	4	SKS2	A 形ϕ16×34	
12	導銷	4	SKS2	ϕ16×53×19	
13	回位銷	4	SK5	ϕ12×85	
14	螺絲(固定側)	4	SCM3	M10×30	
15	螺絲(可動側)	4	SCM3	M10×105	
16	螺絲(射銷板)	4	SCM3	M6×16	
17	螺絲(定位環)	2	SCM3	M8×16	
18	回位銷用彈簧	4	SUP3	ϕ13.5×ϕ21×55	
19	射銷	4	SKD61	ϕ10×97.06	
20	固定側心型	1	FDAC	35×92×92	
21	可動側心型	1	FDAC	32.06×92×92	

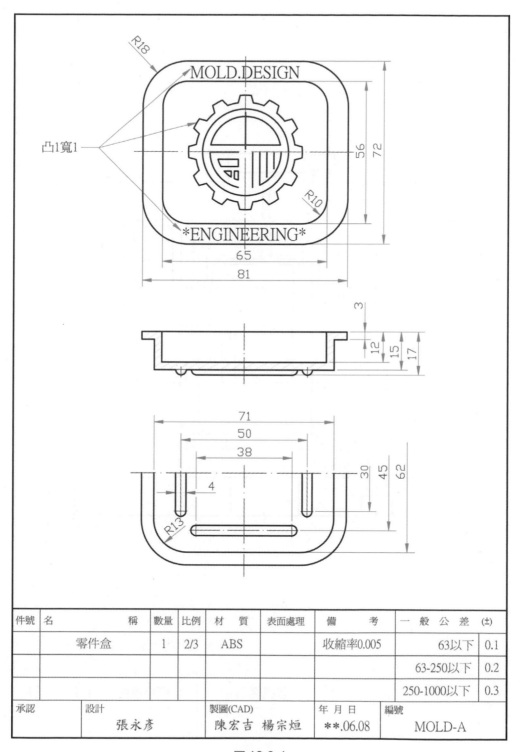

件號	名 稱	數量	比例	材 質	表面處理	備 考	一 般 公 差 (±)	
	零件盒	1	2/3	ABS		收縮率0.005	63以下	0.1
							63-250以下	0.2
							250-1000以下	0.3
承認	設計 張永彥			製圖(CAD) 陳宏吉 楊宗炬		年 月 日 **.06.08	編號 MOLD-A	

圖 12.3-1

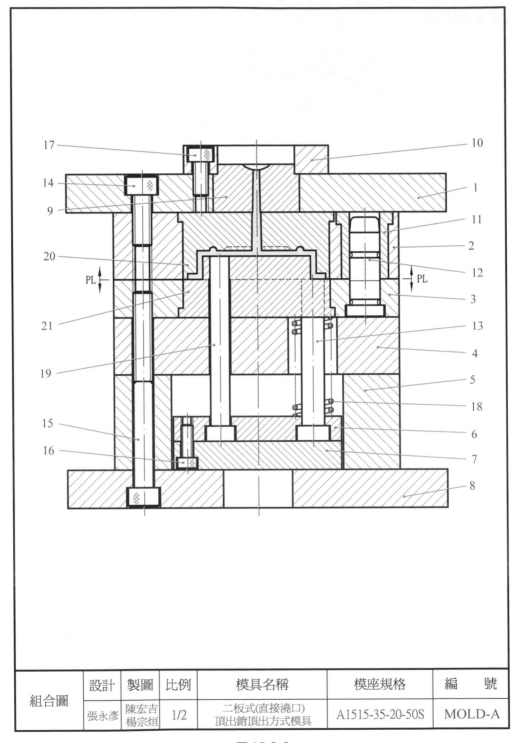

組合圖	設計	製圖	比例	模具名稱	模座規格	編 號
	張永彥	陳宏吉 楊宗烜	1/2	二板式(直接澆口) 頂出銷頂出方式模具	A1515-35-20-50S	MOLD-A

圖 12.3-2

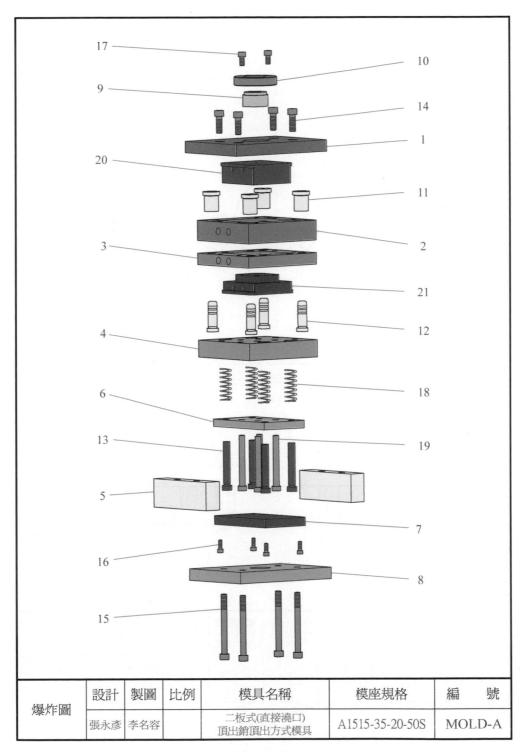

爆炸圖	設計	製圖	比例	模具名稱	模座規格	編　號
	張永彥	李名容		二板式(直接澆口) 頂出銷頂出方式模具	A1515-35-20-50S	MOLD-A

圖 12.3-3

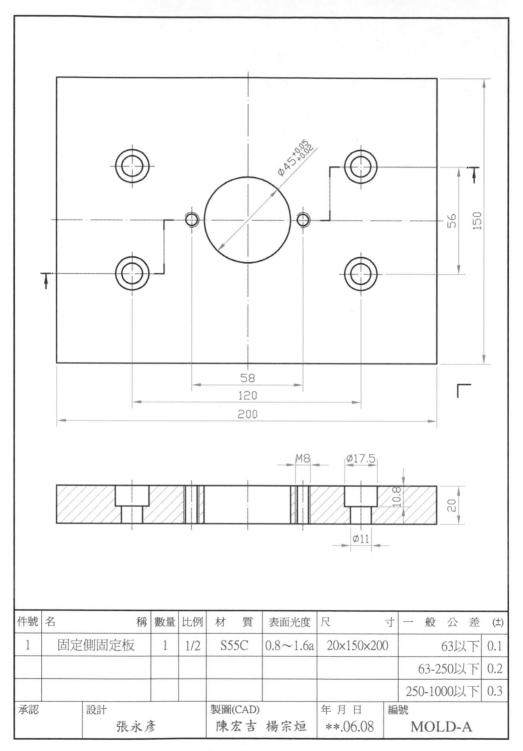

件號	名　　　　　稱	數量	比例	材　　質	表面光度	尺　　　　寸	一　般　公　差 (±)	
1	固定側固定板	1	1/2	S55C	0.8～1.6a	20×150×200	63以下	0.1
							63-250以下	0.2
							250-1000以下	0.3

承認	設計	製圖(CAD)	年 月 日	編號
	張永彥	陳宏吉 楊宗烜	**.06.08	MOLD-A

圖 12.3-4

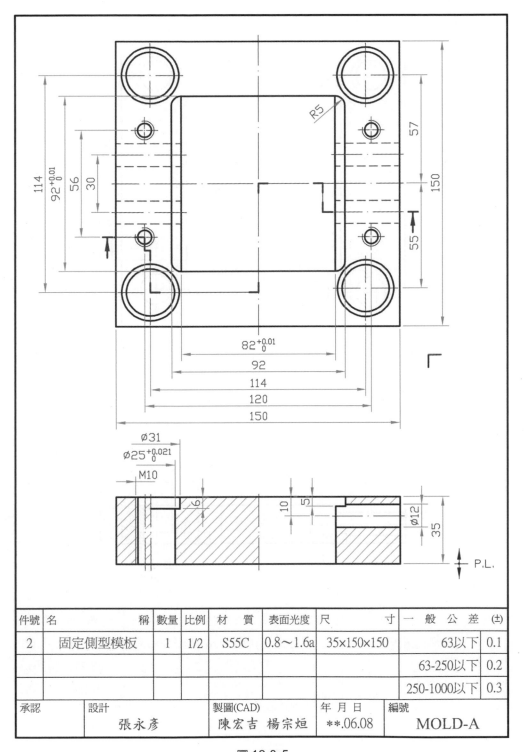

件號	名　　　　　稱	數量	比例	材　質	表面光度	尺　　　　寸	一　般　公　差　(±)	
2	固定側型模板	1	1/2	S55C	0.8～1.6a	35×150×150	63以下	0.1
							63-250以下	0.2
							250-1000以下	0.3

承認	設計	製圖(CAD)	年 月 日	編號
	張永彥	陳宏吉 楊宗烜	**.06.08	MOLD-A

圖 12.3-5

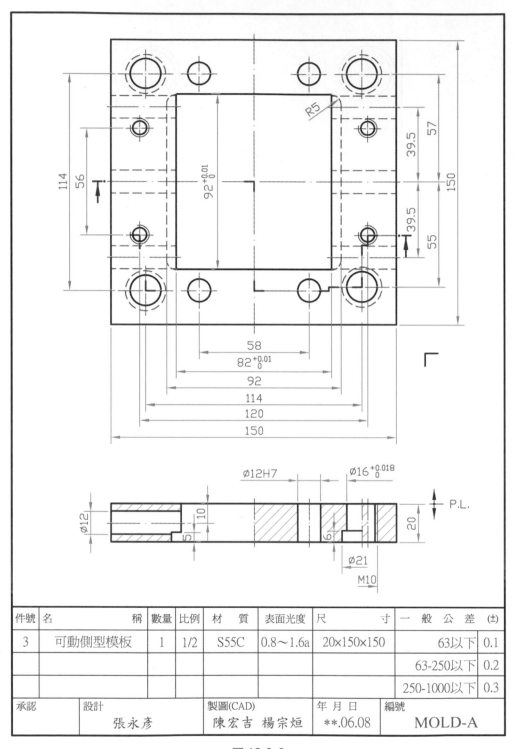

件號	名　　　　　稱	數量	比例	材　質	表面光度	尺　　　　寸	一　般　公　差	(±)
3	可動側型模板	1	1/2	S55C	0.8～1.6a	20×150×150	63以下	0.1
							63-250以下	0.2
							250-1000以下	0.3

承認	設計	製圖(CAD)	年 月 日	編號
	張永彥	陳宏吉 楊宗烜	**.06.08	MOLD-A

圖 12.3-6

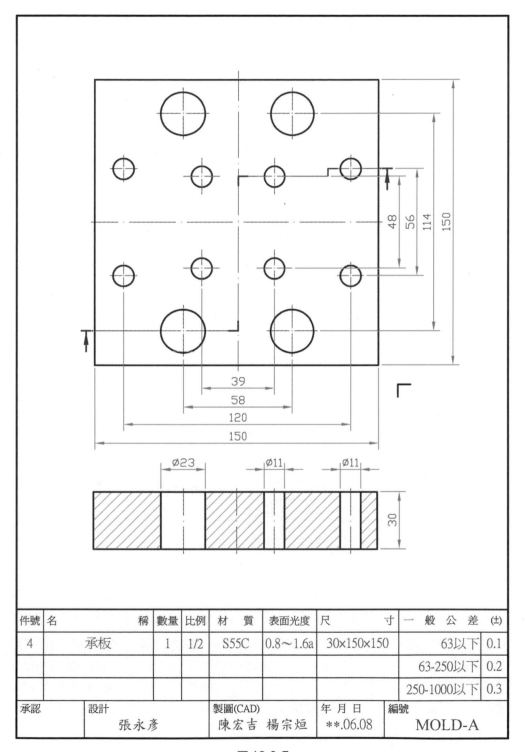

件號	名　　　　稱	數量	比例	材　　質	表面光度	尺　　　　　寸	一　般　公　差 (±)	
4	承板	1	1/2	S55C	0.8～1.6a	30×150×150	63以下	0.1
							63-250以下	0.2
							250-1000以下	0.3
承認	設計 張永彥			製圖(CAD) 陳宏吉 楊宗烜		年 月 日 **.06.08	編號 MOLD-A	

圖 12.3-7

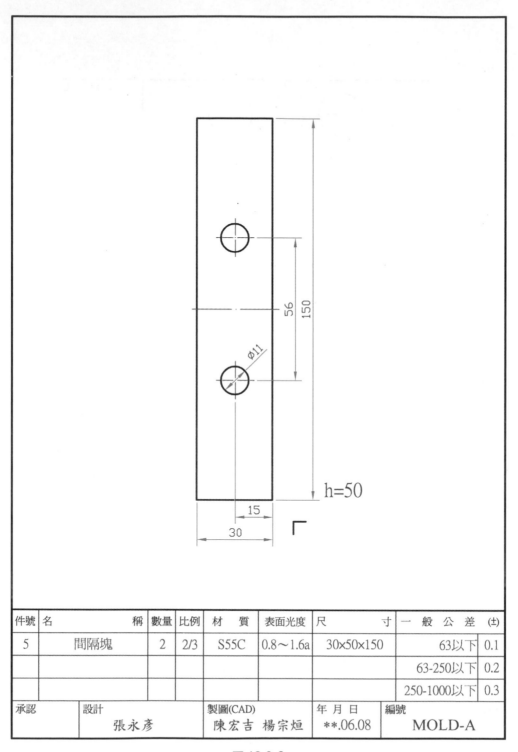

件號	名　　　　稱	數量	比例	材　質	表面光度	尺　　　　寸	一　般　公　差 (±)	
5	間隔塊	2	2/3	S55C	0.8～1.6a	30×50×150	63以下	0.1
							63-250以下	0.2
							250-1000以下	0.3

承認	設計 張永彥	製圖(CAD) 陳宏吉 楊宗烜	年 月 日 **.06.08	編號 MOLD-A

圖 12.3-8

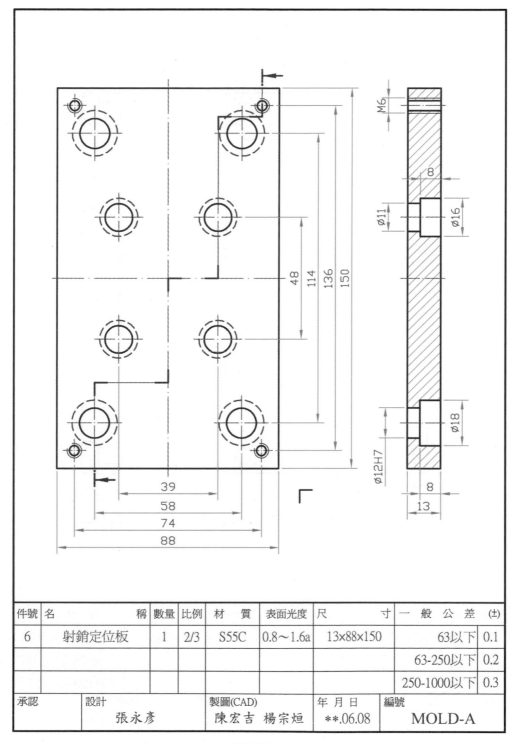

件號	名 稱	數量	比例	材 質	表面光度	尺 寸	一 般 公 差 (±)	
6	射銷定位板	1	2/3	S55C	0.8~1.6a	13×88×150	63以下	0.1
							63-250以下	0.2
							250-1000以下	0.3
承認	設計 張永彥		製圖(CAD) 陳宏吉 楊宗烜			年 月 日 **.06.08	編號 MOLD-A	

圖 12.3-9

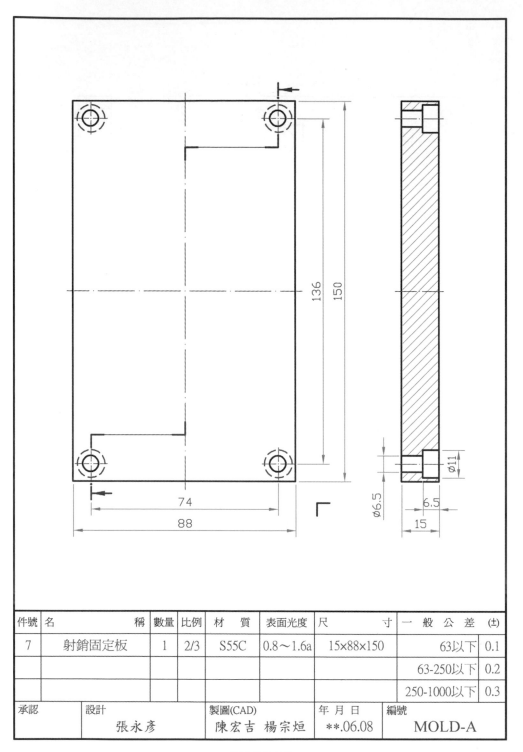

件號	名　　　　　　　　　稱	數量	比例	材　質	表面光度	尺　　　　　寸	一　般　公　差 (±)	
7	射銷固定板	1	2/3	S55C	0.8～1.6a	15×88×150	63以下	0.1
							63-250以下	0.2
							250-1000以下	0.3

承認	設計	製圖(CAD)	年 月 日	編號
	張永彥	陳宏吉 楊宗烜	**.06.08	MOLD-A

圖 12.3-10

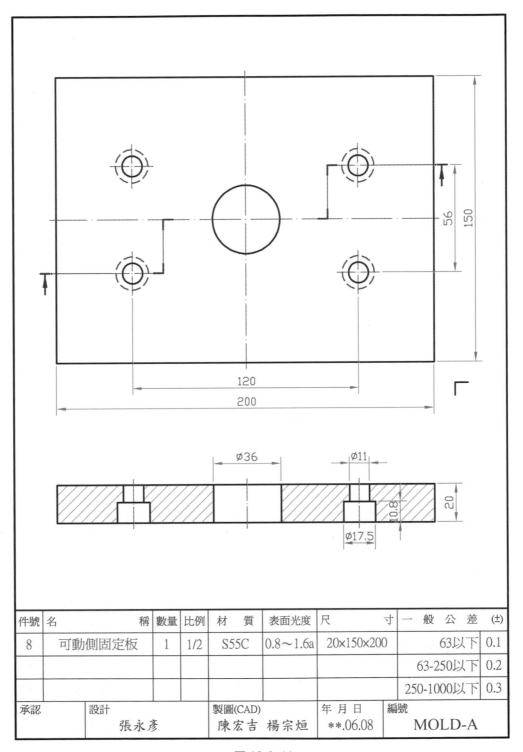

件號	名　　　　　稱	數量	比例	材　質	表面光度	尺　　　寸	一　般　公　差	(±)
8	可動側固定板	1	1/2	S55C	0.8～1.6a	20×150×200	63以下	0.1
							63-250以下	0.2
							250-1000以下	0.3
承認	設計　張永彥			製圖(CAD)　陳宏吉 楊宗炬		年 月 日　**.06.08	編號　MOLD-A	

圖 12.3-11

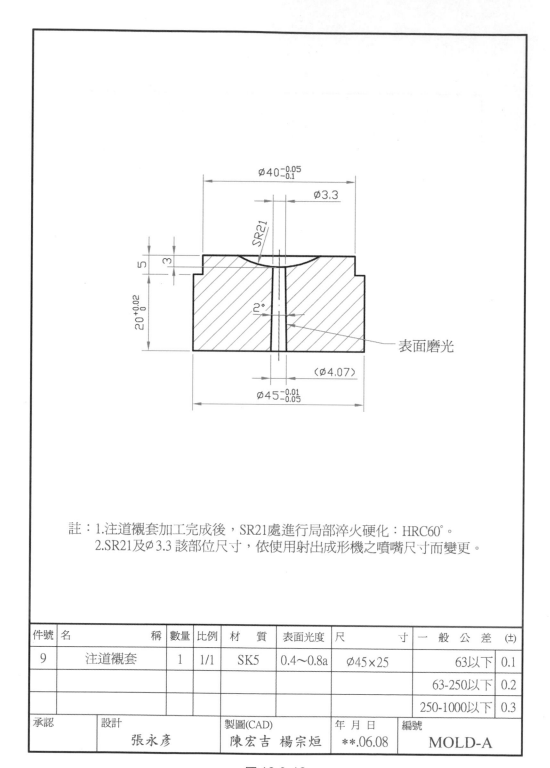

註：1.注道襯套加工完成後，SR21處進行局部淬火硬化：HRC60°。
　　2.SR21及Ø3.3 該部位尺寸，依使用射出成形機之噴嘴尺寸而變更。

件號	名　　　　　　稱	數量	比例	材　　質	表面光度	尺　　　　　　寸	一　般　公　差　(±)	
9	注道襯套	1	1/1	SK5	0.4～0.8a	Ø45×25	63以下	0.1
							63-250以下	0.2
							250-1000以下	0.3

承認	設計　　張永彥	製圖(CAD)　陳宏吉　楊宗烜	年　月　日　**.06.08	編號　MOLD-A

圖 12.3-12

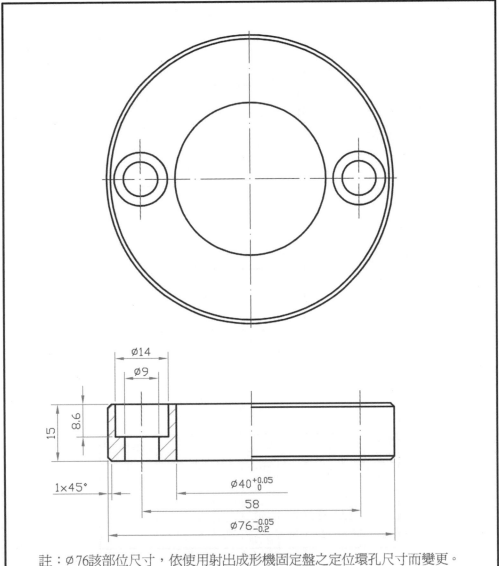

註：∅76該部位尺寸，依使用射出成形機固定盤之定位環孔尺寸而變更。

件號	名　　　　　稱	數量	比例	材　　質	表面光度	尺　　　　寸	一　般　公　差　(±)	
10	定位環	1	1/1	S55C	0.8~1.6a	∅76×15	63以下	0.1
							63-250以下	0.2
							250-1000以下	0.3

承認	設計　　張永彥	製圖(CAD)　陳宏吉 楊宗烜	年 月 日　**.06.08	編號　MOLD-A

圖 12.3-13

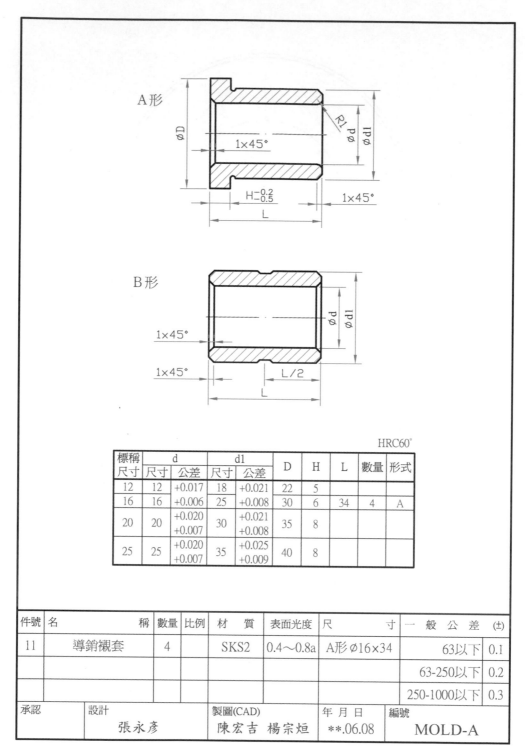

A形

B形

HRC60°

標稱	d		d1		D	H	L	數量	形式
尺寸	尺寸	公差	尺寸	公差					
12	12	+0.017	18	+0.021	22	5			
16	16	+0.006	25	+0.008	30	6	34	4	A
20	20	+0.020 +0.007	30	+0.021 +0.008	35	8			
25	25	+0.020 +0.007	35	+0.025 +0.009	40	8			

件號	名　　　　　稱	數量	比例	材　　質	表面光度	尺　　　　　寸	一　般　公　差 (±)	
11	導銷襯套	4		SKS2	0.4～0.8a	A形 Ø16×34	63以下	0.1
							63-250以下	0.2
							250-1000以下	0.3
承認	設計　　　張永彥			製圖(CAD)　陳宏吉 楊宗烜		年 月 日　**.06.08	編號　MOLD-A	

圖 12.3-14

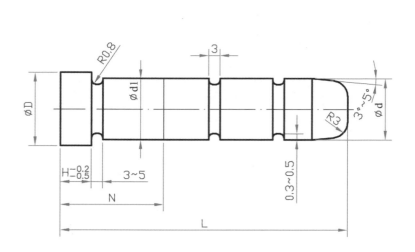

HRC60°

標稱	d		d1		D	H	L	N	數量
尺寸	尺寸	公差	尺寸	公差					
12	12	-0.016	12	+0.018	16	5			
16	16	-0.027	16	+0.007	20	6	53	19	4
20	20	-0.020	20	+0.021	25	6			
25	25	-0.030	25	+0.008	30	8			

件號	名　　　　　稱	數量	比例	材　　質	表面光度	尺　　　　　寸	一　般　公　差　(±)	
12	導銷	4		SKS2	0.4～0.8a	∅16×53×19	63以下	0.1
							63-250以下	0.2
							250-1000以下	0.3
承認	設計 張永彥			製圖(CAD) 陳宏吉　楊宗烜		年 月 日 **.06.08	編號 MOLD-A	

圖 12.3-15

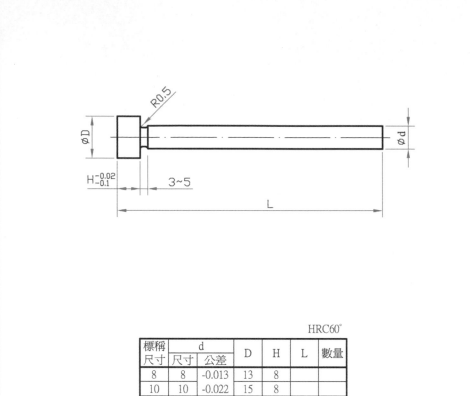

標稱尺寸	d		D	H	L	數量
	尺寸	公差				
8	8	-0.013	13	8		
10	10	-0.022	15	8		
12	12	-0.016	17	8	85	4
13	13	-0.027	20	8		

HRC60°

件號	名　　　　稱	數量	比例	材　質	表面光度	尺　　　　寸	一　般　公　差	(±)
13	回位銷	4		SK5	0.4～0.8a	∅12×85	63以下	0.1
							63-250以下	0.2
							250-1000以下	0.3

承認	設計 張永彥	製圖(CAD) 陳宏吉 楊宗烜	年 月 日 **.06.08	編號 MOLD-A

圖 12.3-16

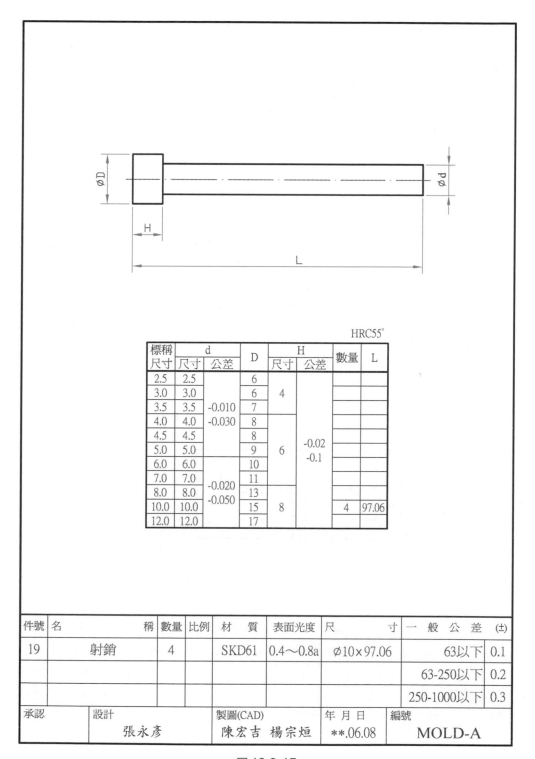

HRC55°

標稱尺寸	d		D	H		數量	L
尺寸	尺寸	公差		尺寸	公差		
2.5	2.5		6	4			
3.0	3.0		6				
3.5	3.5	-0.010	7				
4.0	4.0	-0.030	8				
4.5	4.5		8		-0.02 -0.1		
5.0	5.0		9	6			
6.0	6.0		10				
7.0	7.0	-0.020	11				
8.0	8.0	-0.050	13				
10.0	10.0		15	8		4	97.06
12.0	12.0		17				

件號	名　　　　稱	數量	比例	材　　質	表面光度	尺　　　　寸	一　般　公　差 (±)	
19	射銷	4		SKD61	0.4～0.8a	∅10×97.06	63以下	0.1
							63-250以下	0.2
							250-1000以下	0.3

承認	設計	製圖(CAD)	年 月 日	編號
	張永彥	陳宏吉 楊宗烜	**.06.08	MOLD-A

圖 12.3-17

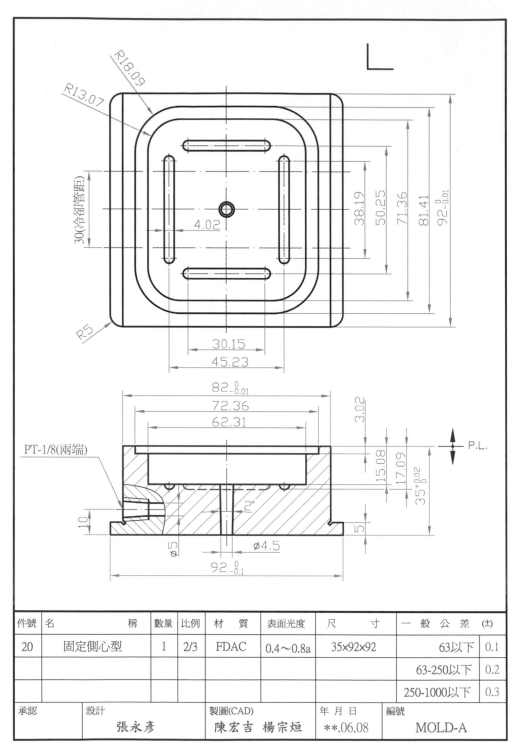

件號	名　　　　　稱	數量	比例	材　　質	表面光度	尺　　　　寸	一　般　公　差　(±)	
20	固定側心型	1	2/3	FDAC	0.4～0.8a	35×92×92	63以下	0.1
							63-250以下	0.2
							250-1000以下	0.3

承認	設計 張永彥	製圖(CAD) 陳宏吉 楊宗烜	年 月 日 **.06.08	編號 MOLD-A

圖 12.3-18

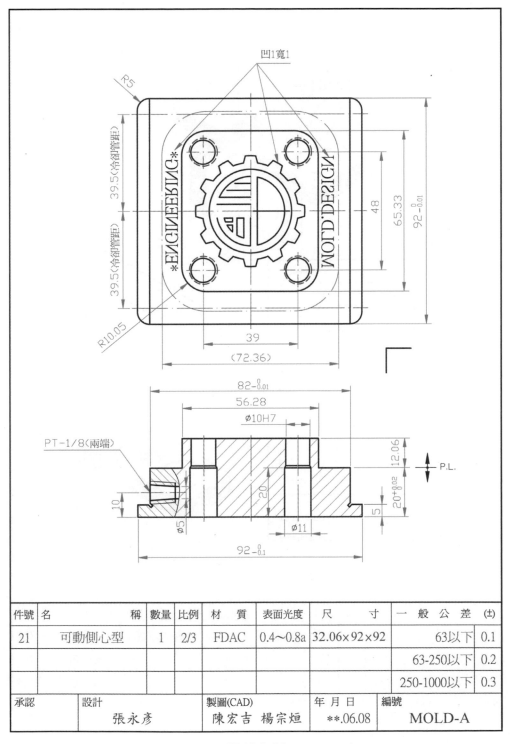

件號	名　　　　稱	數量	比例	材　質	表面光度	尺　　寸	一　般　公　差	(±)
21	可動側心型	1	2/3	FDAC	0.4〜0.8a	32.06×92×92	63以下	0.1
							63-250以下	0.2
							250-1000以下	0.3

承認	設計 張永彥	製圖(CAD) 陳宏吉 楊宗烜	年 月 日 **.06.08	編號 MOLD-A

圖 12.3-19

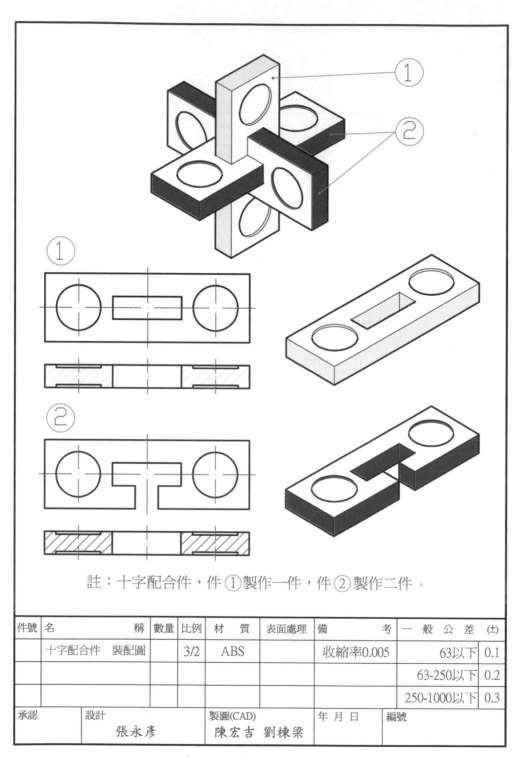

註：十字配合件，件①製作一件，件②製作二件。

件號	名　　　　　稱	數量	比例	材　質	表面處理	備　　　　考	一　般　公　差 (±)	
	十字配合件　裝配圖		3/2	ABS		收縮率0.005	63以下	0.1
							63-250以下	0.2
							250-1000以下	0.3
承認	設計　　張永彥			製圖(CAD)　陳宏吉 劉棟梁		年 月 日	編號	

圖 12.4

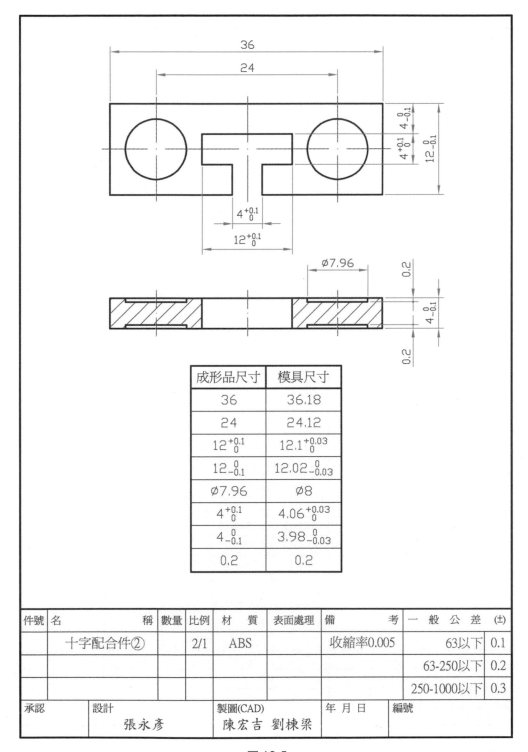

成形品尺寸	模具尺寸
36	36.18
24	24.12
$12^{+0.1}_{0}$	$12.1^{+0.03}_{0}$
$12^{0}_{-0.1}$	$12.02^{0}_{-0.03}$
$\varnothing7.96$	$\varnothing8$
$4^{+0.1}_{0}$	$4.06^{+0.03}_{0}$
$4^{0}_{-0.1}$	$3.98^{0}_{-0.03}$
0.2	0.2

件號	名　　　　　　　　稱	數量	比例	材　　質	表面處理	備　　　　　考	一　般　公　差 (±)	
	十字配合件②		2/1	ABS		收縮率0.005	63以下	0.1
							63-250以下	0.2
							250-1000以下	0.3
承認	設計　張永彥			製圖(CAD)　陳宏吉 劉棟梁		年 月 日	編號	

圖 12.5

表 12.5

零件明細表

| 編 號 | MOLD-B | | 成形品名稱 | 十字配合件① | | 圖面 | 26 張 |

模座規格　A1520-20-20-50S　　　　　　　　　　完成日期　**年07月19日

件號	名稱	數量	材質	尺寸	備註
1	固定側固定板	1	S55C	20×200×200	
2	固定側型模板	1	S55C	20×150×200	
3	可動側型模板	1	S55C	20×150×200	
4	承板	1	S55C	30×150×200	
5	間隔塊	2	S55C	30×50×200	
6	射銷定位板	1	S55C	13×88×200	
7	射銷固定板	1	S55C	15×88×200	
8	可動側固定板	1	S55C	20×200×200	
9	注道襯套	1	SK5	$\phi45×25$	
10	定位環	1	S55C	$\phi76×15$	
11	導銷襯套	4	SKS2	A形$\phi16×19$	
12	導銷	4	SKS2	$\phi16×38×19$	
13	回位銷	4	SK5	$\phi12×85$	
14	螺絲(固定側)	4	SCM3	M10×25	
15	螺絲(可動側)	4	SCM3	M10×95	
16	螺絲(射銷板)	4	SCM3	M6×16	
17	螺絲(定位環)	2	SCM3	M8×16	
18	回位銷用彈簧	4	SUP3	$\phi13.5×\phi21×55$	
19	射銷	8	SKD61	$\phi8×81.22$	
20	固定側心型A	4	SKD11	20×20×50	
21	固定側心型B	8	SKD11	$\phi13×20.2$	
22	可動側心型A	8	SKD11	3.99×20×50	
23	可動側心型B	8	SKD11	12.02×18.95×20	
24	可動側心型C	4	SKD11	12.1×20×20	
25	注道抓銷	1	SKD61	A形$\phi5×79$	
26	流道頂出銷	2	SKD61	$\phi5×78$	

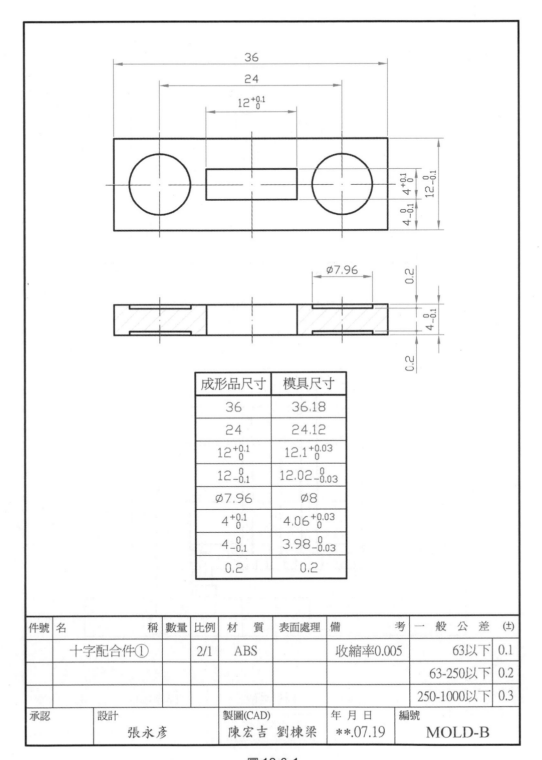

成形品尺寸	模具尺寸
36	36.18
24	24.12
$12^{+0.1}_{0}$	$12.1^{+0.03}_{0}$
$12^{0}_{-0.1}$	$12.02^{0}_{-0.03}$
∅7.96	∅8
$4^{+0.1}_{0}$	$4.06^{+0.03}_{0}$
$4^{0}_{-0.1}$	$3.98^{0}_{-0.03}$
0.2	0.2

件號	名　　　　　稱	數量	比例	材　　質	表面處理	備　　　　　考	一　般　公　差 (±)	
	十字配合件①		2/1	ABS		收縮率0.005	63以下	0.1
							63-250以下	0.2
							250-1000以下	0.3
承認	設計　　張永彥			製圖(CAD)　陳宏吉 劉棟梁		年 月 日　**.07.19	編號　MOLD-B	

圖 12.6-1

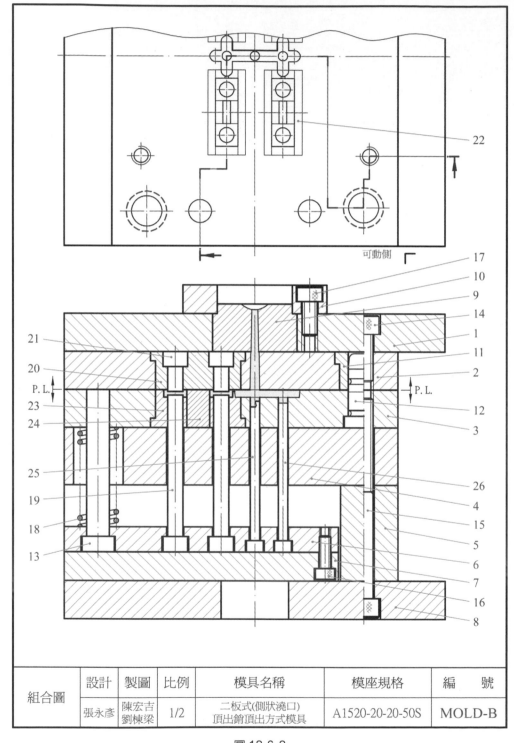

組合圖	設計	製圖	比例	模具名稱	模座規格	編　號
	張永彥	陳宏吉 劉棟梁	1/2	二板式(側狀澆口) 頂出銷頂出方式模具	A1520-20-20-50S	MOLD-B

圖 12.6-2

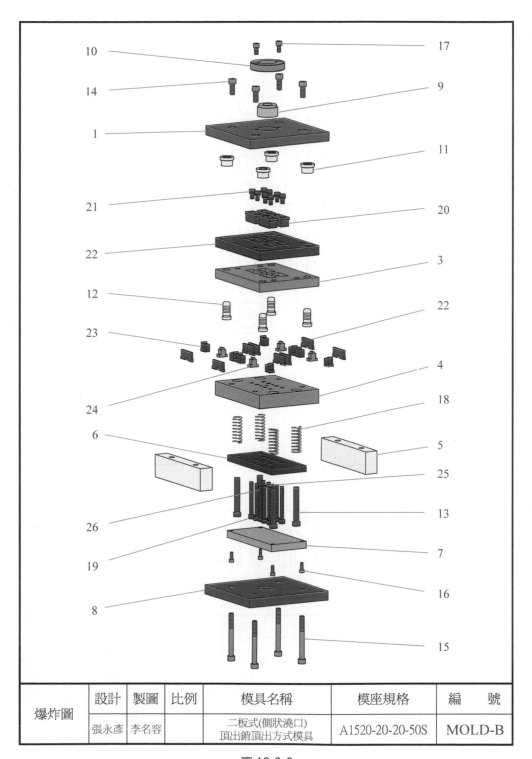

爆炸圖	設計	製圖	比例	模具名稱	模座規格	編　　號
	張永彥	李名容		二板式(側狀澆口) 頂出銷頂出方式模具	A1520-20-20-50S	MOLD-B

圖 12.6-3

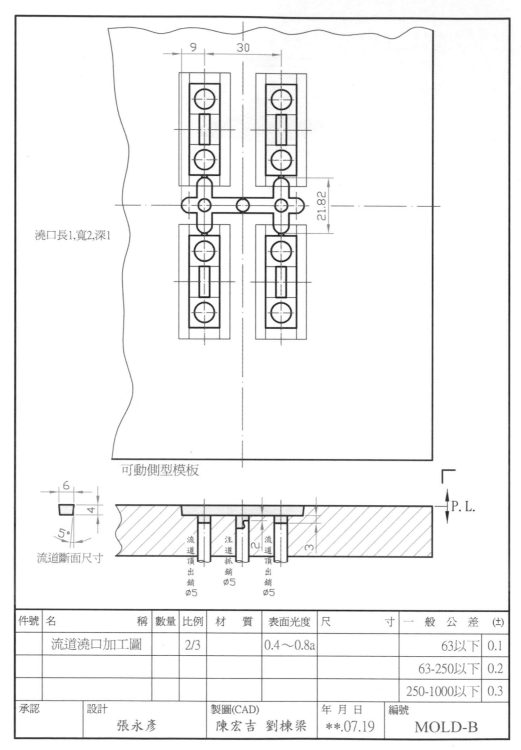

澆口長1,寬2,深1

可動側型模板

P. L.

6
4
5°
流道斷面尺寸

流道頂出銷 ∅5   注道抓銷 ∅5   流道頂出銷 ∅5

件號	名　　　　　　稱	數量	比例	材　　質	表面光度	尺　　　　　寸	一　般　公　差　(±)	
	流道澆口加工圖		2/3		0.4～0.8a		63以下	0.1
							63-250以下	0.2
							250-1000以下	0.3

承認	設計	製圖(CAD)	年　月　日	編號
	張永彥	陳宏吉 劉棟梁	**.07.19	MOLD-B

圖 12.6-4

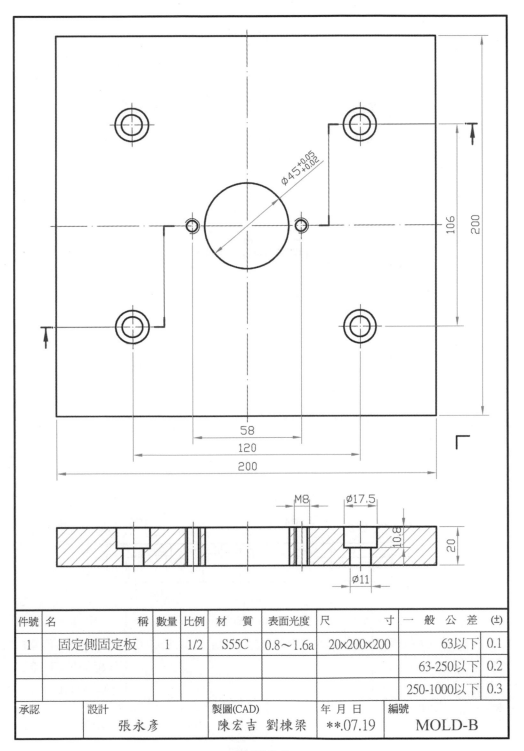

件號	名　　　　　　稱	數量	比例	材　　質	表面光度	尺　　　　寸	一　般　公　差	(±)
1	固定側固定板	1	1/2	S55C	0.8～1.6a	20×200×200	63以下	0.1
							63-250以下	0.2
							250-1000以下	0.3

承認	設計	製圖(CAD)	年 月 日	編號
	張永彥	陳宏吉 劉棟梁	**.07.19	MOLD-B

圖 12.6-5

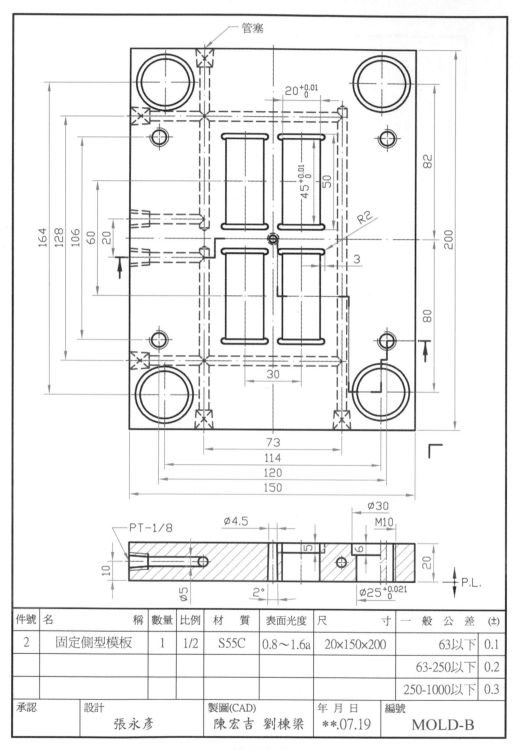

圖 12.6-6

件號	名　　　　　稱	數量	比例	材　　質	表面光度	尺　　　　寸	一　般　公　差	(±)
2	固定側型模板	1	1/2	S55C	0.8～1.6a	20×150×200	63以下	0.1
							63-250以下	0.2
							250-1000以下	0.3

承認	設計	製圖(CAD)	年 月 日	編號
	張永彥	陳宏吉 劉棟梁	**.07.19	MOLD-B

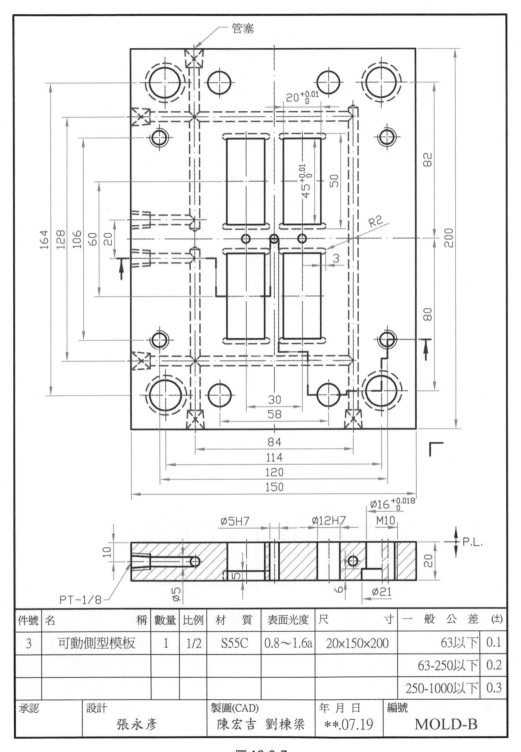

件號	名　　　　稱	數量	比例	材　質	表面光度	尺　　　　寸	一　般　公　差 (±)	
3	可動側型模板	1	1/2	S55C	0.8～1.6a	20×150×200	63以下	0.1
							63-250以下	0.2
							250-1000以下	0.3
承認	設計 張永彥			製圖(CAD) 陳宏吉 劉棟梁		年 月 日 **.07.19	編號 MOLD-B	

圖 12.6-7

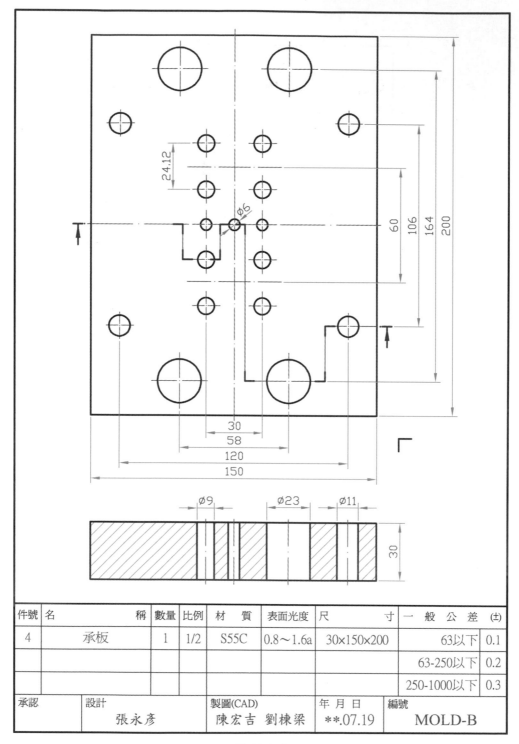

件號	名　　　　　稱	數量	比例	材　質	表面光度	尺　　　　寸	一　般　公　差 (±)	
4	承板	1	1/2	S55C	0.8～1.6a	30×150×200	63以下	0.1
							63-250以下	0.2
							250-1000以下	0.3
承認	設計 張永彥		製圖(CAD) 陳宏吉 劉棟梁		年 月 日 **.07.19		編號 MOLD-B	

圖 12.6-8

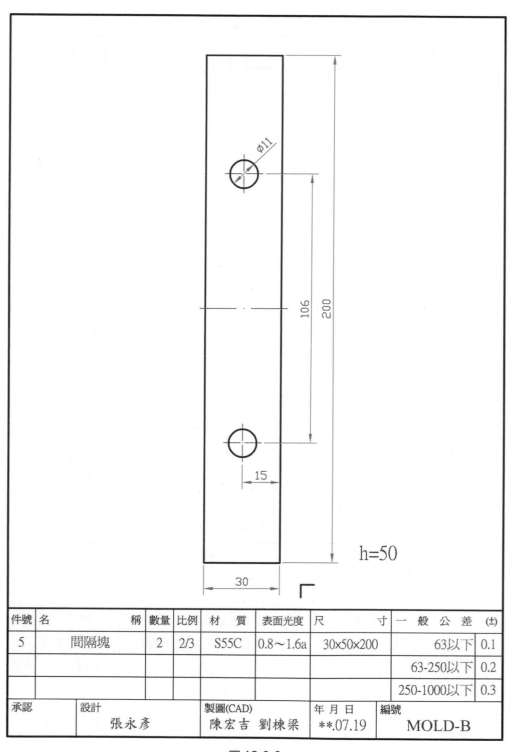

件號	名　　　　　　　稱	數量	比例	材　質	表面光度	尺　　　　寸	一　般　公　差　(±)	
5	間隔塊	2	2/3	S55C	0.8～1.6a	30×50×200	63以下	0.1
							63-250以下	0.2
							250-1000以下	0.3
承認	設計　張永彥		製圖(CAD)　陳宏吉　劉棟梁			年 月 日　**.07.19	編號　MOLD-B	

圖 12.6-9

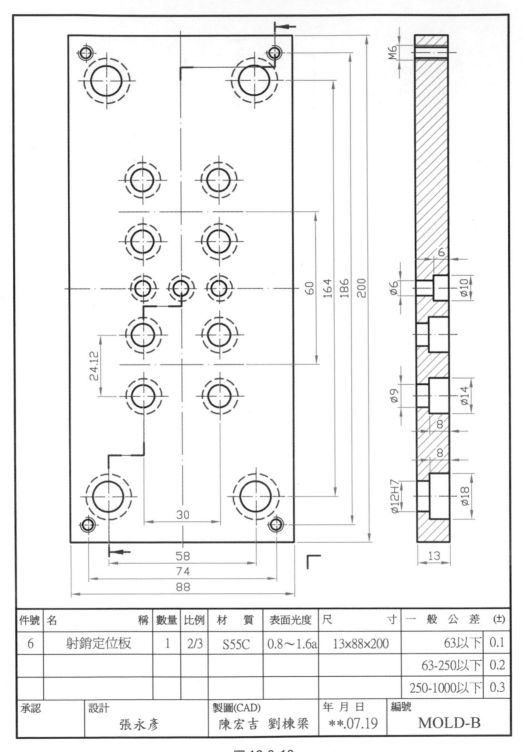

件號	名 稱	數量	比例	材 質	表面光度	尺 寸	一 般 公 差 (±)	
6	射銷定位板	1	2/3	S55C	0.8～1.6a	13×88×200	63以下	0.1
							63-250以下	0.2
							250-1000以下	0.3

承認	設計 張永彥	製圖(CAD) 陳宏吉 劉棟梁	年 月 日 **.07.19	編號 MOLD-B

圖 12.6-10

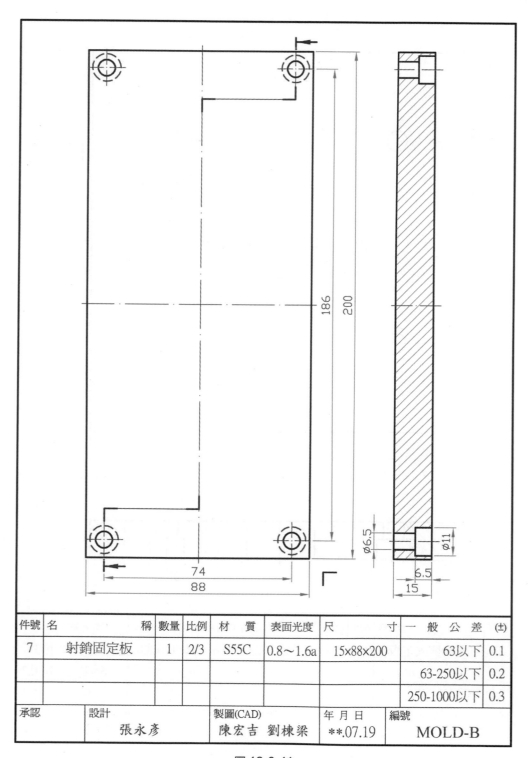

件號	名　　　　　　稱	數量	比例	材　質	表面光度	尺　　　　　寸	一　般　公　差　(±)	
7	射銷固定板	1	2/3	S55C	0.8～1.6a	15×88×200	63以下	0.1
							63-250以下	0.2
							250-1000以下	0.3
承認	設計　　張永彥			製圖(CAD)　陳宏吉 劉棟梁		年 月 日　**.07.19	編號　MOLD-B	

圖 12.6-11

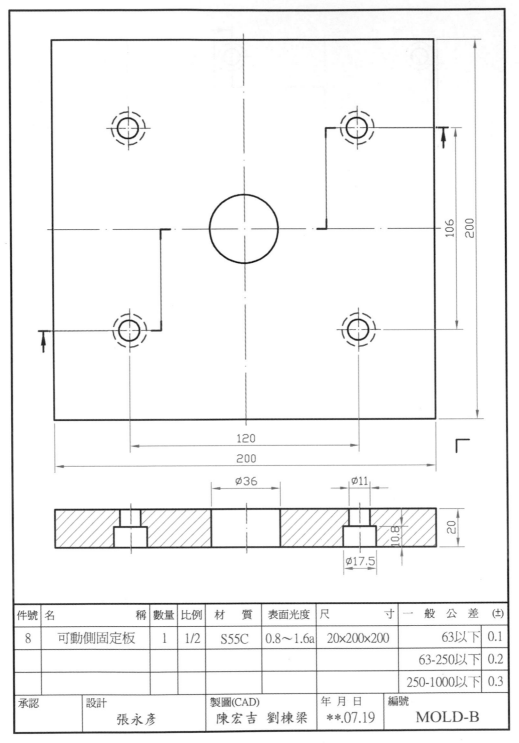

件號	名　　　　　稱	數量	比例	材　質	表面光度	尺　　　寸	一　般　公　差	(±)
8	可動側固定板	1	1/2	S55C	0.8～1.6a	20×200×200	63以下	0.1
							63-250以下	0.2
							250-1000以下	0.3

承認	設計　張永彥	製圖(CAD)　陳宏吉　劉棟梁	年月日　**.07.19	編號　MOLD-B

圖 12.6-12

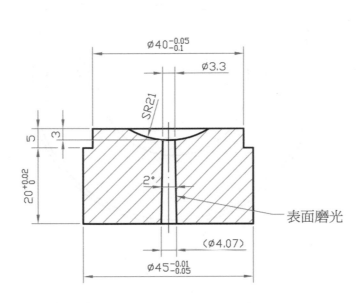

表面磨光

註：1.注道襯套加工完成後，SR21處進行局部淬火硬化：HRC60°。
　　2.SR21及∅3.3該部位尺寸，依使用射出成形機之噴嘴尺寸而變更。

件號	名　　　　　　　　稱	數量	比例	材　　質	表面光度	尺　　　　　寸	一　般　公　差	(±)
9	注道襯套	1	1/1	SK5	0.4〜0.8a	∅45×25	63以下	0.1
							63-250以下	0.2
							250-1000以下	0.3

承認	設計	製圖(CAD)	年 月 日	編號
	張永彥	陳宏吉　劉棟梁	**.07.19	MOLD-B

圖 12.6-13

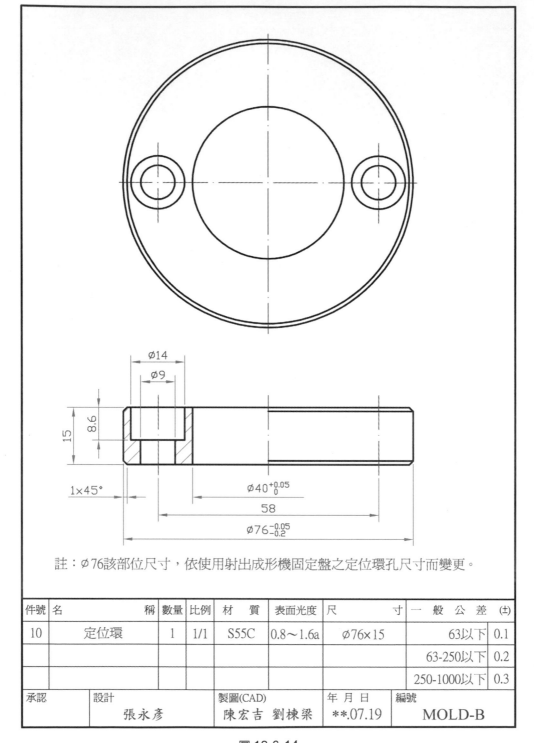

註：∅76該部位尺寸，依使用射出成形機固定盤之定位環孔尺寸而變更。

件號	名　　　　　稱	數量	比例	材　　質	表面光度	尺　　　　寸	一　般　公　差　(±)	
10	定位環	1	1/1	S55C	0.8～1.6a	∅76×15	63以下	0.1
							63-250以下	0.2
							250-1000以下	0.3

承認	設計　　張永彥	製圖(CAD)　陳宏吉 劉棟梁	年 月 日　**.07.19	編號　MOLD-B

圖 12.6-14

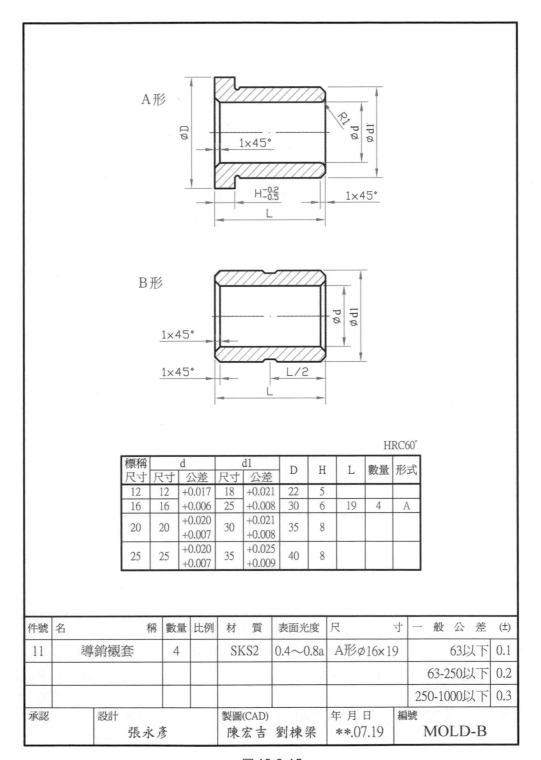

HRC60°

標稱尺寸	d		d1		D	H	L	數量	形式
	尺寸	公差	尺寸	公差					
12	12	+0.017	18	+0.021	22	5			
16	16	+0.006	25	+0.008	30	6	19	4	A
20	20	+0.020 +0.007	30	+0.021 +0.008	35	8			
25	25	+0.020 +0.007	35	+0.025 +0.009	40	8			

件號	名　　　　　稱	數量	比例	材　質	表面光度	尺　　寸	一　般　公　差		(±)
11	導銷襯套	4		SKS2	0.4～0.8a	A形φ16×19		63以下	0.1
								63-250以下	0.2
								250-1000以下	0.3

承認	設計 張永彥	製圖(CAD) 陳宏吉　劉棟梁	年 月 日 **.07.19	編號 MOLD-B

圖 12.6-15

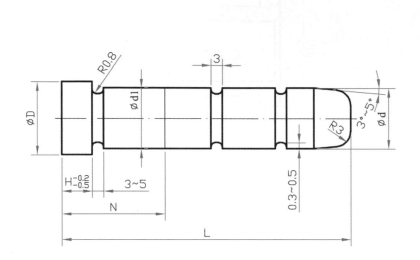

HRC60°

標稱	d		d1		D	H	L	N	數量
尺寸	尺寸	公差	尺寸	公差					
12	12	-0.016	12	+0.018	16	5			
16	16	-0.027	16	+0.007	20	6	38	19	4
20	20	-0.020	20	+0.021	25	6			
25	25	-0.030	25	+0.008	30	8			

件號	名　　　　稱	數量	比例	材　質	表面光度	尺　　　　寸	一　般　公　差 (±)	
12	導銷	4		SKS2	0.4～0.8a	∅16×38×19	63以下	0.1
							63-250以下	0.2
							250-1000以下	0.3
承認	設計　　張永彥			製圖(CAD)　陳宏吉 劉棟梁		年 月 日　**.07.19	編號　MOLD-B	

圖 12.6-16

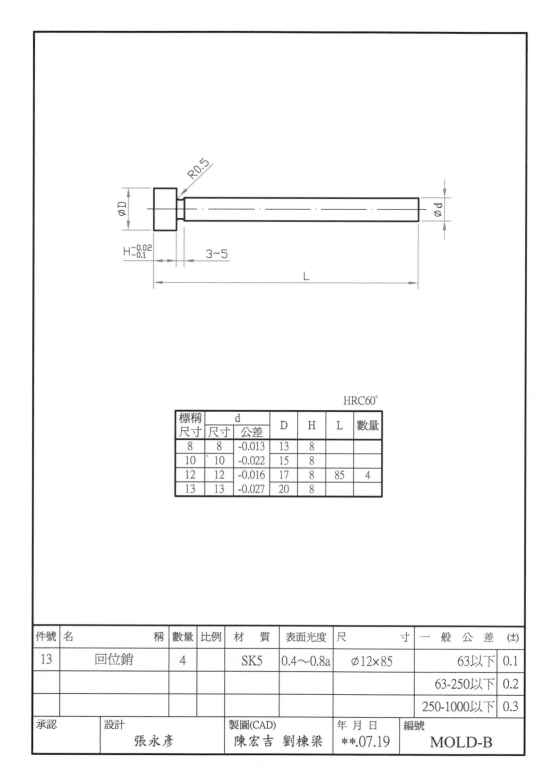

標稱	d		D	H	L	數量
尺寸	尺寸	公差				
8	8	-0.013	13	8		
10	10	-0.022	15	8		
12	12	-0.016	17	8	85	4
13	13	-0.027	20	8		

HRC60°

件號	名　　　　　稱	數量	比例	材　質	表面光度	尺　　　　寸	一 般 公 差 (±)	
13	回位銷	4		SK5	0.4〜0.8a	∅12×85	63以下	0.1
							63-250以下	0.2
							250-1000以下	0.3

承認	設計	製圖(CAD)	年 月 日	編號
	張永彥	陳宏吉 劉棟梁	**.07.19	MOLD-B

圖 12.6-17

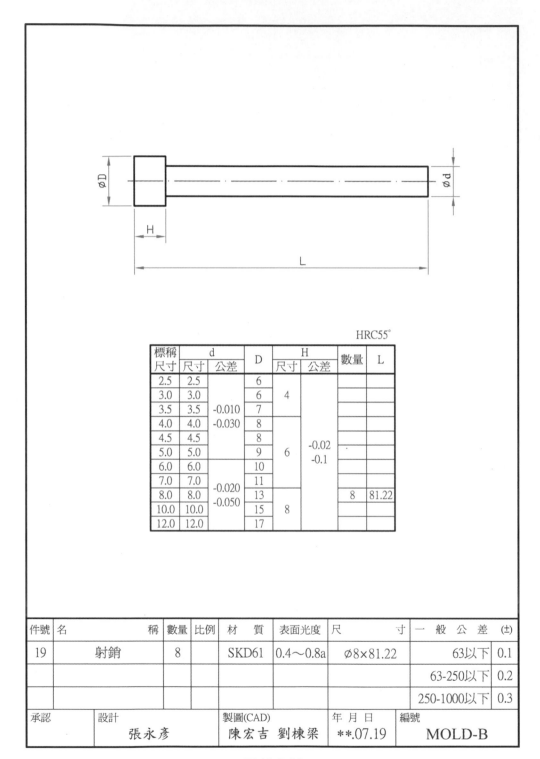

標稱	d		D	H		數量	L
尺寸	尺寸	公差		尺寸	公差		
2.5	2.5		6	4			
3.0	3.0		6				
3.5	3.5	-0.010	7				
4.0	4.0	-0.030	8				
4.5	4.5		8	6	-0.02 -0.1	.	
5.0	5.0		9				
6.0	6.0		10				
7.0	7.0	-0.020	11				
8.0	8.0	-0.050	13			8	81.22
10.0	10.0		15	8			
12.0	12.0		17				

HRC55°

件號	名　　　稱	數量	比例	材　質	表面光度	尺　　寸	一　般　公　差	(±)
19	射銷	8		SKD61	0.4～0.8a	∅8×81.22	63以下	0.1
							63-250以下	0.2
							250-1000以下	0.3

承認	設計 張永彥	製圖(CAD) 陳宏吉 劉棟梁	年 月 日 **.07.19	編號 MOLD-B

圖 12.6-18

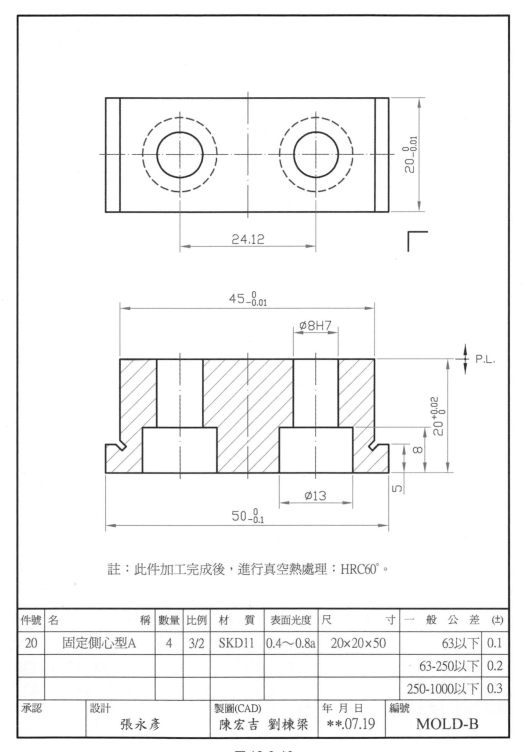

註：此件加工完成後，進行真空熱處理：HRC60°。

件號	名　　　　　　稱	數量	比例	材　　質	表面光度	尺　　　　　寸	一　般　公　差　(±)	
20	固定側心型A	4	3/2	SKD11	0.4～0.8a	20×20×50	63以下	0.1
							63-250以下	0.2
							250-1000以下	0.3
承認	設計 張永彦			製圖(CAD) 陳宏吉　劉棟梁		年 月 日 **.07.19	編號 MOLD-B	

圖 12.6-19

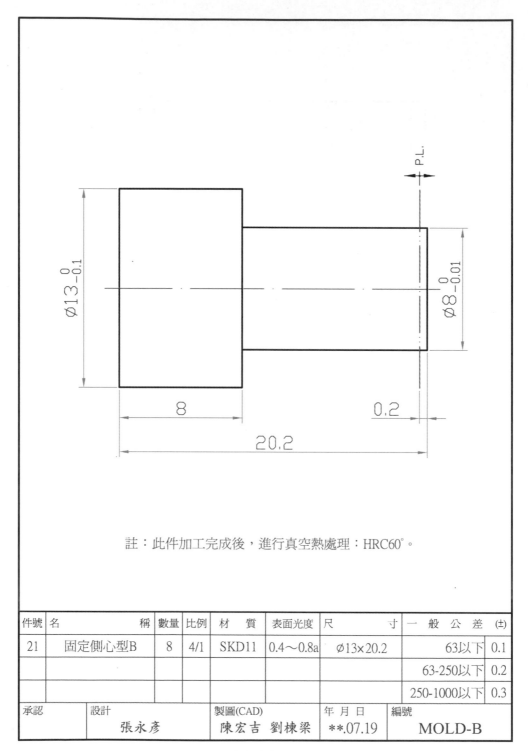

註：此件加工完成後，進行真空熱處理：HRC60°。

件號	名　　　　　稱	數量	比例	材　質	表面光度	尺　　　　寸	一　般　公　差　(±)	
21	固定側心型B	8	4/1	SKD11	0.4～0.8a	∅13×20.2	63以下	0.1
							63-250以下	0.2
							250-1000以下	0.3

承認	設計 張永彥	製圖(CAD) 陳宏吉　劉棟梁	年 月 日 **.07.19	編號 MOLD-B

圖 12.6-20

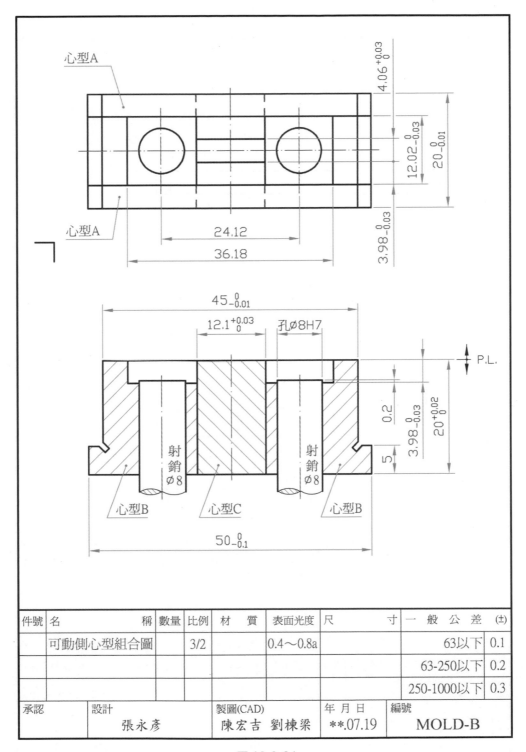

圖 12.6-21

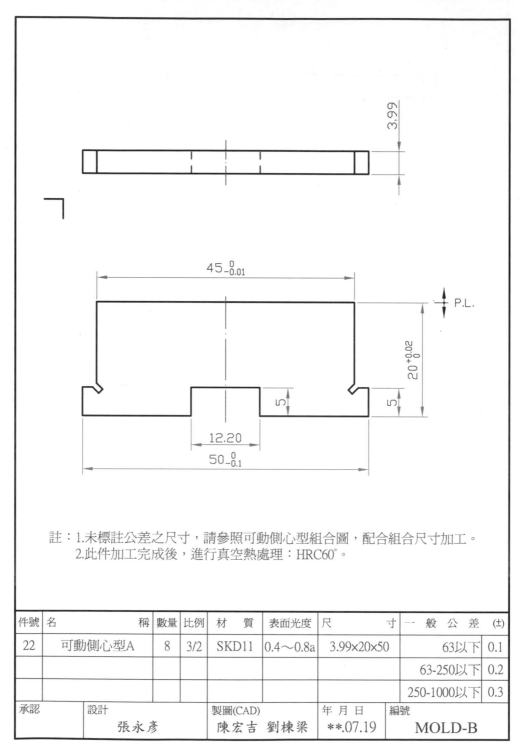

註：1.未標註公差之尺寸，請參照可動側心型組合圖，配合組合尺寸加工。
　　2.此件加工完成後，進行真空熱處理：HRC60°。

件號	名　　　　　　稱	數量	比例	材　　質	表面光度	尺　　　　　　寸	一　般　公　差	(±)
22	可動側心型A	8	3/2	SKD11	0.4～0.8a	3.99×20×50	63以下	0.1
							63-250以下	0.2
							250-1000以下	0.3

承認	設計	製圖(CAD)	年 月 日	編號
	張永彥	陳宏吉　劉棟梁	**.07.19	MOLD-B

圖 12.6-22

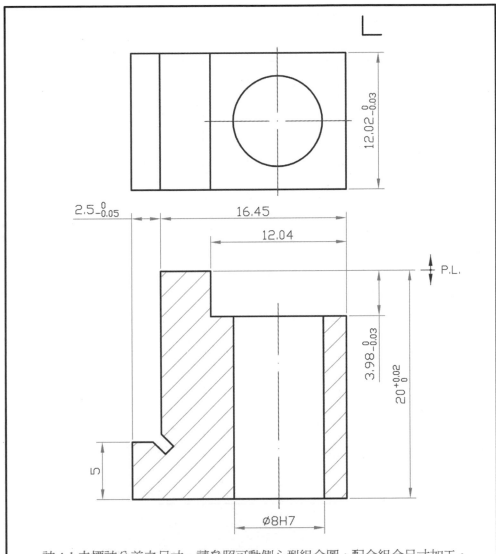

註：1.未標註公差之尺寸，請參照可動側心型組合圖，配合組合尺寸加工。
　　2.此件加工完成後，進行真空熱處理：HRC60°。

件號	名　　　　　稱	數量	比例	材　　質	表面光度	尺　　　　　寸	一　般　公　差	(±)
23	可動側心型B	8	3/1	SKD11	0.4～0.8a	12.02×18.95×20	63以下	0.1
							63-250以下	0.2
							250-1000以下	0.3

承認	設計	製圖(CAD)	年 月 日	編號
	張永彥	陳宏吉　劉棟梁	**.07.19	MOLD-B

圖 12.6-23

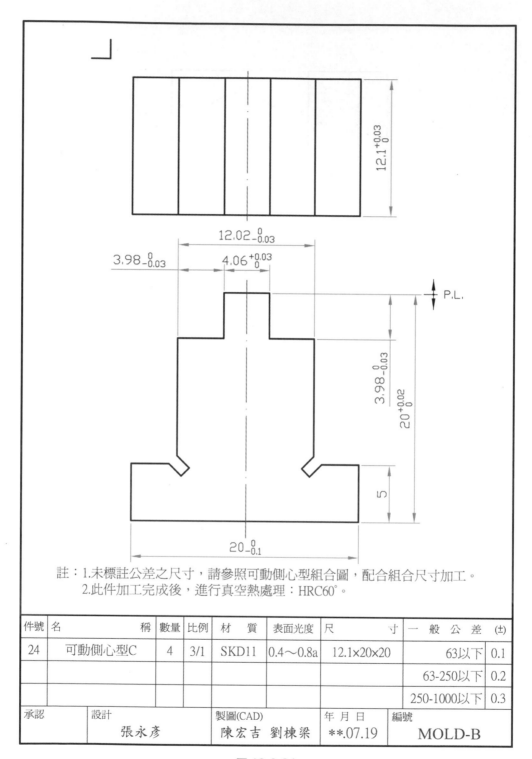

註：1.未標註公差之尺寸，請參照可動側心型組合圖，配合組合尺寸加工。
　　2.此件加工完成後，進行真空熱處理：HRC60°。

件號	名　　　　　　　　稱	數量	比例	材　　質	表面光度	尺　　　　寸	一　般　公　差 (±)	
24	可動側心型C	4	3/1	SKD11	0.4～0.8a	12.1×20×20	63以下	0.1
							63-250以下	0.2
							250-1000以下	0.3
承認	設計 張永彥			製圖(CAD) 陳宏吉　劉棟梁		年 月 日 **.07.19	編號 MOLD-B	

圖 12.6-24

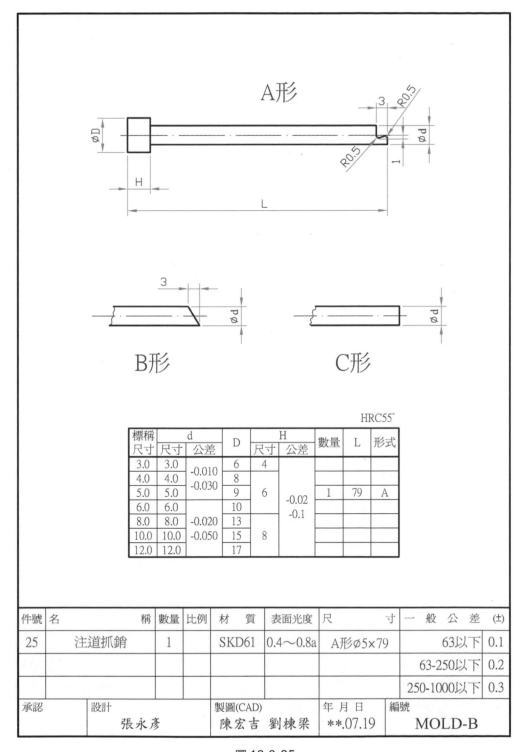

標稱 尺寸	d		D	H		數量	L	形式
	尺寸	公差		尺寸	公差			
3.0	3.0	-0.010	6	4				
4.0	4.0	-0.030	8					
5.0	5.0		9	6	-0.02	1	79	A
6.0	6.0		10		-0.1			
8.0	8.0	-0.020	13					
10.0	10.0	-0.050	15	8				
12.0	12.0		17					

件號	名　　　　　　　稱	數量	比例	材　　質	表面光度	尺　　　　　　寸	一　般　公　差 (±)	
25	注道抓銷	1		SKD61	0.4～0.8a	A形∅5×79	63以下	0.1
							63-250以下	0.2
							250-1000以下	0.3
承認	設計 張永彥			製圖(CAD) 陳宏吉　劉棟梁		年 月 日 **.07.19	編號 MOLD-B	

圖 12.6-25

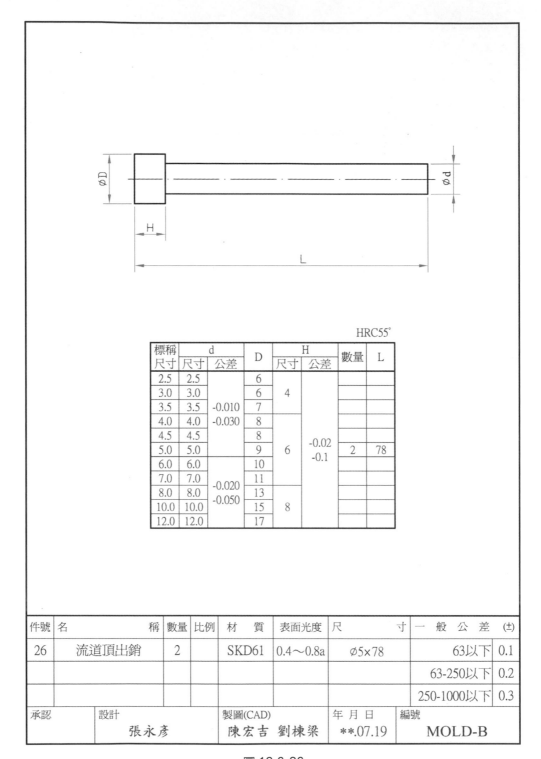

HRC55°

標稱尺寸	d		D	H		數量	L
尺寸	尺寸	公差		尺寸	公差		
2.5	2.5		6				
3.0	3.0		6	4			
3.5	3.5	-0.010	7				
4.0	4.0	-0.030	8				
4.5	4.5		8				
5.0	5.0		9	6	-0.02 -0.1	2	78
6.0	6.0		10				
7.0	7.0		11				
8.0	8.0	-0.020	13				
10.0	10.0	-0.050	15	8			
12.0	12.0		17				

件號	名　　　　稱	數量	比例	材　　質	表面光度	尺　　　　寸	一　般　公　差	(±)
26	流道頂出銷	2		SKD61	0.4～0.8a	∅5×78	63以下	0.1
							63-250以下	0.2
							250-1000以下	0.3

承認	設計 張永彥	製圖(CAD) 陳宏吉 劉棟梁	年 月 日 **.07.19	編號 MOLD-B

圖 12.6-26

表 12.6

零件明細表					
編　號　MOLD-C			成形品名稱　　　積木		圖面　24　張
模座規格　A1113-20-20-50S				完成日期　**年08月28日	
件號	名稱	數量	材質	尺寸	備註
1	固定側固定板	1	S55C	20×130×130	
2	固定側型模板	1	S55C	20×110×130	
3	可動側型模板	1	S55C	20×110×130	
4	承板	1	S55C	20×110×130	
5	間隔塊	2	S55C	25×50×130	
6	射銷定位板	1	S55C	13×58×130	
7	射銷固定板	1	S55C	13×58×130	
8	可動側固定板	1	S55C	20×130×130	
9	注道襯套	1	SK5	$\phi 45 \times 25$	
10	定位環	1	S55C	$\phi 76 \times 15$	
11	導銷襯套	4	SKS2	A形$\phi 12 \times 19$	
12	導銷	4	SKS2	$\phi 12 \times 38 \times 19$	
13	回位銷	4	SK5	$\phi 10 \times 77$	
14	螺絲(固定側)	4	SCM3	M8×25	
15	螺絲(可動側)	4	SCM3	M8×95	
16	螺絲(射銷板)	4	SCM3	M5×16	
17	螺絲(定位環)	2	SCM3	M8×16	
18	回位銷用彈簧	4	SUP3	$\phi 10.5 \times \phi 17 \times 50$	
19	注道抓銷	1	SKD61	C形$\phi 5 \times 69$	
20	固定側心型A	2	SKD11	$\phi 45 \times 20$	
21	固定側心型B	8	SKD11	$\phi 5 \times 18$	
22	可動側心型A	2	SKD11	$\phi 45 \times 20$	
23	可動側心型B	2	SKD11	$\phi 14 \times 20$	
24	可動側心型C	8	SKD11	$\phi 5 \times 20$	
25	可動側電極	2	紅銅	$\phi 35 \times 25$	
26	心型銷壓板	1	S55C	8×38×88	
27	套筒	8	SKS2	$\phi 3 \times \phi 6 \times 65$	
28	心型銷	8	SKD61	$\phi 3 \times 99$	
29	頂出傳動用螺絲	1	SCM3	M8×39	
30	心型銷壓板螺絲	4	SCM3	M5×9	

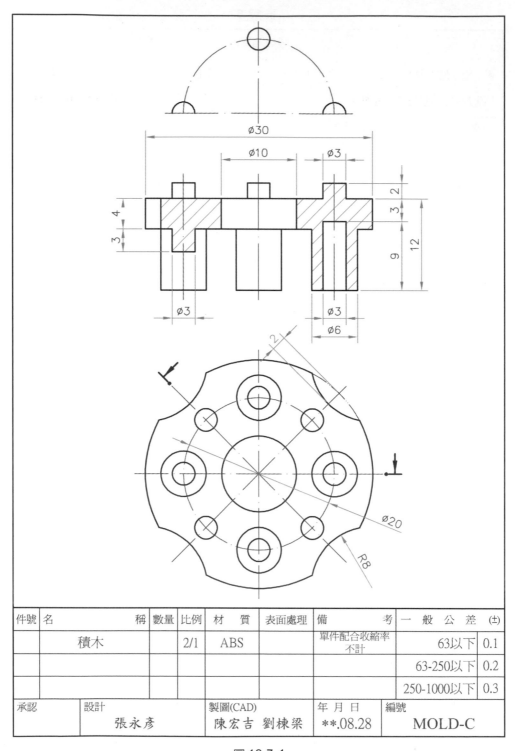

件號	名　　　　　　稱	數量	比例	材　質	表面處理	備　　　　　考	一　般　公　差 (±)	
	積木		2/1	ABS		單件配合收縮率 不計	63以下	0.1
							63-250以下	0.2
							250-1000以下	0.3
承認	設計 張永彥			製圖(CAD) 陳宏吉 劉棟梁		年 月 日 **.08.28	編號 MOLD-C	

圖 12.7-1

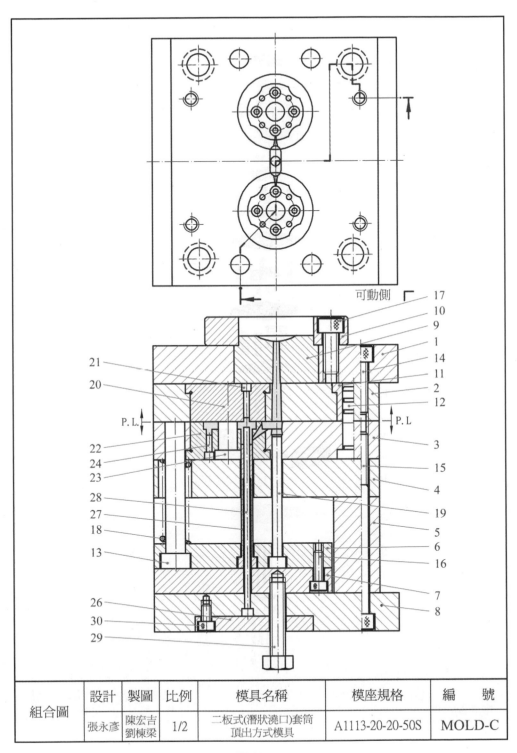

可動側

17
10
9
1
14
11
2
12
3
15
4
19
5
6
16
7
8

21
20
P. L.
22
24
23
28
27
18
13
26
30
29

P. L

組合圖	設計	製圖	比例	模具名稱	模座規格	編 號
	張永彥	陳宏吉 劉棟梁	1/2	二板式(潛狀澆口)套筒 頂出方式模具	A1113-20-20-50S	MOLD-C

圖 12.7-2

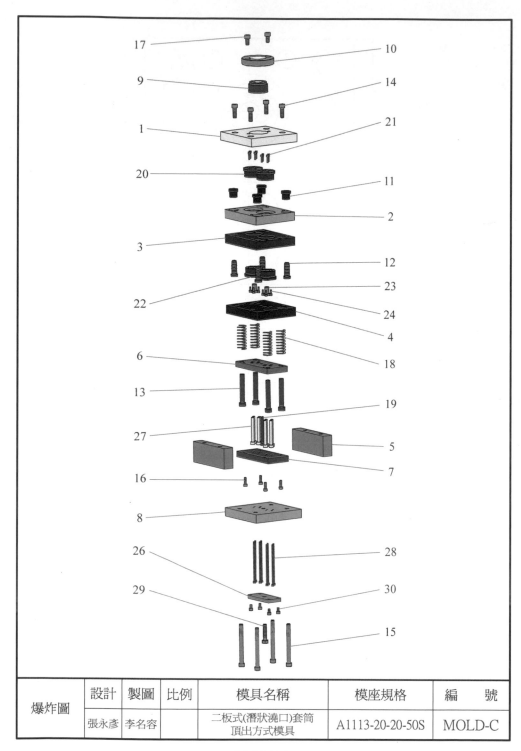

爆炸圖	設計	製圖	比例	模具名稱	模座規格	編　號
	張永彥	李名容		二板式(潛狀澆口)套筒頂出方式模具	A1113-20-20-50S	MOLD-C

圖 12.7-3

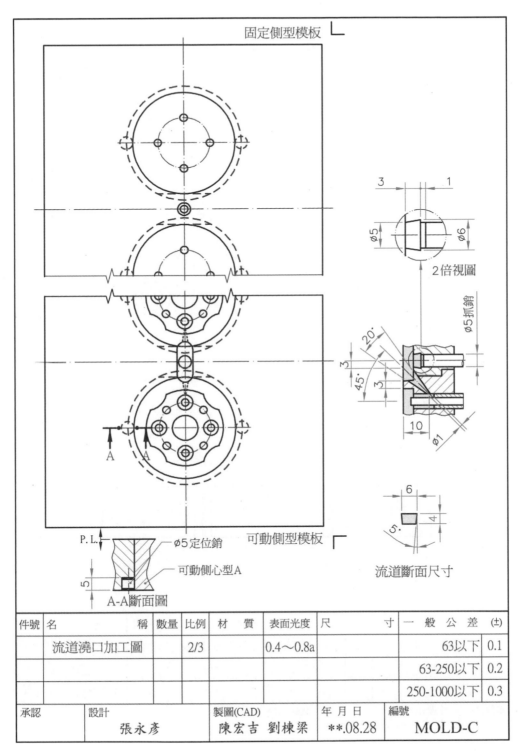

固定側型模板

2倍視圖

∅5抓銷

流道斷面尺寸

P.L.
∅5定位銷
可動側型模板

可動側心型A

A-A斷面圖

件號	名　　　　　稱	數量	比例	材　質	表面光度	尺　　　寸　一　般　公　差 (±)	
	流道澆口加工圖		2/3		0.4～0.8a	63以下	0.1
						63-250以下	0.2
						250-1000以下	0.3
承認	設計　張永彥			製圖(CAD)　陳宏吉 劉棟梁		年 月 日　**.08.28	編號　MOLD-C

圖 12.7-4

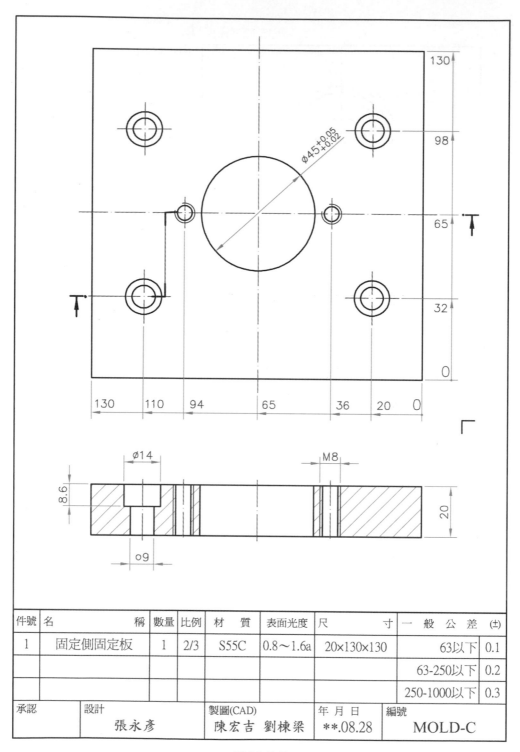

件號	名　　　　　　　　稱	數量	比例	材　　質	表面光度	尺　　　　　　寸	一　般　公　差 (±)	
1	固定側固定板	1	2/3	S55C	0.8～1.6a	20×130×130	63以下	0.1
							63-250以下	0.2
							250-1000以下	0.3

承認	設計 張永彥	製圖(CAD) 陳宏吉　劉棟梁	年 月 日 **.08.28	編號 MOLD-C

圖 12.7-5

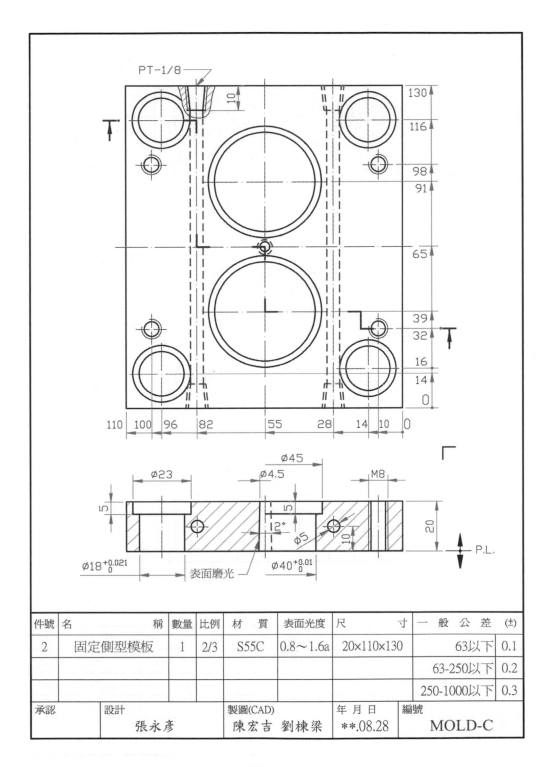

圖 12.7-6

件號	名　　　　　　稱	數量	比例	材　質	表面光度	尺　　　　　寸	一　般　公　差　(±)	
2	固定側型模板	1	2/3	S55C	0.8～1.6a	20×110×130	63以下	0.1
							63-250以下	0.2
							250-1000以下	0.3

承認	設計	製圖(CAD)	年 月 日	編號
	張永彥	陳宏吉　劉棟梁	**.08.28	MOLD-C

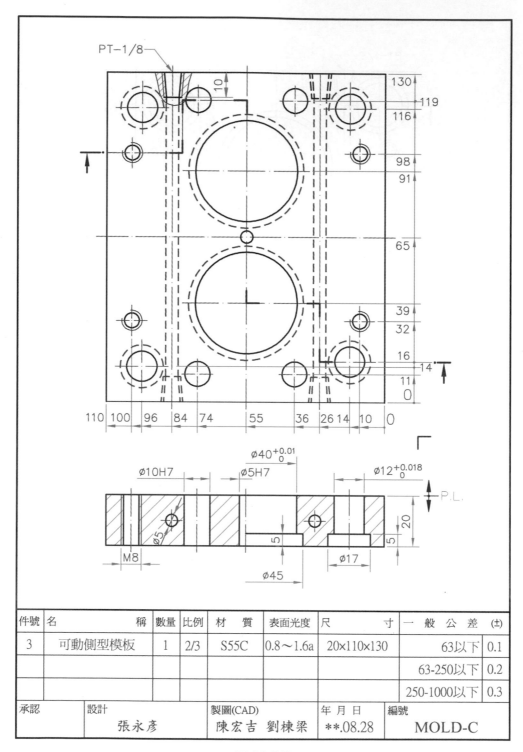

件號	名　　　　　　稱	數量	比例	材　　質	表面光度	尺　　　　寸	一　般　公　差 (±)	
3	可動側型模板	1	2/3	S55C	0.8～1.6a	20×110×130	63以下	0.1
							63-250以下	0.2
							250-1000以下	0.3

承認	設計	製圖(CAD)	年 月 日	編號
	張永彥	陳宏吉 劉棟梁	**.08.28	MOLD-C

圖 12.7-7

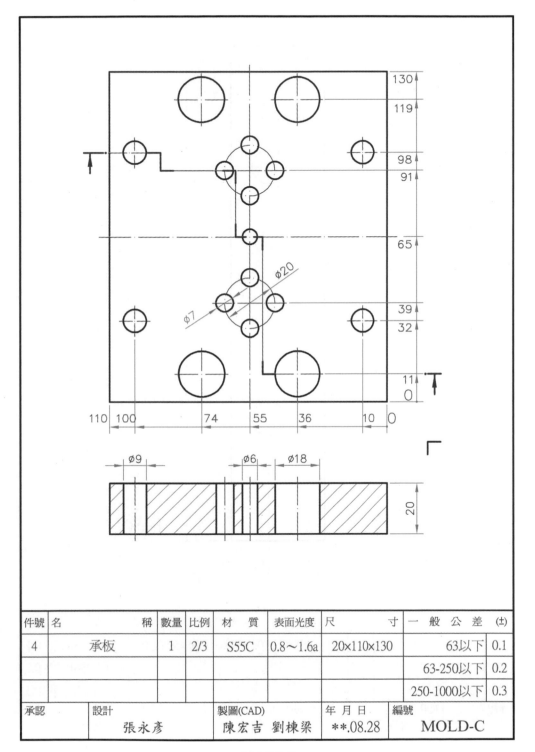

件號	名	稱	數量	比例	材　質	表面光度	尺　寸	一　般　公　差	(±)
4		承板	1	2/3	S55C	0.8～1.6a	20×110×130	63以下	0.1
								63-250以下	0.2
								250-1000以下	0.3
承認	設計 張永彥				製圖(CAD) 陳宏吉 劉棟梁		年 月 日 **.08.28	編號 MOLD-C	

圖 12.7-8

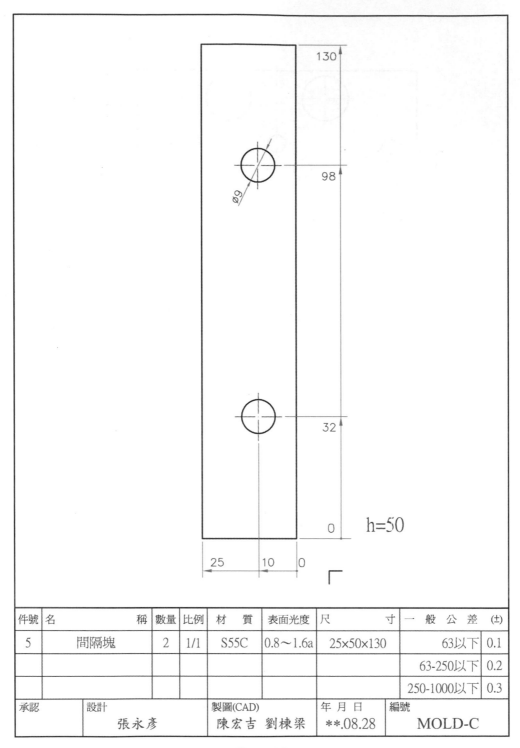

件號	名　　　　　　稱	數量	比例	材　質	表面光度	尺　　　　寸	一　般　公　差 (±)	
5	間隔塊	2	1/1	S55C	0.8～1.6a	25×50×130	63以下	0.1
							63-250以下	0.2
							250-1000以下	0.3

承認	設計 張永彥	製圖(CAD) 陳宏吉 劉棟梁	年 月 日 **.08.28	編號 MOLD-C

圖 12.7-9

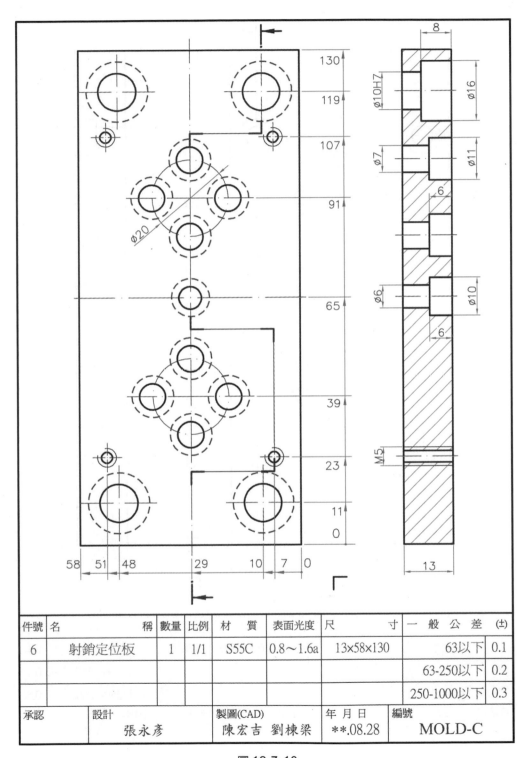

件號	名　　　　　稱	數量	比例	材　質	表面光度	尺　　　寸	一　般　公　差	(±)
6	射銷定位板	1	1/1	S55C	0.8～1.6a	13×58×130	63以下	0.1
							63-250以下	0.2
							250-1000以下	0.3

承認	設計　張永彥	製圖(CAD)　陳宏吉 劉棟梁	年 月 日 **.08.28	編號 MOLD-C

圖 12.7-10

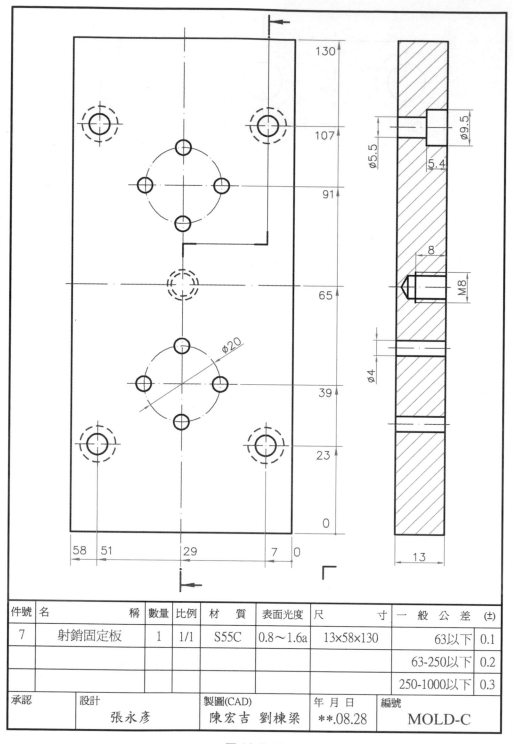

件號	名　　　　　稱	數量	比例	材　質	表面光度	尺　　　　寸	一　般　公　差 (±)	
7	射銷固定板	1	1/1	S55C	0.8～1.6a	13×58×130	63以下	0.1
							63-250以下	0.2
							250-1000以下	0.3

承認	設計	製圖(CAD)	年 月 日	編號
	張永彥	陳宏吉 劉棟梁	**.08.28	MOLD-C

圖 12.7-11

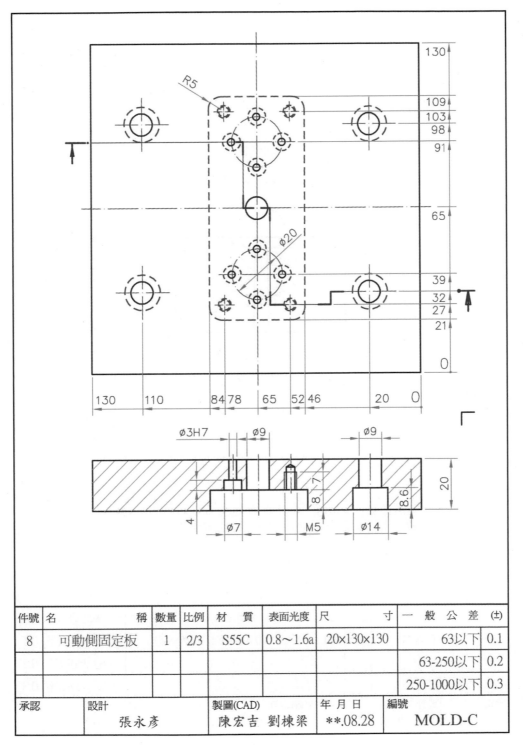

件號	名　　　　　　稱	數量	比例	材　質	表面光度	尺　　　　寸	一　般　公　差 (±)	
8	可動側固定板	1	2/3	S55C	0.8〜1.6a	20×130×130	63以下	0.1
							63-250以下	0.2
							250-1000以下	0.3

承認	設計	製圖(CAD)	年 月 日	編號
	張永彥	陳宏吉　劉棟梁	**.08.28	MOLD-C

圖 12.7-12

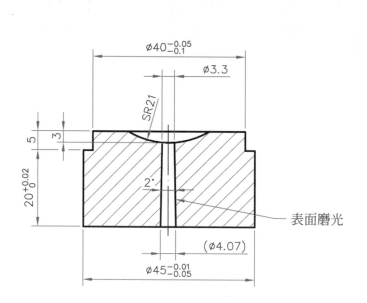

註：1.注道襯套加工完成後，SR21處進行局部淬火硬化：HRC60°。
2.SR21及 ⌀ 3.3該部位尺寸，依使用射出成形機之噴嘴尺寸而變更。

件號	名　　　　　稱	數量	比例	材　質	表面光度	尺　　　　寸	一　般　公　差	(±)
9	注道襯套	1	1/1	SK5	0.4～0.8a	⌀45×25	63以下	0.1
							63-250以下	0.2
							250-1000以下	0.3
承認	設計　張永彥			製圖(CAD)　陳宏吉 劉棟梁		年 月 日　**.08.28	編號　MOLD-C	

圖 12.7-13

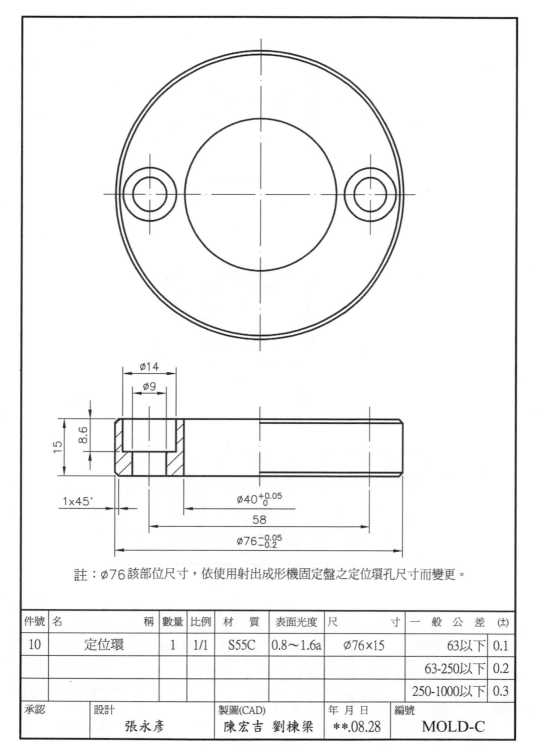

註：∅76該部位尺寸，依使用射出成形機固定盤之定位環孔尺寸而變更。

件號	名　　　　稱	數量	比例	材　質	表面光度	尺　　　　　寸	一　般　公　差　(±)	
10	定位環	1	1/1	S55C	0.8〜1.6a	∅76×15	63以下	0.1
							63-250以下	0.2
							250-1000以下	0.3

承認	設計 張永彥	製圖(CAD) 陳宏吉　劉棟梁	年 月 日 **.08.28	編號 MOLD-C

圖 12.7-14

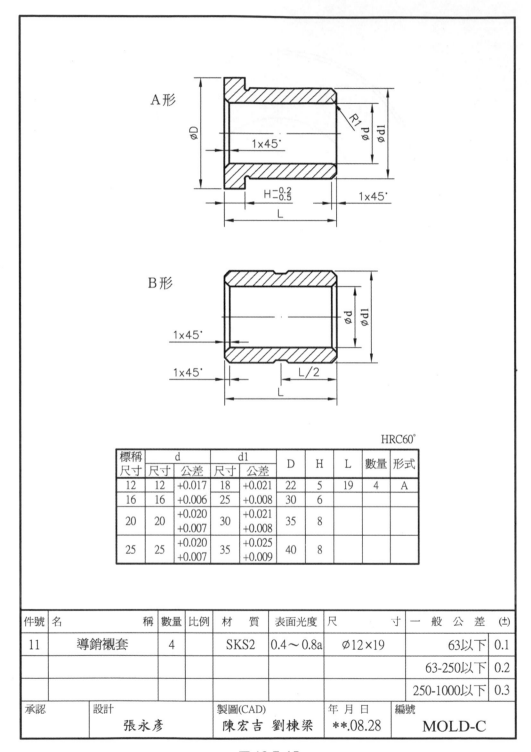

A形

B形

HRC60°

標稱尺寸	d		d1		D	H	L	數量	形式
	尺寸	公差	尺寸	公差					
12	12	+0.017	18	+0.021	22	5	19	4	A
16	16	+0.006	25	+0.008	30	6			
20	20	+0.020 +0.007	30	+0.021 +0.008	35	8			
25	25	+0.020 +0.007	35	+0.025 +0.009	40	8			

件號	名　　　　稱	數量	比例	材　　質	表面光度	尺　　　　寸	一　般　公　差	(±)
11	導銷襯套	4		SKS2	0.4～0.8a	Ø12×19	63以下	0.1
							63-250以下	0.2
							250-1000以下	0.3
承認	設計 張永彥			製圖(CAD) 陳宏吉 劉棟梁		年 月 日 **.08.28	編號 MOLD-C	

圖 12.7-15

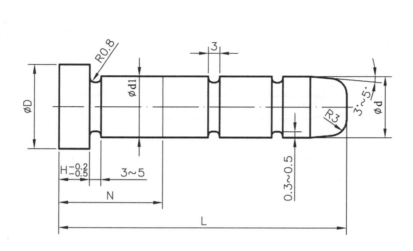

HRC60°

標稱尺寸	d		d1		D	H	L	N	數量
	尺寸	公差	尺寸	公差					
12	12	-0.016	12	+0.018	16	5	38	19	4
16	16	-0.027	16	+0.007	20	6			
20	20	-0.020	20	+0.021	25	6			
25	25	-0.030	25	+0.008	30	8			

件號	名　　　　　稱	數量	比例	材　質	表面光度	尺　　　　寸	一　般　公　差　(±)	
12	導銷	4		SKS2	0.4～0.8a	∅12×38×19	63以下	0.1
							63-250以下	0.2
							250-1000以下	0.3
承認	設計 張永彥			製圖(CAD) 陳宏吉 劉棟梁		年 月 日 **.08.28	編號 MOLD-C	

圖 12.7-16

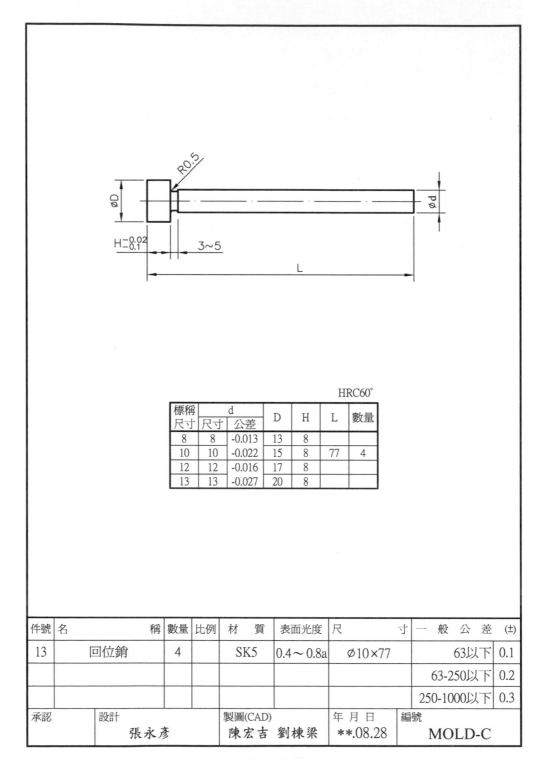

HRC60°

標稱	d		D	H	L	數量
尺寸	尺寸	公差				
8	8	-0.013	13	8		
10	10	-0.022	15	8	77	4
12	12	-0.016	17	8		
13	13	-0.027	20	8		

件號	名　　　　　稱	數量	比例	材　　質	表面光度	尺　　　　　寸	一　般　公　差 (±)	
13	回位銷	4		SK5	0.4～0.8a	Ø10×77	63以下	0.1
							63-250以下	0.2
							250-1000以下	0.3
承認	設計　　張永彥			製圖(CAD)　陳宏吉 劉棟梁		年 月 日　**.08.28	編號　MOLD-C	

圖 12.7-17

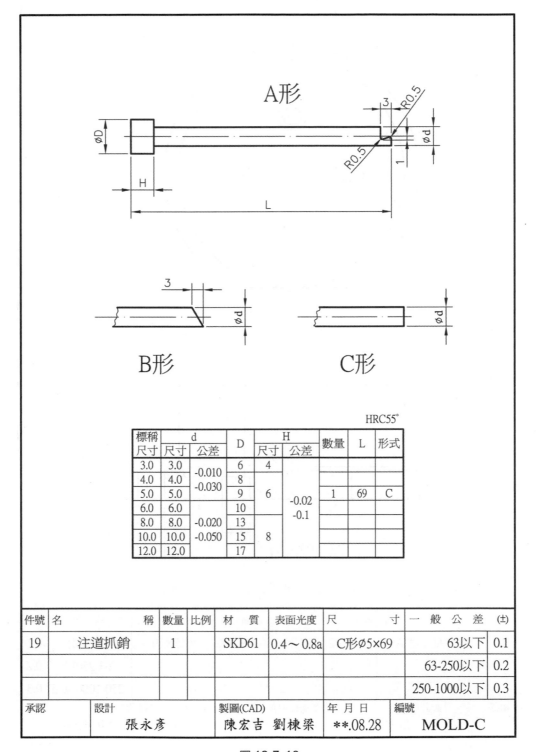

標稱尺寸	d		D	H		數量	L	形式
	尺寸	公差		尺寸	公差			
3.0	3.0	-0.010 -0.030	6	4	-0.02 -0.1	1	69	C
4.0	4.0		8					
5.0	5.0		9	6				
6.0	6.0		10					
8.0	8.0	-0.020 -0.050	13					
10.0	10.0		15	8				
12.0	12.0		17					

HRC55°

件號	名　　　　稱	數量	比例	材　　質	表面光度	尺　　　　寸	一　般　公　差　(±)	
19	注道抓銷	1		SKD61	0.4〜0.8a	C形∅5×69	63以下	0.1
							63-250以下	0.2
							250-1000以下	0.3
承認	設計　張永彥			製圖(CAD)　陳宏吉 劉棟梁		年 月 日　**.08.28	編號　MOLD-C	

圖 12.7-18

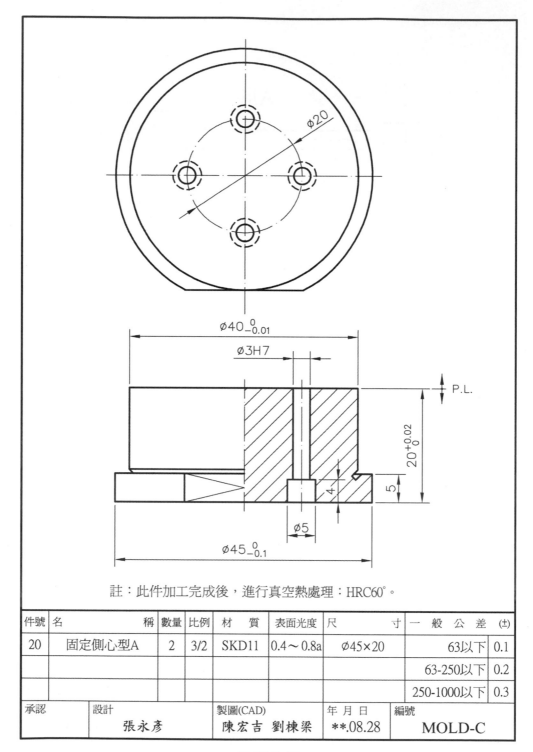

註：此件加工完成後，進行真空熱處理：HRC60°。

件號	名　　　　　　稱	數量	比例	材　　質	表面光度	尺　　　　　寸	一　般　公　差　(±)	
20	固定側心型A	2	3/2	SKD11	0.4～0.8a	Ø45×20	63以下	0.1
							63-250以下	0.2
							250-1000以下	0.3

承認	設計	製圖(CAD)	年 月 日	編號
	張永彥	陳宏吉 劉棟梁	**.08.28	MOLD-C

圖 12.7-19

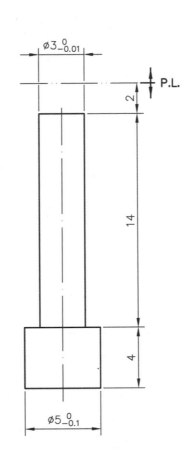

註：此件加工完成後，進行真空熱處理：HRC60°。

件號	名　　　稱	數量	比例	材　質	表面光度	尺　　　寸	一　般　公　差 (±)	
21	固定側心型B	8	4/1	SKD11	0.4～0.8a	Ø5×18	63以下	0.1
							63-250以下	0.2
							250-1000以下	0.3

承認	設計 張永彥	製圖(CAD) 陳宏吉 劉棟梁	年 月 日 **.08.28	編號 MOLD-C

圖 12.7-20

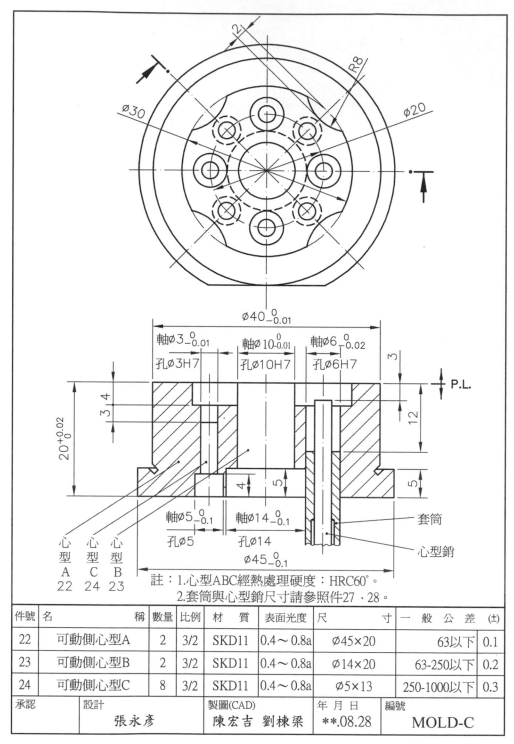

件號	名　　　　　　稱	數量	比例	材　　質	表面光度	尺　　　　　　寸	一　般　公　差 (±)	
22	可動側心型A	2	3/2	SKD11	0.4～0.8a	Ø45×20	63以下	0.1
23	可動側心型B	2	3/2	SKD11	0.4～0.8a	Ø14×20	63-250以下	0.2
24	可動側心型C	8	3/2	SKD11	0.4～0.8a	Ø5×13	250-1000以下	0.3

承認	設計	製圖(CAD)	年 月 日	編號
	張永彥	陳宏吉 劉棟梁	**.08.28	MOLD-C

圖 12.7-21

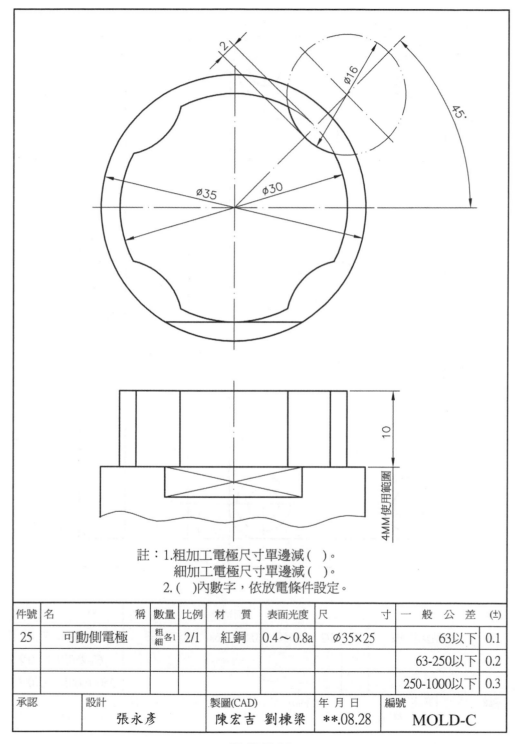

註：1.粗加工電極尺寸單邊減（　）。
　　細加工電極尺寸單邊減（　）。
2.（　）內數字，依放電條件設定。

件號	名　　　　　　稱	數量	比例	材　　質	表面光度	尺　　　　寸	一　般　公　差	(±)
25	可動側電極	粗細各1	2/1	紅銅	0.4～0.8a	Ø35×25	63以下	0.1
							63-250以下	0.2
							250-1000以下	0.3

承認	設計	製圖(CAD)	年 月 日	編號
	張永彥	陳宏吉　劉棟梁	**.08.28	MOLD-C

圖 12.7-22

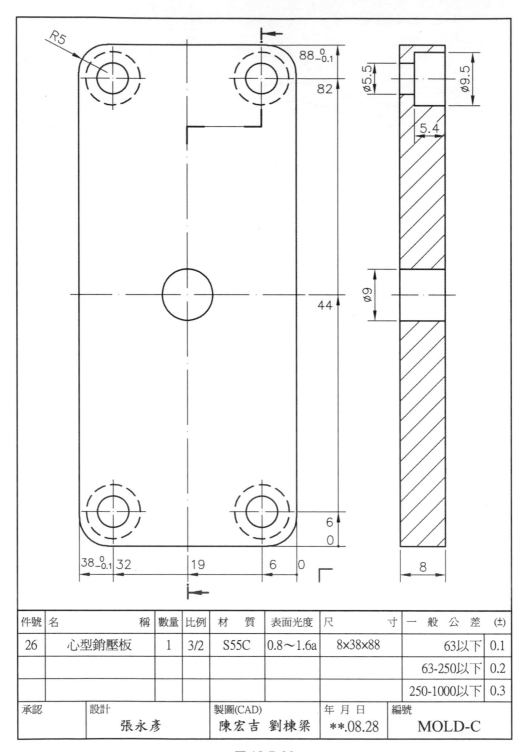

件號	名　　　　　稱	數量	比例	材　　質	表面光度	尺　　　　　寸	一　般　公　差	(±)
26	心型銷壓板	1	3/2	S55C	0.8～1.6a	8×38×88	63以下	0.1
							63-250以下	0.2
							250-1000以下	0.3
承認	設計　　張永彥			製圖(CAD)　陳宏吉 劉棟梁		年 月 日　**.08.28	編號　MOLD-C	

圖 12.7-23

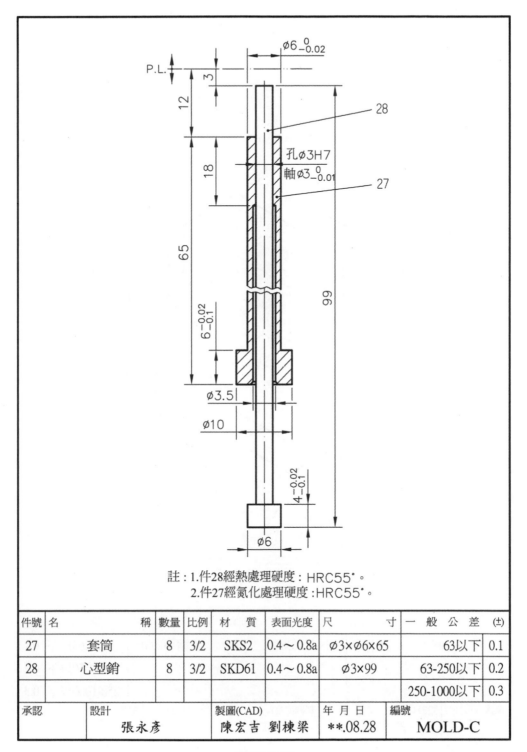

註：1.件28經熱處理硬度：HRC55˚。
　　2.件27經氮化處理硬度：HRC55˚。

件號	名　　　　　　稱	數量	比例	材　質	表面光度	尺　　　　　寸	一般公差 (±)	
27	套筒	8	3/2	SKS2	0.4～0.8a	Ø3×Ø6×65	63以下	0.1
28	心型銷	8	3/2	SKD61	0.4～0.8a	Ø3×99	63-250以下	0.2
							250-1000以下	0.3
承認	設計　張永彥			製圖(CAD)　陳宏吉 劉棟梁		年 月 日　**.08.28	編號　MOLD-C	

圖 12.7-24

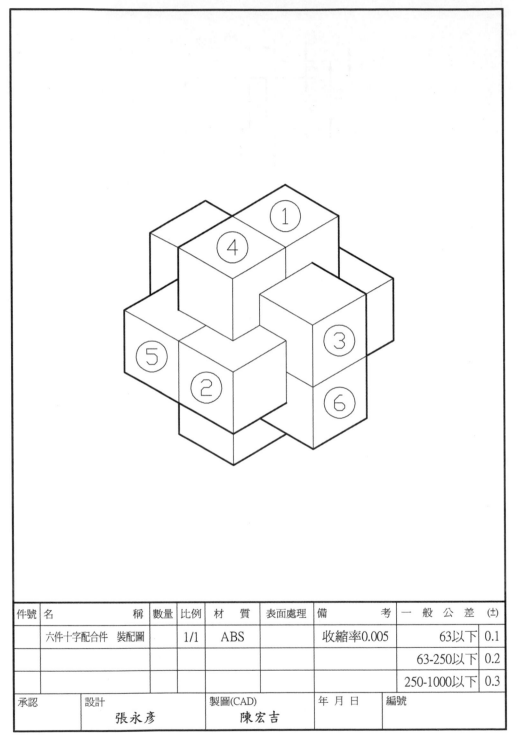

件號	名　　　　　　稱	數量	比例	材　　質	表面處理	備　　　　　　考	一　般　公　差　(±)	
	六件十字配合件　裝配圖		1/1	ABS		收縮率0.005	63以下	0.1
							63-250以下	0.2
							250-1000以下	0.3

承認	設計　　張永彥	製圖(CAD)　　陳宏吉	年 月 日	編號

圖 12.8

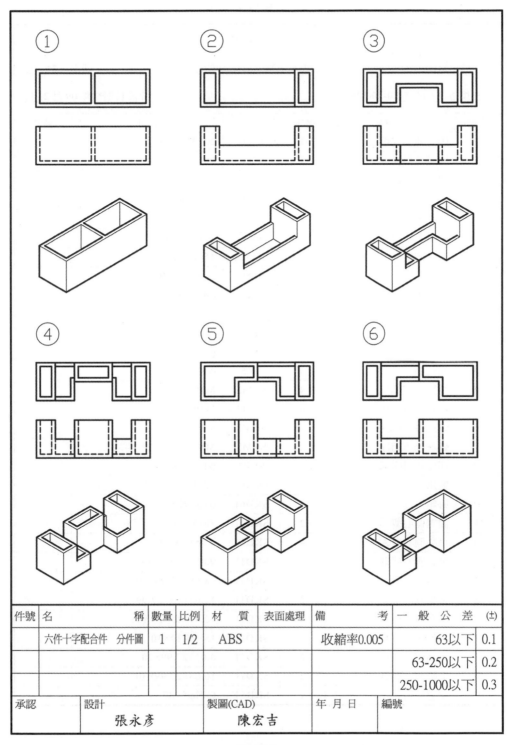

件號	名　　　　　　　　稱	數量	比例	材　　質	表面處理	備　　　　　　考	一　般　公　差 (±)	
	六件十字配合件　分件圖	1	1/2	ABS		收縮率0.005	63以下	0.1
							63-250以下	0.2
							250-1000以下	0.3
承認	設計　　　　張永彥			製圖(CAD)　　　陳宏吉		年 月 日	編號	

圖 12.9

表 12.7

零件明細表

編　號　MOLD-D　　　　　　成形品名稱　六件十字配合件⑤　　　　　圖面　29　張

模座規格　A1515-20-30-50S　　　　　　　　　　　　完成日期**年 09 月 21 日

件號	名稱	數量	材質	尺寸	備註
1	固定側固定板	1	S55C	20×150×200	
2	固定側型模板	1	S55C	20×150×150	
3	可動側型模板	1	S55C	30×150×150	
4	承板	1	S55C	30×150×150	
5	間隔塊	2	S55C	30×50×150	
6	射銷定位板	1	S55C	13×88×150	
7	射銷固定板	1	S55C	15×88×150	
8	可動側固定板	1	S55C	20×150×200	
9	注道襯套	1	SK5	φ45×25	
10	定位環	1	S55C	φ76×15	
11	導銷襯套	4	SKS2	A 形φ16×19	
12	導銷	4	SKS2	φ16×48×29	
13	回位銷	4	SK5	φ12×95	
14	螺絲(固定側)	4	SCM3	M10×25	
15	螺絲(可動側)	4	SCM3	M10×105	
16	螺絲(射銷板)	4	SCM3	M6×16	
17	螺絲(定位環)	2	SCM3	M8×16	
18	回位銷用彈簧	4	SUP3	φ13.5×φ21×55	
19	射銷	12	SKD61	φ3×92.99	
20	射銷	2	SKD61	φ10×92.99	
21	固定側心型	2	SKD11	20×30×80	
22	可動側心型 A	4	SKD11	4.96×30×80	
23	可動側心型 B	4	SKD11	9.85×20.08×30	
24	可動側心型 C	2	SKD11	18.08×27.99×30	
25	可動側心型 D	2	SKD11	12.07×15×27.99	
26	可動側心型 E	2	SKD11	12.07×15×27.99	
27	可動側心型 F	2	SKD11	15×24.14×30	
28	可動側心型 G	2	SKD11	8.05×27.99×30	
29	可動側心型 H	2	SKD11	10.03×27.99×30	
30	注道抓銷	1	SKD61	C 形φ5×87	

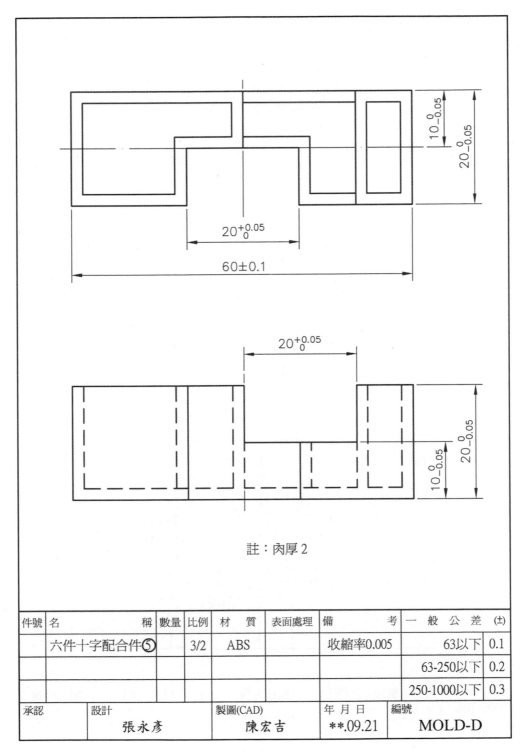

註：肉厚 2

件號	名　　　　　稱	數量	比例	材　　質	表面處理	備　　　　　考	一　般　公　差　(±)	
	六件十字配合件⑤		3/2	ABS		收縮率0.005	63以下	0.1
							63-250以下	0.2
							250-1000以下	0.3
承認	設計　張永彥			製圖(CAD)　陳宏吉		年 月 日　**.09.21	編號　MOLD-D	

圖 12.10-1

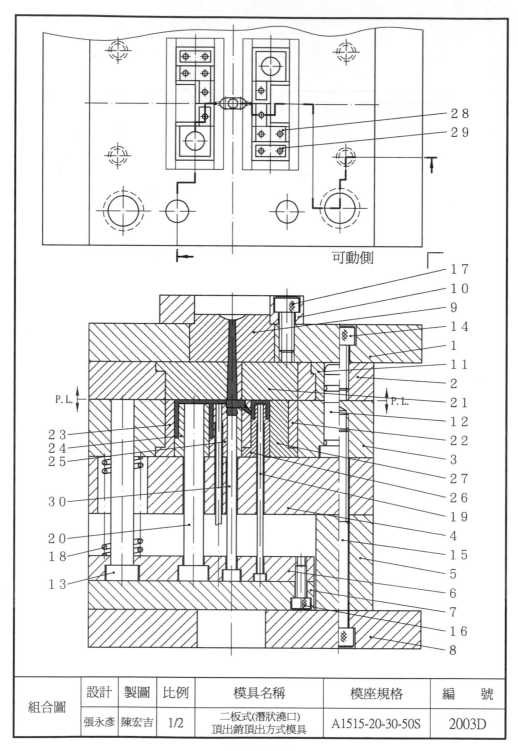

可動側

組合圖	設計	製圖	比例	模具名稱	模座規格	編　　號
	張永彥	陳宏吉	1/2	二板式(潛狀澆口) 頂出銷頂出方式模具	A1515-20-30-50S	2003D

圖 12.10-2

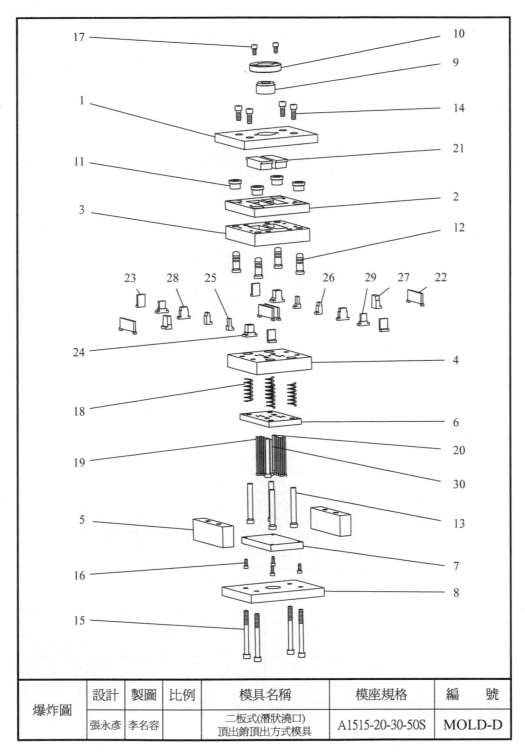

爆炸圖	設計	製圖	比例	模具名稱	模座規格	編　號
	張永彥	李名容		二板式(潛狀澆口) 頂出銷頂出方式模具	A1515-20-30-50S	MOLD-D

圖 12.10-3

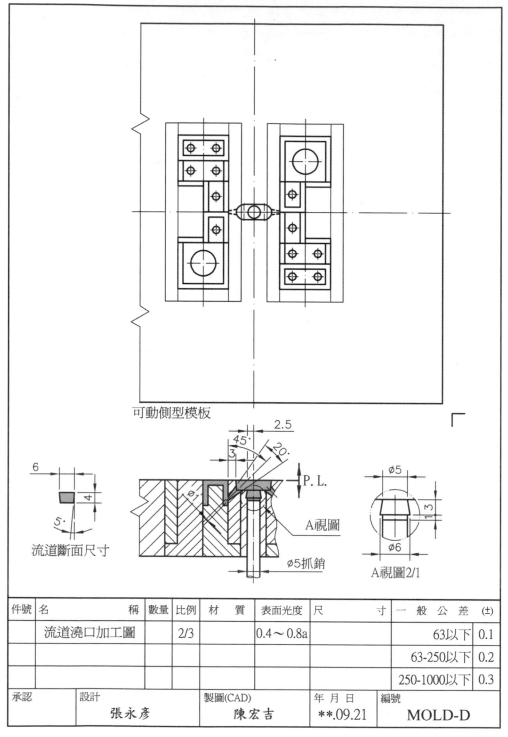

可動側型模板

流道斷面尺寸

A視圖

ø5抓銷

A視圖2/1

件號	名　　　　　　　稱	數量	比例	材　　質	表面光度	尺　　　　　寸	一　般　公　差	(±)
	流道澆口加工圖		2/3		0.4～0.8a		63以下	0.1
							63-250以下	0.2
							250-1000以下	0.3

承認	設計	製圖(CAD)	年 月 日	編號
	張永彥	陳宏吉	**.09.21	MOLD-D

圖 12.10-4

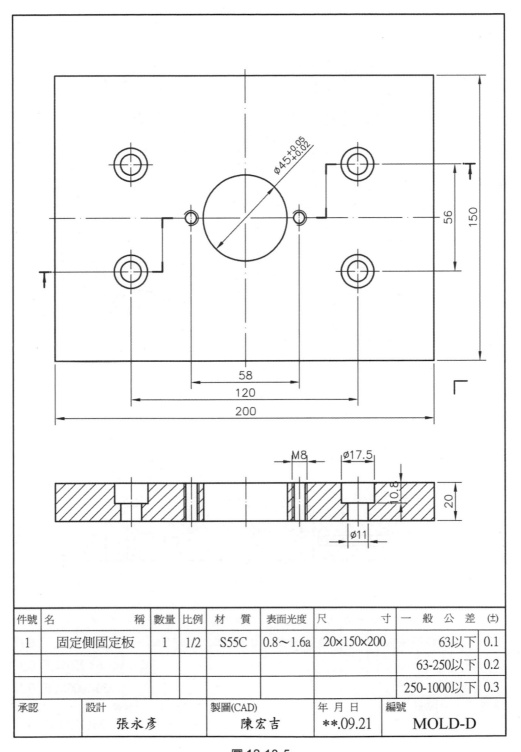

件號	名　　　　　稱	數量	比例	材　質	表面光度	尺　　　　寸	一　般　公　差 (±)	
1	固定側固定板	1	1/2	S55C	0.8~1.6a	20×150×200	63以下	0.1
							63-250以下	0.2
							250-1000以下	0.3
承認	設計 張永彥			製圖(CAD) 陳宏吉		年　月　日 **.09.21	編號 MOLD-D	

圖 12.10-5

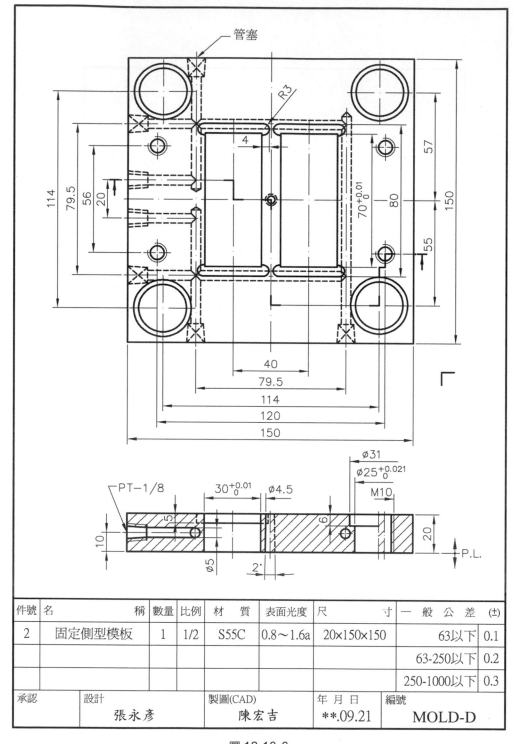

件號	名　　　　　稱	數量	比例	材　　質	表面光度	尺　　　　寸	一　般　公　差 (±)	
2	固定側型模板	1	1/2	S55C	0.8～1.6a	20×150×150	63以下	0.1
							63-250以下	0.2
							250-1000以下	0.3
承認	設計 張永彥		製圖(CAD) 陳宏吉			年 月 日 **.09.21	編號 MOLD-D	

圖 12.10-6

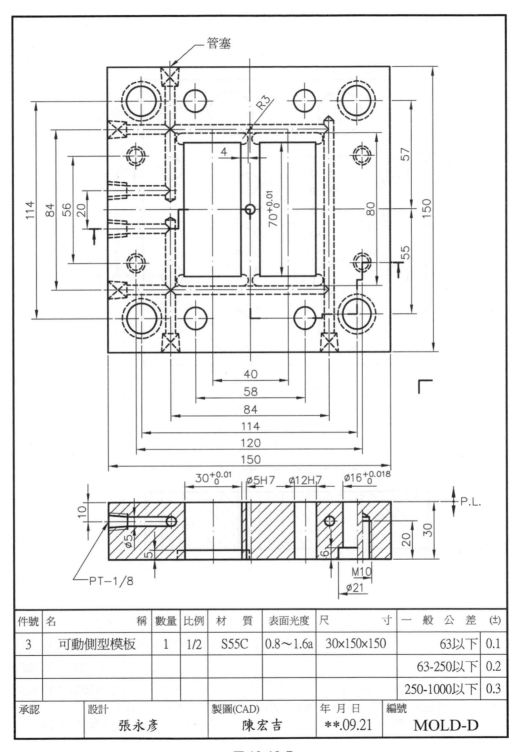

件號	名　　　　　稱	數量	比例	材　質	表面光度	尺　　　　寸	一　般　公　差	(±)
3	可動側型模板	1	1/2	S55C	0.8～1.6a	30×150×150	63以下	0.1
							63-250以下	0.2
							250-1000以下	0.3

承認	設計	製圖(CAD)	年 月 日	編號
	張永彥	陳宏吉	**.09.21	MOLD-D

圖 12.10-7

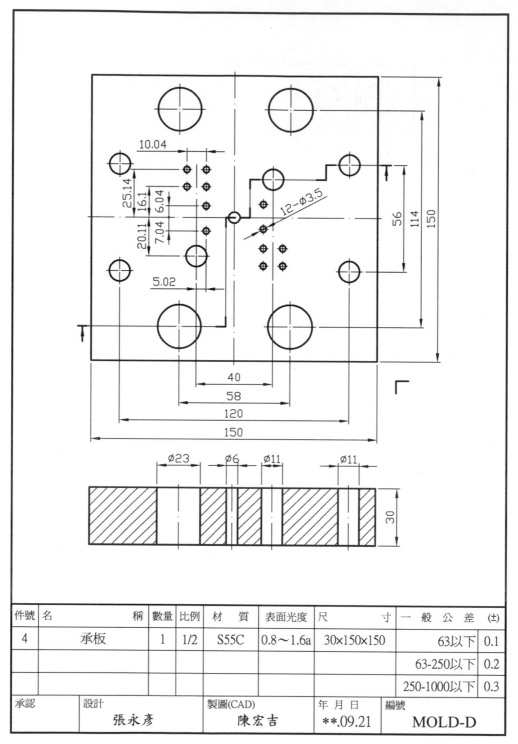

件號	名　　　　稱	數量	比例	材　質	表面光度	尺　　　寸	一　般　公　差	(±)
4	承板	1	1/2	S55C	0.8~1.6a	30×150×150	63以下	0.1
							63-250以下	0.2
							250-1000以下	0.3

承認	設計 張永彥	製圖(CAD) 陳宏吉	年 月 日 **.09.21	編號 MOLD-D

圖 12.10-8

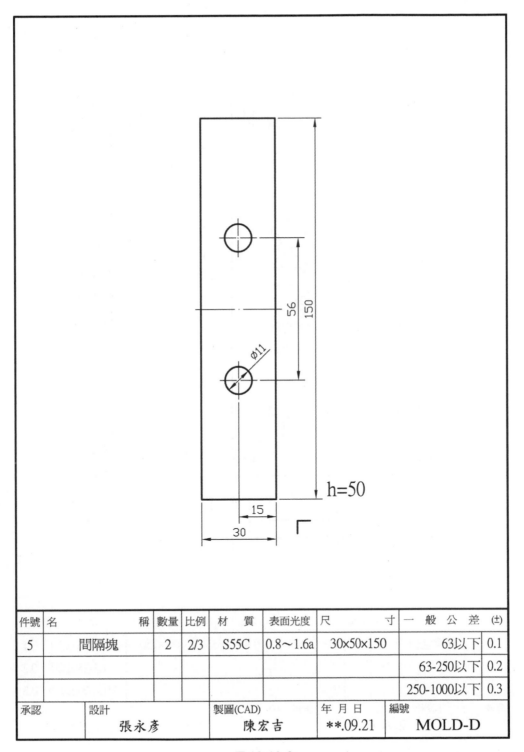

件號	名　　　　　　稱	數量	比例	材　質	表面光度	尺　　　　寸	一　般　公　差　(±)	
5	間隔塊	2	2/3	S55C	0.8～1.6a	30×50×150	63以下	0.1
							63-250以下	0.2
							250-1000以下	0.3
承認	設計　　　張永彥			製圖(CAD)　　陳宏吉		年 月 日　**.09.21	編號　　MOLD-D	

圖 12.10-9

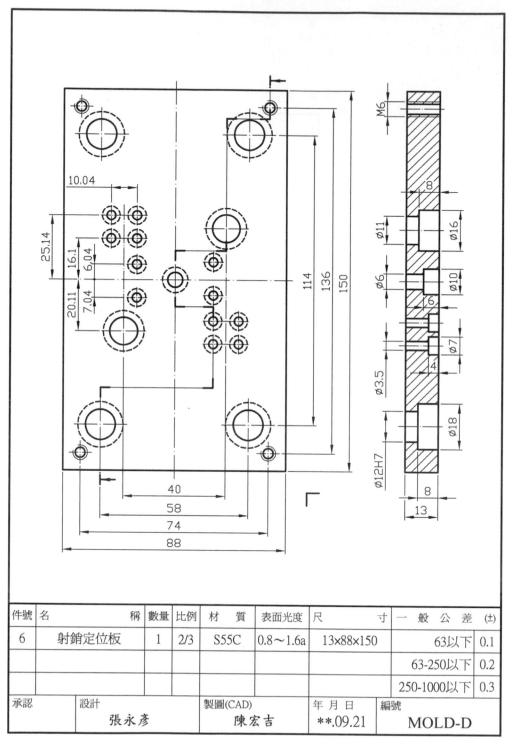

件號	名　　　　　稱	數量	比例	材　　質	表面光度	尺　　　　寸	一　般　公　差	(±)
6	射銷定位板	1	2/3	S55C	0.8～1.6a	13×88×150	63以下	0.1
							63-250以下	0.2
							250-1000以下	0.3

承認	設計	製圖(CAD)	年 月 日	編號
	張永彥	陳宏吉	**.09.21	MOLD-D

圖 12.10-10

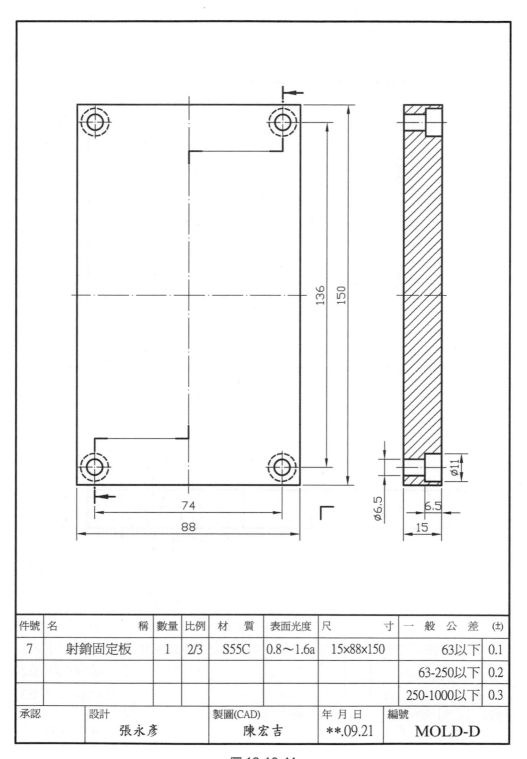

件號	名　　　　　稱	數量	比例	材　質	表面光度	尺　　　　寸	一　般　公　差	(±)
7	射銷固定板	1	2/3	S55C	0.8~1.6a	15×88×150	63以下	0.1
							63-250以下	0.2
							250-1000以下	0.3
承認	設計 張永彥			製圖(CAD) 陳宏吉		年 月 日 **.09.21	編號 MOLD-D	

圖 12.10-11

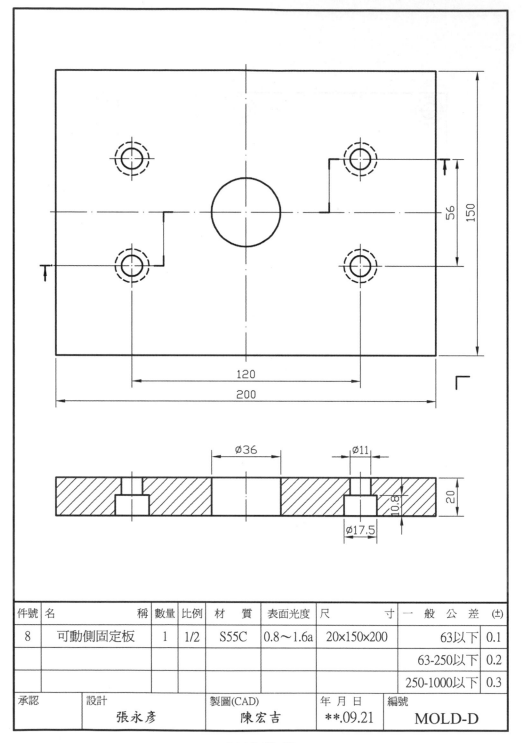

件號	名　　　　　　　　稱	數量	比例	材　　質	表面光度	尺　　　　　寸	一　般　公　差	(±)
8	可動側固定板	1	1/2	S55C	0.8～1.6a	20×150×200	63以下	0.1
							63-250以下	0.2
							250-1000以下	0.3
承認	設計 張永彥			製圖(CAD) 陳宏吉		年 月 日 **.09.21	編號 MOLD-D	

圖 12.10-12

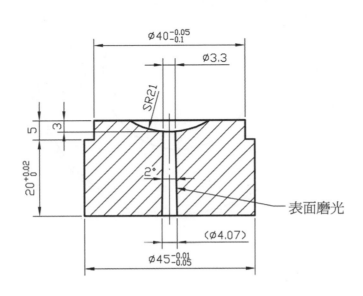

表面磨光

註：1.注道襯套加工完成後，SR21處進行局部淬火硬化：HRC60°。
　　2.SR21及∅3.3該部位尺寸，依使用射出成形機之噴嘴尺寸而變更。

件號	名　　　　　　　　稱	數量	比例	材　　質	表面光度	尺　　　　　寸	一　般　公　差 (±)	
9	注道襯套	1	1/1	SK5	0.4～0.8a	∅45×25	63以下	0.1
							63-250以下	0.2
							250-1000以下	0.3
承認	設計　　　張永彥			製圖(CAD)　　陳宏吉		年 月 日 **.09.21	編號　　MOLD-D	

圖 12.10-13

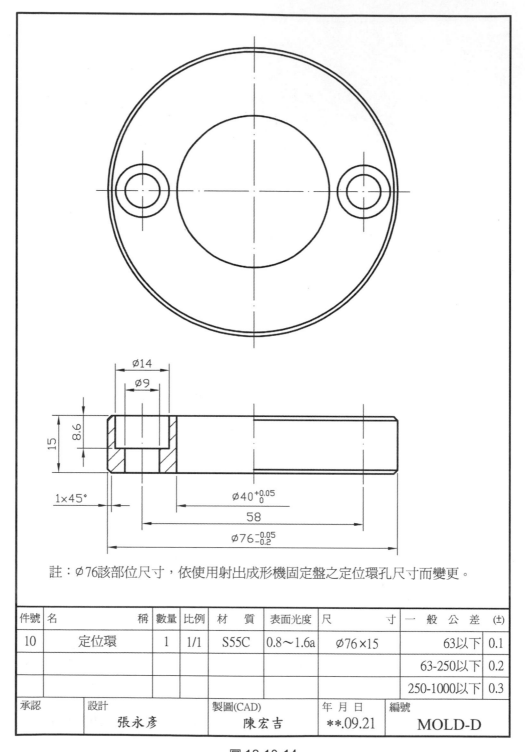

註：∅76該部位尺寸，依使用射出成形機固定盤之定位環孔尺寸而變更。

件號	名　　　　　稱	數量	比例	材　質	表面光度	尺　　　　寸	一　般　公　差	(±)
10	定位環	1	1/1	S55C	0.8～1.6a	∅76×15	63以下	0.1
							63-250以下	0.2
							250-1000以下	0.3

承認	設計 張永彥	製圖(CAD) 陳宏吉	年 月 日 **.09.21	編號 MOLD-D

圖 12.10-14

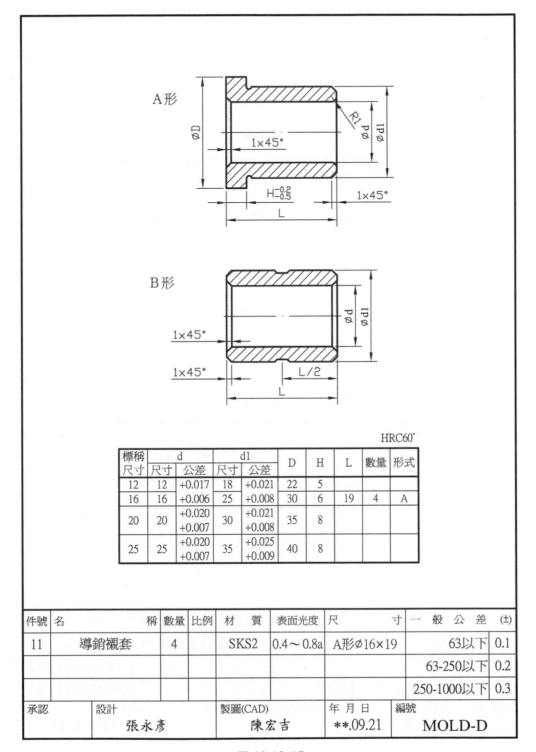

HRC60°

標稱 尺寸	d		d1		D	H	L	數量	形式
	尺寸	公差	尺寸	公差					
12	12	+0.017	18	+0.021	22	5			
16	16	+0.006	25	+0.008	30	6	19	4	A
20	20	+0.020 +0.007	30	+0.021 +0.008	35	8			
25	25	+0.020 +0.007	35	+0.025 +0.009	40	8			

件號	名　　　　　　　稱	數量	比例	材　　質	表面光度	尺　　　　　寸	一　般　公　差	(±)
11	導銷襯套	4		SKS2	0.4～0.8a	A形∅16×19	63以下	0.1
							63-250以下	0.2
							250-1000以下	0.3

承認	設計	製圖(CAD)	年 月 日	編號
	張永彥	陳宏吉	**.09.21	MOLD-D

圖 12.10-15

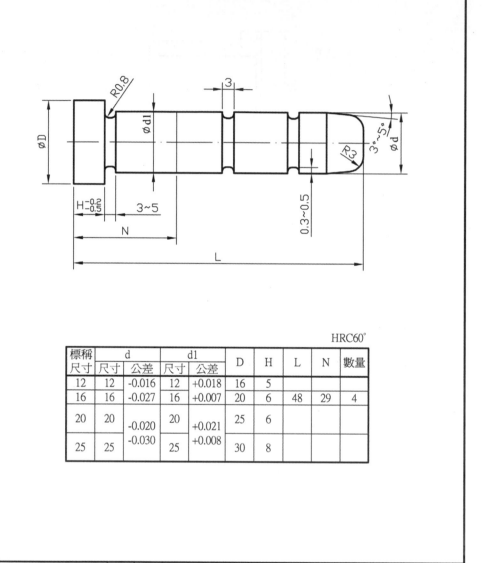

HRC60°

標稱尺寸	d		d1		D	H	L	N	數量
	尺寸	公差	尺寸	公差					
12	12	-0.016	12	+0.018	16	5			
16	16	-0.027	16	+0.007	20	6	48	29	4
20	20	-0.020	20	+0.021	25	6			
25	25	-0.030	25	+0.008	30	8			

件號	名　　　　稱	數量	比例	材　質	表面光度	尺　　　寸	一　般　公　差 (±)	
12	導銷	4		SKS2	0.4～0.8a	∅16×48×29	63以下	0.1
							63-250以下	0.2
							250-1000以下	0.3

承認	設計	製圖(CAD)	年 月 日	編號
	張永彥	陳宏吉	**.09.21	MOLD-D

圖 12.10-16

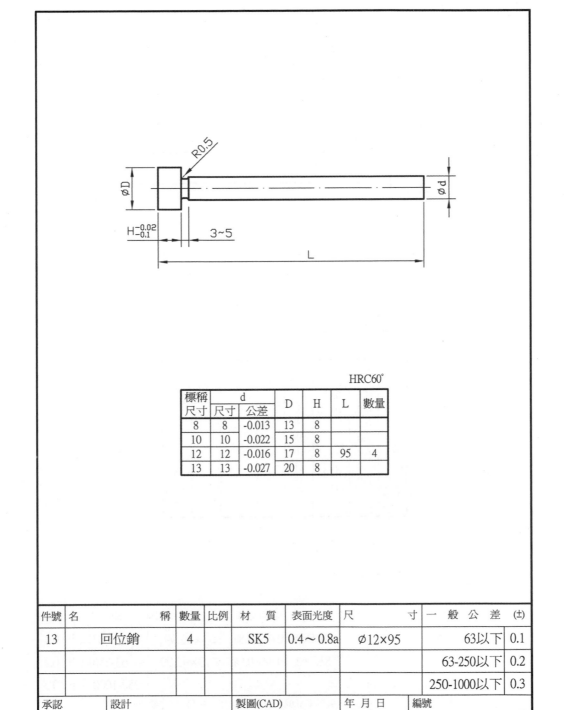

HRC60°

標稱尺寸	d		D	H	L	數量
	尺寸	公差				
8	8	-0.013	13	8		
10	10	-0.022	15	8		
12	12	-0.016	17	8	95	4
13	13	-0.027	20	8		

件號	名　　　　稱	數量	比例	材　質	表面光度	尺　　　　寸	一　般　公　差	(±)
13	回位銷	4		SK5	0.4～0.8a	Ø12×95	63以下	0.1
							63-250以下	0.2
							250-1000以下	0.3

承認	設計　張永彥	製圖(CAD)　陳宏吉	年 月 日　**.09.21	編號　MOLD-D

圖 12.10-17

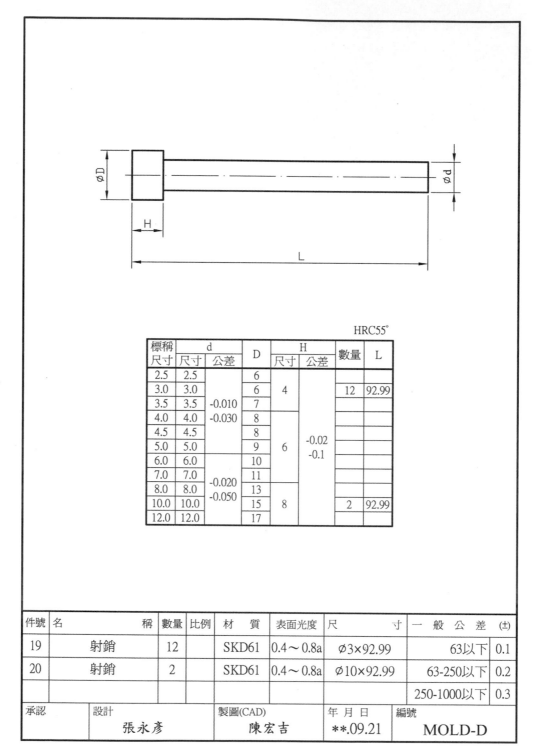

HRC55°

標稱 尺寸	d		D	H		數量	L
	尺寸	公差		尺寸	公差		
2.5	2.5		6				
3.0	3.0		6	4		12	92.99
3.5	3.5	-0.010	7				
4.0	4.0	-0.030	8				
4.5	4.5		8				
5.0	5.0		9	6	-0.02 -0.1		
6.0	6.0		10				
7.0	7.0	-0.020	11				
8.0	8.0	-0.050	13				
10.0	10.0		15	8		2	92.99
12.0	12.0		17				

件號	名　　　　稱	數量	比例	材　質	表面光度	尺　　　　寸	一　般　公　差	(±)
19	射銷	12		SKD61	0.4～0.8a	Ø3×92.99	63以下	0.1
20	射銷	2		SKD61	0.4～0.8a	Ø10×92.99	63-250以下	0.2
							250-1000以下	0.3
承認	設計 張永彥			製圖(CAD) 陳宏吉		年 月 日 **.09.21	編號 MOLD-D	

圖 12.10-18

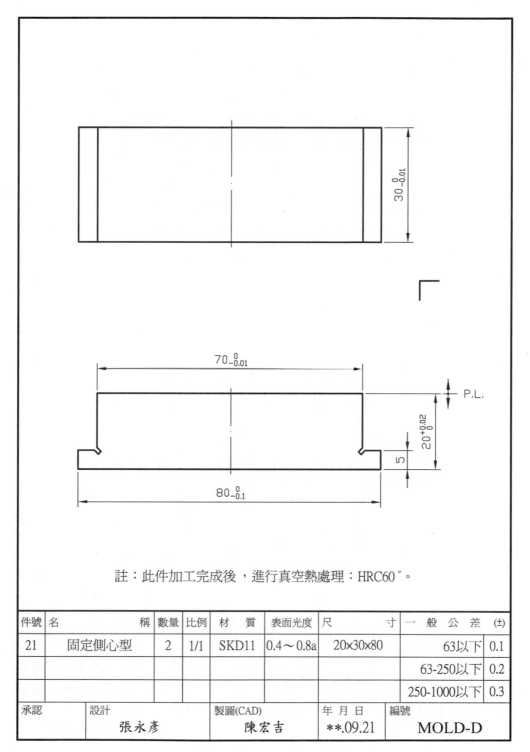

註：此件加工完成後，進行真空熱處理：HRC60°。

件號	名　　　　　稱	數量	比例	材　質	表面光度	尺　　　　寸	一　般　公　差 (±)	
21	固定側心型	2	1/1	SKD11	0.4～0.8a	20×30×80	63以下	0.1
							63-250以下	0.2
							250-1000以下	0.3

承認	設計	製圖(CAD)	年 月 日	編號
	張永彥	陳宏吉	**.09.21	**MOLD-D**

圖 12.10-19

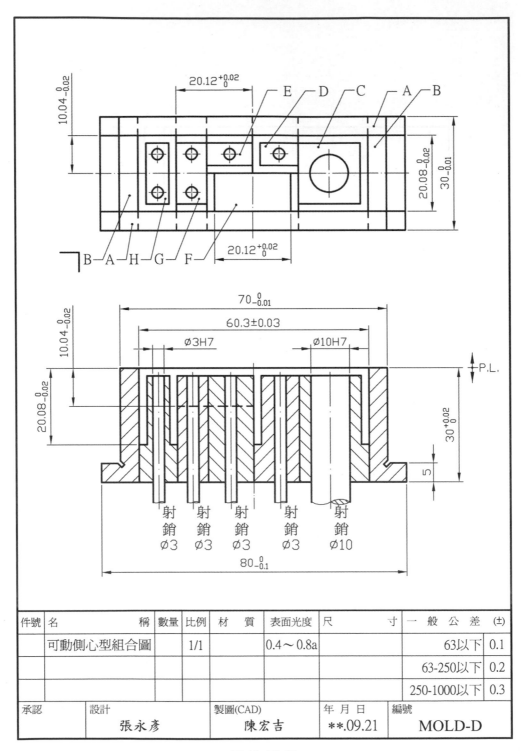

件號	名　　　　稱	數量	比例	材　質	表面光度	尺　　　寸	一　般　公　差	(±)
	可動側心型組合圖		1/1		0.4～0.8a		63以下	0.1
							63-250以下	0.2
							250-1000以下	0.3

承認	設計	製圖(CAD)	年 月 日	編號
	張永彥	陳宏吉	**.09.21	MOLD-D

圖 12.10-20

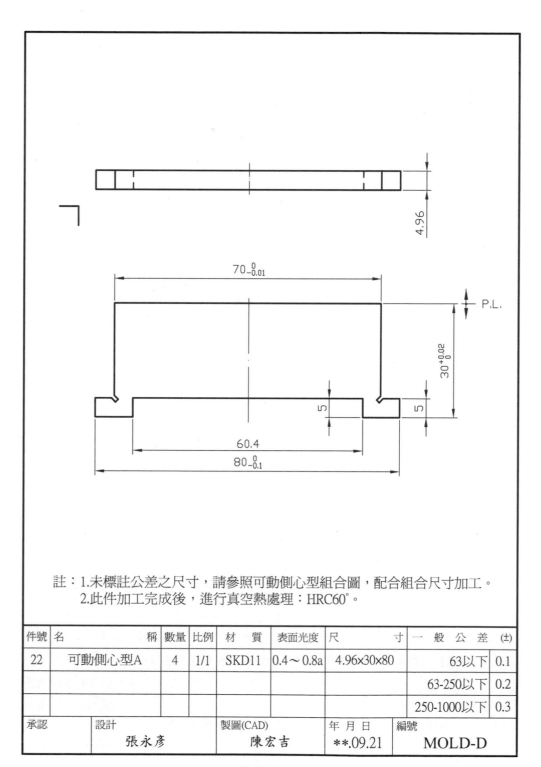

註：1.未標註公差之尺寸，請參照可動側心型組合圖，配合組合尺寸加工。
2.此件加工完成後，進行真空熱處理：HRC60°。

件號	名　　　　　稱	數量	比例	材　　質	表面光度	尺　　　　　寸	一　般　公　差 (±)	
22	可動側心型A	4	1/1	SKD11	0.4～0.8a	4.96×30×80	63以下	0.1
							63-250以下	0.2
							250-1000以下	0.3

承認	設計 張永彥	製圖(CAD) 陳宏吉	年 月 日 **.09.21	編號 MOLD-D

圖 12.10-21

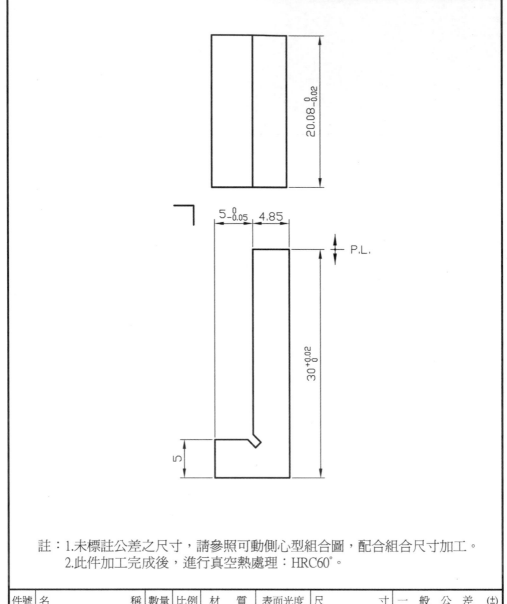

註：1.未標註公差之尺寸，請參照可動側心型組合圖，配合組合尺寸加工。
　　2.此件加工完成後，進行真空熱處理：HRC60°。

件號	名　　　　　　稱	數量	比例	材　質	表面光度	尺　　　　寸	一　般　公　差 (±)	
23	可動側心型B	4	2/1	SKD11	0.4～0.8a	9.85×20.08×30	63以下	0.1
							63-250以下	0.2
							250-1000以下	0.3
承認	設計　張永彥			製圖(CAD)　陳宏吉		年 月 日　**.09.21	編號　MOLD-D	

圖 12.10-22

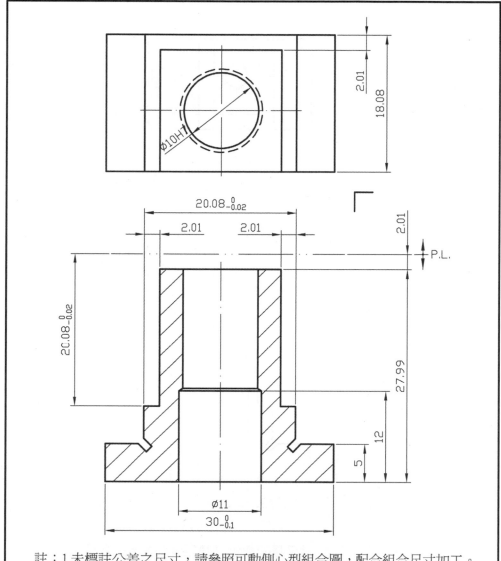

註：1.未標註公差之尺寸，請參照可動側心型組合圖，配合組合尺寸加工。
　　2.此件加工完成後，進行真空熱處理：HRC60°。

件號	名　　　　　　稱	數量	比例	材　　質	表面光度	尺　　　　　寸	一　般　公　差　(±)	
24	可動側心型C	2	2/1	SKD11	0.4～0.8a	18.08×27.99×30	63以下	0.1
							63-250以下	0.2
							250-1000以下	0.3

承認	設計	製圖(CAD)	年 月 日	編號
	張永彥	陳宏吉	**.09.21	MOLD-D

圖 12.10-23

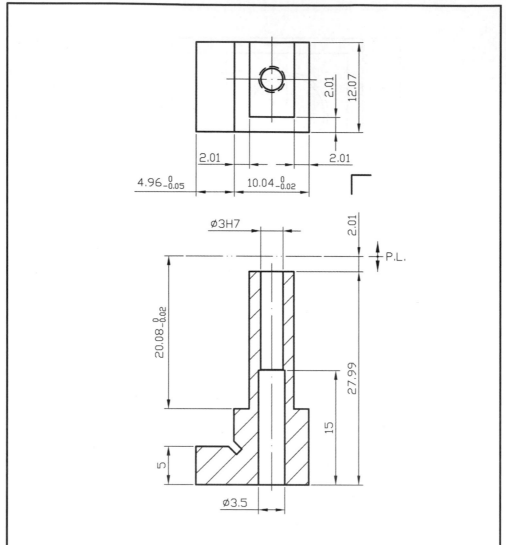

註:1.未標註公差之尺寸,請參照可動側心型組合圖,配合組合尺寸加工。
   2.此件加工完成後,進行真空熱處理:HRC60°。

件號	名　　　　　　稱	數量	比例	材　質	表面光度	尺　　　　　　寸	一　般　公　差　(±)	
25	可動側心型D	2	2/1	SKD11	0.4〜0.8a	12.07×15×27.99	63以下	0.1
							63-250以下	0.2
							250-1000以下	0.3
承認	設計 張永彥			製圖(CAD) 陳宏吉		年 月 日 **.09.21	編號 MOLD-D	

圖 12.10-24

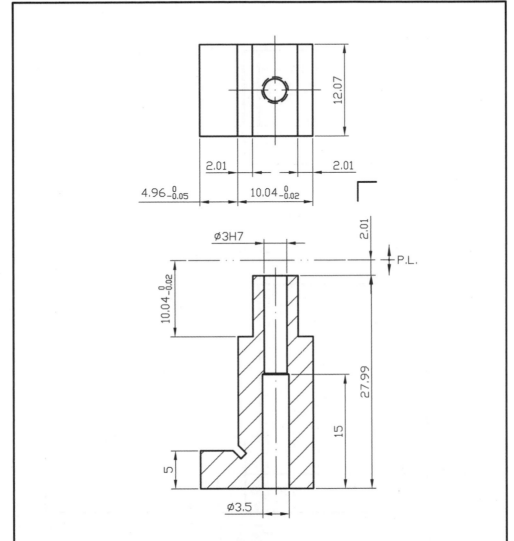

註：1.未標註公差之尺寸，請參照可動側心型組合圖，配合組合尺寸加工。
2.此件加工完成後，進行真空熱處理：HRC60°。

件號	名　　　　稱	數量	比例	材　質	表面光度	尺　　　寸	一　般　公　差	(±)
26	可動側心型E	2	2/1	SKD11	0.4～0.8a	12.07×15×27.99	63以下	0.1
							63-250以下	0.2
							250-1000以下	0.3
承認	設計　張永彥			製圖(CAD)　陳宏吉		年 月 日　**.09.21	編號　MOLD-D	

圖 12.10-25

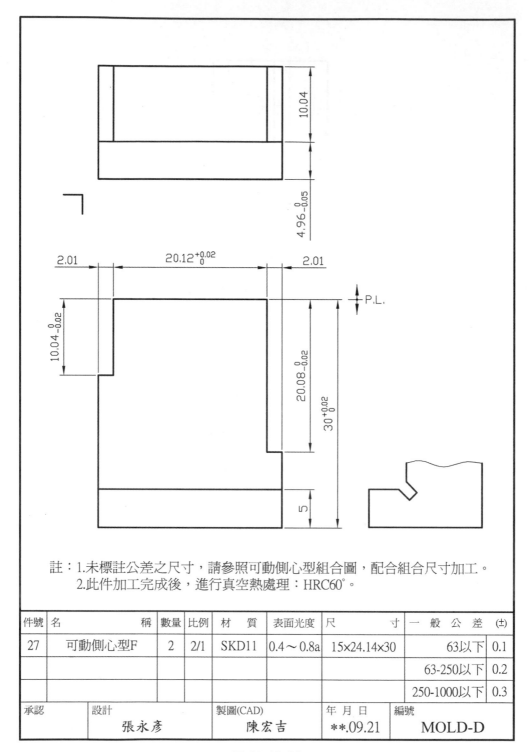

註：1.未標註公差之尺寸，請參照可動側心型組合圖，配合組合尺寸加工。
　　2.此件加工完成後，進行真空熱處理：HRC60°。

件號	名　　　　　　　稱	數量	比例	材　　質	表面光度	尺　　　　寸	一　般　公　差	(±)
27	可動側心型F	2	2/1	SKD11	0.4～0.8a	15×24.14×30	63以下	0.1
							63-250以下	0.2
							250-1000以下	0.3

承認	設計	製圖(CAD)	年 月 日	編號
	張永彥	陳宏吉	**.09.21	MOLD-D

圖 12.10-26

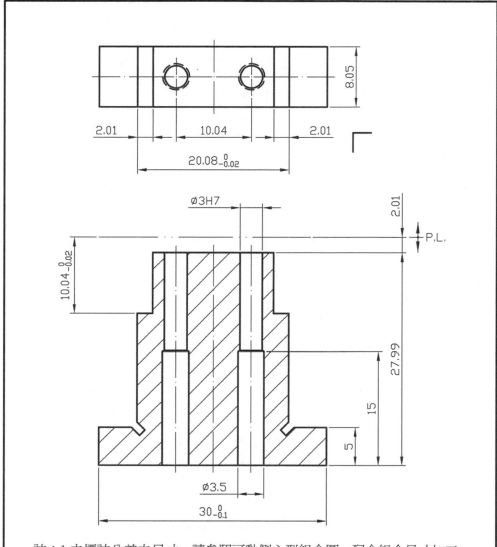

註：1.未標註公差之尺寸，請參照可動側心型組合圖，配合組合尺寸加工。
　　2.此件加工完成後，進行真空熱處理：HRC60°。

件號	名　　　　　稱	數量	比例	材　　質	表面光度	尺　　　　寸	一　般　公　差	(±)
28	可動側心型G	2	2/1	SKD11	0.4～0.8a	8.05×27.99×30	63以下	0.1
							63-250以下	0.2
							250-1000以下	0.3

承認	設計 張永彥	製圖(CAD) 陳宏吉	年 月 日 **.09.21	編號 MOLD-D

圖 12.10-27

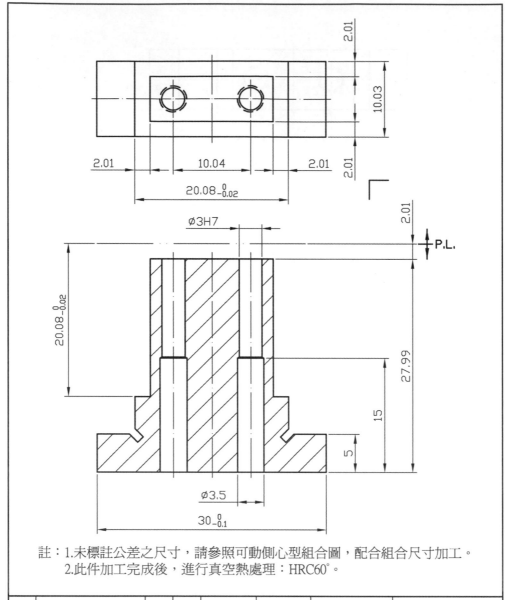

註：1.未標註公差之尺寸，請參照可動側心型組合圖，配合組合尺寸加工。
　　2.此件加工完成後，進行真空熱處理：HRC60°。

件號	名　　　　　　　稱	數量	比例	材　質	表面光度	尺　　　　寸	一　般　公　差	(±)
29	可動側心型H	2	2/1	SKD11	0.4～0.8a	10.03×27.99×30	63以下	0.1
							63-250以下	0.2
							250-1000以下	0.3

承認	設計	製圖(CAD)	年 月 日	編號
	張永彥	陳宏吉	**.09.21	MOLD-D

圖 12.10-28

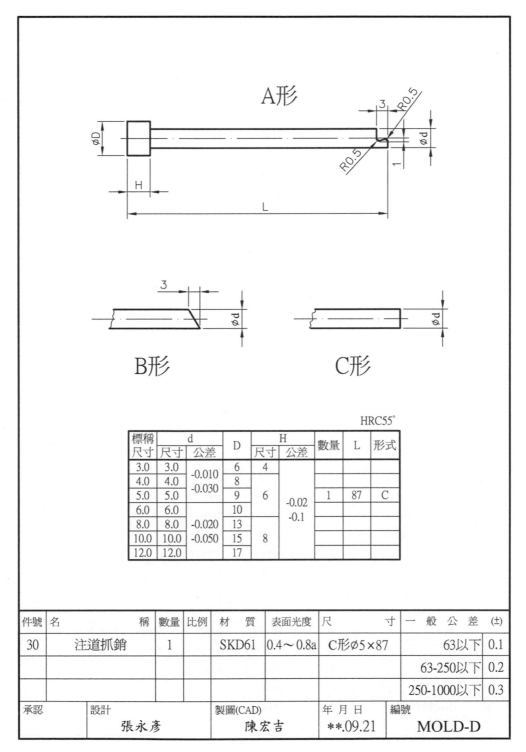

| 標稱 | d | | D | H | | 數量 | L | 形式 |
尺寸	尺寸	公差		尺寸	公差			
3.0	3.0	-0.010	6	4				
4.0	4.0	-0.030	8					
5.0	5.0		9	6	-0.02	1	87	C
6.0	6.0		10		-0.1			
8.0	8.0	-0.020	13					
10.0	10.0	-0.050	15	8				
12.0	12.0		17					

HRC55°

件號	名　　　　稱	數量	比例	材　質	表面光度	尺　　　　寸	一　般　公　差 (±)	
30	注道抓銷	1		SKD61	0.4～0.8a	C形∅5×87	63以下	0.1
							63-250以下	0.2
							250-1000以下	0.3

承認	設計	製圖(CAD)	年 月 日	編號
	張永彥	陳宏吉	**.09.21	MOLD-D

圖 12.10-29

表 12.8

<table>
<tr><td colspan="6" align="center">零件明細表</td></tr>
<tr><td colspan="2">編　號　MOLD-E</td><td colspan="2">成形品名稱　玻璃杯蓋</td><td colspan="2">圖面　25　張</td></tr>
<tr><td colspan="4">模座規格　DB1520-40-20-60-SIH180</td><td colspan="2">完成日期　**年10月23日</td></tr>
<tr><td>件號</td><td>名稱</td><td>數量</td><td>材質</td><td>尺寸</td><td>備註</td></tr>
<tr><td>1</td><td>固定側固定板</td><td>1</td><td>S55C</td><td>25×200×200</td><td></td></tr>
<tr><td>2</td><td>流道剝料板</td><td>1</td><td>S55C</td><td>15×150×200</td><td></td></tr>
<tr><td>3</td><td>固定側型模板</td><td>1</td><td>S55C</td><td>40×150×200</td><td></td></tr>
<tr><td>4</td><td>剝料板</td><td>1</td><td>NAK80</td><td>15×150×200</td><td></td></tr>
<tr><td>5</td><td>可動側型模板</td><td>1</td><td>S55C</td><td>20×150×200</td><td></td></tr>
<tr><td>6</td><td>承板</td><td>1</td><td>S55C</td><td>30×150×200</td><td></td></tr>
<tr><td>7</td><td>間隔塊</td><td>2</td><td>S55C</td><td>30×60×200</td><td></td></tr>
<tr><td>8</td><td>射銷定位板</td><td>1</td><td>S55C</td><td>13×88×200</td><td></td></tr>
<tr><td>9</td><td>射銷固定板</td><td>1</td><td>S55C</td><td>15×88×200</td><td></td></tr>
<tr><td>10</td><td>可動側固定板</td><td>1</td><td>S55C</td><td>20×200×200</td><td></td></tr>
<tr><td>11</td><td>注道襯套</td><td>1</td><td>SK5</td><td>φ45×49</td><td></td></tr>
<tr><td>12</td><td>定位環</td><td>1</td><td>S55C</td><td>φ76×15</td><td></td></tr>
<tr><td>13</td><td>導銷</td><td>4</td><td>SKS2</td><td>φ16×74×19</td><td></td></tr>
<tr><td>14</td><td>支承銷</td><td>4</td><td>SKS2</td><td>φ16×180×24</td><td></td></tr>
<tr><td>15</td><td>導銷襯套</td><td>4</td><td>SKS2</td><td>A形φ16×39</td><td></td></tr>
<tr><td>16</td><td>導銷襯套</td><td>4</td><td>SKS2</td><td>B形φ16×14</td><td></td></tr>
<tr><td>17</td><td>襯套(支承銷用)</td><td>4</td><td>SKS2</td><td>A形φ16×39</td><td></td></tr>
<tr><td>18</td><td>襯套(支承銷用)</td><td>4</td><td>SKS2</td><td>B形φ16×14</td><td></td></tr>
<tr><td>19</td><td>螺絲(支承銷)</td><td>4</td><td>SCM3</td><td>M6×25</td><td></td></tr>
<tr><td>20</td><td>螺絲(可動側)</td><td>4</td><td>SCM3</td><td>M10×115</td><td></td></tr>
<tr><td>21</td><td>螺絲(射銷板)</td><td>4</td><td>SCM3</td><td>M6×16</td><td></td></tr>
<tr><td>22</td><td>螺絲(定位環)</td><td>2</td><td>SCM3</td><td>M8×16</td><td></td></tr>
<tr><td>23</td><td>連桿用螺絲</td><td>8</td><td>SK2</td><td>M8×22</td><td></td></tr>
<tr><td>24</td><td>剝料板傳動銷</td><td>4</td><td>SK2</td><td>φ12×108</td><td></td></tr>
<tr><td>25</td><td>止動墊圈</td><td>4</td><td>SK2</td><td>φ21×7</td><td></td></tr>
<tr><td>26</td><td>彈簧墊圈</td><td>4</td><td>SUP3</td><td>φ12.2×φ6.1×1.5</td><td></td></tr>
<tr><td>27</td><td>彈簧</td><td>4</td><td>SUP3</td><td>φ13.5×φ21×65</td><td></td></tr>
<tr><td>28</td><td>拉桿</td><td>6</td><td>SK2</td><td>φ12×103</td><td></td></tr>
<tr><td>29</td><td>連桿</td><td>4</td><td>S55C</td><td>8×28×153</td><td></td></tr>
<tr><td>30</td><td>固定側心型</td><td>1</td><td>NAK80</td><td>φ95×40</td><td></td></tr>
<tr><td>31</td><td>可動側心型</td><td>1</td><td>NAK80</td><td>φ65×62.25</td><td></td></tr>
</table>

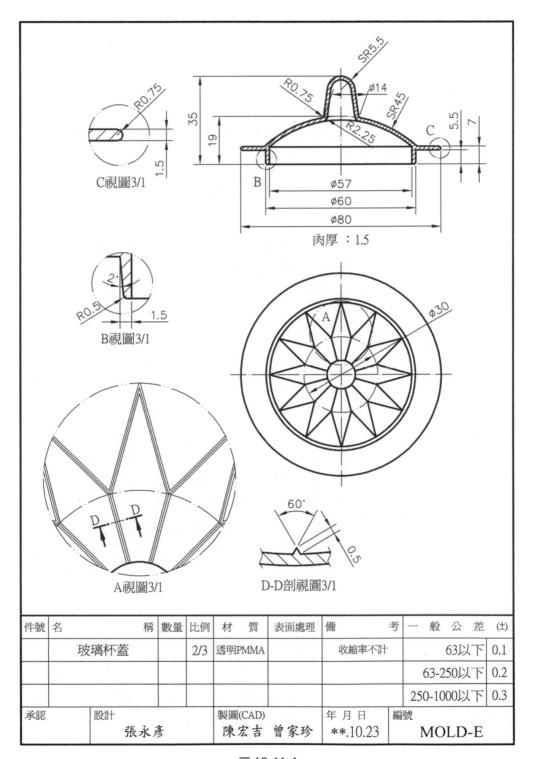

件號	名　　　　稱	數量	比例	材　質	表面處理	備　　　　考	一　般　公　差 (±)	
	玻璃杯蓋		2/3	透明PMMA		收縮率不計	63以下	0.1
							63-250以下	0.2
							250-1000以下	0.3
承認	設計　張永彥			製圖(CAD)　陳宏吉　曾家珍		年 月 日　**.10.23	編號　MOLD-E	

圖 12.11-1

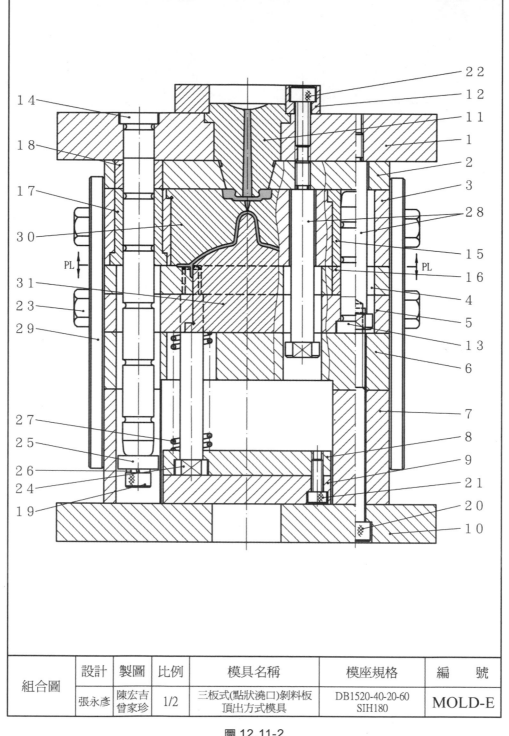

組合圖	設計	製圖	比例	模具名稱	模座規格	編　號
	張永彥	陳宏吉 曾家珍	1/2	三板式(點狀澆口)剝料板 頂出方式模具	DB1520-40-20-60 SIH180	**MOLD-E**

圖 12.11-2

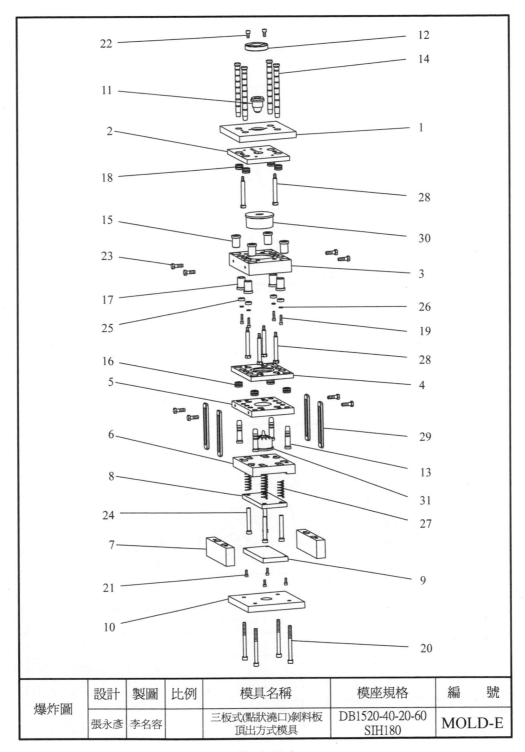

爆炸圖	設計	製圖	比例	模具名稱	模座規格	編　　號
	張永彥	李名容		三板式(點狀澆口)剝料板 頂出方式模具	DB1520-40-20-60 SIH180	MOLD-E

圖 12.11-3

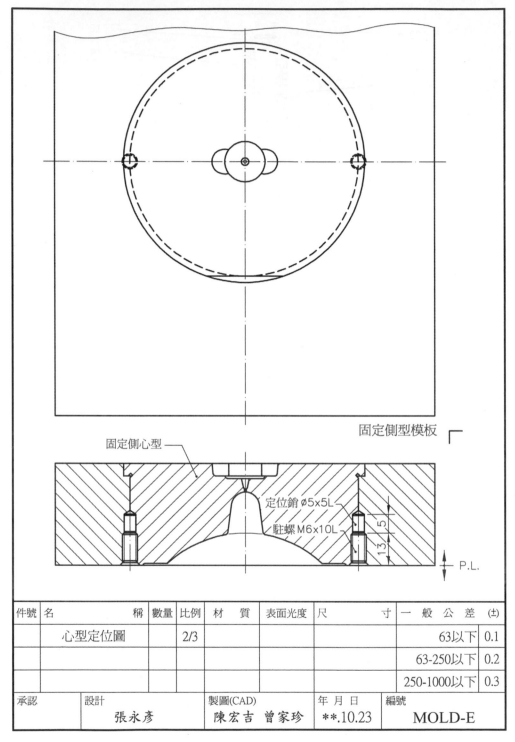

固定側型模板

固定側心型

定位銷 ø5x5L

駐螺 M6x10L

13 5

P.L.

件號	名　　　　　　稱	數量	比例	材　質	表面光度	尺　　　　寸	一　般　公　差	(±)
	心型定位圖		2/3				63以下	0.1
							63-250以下	0.2
							250-1000以下	0.3
承認	設計　張永彥			製圖(CAD)　陳宏吉 曾家珍		年 月 日　**.10.23	編號　MOLD-E	

圖 12.11-4

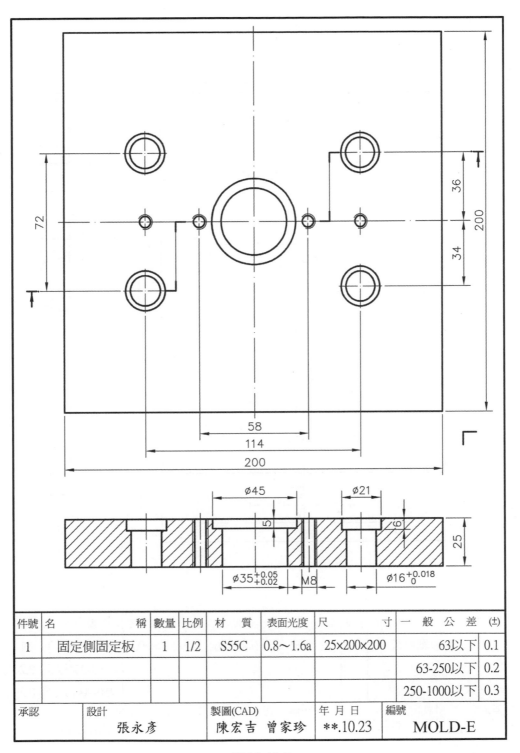

件號	名　　　　　　稱	數量	比例	材　　質	表面光度	尺　　　　寸	一　般　公　差 (±)	
1	固定側固定板	1	1/2	S55C	0.8～1.6a	25×200×200	63以下	0.1
							63-250以下	0.2
							250-1000以下	0.3

承認	設計 張永彥	製圖(CAD) 陳宏吉 曾家珍	年 月 日 **.10.23	編號 MOLD-E

圖 12.11-5

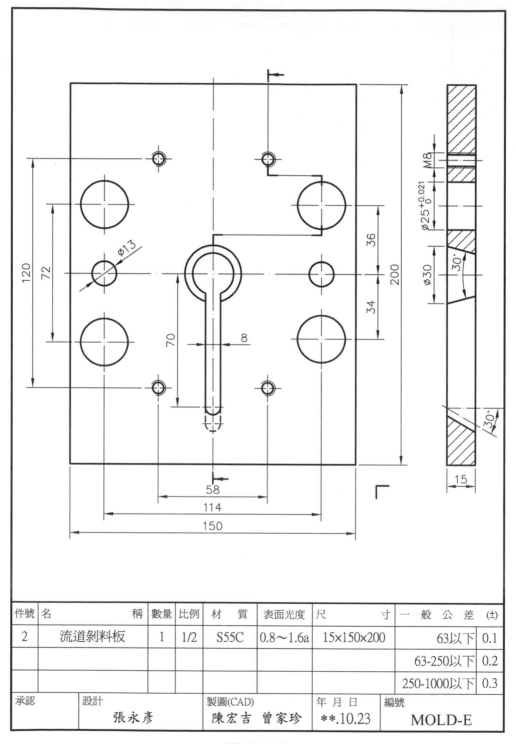

件號	名 稱	數量	比例	材 質	表面光度	尺 寸	一 般 公 差	(±)
2	流道剝料板	1	1/2	S55C	0.8～1.6a	15×150×200	63以下	0.1
							63-250以下	0.2
							250-1000以下	0.3

承認	設計 張永彥	製圖(CAD) 陳宏吉 曾家珍	年 月 日 **.10.23	編號 MOLD-E

圖 12.11-6

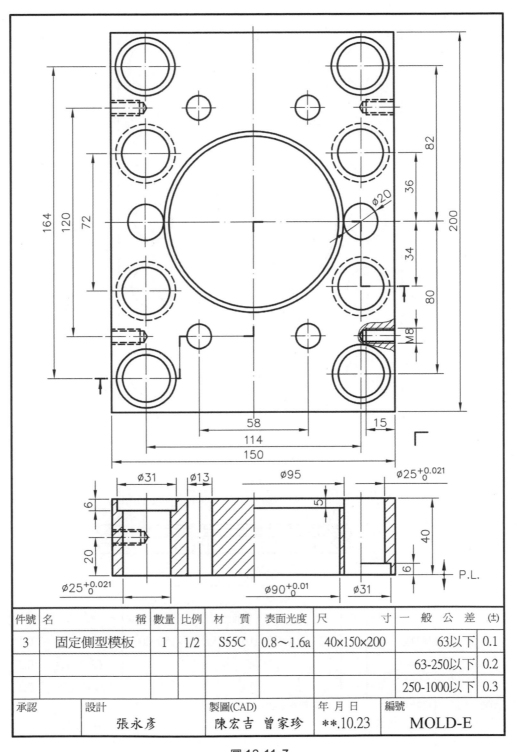

件號	名	稱	數量	比例	材 質	表面光度	尺	寸	一 般 公 差	(±)
3	固定側型模板		1	1/2	S55C	0.8～1.6a	40×150×200		63以下	0.1
									63-250以下	0.2
									250-1000以下	0.3
承認	設計				製圖(CAD)		年 月 日		編號	
	張永彥				陳宏吉 曾家珍		**.10.23		MOLD-E	

圖 12.11-7

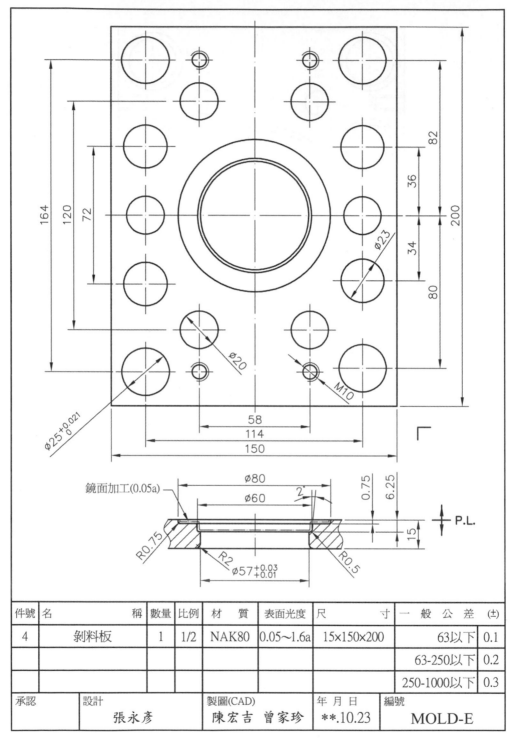

件號	名　　　　　稱	數量	比例	材　質	表面光度	尺　　　　寸	一　般　公　差	(±)
4	剝料板	1	1/2	NAK80	0.05~1.6a	15×150×200	63以下	0.1
							63-250以下	0.2
							250-1000以下	0.3

承認	設計 張永彥	製圖(CAD) 陳宏吉 曾家珍	年 月 日 **.10.23	編號 MOLD-E

圖 12.11-8

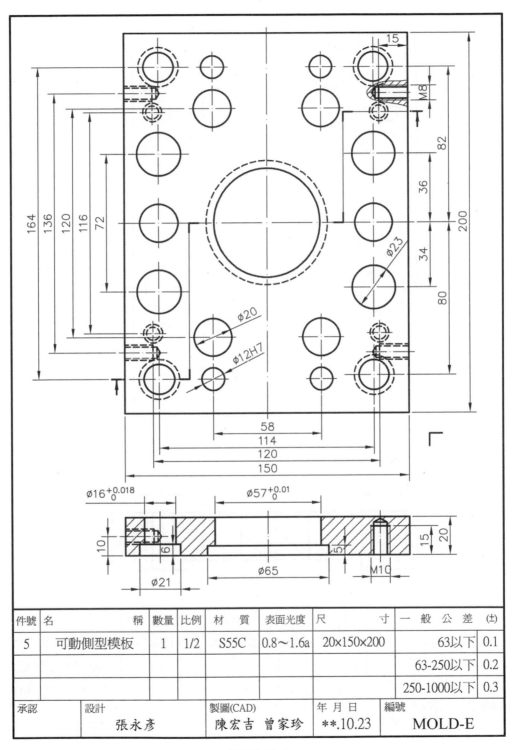

件號	名　　　　　　稱	數量	比例	材　　質	表面光度	尺　　　　　寸	一　般　公　差	(±)
5	可動側型模板	1	1/2	S55C	0.8～1.6a	20×150×200	63以下	0.1
							63-250以下	0.2
							250-1000以下	0.3

承認	設計	製圖(CAD)	年 月 日	編號
	張永彥	陳宏吉　曾家珍	**.10.23	MOLD-E

圖 12.11-9

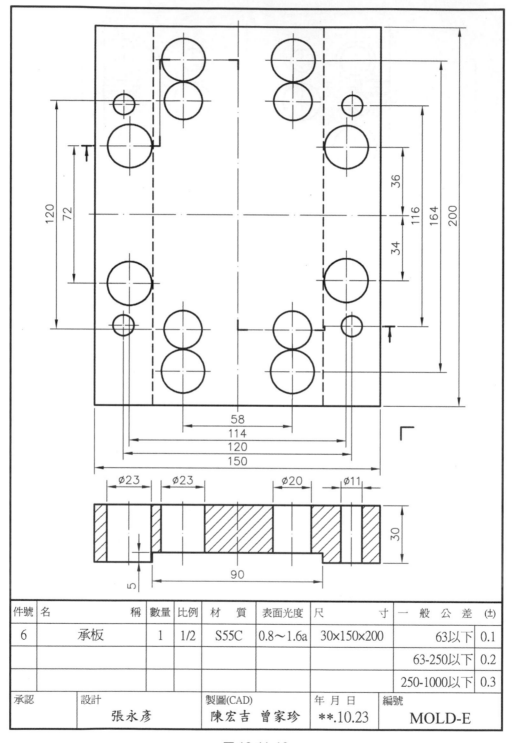

件號	名　　　　　稱	數量	比例	材　質	表面光度	尺　　　　寸	一　般　公　差	(±)
6	承板	1	1/2	S55C	0.8～1.6a	30×150×200	63以下	0.1
							63-250以下	0.2
							250-1000以下	0.3

承認	設計 張永彥	製圖(CAD) 陳宏吉 曾家珍	年 月 日 **.10.23	編號 MOLD-E

圖 12.11-10

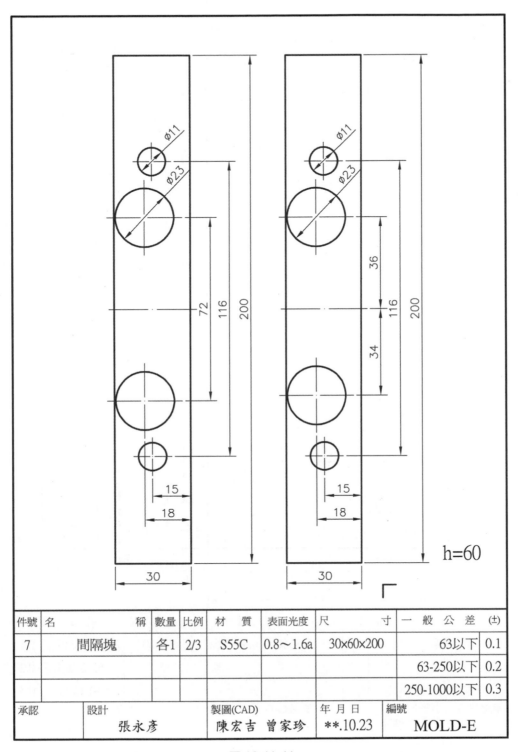

件號	名　　　　稱	數量	比例	材　　質	表面光度	尺　　　　寸	一　般　公　差	(±)
7	間隔塊	各1	2/3	S55C	0.8～1.6a	30×60×200	63以下	0.1
							63-250以下	0.2
							250-1000以下	0.3

承認	設計	製圖(CAD)	年 月 日	編號
	張永彥	陳宏吉 曾家珍	**.10.23	MOLD-E

圖 12.11-11

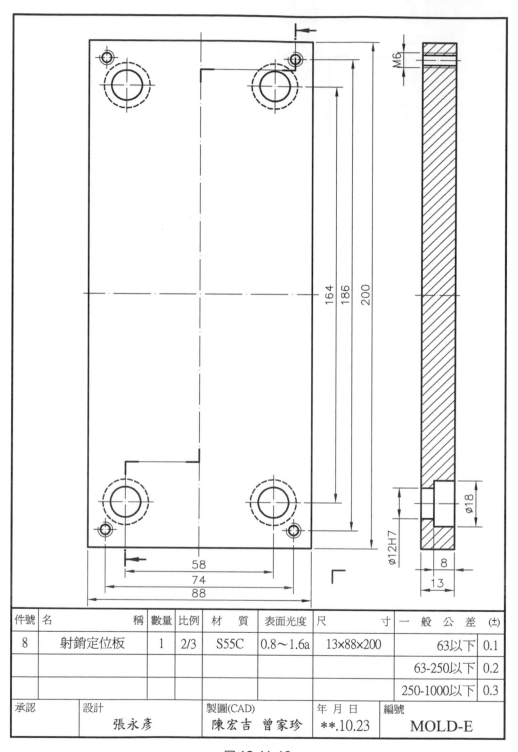

件號	名　　　　　　稱	數量	比例	材　質	表面光度	尺　　　　寸	一　般　公　差 (±)	
8	射銷定位板	1	2/3	S55C	0.8～1.6a	13×88×200	63以下	0.1
							63-250以下	0.2
							250-1000以下	0.3

承認	設計	製圖(CAD)	年 月 日	編號
	張永彥	陳宏吉 曾家珍	**.10.23	MOLD-E

圖 12.11-12

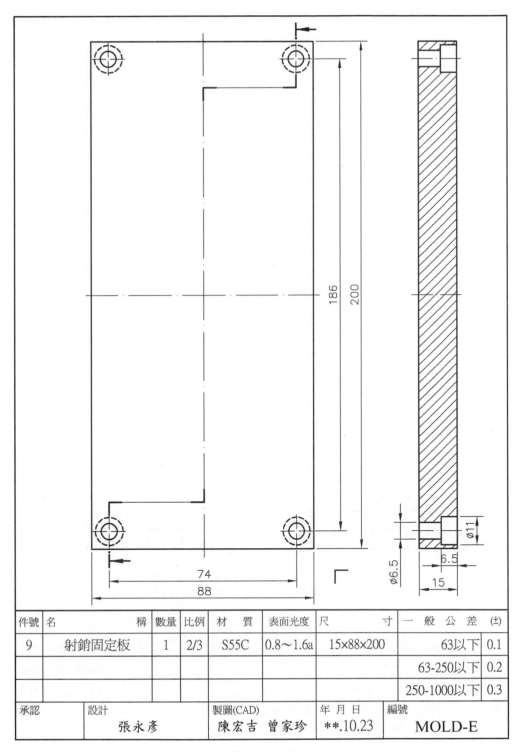

件號	名　　　　　　稱	數量	比例	材　質	表面光度	尺　　　　寸	一　般　公　差	(±)
9	射銷固定板	1	2/3	S55C	0.8～1.6a	15×88×200	63以下	0.1
							63-250以下	0.2
							250-1000以下	0.3
承認	設計　張永彥			製圖(CAD)　陳宏吉 曾家珍		年 月 日　**.10.23	編號　MOLD-E	

圖 12.11-13

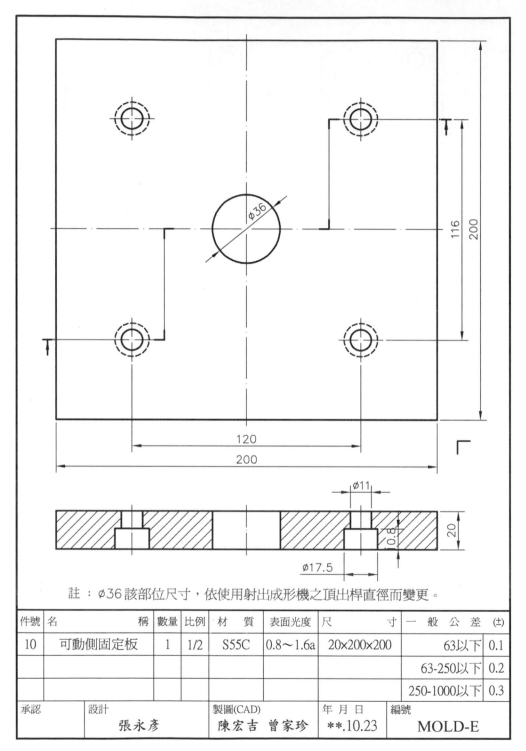

註 : ∅36該部位尺寸，依使用射出成形機之頂出桿直徑而變更。

件號	名　　　　　　稱	數量	比例	材　　質	表面光度	尺　　　　　　寸	一　般　公　差　(±)	
10	可動側固定板	1	1/2	S55C	0.8～1.6a	20×200×200	63以下	0.1
							63-250以下	0.2
							250-1000以下	0.3

承認	設計 張永彥	製圖(CAD) 陳宏吉 曾家珍	年 月 日 **.10.23	編號 MOLD-E

圖 12.11-14

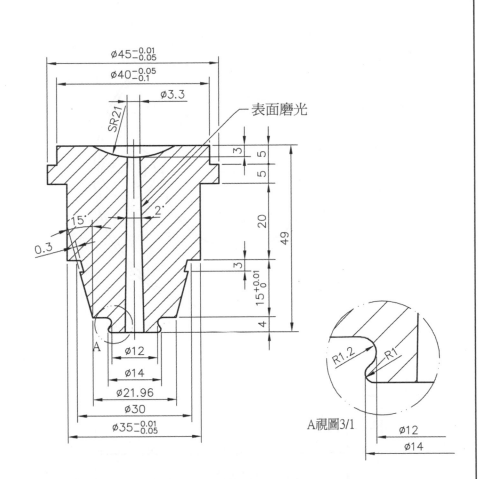

註：1.錐度部份與流道剝料板之錐孔配合後，間隙在0.01mm以內。
　　2.注道襯套加工完成後，SR21處進行局部淬火硬化：HRC60°。
　　3.SR21及ø3.3該部位尺寸，依使用射出成形機之噴嘴尺寸而變更。

件號	名　　　　　　稱	數量	比例	材　質	表面光度	尺　　　　寸	一　般　公　差	(±)
11	注道襯套	1	1/1	SK5	0.4～0.8a	ø45×49	63以下	0.1
							63-250以下	0.2
							250-1000以下	0.3

承認	設計 張永彥	製圖(CAD) 陳宏吉　曾家珍	年 月 日 **.10.23	編號 MOLD-E

圖 12.11-15

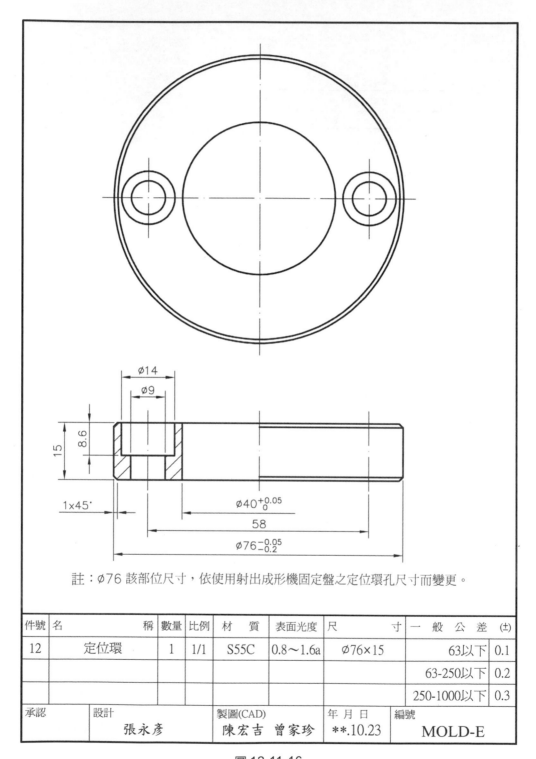

註：∅76 該部位尺寸，依使用射出成形機固定盤之定位環孔尺寸而變更。

件號	名　　　　　稱	數量	比例	材　　質	表面光度	尺　　　　寸	一　般　公　差 (±)	
12	定位環	1	1/1	S55C	0.8～1.6a	∅76×15	63以下	0.1
							63-250以下	0.2
							250-1000以下	0.3
承認	設計 張永彥			製圖(CAD) 陳宏吉　曾家珍		年 月 日 **.10.23	編號 MOLD-E	

圖 12.11-16

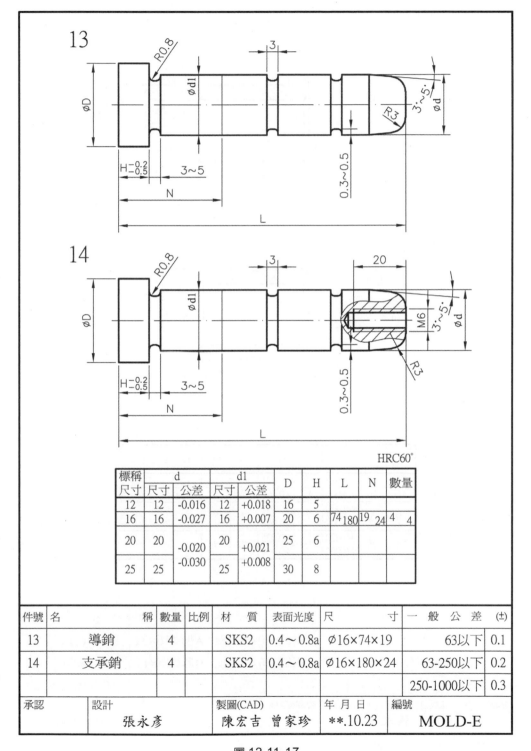

標稱	d		d1		D	H	L	N	數量
尺寸	尺寸	公差	尺寸	公差					
12	12	-0.016	12	+0.018	16	5			
16	16	-0.027	16	+0.007	20	6	74 180	19 24	4 4
20	20	-0.020	20	+0.021	25	6			
25	25	-0.030	25	+0.008	30	8			

件號	名　　　　　　稱	數量	比例	材　質	表面光度	尺　　　　　寸	一　般　公　差	(±)
13	導銷	4		SKS2	0.4～0.8a	Ø16×74×19	63以下	0.1
14	支承銷	4		SKS2	0.4～0.8a	Ø16×180×24	63-250以下	0.2
							250-1000以下	0.3
承認	設計 張永彥		製圖(CAD) 陳宏吉 曾家珍		年 月 日 **.10.23	編號 MOLD-E		

圖 12.11-17

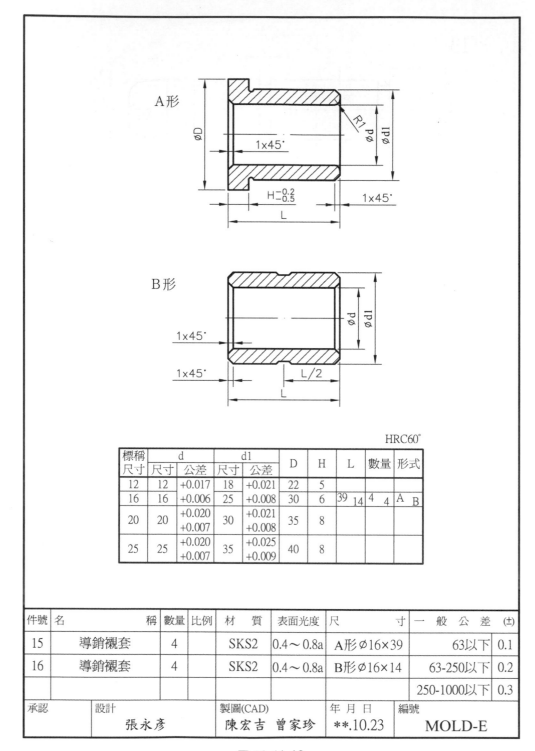

標稱	d		d1		D	H	L		數量		形式	
尺寸	尺寸	公差	尺寸	公差								
12	12	+0.017	18	+0.021	22	5						
16	16	+0.006	25	+0.008	30	6	39	14	4	4	A	B
20	20	+0.020 +0.007	30	+0.021 +0.008	35	8						
25	25	+0.020 +0.007	35	+0.025 +0.009	40	8						

件號	名 稱	數量	比例	材 質	表面光度	尺 寸	一 般 公 差	(±)
15	導銷襯套	4		SKS2	0.4～0.8a	A形 ∅16×39	63以下	0.1
16	導銷襯套	4		SKS2	0.4～0.8a	B形 ∅16×14	63-250以下	0.2
							250-1000以下	0.3
承認	設計 張永彥		製圖(CAD) 陳宏吉 曾家珍			年 月 日 **.10.23	編號 MOLD-E	

圖 12.11-18

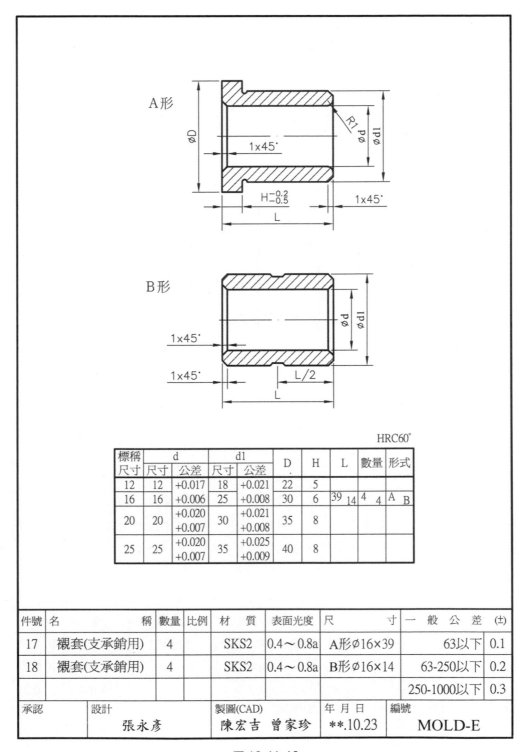

標稱尺寸	d		d1		D	H	L		數量	形式
	尺寸	公差	尺寸	公差						
12	12	+0.017	18	+0.021	22	5				
16	16	+0.006	25	+0.008	30	6	39	14	4　4	A　B
20	20	+0.020 +0.007	30	+0.021 +0.008	35	8				
25	25	+0.020 +0.007	35	+0.025 +0.009	40	8				

HRC60°

件號	名　　　　稱	數量	比例	材　質	表面光度	尺　　　　寸	一　般　公　差 (±)	
17	襯套(支承銷用)	4		SKS2	0.4～0.8a	A形∅16×39	63以下	0.1
18	襯套(支承銷用)	4		SKS2	0.4～0.8a	B形∅16×14	63-250以下	0.2
							250-1000以下	0.3
承認	設計　張永彥			製圖(CAD)　陳宏吉　曾家珍		年 月 日　**.10.23	編號　MOLD-E	

圖 12.11-19

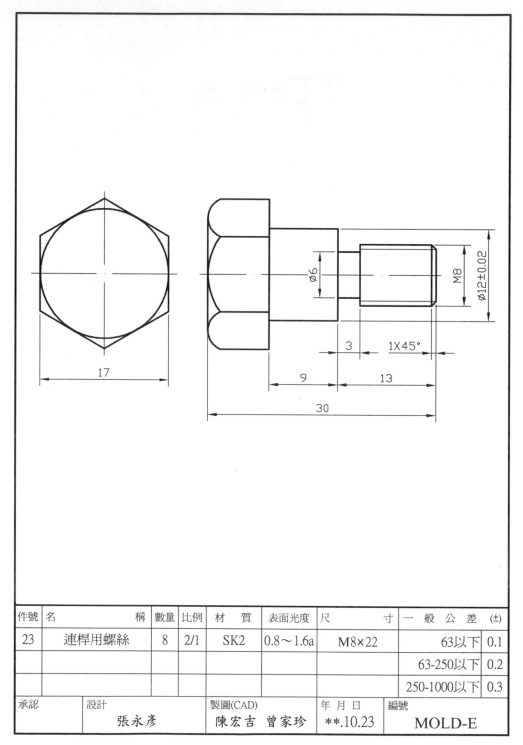

件號	名　　　　稱	數量	比例	材　質	表面光度	尺　　　　寸	一　般　公　差	(±)
23	連桿用螺絲	8	2/1	SK2	0.8～1.6a	M8×22	63以下	0.1
							63-250以下	0.2
							250-1000以下	0.3

承認	設計	製圖(CAD)	年 月 日	編號
	張永彥	陳宏吉 曾家珍	**.10.23	MOLD-E

圖 12.11-20

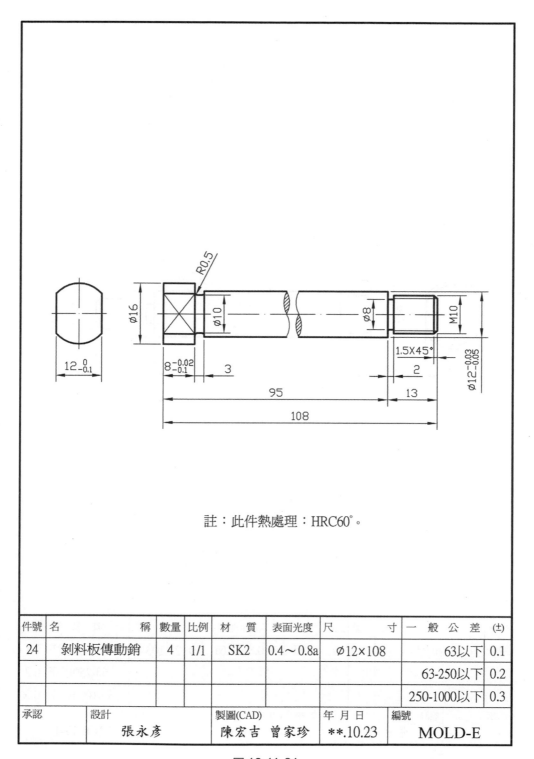

註:此件熱處理:HRC60°。

件號	名　　　　　稱	數量	比例	材　質	表面光度	尺　　　　寸	一　般　公　差	(±)
24	剝料板傳動銷	4	1/1	SK2	0.4～0.8a	Ø12×108	63以下	0.1
							63-250以下	0.2
							250-1000以下	0.3

承認	設計	製圖(CAD)	年 月 日	編號
	張永彥	陳宏吉 曾家珍	**.10.23	MOLD-E

圖 12.11-21

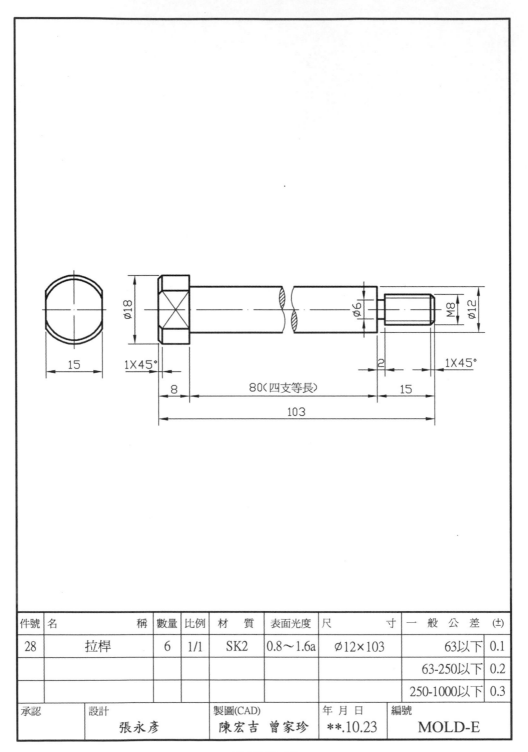

件號	名 稱	數量	比例	材 質	表面光度	尺 寸	一 般 公 差 (±)	
28	拉桿	6	1/1	SK2	0.8~1.6a	∅12×103	63以下	0.1
							63-250以下	0.2
							250-1000以下	0.3
承認	設計 張永彥			製圖(CAD) 陳宏吉 曾家珍		年 月 日 **.10.23	編號 MOLD-E	

圖 12.11-22

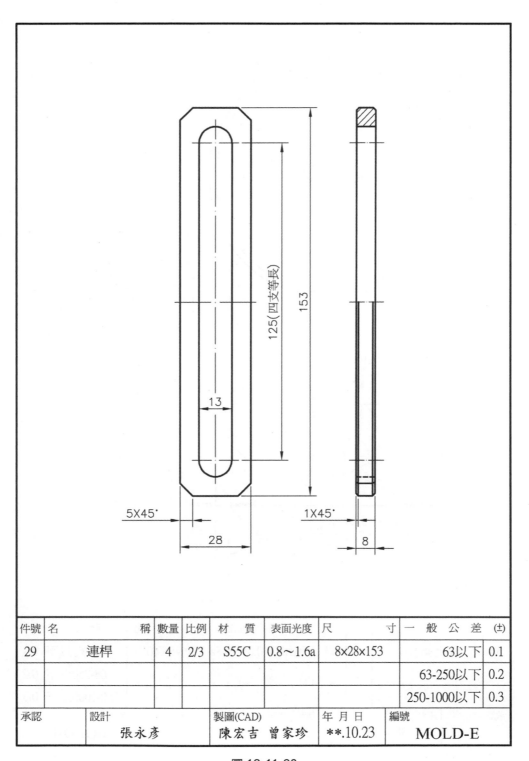

件號	名　　　　　　稱	數量	比例	材　　質	表面光度	尺　　　　　寸	一　般　公　差　(±)	
29	連桿	4	2/3	S55C	0.8~1.6a	8×28×153	63以下	0.1
							63-250以下	0.2
							250-1000以下	0.3

承認	設計　　張永彥	製圖(CAD)　陳宏吉　曾家珍	年 月 日　**.10.23	編號　MOLD-E

圖 12.11-23

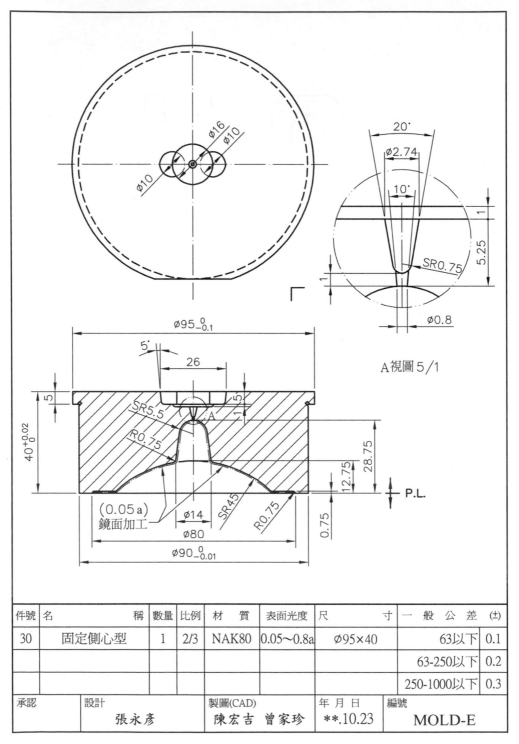

件號	名　　　　　稱	數量	比例	材　　質	表面光度	尺　　　　　寸	一　般　公　差　(±)	
30	固定側心型	1	2/3	NAK80	0.05～0.8a	Ø95×40	63以下	0.1
							63-250以下	0.2
							250-1000以下	0.3

承認	設計	製圖(CAD)	年 月 日	編號
	張永彥	陳宏吉　曾家珍	**.10.23	MOLD-E

圖 12.11-24

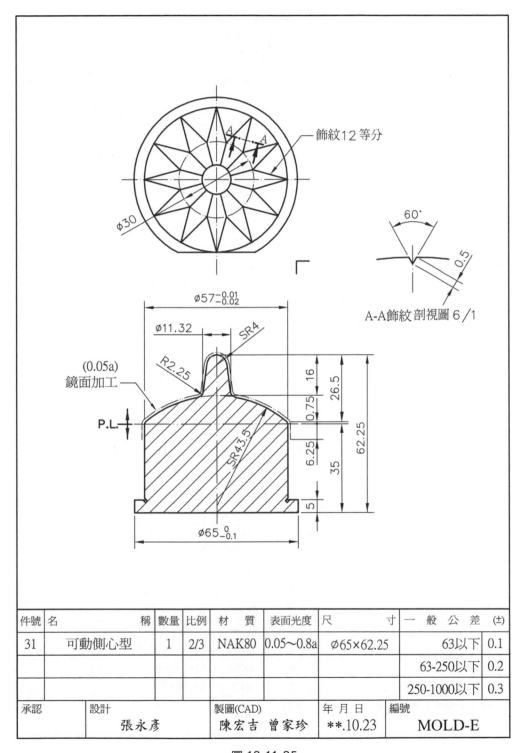

飾紋12等分

∅30

∅57⁻⁰·⁰¹₋₀.₀₂

∅11.32   SR4

(0.05a)
鏡面加工

R2.25

P.L.

SR43.5

∅65⁻⁰₋₀.₁

60°
0.5
A-A飾紋剖視圖 6／1

16
26.5
0.75
62.25
6.25
35
5

件號	名　　　　　　稱	數量	比例	材　　質	表面光度	尺　　　　　寸	一　般　公　差 (±)	
31	可動側心型	1	2/3	NAK80	0.05～0.8a	∅65×62.25	63以下	0.1
							63-250以下	0.2
							250-1000以下	0.3

承認	設計	製圖(CAD)	年 月 日	編號
	張永彥	陳宏吉 曾家珍	**.10.23	MOLD-E

圖 12.11-25

表 12.9

零件明細表					
編 號　MOLD-F		成形品名稱　轉筒		圖面　32　張	
模座規格　A1523-40-30-50S				完成日期**年 11 月 21 日	
件號	名稱	數量	材質	尺寸	備註
1	固定側固定板	1	S55C	20×200×230	
2	固定側型模板	1	SK7	40×150×230	
3	可動側型模板	1	SK7	30×150×230	
4	承板	1	S55C	30×150×230	
5	間隔塊	2	S55C	30×50×230	
6	射銷定位板	1	S55C	13×88×230	
7	射銷固定板	1	S55C	15×88×230	
8	可動側固定板	1	S55C	20×200×230	
9	導銷襯套	4	SKS2	A 形 ϕ16×39	
10	導銷	4	SKS2	ϕ16×68×29	
11	回位銷	4	SK5	ϕ12×95	
12	螺絲(固定側)	4	SCM3	M10×25	
13	螺絲(可動側)	4	SCM3	M10×105	
14	螺絲(射銷板)	4	SCM3	M6×16	
15	螺絲(定位環)	2	SCM3	M8×16	
16	螺絲(側向心型銷定位板)	8	SCM3	M4×10	
17	螺絲(導承塊)	16	SCM3	M5×10	
18	螺絲(定位件)	8	SCM3	M6×25	
19	螺絲(定位件壓板)	4	SCM3	M6×20	
20	定位環	1	S55C	ϕ76×15	
21	注道襯套	1	SK5	ϕ45×25	
22	回位銷用彈簧	4	SUP3	ϕ13.5×ϕ21×55	
23	彈簧(固定側心型)	4	SUP3	ϕ10×ϕ14×18	
24	射銷	8	SKD61	B 形 ϕ1.5×84.95×37	
25	射銷	8	SKD61	B 形 ϕ1.5×92.99×45	
26	抓銷	1	SKD61	C 形 ϕ5×87	
27	斜角銷	4	SKS2	ϕ12×76×20	
28	定位件	4	SKS2	15×25×30	
29	定位件壓板	2	SK5	10×20×70	
30	側向心型導承塊	4 對	SK5	10×15×30	
31	定位柱	4	SCM3	M8×16	

表 12.9 (續)

零件明細表

編 號	MOLD-F			成形品名稱 轉筒		圖面 32 張

模座規格	A1523-40-30-50S				完成日期**年 11 月 21 日	

件號	名稱	數量	材質	尺寸	備註
32	固定側心型 A	2	SKD11	$\phi 50 \times 40$	
33	固定側心型 B	2	SKD11	$\phi 15 \times 51$	
34	可動側心型 A	2	SKD11	$\phi 50 \times 30$	
35	可動側心型 B	2	SKD11	$\phi 36 \times 27.99$	
36	側向心型	4	SKD11	$25 \times 35 \times 40$	
37	側向心型銷定位板	4	SKD11	$10 \times 15 \times 30$	
38	側向心型銷	4	SKD11	$\phi 8 \times 29.7$	
39	金屬埋入件		SS41	$\phi 12 \times 28$	

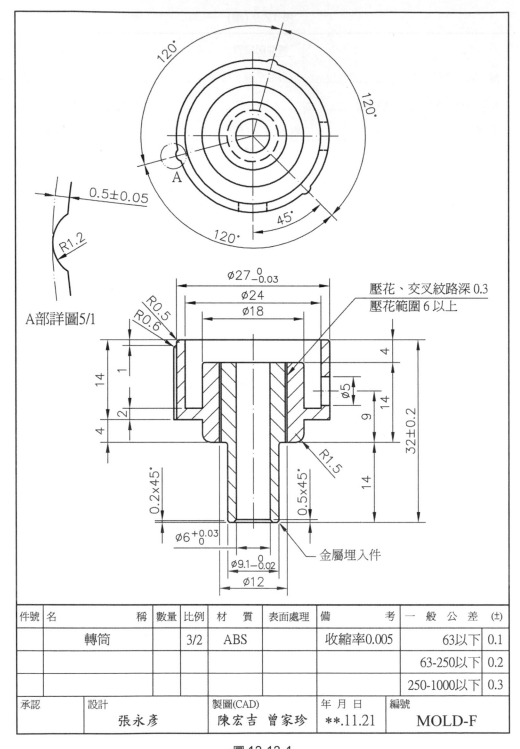

件號	名 稱	數量	比例	材　質	表面處理	備 考	一　般　公　差	(±)
	轉筒		3/2	ABS		收縮率0.005	63以下	0.1
							63-250以下	0.2
							250-1000以下	0.3
承認	設計　張永彥			製圖(CAD)　陳宏吉　曾家珍		年 月 日　**.11.21	編號　MOLD-F	

圖 12.12-1

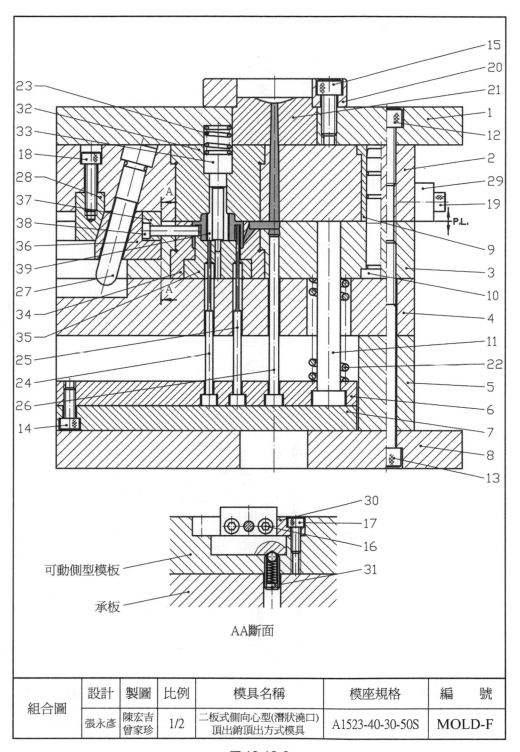

圖 12.12-2

組合圖	設計	製圖	比例	模具名稱	模座規格	編　號
	張永彥	陳宏吉 曾家珍	1/2	二板式側向心型(潛狀澆口) 頂出銷頂出方式模具	A1523-40-30-50S	MOLD-F

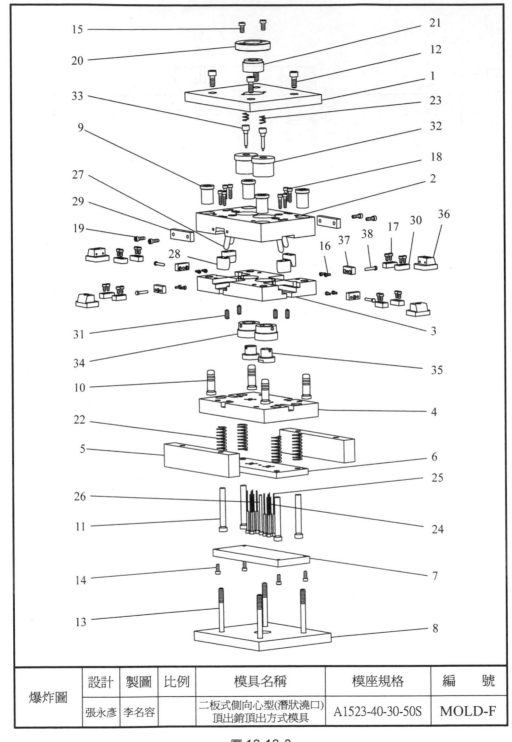

	設計	製圖	比例	模具名稱	模座規格	編　號
爆炸圖	張永彥	李名容		二板式側向心型(潛狀澆口) 頂出銷頂出方式模具	A1523-40-30-50S	MOLD-F

圖 12.12-3

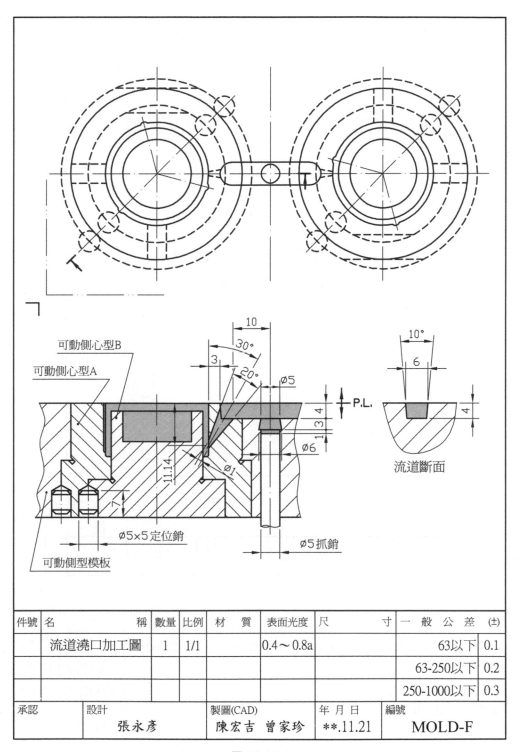

件號	名　　　　　　　稱	數量	比例	材　　質	表面光度	尺　　　　　　寸	一　般　公　差	(±)
	流道澆口加工圖	1	1/1		0.4～0.8a		63以下	0.1
							63-250以下	0.2
							250-1000以下	0.3
承認	設計　張永彥			製圖(CAD)　陳宏吉 曾家珍		年 月 日 **.11.21	編號　MOLD-F	

圖 12.12-4

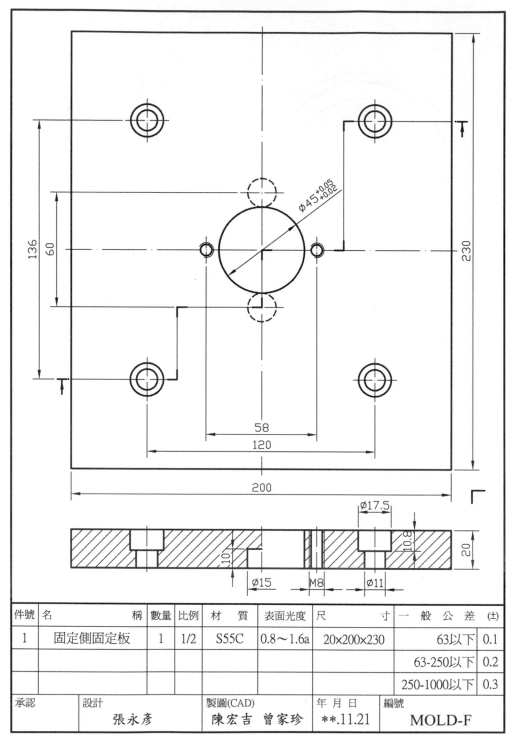

件號	名　　　　　　稱	數量	比例	材　　質	表面光度	尺　　　　寸	一　般　公　差　(±)	
1	固定側固定板	1	1/2	S55C	0.8～1.6a	20×200×230	63以下	0.1
							63-250以下	0.2
							250-1000以下	0.3

承認	設計	製圖(CAD)	年 月 日	編號
	張永彦	陳宏吉　曾家珍	**.11.21	MOLD-F

圖 12.12-5

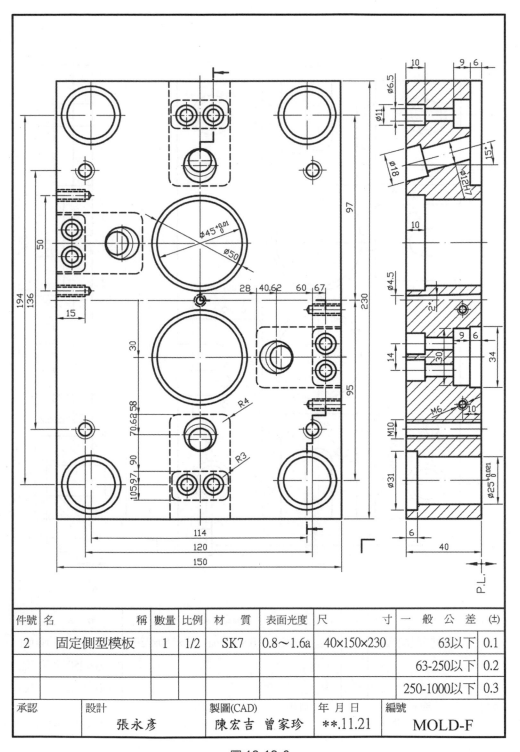

件號	名　　　　　　稱	數量	比例	材　質	表面光度	尺　　　　寸	一　般　公　差	(±)
2	固定側型模板	1	1/2	SK7	0.8～1.6a	40×150×230	63以下	0.1
							63-250以下	0.2
							250-1000以下	0.3
承認	設計　張永彥			製圖(CAD)　陳宏吉 曾家珍		年 月 日　**.11.21	編號　MOLD-F	

圖 12.12-6

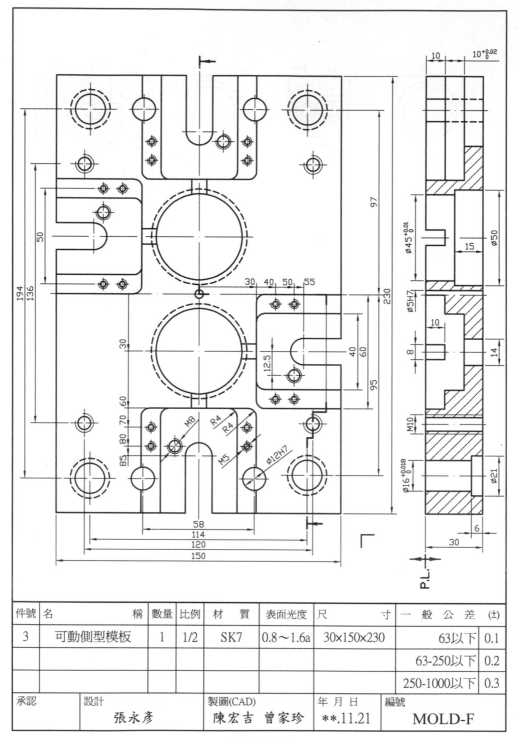

件號	名　　　　　稱	數量	比例	材　質	表面光度	尺　　　寸	一　般　公　差	(±)
3	可動側型模板	1	1/2	SK7	0.8～1.6a	30×150×230	63以下	0.1
							63-250以下	0.2
							250-1000以下	0.3

承認	設計	製圖(CAD)	年 月 日	編號
	張永彥	陳宏吉　曾家珍	**.11.21	MOLD-F

圖 12.12-7

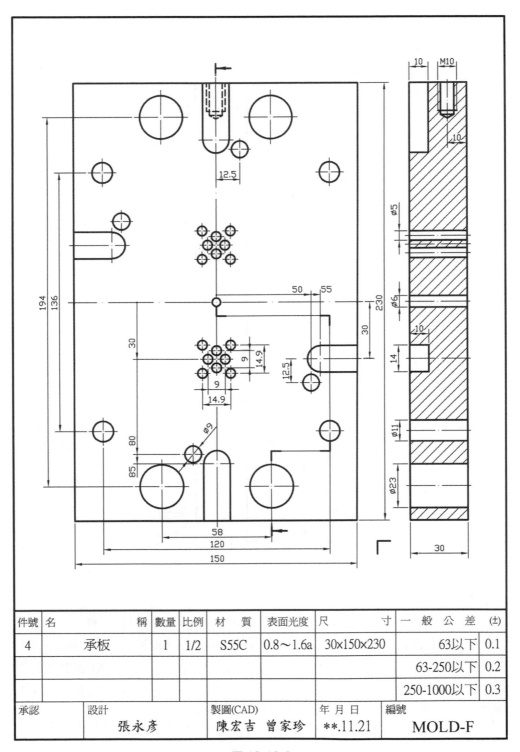

件號	名　　　　稱	數量	比例	材　質	表面光度	尺　　　寸	一　般　公　差	(±)
4	承板	1	1/2	S55C	0.8~1.6a	30×150×230	63以下	0.1
							63-250以下	0.2
							250-1000以下	0.3
承認	設計　張永彥			製圖(CAD)　陳宏吉 曾家珍		年 月 日　**.11.21	編號　MOLD-F	

圖 12.12-8

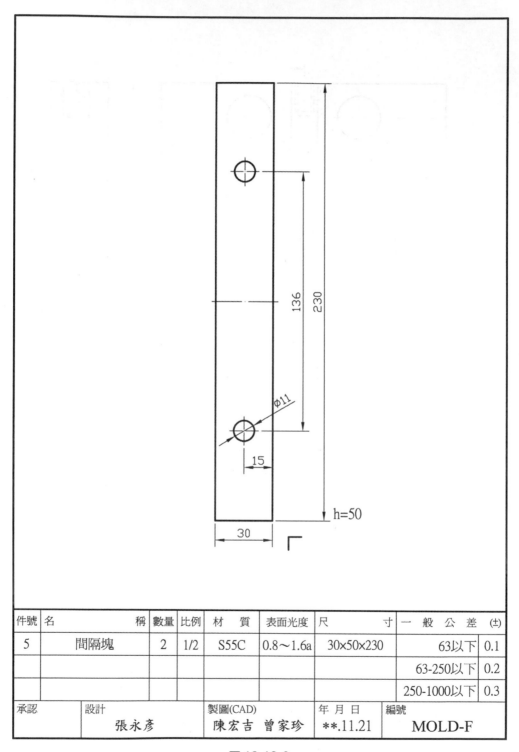

件號	名　　　　　　　　稱	數量	比例	材　　質	表面光度	尺　　　　　寸	一　般　公　差	(±)
5	間隔塊	2	1/2	S55C	0.8〜1.6a	30×50×230	63以下	0.1
							63-250以下	0.2
							250-1000以下	0.3

承認	設計 張永彥	製圖(CAD) 陳宏吉　曾家珍	年 月 日 **.11.21	編號 MOLD-F

圖 12.12-9

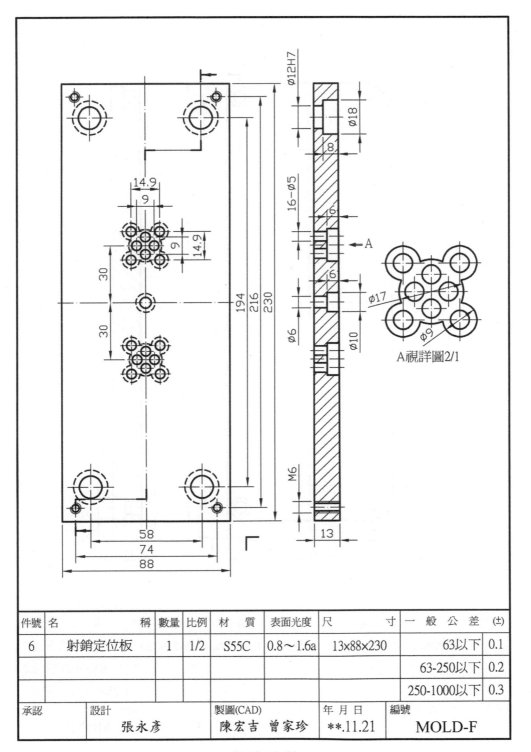

A視詳圖2/1

件號	名　　　　　稱	數量	比例	材　　質	表面光度	尺　　　　寸	一　般　公　差	(±)
6	射銷定位板	1	1/2	S55C	0.8～1.6a	13x88x230	63以下	0.1
							63-250以下	0.2
							250-1000以下	0.3
承認	設計　　張永彥			製圖(CAD)　陳宏吉 曾家珍		年 月 日　**.11.21	編號　MOLD-F	

圖 12.12-10

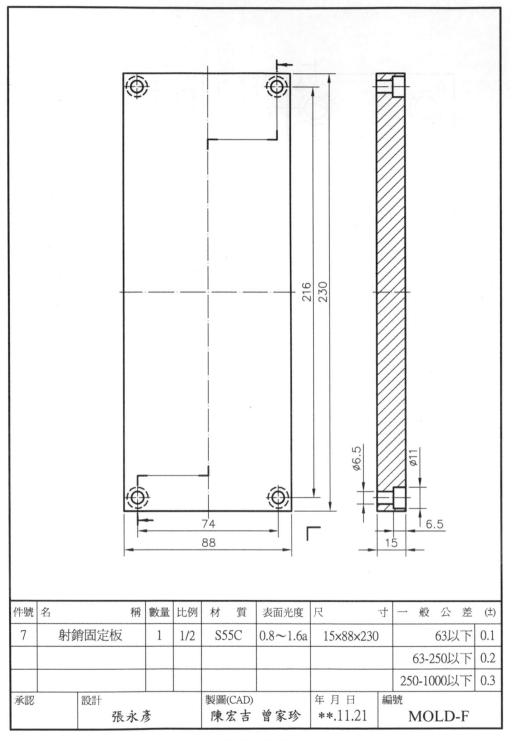

件號	名　　　　　稱	數量	比例	材　質	表面光度	尺　　　　寸	一　般　公　差	(±)
7	射銷固定板	1	1/2	S55C	0.8～1.6a	15×88×230	63以下	0.1
							63-250以下	0.2
							250-1000以下	0.3

承認	設計　張永彥	製圖(CAD)　陳宏吉　曾家珍	年 月 日　**.11.21	編號　MOLD-F

圖 12.12-11

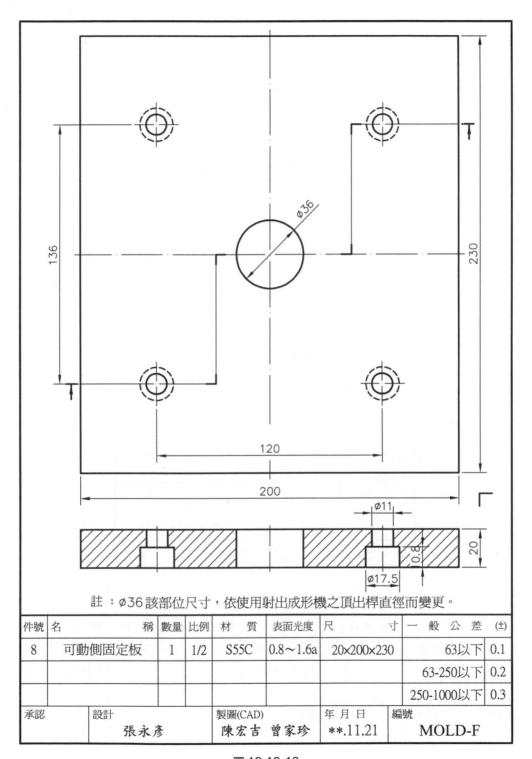

註：ø36該部位尺寸，依使用射出成形機之頂出桿直徑而變更。

件號	名　　　　　　　　稱	數量	比例	材　　質	表面光度	尺　　　　　寸	一　般　公　差　(±)	
8	可動側固定板	1	1/2	S55C	0.8～1.6a	20×200×230	63以下	0.1
							63-250以下	0.2
							250-1000以下	0.3
承認	設計 張永彥		製圖(CAD) 陳宏吉　曾家珍		年 月 日 **.11.21		編號 MOLD-F	

圖 12.12-12

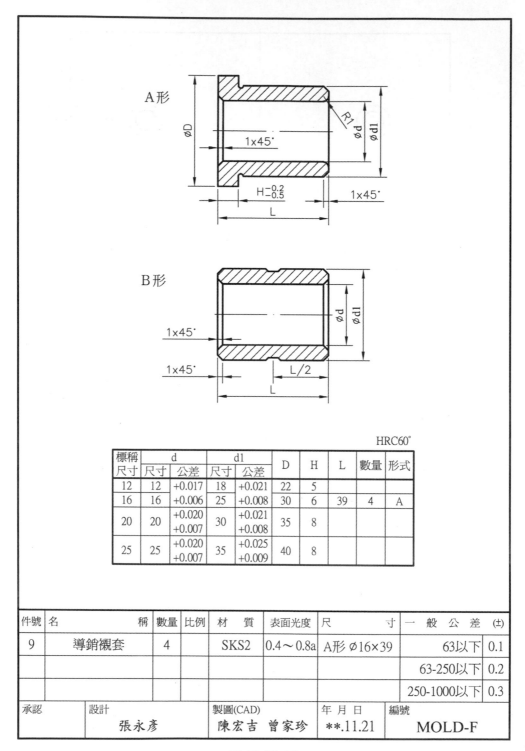

標稱	d		d1		D	H	L	數量	形式
尺寸	尺寸	公差	尺寸	公差					
12	12	+0.017	18	+0.021	22	5			
16	16	+0.006	25	+0.008	30	6	39	4	A
20	20	+0.020 +0.007	30	+0.021 +0.008	35	8			
25	25	+0.020 +0.007	35	+0.025 +0.009	40	8			

件號	名　　　　　稱	數量	比例	材　　質	表面光度	尺　　　　　寸	一　般　公　差 (±)	
9	導銷襯套	4		SKS2	0.4～0.8a	A形 Ø16×39	63以下	0.1
							63-250以下	0.2
							250-1000以下	0.3
承認	設計　張永彥			製圖(CAD)　陳宏吉 曾家珍		年 月 日　**.11.21	編號　MOLD-F	

圖 12.12-13

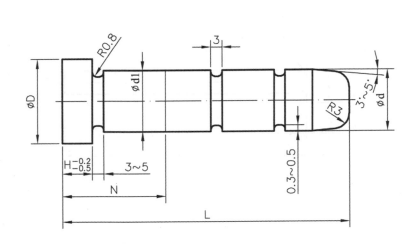

HRC60°

標稱尺寸	d		d1		D	H	L	N	數量
	尺寸	公差	尺寸	公差					
12	12	-0.016	12	+0.018	16	5			
16	16	-0.027	16	+0.007	20	6	68	29	4
20	20	-0.020	20	+0.021	25	6			
25	25	-0.030	25	+0.008	30	8			

件號	名　　　　　　稱	數量	比例	材　質	表面光度	尺　　　　　寸	一　般　公　差	(±)
10	導銷	4		SKS2	0.4～0.8a	Ø16×68×29	63以下	0.1
							63-250以下	0.2
							250-1000以下	0.3

承認	設計　張永彥	製圖(CAD)　陳宏吉　曾家珍	年 月 日　**.11.21	編號　MOLD-F

圖 12.12-14

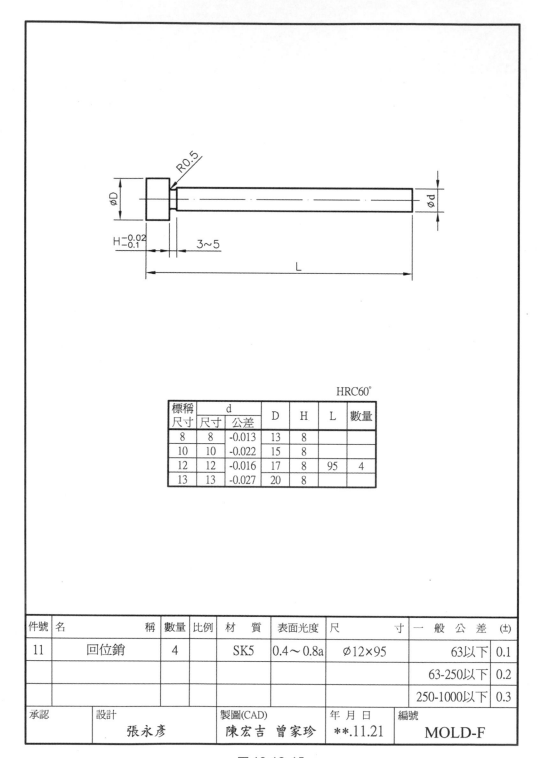

標稱尺寸	d		D	H	L	數量
	尺寸	公差				
8	8	-0.013	13	8		
10	10	-0.022	15	8		
12	12	-0.016	17	8	95	4
13	13	-0.027	20	8		

HRC60°

件號	名　　　　　　稱	數量	比例	材　質	表面光度	尺　　　　寸	一　般　公　差 (±)	
11	回位銷	4		SK5	0.4～0.8a	Ø12×95	63以下	0.1
							63-250以下	0.2
							250-1000以下	0.3
承認	設計　張永彥			製圖(CAD)　陳宏吉 曾家珍		年 月 日　**.11.21	編號　MOLD-F	

圖 12.12-15

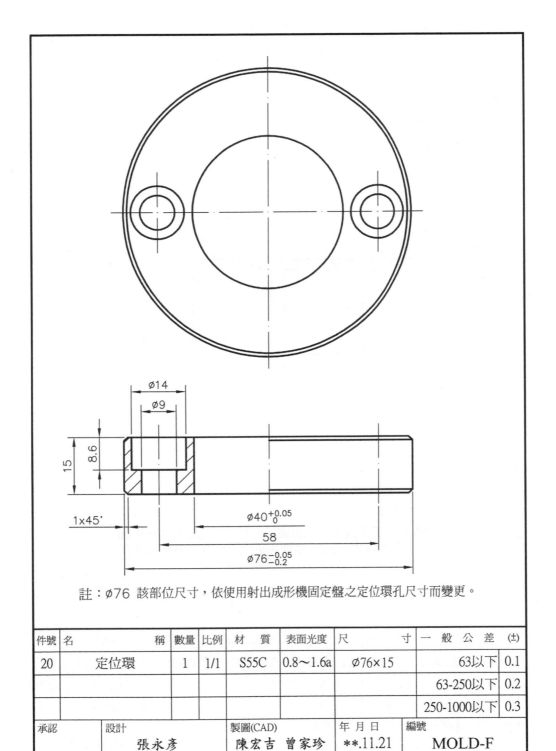

註：ø76 該部位尺寸，依使用射出成形機固定盤之定位環孔尺寸而變更。

件號	名	稱	數量	比例	材 質	表面光度	尺	寸	一 般 公 差	(±)
20	定位環		1	1/1	S55C	0.8〜1.6a	ø76×15		63以下	0.1
									63-250以下	0.2
									250-1000以下	0.3

承認	設計	製圖(CAD)	年 月 日	編號
	張永彥	陳宏吉 曾家珍	**.11.21	MOLD-F

圖 12.12-16

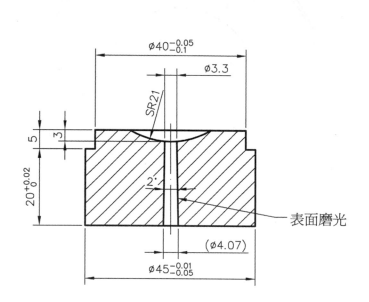

註：1.注道襯套加工完成後，SR21處進行局部淬火硬化：HRC60°。
    2.SR21及∅3.3該部位尺寸，依使用射出成形機之噴嘴尺寸而變更。

件號	名　　　　　稱	數量	比例	材　　質	表面光度	尺　　　　　寸	一　般　公　差	(±)
21	注道襯套	1	1/1	SK5	0.4～0.8a	∅45×25	63以下	0.1
							63-250以下	0.2
							250-1000以下	0.3

承認	設計 張永彥	製圖(CAD) 陳宏吉 曾家珍	年 月 日 **.11.21	編號 MOLD-F

圖 12.12-17

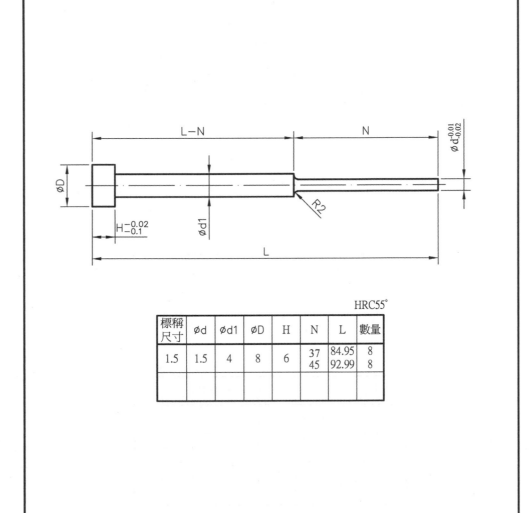

標稱尺寸	∅d	∅d1	∅D	H	N	L	數量
1.5	1.5	4	8	6	37	84.95	8
					45	92.99	8

HRC55°

件號	名　　　　稱	數量	比例	材　質	表面光度	尺　　　　寸	一　般　公　差 (±)	
24	射銷	8		SKD61	0.4～0.8a	∅1.5×84.95×37	63以下	0.1
25	射銷	8		SKD61	0.4～0.8a	∅1.5×92.99×45	63-250以下	0.2
							250-1000以下	0.3
承認	設計　張永彥			製圖(CAD)　陳宏吉　曾家珍		年 月 日　**.11.21	編號　MOLD-F	

圖 12.12-18

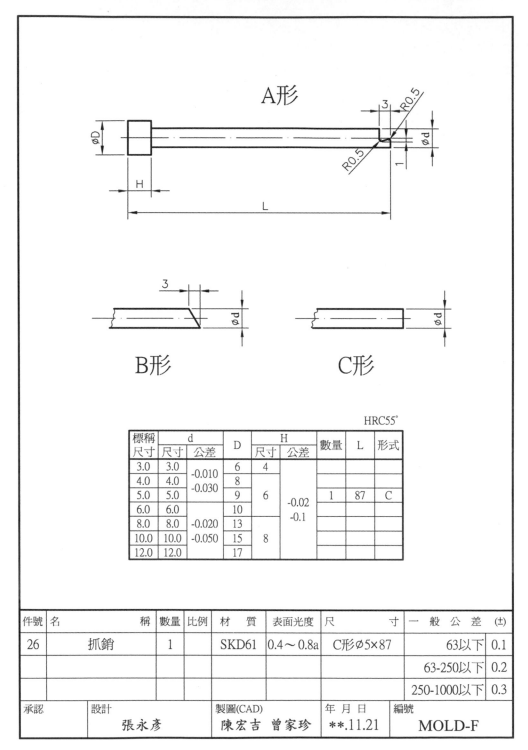

A形

B形　　　　　　C形

HRC55°

標稱 尺寸	d		D	H		數量	L	形式
	尺寸	公差		尺寸	公差			
3.0	3.0	-0.010 -0.030	6	4	-0.02 -0.1			
4.0	4.0		8					
5.0	5.0		9	6		1	87	C
6.0	6.0		10					
8.0	8.0	-0.020 -0.050	13					
10.0	10.0		15	8				
12.0	12.0		17					

件號	名　　　　　稱	數量	比例	材　質	表面光度	尺　　　　寸	一　般　公　差	(±)
26	抓銷	1		SKD61	0.4～0.8a	C形∅5×87	63以下	0.1
							63-250以下	0.2
							250-1000以下	0.3

承認	設計 張永彥	製圖(CAD) 陳宏吉　曾家珍	年 月 日 **.11.21	編號 MOLD-F

圖 12.12-19

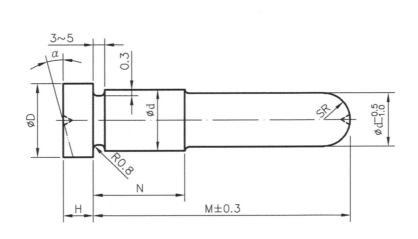

HRC60°

標稱尺寸	d 尺寸	d 公差	D	H	M	N	數量	α
12	12	+ 0.012	17	10	66	20	4	15°
15	15	+ 0.001	20	15				
20	20	+ 0.015	25	15				
25	25	+ 0.002	30	15				
30	30		35	20				
35	35	+ 0.018	40	20				
40	40	+ 0.002	45	25				

件號	名　　　　稱	數量	比例	材　質	表面光度	尺　　　　寸	一　般　公　差	(±)
27	斜角銷	4		SKS2	0.4～0.8a	Ø12×76×20	63以下	0.1
							63-250以下	0.2
							250-1000以下	0.3

承認	設計 張永彥	製圖(CAD) 陳宏吉 曾家珍	年 月 日 **.11.21	編號 MOLD-F

圖 12.12-20

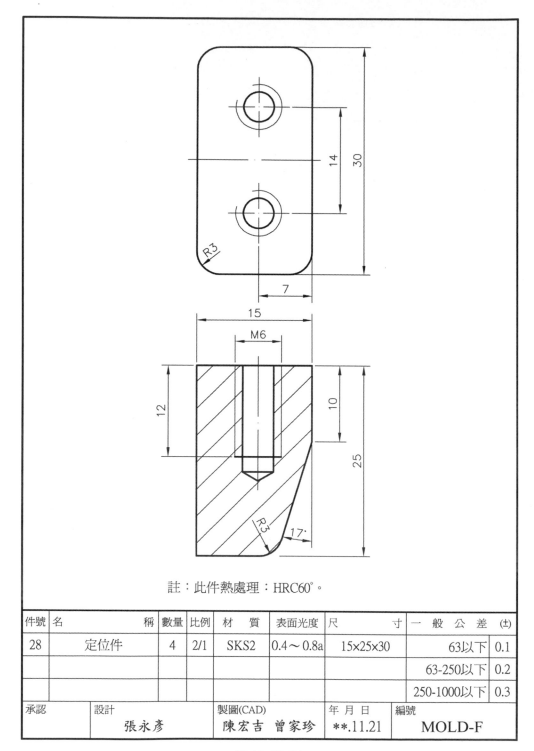

註：此件熱處理：HRC60°。

件號	名　　　　　　稱	數量	比例	材　　質	表面光度	尺　　　　　寸	一　般　公　差　(±)	
28	定位件	4	2/1	SKS2	0.4～0.8a	15×25×30	63以下	0.1
							63-250以下	0.2
							250-1000以下	0.3
承認	設計　　張永彦			製圖(CAD)　陳宏吉　曾家珍		年 月 日　**.11.21	編號　MOLD-F	

圖 12.12-21

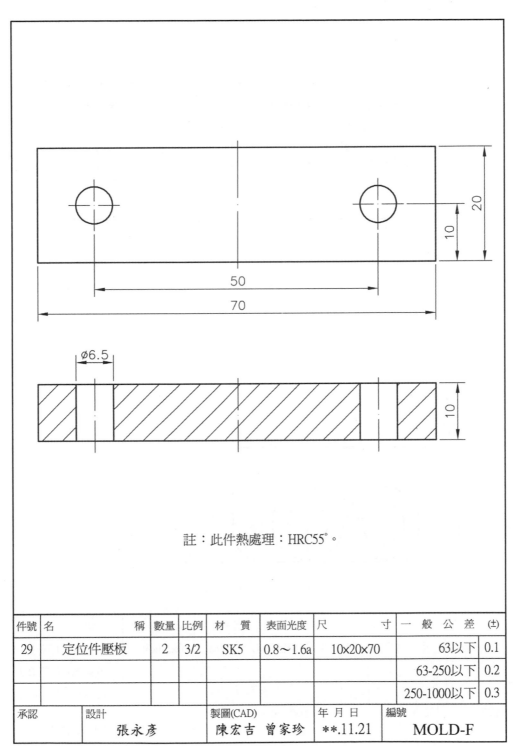

註：此件熱處理：HRC55°。

件號	名　　　　　稱	數量	比例	材　質	表面光度	尺　　　　寸	一　般　公　差	(±)
29	定位件壓板	2	3/2	SK5	0.8～1.6a	10×20×70	63以下	0.1
							63-250以下	0.2
							250-1000以下	0.3

承認	設計	製圖(CAD)	年 月 日	編號
	張永彥	陳宏吉 曾家珍	**.11.21	MOLD-F

圖 12.12-22

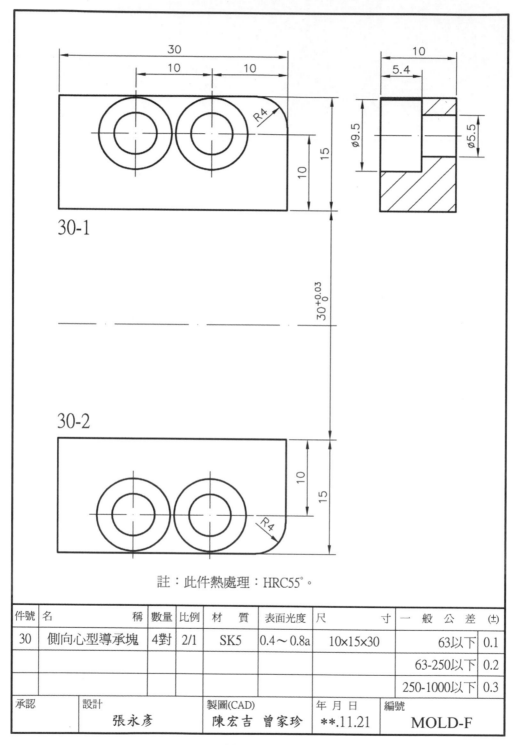

30-1

30-2

註：此件熱處理：HRC55°。

件號	名　　　　　稱	數量	比例	材　質	表面光度	尺　　　　寸	一　般　公　差 (±)	
30	側向心型導承塊	4對	2/1	SK5	0.4～0.8a	10×15×30	63以下	0.1
							63-250以下	0.2
							250-1000以下	0.3

承認	設計 張永彥	製圖(CAD) 陳宏吉 曾家珍	年 月 日 **.11.21	編號 MOLD-F

圖 12.12-23

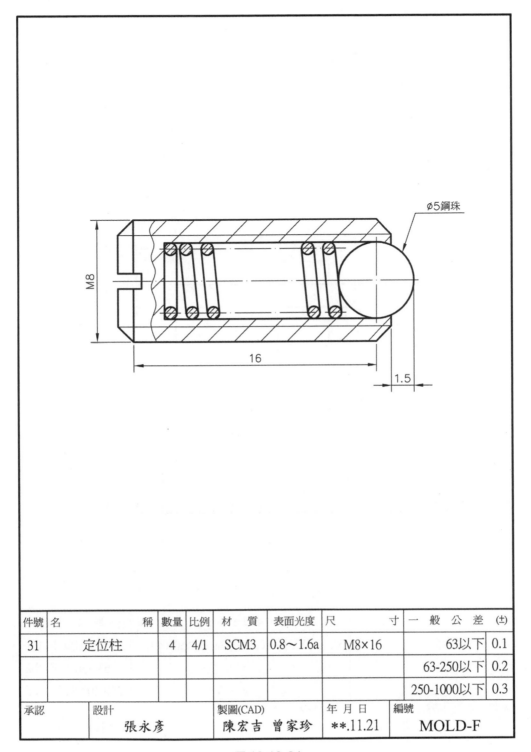

件號	名　　　　　　　　稱	數量	比例	材　　質	表面光度	尺　　　　　　寸	一　般　公　差　(±)	
31	定位柱	4	4/1	SCM3	0.8〜1.6a	M8×16	63以下	0.1
							63-250以下	0.2
							250-1000以下	0.3

承認	設計	製圖(CAD)	年 月 日	編號
	張永彥	陳宏吉　曾家珍	**.11.21	MOLD-F

圖 12.12-24

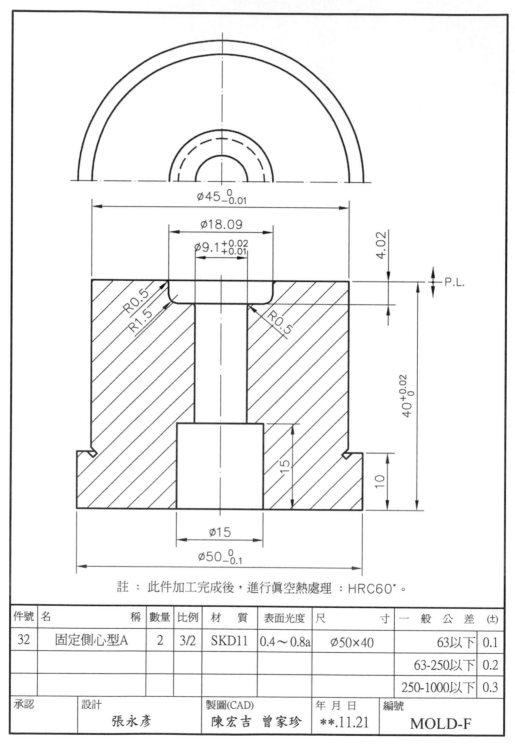

$\phi 45 \, ^{0}_{-0.01}$

$\phi 18.09$

$\phi 9.1 \, ^{+0.02}_{+0.01}$

4.02

P.L.

R0.5

R1.5

R0.5

$40 \, ^{+0.02}_{0}$

15

10

$\phi 15$

$\phi 50 \, ^{0}_{-0.1}$

註 ： 此件加工完成後，進行眞空熱處理 ：HRC60°。

件號	名　　　　　稱	數量	比例	材　質	表面光度	尺　　　　寸	一　般　公　差	(±)
32	固定側心型A	2	3/2	SKD11	0.4〜0.8a	$\phi 50 \times 40$	63以下	0.1
							63-250以下	0.2
							250-1000以下	0.3

承認	設計	製圖(CAD)	年 月 日	編號
	張永彥	陳宏吉 曾家珍	**.11.21	MOLD-F

圖 12.12-25

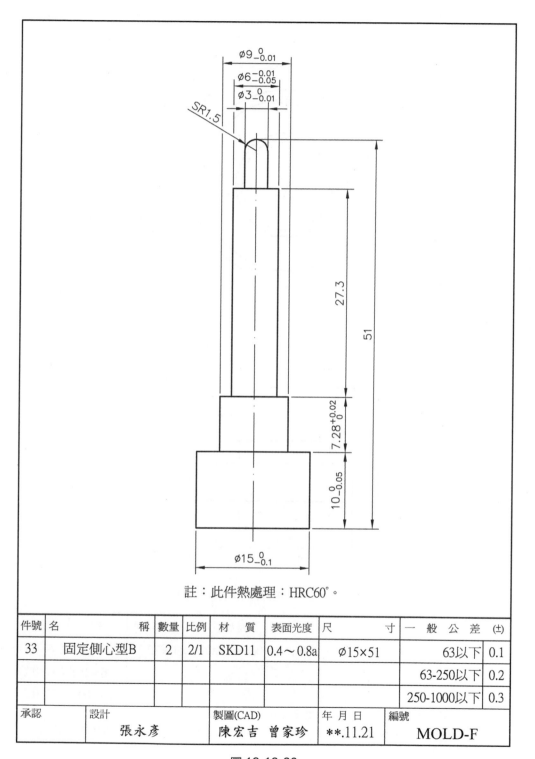

SR1.5

$\varnothing9^{\ 0}_{-0.01}$
$\varnothing6^{-0.01}_{-0.05}$
$\varnothing3^{\ 0}_{-0.01}$

27.3

51

$7.28^{+0.02}_{\ 0}$

$10^{\ 0}_{-0.05}$

$\varnothing15^{\ 0}_{-0.1}$

註：此件熱處理：HRC60°。

件號	名　　　　　　　　稱	數量	比例	材　質	表面光度	尺　　　　　寸	一　般　公　差　(±)	
33	固定側心型B	2	2/1	SKD11	0.4～0.8a	$\varnothing15×51$	63以下	0.1
							63-250以下	0.2
							250-1000以下	0.3
承認	設計	製圖(CAD)			年 月 日	編號		
	張永彥	陳宏吉　曾家珍			**.11.21	MOLD-F		

圖 12.12-26

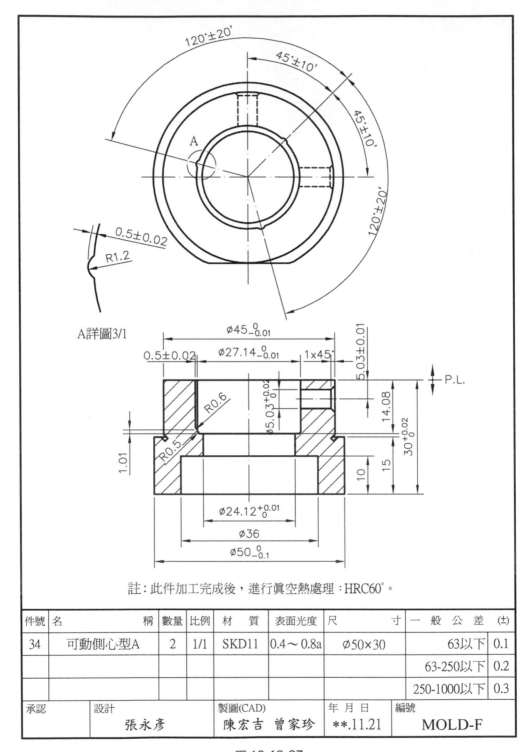

A詳圖3/1

註：此件加工完成後，進行眞空熱處理：HRC60°。

件號	名 稱	數量	比例	材 質	表面光度	尺 寸	一 般 公 差 (±)	
34	可動側心型A	2	1/1	SKD11	0.4〜0.8a	Ø50×30	63以下	0.1
							63-250以下	0.2
							250-1000以下	0.3

承認	設計	製圖(CAD)	年 月 日	編號
	張永彥	陳宏吉 曾家珍	**.11.21	MOLD-F

圖 12.12-27

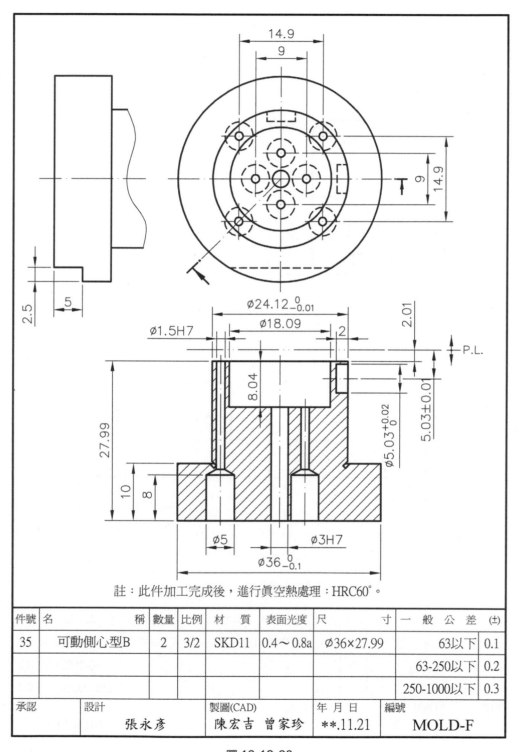

註：此件加工完成後，進行真空熱處理：HRC60°。

件號	名　　　　　　稱	數量	比例	材　質	表面光度	尺　　　　　寸	一　般　公　差 (±)	
35	可動側心型B	2	3/2	SKD11	0.4〜0.8a	Ø36×27.99	63以下	0.1
							63-250以下	0.2
							250-1000以下	0.3

承認	設計	製圖(CAD)	年 月 日	編號
	張永彥	陳宏吉　曾家珍	**.11.21	MOLD-F

圖 12.12-28

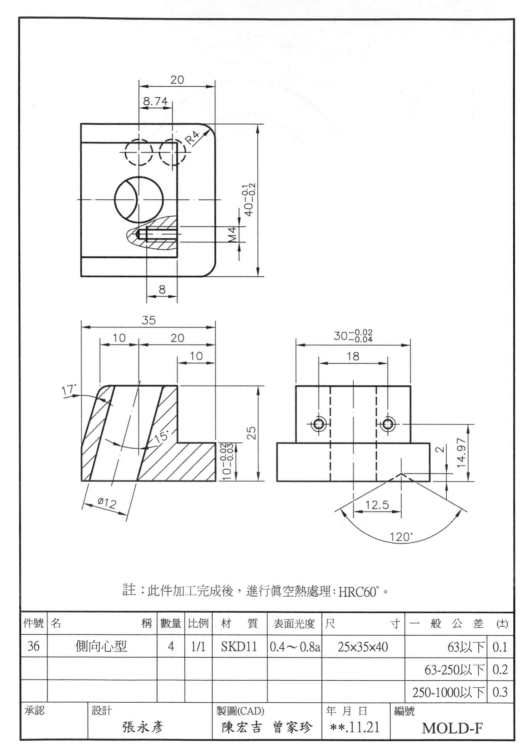

註：此件加工完成後，進行真空熱處理：HRC60°。

件號	名　　　　　稱	數量	比例	材　質	表面光度	尺　　　　寸	一　般　公　差　(±)	
36	側向心型	4	1/1	SKD11	0.4～0.8a	25×35×40	63以下	0.1
							63-250以下	0.2
							250-1000以下	0.3

承認	設計　張永彥	製圖(CAD)　陳宏吉　曾家珍	年 月 日　**.11.21	編號　MOLD-F

圖 12.12-29

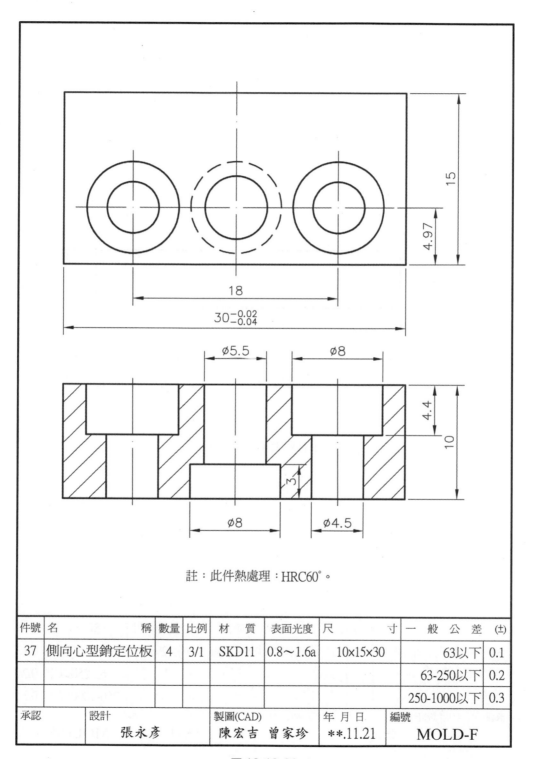

註：此件熱處理：HRC60°。

件號	名　　　　　稱	數量	比例	材　質	表面光度	尺　　　寸	一　般　公　差 (±)	
37	側向心型銷定位板	4	3/1	SKD11	0.8～1.6a	10×15×30	63以下	0.1
							63-250以下	0.2
							250-1000以下	0.3
承認	設計 張永彥		製圖(CAD) 陳宏吉　曾家珍		年 月 日 **.11.21	編號 MOLD-F		

圖 12.12-30

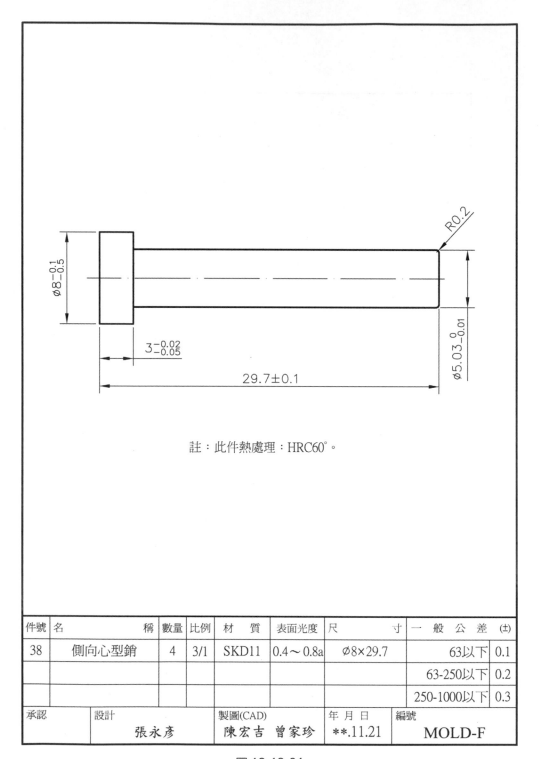

註：此件熱處理：HRC60°。

件號	名　　　　稱	數量	比例	材　質	表面光度	尺　　　　寸	一　般　公　差 (±)	
38	側向心型銷	4	3/1	SKD11	0.4～0.8a	Ø8×29.7	63以下	0.1
							63-250以下	0.2
							250-1000以下	0.3

承認	設計 張永彥	製圖(CAD) 陳宏吉 曾家珍	年 月 日 **.11.21	編號 MOLD-F

圖 12.12-31

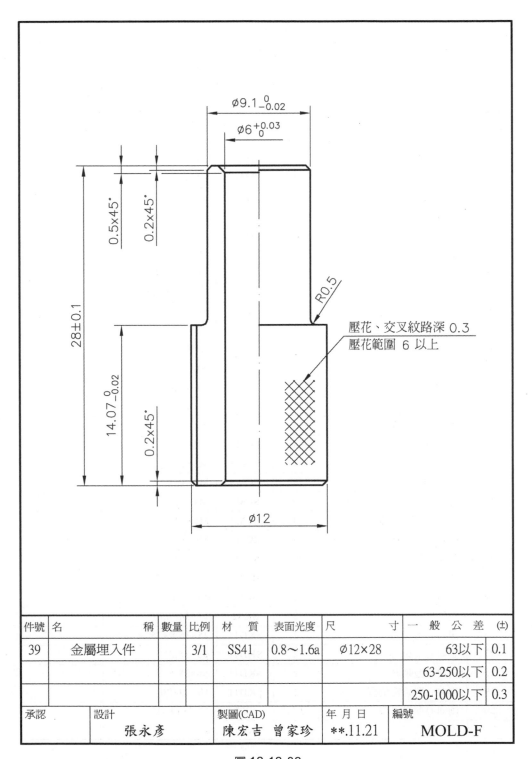

件號	名 稱	數量	比例	材　質	表面光度	尺　　　　寸	一　般　公　差	(±)
39	金屬埋入件		3/1	SS41	0.8～1.6a	⌀12×28	63以下	0.1
							63-250以下	0.2
							250-1000以下	0.3

承認	設計　張永彥	製圖(CAD)　陳宏吉 曾家珍	年 月 日　**.11.21	編號　MOLD-F

圖 12.12-32

表 12.10

	零件明細表				
編　號　MOLD-G		成形品名稱　按鈕			圖面　33　張
模座規格　A1520-30-30-50S				完成日期**年12月10日	
件號	名稱	數量	材質	尺寸	備註
1	固定側固定板	1	S55C	20×200×200	
2	固定側型模板	1	S55C	30×150×200	
3	可動側型模板	1	S55C	30×150×200	
4	承板	1	S55C	30×150×200	
5	間隔塊	2	S55C	30×50×200	
6	射銷定位板	1	S55C	13×88×200	
7	射銷固定板	1	S55C	15×88×200	
8	可動側固定板	1	S55C	20×200×200	
9	注道襯套	1	SK5	ϕ45×25	
10	定位環	1	S55C	ϕ76×15	
11	導銷襯套	4	SKS2	A形ϕ16×29	
12	導銷	4	SKS2	ϕ16×58×29	
13	回位銷	4	SK5	ϕ12×95	
14	螺絲(固定側)	4	SCM3	M10×25	
15	螺絲(可動側)	4	SCM3	M10×105	
16	螺絲(射銷板)	4	SCM3	M6×16	
17	螺絲(定位環)	2	SCM3	M8×20	
18	螺絲(側向心型導承塊)	8	SCM3	M5×16	
19	螺絲(側向心型銷定位板)	4	SCM3	M4×12	
20	螺絲(心型銷壓板)	4	SCM3	M5×12	
21	螺絲(定位件)	4	SCM3	M6×12	
22	螺絲(定位件壓板)	6	SCM3	M6×20	
23	注道抓銷	1	SKD61	C形ϕ5×87	
24	斜角銷	2	SKS2	ϕ12×63×10	
25	定位件	2	SKS2	15×34×65	
26	側向心型	2	SKD11	25×35.8×75	
27	側向心型銷 A	2	SKD11	ϕ3×38.5	
28	側向心型銷 B	2	SKD11	ϕ6×38.5	
29	側向心型銷定位板	2	SKD11	10×19×70	
30	側向心型導承塊	2 對	SK5	12.5×14×45	
31	固定側心型	2	SKD11	ϕ60×30	

表 12.10 (續)

零件明細表					
編 號 MOLD-G		成形品名稱 按鈕		圖面 33 張	
模座規格 A1520-30-30-50S				完成日期**年 12 月 10 日	
件號	名稱	數量	材質	尺寸	備註
32	可動側心型	2	SKD11	$\phi 60 \times 35$	
33	心型銷	2	SKD11	$\phi 8 \times 127$	
34	套筒	2	SKS2	$\phi 8 \times \phi 14 \times 80$	
35	定位柱	2	SCM3	$M8 \times 16$	
36	定位件壓板	2	SK5	$12 \times 30 \times 115$	
37	心型銷壓板	1	S55C	$8 \times 60 \times 110$	
38	回位銷用彈簧	4	SUP3	$\phi 13.5 \times \phi 21 \times 55$	

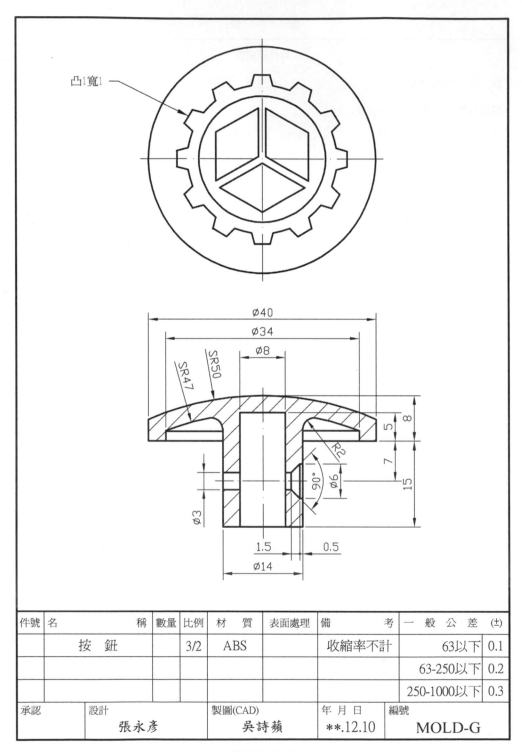

件號	名 稱	數量	比例	材 質	表面處理	備 考	一 般 公 差 (±)	
	按 鈕		3/2	ABS		收縮率不計	63以下	0.1
							63-250以下	0.2
							250-1000以下	0.3

承認	設計	製圖(CAD)	年 月 日	編號
	張永彥	吳詩蘋	**.12.10	MOLD-G

圖 12.13-1

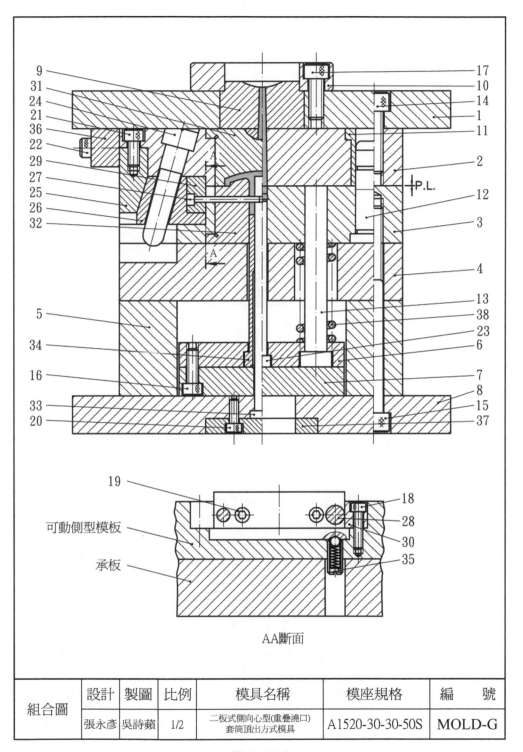

組合圖	設計	製圖	比例	模具名稱	模座規格	編　號
	張永彥	吳詩蘋	1/2	二板式側向心型(重疊澆口) 套筒頂出方式模具	A1520-30-30-50S	MOLD-G

圖 12.13-2

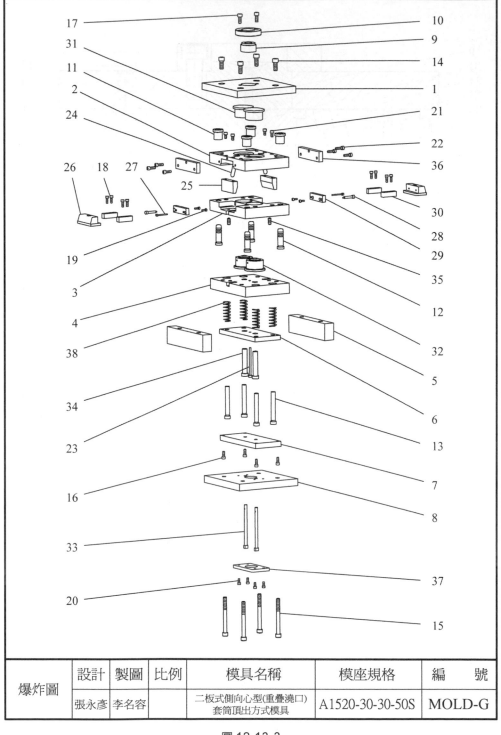

爆炸圖	設計	製圖	比例	模具名稱	模座規格	編　　號
	張永彥	李名容		二板式側向心型(重疊澆口) 套筒頂出方式模具	A1520-30-30-50S	MOLD-G

圖 12.13-3

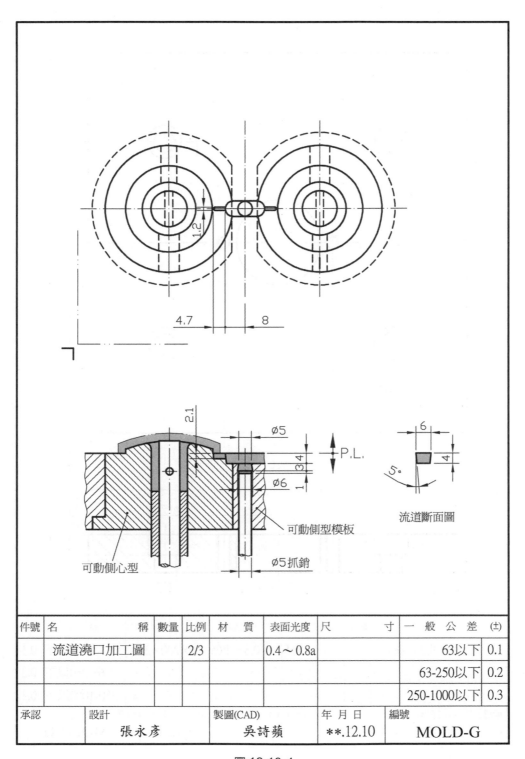

件號	名稱	數量	比例	材質	表面光度	尺寸	一般公差 (±)	
	流道澆口加工圖		2/3		0.4～0.8a		63以下	0.1
							63-250以下	0.2
							250-1000以下	0.3

承認	設計	製圖(CAD)	年 月 日	編號
	張永彥	吳詩蘋	**.12.10	MOLD-G

圖 12.13-4

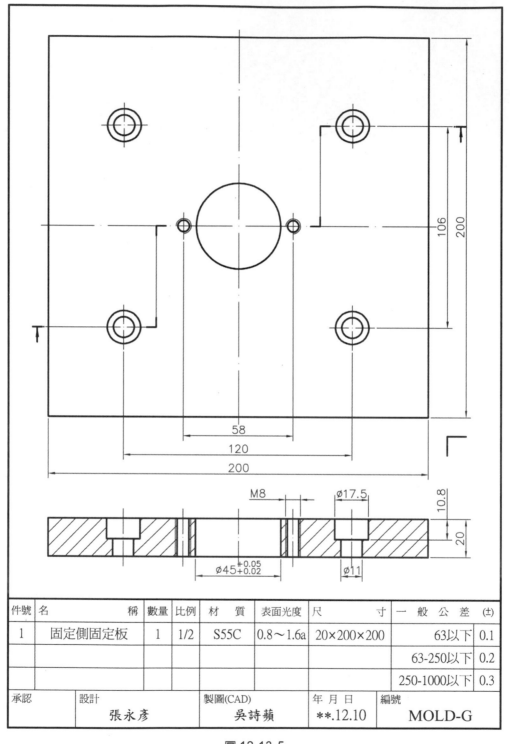

件號	名 稱	數量	比例	材 質	表面光度	尺 寸	一 般 公 差	(±)
1	固定側固定板	1	1/2	S55C	0.8〜1.6a	20×200×200	63以下	0.1
							63-250以下	0.2
							250-1000以下	0.3

承認	設計 張永彥	製圖(CAD) 吳詩蘋	年 月 日 **.12.10	編號 MOLD-G

圖 12.13-5

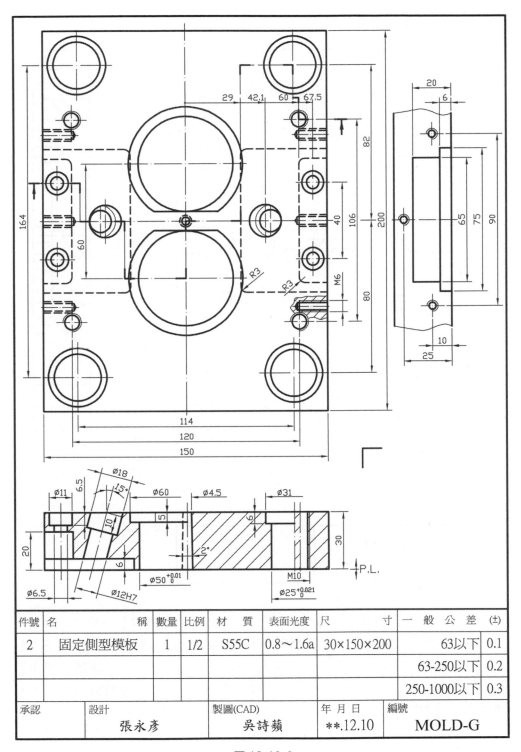

件號	名　　　　　　　稱	數量	比例	材　質	表面光度	尺　　　　寸	一　般　公　差 (±)	
2	固定側型模板	1	1/2	S55C	0.8～1.6a	30×150×200	63以下	0.1
							63-250以下	0.2
							250-1000以下	0.3

承認	設計 張永彥	製圖(CAD) 吳詩蘋	年 月 日 **.12.10	編號 MOLD-G

圖 12.13-6

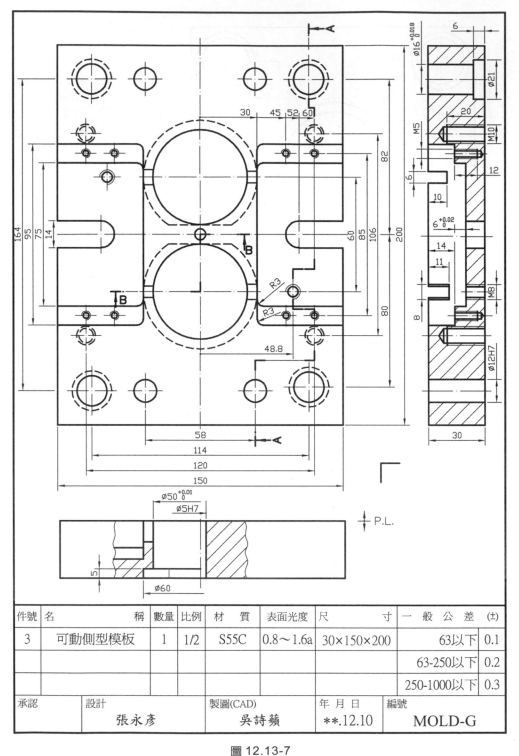

件號	名	稱	數量	比例	材 質	表面光度	尺 寸	一 般 公 差	(±)
3	可動側型模板		1	1/2	S55C	0.8～1.6a	30×150×200	63以下	0.1
								63-250以下	0.2
								250-1000以下	0.3

承認	設計	製圖(CAD)	年 月 日	編號
	張永彥	吳詩蘋	**.12.10	MOLD-G

圖 12.13-7

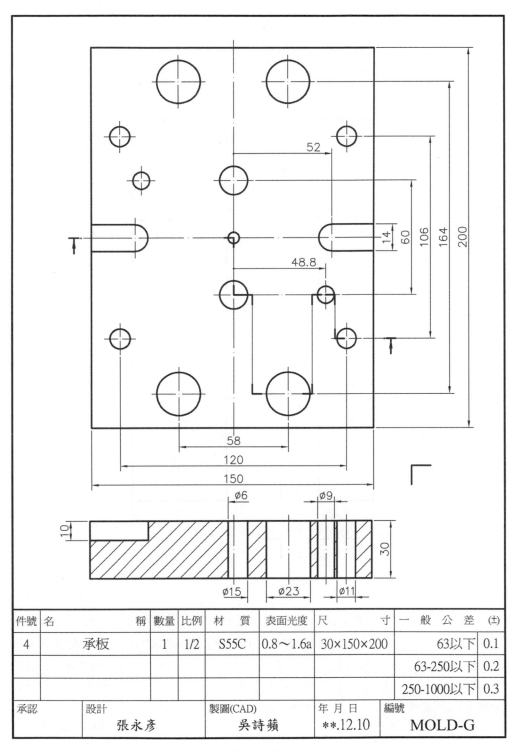

件號	名　　　　稱	數量	比例	材　　質	表面光度	尺　　　　寸	一　般　公　差	(±)
4	承板	1	1/2	S55C	0.8~1.6a	30×150×200	63以下	0.1
							63-250以下	0.2
							250-1000以下	0.3

承認	設計　　張永彥	製圖(CAD)　　吳詩蘋	年 月 日　**.12.10	編號　　MOLD-G

圖 12.13-8

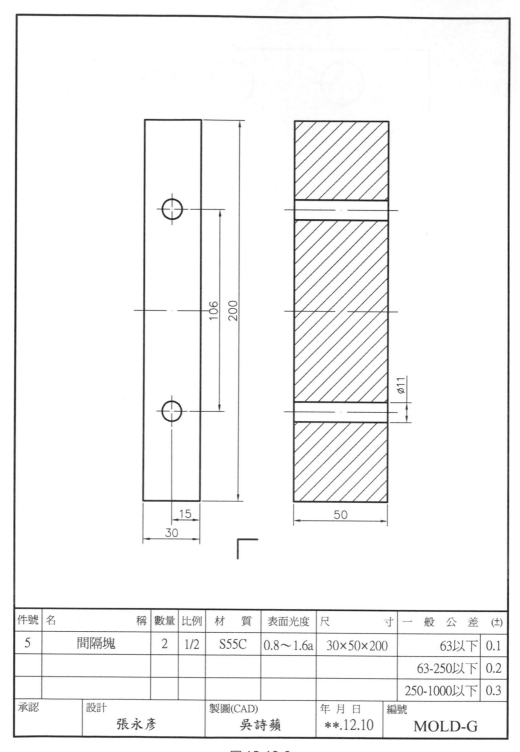

件號	名	稱	數量	比例	材　質	表面光度	尺　　　寸	一　般　公　差	(±)
5		間隔塊	2	1/2	S55C	0.8～1.6a	30×50×200	63以下	0.1
								63-250以下	0.2
								250-1000以下	0.3

承認	設計	製圖(CAD)	年 月 日	編號
	張永彥	吳詩蘋	**.12.10	MOLD-G

圖 12.13-9

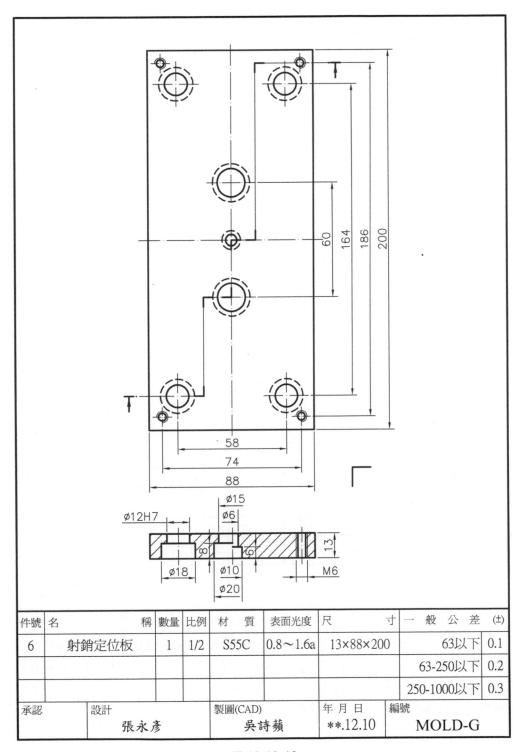

件號	名　　　　　稱	數量	比例	材　　質	表面光度	尺　　　　寸	一　般　公　差 (±)	
6	射銷定位板	1	1/2	S55C	0.8～1.6a	13×88×200	63以下	0.1
							63-250以下	0.2
							250-1000以下	0.3

承認	設計	製圖(CAD)	年　月　日	編號
	張永彥	吳詩蘋	**.12.10	MOLD-G

圖 12.13-10

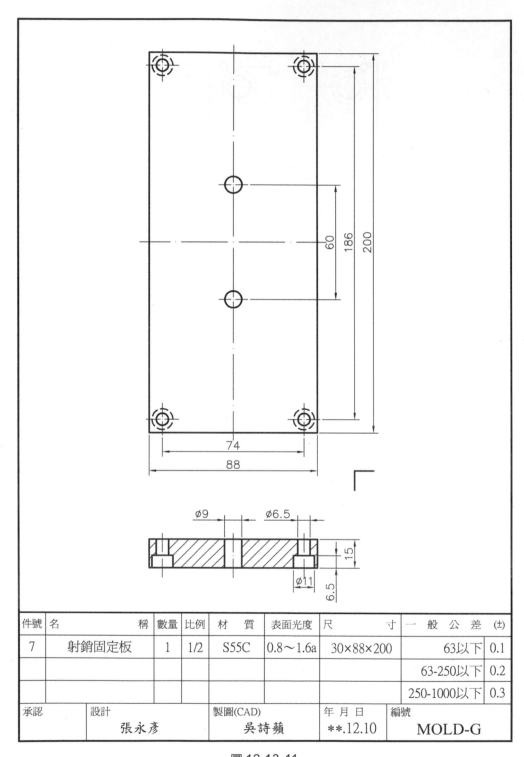

件號	名　　　　　稱	數量	比例	材　　質	表面光度	尺　　　　寸	一　般　公　差 (±)	
7	射銷固定板	1	1/2	S55C	0.8～1.6a	30×88×200	63以下	0.1
							63-250以下	0.2
							250-1000以下	0.3

承認	設計	製圖(CAD)	年 月 日	編號
	張永彥	吳詩蘋	**.12.10	MOLD-G

圖 12.13-11

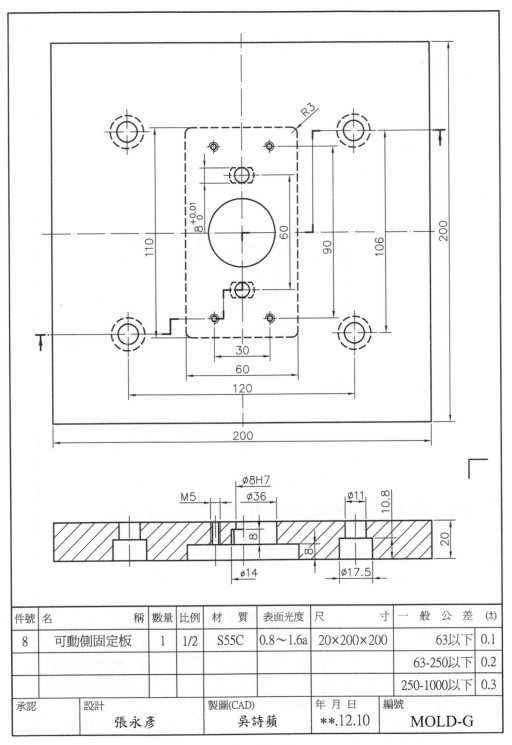

件號	名　　　　稱	數量	比例	材　質	表面光度	尺　　　寸	一　般　公　差　(±)	
8	可動側固定板	1	1/2	S55C	0.8～1.6a	20×200×200	63以下	0.1
							63-250以下	0.2
							250-1000以下	0.3

承認	設計 張永彥	製圖(CAD) 吳詩蘋	年 月 日 **.12.10	編號 MOLD-G

圖 12.13-12

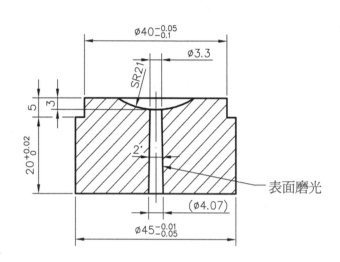

註：1.注道襯套加工完成後，SR21處進行局部淬火硬化：HRC60°。
　　2.SR21及 ⌀3.3該部位尺寸，依使用射出成形機之噴嘴尺寸而變更。

件號	名　　　　　稱	數量	比例	材　　質	表面光度	尺　　　　　寸	一　般　公　差	(±)
9	注道襯套	1	1/1	SK5	0.4～0.8a	⌀45×25	63以下	0.1
							63-250以下	0.2
							250-1000以下	0.3

承認	設計　張永彥	製圖(CAD)　吳詩蘋	年 月 日　**.12.10	編號　MOLD-G

圖 12.13-13

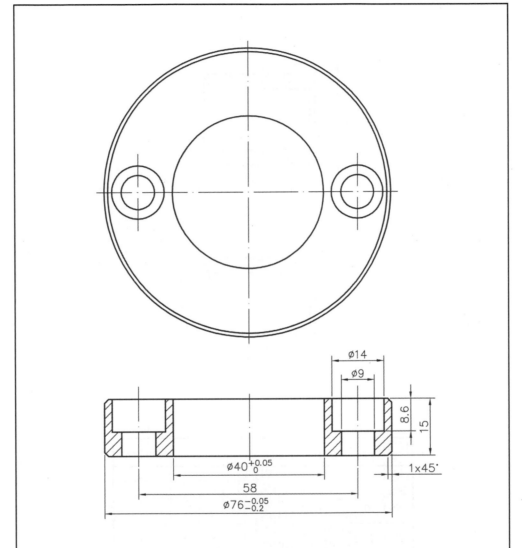

註：∅76 該部位尺寸，依使用射出成形機固定盤之定位環孔尺寸而變更。

件號	名 稱	數量	比例	材 質	表面光度	尺 寸	一 般 公 差	(±)
10	定位環	1	1/1	S55C	0.8～1.6a	∅76×15	63以下	0.1
							63-250以下	0.2
							250-1000以下	0.3
承認	設計 張永彥			製圖(CAD) 吳詩蘋		年 月 日 **.12.10	編號 MOLD-G	

圖 12.13-14

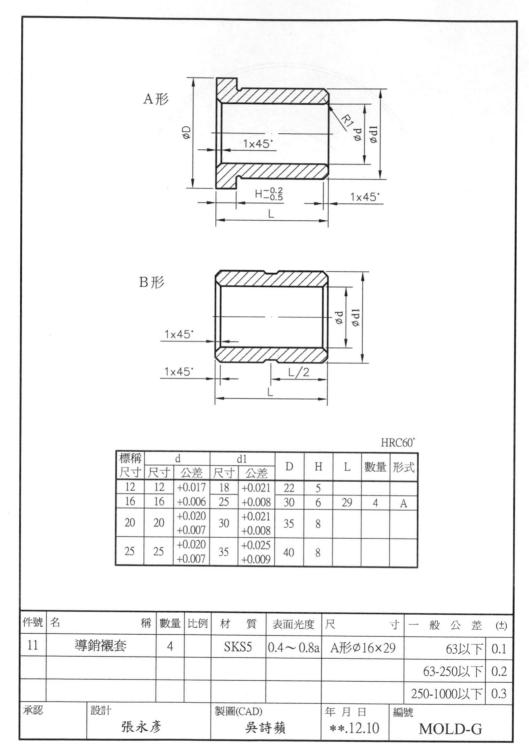

A形

ϕD

1x45°

R1

ϕ

$\phi d1$

$H^{-0.2}_{-0.5}$

L

1x45°

B形

1x45°

1x45°

ϕd

$\phi d1$

L/2

L

HRC60°

標稱尺寸	d		d1		D	H	L	數量	形式
	尺寸	公差	尺寸	公差					
12	12	+0.017	18	+0.021	22	5			
16	16	+0.006	25	+0.008	30	6	29	4	A
20	20	+0.020 +0.007	30	+0.021 +0.008	35	8			
25	25	+0.020 +0.007	35	+0.025 +0.009	40	8			

件號	名　　　稱	數量	比例	材　質	表面光度	尺　　寸	一　般　公　差	(±)
11	導銷襯套	4		SKS5	0.4～0.8a	A形Ø16×29	63以下	0.1
							63-250以下	0.2
							250-1000以下	0.3
承認	設計 張永彥		製圖(CAD) 吳詩蘋		年 月 日 **.12.10	編號 MOLD-G		

圖 12.13-15

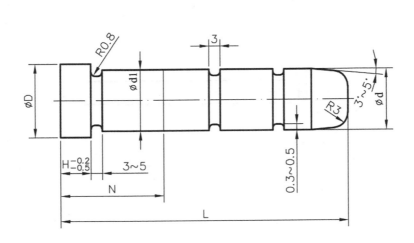

HRC60°

標稱尺寸	d		d1		D	H	L	N	數量
	尺寸	公差	尺寸	公差					
12	12	-0.016	12	+0.018	16	5			
16	16	-0.027	16	+0.007	20	6	58	29	4
20	20	-0.020	20	+0.021	25	6			
25	25	-0.030	25	+0.008	30	8			

件號	名　　　　　稱	數量	比例	材　質	表面光度	尺　　　　寸	一　般　公　差	(±)
12	導銷	4		SKS5	0.4～0.8a	∅16×58×29	63以下	0.1
							63-250以下	0.2
							250-1000以下	0.3

承認	設計 張永彥	製圖(CAD) 吳詩蘋	年 月 日 **.12.10	編號 MOLD-G

圖 12.13-16

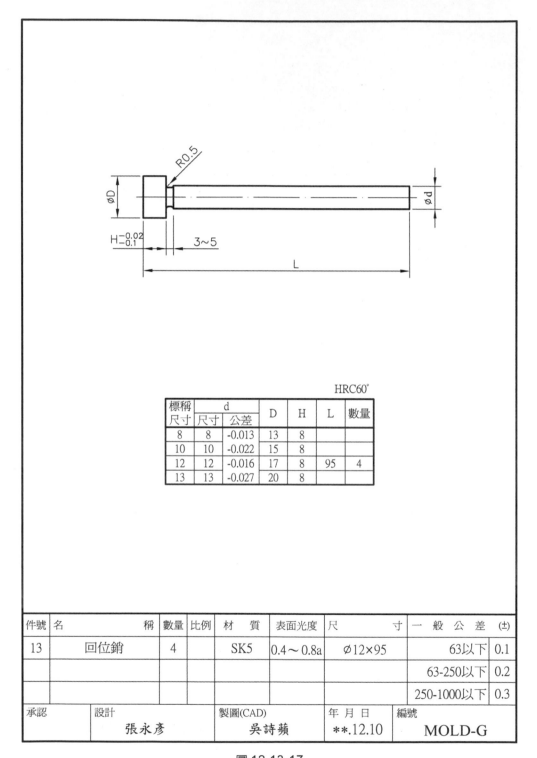

HRC60°

標稱尺寸	d		D	H	L	數量
	尺寸	公差				
8	8	-0.013	13	8		
10	10	-0.022	15	8		
12	12	-0.016	17	8	95	4
13	13	-0.027	20	8		

件號	名　　　　　稱	數量	比例	材　質	表面光度	尺　　　　寸	一　般　公　差	(±)
13	回位銷	4		SK5	0.4～0.8a	∅12×95	63以下	0.1
							63-250以下	0.2
							250-1000以下	0.3

承認	設計 張永彥	製圖(CAD) 吳詩蘋	年 月 日 **.12.10	編號 MOLD-G

圖 12.13-17

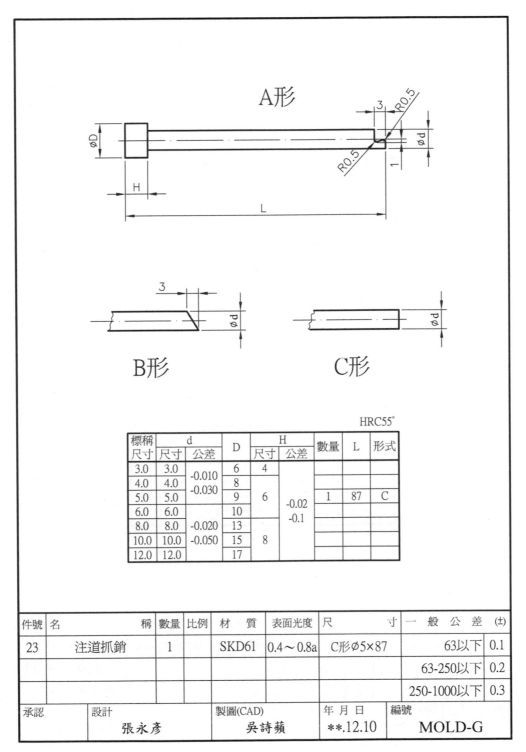

| 標稱 | d | | D | H | | 數量 | L | 形式 |
尺寸	尺寸	公差		尺寸	公差			
3.0	3.0	-0.010	6	4				
4.0	4.0	-0.030	8					
5.0	5.0		9	6	-0.02	1	87	C
6.0	6.0		10		-0.1			
8.0	8.0	-0.020	13					
10.0	10.0	-0.050	15	8				
12.0	12.0		17					

HRC55°

件號	名　　　　　稱	數量	比例	材　質	表面光度	尺　　　　寸	一　般　公　差 (±)	
23	注道抓銷	1		SKD61	0.4~0.8a	C形Ø5×87	63以下	0.1
							63-250以下	0.2
							250-1000以下	0.3
承認	設計　　張永彥		製圖(CAD)　　吳詩蘋			年 月 日　**.12.10	編號　MOLD-G	

圖 12.13-18

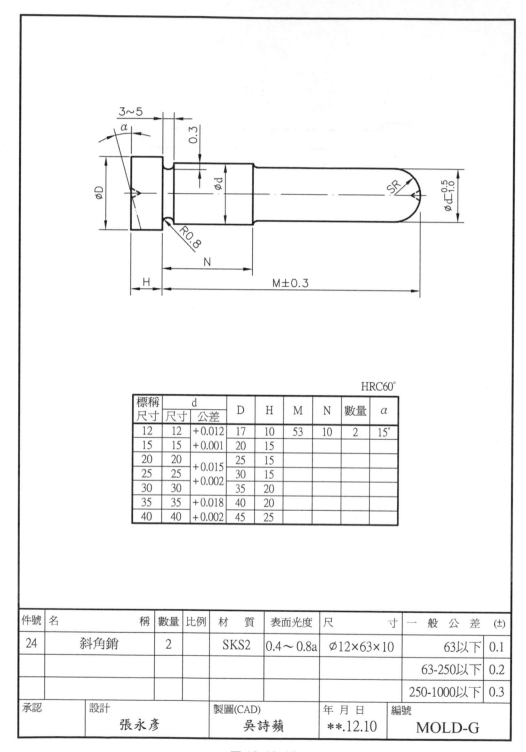

標稱尺寸	d		D	H	M	N	數量	α
	尺寸	公差						
12	12	+0.012	17	10	53	10	2	15°
15	15	+0.001	20	15				
20	20	+0.015	25	15				
25	25	+0.002	30	15				
30	30		35	20				
35	35	+0.018	40	20				
40	40	+0.002	45	25				

HRC60°

件號	名　　　　　稱	數量	比例	材　　質	表面光度	尺　　　　　寸	一　般　公　差　(±)	
24	斜角銷	2		SKS2	0.4～0.8a	∅12×63×10	63以下	0.1
							63-250以下	0.2
							250-1000以下	0.3
承認	設計 張永彥		製圖(CAD) 吳詩蘋		年 月 日 **.12.10		編號 MOLD-G	

圖 12.13-19

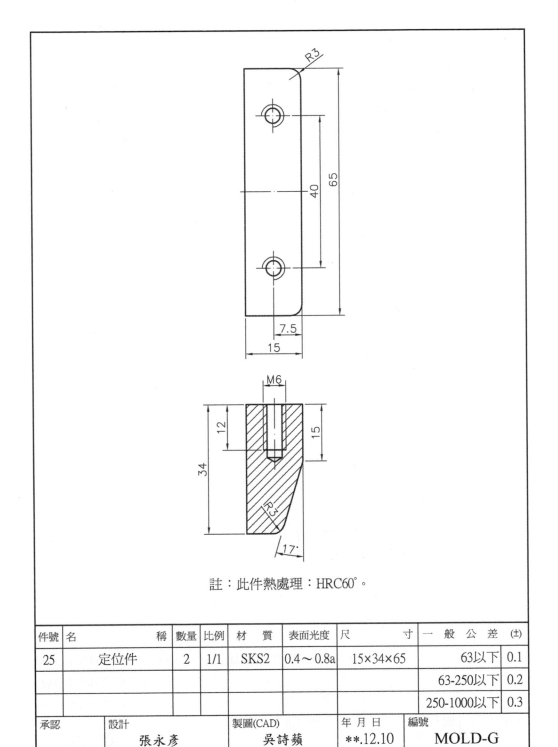

註：此件熱處理：HRC60°。

件號	名　　　　稱	數量	比例	材　質	表面光度	尺　　　　寸	一　般　公　差	(±)
25	定位件	2	1/1	SKS2	0.4～0.8a	15×34×65	63以下	0.1
							63-250以下	0.2
							250-1000以下	0.3

承認	設計 張永彥	製圖(CAD) 吳詩蘋	年 月 日 **.12.10	編號 MOLD-G

圖 12.13-20

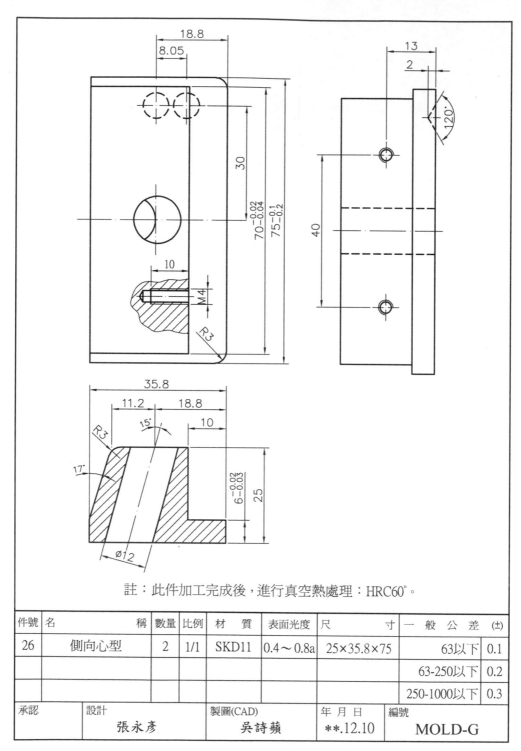

註：此件加工完成後，進行真空熱處理：HRC60°。

件號	名　　　　　　稱	數量	比例	材　質	表面光度	尺　　　　　寸	一　般　公　差　(±)	
26	側向心型	2	1/1	SKD11	0.4～0.8a	25×35.8×75	63以下	0.1
							63-250以下	0.2
							250-1000以下	0.3

承認	設計　　張永彥	製圖(CAD)　　吳詩蘋	年 月 日　**.12.10	編號　MOLD-G

圖 12.13-21

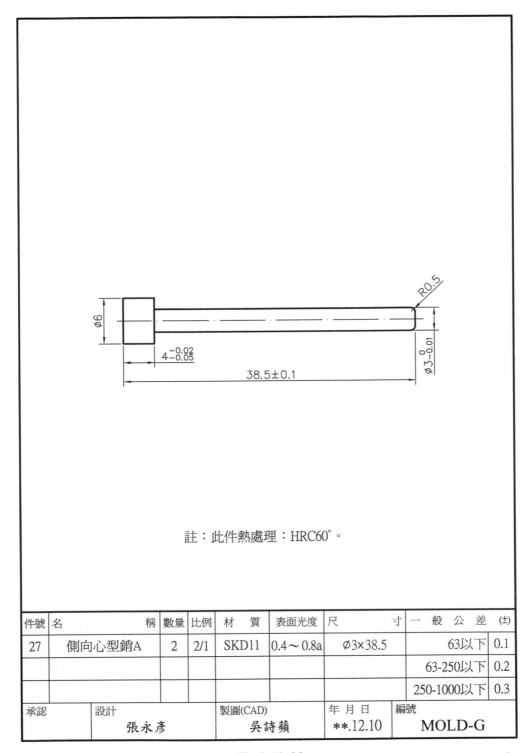

註：此件熱處理：HRC60°。

件號	名　　　　稱	數量	比例	材　質	表面光度	尺　　寸	一　般　公　差	(±)
27	側向心型銷A	2	2/1	SKD11	0.4～0.8a	∅3×38.5	63以下	0.1
							63-250以下	0.2
							250-1000以下	0.3

承認	設計　張永彥	製圖(CAD)　吳詩蘋	年 月 日　**.12.10	編號　MOLD-G

圖 12.13-22

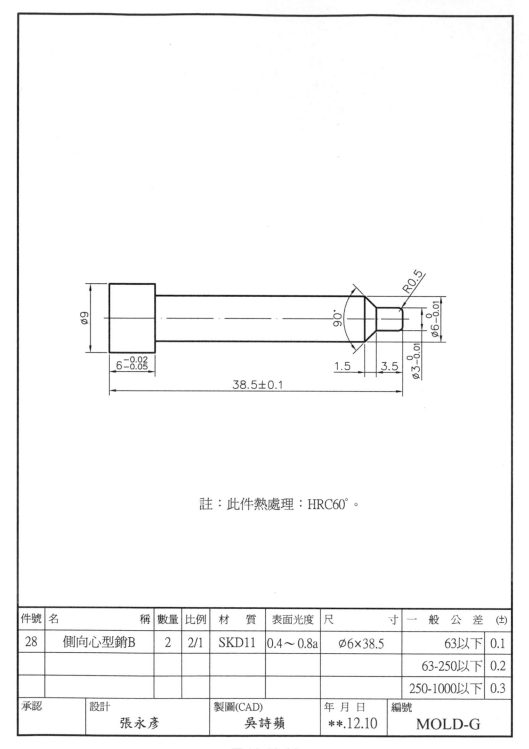

註：此件熱處理：HRC60°。

件號	名　　　　　稱	數量	比例	材　　質	表面光度	尺　　　　　寸	一　般　公　差 (±)	
28	側向心型銷B	2	2/1	SKD11	0.4～0.8a	Ø6×38.5	63以下	0.1
							63-250以下	0.2
							250-1000以下	0.3

承認	設計	製圖(CAD)	年 月 日	編號
	張永彥	吳詩蘋	**.12.10	MOLD-G

圖 12.13-23

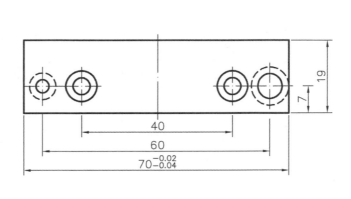

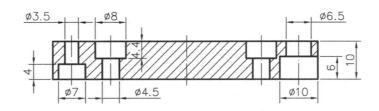

註：此件熱處理：HRC60°。

件號	名　　　　　稱	數量	比例	材　質	表面光度	尺　　　　寸	一　般　公　差	(±)
29	側向心型銷定位板	2	1/1	SKD11	0.4〜0.8a	10×19×70	63以下	0.1
							63-250以下	0.2
							250-1000以下	0.3

承認	設計 張永彥	製圖(CAD) 吳詩蘋	年 月 日 **.12.10	編號 MOLD-G

圖 12.13-24

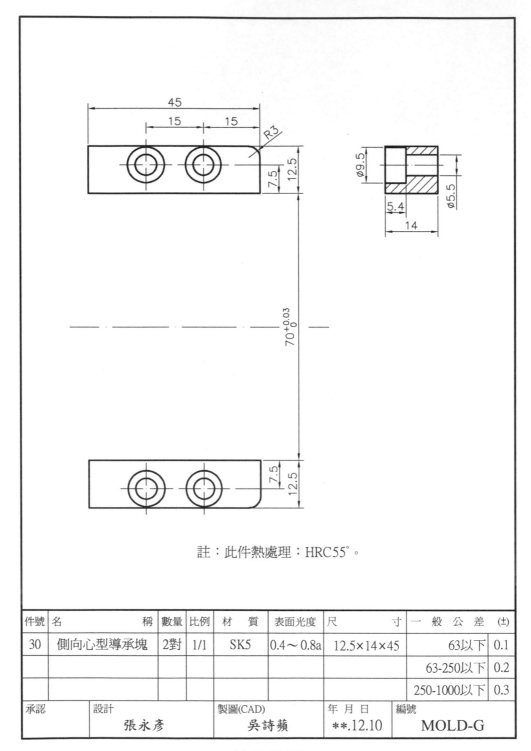

註：此件熱處理：HRC55°。

件號	名　　　　　稱	數量	比例	材　質	表面光度	尺　　　　寸	一　般　公　差	(±)
30	側向心型導承塊	2對	1/1	SK5	0.4～0.8a	12.5×14×45	63以下	0.1
							63-250以下	0.2
							250-1000以下	0.3
承認	設計　　張永彥			製圖(CAD)　吳詩蘋		年 月 日　**.12.10	編號　MOLD-G	

圖 12.13-25

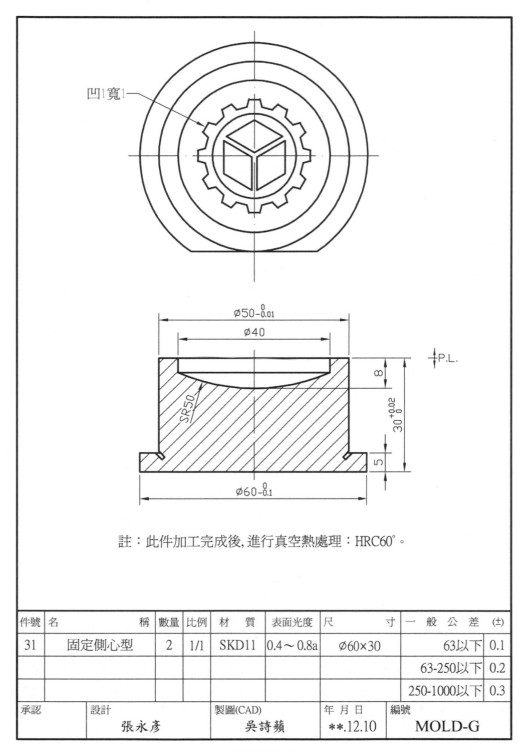

註：此件加工完成後,進行真空熱處理：HRC60°。

件號	名　　　　　稱	數量	比例	材　質	表面光度	尺　　　　寸	一　般　公　差　(±)	
31	固定側心型	2	1/1	SKD11	0.4～0.8a	$\phi60\times30$	63以下	0.1
							63-250以下	0.2
							250-1000以下	0.3

承認	設計	製圖(CAD)	年 月 日	編號
	張永彥	吳詩蘋	**.12.10	**MOLD-G**

圖 12.13-26

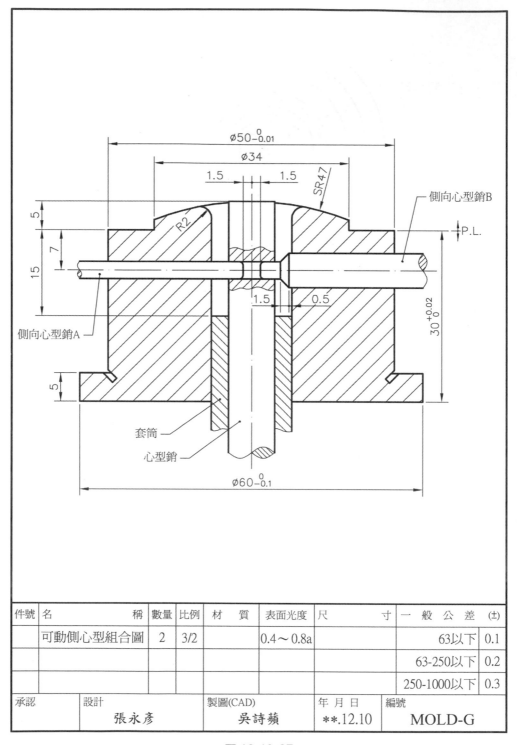

件號	名　　　　　　稱	數量	比例	材　　質	表面光度	尺　　　　　寸	一　般　公　差 (±)	
	可動側心型組合圖	2	3/2		0.4～0.8a		63以下	0.1
							63-250以下	0.2
							250-1000以下	0.3

承認	設計	製圖(CAD)	年 月 日	編號
	張永彥	吳詩蘋	**.12.10	MOLD-G

圖 12.13-27

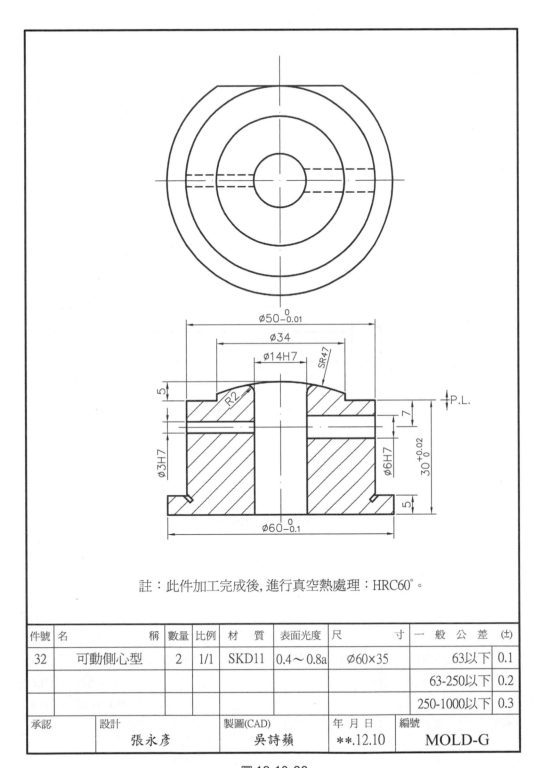

註：此件加工完成後,進行真空熱處理：HRC60°。

件號	名　　　　　　稱	數量	比例	材　質	表面光度	尺　　　　　寸	一　般　公　差　(±)	
32	可動側心型	2	1/1	SKD11	0.4～0.8a	Ø60×35	63以下	0.1
							63-250以下	0.2
							250-1000以下	0.3
承認	設計 張永彥			製圖(CAD) 吳詩蘋		年 月 日 **.12.10	編號 MOLD-G	

圖 12.13-28

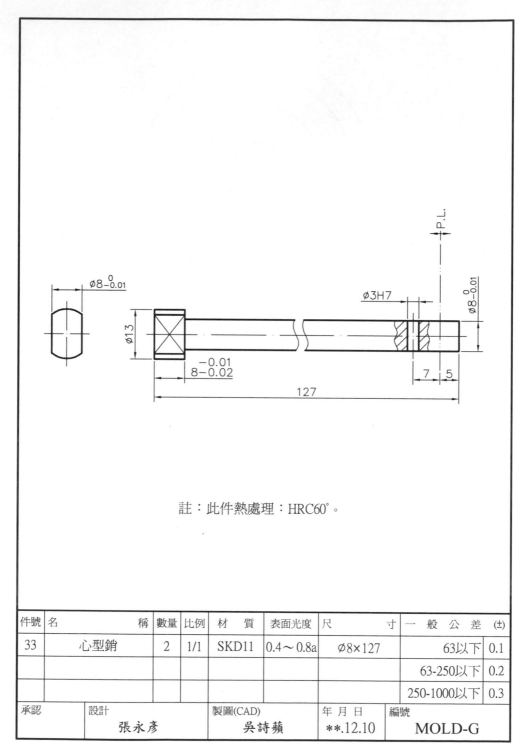

註：此件熱處理：HRC60°。

件號	名　　　　　稱	數量	比例	材　質	表面光度	尺　　　　寸	一　般　公　差	(±)
33	心型銷	2	1/1	SKD11	0.4～0.8a	Ø8×127	63以下	0.1
							63-250以下	0.2
							250-1000以下	0.3

承認	設計 張永彥	製圖(CAD) 吳詩蘋	年 月 日 **.12.10	編號 MOLD-G

圖 12.13-29

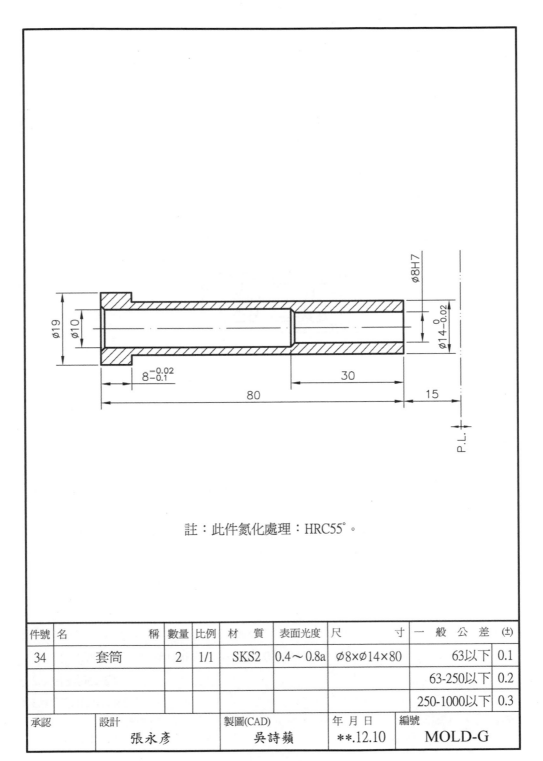

註：此件氮化處理：HRC55°。

件號	名　　　　稱	數量	比例	材　質	表面光度	尺　　　寸	一　般　公　差　(±)	
34	套筒	2	1/1	SKS2	0.4～0.8a	∅8×∅14×80	63以下	0.1
							63-250以下	0.2
							250-1000以下	0.3
承認	設計　張永彥			製圖(CAD)　吳詩蘋		年 月 日　**.12.10	編號　MOLD-G	

圖 12.13-30

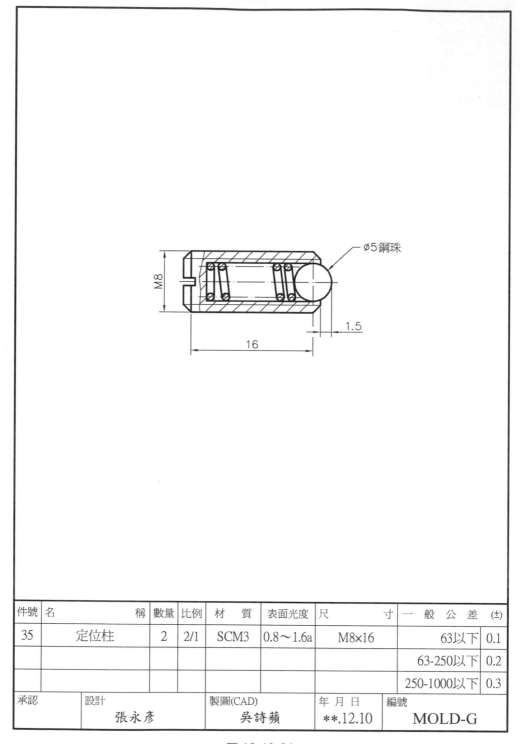

圖 12.13-31

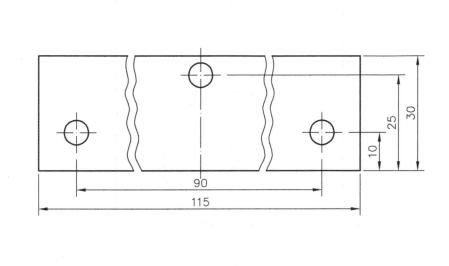

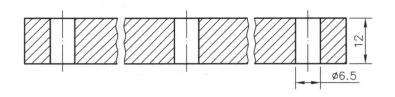

註：此件熱處理：HRC55°。

件號	名　　　　　　稱	數量	比例	材　質	表面光度	尺　　　　　寸	一　般　公　差 (±)	
36	定位件壓板	2	1/1	SK5	0.8～1.6a	12×30×115	63以下	0.1
							63-250以下	0.2
							250-1000以下	0.3

承認	設計	製圖(CAD)	年 月 日	編號
	張永彥	吳詩蘋	**.12.10	MOLD-G

圖 12.13-32

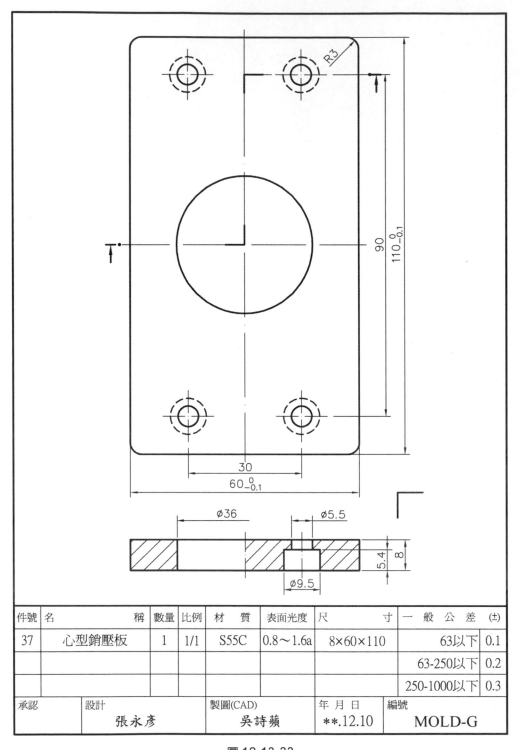

件號	名 稱	數量	比例	材 質	表面光度	尺 寸	一 般 公 差	(±)
37	心型銷壓板	1	1/1	S55C	0.8~1.6a	8×60×110	63以下	0.1
							63-250以下	0.2
							250-1000以下	0.3

承認	設計 張永彥	製圖(CAD) 吳詩蘋	年 月 日 **.12.10	編號 MOLD-G

圖 12.13-33

表 12.11

零件明細表					
編　號　MOLD-H		成形品名稱　相機機殼			圖面　21　張
模座規格　A1515-30-20-50S				完成日期**年 06 月 27 日	
件號	名稱	數量	材質	尺寸	備註
1	固定側固定板	1	S55C	20×150×200	
2	固定側型模板	1	S55C	30×150×150	
3	可動側型模板	1	S55C	20×150×150	
4	承板	1	S55C	30×150×150	
5	間隔塊	2	S55C	30×50×150	
6	射銷定位板	1	S55C	13×88×150	
7	射銷固定板	1	S55C	15×88×150	
8	可動側固定板	1	S55C	20×150×200	
9	注道襯套	1	SK5	$\phi 45 \times 25$	
10	定位環	1	S55C	$\phi 76 \times 15$	
11	導銷襯套	4	SKS2	A 形 $\phi 16 \times 29$	
12	導銷	4	SKS2	$\phi 16 \times 48 \times 19$	
13	回位銷	4	SK5	$\phi 12 \times 85$	
14	螺絲(固定側)	4	SCM3	M10×30	
15	螺絲(可動側)	4	SCM3	M10×105	
16	螺絲(射銷板)	4	SCM3	M6×16	
17	螺絲(定位環)	2	SCM3	M8×16	
18	回位銷用彈簧	4	SUP3	$\phi 13.5 \times \phi 21 \times 55$	
19	射銷	3	SKD61	$\phi 10 \times 93.04$	
20	射銷	1	SKD61	$\phi 10 \times 95.05$	
21	射銷	2	SKD61	$\phi 5 \times 90.03$	
22	注道抓銷	1	SKD61	C 形 $\phi 5 \times 87.05$	
23	固定側心型	1	HPM1	30×92×92	
24	可動側心型	1	HPM1	32.06×92×92	

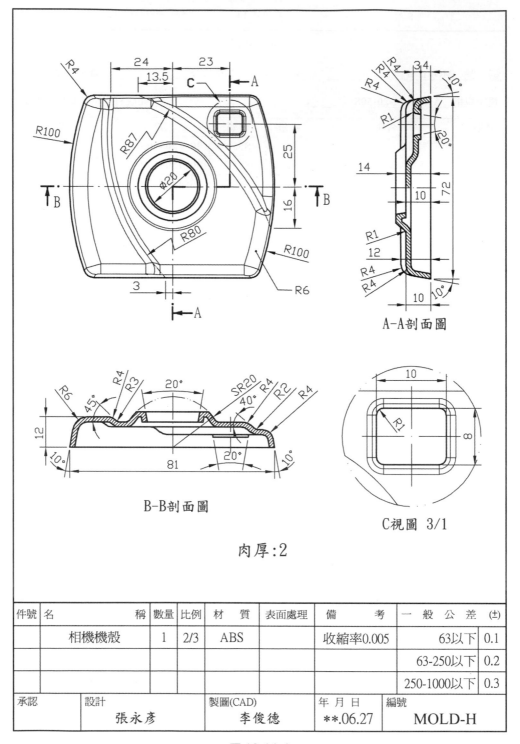

肉厚:2

件號	名　　　　　　稱	數量	比例	材　質	表面處理	備　　　考	一　般　公　差　(±)	
	相機機殼	1	2/3	ABS		收縮率0.005	63以下	0.1
							63-250以下	0.2
							250-1000以下	0.3

承認	設計	製圖(CAD)	年 月 日	編號
	張永彥	李俊德	**.06.27	MOLD-H

圖 12.14-1

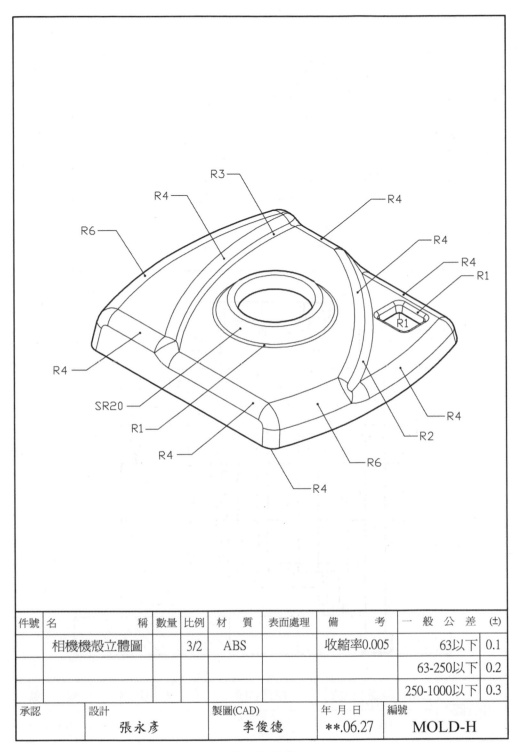

件號	名 稱	數量	比例	材 質	表面處理	備 考	一 般 公 差 (±)	
	相機機殼立體圖		3/2	ABS		收縮率0.005	63以下	0.1
							63-250以下	0.2
							250-1000以下	0.3
承認	設計 張永彥			製圖(CAD) 李俊德		年 月 日 **.06.27	編號 MOLD-H	

圖 12.14-2

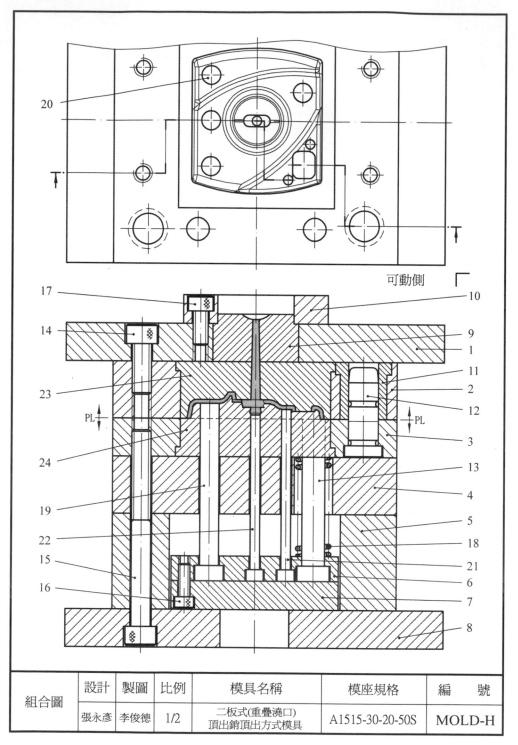

可動側

組合圖	設計	製圖	比例	模具名稱	模座規格	編　號
	張永彥	李俊德	1/2	二板式(重疊澆口) 頂出銷頂出方式模具	A1515-30-20-50S	MOLD-H

圖 12.14-3

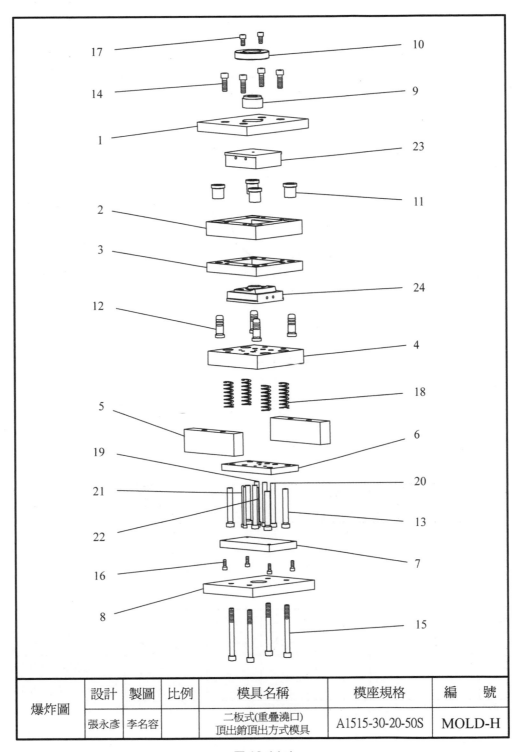

	設計	製圖	比例	模具名稱	模座規格	編　　號
爆炸圖	張永彥	李名容		二板式(重疊澆口)頂出銷頂出方式模具	A1515-30-20-50S	MOLD-H

圖 12.14-4

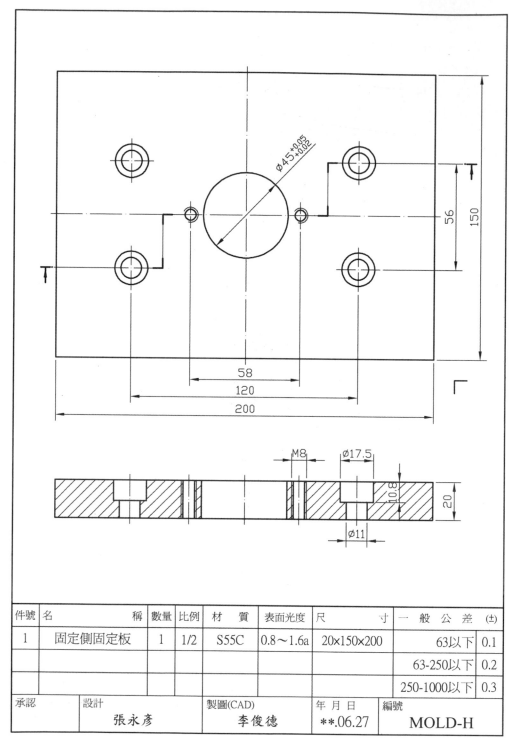

件號	名　　　　　　稱	數量	比例	材　　質	表面光度	尺　　　　　　寸	一　般　公　差 (±)	
1	固定側固定板	1	1/2	S55C	0.8～1.6a	20×150×200	63以下	0.1
							63-250以下	0.2
							250-1000以下	0.3

承認	設計 張永彥	製圖(CAD) 李俊德	年 月 日 **.06.27	編號 MOLD-H

圖 12.14-5

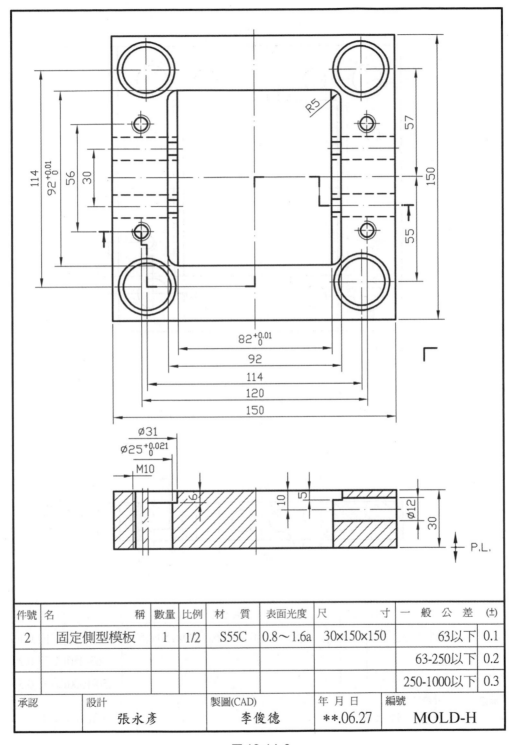

件號	名　　　　　　稱	數量	比例	材　　質	表面光度	尺　　　　寸	一　般　公　差	(±)
2	固定側型模板	1	1/2	S55C	0.8～1.6a	30×150×150	63以下	0.1
							63-250以下	0.2
							250-1000以下	0.3

承認	設計	製圖(CAD)	年 月 日	編號
	張永彥	李俊德	**.06.27	MOLD-H

圖 12.14-6

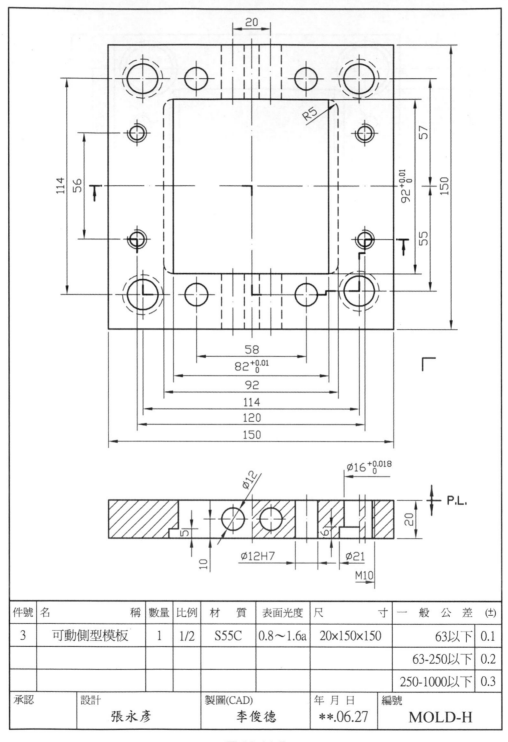

件號	名　　　　　稱	數量	比例	材　質	表面光度	尺　　　　寸	一　般　公　差 (±)	
3	可動側型模板	1	1/2	S55C	0.8～1.6a	20×150×150	63以下	0.1
							63-250以下	0.2
							250-1000以下	0.3

承認	設計　張永彥	製圖(CAD)　李俊德	年 月 日　**.06.27	編號　MOLD-H

圖 12.14-7

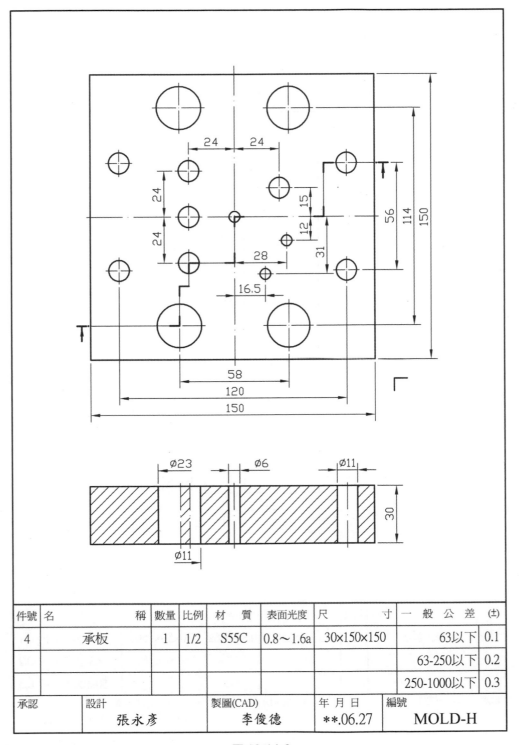

件號	名　　　　　稱	數量	比例	材　　質	表面光度	尺　　　　　寸	一　般　公　差　(±)	
4	承板	1	1/2	S55C	0.8～1.6a	30×150×150	63以下	0.1
							63-250以下	0.2
							250-1000以下	0.3

承認	設計　張永彥	製圖(CAD)　李俊德	年 月 日　**.06.27	編號　MOLD-H

圖 12.14-8

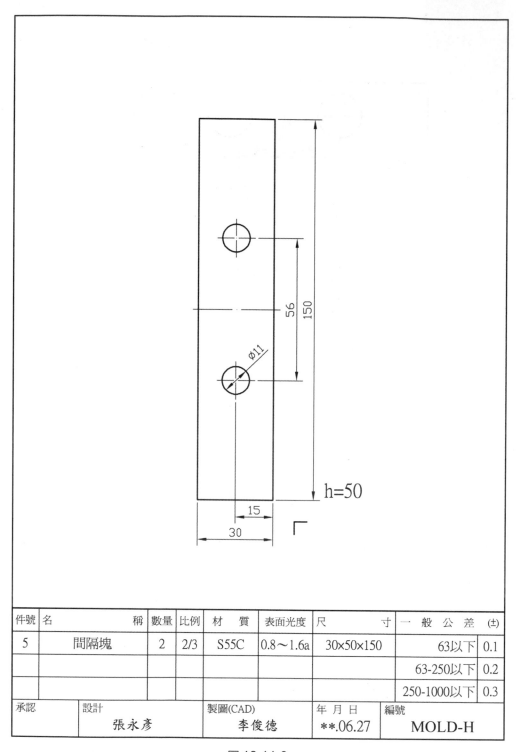

件號	名　　　　　　稱	數量	比例	材　　質	表面光度	尺　　　　　　寸	一　般　公　差 (±)	
5	間隔塊	2	2/3	S55C	0.8～1.6a	30×50×150	63以下	0.1
							63-250以下	0.2
							250-1000以下	0.3

承認	設計 張永彥	製圖(CAD) 李俊德	年 月 日 **.06.27	編號 MOLD-H

圖 12.14-9

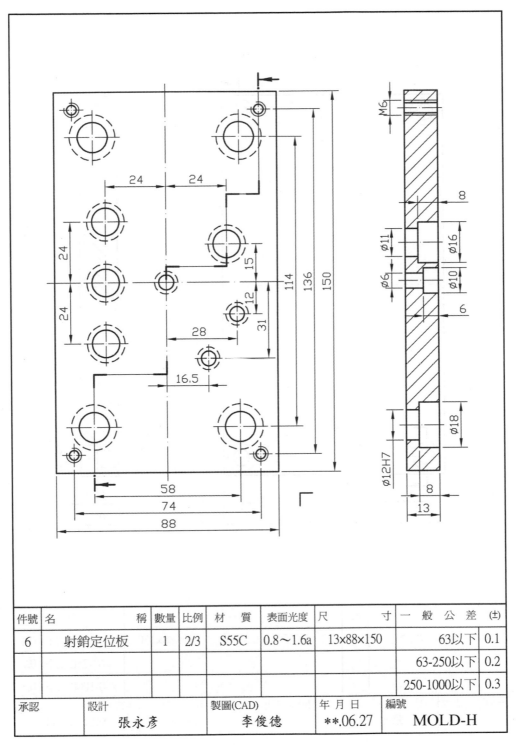

件號	名　　　　　稱	數量	比例	材　質	表面光度	尺　　　寸	一　般　公　差　(±)	
6	射銷定位板	1	2/3	S55C	0.8～1.6a	13×88×150	63以下	0.1
							63-250以下	0.2
							250-1000以下	0.3

承認	設計 張永彥	製圖(CAD) 李俊德	年　月　日 **.06.27	編號 MOLD-H

圖 12.14-10

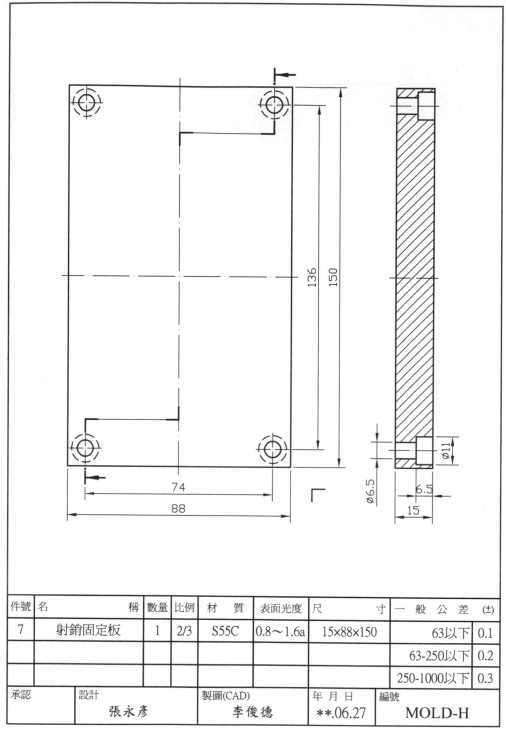

件號	名　　　　　　稱	數量	比例	材　　質	表面光度	尺　　　　　寸	一　般　公　差　(±)	
7	射銷固定板	1	2/3	S55C	0.8～1.6a	15×88×150	63以下	0.1
							63-250以下	0.2
							250-1000以下	0.3

承認	設計　　張永彥	製圖(CAD)　　李俊德	年 月 日　**.06.27	編號　　MOLD-H

圖 12.14-11

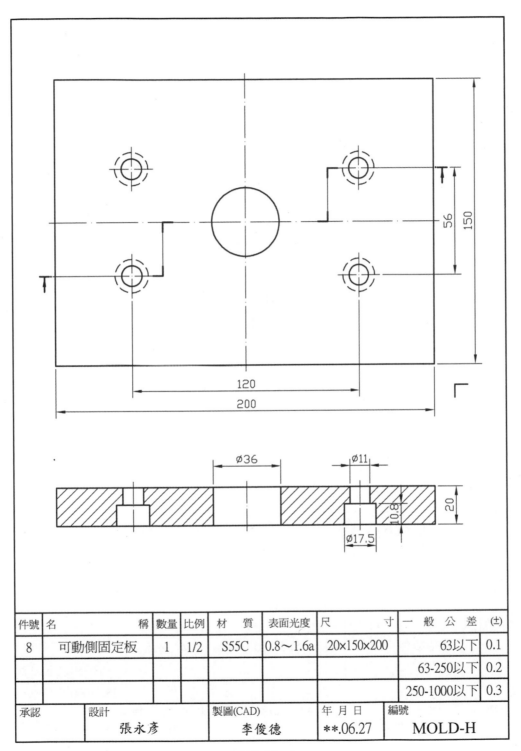

件號	名　　　　　稱	數量	比例	材　質	表面光度	尺　　　　寸	一　般　公　差　(±)	
8	可動側固定板	1	1/2	S55C	0.8～1.6a	20×150×200	63以下	0.1
							63-250以下	0.2
							250-1000以下	0.3
承認	設計　張永彥			製圖(CAD)　李俊德		年月日　**.06.27	編號　MOLD-H	

圖 12.14-12

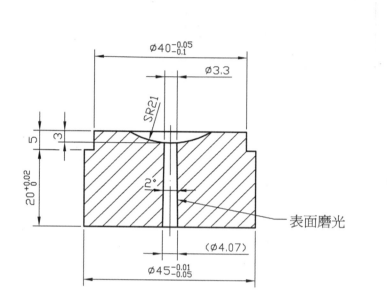

註：1.注道襯套加工完成後，SR21處進行局部淬火硬化：HRC60˚。
　　2.SR21及∅3.3該部位尺寸，依使用射出成形機之噴嘴尺寸而變更。

件號	名　　　　　　　　稱	數量	比例	材　質	表面光度	尺　　　　　寸	一　般　公　差 (±)	
9	注道襯套	1	1/1	SK5	0.8～1.6a	∅45×25	63以下	0.1
							63-250以下	0.2
							250-1000以下	0.3

承認	設計　張永彥	製圖(CAD)　李俊德	年 月 日　**.06.27	編號　MOLD-H

圖 12.14-13

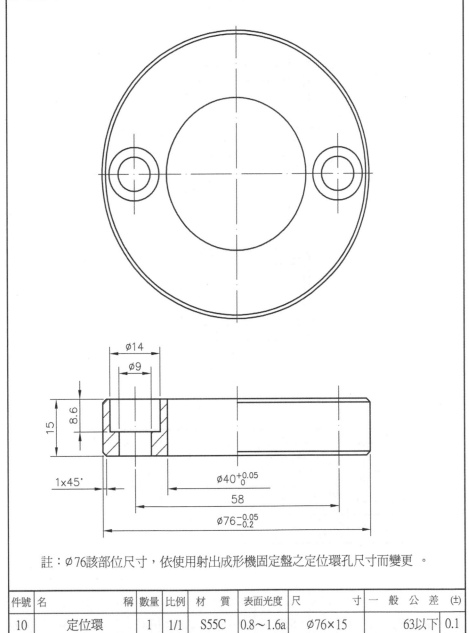

註：∅76該部位尺寸，依使用射出成形機固定盤之定位環孔尺寸而變更。

件號	名　　　　　稱	數量	比例	材　質	表面光度	尺　　　　寸	一　般　公　差 (±)	
10	定位環	1	1/1	S55C	0.8~1.6a	∅76×15	63以下	0.1
							63-250以下	0.2
							250-1000以下	0.3
承認	設計　張永彥		製圖(CAD)　李俊德			年 月 日　**.06.27	編號　MOLD-H	

圖 12.14-14

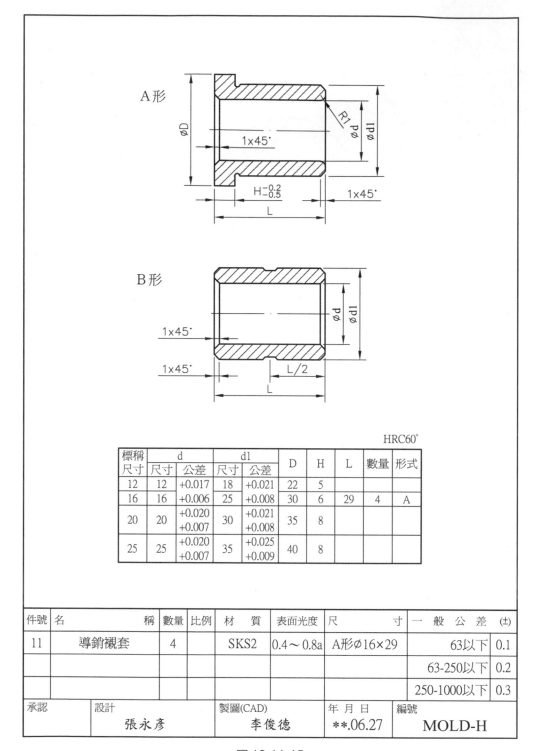

A形

B形

HRC60°

標稱尺寸	d		d1		D	H	L	數量	形式
	尺寸	公差	尺寸	公差					
12	12	+0.017	18	+0.021	22	5			
16	16	+0.006	25	+0.008	30	6	29	4	A
20	20	+0.020 +0.007	30	+0.021 +0.008	35	8			
25	25	+0.020 +0.007	35	+0.025 +0.009	40	8			

件號	名　　　　稱	數量	比例	材　質	表面光度	尺　　　　寸	一　般　公　差 (±)	
11	導銷襯套	4		SKS2	0.4〜0.8a	A形∅16×29	63以下	0.1
							63-250以下	0.2
							250-1000以下	0.3

承認	設計 張永彥	製圖(CAD) 李俊德	年 月 日 **.06.27	編號 MOLD-H

圖 12.14-15

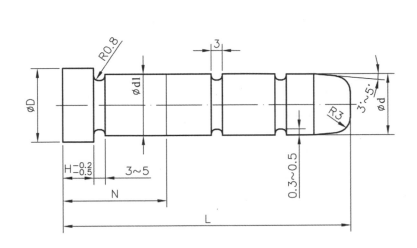

HRC60°

標稱	d		d1		D	H	L	N	數量
尺寸	尺寸	公差	尺寸	公差					
12	12	-0.016	12	+0.018	16	5			
16	16	-0.027	16	+0.007	20	6	48	19	4
20	20	-0.020	20	+0.021	25	6			
25	25	-0.030	25	+0.008	30	8			

件號	名　　　稱	數量	比例	材　質	表面光度	尺　　　寸	一　般　公　差　(±)	
12	導銷	4		SKS2	0.4～0.8a	Ø16×48×19	63以下	0.1
							63-250以下	0.2
							250-1000以下	0.3
承認	設計　　張永彦			製圖(CAD)　李俊德		年 月 日　**.06.27	編號　MOLD-H	

圖 12.14-16

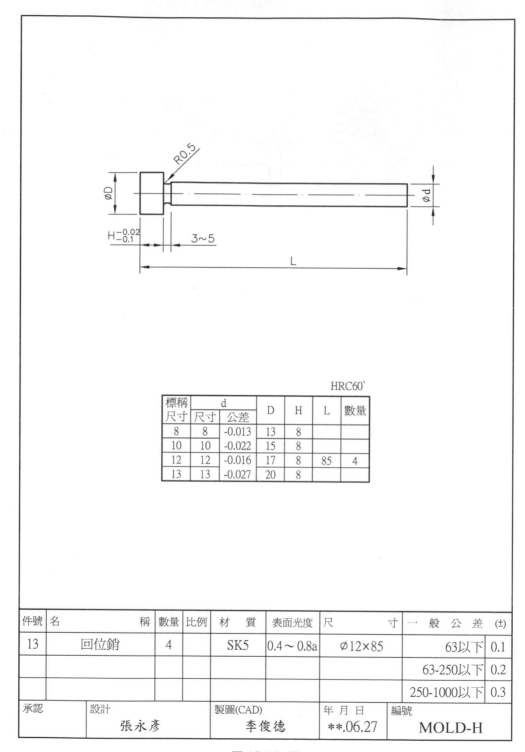

HRC60°

標稱尺寸	d		D	H	L	數量
	尺寸	公差				
8	8	-0.013	13	8		
10	10	-0.022	15	8		
12	12	-0.016	17	8	85	4
13	13	-0.027	20	8		

件號	名　　　　　稱	數量	比例	材　質	表面光度	尺　　　　寸	一 般 公 差 (±)	
13	回位銷	4		SK5	0.4～0.8a	∅12×85	63以下	0.1
							63-250以下	0.2
							250-1000以下	0.3
承認	設計　張永彥			製圖(CAD)　李俊德		年 月 日　**.06.27	編號　MOLD-H	

圖 12.14-17

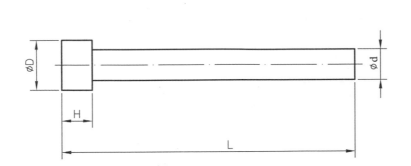

HRC55°

標稱 尺寸	d		D	H		數量	L
	尺寸	公差		尺寸	公差		
2.5	2.5		6	4			
3.0	3.0		6				
3.5	3.5	-0.010	7				
4.0	4.0	-0.030	8				
4.5	4.5		8		-0.02 -0.1		
5.0	5.0		9	6		2	90.03
6.0	6.0		10				
7.0	7.0		11				
8.0	8.0	-0.020	13				
10.0	10.0	-0.050	15	8		3	93.04
						1	95.05
12.0	12.0		17				

件號	名　　　　　稱	數量	比例	材　質	表面光度	尺　　　　寸	一　般　公　差	(±)
19	射銷	3		SKD61	0.4～0.8a	Ø10×93.04	63以下	0.1
20	射銷	1		SKD61	0.4～0.8a	Ø10×95.05	63-250以下	0.2
21	射銷	2		SKD61	0.4～0.8a	Ø5×90.03	250-1000以下	0.3
承認	設計 　　張永彥			製圖(CAD) 　　李俊德		年 月 日 **.06.27	編號 　MOLD-H	

圖 12.14-18

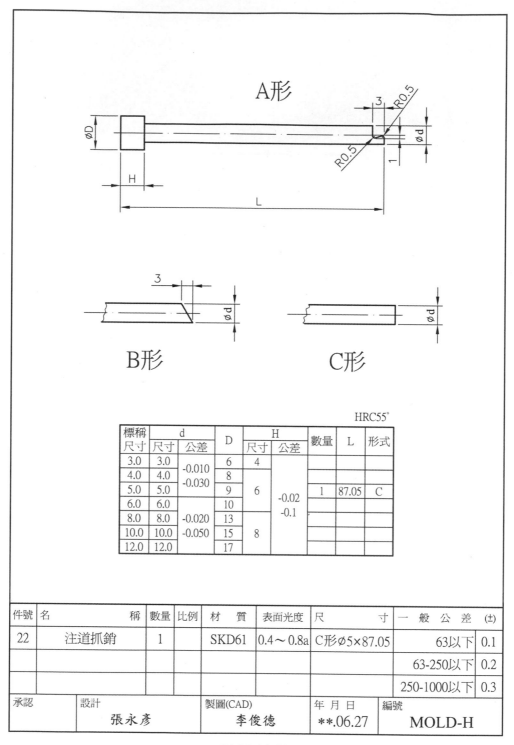

標稱	d		D	H		數量	L	形式
尺寸	尺寸	公差		尺寸	公差			
3.0	3.0	-0.010	6	4				
4.0	4.0	-0.030	8					
5.0	5.0		9	6	-0.02	1	87.05	C
6.0	6.0		10		-0.1			
8.0	8.0	-0.020	13					
10.0	10.0	-0.050	15	8				
12.0	12.0		17					

HRC55°

件號	名　　　　　稱	數量	比例	材　質	表面光度	尺　　　寸	一　般　公　差	(±)
22	注道抓銷	1		SKD61	0.4～0.8a	C形⌀5×87.05	63以下	0.1
							63-250以下	0.2
							250-1000以下	0.3

承認	設計 張永彥	製圖(CAD) 李俊德	年 月 日 **.06.27	編號 MOLD-H

圖 12.14-19

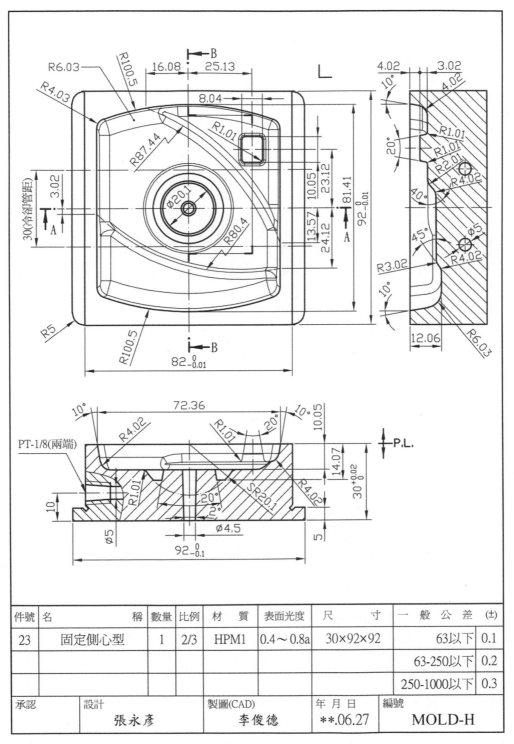

件號	名	稱	數量	比例	材 質	表面光度	尺 寸	一 般 公 差	(±)
23	固定側心型		1	2/3	HPM1	0.4～0.8a	30×92×92	63以下	0.1
								63-250以下	0.2
								250-1000以下	0.3
承認	設計 張永彥			製圖(CAD) 李俊德			年 月 日 **.06.27	編號 MOLD-H	

圖 12.14-20

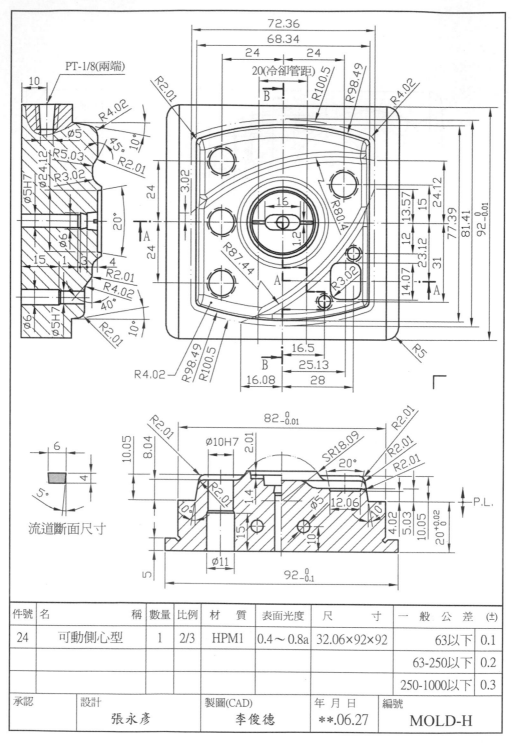

件號	名　　　　　　稱	數量	比例	材　質	表面光度	尺　　　寸	一　般　公　差　(±)	
24	可動側心型	1	2/3	HPM1	0.4～0.8a	32.06×92×92	63以下	0.1
							63-250以下	0.2
							250-1000以下	0.3

承認	設計	製圖(CAD)	年 月 日	編號
	張永彥	李俊德	**.06.27	MOLD-H

圖 12.14-21